Dynamik der Stabwerke

Eine Schwingungslehre für Bauingenieure

Von

K. Hohenemser und W. Prager

Dr.-Ing., Göttingen   Prof. Dr.-Ing., Göttingen

Mit 139 Textabbildungen

Springer-Verlag Berlin Heidelberg GmbH 1933

ISBN 978-3-662-23878-3   ISBN 978-3-662-25983-2 (eBook)
DOI 10.1007/978-3-662-25983-2

Vorwort.

Da über die Auswahl und Anordnung des Stoffes in der Einleitung das Nötige gesagt ist, möchten die Verfasser an dieser Stelle nur allen denjenigen ihren Dank aussprechen, die ihnen bei ihrer Arbeit wertvolle Hilfe geleistet haben.

Ein Teil der Tabelle der Frequenzfunktionen VII A, der von Herrn Priv.-Doz. Dr.-Ing. F. W. Waltking schon bei früherer Gelegenheit für seinen eigenen Gebrauch berechnet wurde, ist den Verfassern hier zur erstmaligen Veröffentlichung zur Verfügung gestellt worden. Die Vervollständigung der Tabelle VII A wurde von Frau K. Hohenemser vorgenommen. Die Tabelle VII D wurde von Herrn Dipl.-Ing. S. Gradstein berechnet und ist einer früheren Arbeit von S. Gradstein und W. Prager entnommen. Bei der Korrektur wurden die Verfasser in wertvoller Weise unterstützt von Herrn Dipl.-Ing. W. Hackenschmidt, Herrn Ing. G. Treml und Herrn Priv.-Doz. Dr.-Ing. F. W. Waltking.

Zuletzt, aber nicht am wenigsten, sei dem Verleger Herrn Dr.-Ing. E. h. Julius Springer gedankt für das bereitwillige Eingehen auf die Wünsche der Verfasser und seine Zustimmung zu einer nicht unbeträchtlichen Überschreitung des ursprünglich vorgesehenen Buchumfangs.

Göttingen, im September 1933.

Die Verfasser.

Inhaltsverzeichnis.

Einleitung.

Die Methoden der modernen Baustatik sind außerordentlich weit entwickelt und gestatten eine mühelose Behandlung vieler Aufgabengruppen. So sind wohl alle Aufgaben aus der Statik ebener Stabwerke nicht nur grundsätzlich lösbar, sondern es liegen bis ins einzelne ausgearbeitete Verfahren zur möglichst einfachen Behandlung der meisten dieser Aufgaben vor. Stellt man sich nun die Frage nach dem mechanischen Gehalt dieser zweckmäßigen Lösungsverfahren, so erkennt man, daß es nur ganz wenige Lehrsätze der Mechanik sind, auf welche letzten Endes alle diese Verfahren zurückgehen. Diese Tatsache ist es, die vielfach die Methoden der Baustatik in den Augen derer trivial erscheinen läßt, welche sich noch nicht im Konstruktionsbüro von ihrer außerordentlichen praktischen Bedeutung überzeugen konnten. Die Entwicklung der Baustatik in den letzten Jahrzehnten kann gekennzeichnet werden als Entwicklung von prinzipiell ausreichenden mechanischen Lehrsätzen zu wirklich verwendbaren und bequemen Rechenverfahren.

Trotzdem die Zahl der ausgesprochen dynamischen Fragestellungen im modernen Bauwesen kaum wesentlich geringer sein dürfte als diejenige der vorwiegend statischen Fragestellungen, haben die dynamischen Berechnungsmethoden noch lange nicht jenen Grad der Vollkommenheit erreicht, welchen die statischen aufweisen. Die Sorgfalt, mit welcher häufig Nebeneinflüsse in der statischen Berechnung berücksichtigt werden, steht in auffallendem Mißverhältnis zu der großen Ungenauigkeit, mit welcher durch rohe Faustformeln den dynamischen Einflüssen fast ausnahmslos Rechnung getragen wird. Nun ist es aber keineswegs so, daß eine strengere Behandlung dieser dynamischen Einflüsse nach dem heutigen Stand der Mechanik unmöglich wäre, vielmehr liegen die entsprechenden Lehrsätze durchaus vor, und im Maschinenbau, wo sich schon früher als im Bauwesen ein Bedürfnis nach der Berücksichtigung dynamischer Einflüsse geltend gemacht hat, bestehen für manche Fragestellungen bereits zweckmäßige Rechenverfahren. Allerdings fehlt eine übersichtliche Zusammenstellung, welche die gegenseitigen Beziehungen dieser zum Teil eng miteinander verwandten Verfahren darlegt und die empfehlenswerten von den weniger brauchbaren scheidet. Es ist daher für den nicht völlig Eingearbeiteten schwierig, sich eine kritische Übersicht über diese Verfahren zu verschaffen.

Mit dem vorliegenden Buch haben nun die Verfasser den Versuch gemacht, einmal die für die Entwicklung strenger dynamischer Berechnungsmethoden unumgänglich notwendigen klassischen Grundlagen der Dynamik elastischer Systeme mit stetig verteilten Massen dem Bauingenieur nahezubringen (Kap. I u. II), dann aber auch ein Stück jenes Weges von prinzipiell ausreichenden Lehrsätzen der Mechanik zu wirklich brauchbaren Rechenverfahren zurückzulegen, auf welchem die Baustatik schon so weit vorangeschritten ist (Kap. III bis V). Die Verfasser haben dabei teils sich an dynamische Berechnungsmethoden aus dem Maschinenbau angelehnt unter Berücksichtigung der mitunter etwas anders gearteten Fragestellungen des Bauwesens, teils Verfahren der Baustatik nach der dynamischen Seite hin ausgebaut. Sie haben Wert darauf gelegt, einerseits möglichst vereinfachte Verfahren zur Behandlung der wichtigsten Fragen der Dynamik der Stabwerke zu bringen, andererseits aber auch die verschiedenen Nebeneinflüsse mit möglichster Strenge und Vollständigkeit zu behandeln. Selbstverständlich ist ein Teil der letztgenannten Verfahren nicht unmittelbar für den praktischen Gebrauch bestimmt, sondern soll nur dazu dienen, einen Vergleich strenger Werte mit Näherungsverfahren der Praxis zu ermöglichen. Es entspricht dabei durchaus dem Sinn des Buches, daß nicht eingegangen wurde auf die Diskussion der mannigfachen Faustformeln, welche in der einschlägigen Literatur oft ohne genügende Kenntnis allgemeingültiger elastokinetischer Beziehungen umstritten werden. Die Verfasser sind im übrigen der Ansicht, daß viele dieser Faustformeln schon deshalb wenig Berechtigung besitzen, weil die strenge Beantwortung der betreffenden Frage kaum mehr, mitunter sogar weniger Mühe macht als die Anwendung der Faustformel.

Die in dem vorliegenden Buch behandelten Schwingungserscheinungen lassen sich in zwei große Gruppen einteilen, die man als stationäre Schwingungen und Ausgleichsschwingungen bezeichnen kann. Bei den ersten handelt es sich um die Bestimmung der Formänderungen und Beanspruchungen eines Stabwerks, welches periodisch veränderlichen Lasten ausgesetzt ist. Die hierhergehörenden praktischen Verfahren werden in Kap. IV gebracht. Bei den zweiten handelt es sich um die Bestimmung der Formänderungen und Beanspruchungen eines Tragwerks, welches plötzlich be- oder entlastet wird oder Stößen ausgesetzt ist oder durch über das Stabwerk sich hinwegbewegende Lasten beansprucht wird. Diese Aufgaben werden in Kap. V behandelt. Die meisten Verfahren zur Lösung dieser beiden Aufgabengruppen setzen die Kenntnis von Eigenschwingungszahlen des Stabwerks voraus. Den wichtigsten Verfahren zur Bestimmung dieser Eigenschwingungszahlen ist daher das Kap. III gewidmet. Da in die Kap. III bis V der größeren Übersichtlichkeit halber nur die wichtigsten Rechenverfahren aufgenommen worden sind, schien es den Verfassern zweckmäßig, die Grundbegriffe der Schwingungslehre sowie die allgemeinen Grundlagen der Dynamik der Tragwerke in den Kap. I und II zu bringen. Hierdurch werden die vom Leser dieses Buches geforderten Vorkenntnisse stark eingeschränkt, und es wird dem Leser ein Überblick geboten, welcher ihm eine kritische Stellungnahme auch zu den in diesem Buche nicht näher behandelten Rechenverfahren und Faustformeln ermöglicht. In Kap. VI sind die wichtigsten Rechenverfahren aus den vorhergehenden Kapiteln noch einmal so dargestellt, daß sie auch von demjenigen angewendet werden können, der diese Kapitel entweder überhaupt nicht systematisch durchgearbeitet oder doch die dort gebrachten Gedankengänge nicht mehr vollständig gegenwärtig hat. Kap. VII schließlich enthält mehrere Funktionentafeln, welche zur Durchführung verschiedener dynamischer Rechenverfahren unumgänglich notwendig sind. Im Anhang sind nach den entsprechenden Kapiteln des Buches geordnet die wichtigsten Quellen- und einige weitere Literaturangaben zusammengestellt.

In den folgenden Zeilen dieser Einleitung soll noch kurz eingegangen werden auf die idealisierenden Voraussetzungen, welche in diesem Buch stets zugrunde gelegt werden. Die Voraussetzung vollkommener Elastizität und die Voraussetzung kleiner Formänderungen bedürfen kaum einer ausführlichen Begründung, da diese Voraussetzungen auch in der Baustatik fast ausschließlich gemacht werden. Man darf freilich die Augen nicht vor der Tatsache verschließen, daß in manchen Fällen diese Voraussetzungen weniger deshalb eingeführt werden, weil sie physikalisch begründet sind, als vielmehr, weil ohne sie die Rechnung sich zu verwickelt gestalten würde. In solchen Fällen sollte man versuchen, wenigstens einige hinreichend einfache Sonderfälle unter Verzicht auf diese Voraussetzungen zu behandeln, um zu erkennen, in welchem Sinne die Ergebnisse durch Einführung der vereinfachenden Voraussetzungen beeinflußt·werden.

Eine andere in diesem Buche stets gemachte Voraussetzung ist die der Dämpfungsfreiheit der betrachteten Systeme. Man unterscheidet bekanntlich zwischen äußerer und innerer Dämpfung. Bei der äußeren Dämpfung nimmt man gewöhnlich in jedem Punkte des schwingenden Systems dämpfende Kräfte an, welche der Geschwindigkeit dieses Punktes proportional sind. In diesem Falle beeinflußt die Dämpfung die Form der erzwungenen harmonischen Schwingungen des Systems nicht, es entsteht lediglich eine Amplitudenverringerung und eine Phasenverschiebung zwischen Ausschlag und erregender Kraft. Anders liegen die Verhältnisse bei der inneren Dämpfung, welche den Zähigkeitskräften bei der Strömung einer zähen Flüssigkeit entspricht und von den relativen Verschiebungsgeschwindigkeiten benachbarter Teilchen abhängt. Die mathematische Behandlung von Schwingungsproblemen unter Berücksichtigung der hierhergehörenden Ansätze der Kontinuumsmechanik gestaltet sich außerordentlich verwickelt, da jetzt nicht mehr alle Körperelemente mit gleicher Phase schwingen. Dazu kommt, daß auch die physikalische Seite des Dämpfungsproblems noch keineswegs in ausreichendem Maße geklärt ist, so daß auch aus diesem Grunde eine Berücksichtigung der Baustoffdämpfung bei der Behandlung von Aufgaben aus der Dynamik der Stabwerke sich verbietet. Glücklicherweise sind die praktisch vorkommenden Dämpfungen meist so klein, daß dadurch die dynamischen Formänderungen und Beanspruchungen nur wenig beeinflußt werden, wenn man sich nicht gerade in der unmittelbaren Umgebung einer Resonanzstelle befindet. Da man solche Resonanzstellen ohnedies vermeidet, begeht man mit der Vernachlässigung der Dämpfung nur einen sehr kleinen Fehler, der im übrigen noch dazu führt, die dynamische Sicherheit der Stabwerke etwas zu unterschätzen.

Weiter werden in diesem Buche die Lager und Einspannungen in der Regel als vollkommen starr vorausgesetzt, d. h. es wird angenommen, daß keine Energie vom schwingenden System in das Erdreich ausgestrahlt wird. Auch diese Voraussetzung wird in manchen Fällen keineswegs erfüllt sein, doch liegt noch zu wenig experimentelles Material über das dynamische Verhalten von Gründungen bei Berücksichtigung der Energieabwanderung vor, als daß wirklich vertretbare Rechenvorschriften daraus abgeleitet werden könnten.

Ferner sind in diesem Buch lediglich ebene Schwingungen ebener Stabwerke behandelt. Die angegebenen Methoden können unschwer auch auf räumliche Systeme ausgedehnt werden, doch wurde von einer Durchführung dieser Erweiterung im Interesse des Buchumfanges abgesehen.

Schließlich wird in diesem Buch nicht eingegangen auf alle Fragen, welche mit den Ermüdungserscheinungen der Werkstoffe zusammenhängen. Wenn auch die wirkliche Dimensionierung des Stabwerkes außer der Berechnung der dynamischen Beanspruchung die Kenntnis der Dauerfestigkeit des Stabmaterials erfordert, so schien es doch den Verfassern nicht angezeigt, auf diese verwickelten, z. T. auch noch nicht in genügendem Maße erforschten Beziehungen einzugehen.

I. Grundbegriffe der Schwingungslehre.

A. Kinematische Grundbegriffe der Schwingungslehre.

1. Die harmonische Schwingung und ihre Bestimmungsstücke.

Wir wollen in diesem Abschnitt die geometrischen Eigenschaften der Schwingungsbewegungen betrachten, ohne auf die Kräfte einzugehen, welche diese Schwingungsbewegungen verursachen. Wir betrachten daher die Bewegung eines Punktes eines schwingenden Systems ohne Rücksicht auf den Zusammenhang dieses Punktes mit dem System, welchem er angehört. Als Schwingungsbewegung im engeren Sinne wollen wir eine geradlinige Bewegung eines Punktes bezeichnen, wenn jeweils nach Ablauf einer gewissen Zeit, der Schwingungszeit oder Schwingungsdauer, der Punkt wieder den gleichen Bewegungszustand, also die gleiche Lage, Geschwindigkeit, Beschleunigung usw. besitzt. Man nennt einen solchen Bewegungsablauf periodisch und bezeichnet die Schwingungszeit auch als Periode der Schwingung. Abb. 1 stellt für verschiedenartige periodische Bewegungen den Ausschlag v als Funktion der Zeit t dar, die

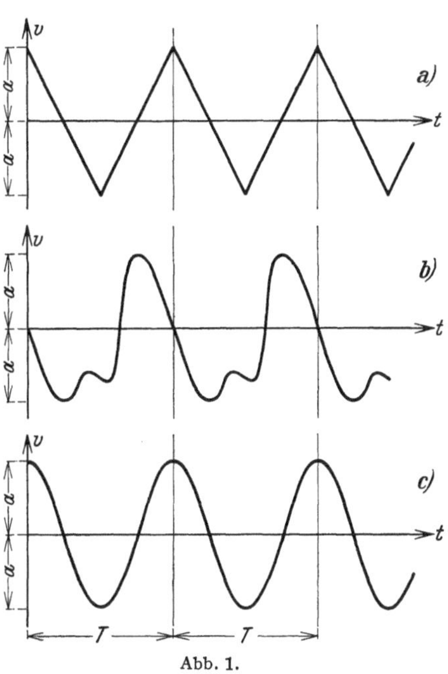

Abb. 1.

Schwingungsdauer T ist für alle dargestellten Bewegungen die gleiche. Neben der Schwingungsdauer T ist für die Schwingung kennzeichnend noch der größte Ausschlag a, der als Amplitude bezeichnet wird. Da wir den Ausschlag stets von der Mittellage des bewegten

Punktes aus messen wollen, erreichen die Ausschläge nach beiden Seiten hin den gleichen Größtwert, ohne daß deshalb die Bewegung im einzelnen nach beiden Seiten gleichartig verlaufen muß.

Unter den unzähligen, nach diesen Ausführungen als Schwingungen zu bezeichnenden Bewegungen nehmen nun die sog. harmonischen Schwingungen eine besondere Stellung ein. Einmal, weil die meisten natürlichen Schwingungsvorgänge genau oder doch wenigstens mit großer Annäherung dem Gesetze der harmonischen Schwingung folgen, dann aber vor allem auch wegen der großen Einfachheit, mit der sich die harmonischen Schwingungen rechnerisch behandeln lassen. Wie wir später sehen werden, läßt sich ferner eine beliebige periodische Bewegung aus harmonischen Bewegungen aufbauen. Wir wollen uns daher mit der harmonischen Schwingung eingehender befassen.

Eine harmonische Schwingung mit der Amplitude a wird dargestellt durch

$$v(t) = a \cos \omega t. \tag{1}$$

Nach Ablauf von einer oder mehreren Schwingungsdauern T soll der bewegte Punkt wieder seine alte Lage einnehmen. Die Schwingungsdauer T ergibt sich daher aus der Bedingung

$$a \cos \omega t = a \cos \omega (t + T).$$

Da die Kosinusfunktion die Periode 2π besitzt, muß die Vergrößerung des Argumentes der rechten Seite gegenüber demjenigen der linken Seite gerade 2π oder ein ganzzahliges Vielfaches dieses Wertes betragen. Die Schwingungszeit T ist also gegeben durch

$$\omega T = 2\pi$$

oder

$$T = \frac{2\pi}{\omega}. \tag{2}$$

Man nennt ω die Kreisfrequenz der Schwingung. Der reziproke Wert $\nu = \frac{\omega}{2\pi}$ der Schwingungszeit wird als Frequenz der Schwingung bezeichnet, er gibt die Anzahl der Schwingungen in der Zeiteinheit an.

Die Geschwindigkeit eines nach (1) bewegten Punktes zur Zeit t ist gegeben durch

$$\dot{v}(t) = -a\omega \sin \omega t. * \tag{3}$$

____

* Hier ist Gebrauch gemacht von der im ganzen Buch beibehaltenen Bezeichnung der Differentiation nach der Zeit durch übergesetzte Punkte. Es ist also

$$\dot{v} = \frac{\partial v}{\partial t} \quad \text{und} \quad \ddot{v} = \frac{\partial^2 v}{\partial t^2}.$$

Die Geschwindigkeit schwankt also während einer Schwingung zwischen den Werten $+\,a\omega$ und $-\,a\omega$. Diese Grenzwerte der Geschwindigkeit werden beim Durchgang des Punktes durch seine Mittellage erreicht.

Die Beschleunigung eines nach (1) bewegten Punktes zur Zeit t ist gegeben durch

$$\ddot{v}(t) = -\,a\,\omega^2 \cos \omega t. * \qquad (4)$$

Die Grenzwerte $\mp\,a\omega^2$ der Beschleunigung werden also gleichzeitig mit den Grenzwerten $\pm\,a$ des Ausschlags erreicht.

Wir besprechen noch an Hand von Abb. 2 eine einfache Darstellung der Bewegungsverhältnisse bei einer harmonischen Schwingung. Ein Punkt P befinde sich zur Zeit $t = 0$ in P_0 und durchlaufe mit der Winkelgeschwindigkeit ω einen Kreis vom Halbmesser a. Ist O der Mittelpunkt dieses Kreises, so ist die Lage P des bewegten Punktes zur Zeit t dadurch festgelegt, daß der Winkel P_0OP die Größe ωt haben muß. Ist P' die Projektion von P auf den Durchmesser OP_0, so gilt

$$\overset{\frown}{OP'} = \overset{\frown}{OP}\cdot\cos \omega t = a \cos \omega t.$$

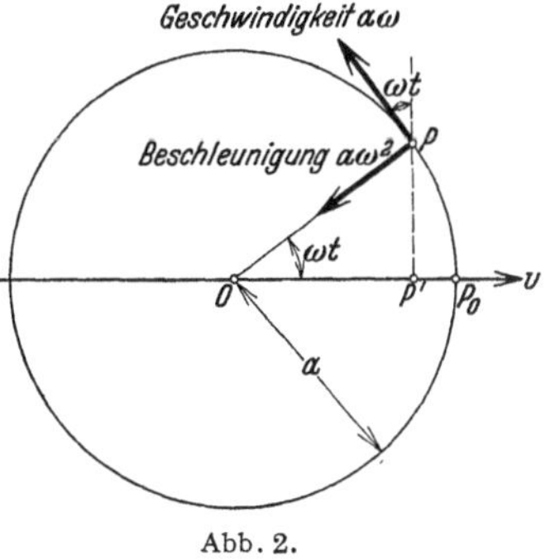

Abb. 2.

Die harmonische Bewegung des Punktes P' kann also aufgefaßt werden als Projektion der gleichförmigen Kreisbewegung des Punktes P auf einen Durchmesser dieses Kreises. Die Geschwindigkeit $\dot{v}$ von P' ergibt sich dabei in Übereinstimmung mit (3) als Projektion der in Richtung der Kreistangente verlaufenden Geschwindigkeit $a\omega$ des Punktes P, und die Beschleunigung $\ddot{v}$ von P' ist in Übereinstimmung mit (4) gegeben durch die Projektion der nach dem Mittelpunkt O hin gerichteten Zentripetalbeschleunigung $a\omega^2$ des Punktes P.

2. Zusammensetzung harmonischer Schwingungen gleicher Richtung.

Treten zwei harmonische Schwingungen gleichzeitig auf, so genügt zur Kennzeichnung der einzelnen Schwingung nicht mehr die Angabe von Frequenz und Amplitude, vielmehr muß z. B. noch angegeben werden, in welchem Stadium des Bewegungsablaufs sich die eine Schwingung befindet, wenn bei der anderen gerade der größte positive Ausschlag erreicht ist.

Wir betrachten zunächst den Fall, daß beide Teilschwingungen

---

* Siehe Fußnote auf S. 6.

gleiche Richtung und gleiche Frequenz besitzen. Es sei die eine der beiden Schwingungen gegeben durch

$$v_1(t) = a_1 \cos \omega t$$

und die andere durch

$$v_2(t) = a_2 \cos(\omega t + \varepsilon) .$$

Die erste Schwingung wird dargestellt durch die Projektion des Endpunktes P_1 eines mit der Winkelgeschwindigkeit ω umlaufenden Vektors $\overrightarrow{OP_1}$ von der Länge a_1 (Abb. 3). Zur Zeit $t = 0$ fällt die Richtung dieses Vektors mit der Richtung der v-Achse zusammen. Die zweite Schwingung wird dargestellt durch die Projektion des Endpunktes P_2 eines ebenfalls mit der Winkelgeschwindigkeit ω umlaufenden Vektors $\overrightarrow{OP_2}$ von der Länge a_2. Zur Zeit $t = 0$ bildet die Richtung dieses Vektors mit der v-Achse den Winkel ε. Da beide Vektoren mit der gleichen Winkelgeschwindigkeit umlaufen, bleibt auch während des

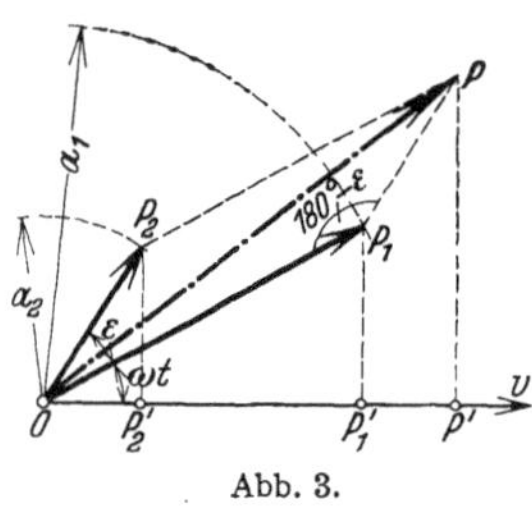

Abb. 3.

Umlaufs zwischen ihren Richtungen der feste Winkel ε bestehen. Der zweite Vektor eilt, wie man sagt, dem ersten um den Phasenunterschied ε voraus. Um nun die resultierende Bewegung

$$v(t) = a_1 \cos \omega t + a_2 \cos(\omega t + \varepsilon)$$

in unserer Darstellung zu erhalten, müssen wir in jedem Augenblick die Längen der Projektionen OP_1' und OP_2' der beiden Vektoren auf die v-Achse addieren unter Berücksichtigung ihres Richtungssinnes. Wie aus Abb. 3 hervorgeht, ist die Summe dieser Projektionen in jedem Augenblick gegeben durch die Projektion des resultierenden Vektors $\overrightarrow{OP} = \overrightarrow{OP_1} + \overrightarrow{OP_2}$, und da die beiden Vektoren $\overrightarrow{OP_1}$ und $\overrightarrow{OP_2}$ unter Beibehaltung ihrer gegenseitigen Lage mit der Winkelgeschwindigkeit ω umlaufen, behält auch der resultierende Vektor seine Größe und Lage gegenüber den Teilvektoren bei und läuft mit der Winkelgeschwindigkeit ω um. Die resultierende Schwingung ist also gleichfalls eine harmonische Schwingung von der Kreisfrequenz ω und einer Amplitude, welche sich aus dem Dreieck OP_1P mit den Seiten $\overset{\frown}{OP_1} = a_1$ und $\overset{\frown}{P_1P} = a_2$ und dem Zwischenwinkel $(180^0 - \varepsilon)$ berechnen läßt zu

$$a = \sqrt{a_1^2 + a_2^2 + 2\,a_1 a_2 \cos \varepsilon} . \tag{5}$$

In dem besonders wichtigen Fall einer Phasenverschiebung von 90^0 ergibt sich somit die resultierende Amplitude a als Hypotenuse eines rechtwinkligen Dreiecks, welches die beiden Amplituden a_1 und a_2 der Teilschwingungen zu Katheten hat. Haben dagegen die beiden Teilschwingungen gleiche Frequenz und gleiche Amplitude, aber eine Phasenverschiebung von 180⁰, so löschen sie sich völlig aus. Man nennt diese Erscheinung Interferenz.

Weniger einfach liegen die Verhältnisse, falls die beiden Teilschwingungen zwar gleiche Richtung, aber verschiedene Frequenzen besitzen. Auch hier gibt uns das Vektordiagramm Aufschluß über den Verlauf der resultierenden Bewegung. Die Vektoren $\overrightarrow{OP_1}$ und $\overrightarrow{OP_2}$, welche die beiden Teilschwingungen darstellen, laufen jetzt mit verschiedenen Winkelgeschwindigkeiten ω_1 und ω_2 um. In jedem Augenblick wird der Ausschlag v der resultierenden Bewegung dargestellt durch die Projektion des resultierenden Vektors $\overrightarrow{OP} = \overrightarrow{OP_1} + \overrightarrow{OP_2}$ auf die v-Achse. Da aber jetzt die beiden Vektoren $\overrightarrow{OP_1}$ und $\overrightarrow{OP_2}$ infolge

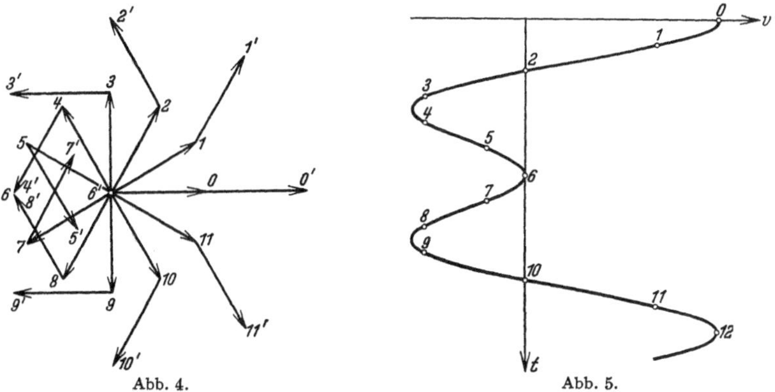

Abb. 4.   Abb. 5.

ihrer verschiedenen Winkelgeschwindigkeiten ihre gegenseitige Lage nicht mehr beibehalten, ändert auch der resultierende Vektor $\overrightarrow{OP}$ dauernd seine Größe und seine Lage gegenüber den Vektoren der Teilschwingungen. Um uns über das allgemeine Verhalten der resultierenden Bewegung Klarheit zu verschaffen, betrachten wir zunächst einige Sonderfälle.

Es sei $\omega_2 = 2\,\omega_1$, $a_1 = a_2$ und zur Zeit $t = 0$ mögen die beiden Schwingungen den Phasenunterschied $\varepsilon(0) = 0$ besitzen. Abb. 4 zeigt verschiedene Lagen der beiden Vektoren während eines vollen Umlaufs des sich langsamer drehenden Vektors der ersten Teilschwingung. In Abb. 5 ist die entstehende Bewegung $v(t)$ als Funktion der Zeit dargestellt, sie ist naturgemäß nicht mehr harmonisch, ist aber streng periodisch, da nach einem vollen Umlauf des sich langsamer drehenden Vektors der ersten Teilschwingung sich alle Stellungen der beiden Vektoren wiederholen.

Als zweites Beispiel wollen wir den Fall $\omega_2 = 1{,}2\,\omega_1$, $a_1 = a_2$, $\varepsilon(0) = 0$ behandeln. Während der Vektor der ersten Teilschwingung fünf volle Umdrehungen ausführt, vollzieht der Vektor der zweiten Teilschwingung sechs volle Umläufe. Nach dieser Zeit, welche also durch die fünffache Schwingungszeit der ersten oder durch die sechsfache Schwingungszeit der zweiten Teilschwingung gegeben ist, befinden sich beide Vektoren wieder in ihren Ausgangslagen. Die resultierende Bewegung ist also streng periodisch mit der Periode

$$T = 5\,T_1 = 6\,T_2.$$

Sind allgemein ω_1 und ω_2 die Kreisfrequenzen der Teilschwingungen, so kann eine streng periodische Bewegung offenbar nur dann entstehen, wenn sich eine Zeit τ so angeben läßt, daß in dieser Zeit der Vektor der ersten Teilschwingung eine ganze Zahl n_1 und der Vektor der zweiten Teilschwingung eine ebenfalls ganze Zahl n_2 von Umdrehungen ausführt. Es gilt also

und

$$\left.\begin{aligned} \omega_1\,\tau &= 2\,\pi\,n_1 \\[4pt] \omega_2\,\tau &= 2\,\pi\,n_2. \end{aligned}\right\} \tag{6}$$

Das Verhältnis

$$\frac{\omega_1}{\omega_2} = \frac{n_1}{n_2}$$

der Kreisfrequenzen der Teilschwingungen läßt sich daher als Verhältnis zweier ganzer Zahlen schreiben, ist also rational. Die Periode T der zusammengesetzten Schwingung ist von allen denjenigen Zeiten τ, welche den Gleichungen (6) genügen, die kleinste. Um die Periode T zu finden, reduziert man den Bruch n_1/n_2 durch Wegkürzen aller gemeinschaftlichen Faktoren von n_1 und n_2 so, daß der Zähler N_1 und der Nenner N_2 teilerfremd sind. Es ist dann

und

$$\omega_1\,T = 2\,\pi\,N_1$$

$$\omega_2\,T = 2\,\pi\,N_2$$

und die gesuchte Periode kann aus einer dieser Gleichungen bestimmt werden.

Sind die beiden Teilfrequenzen nur wenig voneinander verschieden, so ändern die beiden Vektoren der Teilschwingungen ihre gegenseitige Lage nur langsam. Während hinreichend kurzer Zeiten verläuft also die resultierende Bewegung angenähert so, als ob es sich um die Zusammensetzung zweier harmonischer Schwingungen gleicher Frequenz handelte, d. h. wie eine harmonische Schwingung. Abb. 6 stellt den Bewegungsablauf für unser zweites Beispiel dar. Man erkennt, daß die Bewegung angenähert als harmonische Bewegung mit periodisch veränderlicher Amplitude beschrieben werden kann. Man bezeichnet derartige Bewegungen, welche durch Überlagerung zweier harmonischer Schwingungen von nahezu gleichen Frequenzen entstehen, als Schwebungen.

Als drittes Beispiel betrachten wir den Fall $\omega_2 = \omega_1 \sqrt{2}$, $a_1 = a_2$, $\varepsilon(0) = 0$. Wegen des irrationalen Verhältnisses der Teilfrequenzen lassen sich nun die Gleichungen (6) nicht mehr mit ganzen Zahlen n_1 und n_2 erfüllen, der Bewegungsablauf ist also nicht streng periodisch. Da aber mit wachsender Größe der Zahlen n_1 und n_2 die irrationale Zahl $\sqrt{2}$ sich immer besser als Quotient der ganzen Zahlen n_1 und n_2 darstellen

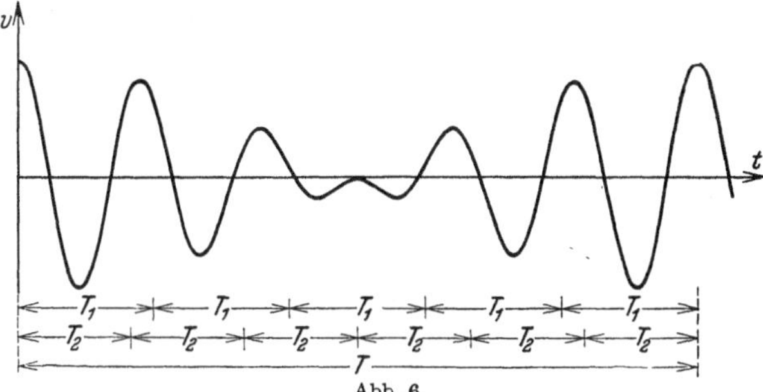

Abb. 6.

läßt, wird sich ein einmal vorhandener Bewegungszustand um so genauer wiederholen, je länger man wartet. Man bezeichnet eine derartige Bewegung als fastperiodisch.

3. Zusammensetzung von harmonischen Schwingungen mit zueinander senkrechten Richtungen.

Wir betrachten zunächst den Fall, daß beide Teilschwingungen zueinander senkrechte Richtungen und gleiche Frequenz besitzen. Bezeichnet man die zueinander senkrechten Schwingungsrichtungen mit x und y, und sind a_x und a_y die Amplituden der beiden Teilschwingungen, so wird die resultierende Bewegung dargestellt durch

$$\left.\begin{array}{l} x = a_x \cos \omega t, \\ y = a_y \cos (\omega t + \varepsilon) \end{array}\right\} \tag{7}$$

Die Bahn des schwingenden Punktes ergibt sich durch Elimination der Zeit aus diesem Gleichungspaar.

Verschwindet die Phasenverschiebung ε, so erhält man als Bahngleichung

$$\frac{x}{y} = \frac{a_x}{a_y}.$$

Die Bahn ist also eine Gerade, die resultierende Schwingung ist eine harmonische Schwingung mit der Kreisfrequenz ω und der Amplitude

$$a = \sqrt{a_x^2 + a_y^2}. \tag{8}$$

Beträgt der Phasenunterschied ε gerade 90^0, so nehmen die Gleichungen (7) die Form an

$$x = a_x \cos \omega t,$$
$$y = -a_y \sin \omega t.$$

Durch Elimination von t erhält man aus diesen Gleichungen als Gleichung der Bahnkurve

$$\frac{x^2}{a_x^2} + \frac{y^2}{a_y^2} = 1.$$

Die Bahnkurve ist also eine Ellipse mit den Halbachsen a_x und a_y.

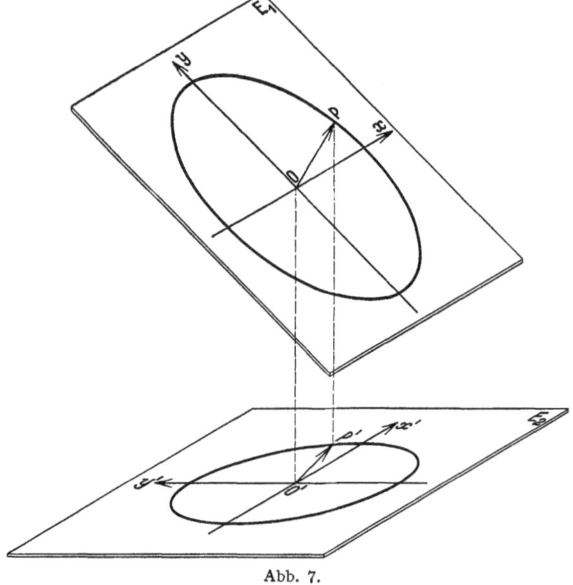

Abb. 7.

Für den Sonderfall $a_x = a_y$ ergibt sich als Bahnkurve ein Kreis vom Halbmesser a_x, der mit der Winkelgeschwindigkeit ω durchlaufen wird. Von diesem Sonderfall kann man wieder zu dem vorher besprochenen allgemeineren Fall zurückgelangen, wenn man die gleichförmige Kreisbewegung orthogonal auf eine Ebene E_2 projiziert, die gegen die Ebene E_1 der Kreisbewegung um einen Winkel α geneigt ist (Abb. 7). Der einfacheren Ausdrucksweise halber wollen wir uns die Ebene E_2 als Horizontalebene vorstellen. Faßt man die gleichförmige Kreisbewegung des Punktes P in der Ebene E_1 auf als zusammengesetzt aus zwei geradlinigen harmonischen Schwingungen von gleicher Amplitude, welche in Richtung der Schichtlinie x und der Fallinie y der Ebene E_1 erfolgen und eine Phasenverschiebung von 90^0 besitzen, und bedenkt, daß eine geradlinige harmonische Bewegung sich auch als solche projiziert, so erkennt man, daß die Bewegung des Projektionspunktes P' in der Ebene E_2 sich aus zwei harmonischen Schwingungen verschiedener Amplituden zusammensetzen läßt, welche in den zueinander senkrechten Richtungen x' und y' erfolgen und ebenfalls eine Phasenverschiebung von 90^0 besitzen. Man kann aus dieser Darstellung noch Aufschluß über das Zeitgesetz erhalten, nach welchem der Punkt P' seine Bahnellipse durchläuft. Da sich der Punkt P in der Ebene E_1 gleichförmig auf einem Kreise um O bewegt, überstreicht der Radiusvektor OP in gleicher Zeit gleiche Flächen. Da aber die Projektionen einander gleicher Flächenstücke der Ebene E_1 auf die Ebene E_2 ebenfalls gleichen Flächeninhalt haben, muß auch der Projektionspunkt P' seine elliptische Bahn so durchlaufen, daß der Radiusvektor $O'P'$ vom Ellipsenmittelpunkt nach dem bewegten Punkt in gleichen Zeiten gleiche Flächen überstreicht.

Wählt man als Teilschwingungsrichtungen bei der Zusammensetzung der gleichförmigen Kreisbewegung an Stelle der Richtungen x und y die Richtungen zweier anderer senkrecht aufeinanderstehender Kreisdurchmesser, so ergibt sich, daß die elliptische Bewegung des Projektionspunktes P' auch zusammengesetzt werden kann aus zwei harmonischen Schwingungen, welche einen Phasenunterschied von 90^0 besitzen und deren Richtungen und Amplituden durch zwei konjugierte Ellipsenhalbmesser gegeben sind.

Wir betrachten nun den allgemeinen Fall der Gleichungen (7). Die zweite dieser Gleichungen kann auch geschrieben werden in der Form

$$y = a_y \cos \varepsilon \cos \omega t - a_y \sin \varepsilon \sin \omega t .$$

Man kann somit die Bewegung auch aufbauen aus den drei geradlinigen harmonischen Schwingungen

$$x = a_x \cos \omega t ,$$
$$y_1 = a_y \cos \varepsilon \cos \omega t ,$$
$$y_2 = -a_y \sin \varepsilon \sin \omega t .$$

Die ersten beiden Teilschwingungen lassen sich infolge ihrer gleichen Phase zusammensetzen zu einer geradlinigen harmonischen Schwingung, deren Richtung gegen die y-Achse geneigt ist. Die dritte Schwingung verläuft in Richtung der y-Achse und besitzt gegen die Resultante der beiden ersten eine Phasenverschiebung von 90^0. Nach den obigen Ausführungen ist also die aus allen drei zusammengesetzte Bewegung eine elliptische Schwingung. Die Resultante zweier senkrecht zueinander gerichteten Schwingungen beliebiger Amplituden und Phasen ist also stets eine elliptische Schwingung, bei welcher der Radiusvektor vom Ellipsenmittelpunkt nach dem bewegten Punkt in gleichen Zeiten gleiche Flächen überstreicht[1]. Selbstverständlich kann die Bahnellipse auch zu einem Kreis oder einer geraden Strecke ausarten.

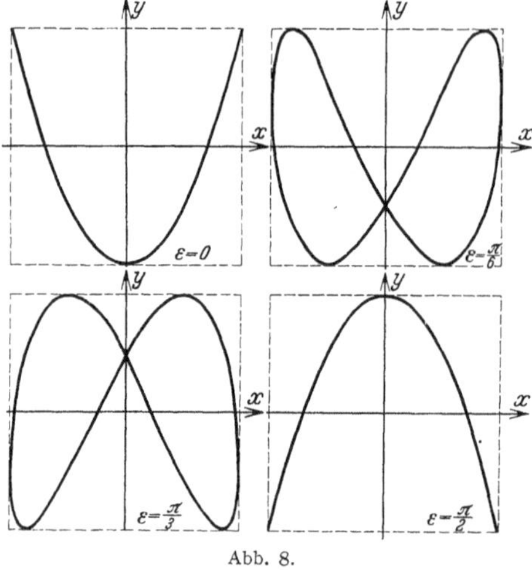

Abb. 8.

Haben beide Teilschwingungen im Gegensatz zu den bisher betrachteten Fällen verschiedene Frequenzen, so ergeben sich resultierende Bahnen, die als Lissajouskurven bezeichnet werden. Je nachdem die beiden Frequenzen in rationalem oder irrationalem Verhältnis zueinander stehen, ist die resultierende Bewegung streng periodisch oder fastperiodisch. Abb. 8 zeigt einige Lissajouskurven für

$$x = \cos(\omega t + \varepsilon),$$

$$y = \cos 2\omega t$$

bei verschiedenen Werten der Phasenverschiebung ε.

B. Kinetische Grundbegriffe der Schwingungslehre.

4. Freie Schwingungen eines Systems mit einem Freiheitsgrad.

Wir betrachten einen Balken auf zwei Stützen, der bei $x = x_1$ eine punktförmige Masse M trägt (Abb. 9). Die Achsen y und z unseres Koordinatensystems sollen parallel sein zu den Hauptträgheitsachsen des Balkenquerschnitts. Die Balkenmasse sei klein gegenüber der Masse M. Wir wollen daher die Balkenmasse bei den folgenden Überlegungen vernachlässigen, uns also den Balken als masselos vorstellen.

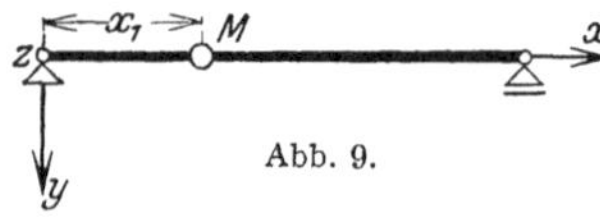

Abb. 9.

---

[1] Dies gilt übrigens auch für den hier nicht betrachteten allgemeineren Fall, daß die beiden Schwingungsrichtungen nicht senkrecht zueinander sind.

Wir wollen ferner die folgenden Ausführungen beschränken auf Schwingungen, bei denen alle Punkte des Systems sich parallel zur x-y-Ebene bewegen. Der masselose Balken folgt ohne Trägheit den Kräften, welche die Masse M auf ihn überträgt. Die Lage aller Systempunkte in einem gewissen Augenblick der Bewegung ist also bestimmt durch die Lage der Masse M in diesem Augenblick. Diese Lage wird aber durch eine Größe eindeutig festgelegt, nämlich durch die Auslenkung $v(x_1, t)$ der Masse M aus ihrer Gleichgewichtslage (Abb. 10). Wir bezeichnen daher das System als ein System mit einem Freiheitsgrad. Beschränken wir unsere Betrachtungen nicht auf solche Schwingungen, bei denen sich alle Punkte parallel zur x-y-Ebene bewegen, so hat das System zwei Freiheitsgrade, da zur Bestimmung seiner Lage die beiden Auslenkungskomponenten $v(x_1, t)$ und $w(x_1, t)$ der Masse M in Richtung der y-Achse und der z-Achse angegeben werden müssen.

Wir schreiten nun zur Aufstellung der Differentialgleichung für die Bewegung der Masse M. Der Einfachheit halber wollen wir dabei für die Auslenkung $v(x_1, t)$ der Masse M die Bezeichnung $v(t)$ gebrauchen und uns der genaueren Schreibweise $v(x_1, t)$ nur dann bedienen, wenn die Auslenkung $v(x_1, t)$ der Masse M mit der Auslenkung $v(x_2, t)$ eines anderen Punktes $x = x_2$ des Balkens verglichen wird.

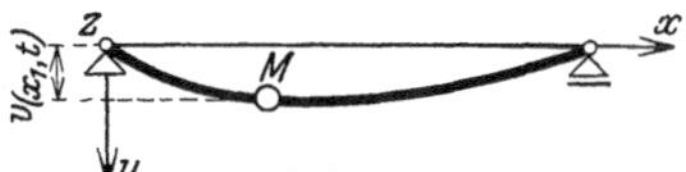

Abb. 10.

Der ausgelenkte Balken übt infolge seiner Elastizität auf die Masse M eine Rückstellkraft R aus, deren Größe von der Größe der Auslenkung v abhängt. Diese Rückstellkraft ist derjenigen Kraft entgegengesetzt gleich, welche bei $x = x_1$ am Balken angreifen müßte, um dort die Auslenkung v hervorzubringen. Für kleine Ausschläge können wir die Rückstellkraft dem Ausschlag proportional setzen:

$$R = -C\,v.$$

Das negative Vorzeichen in diesem Ansatz deutet an, daß es sich um eine Kraft handelt, welche die Masse M in ihre Gleichgewichtslage zurückzuziehen sucht. Es ist wichtig, schon hier darauf hinzuweisen, daß diese lineare Beziehung zwischen Ausschlag und Rückstellkraft die Gültigkeit des Hookeschen Gesetzes für das Balkenmaterial voraussetzt, also sicher nur bis zu einer gewissen Grenzauslenkung richtig ist. Für größere Auslenkungen nimmt das anfänglich konstante Verhältnis zwischen Rückstellkraft und Auslenkung ab. Wir werden später diese Verhältnisse noch etwas eingehender behandeln.

Greift während der Bewegung an der Masse M nur die Rückstellkraft des Balkens an, so bezeichnen wir die entstehenden Schwingungen als freie Schwingungen. Das Produkt aus der Größe der Masse M und ihrer Beschleunigung $\ddot{v}$ muß für die freien Schwingungen in jedem Augenblick der Bewegung gleich der Rückstellkraft R sein. Die Differentialgleichung für die freien Schwingungen lautet also

$$M\ddot{v} + Cv = 0. \tag{9}$$

Mit $\omega_1 = \sqrt{\dfrac{C}{M}}$ ist die Lösung dieser Differentialgleichung bekanntlich gegeben durch

$$v(t) = A \cos \omega_1 t + B \sin \omega_1 t.$$

Die Integrationskonstanten A und B dieser Lösung müssen aus den Anfangsbedingungen bestimmt werden. Soll z. B. zur Zeit $t = 0$ die Masse M die Auslenkung $v(0)$ und die Geschwindigkeit $\dot{v}(0)$ besitzen, so ist

$$v(t) = v(0) \cos \omega_1 t + \frac{\dot{v}(0)}{\omega_1} \sin \omega_1 t. \tag{10}$$

Die freien Schwingungen sind also harmonische Schwingungen von einer ganz bestimmten Frequenz, welche nur von den elastischen Eigenschaften und der Masse des Systems, nicht aber von der Amplitude abhängt. Man nennt diese Frequenz die Eigenfrequenz des Systems.

Ist die Masse M unter der statischen Einwirkung einer bei $x = x_1$ angreifenden Kraft P um $v(0) = \dfrac{P}{C}$ ausgelenkt, und wird zur Zeit $t = 0$ diese Kraft plötzlich beseitigt, so ist die Bewegung der Masse M gegeben durch

$$v(t) = \frac{P}{C} \cos \omega_1 t. \tag{11}$$

Der Größtwert des Ausschlages während der nach der Entlastung einsetzenden Schwingung ist der statische Ausschlag P/C. Bei den Schwingungen, die infolge plötzlicher Entlastung eines ruhenden Systems von einem Freiheitsgrad entstehen, treten also keine größeren Beanspruchungen auf als unter der statischen Einwirkung der beseitigten Last.

5. Erzwungene Schwingungen eines Systems mit einem Freiheitsgrad.

Greift während der Bewegung des Systems außer der Rückstellkraft des Balkens noch eine äußere Kraft $P(t)$ an der Masse an, so spricht man von erzwungenen Schwingungen. Für diese Schwingungen muß in jedem Augenblick der Bewegung das Produkt aus der Größe der Masse M und ihrer Beschleunigung $\ddot{v}$ gleich der Summe von Rückstellkraft $R = -Cv$ und erregender Kraft $P(t)$ sein. Die Differentialgleichung der erzwungenen Schwingung lautet also

$$M \ddot{v} + C v = P(t) \, * .$$ (12)

Wir betrachten zunächst den Sonderfall, daß die erregende Kraft für das unendlich kleine Zeitintervall $t' - dt' \leq t \leq t'$ den Wert $P(t')$ annimmt und für alle anderen Zeiten verschwindet. Wir bezeichnen eine solche nur für einen Augenblick wirkende Belastung als Stoßbelastung. Die Intensität des Stoßes messen wir durch das Produkt aus der Stoßkraft $P(t')$ und ihrer Einwirkungsdauer dt'. Man bezeichnet dieses Produkt als Impuls und sagt, der Masse M werde zur Zeit t' der Impuls $P(t') \, dt'$ erteilt. Ist die Masse anfänglich in Ruhe, also $\dot{v}(0) = 0$ und $v(0) = 0$, so vereinfacht sich die Bewegungsgleichung (12) für das Zeitelement dt' zu

$$M \ddot{v} = P(t') \, .$$

Während des Zeitelements dt' erfährt also die anfangs ruhende Masse die Beschleunigung $\dfrac{P(t')}{M}$. Nach Ablauf dieses Zeitelements besitzt die Masse daher die unendlich kleine Geschwindigkeit $\dfrac{P(t')}{M} \, dt'$, während ihr Ausschlag $\dfrac{P(t')}{2M} \, dt'^2$ von höherer Ordnung klein ist. Die weitere Bewegung kann wegen des vorausgesetzten Verschwindens von $P(t)$ für $t > t'$ als freie Schwingung behandelt werden mit den Anfangswerten $v(t') = 0$ und $\dot{v}(t') = \dfrac{P(t')}{M} \, dt'$, sodaß auf Grund der Gleichung 4, (10) zur Zeit $t > t'$ der Ausschlag der Masse gegeben ist durch

$$v(t') = \frac{P(t')}{M \, \omega_1} \, dt' \sin \omega_1 (t - t') \, .$$ (13)

Besitzt die Masse M zur Zeit $t = t' - dt'$ bereits eine Bewegung, so überlagert sich dieser für $t > t'$ die durch (13) dargestellte Bewegung. Indem wir die Wirkung einer erregenden Kraft als Summe derartiger Impulswirkungen auffassen, erhalten wir die Lösung der Differentialgleichung (12) in der Form

$$v(t) = v(0) \cos \omega_1 t + \frac{\dot{v}(0)}{\omega_1} \sin \omega_1 t + \frac{1}{M \, \omega_1} \int_0^t P(t') \sin \omega_1 (t - t') \, dt' \, .$$ (14)

Die durch das Integral auf der rechten Seite ausgedrückte einfache

---

* Sind a_1 und a_2 die statischen Auslenkungen der Punkte $x = x_1$ und $x = x_2$ des Balkens infolge einer bei $x = x_1$ angreifenden Einheitskraft, so kann eine bei $x = x_2$ angreifende erregende Kraft $P(t)$ ersetzt werden durch eine an der Masse M angreifende Kraft $\dfrac{a_2}{a_1} \, P(t)$.

Überlagerung der verschiedenen Impulswirkungen ist natürlich nur infolge der Linearität der Differentialgleichung (12) statthaft. Die Auswertung dieses Integrals für eine bestimmte Zeit $t = t_1$ kann auf die folgende Weise erfolgen. Wir zeichnen auf zwei getrennte Blätter die Kurven $y = P(t)$ und $\eta = \sin \omega_1 \tau$ und legen diese Blätter nach Art der Abb. 11 so untereinander, daß die Geraden $t = t_1$ und $\tau = 0$ sich decken und daß die positive τ-Achse entgegengesetzt zur positiven t-Achse gerichtet ist. Untereinanderliegende Ordinaten beider Kurven werden dann miteinander multipliziert, und über die Produkte wird von $t = 0$ bis $t = t_1$ integriert.

Wir betrachten einige typische Fälle erzwungener Schwingungen, wobei wir für $t = 0$ das System stets als ruhend voraussetzen wollen, sodaß nur das letzte Glied der rechten Seite von Gleichung (14) zu berücksichtigen ist. Zunächst wollen wir den Fall plötzlicher Belastung des ruhenden Systems behandeln. Für $t > 0$ habe also die erregende Kraft eine konstante Größe P. Die erzwungene Bewegung wird dargestellt durch

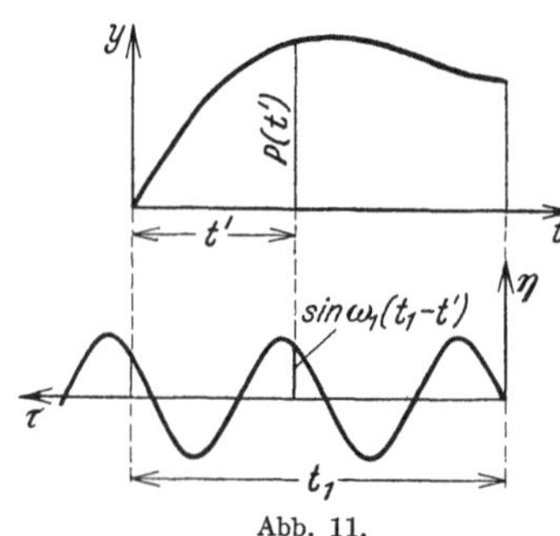

Abb. 11.

$$v(t) = \frac{P}{M\omega_1} \int_0^t \sin \omega_1 (t - t')\, dt'$$

$$= \frac{P}{M\omega_1^2} (1 - \cos \omega_1 t) = \frac{P}{C} (1 - \cos \omega_1 t). \quad (15)$$

Die Bewegung ist also eine Schwingung um die zur Last P gehörende statische Auslenkung $\dfrac{P}{C}$. Der größte Wert der Auslenkung wird erreicht, wenn die Kosinusfunktion in (15) den Wert -1 annimmt, er beträgt

$$\mathrm{Max}\ v = \frac{2P}{C}.$$

Die größte Beanspruchung eines Systems von einem Freiheitsgrad bei plötzlichem Aufbringen einer Last ist also doppelt so groß als die statische Beanspruchung durch diese Last, während, wie in 4 gezeigt wurde, die Beanspruchung bei plötzlicher Entlastung nicht größer als die statische Beanspruchung unter der beseitigten Last werden kann.

Die periodische erregende Kraft $P(t) = P \cos \omega t$ erzwingt die Bewegung

$$v(t) = \frac{P}{M\omega_1} \int_0^t \cos \omega t' \sin \omega_1 (t - t')\, dt'.$$

Durch zweimalige partielle Integration ergibt sich

$$v(t) = \frac{P}{M(\omega_1^2 - \omega^2)} (\cos \omega t - \cos \omega_1 t) . \tag{16}$$

Für $\omega = \omega_1$ nimmt dieser Ausdruck die unbestimmte Form 0/0 an, sein in der bekannten Weise ermittelter Wert ist

$$v(t) = \frac{P}{2 M \omega_1} t \sin \omega_1 t = \frac{P}{2 C} \omega_1 t \sin \omega_1 t . \tag{17}$$

Die Lösung (16) besteht aus zwei harmonischen Schwingungen gleicher Amplitude, von denen die eine mit der Frequenz der erregenden Kraft, die andere mit der Eigenfrequenz des Systems erfolgt. Bei Anwesenheit von (praktisch stets vorhandenen) Bewegungswiderständen erlischt mit der Zeit diejenige Schwingung, welche mit der Eigenfrequenz des Systems erfolgt, sodaß schließlich nur noch die Schwingung besteht, welche durch die erregende Kraft aufrechterhalten wird und mit der Frequenz dieser Kraft erfolgt. Vielfach nennt man daher diesen Bestandteil der Lösung (16) allein die erzwungene Schwingung; soll er von der vollständigen Lösung (16) unterschieden werden, so wollen wir den genaueren Ausdruck stationärer Anteil der erzwungenen Schwingung gebrauchen.

Kommt es aus irgendeinem Grunde lediglich auf diesen stationären Anteil der erzwungenen Bewegung an, so kann man bei der Integration der Differentialgleichung (12) von dem Umstand Gebrauch machen, daß diese Schwingung mit der Frequenz der erregenden Kraft erfolgt. Setzt man in der Differentialgleichung (12)

$$P(t) = P \cos \omega t \quad \text{und} \quad v(t) = a \cos \omega t ,$$

also

$$\ddot{v}(t) = -a \omega^2 \cos \omega t ,$$

so ergibt sich nach Wegkürzen des allen Gliedern gemeinsamen Faktors $\cos \omega t$ die Beziehung

$$-M \omega^2 a + C a = P$$

oder

$$a = \frac{P}{M(\omega_1^2 - \omega^2)} .$$

Das Verhältnis dieser Amplitude der erzwungenen stationären Schwingung zum statischen Ausschlag $\dfrac{P}{C} = \dfrac{P}{M \omega_1^2}$ infolge der Kraft P ist

$$a^* = \frac{1}{1 - \left(\dfrac{\omega}{\omega_1}\right)^2} . \tag{18}$$

Abb. 12 zeigt a^* als Funktion des Verhältnisses $\omega^* = \dfrac{\omega}{\omega_1}$ von Erregungsfrequenz ω und Eigenfrequenz ω_1. Der Vorzeichenwechsel bei $\omega^* = 1$ bedeutet, daß für $\omega^* > 1$ eine Phasenverschiebung von 180^0 zwischen erregender Kraft und erzwungenem stationärem Ausschlag besteht, während für $\omega^* < 1$ Kraft und Ausschlag in Phase sind. Da meist nur die absolute Größe von a^* von Interesse ist, trägt man in der Regel den Betrag von a^* als Funktion von ω^* auf

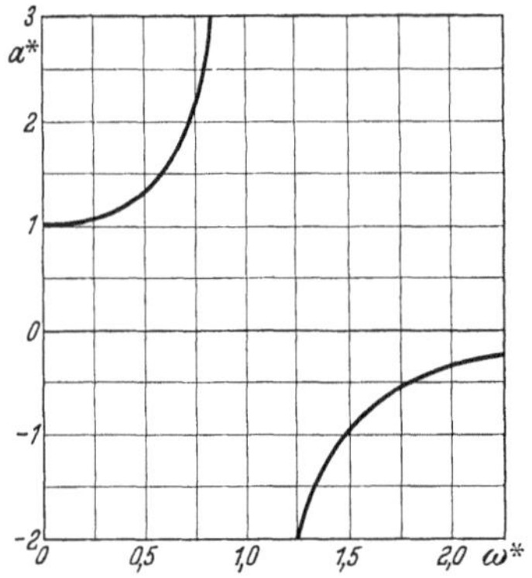

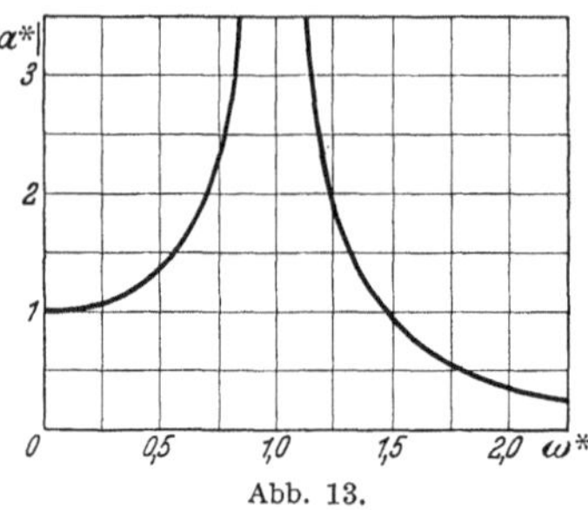

Abb. 12.

Abb. 13.

(Abb. 13). Wir wollen diese Darstellung als Resonanzkurve für den Ausschlag der Masse M bezeichnen.

Im sog. Resonanzfall $\omega = \omega_1$ wächst, wie aus der Beziehung (17) hervorgeht, die Amplitude der erzwungenen Schwingung linear mit der Zeit (Abb. 14). Bei der Ableitung der Differentialgleichung (12)

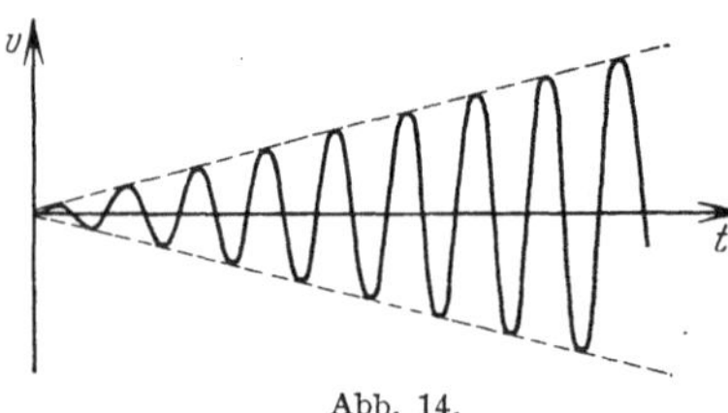

Abb. 14.

wurde eine lineare Beziehung zwischen Ausschlag und Rückstellkraft zugrunde gelegt, die für große Ausschläge sicher nicht mehr zutrifft. Aus der Beziehung (17) darf daher nicht gefolgert werden, daß nach genügend langer Zeit der Ausschlag im Resonanzfall beliebig groß wird, vielmehr gibt die Gleichung (17) nur den anfänglichen Verlauf der Bewegung richtig wieder. Auch die in Gleichung (12) vernachlässigten, in Wirklichkeit aber immer vorhandenen Bewegungswiderstände wirken auf ein Endlichbleiben des Ausschlags hin. Immerhin aber treten im Resonanzfall besonders gefährliche Beanspruchungen auf. Rührt übrigens die erregende Kraft $P \cos \omega t$ von mangelhaft ausgeglichenen hin- und hergehenden oder unvollkommen ausgewuchteten rotierenden Massen her, so ist zu beachten, daß die Kraftamplitude P selbst wieder von der Kreisfrequenz ω abhängt. Die Resonanzkurve Abb. 13 ist dementsprechend in Ordinatenrichtung zu verzerren.

Schließlich wollen wir noch kurz auf die Schwingungen eingehen,
welche erzwungen werden durch in regelmäßigen Zeitabständen
wiederholte Impulse. Aus Abb. 15, welche der Abb. 11 für den hier
zu betrachtenden Belastungsfall ent-
spricht, geht hervor, daß sicher dann
die einzelnen Impulswirkungen sich unbeschränkt verstärken, wenn der zeitliche Abstand zweier Impulse ein
ganzes Vielfaches der Eigenschwin-
gungsdauer des Systems ist. Während
also bei einer rein harmonischen Erregung nur dann Resonanz eintritt,
wenn die Erregungsfrequenz gleich
der Eigenfrequenz des Systems ist,
haben wir hier immer dann Resonanz, wenn die Frequenz der Im-
pulse ein ganzzahliger Bruchteil der Eigenfrequenz des Systems ist.

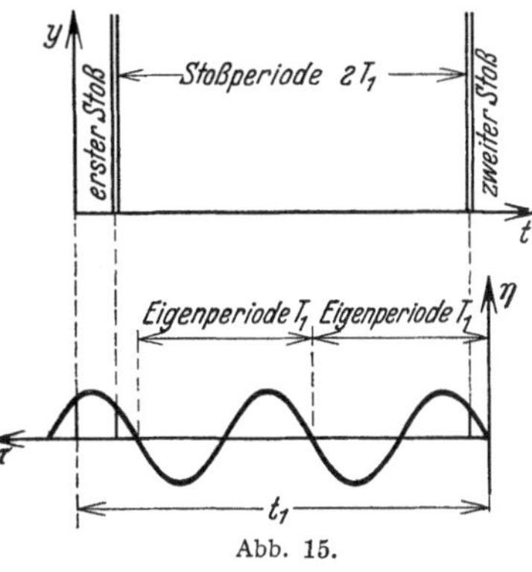

Abb. 15.

6. Energetische Betrachtungsweise.

Wir wollen die Bewegungsverhältnisse eines Systems mit einem
Freiheitsgrade nun auch vom energetischen Standpunkt aus betrachten.
Um die Masse M um den Betrag y in statischer Weise auszulenken,
ist eine Kraft Cy notwendig. Bei einer kleinen Vergrößerung dy der
Auslenkung leistet diese Kraft die Arbeit $C\,y\,dy$. Wenn die Masse um
den Betrag v ausgelenkt ist, ist also insgesamt die Arbeit

$$\int_0^v C\,y\,dy = \frac{C\,v^2}{2}$$

geleistet worden. Diese Arbeit ist als potentielle Energie im System
gespeichert. Lassen wir nun die Masse los, so bewegt sie sich nach der
Ruhelage zurück, und die potentielle Energie setzt sich in kinetische
Energie um. Hat die Masse die Geschwindigkeit $\dot{v}$, so beträgt ihre
kinetische Energie

$$\frac{M}{2}\,\dot{v}^2 .$$

Da während einer freien Schwingung keine Arbeit von äußeren Kräften
geleistet wird, und bei Abwesenheit von Bewegungswiderständen auch
keine Energie zerstreut wird, bleibt die Summe aus kinetischer und
potentieller Energie während der Bewegung konstant:

$$\frac{C}{2}\,v^2(t) + \frac{M}{2}\,\dot{v}^2(t) = \frac{C}{2}\,v^2(0) + \frac{M}{2}\,\dot{v}^2(0) . \tag{19}$$

Durch Differentiation nach der Zeit erhält man hieraus die Bewegungsgleichung 4, (9). Man kann aber auch unmittelbar die Differentialgleichung (19) integrieren, die von erster Ordnung, aber im Gegensatz zu 4, (9) nicht linear ist.

Die Eigenfrequenz des Systems kann man durch eine energetische Betrachtung bestimmen, die uns später bei der Ermittlung der Eigenfrequenzen verwickelterer Systeme von großem Nutzen sein wird. Wenn das System während einer freien Schwingung gerade seine größte Auslenkung besitzt, verschwindet seine kinetische Energie, da alle Systempunkte die Geschwindigkeit Null haben. Im Augenblick des Durchgangs durch die Ruhelage haben alle Systempunkte die Auslenkung Null, es verschwindet also die potentielle Energie des Systems. Da die gesamte Energie während einer freien Schwingung konstant bleibt, muß die potentielle Energie im Augenblick der größten Auslenkung gerade gleich der kinetischen Energie im Augenblick des Durchgangs durch die Ruhelage sein. Führt die Masse eine harmonische Schwingung $v = a \cos \omega_1 t$ aus, so ist ihre größte Auslenkung a, und die Geschwindigkeit im Augenblick des Durchgangs durch die Ruhelage beträgt $\pm a\omega_1$. Die potentielle Energie im Augenblick der größten Auslenkung ist also $A = \dfrac{C}{2}\, a^2$, und die kinetische Energie im Augenblick des Durchgangs durch die Ruhelage ist $\dfrac{M}{2}\, a^2\, \omega_1^2$. Bezeichnet man den Quotienten aus dem Größtwert der kinetischen Energie und dem Quadrat der Kreisfrequenz der Schwingung als bezogene kinetische Energie $T = \dfrac{M}{2}\, a^2$, so ergibt sich aus der Gleichheit von größter potentieller Energie A und größter kinetischer Energie $\omega_1^2 T$ die Kreisfrequenz der Eigenschwingung des Systems zu

$$\omega_1 = \sqrt{\frac{A}{T}} = \sqrt{\frac{C}{M}}\,. \tag{20}$$

Für die erzwungenen Schwingungen ist in der durch Gleichung (19) ausgedrückten Energiebilanz noch die Arbeit zu berücksichtigen, welche die erregende Kraft leistet. Ist die erregende Kraft z. B. harmonisch veränderlich, $P(t) = P \cos \omega t$, und betrachten wir nur den stationären Anteil der erzwungenen Bewegung, so ergibt sich aus der Energiebilanz für dasjenige Viertel der Schwingungsdauer, welches zwischen dem Augenblick $t = 0$ des größten positiven Ausschlags und dem Augenblick $t = \dfrac{\pi}{2\,\omega}$ des darauffolgenden Durchgangs durch die Ruhelage verstreicht, daß die potentielle Energie zur Zeit $t = 0$ vermehrt um die Arbeit, welche die erregende Kraft in der Zeit $0 \leq t \leq \dfrac{\pi}{2\,\omega}$ leistet, gleich der kinetischen Energie zur Zeit $t = \dfrac{\pi}{2\,\omega}$ ist. Da der stationäre Anteil der erzwungenen Bewegung mit der Frequenz der erregenden Kraft erfolgt, können wir für den Ausschlag v den Ansatz $v = a \cos \omega t$ machen. Die Arbeit der Kraft während des betrachteten Viertels der Schwingungsdauer ist

$$\int\limits_{0}^{\frac{\pi}{2\omega}} P(t)\,\dot{v}(t)\,dt = -P a \omega \int\limits_{0}^{\frac{\pi}{2\omega}} \cos \omega t\, \sin \omega t\, dt = -\frac{P a}{2}\,. \tag{21}$$

Die oben durchgeführte Energiebilanz liefert somit die Gleichung

$$\frac{C}{2}\,a^2 - \frac{P a}{2} = \frac{M}{2}\,\omega^2 a^2\,,$$

aus der sich die Amplitude a des stationären Anteils der erzwungenen Schwingung in Übereinstimmung mit 5, (18) ergibt zu

$$a = \frac{P}{C - M \omega^2} = \frac{P/C}{1 - \left(\dfrac{\omega}{\omega_1}\right)^2}\,.$$

7. Einfluß einer der Geschwindigkeit proportionalen Dämpfung.

Bisher haben wir die Bewegung eines Systems mit einem Freiheitsgrad unter möglichst vereinfachenden Voraussetzungen betrachtet. Wir wollen im folgenden kurz eingehen auf die Änderungen, welche im Verhalten unseres Systems eintreten, wenn wir diese vereinfachenden Voraussetzungen fallen lassen.

Zunächst wollen wir einen Bewegungswiderstand W einführen, den wir der jeweiligen Geschwindigkeit der schwingenden Masse M proportional setzen

$$W = -K \dot{v}\,.$$

Das negative Vorzeichen in diesem Ansatz bedeutet, daß der Widerstand der augenblicklichen Bewegungsrichtung entgegen wirkt. Durch den obigen Ansatz wird z. B. der Widerstand recht gut wiedergegeben, welchen die Masse M bei langsamen Schwingungen in einer zähen Flüssigkeit erfährt.

Während einer freien Schwingung ist das Produkt aus der Größe der Masse M und ihrer Beschleunigung in jedem Augenblick gleich der Summe von Rückstellkraft und Widerstand, die Bewegungsgleichung lautet also

$$M \ddot{v} + K \dot{v} + C v = 0\,.$$

Mit

$$\omega_1 = \sqrt{\frac{C}{M} - \frac{K^2}{4 M^2}}$$

ist die Lösung dieser Differentialgleichung gegeben durch

$$v(t) = \left[v(0) \left\{ \cos \omega_1 t + \frac{K}{2 M \omega_1} \sin \omega_1 t \right\} + \frac{\dot{v}(0)}{\omega_1} \sin \omega_1 t \right] e^{-\frac{K}{2M}t}. \tag{22}$$

Sie geht für $K = 0$ in die Lösung 4, (10) der Differentialgleichung der ungedämpften Schwingung über. Das sich selbst überlassene System führt also Schwingungen mit der Kreisfrequenz ω_1 aus, die Amplituden dieser Schwingungen klingen exponentiell ab.

Die Differentialgleichung für die durch eine Kraft $P(t)$ erzwungenen Schwingungen lautet

$$M \ddot{v} + K \dot{v} + C v = P(t).$$

Durch Zerlegung der Kraftwirkung in einzelne Impulse kann ihre Lösung aus derjenigen der Differentialgleichung für die freien Schwingungen des gedämpften Systems gewonnen werden. Man erhält

$$v(t) = \left[v(0) \left\{ \cos \omega_1 t + \frac{K}{2 M \omega_1} \sin \omega_1 t \right\} + \frac{\dot{v}(0)}{\omega_1} \sin \omega_1 t \right] e^{-\frac{K}{2M}t}$$

$$+ \frac{1}{M \omega_1} \int_0^t \sin \omega_1 (t - t') \, e^{-\frac{K}{2M}(t-t')} P(t') \, dt'. \tag{23}$$

Das auf der rechten Seite dieser Beziehung auftretende Integral läßt sich in entsprechender Weise auswerten wie das Integral in Gleichung 5, (14), es tritt nur an Stelle der Kurve $\eta = \sin \omega_1 \tau$ der Abb. 11 die Kurve $\eta = e^{-\frac{K}{2M}\tau} \sin \omega_1 \tau$.

Wir verzichten darauf, alle oben behandelten Fälle erzwungener Schwingungen noch einmal unter Berücksichtigung des Bewegungswiderstands zu diskutieren, und beschränken uns auf einige Bemerkungen über den Fall einer harmonisch veränderlichen Erregungskraft $P(t) = P \cos \omega t$. Ähnlich wie in Gleichung 5, (16) setzt sich auch hier die erzwungene Bewegung aus zwei Schwingungen zusammen, von denen die eine mit der Eigenfrequenz ω_1 des Systems, die andere mit der Frequenz ω der erregenden Kraft erfolgt, und zwar ist die erste gedämpft, während die zweite durch die erregende Kraft in konstanter Größe aufrechterhalten wird. Nach genügend langer Zeit besteht daher nur noch die letztere, der stationäre Anteil der erzwungenen Bewegung. Die genauere Untersuchung lehrt, daß dieser stationäre Anteil der erzwungenen Bewegung eine Phasenverschiebung gegenüber der erregenden Kraft besitzt, welche von den Systemkonstanten und der Frequenz der erregenden Kraft abhängt. Für Schwingungen, welche im Verhältnis zu den Eigenschwingungen des Systems sehr langsam vor sich gehen, sind erregende Kraft und stationäre erzwungene Bewegung nahezu in Phase, im Resonanzfall, d. h. für $\omega = \sqrt{\dfrac{C}{M}}$, bleibt die stationäre erzwungene Bewegung um 90⁰ hinter der erregenden Kraft zurück, und für sehr rasche Schwingungen beträgt der Phasenunterschied nahezu 180⁰. Die Amplitude a des stationären Anteils der erzwungenen Schwingung bleibt infolge der Dämpfung für alle Werte der Erregungsfrequenz endlich. In Abb. 16 ist das Verhältnis a^* dieser Amplitude zum statischen Ausschlag P/C über dem Verhältnis $\omega^* = \dfrac{\omega}{\sqrt{C/M}}$ aufgetragen. Die einzelnen Kurven dieser Abbildung entsprechen verschiedenen Werten des Dämpfungsverhältnisses $\dfrac{K}{\sqrt{C\,M}}$. Da wir uns aus den in der Einleitung angegebenen Gründen in diesem

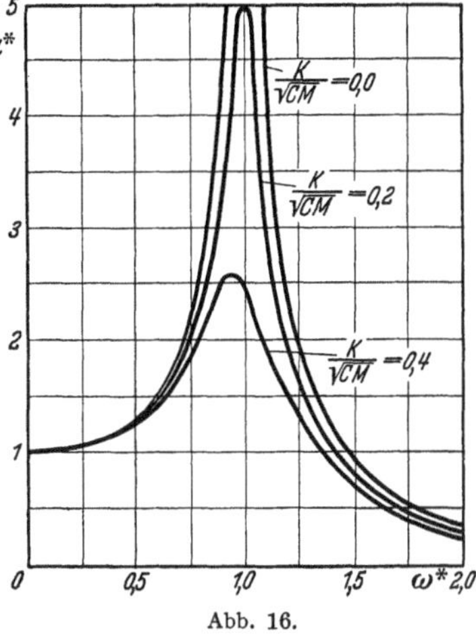

Abb. 16.

Buche lediglich mit den ungedämpften Schwingungen von Stabwerken befassen wollen, können wir von einer eingehenderen Behandlung des Einflusses der Bewegungswiderstände absehen.

8. Einfluß unvollkommener Elastizität.

Eine weitere für unsere seitherigen Betrachtungen wichtige Voraussetzung ist die Proportionalität zwischen Ausschlag und Rückstellkraft. Eine Abweichung von dieser Proportionalität tritt wegen der beschränkten Gültigkeit des Hookeschen Gesetzes sicher bei genügend großen Ausschlägen ein. Da die Berücksichtigung eines beliebigen nicht linearen Elastizitätsgesetzes erhebliche mathematische Schwierigkeiten bereitet, wollen wir hier lediglich einen besonders einfachen Fall behandeln, der uns wenigstens qualitativ den Einfluß einer Abweichung vom Hookeschen Gesetz erkennen läßt. Der Zusammenhang zwischen Auslenkung v und Rückstellkraft R sei der durch Abb. 17 dargestellte. Bis zu einer gewissen Grenzauslenkung v_1 ist die Rückstellkraft dem Ausschlag proportional,

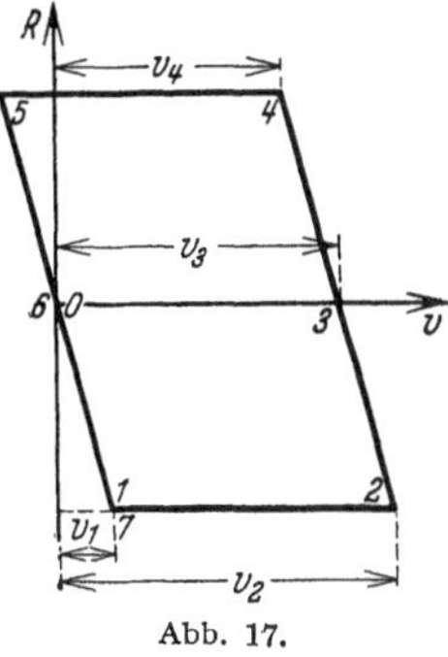

Abb. 17.

$R = -Cv$. Wächst der Ausschlag über diesen Grenzausschlag hinaus, so bleibt die Rückstellkraft zunächst konstant, $R = \overline{R} = -Cv_1$. Dieses

Gesetz gilt bis zur Erreichung des größten Ausschlages v_2. Während des nun einsetzenden Abnehmens des Ausschlags ist die Rückstellkraft dem von einem neuen Bezugspunkt, $v_3 = v_2 - v_1$, aus gemessenen Ausschlag proportional, $R = -C\,(v - v_3)$. Diese Beziehung gilt, bis die Masse den Ausschlag $v_4 = v_3 - v_1$ erreicht, von da ab bis zum Umkehrpunkt der Bewegung bleibt die Rückstellkraft wieder konstant, $R = +C\,v_1$ usw. Diese Beziehung zwischen Ausschlag und Rückstellkraft entspricht einem idealplastischen Verhalten des Balkens und kann als näherungsweise Berücksichtigung der inneren Dämpfung des Werkstoffs aufgefaßt werden.

Dem zur Zeit $t = 0$ ruhenden System werde nun ein Impuls erteilt. Bis zur Erreichung des Grenzausschlags v_1 wird die Bewegung

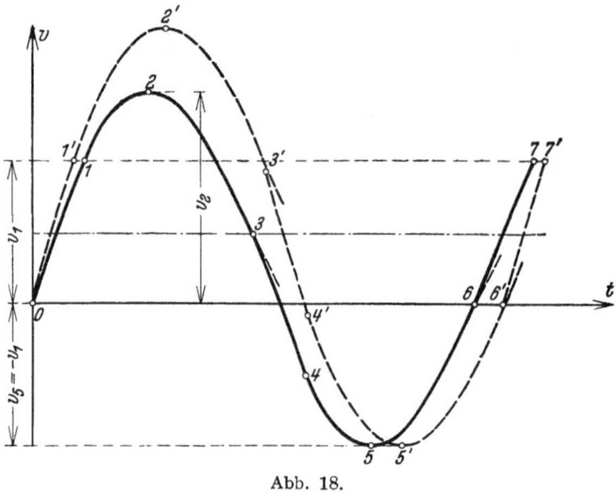

Abb. 18.

wegen der Proportionalität von Ausschlag und Rückstellkraft im Zeit-Weg-Schaubild durch eine Sinuslinie dargestellt (Abb. 18). Nach Überschreitung dieses Grenzausschlags v_1 bleibt die Rückstellkraft zunächst konstant gleich $\overline{R}$ und die Bewegungsgleichung lautet

$$M\,\ddot{v} - \overline{R} = 0\,.$$

Die Beschleunigung der Masse M hat also den konstanten Wert $\dfrac{\overline{R}}{M} = -\dfrac{C\,v_1}{M}$ und die Bewegung wird im Zeit-Weg-Schaubild durch eine Parabel dargestellt, die sich stetig und mit stetiger Steigung an die erwähnte Sinuslinie anschließt. Der erste Umkehrpunkt der Bewegung wird erreicht (im Parabelscheitel) für $v = v_2$. Aus v_2 und v_1 können wir den neuen Bezugspunkt für den Ausschlag bestimmen, $v_3 = v_2 - v_1$ (strichpunktierte Gerade in Abb. 18). Die weitere Bewegung wird wegen der Proportionalität zwischen Rückstellkraft und dem von diesem Bezugs-

punkt aus gemessenen Ausschlag durch eine Sinuslinie dargestellt. Im
Augenblick des Durchgangs durch die neue Gleichgewichtslage $v = v_3$
soll nun der Masse M ein solcher Impuls erteilt werden, daß sie eine
Geschwindigkeit erhält, welche der zur Zeit $t = 0$ erteilten Geschwindigkeit entgegengesetzt gleich ist. Von der neuen Gleichgewichtslage $v = v_3$ aus wiederholt sich dann nach der anderen Seite hin der
soeben besprochene Bewegungsablauf, wobei die Punkte *3, 4, 5, 6*
der zweiten Halbschwingung den Punkten *0, 1, 2, 3* der ersten Halbschwingung entsprechen. Wenn die Masse die ursprüngliche Gleichgewichtslage $v = 0$ wieder erreicht (Punkt *6* im Zeit-Weg-Schaubild),
soll ihr abermals ein Impuls erteilt werden, so daß ihre Geschwindigkeit gleich der Geschwindigkeit
zur Zeit $t = 0$ wird. Dieser Impuls
ist offenbar dem am Ende der
ersten Halbschwingung erteilten
entgegengesetzt gleich. Man erkennt, daß eine periodische
Bewegung möglich ist, bei welcher dem System am Ende einer
jeden Halbschwingung ein die
augenblickliche Geschwindigkeit
vergrößernder Impuls erteilt wird.
Während bei einem unbeschränkt
elastischen System eine solche im
Takt der Eigenschwingungen
erfolgende Erregung zu unendlich
großen Ausschlägen führt, bleiben
hier die Ausschläge infolge der
unvollkommenen Elastizität endlich.

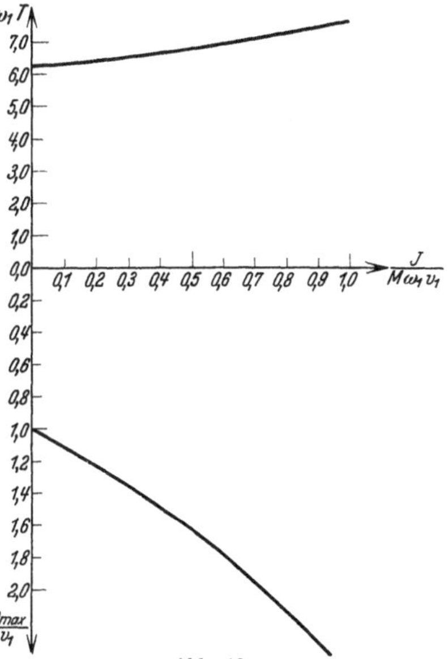

Abb. 19.

In Abb. 18 ist die entsprechende
Bewegung des Systems für eine größere Anfangsgeschwindigkeit ge-
strichelt eingetragen. Man erkennt, daß mit dem größeren Ausschlag
auch die Schwingungszeit wächst. Abb. 19 gibt in dimensionsloser
Darstellung den Zusammenhang zwischen der Größe der im Takt der
Schwingungen erfolgenden Impulse J, dem größten Ausschlag v_{max}
und der Schwingungsdauer T wieder, v_1 ist die Grenzauslenkung,
bis zu welcher die Rückstellkraft linear mit der Auslenkung wächst
(vgl. Abb. 17), ω_1 ist die Eigenkreisfrequenz des Systems, wenn die
Amplitude unterhalb v_1 bleibt, es ist also $\omega_1^2 = \dfrac{C}{M}$. Auf die Ableitung
der in dieser Abbildung dargestellten Beziehungen wollen wir nicht
eingehen.

II. Allgemeine Methoden der Schwingungslehre.

A. Der mit Einzelmassen belegte Stab.

1. Aufgabenstellung.

Im folgenden Abschnitt werden allgemeine Sätze und Methoden der Lehre von den Schwingungen elastischer Körper entwickelt, welche zur praktischen Berechnung von Bauwerkschwingungen notwendig sind. Um den Zusammenhang mit der Anschauung zu wahren, wollen wir unseren Berechnungen ein einfaches elastisches System zugrunde legen, nämlich den in einer Ebene transversal schwingenden Balken auf zwei Stützen (Abb. 20). $v(x, t)$ sei die Auslenkung an der Stelle x zur Zeit t, nach unten positiv gerechnet. Auf den Balken, der die Masse $\mu(x)$ je Längeneinheit besitzt, mögen äußere transversale Kräfte $p(x, t)$ je Längeneinheit und äußere transversale Einzelkräfte $P_i(t)$ wirken, die

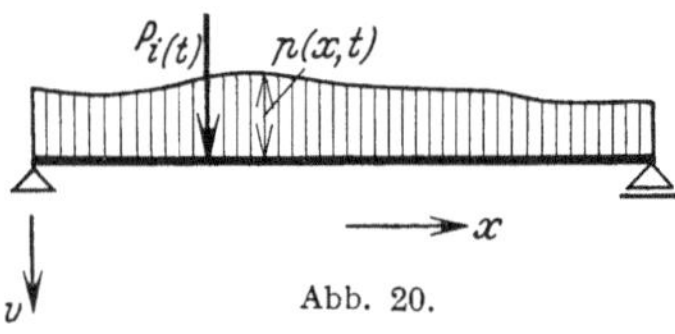

Abb. 20.

Funktionen des Ortes x und der Zeit t sind. Die äußeren Kräfte sollen positives Vorzeichen erhalten, wenn sie in Richtung der positiven Auslenkung v wirken, also ebenfalls nach abwärts gerichtet sind. Die Hauptträgheitsachsen der Stabquerschnitte mögen wieder senkrecht und parallel zur Zeichenebene verlaufen, so daß eine vertikale Belastung des Balkens lediglich eine vertikale Auslenkung verursacht. Gefragt wird nach der Bewegung des Balkens unter der Wirkung der äußeren Kräfte, wenn die Anfangslagen und die Anfangsgeschwindigkeiten aller Punkte der Stabachse zur Zeit $t = 0$ gegeben sind. Aus den mit der Zeit veränderlichen Auslenkungsformen des Balkens lassen sich dann die vor allem interessierenden Beanspruchungen des Materials in jedem Augenblick berechnen. Eine allererste Näherungslösung für die gestellte Aufgabe erhält man dadurch, daß man die gesamte Masse des Balkens mit einem geeigneten Reduktionsfaktor versieht und in der Balkenmitte konzentriert. Die äußeren Kräfte sind in der auf S. 17 (Fußnote) besprochenen Weise zu ersetzen durch eine in Balkenmitte angreifende zeitlich veränderliche Einzellast. Die Lösung der auf diese Art vereinfachten Aufgabe ist in I, 5 behandelt worden. Ehe wir dazu übergehen, den Balken mit stetiger Massenbelegung zu betrachten, wollen wir die Aufgabe wiederum, wenn auch nicht so stark wie vorher, vereinfachen und uns zunächst die Balkenmasse in drei verschiedenen Punkten der Stabachse konzentriert denken. Die äußeren Kräfte sollen wieder ersetzt werden durch Einzelkräfte, die in den betreffenden Punkten angreifen.

Es sei vorläufig vorausgesetzt, daß die Masse gleichmäßig auf die drei Punkte verteilt wird, jede Einzelmasse hat also die Größe

$$M = \tfrac{1}{3} \int\limits_0^l \mu\,(x)\,dx.$$

Man teilt den Stab so in drei Abschnitte, daß die Massen der Abschnitte untereinander gleich werden, und bringt die Einzelmassen M in den Schwerpunkten der Massenbelegungen jedes Abschnittes an. Man hat in dem so vereinfachten System einen in vielen Fällen völlig ausreichenden Ersatz für den Balken mit stetiger Massenbelegung. Überdies können alle hier gebrauchten Sätze der Schwingungslehre an diesem System erläutert werden.

2. Die Einflußzahlen für die Verschiebungen und die Einflußzahlen für die Kräfte.

Es handelt sich jetzt darum, die elastischen Eigenschaften des Balkens in geeigneter Weise zahlenmäßig zu beschreiben. Die elastischen Eigenschaften des Balkens sind bestimmt durch den Verlauf der Steifigkeit $EJ(x)$ über die Balkenlänge und durch die Art der Lagerung. Da Massen und äußere Kräfte lediglich in drei Punkten des Balkens

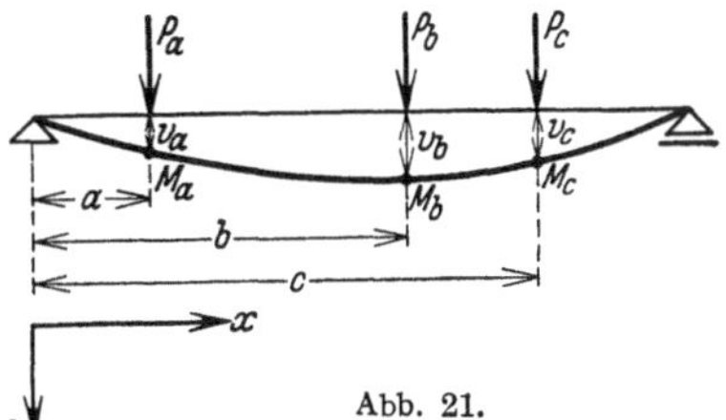

Abb. 21.

angreifen, ist es zur Untersuchung des dynamischen Verhaltens unseres elastischen Systems ausreichend, die Einflußzahlen für die drei betreffenden Punkte zu kennen. Die Verwendung von Einflußzahlen für Verschiebungen ist aus der Baustatik geläufig. Dagegen ist die Benutzung von Einflußzahlen für Kräfte, welche bei der Aufstellung der Bewegungsgleichungen unseres Balkens mit Vorteil verwendet werden, dem Bauingenieur vielleicht etwas ungewohnt. Die Bestimmung der Biegelinie zu gegebenen Kräften bei vorgegebenem Verlauf der Balkensteifigkeit wird als bekannt vorausgesetzt.

Wir behandeln zunächst die Einflußzahlen für Verschiebungen. Die an den Punkten a, b, c angreifenden äußeren Kräfte seien P_a, P_b, P_c, die Auslenkungen dieser Punkte seien v_a, v_b, v_c (vgl. Abb. 21). Wenn im Punkt a die Einheitslast angreift, erfahren die drei Punkte Verschiebungen nach abwärts, welche mit $\overline{C}_{aa}, \overline{C}_{ab}, \overline{C}_{ac}$ bezeichnet werden sollen, und zwar sind die statischen Verschiebungen gemeint, d. h. diejenigen, welche zurückbleiben, wenn die Schwingungen infolge des Aufbringens der Last durch die praktisch immer vorhandene Dämpfung abgeklungen sind. Im Falle des idealen, dämpfungsfreien elastischen

Baustoffs, welcher hier vorausgesetzt wird, müßte man die Last unendlich langsam aufbringen, um die „statischen" Verschiebungen zu erhalten. $\overline{C}_{ba}, \overline{C}_{bb}, \overline{C}_{bc}$ und $\overline{C}_{ca}, \overline{C}_{cb}, \overline{C}_{cc}$ seien die statischen Verschiebungen der Punkte a, b, c, wenn in b bzw. in c die Einheitslast angreift. Durch lineare Superposition ergeben sich für die statischen Verschiebungen v_a, v_b, v_c infolge der Kräfte P_a, P_b, P_c die Gleichungen

$$\left.\begin{aligned}
v_a &= \overline{C}_{aa}\, P_a + \overline{C}_{ba}\, P_b + \overline{C}_{ca}\, P_c, \\
v_b &= \overline{C}_{ab}\, P_a + \overline{C}_{bb}\, P_b + \overline{C}_{cb}\, P_c, \\
v_c &= \overline{C}_{ac}\, P_a + \overline{C}_{bc}\, P_b + \overline{C}_{cc}\, P_c.
\end{aligned}\right\} \quad (1)$$

Setzt man hierin $P_a = 1$, $P_b = P_c = 0$, so erhält man für die Verschiebungen der drei Punkte die Werte $v_a = \overline{C}_{aa}$, $v_b = \overline{C}_{ab}$, $v_c = \overline{C}_{ac}$ in Übereinstimmung mit der oben gegebenen Definition der Einflußzahlen für Verschiebungen. Wenn die Koeffizientendeterminante des Gleichungssystems (1) nicht verschwindet (bei nicht wackligen Systemen ist das immer der Fall), läßt es sich nach den Kräften auflösen, und man erhält

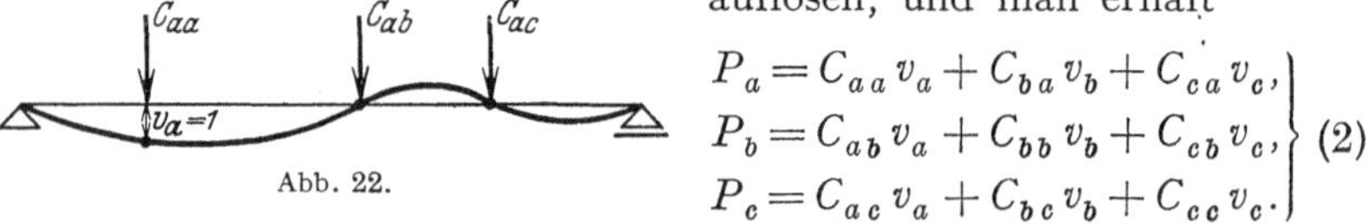

Abb. 22.

$$\left.\begin{aligned}
P_a &= C_{aa}\, v_a + C_{ba}\, v_b + C_{ca}\, v_c, \\
P_b &= C_{ab}\, v_a + C_{bb}\, v_b + C_{cb}\, v_c, \\
P_c &= C_{ac}\, v_a + C_{bc}\, v_b + C_{cc}\, v_c.
\end{aligned}\right\} \quad (2)$$

Setzt man hierin die Verschiebung von zwei Punkten gleich Null, die des dritten gleich Eins, etwa $v_a = 1$, $v_b = v_c = 0$, so erhält man für die Kräfte, welche in den drei Punkten wirken müssen, um eine solche Auslenkungsform zu erzwingen, die Werte $P_a = C_{aa}$, $P_b = C_{ab}$, $P_c = C_{ac}$ (vgl. Abb. 22). Die Größen C_{aa}, C_{ab}, C_{ac} stellen also Einflußzahlen für die Kräfte dar. Die Kräfte C_{aa}, C_{ab}, C_{ac} tragen, wenn sie nach abwärts gerichtet sind, positives Vorzeichen. Bei gegebener Steifigkeit EJ des Balkens lassen sich die Kräfte berechnen, und zwar ist, wie man anschaulich einsieht, C_{ab} negativ, d. h. nach oben gerichtet. In analoger Weise stellen die Einflußzahlen C_{ba}, C_{bb}, C_{bc} diejenigen nach abwärts positiv gerechneten Kräfte dar, welche erforderlich sind, um den Stab so zu verformen, daß der Punkt b die Auslenkung Eins und die Punkte a und c die Auslenkungen Null erfahren. Entsprechend wird der Stab durch die Kräfte C_{ca}, C_{cb}, C_{cc} in eine Form gebracht, bei welcher die Auslenkung in den Punkten a und b verschwindet und im Punkt c den Wert Eins annimmt. Sollen aus bekannten Kräften die Verschiebungen berechnet werden, so verwendet man die Einflußzahlen für die Verschiebungen in (1), sollen aus bekannten Verschiebungen die erzeugenden Kräfte bestimmt werden, so verwendet man die Einflußzahlen für die Kräfte in (2).

3. Beweis für die Symmetrie der Einflußzahlen.

Wir wollen jetzt eine sehr wichtige Eigenschaft der Einflußzahlen ableiten, nämlich ihre Symmetrie. Wir bestimmen dazu zunächst die Arbeit, die geleistet wird, wenn man im Punkte a die Last Eins aufbringt. Da $v_a = P_a \overline{C}_{aa}$ ist, beträgt diese Arbeit $\overline{C}_{aa} \int_0^1 P_a \, dP_a = \dfrac{\overline{C}_{aa}}{2}$. Nunmehr soll im Punkte b die Last Eins aufgebracht werden. Sie leistet die Arbeit $\dfrac{\overline{C}_{bb}}{2}$. Zugleich wird aber beim Aufbringen der Lasteinheit in b auch der Punkt a gesenkt, und zwar um den Betrag $\overline{C}_{ba}$. Die dort wirkende Einheitslast, welche schon bei Beginn dieser zusätzlichen Verschiebung in voller Größe vorhanden ist, leistet also die weitere Arbeit $\overline{C}_{ba}$. Die gesamte Formänderungsarbeit des Balkens, dessen Punkte a und b mit Einheitslasten belegt sind, beträgt also

$$A = \frac{\overline{C}_{aa}}{2} + \overline{C}_{ba} + \frac{\overline{C}_{bb}}{2}.$$

Man kann nun die gleiche Belastung aufbringen, indem man zuerst die Einheitslast in b und dann die Einheitslast in a aufsetzt. Man erhält dann in analoger Weise bei der ersten Belastungsstufe die Arbeit $\dfrac{\overline{C}_{bb}}{2}$, bei der zweiten die Arbeit $\overline{C}_{ab} + \dfrac{\overline{C}_{aa}}{2}$ und als gesamte Formänderungsarbeit den Betrag

$$A' = \frac{\overline{C}_{aa}}{2} + \overline{C}_{ab} + \frac{\overline{C}_{bb}}{2}.$$

Da die in einem elastischen Körper gespeicherte Energie bei der Entlastung wieder frei wird, muß die Formänderungsarbeit unabhängig sein von dem Weg, auf welchem die Belastung oder Entlastung vorgenommen wird, d. h. es ist $A = A'$ und somit $\overline{C}_{ab} = \overline{C}_{ba}$. Ebenso zeigt man, daß $\overline{C}_{ac} = \overline{C}_{ca}$, $\overline{C}_{bc} = \overline{C}_{cb}$ ist.

Um die Symmetrie der Einflußzahlen für die Kräfte nachzuweisen, bestimmen wir zunächst die Arbeit, die notwendig ist, um den Punkt a um den Betrag Eins zu verschieben, während die beiden anderen Punkte festgehalten werden. Diese Arbeit beträgt

$$\int_0^1 P_a \, dv_a = C_{aa} \int_0^1 v_a \, dv_a = \frac{C_{aa}}{2}.$$

Nunmehr soll der Punkt b um den Betrag Eins verschoben werden, während die Verschiebungen der Punkte a und c unverändert bleiben. Diese Verschiebung des Punktes b wird hervorgebracht durch einen allmählichen Abbau der Kraft C_{ab}, die zur Erzwingung von $v_b = 0$ erforderlich war. Für $v_a = 1$, $v_c = 0$ ist die im Punkt b wirkende Kraft nach 2, (2) gegeben durch

$$P_b = C_{ab} + C_{bb}\, v_b,$$

und damit die Arbeit bis zum Erreichen von $v_b = 1$ durch

$$\int\limits_0^1 (C_{ab} + C_{bb}\, v_b)\, dv_b = C_{ab} + \frac{C_{bb}}{2}.$$

Die gesamte Formänderungsarbeit des Balkens, dessen Punkte a und b um die Beträge Eins ausgelenkt sind, während der Punkt c festgehalten ist, beträgt also

$$A = \frac{C_{aa}}{2} + C_{ab} + \frac{C_{bb}}{2}. \tag{3}$$

Man kann nun dieselbe Auslenkungsform erzeugen, indem man zuerst dem Punkt b und dann dem Punkt a die Verschiebung Eins erteilt. Man erhält dann bei der ersten Belastungsstufe die Arbeit $\frac{C_{bb}}{2}$, bei der zweiten die Arbeit $C_{ba} + \frac{C_{aa}}{2}$ und als gesamte Formänderungsarbeit den Betrag

$$A' = \frac{C_{bb}}{2} + C_{ba} + \frac{C_{aa}}{2}.$$

Man schließt daraus wie oben, daß $C_{ab} = C_{ba}$ ist und entsprechend, daß $C_{ac} = C_{ca}$; $C_{bc} = C_{cb}$ ist.

Sowohl die Einflußzahlen für die Verschiebungen als auch die Einflußzahlen für die Kräfte sind symmetrisch.

4. Aufstellung der Bewegungsgleichungen des Stabes mit drei gleichen Einzelmassen.

Wir wollen nun die Bewegungsgleichungen für unser System aufstellen. Für jede der drei Massen ist das Produkt der Masse mit ihrer Beschleunigung gleich den auf die Masse wirkenden Kräften. Wenn der Balken zur Zeit t die Auslenkungen $v_a(t)$, $v_b(t)$, $v_c(t)$ besitzt, dann wirken auf die Masse im Punkt a die Rückstellkräfte $-C_{aa}v_a(t)$; $-C_{ba}v_b(t)$; $-C_{ca}v_c(t)$ und entsprechende Kräfte auf die Massen in den beiden anderen Punkten. Das negative Vorzeichen ist deshalb zu verwenden, weil die Kräfte $C_{aa}, \ldots$ als von außen auf den Stab wirkende Kräfte eingeführt wurden; die vom Stab auf die Masse ausgeübten Kräfte sind daher entgegengesetzt gerichtet. Außerdem greifen an den Massen noch die Kräfte $P_a(t)$, $P_b(t)$, $P_c(t)$ an, welche als Funktionen der Zeit gegeben sind. Es gelten also die drei Bewegungsgleichungen:

$$\left.\begin{aligned}
M\,\ddot{v}_a(t) &= -C_{aa}\,v_a(t) - C_{ba}\,v_b(t) - C_{ca}\,v_c(t) + P_a(t),\\
M\,\ddot{v}_b(t) &= -C_{ab}\,v_a(t) - C_{bb}\,v_b(t) - C_{cb}\,v_c(t) + P_b(t),\\
M\,\ddot{v}_c(t) &= -C_{ac}\,v_a(t) - C_{bc}\,v_b(t) - C_{cc}\,v_c(t) + P_c(t).
\end{aligned}\right\} \tag{4}$$

Sind die Anfangslagen $v_a(0)$; $v_b(0)$; $v_c(0)$ und die Anfangsgeschwindigkeiten $\dot{v}_a(0)$; $\dot{v}_b(0)$; $\dot{v}_c(0)$ der drei Massen zur Zeit $t = 0$ gegeben, so lassen sich aus (4) die Auslenkungen zu jeder beliebigen Zeit t bestimmen. (4) stellt ein System simultaner Differentialgleichungen dar, d. h. die gesuchten Funktionen $v_a(t)$, $v_b(t)$, $v_c(t)$ treten in jeder der Gleichungen auf.

5. Ein Modell.

Wir wollen die Gleichungen (4) nicht rein formal weiter behandeln, sondern an Stelle des Balkens ein anderes schwingungsfähiges System betrachten. Dieses System hat dieselben Bewegungsgleichungen wie der schwingende Stab mit drei Massen, es besitzt jedoch den großen Vorzug, daß die Auffindung der Lösung von 4, (4) in unmittelbarem Zusammenhang mit der Anschauung vorgenommen werden kann. Ein Massenpunkt mit der Masse M möge in drei zueinander senkrecht stehende elastische Federn eingespannt sein und um seine Gleichgewichtslage kleine Schwingungen ausführen. (In Abb. 23 ist der übersichtlicheren Zeichnung wegen angenommen worden, daß der Massenpunkt nur in zwei zueinander senkrecht stehende Federn eingespannt ist.) Wenn die Masse M um einen unendlich kleinen Betrag in der Richtung der einen Feder ausgelenkt wird, so sind die dabei entstehenden Verlängerungen der anderen Federn unendlich klein von höherer Ordnung und erzeugen infolgedessen nur vernachlässigbar kleine Änderungen der Spannkräfte dieser Federn. v_1, v_2, v_3 seien die Komponenten der Auslenkung des Massenpunktes in den Richtungen der Federn. v_a, v_b, v_c seien die Komponenten der Auslenkung in den Richtungen der Koordinatenachsen, die mit den Federrichtungen nicht zusammenfallen mögen. Die positiven Richtungen seien entsprechend Abb. 23 festgelegt. Um dem Massenpunkt in der positiven v_1-Federrichtung die statische Verschiebung Eins zu erteilen, sei eine äußere Kraft C_1^* in dieser Richtung erforderlich. Entsprechend mögen die Kräfte C_2^* bzw. C_3^* Einheitsverschiebungen in der positiven v_2- bzw. v_3-Federrichtung erzeugen. Um dem Massenpunkt in der positiven v_a-Koordinatenrichtung die statische Auslenkung Eins zu erteilen, ist nicht nur eine Kraft C_{aa}^* in dieser Richtung erforderlich, sondern noch weitere Kräfte C_{ab}^*, C_{ac}^* in der v_b- und v_c-Koordinatenrichtung, denn die Auslenkung in einer Koordinatenrichtung hat Komponenten in allen drei Federrichtungen, und die resultierende Rückstellkraft der

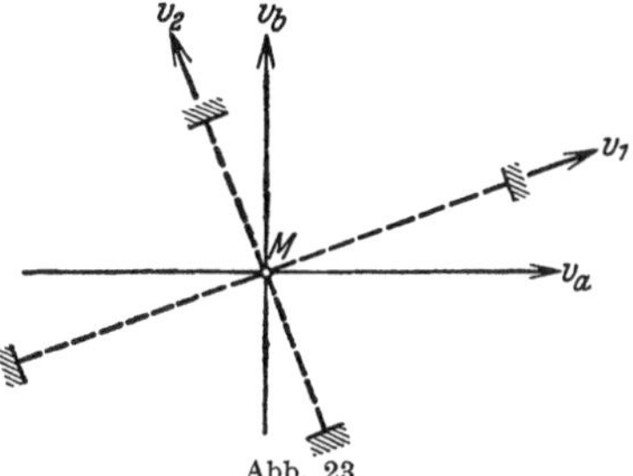

Abb. 23.

drei Federn wird im allgemeinen nicht in die betreffende Koordinatenrichtung fallen. Entsprechend seien $C_{ba}^*, C_{bb}^*, C_{bc}^*$ bzw. $C_{ca}^*, C_{cb}^*, C_{cc}^*$ die Kräfte in den positiven Koordinatenrichtungen, die nötig sind, um dem Massenpunkt die statische Auslenkung $v_b = 1$ bzw. $v_c = 1$ zu erteilen. Man kann nun auf einem ganz ähnlichen Weg wie bei dem Balken mit drei Massen zeigen, daß die hier eingeführten Einflußzahlen ebenfalls symmetrisch sind. Man erteilt dem Massenpunkt zuerst eine Auslenkung Eins in Richtung der einen Koordinatenachse, dann eine Auslenkung Eins in Richtung der anderen Koordinatenachse und vergleicht die hierfür notwendige Arbeit mit derjenigen, die erforderlich ist, um dem Massenpunkt die gleichen Auslenkungen in umgekehrter Reihenfolge zu erteilen. Aus der Gleichheit dieser beiden Arbeiten folgt

$$C_{ab}^* = C_{ba}^*$$

und entsprechend

$$C_{ac}^* = C_{ca}^*; \qquad C_{bc}^* = C_{cb}^*.$$

Der Massenpunkt möge sich nun unter dem Einfluß einer äußeren Kraft bewegen, die als Funktion der Zeit angegeben ist und die in den Koordinatenrichtungen die Komponenten $P_a(t); P_b(t); P_c(t)$ besitzt. Für jede dieser Richtungen gilt dann eine Bewegungsgleichung, wonach das Produkt aus Masse und Beschleunigung in dieser Richtung gleich der auf die Masse wirkenden äußeren Kraft in derselben Richtung ist. Auf die Masse wirken in der v_a-Koordinatenrichtung außer der Kraft $P_a(t)$ die Rückstellkräfte der Federn $- C_{aa}^* v_a(t); - C_{ba}^* v_b(t); - C_{ca}^* v_c(t)$. Das negative Vorzeichen rührt wieder daher, daß die Kräfte $C_{aa}^*, \ldots$ als von außen auf das System wirkende Kräfte eingeführt wurden; die von den Federn auf die Masse ausgeübten Kräfte sind daher entgegengesetzt gerichtet. Die Bewegungsgleichungen für den Massenpunkt lauten dann:

$$\left.\begin{aligned}
M\,\ddot{v}_a(t) &= - C_{aa}^* v_a(t) - C_{ba}^* v_b(t) - C_{ca}^* v_c(t) + P_a(t), \\
M\,\ddot{v}_b(t) &= - C_{ab}^* v_a(t) - C_{bb}^* v_b(t) - C_{cb}^* v_c(t) + P_b(t), \\
M\,\ddot{v}_c(t) &= - C_{ac}^* v_a(t) - C_{bc}^* v_b(t) - C_{cc}^* v_c(t) + P_c(t).
\end{aligned}\right\} \tag{5}$$

Das Gleichungssystem ist von derselben Form wie das Gleichungssystem 4, (4), welches für den Balken mit drei Einzelmassen gilt. (5) und 4, (4) werden identisch, wenn die gesternten Elastizitätszahlen für den zwischen drei senkrechten Federn eingespannten Massenpunkt gleich den in 4, (4) vorkommenden Einflußzahlen für die Kräfte in den Punkten a, b, c des Balkens sind. Der räumlich bewegliche Massenpunkt läßt sich nun immer so lagern, daß seine Elastizitätszahlen übereinstimmen mit den Einflußzahlen der Kräfte irgendeines beliebigen mit drei Einzelmassen belegten Balkens, denn die Lagerungsart des zwischen drei senkrecht aufeinanderstehenden Federn eingespannter

Massenpunktes ist durch sechs Konstanten gegeben: durch die Stärken der drei Federn und durch die Größen der drei Winkel, die die Lage des rechtwinkligen Achsenkreuzes der Federn gegenüber dem Koordinatenkreuz festlegen. Durch geeignete Wahl dieser sechs Größen läßt sich immer erreichen, daß die sechs voneinander unabhängigen Elastizitätszahlen des Modells vorgegebene Werte haben. Wir können also tatsächlich 4, (4) auffassen als Bewegungsgleichungen für die Komponenten $v_a(t)$; $v_b(t)$; $v_c(t)$ der Verschiebung eines in geeigneter Weise zwischen drei senkrechten Federn gelagerten Massenpunktes mit der Masse M. Wir können weiter die in 4, (4) vorkommenden Kräfte $P_a(t)$; $P_b(t)$; $P_c(t)$ auffassen als Komponenten einer auf den Massenpunkt des Modells wirkenden äußeren Kraft und die in 4, (4) vorkommenden Einflußzahlen als Elastizitätszahlen für die elastische Lagerung des Modellmassenpunktes. Im weiteren benutzen wir die Schreibweise von 4, (4), d. h. wir verwenden die ungesternten Größen $C_{aa}, \ldots$, legen aber unseren Betrachtungen die Modellvorstellung des räumlich beweglichen Massenpunktes zugrunde.

6. Koordinatentransformationen.

Im folgenden wird es verschiedentlich notwendig werden, aus den Komponenten eines Vektors in den Federrichtungen die Komponenten desselben Vektors in den Richtungen der Koordinatenachsen zu berechnen und umgekehrt.

Die in bezug auf die Koordinatenachsen genommenen Komponenten eines Einheitsvektors, der in die Richtung der ersten Feder weist, mögen mit V_{1a}, V_{1b}, V_{1c} bezeichnet werden. Entsprechend seien V_{2a}, V_{2b}, V_{2c} und V_{3a}, V_{3b}, V_{3c} die Komponenten der Einheitsvektoren in den

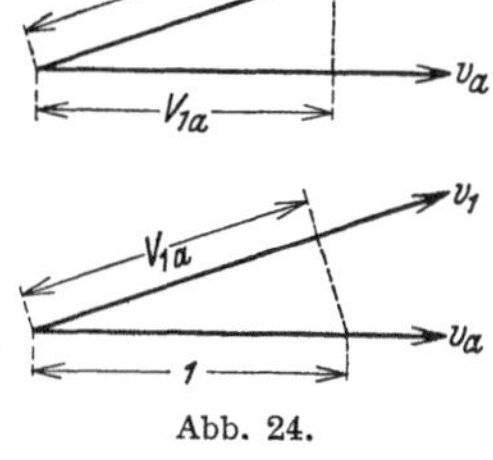

Abb. 24.

Richtungen der zweiten und dritten Feder. V_{1a} kann auch aufgefaßt werden als in bezug auf die erste Federrichtung genommene Komponente eines Einheitsvektors, der in die erste Koordinatenrichtung weist (Abb. 24). V_{2a} und V_{3a} sind entsprechend die Komponenten dieses Einheitsvektors in den beiden anderen Federrichtungen. Analog sind V_{1b}, V_{2b}, V_{3b} und V_{1c}, V_{2c}, V_{3c} die in bezug auf die Federrichtungen genommenen Komponenten der Einheitsvektoren in den Richtungen der zweiten und dritten Koordinatenachse. Aus den Komponenten s_a, s_b, s_c eines beliebigen Vektors in den Koordinatenrichtungen sollen die Komponenten s_1, s_2, s_3 desselben Vektors in den Federrichtungen bestimmt werden. Deutet man den Vektor als Kraft, so ist seine Komponente in der ersten Federrichtung gleich der Arbeit dieser Kraft längs des Weges Eins in der betreffenden Federrichtung. Die Arbeit einer Kraft längs eines beliebigen Weges ist aber gleich der Summe der drei Produkte von Kraftkomponente und Wegkomponente für drei aufeinander senkrecht stehende Richtungen. Der Weg Eins in der Richtung der ersten Feder hat in bezug auf die Koordinatenachsen die Komponenten V_{1a}, V_{1b}, V_{1c}, und somit beträgt die Komponente unseres Kraftvektors in dieser Richtung

entsprechend ist
$$\left.\begin{aligned}
s_1 &= s_a V_{1a} + s_b V_{1b} + s_c V_{1c}, \\
s_2 &= s_a V_{2a} + s_b V_{2b} + s_c V_{2c}, \\
s_3 &= s_a V_{3a} + s_b V_{3b} + s_c V_{3c}.
\end{aligned}\right\} \tag{6}$$

Sind umgekehrt die Komponenten s_1, s_2, s_3 gegeben und sollen die Komponenten s_a, s_b, s_c in den Koordinatenrichtungen gefunden werden, so ist s_a gleich der Arbeit der Kraft längs des Weges Eins in der ersten Koordinatenrichtung. Der Weg Eins in der ersten Koordinatenrichtung hat in bezug auf die Federachsen die Komponenten V_{1a}, V_{2a}, V_{3a}, und die Komponente unseres Kraftvektors in dieser Richtung beträgt:

entsprechend ist
$$\left.\begin{aligned}
s_a &= s_1 V_{1a} + s_2 V_{2a} + s_3 V_{3a}, \\
s_b &= s_1 V_{1b} + s_2 V_{2b} + s_3 V_{3b}, \\
s_c &= s_1 V_{1c} + s_2 V_{2c} + s_3 V_{3c}.
\end{aligned}\right\} \tag{7}$$

Das Gleichungssystem (7) stellt die Auflösung von (6) dar. Die Koeffizientenmatrix von (7) erhält man durch Umklappen der Koeffizientenmatrix von (6) um die Diagonale.

7. Die Bewegungsgleichungen des Modellsystems für die Hauptrichtungen.

Wir nehmen jetzt an, daß uns die Bewegungsgleichungen des Modellmassenpunktes in der Form 4, (4) gegeben sind. Wir kennen also die Elastizitätszahlen und die Komponenten der äußeren Kraft, dagegen kennen wir nicht die Achsenrichtungen des rechtwinkligen Federnkreuzes und die Federkonstanten C_1, C_2, C_3; wir wissen nur, daß sich diese sechs Größen aus den sechs Elastizitätszahlen bestimmen lassen. Falls dies durchgeführt ist, könnten wir an Stelle der Bewegungsgleichungen 4, (4) sehr viel einfachere Gleichungen verwenden. Wir hatten ja vorausgesetzt, daß die Auslenkungen des Massenpunktes unendlich klein sein sollen, sodaß bei einer Auslenkung in Richtung der einen Feder nur die von dieser Feder ausgeübte Rückstellkraft zu berücksichtigen ist, da die Rückstellkräfte der anderen Federn von höherer Ordnung klein sind. Wenn wir die Bewegungsgleichungen nicht für die Koordinatenrichtungen, sondern für die Federrichtungen aufstellen, erhalten wir infolgedessen an Stelle des Systems 4, (4) von simultanen Differentialgleichungen drei voneinander völlig unabhängige Differentialgleichungen für die Komponenten v_1, v_2, v_3 der Auslenkung in Richtung der Federn. Bezeichnet man die Komponenten der äußeren Kraft in den Federrichtungen mit $P_1(t), P_2(t), P_3(t)$, dann heißen diese Bewegungsgleichungen

$$\left.\begin{aligned} M\,v_1(t) &= -C_1 v_1(t) + P_1(t)\,, \\ M\,v_2(t) &= -C_2 v_2(t) + P_2(t)\,, \\ M\,v_3(t) &= -C_3 v_3(t) + P_3(t)\,. \end{aligned}\right\} \tag{8}$$

Die Gleichungen sind von derselben Form wie die in I, 5 behandelte Differentialgleichung für die Bewegung eines Systems mit einem einzigen Freiheitsgrad. Die in I, 5 gewonnenen Lösungen können unmittelbar übernommen werden. Nachdem einmal die Achsenrichtungen des Federnkreuzes und die Steifigkeiten der Federn bekannt sind, hat man also lediglich die äußere Kraft in die Richtungen des Federnkreuzes zu zerlegen und kann dann jede Komponente für sich und unabhängig von den andern in bekannter Weise behandeln. Wir wollen die Achsenrichtungen des Federnkreuzes Hauptrichtungen, und die Komponenten einer Verschiebung oder einer Kraft in den Achsenrichtungen des Federnkreuzes Normalkomponenten der Verschiebung oder der Kraft nennen, da, in diesen Komponenten ausgedrückt, die Bewegungsgleichungen auf den Normaltyp der Schwingungsdifferentialgleichungen reduziert werden. Es bleibt jetzt noch die Aufgabe zu lösen, aus den gegebenen Elastizitätszahlen die Hauptrichtungen und die Federkonstanten zu ermitteln.

8. Bestimmung der Hauptrichtungen.

Wenn auf das System keine äußere Kraft wirkt, dann liefern bei verschwindenden Anfangsgeschwindigkeiten die Gleichungen 7, (8) für jede der Normalkomponenten v_1, v_2, v_3 eine harmonische Bewegung

$$v_1(t) = v_1 \cos \omega_1(t)\,,$$
$$v_2(t) = v_2 \cos \omega_2(t)\,,$$
$$v_3(t) = v_3 \cos \omega_3(t)\,,$$

vgl. I, 4, (10). Die Kreisfrequenzen der drei Normalschwingungen ergeben sich zu

$$\omega_1 = \sqrt{\frac{C_1}{M}}\,; \qquad \omega_2 = \sqrt{\frac{C_2}{M}}\,; \qquad \omega_3 = \sqrt{\frac{C_3}{M}}\,.$$

Die freie Bewegung des Massenpunktes ist also eine Überlagerung von drei harmonischen Bewegungen, die mit drei verschiedenen Kreisfrequenzen in den drei Hauptrichtungen erfolgen. Wenn zwei der Normalkomponenten dauernd verschwinden, entsteht eine rein harmonische Bewegung in der dritten Hauptrichtung. Die Hauptrichtungen sind also auch dadurch ausgezeichnet, daß in ihnen freie harmonische Bewegungen möglich sind. Wir bestimmen daher die Hauptrichtungen mit Hilfe der Bewegungsgleichungen 4, (4) folgendermaßen. Wir nehmen an, daß sich der Massenpunkt mit einer zunächst noch unbekannten Kreisfrequenz ω längs einer Geraden von zunächst ebenfalls noch unbekannter Richtung harmonisch bewegt:

$$
\left.
\begin{aligned}
v_a(t) &= v_a \cos \omega\, t\,, \\
v_b(t) &= v_b \cos \omega\, t\,, \\
v_c(t) &= v_c \cos \omega\, t\,.
\end{aligned}
\right\} \tag{9}
$$

v_a, v_b, v_c sind hierin die Amplituden der Verschiebungskomponenten. Der Massenpunkt bewegt sich also in Richtung eines Vektors mit den Komponenten v_a, v_b, v_c. Durch Einsetzen in 4, (4) und Weglassen der äußeren Kräfte erhält man:

$$
\left.
\begin{aligned}
M v_a \omega^2 &= C_{aa} v_a + C_{ba} v_b + C_{ca} v_c\,, \\
M v_b \omega^2 &= C_{ab} v_a + C_{bb} v_b + C_{cb} v_c\,, \\
M v_c \omega^2 &= C_{ac} v_a + C_{bc} v_b + C_{cc} v_c\,.
\end{aligned}
\right\} \tag{10}
$$

(10) ist ein System homogener linearer Gleichungen für die v_a, v_b, v_c, das nur dann eine von Null verschiedene Lösung besitzt, wenn die Determinante der Koeffizienten verschwindet, wenn also gilt:

$$
\begin{vmatrix}
C_{aa} - M\omega^2 & C_{ba} & C_{ca} \\
C_{ab} & C_{bb} - M\omega^2 & C_{cb} \\
C_{ac} & C_{bc} & C_{cc} - M\omega^2
\end{vmatrix} = 0. \tag{11}
$$

Dieses gibt eine Gleichung 3ten Grades für ω^2, von welcher man leicht zeigen kann, daß sie nur reelle positive Wurzeln besitzt. Da dies aus der physikalischen Bedeutung der Wurzeln ohne weiteres verständlich ist, wollen wir auf den Beweis nicht eingehen. Im übrigen werden wir später die Wurzeln als Quotient zweier Energien darstellen, woraus ebenfalls folgt, daß sie nur reell und positiv sein können. Weiterhin wollen wir annehmen, daß die Wurzeln alle voneinander verschieden sind[1].

---

[1] Der Sonderfall von zwei gleichen Wurzeln tritt dann ein, wenn die Federkonstanten zweier Federn einander gleich sind. In der Ebene dieser beiden Federn können harmonische Bewegungen nicht nur in den Federachsen, sondern in einer beliebigen Geraden erfolgen. Auf eine nähere Diskussion dieses praktisch ziemlich unwesentlichen Sonderfalles kann um so mehr verzichtet werden, als durch eine beliebig kleine Änderung der einen Federkonstanten die oben gemachten Voraussetzungen immer erfüllt werden können.

Setzt man eine der Wurzeln von (11) in (10) ein, so läßt sich das Gleichungssystem auflösen und man erhält v_a, v_b, v_c bis auf einen gemeinsamen willkürlich wählbaren konstanten Faktor. Der Vektor mit den so ermittelten Komponenten v_a, v_b, v_c muß aber nach unseren obigen Überlegungen in eine der Hauptrichtungen weisen. Die Auflösung von (10) liefert nicht nur die Hauptrichtungen, sondern auch die dazu gehörigen Kreisfrequenzen $\omega_1, \omega_2, \omega_3$ und damit die Federkonstanten $C_1 = M\omega_1^2;\ C_2 = M\omega_2^2;\ C_3 = M\omega_3^2$. Wir wollen die willkürlichen Konstanten in den Lösungen von (10) so wählen, daß die v_a, v_b, v_c die Komponenten eines Einheitsvektors werden, daß also gilt:

$$v_a^2 + v_b^2 + v_c^2 = 1 . \tag{12}$$

Durch (10) und (12) sind dann eindeutig die drei Einheitsvektoren bestimmt, die in die Hauptrichtungen weisen. In Übereinstimmung mit der in 6 verwendeten Bezeichnungsweise wollen wir die Komponenten dieser drei Einheitsvektoren mit

$$\begin{aligned}
V_{1a}, \quad V_{1b}, \quad V_{1c}, \\
V_{2a}, \quad V_{2b}, \quad V_{2c}, \\
V_{3a}, \quad V_{3b}, \quad V_{3c}
\end{aligned}$$

bezeichnen. Die Lösungen der Gleichungen (10) und (12) liefern gerade die Koeffizienten des Gleichungssystems 6, (6), welches den Zusammenhang zwischen den in bezug auf die Koordinatenachsen und den in bezug auf die Federachsen genommenen Komponenten eines Vektors herstellt.

9. Lösungen der Bewegungsgleichungen für das Modellsystem.

Wir können jetzt die Bewegungsgleichungen 4, (4) folgendermaßen auflösen:

Man bestimmt zunächst die Wurzeln $\omega_1^2, \omega_2^2, \omega_3^2$ der Gleichung 8, (11) und löst für jeden dieser Werte das Gleichungssystem 8, (10), wobei man unter Berücksichtigung von 8, (12) die Komponenten der drei Einheitsvektoren erhält, welche in die Hauptrichtungen weisen. Man zerlegt dann den Vektor der äußeren Kraft, der die Komponenten $P_a(t)$, $P_b(t), P_c(t)$ hat, in die Hauptrichtungen. Die Normalkomponenten ergeben sich nach 6, (6) zu

$$\left.\begin{aligned}
P_1(t) &= P_a(t)\,V_{1a} + P_b(t)\,V_{1b} + P_c(t)\,V_{1c}, \\
P_2(t) &= P_a(t)\,V_{2a} + P_b(t)\,V_{2b} + P_c(t)\,V_{2c}, \\
P_3(t) &= P_a(t)\,V_{3a} + P_b(t)\,V_{3b} + P_c(t)\,V_{3c}.
\end{aligned}\right\} \tag{13}$$

Man löst dann die Normalgleichungen [vgl. 7, (8)]

$$\ddot{v}_1(t) = -\omega_1^2\, v_1(t) + \frac{P_1(t)}{M}\,,$$
$$\ddot{v}_2(t) = -\omega_2^2\, v_2(t) + \frac{P_2(t)}{M}\,, \qquad (14)$$
$$\ddot{v}_3(t) = -\omega_3^2\, v_3(t) + \frac{P_3(t)}{M}$$

nach den Methoden von I, 5 und erhält die Normalkomponenten $v_1(t)$, $v_2(t)$, $v_3(t)$ der Verschiebung als Funktionen der Zeit. Die Komponenten in bezug auf das Koordinatenkreuz bestimmt man schließlich vermittels 6, (7) zu

$$v_a(t) = v_1(t)\, V_{1a} + v_2(t)\, V_{2a} + v_3(t)\, V_{3a}\,,$$
$$v_b(t) = v_1(t)\, V_{1b} + v_2(t)\, V_{2b} + v_3(t)\, V_{3b}\,, \qquad (15)$$
$$v_c(t) = v_1(t)\, V_{1c} + v_2(t)\, V_{2c} + v_3(t)\, V_{3c}\,.$$

Wir wollen nun kurz einige Sonderfälle diskutieren. Wir sahen bereits, daß bei verschwindenden äußeren Kräften die Bewegung sich aus drei harmonischen Komponenten in den Hauptrichtungen zusammensetzt. Die Kreisfrequenzen ω_1, ω_2, ω_3 dieser drei Bewegungen nennt man auch die Eigenfrequenzen und die dazugehörigen harmonischen freien Schwingungen die Eigenschwingungen des Systems. Während bei dem System mit einem Freiheitsgrad die Eigenschwingung hervorgerufen wird durch einen beliebigen Anfangsimpuls oder durch eine beliebige Anfangsauslenkung, entsteht eine Eigenschwingung unseres Modells nur dann, wenn der Anfangsimpuls oder die Anfangsauslenkung in einer der Hauptrichtungen erfolgt. Wenn die äußere Kraft harmonisch veränderlich ist, also

$$P_1(t) = P_1 \cos \omega\, t\,,$$
$$P_2(t) = P_2 \cos \omega\, t\,,$$
$$P_3(t) = P_3 \cos \omega\, t$$

ist, so gelten für die Normalkomponenten der Bewegung entsprechend I, 5, (16) die Gleichungen:

$$v_1(t) = \frac{P_1}{M\,(\omega_1^2 - \omega^2)}\,(\cos \omega\, t - \cos \omega_1\, t)\,,$$
$$v_2(t) = \frac{P_2}{M\,(\omega_2^2 - \omega^2)}\,(\cos \omega\, t - \cos \omega_2\, t)\,, \qquad (16)$$
$$v_3(t) = \frac{P_3}{M\,(\omega_3^2 - \omega^2)}\,(\cos \omega\, t - \cos \omega_3\, t)\,.$$

Nimmt man wie in I, 7 wieder eine beliebig schwache Dämpfung des Systems an, so klingen die Glieder mit den Faktoren $\cos \omega_1 t$, $\cos \omega_2 t$,

$\cos \omega_3 t$ im Laufe der Zeit ab, und es bleibt nur noch eine harmonische Bewegung mit der Frequenz der erregenden Kraft übrig. Fällt die Frequenz der erregenden Kraft nahezu mit einer Eigenfrequenz des Systems zusammen, und hat die erregende Kraft eine Komponente in der betreffenden Hauptrichtung, dann überwiegt die Komponente der Auslenkung in dieser Richtung die anderen Komponenten der Auslenkung. Im Falle der völligen Übereinstimmung der Erregerkreisfrequenz mit der Eigenkreisfrequenz ω_1 ergeben sich wie in I, 5 durch den Grenzübergang $\omega \to \omega_1$ an Stelle von (16) die Gleichungen

$$\left. \begin{aligned} v_1(t) &= \frac{P_1}{2\,M\,\omega}\,t \sin \omega\,t\,, \\[2mm] v_2(t) &= \frac{P_2}{M\,(\omega_2^2 - \omega^2)}\,(\cos \omega\,t - \cos \omega_2\,t)\,, \\[2mm] v_3(t) &= \frac{P_3}{M\,(\omega_3^2 - \omega^2)}\,(\cos \omega\,t - \cos \omega_3\,t)\,. \end{aligned} \right\} \qquad (17)$$

Aus diesen Gleichungen geht hervor, daß die erste Normalkomponente erst nach unendlich langer Zeit unendlich groß wird. Setzen wir den eingeschwungenen Zustand voraus, bei welchem die harmonische Kraft schon unendlich lange auf das System gewirkt hat, dann können wir für diesen Zustand folgendes aussagen:

Es gibt bei einer harmonischen Erregung unseres Systems im allgemeinen drei Resonanzfrequenzen, die mit den Eigenfrequenzen des Systems zusammenfallen, und bei denen die Ausschläge unendlich groß werden. In der Nähe einer Resonanz wird eine Bewegung erzwungen, die nahezu mit der betreffenden Eigenschwingung übereinstimmt. Von gewisser Bedeutung ist der Fall der Scheinresonanz, der dann eintritt, wenn die erregende Kraft in einer Hauptrichtung die Komponente Null besitzt. Bei Erregung mit der zugehörigen Eigenfrequenz tritt dann naturgemäß keine Resonanzwirkung auf.

10. Übertragung der Lösungsmethoden auf den Balken mit drei gleichen Einzelmassen.

Der Formalismus, der oben verwendet wurde zur Bestimmung der Bewegung des Modellmassenpunktes, kann naturgemäß ohne weiteres auch für den Balken mit drei Einzelmassen angewendet werden, da wir das Modell ja gerade so gewählt hatten, daß seine Bewegungsgleichungen mit denen des Balkens mit drei Einzelmassen übereinstimmen. Wir haben lediglich eine mechanische Deutung dieses Formalismus zu geben. Der Bewegung des Modellmassenpunktes auf einer Geraden entspricht eine Bewegung des Balkens, bei welcher das Verhältnis der Auslenkungen der drei Massen $v_a : v_b : v_c$ konstant bleibt. Der erste Schritt zur Auflösung der Bewegungsgleichungen besteht also — entsprechend zu dem beim Modell angewendeten Verfahren — darin, zu untersuchen, für welche dieser Verhältnisse der Balken harmonische freie Schwingungen ausführen kann. Es zeigt sich dann nach 8, (10), daß es gerade drei solcher Verhältnisse und drei zugehörige Kreisfrequenzen gibt, bei denen eine harmonische freie Schwingung möglich ist. Die Schwingungsformen sind durch 8, (10) noch nicht eindeutig festgelegt; die noch willkürlichen gemeinsamen Faktoren mögen im weiteren immer durch die „Normierungsbedingung" 8, (12) bestimmt sein. Die erste Eigenschwingungsform des Balkens ist also eine Biegelinie, die in den Punkten a, b, c die Biegepfeile V_{1a}, V_{1b}, V_{1c} aufweist. Entsprechend stellen V_{2a}, V_{2b}, V_{2c} und V_{3a}, V_{3b}, V_{3c} die zweite und dritte Eigenschwingungsform des Balkens dar. Lenkt man den Balken gemäß einer Eigenschwingungsform aus und gibt dann gleichzeitig alle Punkte des Balkens frei, so entsteht eine harmonische Bewegung, bei welcher das ursprüngliche Verhältnis der Auslenkungen verschiedener Punkte erhalten bleibt. Wir wollen auch bei dem Balken mit drei Massen in übertragenem Sinne von den Normalkomponenten einer Auslenkungsform oder einer Belastungsform reden. Die Normalkomponenten einer Auslenkungsform oder einer Belastungsform sind diejenigen Zahlen, mit denen man die Eigenschwingungsformen multiplizieren muß, damit durch lineare Superposition die betreffende Auslenkungs- oder Belastungsform entsteht. Man kann die Normalkomponenten einer Belastungsform nach 9, (13) mechanisch auch deuten als die Arbeiten, welche von den Lasten geleistet werden, wenn der Balken gemäß den Eigenschwingungsformen statisch ausgelenkt wird. Die Lösung der Aufgabe, die Bewegung des Balkens unter dem Einfluß von irgendwelchen äußeren, zeitlich veränderlichen Lasten zu ermitteln, erfolgt wie bei dem Modell in vier Schritten:

1. Ermittlung der Eigenschwingungsformen und Eigenfrequenzen.

2. Zerlegung der äußeren Lasten in Normalkomponenten und Aufstellung der Normalgleichungen.

3. Lösung der Normalgleichungen, Ermittlung der Normalkomponenten der Bewegung.

4. Zusammensetzung der Bewegung aus den Normalkomponenten.

Für die Erregung mit harmonischen Kräften von vorgegebener Kreisfrequenz gelten dieselben Bemerkungen wie in 9 für das Modell. Bei noch so schwacher Dämpfung des Systems klingen die zweiten Glieder der Gleichungen 9, (16) im Laufe der Zeit ab, und die Bewegung des Balkens erfolgt mit der Frequenz der erregenden Kräfte. Dies ist für die praktische Errechnung der Schwingungserscheinungen in Bauwerken von großer Bedeutung. In allen Fällen, bei denen es sich um den dynamischen Einfluß von harmonisch veränderlichen Kräften handelt — und diese Fälle umfassen ein sehr großes Gebiet der Bauwerksdynamik —, ist es unnötig, den immerhin recht umständlichen Weg über die Normalgleichungen zu gehen. Es genügt vielmehr, eine mit der Kreisfrequenz der erregenden Kräfte erfolgende harmonische Bewegung in die ursprünglichen Bewegungsgleichungen einzusetzen. Wenn die äußeren Kräfte von der Form sind:

$$P_a(t) = P_a \cos \omega t,$$
$$P_b(t) = P_b \cos \omega t,$$
$$P_c(t) = P_c \cos \omega t,$$

macht man entsprechend unseren obigen Überlegungen den Ansatz:

$$v_a(t) = v_a \cos \omega t,$$
$$v_b(t) = v_b \cos \omega t,$$
$$v_c(t) = v_c \cos \omega t,$$

und damit gehen die Bewegungsgleichungen 4, (4) über in das nicht homogene lineare Gleichungssystem

$$\left. \begin{aligned} P_a + M v_a \omega^2 &= C_{aa} v_a + C_{ba} v_b + C_{ca} v_c, \\ P_b + M v_b \omega^2 &= C_{ab} v_a + C_{bb} v_b + C_{cb} v_c, \\ P_c + M v_c \omega_2 &= C_{ac} v_a + C_{bc} v_b + C_{cc} v_c. \end{aligned} \right\} \qquad (18)$$

Aus (18) kann man die Schwingungsform der erzwungenen Schwingung, d. h. die Auslenkungen v_a, v_b, v_c ohne weiteres ermitteln. Auch hier zeigt sich, daß die Auslenkungen unendlich groß werden, wenn die Erregerfrequenz mit einer der drei Eigenfrequenzen zusammenfällt. Es sei hier nochmals daran erinnert, daß dies nur unter drei wesentlichen Voraussetzungen gilt: 1. unbegrenzte Gültigkeit des linearen Zusammenhangs zwischen Spannungen und Dehnungen, 2. völlige Dämpfungsfreiheit des Systems, 3. eingeschwungener Zustand, d. h. die harmonischen Kräfte wirken bereits unendlich lange Zeit. Von diesen Voraussetzungen ist besonders die erste und zweite praktisch nicht erfüllbar, so daß man sich nicht wundern darf, wenn die Theorie in diesem Punkt nicht mit den Beobachtungen übereinstimmt.

Wie aus Abb. 16 (I, 7) ersichtlich, kann jedoch mit Ausnahme der unmittelbaren Umgebung einer Resonanzstelle das praktisch vorliegende schwach gedämpfte System durch ein ungedämpftes ersetzt werden, sodaß schon bei Frequenzen, die nur wenig von den Eigenfrequenzen abweichen, die nach obiger Methode berechneten Ausschläge der erzwungenen Schwingung mit den tatsächlich auftretenden gut übereinstimmen.

11. Die Bewegung unter dem Einfluß plötzlich aufgebrachter Lasten als Beispiel für die Verwendung der Normalgleichungen.

Wir wollen die Verwendung der Normalgleichungen an einem Beispiel erläutern. Es soll die Bewegung eines Balkens von der Spannweite l mit gleichmäßig verteilter Masse μ je Längeneinheit unter dem Einfluß einer plötzlich in der Mitte aufgebrachten Last errechnet werden. In I, 5 war die gleiche Aufgabe gelöst worden für den Fall, daß die Balkenmasse in einem Punkt konzentriert war. Setzt man in I, 5, (15) für M entsprechend unseren jetzigen Bezeichnungen μl ein, so ergibt sich für die Durchbiegung der Ausdruck

$$v(t) = \frac{P(1 - \cos \omega_1 t)}{\mu \, l \, \omega_1^2}. \tag{19}$$

Wir wollen die Balkenmasse zunächst in der Balkenmitte konzentrieren. Die statische Durchbiegung unter einer in Balkenmitte angreifenden Last P beträgt

$$\bar{v} = \frac{P \, l^3}{48 \, E \, J},$$

also ist die Elastizitätszahl

$$C = \frac{P}{\bar{v}} = \frac{48 \, E \, J}{l^3}$$

und die Eigenfrequenz

$$\omega_1 = \sqrt{\frac{C}{\mu \, l}} = \frac{6{,}928}{l^2} \sqrt{\frac{E \, J}{\mu}}. \tag{20}$$

Wir dürfen erwarten, durch Verteilung der Balkenmasse in drei Punkten eine wesentlich bessere Näherung für den Balken mit stetig verteilter Masse zu erhalten. Wir verteilen die Masse μl des Balkens gleichmäßig auf die Punkte $x = \dfrac{l}{6}$, $x = \dfrac{l}{2}$ und $x = \dfrac{5}{6}l$ und haben zunächst die Einflußzahlen für diese drei Punkte zu berechnen. Die Ermittlung der Einflußzahlen $C_{aa}, \ldots$ für die Kräfte ist umständlich, und wir wollen daher die Einflußzahlen $\overline{C}_{aa}, \ldots$ für die Durchbiegungen verwenden. Das Gleichungssystem 8, (10) können wir wegen 2, (1) und 2, (2) auch so anschreiben, daß an Stelle der Einflußzahlen für die Kräfte diejenigen für die Verschiebungen treten, nämlich in der Form

$$\left.\begin{aligned}
v_a &= M \omega^2 (\overline{C}_{aa} v_a + \overline{C}_{ba} v_b + \overline{C}_{ca} v_c), \\
v_b &= M \omega^2 (\overline{C}_{ab} v_a + \overline{C}_{bb} v_b + \overline{C}_{cb} v_c), \\
v_c &= M \omega^2 (\overline{C}_{ac} v_a + \overline{C}_{bc} v_b + \overline{C}_{cc} v_c).
\end{aligned}\right\} \tag{21}$$

Die Eigenfrequenzen $\omega_1, \omega_2, \omega_3$ ergeben sich dann aus der Gleichung:

$$\begin{vmatrix} \overline{C}_{aa} - \dfrac{1}{M\,\omega^2} & \overline{C}_{ba} & \overline{C}_{ca} \\[2ex] \overline{C}_{ab} & \overline{C}_{bb} - \dfrac{1}{M\,\omega^2} & \overline{C}_{cb} \\[2ex] \overline{C}_{ac} & \overline{C}_{bc} & \overline{C}_{cc} - \dfrac{1}{M\,\omega^2} \end{vmatrix} = 0, \qquad (22)$$

die an Stelle von 8, (11) tritt.

Die statischen Durchbiegungen infolge der Lasteinheit in a betragen in den Punkten a, b, c:

$$\left.\begin{aligned} \overline{C}_{aa} &= 25 \\ \overline{C}_{ba} &= 39 \\ \overline{C}_{ca} &= 17 \end{aligned}\right\} \frac{l^3}{3888\,E\,J}.$$

Die Durchbiegungen infolge der Lasteinheit in b betragen in den Punkten a, b, c:

$$\left.\begin{aligned} \overline{C}_{ab} &= 39 \\ \overline{C}_{bb} &= 81 \\ \overline{C}_{cb} &= 39 \end{aligned}\right\} \frac{l^3}{3888\,E\,J}.$$

Die Biegelinie infolge der Lasteinheit in c verläuft spiegelbildlich zu derjenigen infolge der Lasteinheit in a. Mit der Abkürzung

$$K = 3888 \frac{E\,J}{l^3} \frac{1}{\dfrac{\mu\,l}{3}\,\omega^2} = \frac{11664}{\omega^2} \frac{E\,J}{\mu\,l^4} \qquad (23)$$

nimmt (22) die Form an

$$\begin{vmatrix} 25 - K & 39 & 17 \\ 39 & 81 - K & 39 \\ 17 & 39 & 25 - K \end{vmatrix} = 0. \qquad (24)$$

Durch Auswertung dieser Determinante erhält man die Gleichung

$$K^3 - 131\,K^2 + 1344\,K - 2880 = 0.$$

Sie hat die Wurzeln

$$K_1 = 120; \qquad K_2 = 8; \qquad K_3 = 3;$$

und aus (23) ergeben sich die Kreisfrequenzen zu

$$\omega_1 = \frac{9,859}{l^2} \sqrt{\frac{E\,J}{\mu}}; \qquad \omega_2 = \frac{38,184}{l^2} \sqrt{\frac{E\,J}{\mu}}; \qquad \omega_3 = \frac{62,354}{l^2} \sqrt{\frac{E\,J}{\mu}}. \qquad (25)$$

Durch Vergleich mit (20) erkennt man zunächst, daß die Eigenfrequenz des Stabes, dessen gesamte Masse in der Mitte konzentriert ist, um etwa 30% tiefer liegt als die kleinste Eigenfrequenz des Balkens, dessen Masse in der hier vorliegenden Weise auf drei Punkte verteilt ist. Das Gleichungssystem (21) nimmt mit den oben ermittelten Einflußzahlen die Form an:

$$K v_a = 25 v_a + 39 v_b + 17 v_c,$$
$$K v_b = 39 v_a + 81 v_b + 39 v_c,$$
$$K v_c = 17 v_a + 39 v_b + 25 v_c.$$

Durch Einsetzen der drei Werte für K erhält man die drei Lösungen

$$\left.\begin{aligned} V_{1a} &= 1; & V_{1b} &= 2; & V_{1c} &= 1, \\ V_{2a} &= 1; & V_{2b} &= 0; & V_{2c} &= -1, \\ V_{3a} &= 1; & V_{3b} &= -1; & V_{3c} &= 1. \end{aligned}\right\} \tag{26}$$

Die erste Eigenschwingungsform ist also dadurch gekennzeichnet, daß

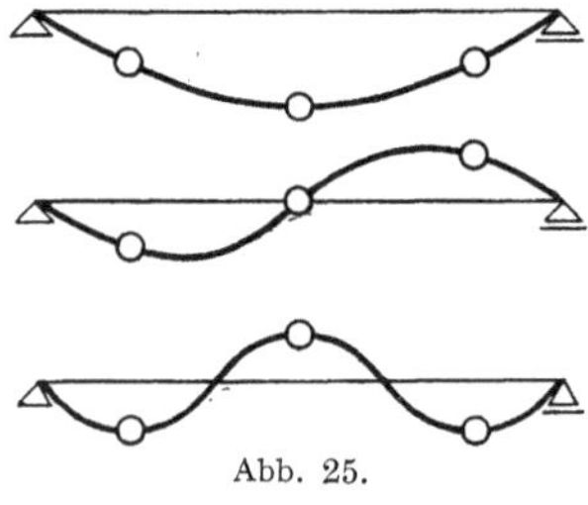

Abb. 25.

die beiden äußeren Massen gleiche Ausschläge besitzen und die mittlere den doppelten Ausschlag hat. Bei der zweiten Eigenschwingungsform bleibt die mittlere Masse in Ruhe, während die beiden äußeren entgegengesetzt gleiche Ausschläge annehmen. Bei der dritten Eigenschwingungsform sind die Ausschläge der äußeren Massen wieder einander gleich, während die innere um den gleichen Betrag nach der entgegengesetzten Seite schwingt (Abb. 25).

Die Eigenschwingungsformen (26) sind noch nicht normiert, sondern müssen durch $\sqrt{N_1}$ bzw. $\sqrt{N_2}$ bzw. $\sqrt{N_3}$ dividiert werden, wobei die „Norm" N_1 sich aus

$$N_1 = V_{1a}^2 + V_{1b}^2 + V_{1c}^2 \tag{27}$$

ergibt. Entsprechende Ausdrücke gelten für N_2 und N_3.

Der erste Schritt für die Lösung der gestellten Aufgabe, die Ermittlung der Eigenschwingungsformen und der Eigenfrequenzen ist hiermit erledigt. Wir haben als zweites die äußeren Lasten in Normalkomponenten zu zerlegen. Als einzige äußere Last wirkt die Kraft P im Punkt b. Die drei Normalkomponenten dieser Kraft sind nach 9, (13)

$$P_1 = P \frac{V_{1b}}{\sqrt{N_1}}; \qquad P_2 = P \frac{V_{2b}}{\sqrt{N_2}}; \qquad P_3 = P \frac{V_{3b}}{\sqrt{N_3}}.$$

Wir haben jetzt die Normalgleichung [vgl. 9, (14)]

$$\ddot{v}_1(t) + \omega_1^2 v_1(t) = \frac{P_1}{M}$$

zu lösen für verschwindendes $v_1(0)$ und $\dot{v}_1(0)$. Man erhält nach I, 5, (15)

$$v_1(t) = \frac{P\,V_{1b}}{M\,\sqrt{N_1}} \cdot \frac{(1 - \cos \omega_1 t)}{\omega_1^2}$$

und entsprechende Ausdrücke für die beiden andern Normalkomponenten der Verschiebung. Schließlich haben wir die Auslenkung der drei Punkte zusammenzusetzen aus den Normalkomponenten der Verschiebungen. Wir wollen dies nur für die Auslenkung v_b in der Mitte durchführen. Nach 9, (15) erhält man hierfür

$$v_b(t) = \frac{P\,V_{1b}^2}{M\,N_1}\frac{(1 - \cos \omega_1 t)}{\omega_1^2} + \frac{P\,V_{2b}^2}{M\,N_2}\frac{(1 - \cos \omega_2 t)}{\omega_2^2} + \frac{P\,V_{3b}^2}{M\,N_3}\frac{(1 - \cos \omega_3 t)}{\omega_3^2}\,.$$

Setzt man hierin aus (26) die Werte

$$V_{1b} = 2; \qquad V_{2b} = 0; \qquad V_{3b} = -1,$$
$$N_1 = 6; \qquad N_2 = 2; \qquad N_3 = 3$$

ein, so erhält man mit $M = \dfrac{\mu\,l}{3}$

$$v_b(t) = \frac{2\,P}{\mu\,l}\left[\frac{(1 - \cos \omega_1 t)}{\omega_1^2} + \frac{1}{2}\frac{(1 - \cos \omega_3 t)}{\omega_3^2}\right]. \tag{28}$$

Die unsymmetrische zweite Eigenschwingung ist in diesem Ausdruck nicht enthalten, da die Last in der Symmetrieebene des Balkens angreift und infolgedessen keine unsymmetrischen Bewegungen erzeugen kann.

Die so gewonnene Lösung, die sich in ganz entsprechender Form auch für die Auslenkungen der Punkte a und c anschreiben läßt, kann ohne Schwierigkeit als Grundlage für die Behandlung komplizierterer Fälle verwendet werden.

Einen Stoß auf den Stab erhält man z. B. dadurch, daß man plötzlich eine Last P aufbringt und nach kurzer Zeit eine gleich große Last im entgegengesetzten Sinne wirken läßt. Die Bewegung der mittleren Masse unter dem Einfluß einer Kraft P, die während der Zeit Δt auf sie wirkt, ergibt sich also aus den Gleichungen:

$$v_b(t) = \frac{P}{\mu\,l}\left[2\frac{(1 - \cos \omega_1 t)}{\omega_1^2} + \frac{(1 - \cos \omega_3 t)}{\omega_3^2}\right] \qquad \text{für} \quad 0 < t < \Delta t\,,$$

$$v_b(t) = \frac{P}{\mu\,l}\left[2\frac{\cos \omega_1 (t - \Delta t) - \cos \omega_1 t}{\omega_1^2} + \frac{\cos \omega_3 (t - \Delta t) - \cos \omega_3 t}{\omega_3^2}\right]$$
$$\text{für} \quad \Delta t < t < \infty\,.$$

Nimmt man an, daß es sich um einen kurzen Stoß handelt, dann vereinfacht sich die letzte Beziehung, wenn $\cos \omega\,\Delta t = 1$ und $\sin \omega\,\Delta t = \omega\,\Delta t$ gesetzt wird, zu

$$v_b(t) = \frac{P\,\Delta t}{\mu\,l}\left[\frac{2 \sin \omega_1 t}{\omega_1} + \frac{\sin \omega_3 t}{\omega_3}\right]. \tag{29}$$

Eine über den Balken fahrende Last kann ersetzt werden durch eine Last, die unstetig von Masse zu Masse springt. Bei genügend großer Geschwindigkeit der fahrenden Last wird die Formel (29) für einen kurzen Stoß auf die mittlere Masse anwendbar und die entsprechenden Formeln für die äußeren Punkte. Die Bewegung eines Balkens unter dem Einfluß von fahrenden Lasten läßt sich also mit Hilfe der bisherigen Rechnungen abschätzen.

12. Das Verhalten der Formänderungsarbeit und der kinetischen Energie bei harmonischen Bewegungen.

Nachdem gezeigt worden ist, in welcher Weise man die Bewegung des Balkens mit drei Einzelmassen unter dem Einfluß von beliebigen äußeren Kräften behandeln kann, wollen wir nunmehr etwas näher auf die Eigenschwingungsformen, insbesondere auf die dabei auftretenden Energieverhältnisse eingehen.

Die im folgenden entwickelten Sätze über die Eigenschaften gewisser Energieausdrücke sind von großer Bedeutung für die praktische Berechnung der Eigenfrequenzen eines elastischen Systems, da sie die sehr mühsame Auflösung der Frequenzgleichung [z. B. 8, (11)] überflüssig machen. Der Wert der Energiemethoden wird allerdings erst bei der Behandlung von Stäben mit stetig verteilten Massen in vollem Maße hervortreten.

Wir legen wieder die Modellvorstellung zugrunde und nehmen an, daß die Masse sich längs einer Geraden mit der Kreisfrequenz ω harmonisch bewegt. Im allgemeinen kann eine solche Bewegung nur durch geeignete äußere Kräfte erzwungen werden. Nur dann, wenn die Bewegungsrichtung mit einer der Hauptrichtungen und die Kreisfrequenz mit der entsprechenden Eigenkreisfrequenz zusammenfällt, verläuft die Bewegung kräftefrei. Wir wollen die äußeren zur Aufrechterhaltung der harmonischen Bewegung notwendigen Kräfte ganz außer acht lassen und lediglich den Verlauf der im System gespeicherten Formänderungs- und kinetischen Energie untersuchen. Wenn v_1, v_2, v_3 die in Bezug auf die Federrichtungen genommenen Komponenten der Schwingungsamplitude bezeichnen, dann hat die Amplitude der Formänderungsenergie, d. i. die Formänderungsenergie im Augenblick der größten Auslenkung, den Wert

$$A = \tfrac{1}{2}\left(C_1 v_1^2 + C_2 v_2^2 + C_3 v_3^2\right). \tag{30}$$

Die Größen C_1, C_2, C_3 bedeuten wie früher die Konstanten der drei Federn, und zwar soll der erste Index die schwächste, der zweite die mittlere und der dritte die stärkste Feder bezeichnen: $C_1 < C_2 < C_3$. Die kinetische Energie im Augenblick der größten Auslenkung verschwindet. Die Amplitude der kinetischen Energie, d. i. die kinetische Energie im Augenblick des Durchgangs durch die Ruhelage, beträgt:

$$\omega^2 T = \omega^2 \frac{M}{2}\,(v_1^2 + v_2^2 + v_3^2). \tag{31}$$

Die Formänderungsenergie verschwindet im Augenblick des Durchganges durch die Ruhelage. Wir nennen T die bezogene kinetische Energie, d. i. die Amplitude der kinetischen Energie dividiert durch das Quadrat der Kreisfrequenz der Bewegung. Schwingt die Masse in einer Hauptrichtung mit der entsprechenden Eigenfrequenz, dann wirken von außen auf das System keine Kräfte; die Gesamtenergie der freien Bewegung ist also zeitlich konstant. Die Gesamtenergie besteht im Augenblick der größten Auslenkung lediglich aus der Formänderungsarbeit des Systems, im Augenblick des Durchgangs durch die Ruhelage lediglich aus der kinetischen Energie des Systems. Es ist also für eine Eigenschwingung die Amplitude der Formänderungsenergie gleich der Amplitude der kinetischen Energie, d. h. es ist der Quotient aus den Amplituden der Formänderungsenergie und der bezogenen kinetischen Energie gleich dem Quadrat der entsprechenden Eigenfrequenz. Der Auslenkung in einer Hauptrichtung des Modells entspricht beim Balken die Deformation gemäß einer Eigenschwingungsform. Sind die Eigenschwingungsformen bekannt, dann erhält man also die Quadrate der Eigenfrequenzen des Systems dadurch, daß man die Formänderungsenergien der betreffenden Biegelinien durch die bezogenen kinetischen Energien dividiert. Verwendet man an Stelle der genauen Eigenschwingungsform eine Biegelinie, die sich davon nur wenig unterscheidet, dann weichen auch die Formänderungsarbeiten und die bezogenen kinetischen Energien nur wenig von der Formänderungsarbeit und der kinetischen Energie der Eigenschwingung ab. Oft lassen sich die Eigenschwingungsformen leicht abschätzen, die dazugehörigen Energieausdrücke können alsdann mit geringer Mühe berechnet werden, und man erhält auf diese Weise einfach vorzunehmende Abschätzungen für die Eigenfrequenzen.

Wir untersuchen jetzt wieder am Modell etwas eingehender die Abhängigkeit des Quotienten A/T von der Schwingungsrichtung. Dieser Quotient ist offenbar am kleinsten, wenn die Bewegung in der ersten Hauptrichtung erfolgt, denn aus (30) und (31) folgt wegen $C_1 < C_2 < C_3$

$$\frac{A}{T} = \frac{C_1 v_1^2 + C_2 v_2^2 + C_3 v_3^2}{M\,(v_1^2 + v_2^2 + v_3^2)} \geq \frac{C_1(v_1^2 + v_2^2 + v_3^2)}{M\,(v_1^2 + v_2^2 + v_3^2)} = \omega_1^2.$$

Das Gleichheitszeichen tritt nur dann an Stelle des Größerzeichens, wenn die Komponenten der Schwingungsamplitude in den Richtungen der zweiten und dritten Feder verschwinden. Wir haben also den Satz: Unter allen geradlinigen harmonischen Schwingungen des Massenpunktes ist der Quotient der Amplituden der Formänderungsarbeit und der bezogenen kinetischen Energie am kleinsten, wenn die Schwingung in der ersten Hauptrichtung erfolgt. Der Wert dieses Minimums ist gleich dem Quadrat der ersten Eigenfrequenz. Entsprechend kann man zeigen, daß unter allen geradlinigen, harmonischen Schwingungen des Massenpunktes der Quotient A/T am größten ist, wenn die Schwingung in der dritten Hauptrichtung erfolgt. Der Betrag dieses Maximums ist gleich dem Quadrat der dritten Eigenfrequenz.

Um auch Ungleichungen für die mittlere Eigenfrequenz zu erhalten, wollen wir jetzt nur solche geradlinigen, harmonischen Schwingungen betrachten, die in einer bestimmten Ebene durch den Ursprungspunkt liegen. Ein auf dieser Ebene senkrecht stehender Vektor habe die Komponenten s_1, s_2, s_3 in bezug auf die Federachsen. Deutet man diesen Vektor als Kraft, dann ist die Arbeit dieser Kraft längs des Weges mit den Komponenten v_1, v_2, v_3 null, es verschwindet also die Summe der drei Produkte entsprechender Komponenten der beiden Vektoren:

$$s_1 v_1 + s_2 v_2 + s_3 v_3 = 0. \tag{32}$$

Man kann nun leicht zeigen, daß der kleinste Wert, den der Quotient A/T für irgendeine Schwingungsrichtung in dieser Ebene annehmen kann, sicher kleiner ist als das Quadrat der zweiten Eigenfrequenz. Nehmen wir etwa diejenige Schwingungsrichtung in dieser Ebene, welche senkrecht zur dritten Federrichtung steht, so gilt wegen $v_3 = 0$

$$\frac{A}{T} = \frac{C_1 v_1^2 + C_2 v_2^2}{M (v_1^2 + v_2^2)} \leq \frac{C_2 (v_1^2 + v_2^2)}{M (v_1^2 + v_2^2)} = \omega_2^2. \tag{33}$$

Das Minimum des Quotienten A/T unter allen geradlinigen harmonischen Schwingungen in der betreffenden Ebene ist dann erst recht kleiner als ω_2^2. Fällt der Vektor mit den Komponenten s_1, s_2, s_3 in die Richtung der ersten Hauptachse, so reduziert sich (32) zu $v_1 = 0$. In diesem Fall ist der Quotient A/T für alle geradlinigen harmonischen Schwingungen in dieser Ebene größer oder höchstens gleich dem Quadrat der zweiten Eigenfrequenz, denn aus $C_2 < C_3$ folgt wie oben

$$\frac{A}{T} = \frac{C_2 v_2^2 + C_3 v_3^2}{M (v_2^2 + v_3^2)} \geq \frac{C_2 (v_2^2 + v_3^2)}{M (v_2^2 + v_3^2)} = \omega_2^2.$$

Das Gleichheitszeichen tritt nur dann an Stelle des Größerzeichens, wenn auch die Komponente der Schwingungsamplitude in der dritten Hauptrichtung verschwindet.

Wir können zusammenfassend folgenden Satz aussprechen: Legt man durch den Ursprungspunkt des Federnkreuzes eine Ebene, und betrachtet man nur solche geradlinigen harmonischen Schwingungen, die in dieser Ebene erfolgen, dann ist das Minimum des Quotienten A/T gleich dem Quadrat oder kleiner als das Quadrat der zweiten Eigenfrequenz, je nachdem ein auf dieser Ebene senkrecht stehender Vektor in die erste Hauptrichtung weist oder in eine andere davon abweichende Richtung.

13. Berechnung der Eigenfrequenzen mit Hilfe der Energiemethode.

Wir wollen zur Erläuterung der obigen Sätze das gleiche Beispiel verwenden, das in 11 behandelt wurde, nämlich den auf zwei Stützen gelagerten Balken mit unveränderlichem Querschnitt, der bei $x = \dfrac{l}{6}$; $x = \dfrac{l}{2}$; $x = \dfrac{5}{6}l$ die Massen $M = \dfrac{\mu\,l}{3}$ trägt. Wir bemerken zunächst, daß der Ausdruck für die kinetische Energie seine Form beibehält, auch wenn an Stelle der Normalkomponenten der Auslenkung die Komponenten in bezug auf das Koordinatensystem genommen werden. Wir haben also statt 12, (31) auch

$$T = \frac{M}{2}\,(v_a^2 + v_b^2 + v_0^2)\,. \tag{34}$$

Wir wollen als Näherung für die erste Eigenschwingungsform eine Biegelinie verwenden, wie sie unter dem statischen Einfluß einer Einheitslast in der Balkenmitte entsteht. Die Durchbiegungen an den Punkten a, b, c infolge der Einheitslast in der Balkenmitte waren bereits in 11 angegeben (S. 45) und betrugen

$$\left.\begin{array}{l} v_a = 39 \\ v_b = 81 \\ v_c = 39 \end{array}\right\} \ \frac{l^3}{3888}\,\frac{1}{E\,J}\,.$$

Die doppelte Formänderungsarbeit ergibt sich als Produkt der Einheitslast mit der Verschiebung in Balkenmitte zu

$$2\,A = \frac{81}{3888}\,\frac{l^3}{E\,J}\,. \tag{35}$$

Die bezogene kinetische Energie der angenommenen Schwingung beträgt

$$T = \frac{1}{2}\,\frac{\mu\,l}{3}\,(39^2 + 81^2 + 39^2)\,\frac{l^6}{3888^2}\,\frac{1}{(E\,J)^2}$$

und man erhält:

$$\omega_1 < \sqrt{\frac{A}{T}} = \frac{9{,}9085}{l^2}\,\sqrt{\frac{E\,J}{\mu}}\,.$$

Das Kleinerzeichen rührt daher, daß eine von der wirklichen Eigenschwingungsform abweichende Biegelinie verwendet wurde, oder in der Sprache des Modells, daß eine Auslenkung genommen wurde, die nicht genau in die erste Hauptrichtung fällt. Der genaue in 11 berechnete Wert beträgt

$$\omega_1 = \frac{9{,}859}{l^2} \sqrt{\frac{E\,J}{\mu}}$$

und ist tatsächlich kleiner. Der Fehler in der Eigenfrequenz beträgt nur etwa ½% des richtigen Wertes, sodaß man schon hier erkennen kann, welche zuverlässige Näherungen die Energiemethode zu liefern vermag.

Um die zweite Eigenfrequenz zu berechnen, nehmen wir als Schwingungsform eine Biegelinie an, wie sie unter dem Einfluß einer statischen Einheitskraft in a und einer entgegengesetzt gerichteten Einheitskraft in c entsteht. Wir haben dann mit den $\overline{C}$-Werten von S. 45

$$\left.\begin{aligned} v_a &= 25 - 17 = 8 \\ v_b &= 39 - 39 = 0 \\ v_c &= 17 - 25 = -8 \end{aligned}\right\} \frac{l^3}{3888}\,\frac{1}{E\,J}\,.$$

Die doppelte Formänderungsarbeit dieser Auslenkung beträgt

$$2\,A = (8 + 8)\,\frac{l^3}{3888}\,\frac{1}{E\,J}\,.$$

Sie ist noch durch die doppelte bezogene kinetische Energie

$$2\,T = \frac{\mu\,l}{3}\,(8^2 + 8^2)\,\frac{l^6}{3888^2}\,\frac{1}{(E\,J)^2}$$

zu dividieren, und man erhält

$$\omega_2 = \frac{38{,}184}{l^2} \sqrt{\frac{E\,J}{\mu}}\,.$$

Wir haben hier den exakten Wert der zweiten Eigenfrequenz erhalten, wie man durch Vergleich mit 11, (25) erkennt. Es liegt dies daran, daß als Biegelinie die richtige zweite Eigenschwingungsform verwendet wurde, die in a und c entgegengesetzt gleiche Auslenkungen hat, und deren Auslenkung in b verschwindet.

Um den Einfluß einer von der zweiten Eigenschwingungsform abweichende Biegelinie zu verfolgen, wollen wir noch eine Auslenkung annehmen, wie sie unter dem Einfluß einer statischen Kraft $+ 1{,}00$ in a und einer Kraft $- 0{,}95$ in c entsteht. Die Auslenkungen in a, b, c haben die Werte

$$\left.\begin{aligned} v_a &= 25 - 16{,}15 = 8{,}85 \\ v_b &= 39 - 37{,}05 = 1{,}95 \\ v_c &= 17 - 23{,}75 = -6{,}75 \end{aligned}\right\} \frac{l^3}{3888}\,\frac{1}{E\,J}\,.$$

Die Formänderungsenergie dieser Auslenkungsform beträgt

$$2\,A = (8{,}85 \cdot 1 + 6{,}75 \cdot 0{,}95)\,\frac{l^3}{3888}\,\frac{1}{E\,J}\,.$$

Sie ist durch die doppelte bezogene kinetische Energie

$$2\,T = \frac{\mu\,l}{3}\,(8{,}85^2 + 1{,}95^2 + 6{,}75^2)\,\frac{l^6}{3888^2}\,\frac{1}{(E\,J)^2}$$

zu dividieren und man erhält[1]

$$\omega_2 \approx \frac{37{,}354}{l^2}\,\sqrt{\frac{E\,J}{\mu}}\,.$$

Die so gewonnene Näherung für die zweite Eigenfrequenz ist um etwa 2,2% zu klein. Der geringe Fehler ist bemerkenswert, da die zugrunde gelegte Biegelinie von der zweiten Eigenschwingungsform recht stark abweicht. Das Vorzeichen des Fehlers ist hier im Gegensatz zu den Näherungen für die erste Eigenfrequenz von vornherein nicht ohne weiteres angebbar. Es hängt dies damit zusammen, daß man der gewählten Auslenkung nicht ohne weiteres ansehen kann, in welcher Ebene — in der Sprache des Modells gesprochen — sie sich befindet. Steht die Ebene senkrecht zu der ersten Hauptrichtung, gilt also für die gewählte Auslenkung die Beziehung

$$V_{1a}\,v_a + V_{1b}\,v_b + V_{1c}\,v_c = 0\,, \tag{36}$$

dann lehrt der in 12 bewiesene Satz, daß der Näherungswert für ω_2^2 nur zu groß ausfallen kann. Die Beziehung (36) ist jedoch in unserem Beispiel, wie man sich leicht überzeugt, nicht erfüllt. Der Quotient A/T kann daher auch, wie oben allgemein gezeigt war, k l e i n e r als ω_2^2 ausfallen.

14. Die Berechnung der Eigenschwingungsformen und der Eigenfrequenzen durch schrittweise verbesserte Näherungen.

Wir wollen jetzt wieder an Hand des Modellsystems ein Verfahren zur Ermittlung der Eigenschwingungsformen und der Eigenfrequenzen besprechen, das ebenfalls die Auflösung einer Frequenzgleichung, wie sie durch 8, (11) gegeben ist, überflüssig macht und insbesondere in Verbindung mit der oben behandelten Energiemethode für praktische Rechnungen vorzügliche Dienste leistet. Wenn man auf den zwischen drei Federn gelagerten Massenpunkt in beliebiger Richtung eine statische Kraft wirken läßt, welche in bezug auf das Federnkreuz die Kompo-

---

[1] Im folgenden werden nur angenähert geltende Beziehungen mit dem Zeichen $\approx$ an Stelle des Gleichheitszeichens geschrieben.

nenten P_1, P_2, P_3 besitzt, so entsteht eine statische Auslenkung mit den Komponenten

$$v_1 = \frac{P_1}{C_1}; \qquad v_2 = \frac{P_2}{C_2}; \qquad v_3 = \frac{P_3}{C_3}.$$

Es ist leicht einzusehen, daß die Auslenkungskomponente in Richtung der schwächsten Feder die andern Auslenkungskomponenten stärker überwiegt, als die Kraftkomponente in Richtung der schwächsten Feder die andern Kraftkomponenten überwiegt. Wegen $C_1 < C_2 < C_3$ gilt nämlich

$$\frac{v_1}{v_2} > \frac{P_1}{P_2}; \qquad \frac{v_1}{v_3} > \frac{P_1}{P_3}.$$

Das bedeutet, daß der Vektor der Auslenkung mit der ersten Hauptrichtung einen kleineren Winkel einschließt als der Vektor der Kraft. Läßt man nun in der Richtung der Auslenkung wiederum eine statische Kraft einwirken, so schließt der durch diese Kraft hervorgerufene Auslenkungsvektor mit der ersten Hauptrichtung einen noch kleineren Winkel ein. Durch genügend häufige Wiederholung des Verfahrens erhält man schließlich eine Auslenkung, die beliebig genau in die erste Hauptrichtung fällt. Wenn einmal die erste Hauptrichtung annähernd bekannt ist, bereitet die Berechnung der zugehörigen Eigenfrequenz nach der Energiemethode keine Schwierigkeiten mehr. An Stelle der Energiemethode kann man auch eine einfachere wenn auch nicht so genaue Berechnungsart der Eigenfrequenz verwenden, die darauf beruht, daß im Grenzfall nach genügend zahlreichen Schritten sowohl die Kraft als auch die Auslenkung in die erste Hauptrichtung fallen. Das Verhältnis einer Kraftkomponente für eine beliebige Richtung zu der Auslenkungskomponente für diese Richtung ist dann gleich der Federkonstanten C_1, aus der durch Division durch die Masse M das Quadrat der ersten Eigenfrequenz folgt. Je genauer die Richtung der ursprünglich angenommenen Kraft mit der ersten Hauptrichtung übereinstimmt, desto weniger Schritte sind naturgemäß erforderlich, bis der Vektor der Auslenkung innerhalb der Rechengenauigkeit in die erste Hauptrichtung weist. Wir wenden diese Rechnungsmethode wieder an auf unser früher schon behandeltes Beispiel, den Stab auf zwei Stützen, der in den Punkten $x = \frac{l}{6}$; $x = \frac{l}{2}$; $x = \frac{5}{6}\, l$ die Massen $M = \frac{\mu l}{3}$ trägt. Verwenden wir als Ausgangslast eine Einheitskraft in Balkenmitte, dann beträgt die zugehörige Auslenkung (vgl. S. 45)

$$\left.\begin{array}{l} v_{a\,1} = 39 \\ v_{b\,1} = 81 \\ v_{c\,1} = 39 \end{array}\right\} \frac{l^3}{3888\,E\,J}.$$

Bildet man den Quotienten aus Kraft und Auslenkung für die Balken-mitte und dividiert diesen Ausdruck durch $M = \dfrac{\mu\,l}{3}$, so erhält man

$$\omega_1^2 \approx \frac{1}{81}\cdot 11\,664\,\frac{EJ}{\mu\,l^4} \quad \text{oder} \quad \omega_1 \approx \frac{12}{l^2}\sqrt{\frac{EJ}{\mu}},$$

also gegenüber dem richtigen Wert von $\dfrac{9{,}859}{l^2}\sqrt{\dfrac{EJ}{\mu}}$ eine Abweichung von etwa 22%.

Nimmt man bei dem nächsten Schritt entsprechend der erhaltenen Auslenkung in den Punkten a, b, c Kräfte

$$P_{a2} = 39; \qquad P_{b2} = 81; \qquad P_{c2} = 39$$

an, so sind die zugehörigen statischen Auslenkungen gegeben durch

$$\left.\begin{aligned}
v_{a2} &= 975 + 3159 + 663 = 4797\\
v_{b2} &= 1521 + 6561 + 1521 = 9603\\
v_{c2} &= 663 + 3159 + 975 = 4797
\end{aligned}\right\}\;\frac{l^3}{3888\,EJ}.$$

Die durch $\dfrac{\mu\,l}{3}$ dividierten Quotienten aus Kraft und Auslenkung be-tragen für die drei Punkte:

$$\frac{P_{a2}}{v_{a2}}\,\frac{3}{\mu\,l} = \frac{P_{c2}}{v_{c2}}\,\frac{3}{\mu\,l} = 94{,}8281\,\frac{EJ}{\mu\,l^4},$$

$$\frac{P_{b2}}{v_{b2}}\,\frac{3}{\mu\,l} = 98{,}3841\,\frac{EJ}{\mu\,l^4},$$

und die entsprechenden Näherungen für ω_1 heißen:

$$\omega_1 \approx \frac{9{,}738}{l^2}\sqrt{\frac{EJ}{\mu}}$$

und

$$\omega_1 \approx \frac{9{,}919}{l^2}\sqrt{\frac{EJ}{\mu}}.$$

Die Fehler betragen $-0{,}5\%$ und $+0{,}6\%$ des richtigen Wertes, die Näherungen sind also schon nach dem zweiten Schritt hinreichend genau.

Um zu zeigen, daß auch eine ungünstige Annahme über die Aus-gangslastverteilung das Verfahren zwar etwas verlängert, aber ebenfalls zum Ziele führt, rechnen wir den Fall durch, daß die Ausgangslast nicht in der Mitte, sondern in a angreift. Die zur Einheitskraft in a ge-hörigen Auslenkungen betragen (vgl. S. 45)

$$\left.\begin{aligned}
v_{a1} &= 25\\
v_{b1} &= 39\\
v_{c1} &= 17
\end{aligned}\right\}\;\frac{1}{3888}\,\frac{l^3}{EJ}.$$

Im zweiten Schritt nehmen wir die Lasten $P_{a2} = 25$, $P_{b2} = 39$, $P_{c2} = 17$ an und erhalten die Auslenkungen

$$\left. \begin{aligned} v_{a2} &= 2435 \\ v_{b2} &= 4797 \\ v_{c2} &= 2371 \end{aligned} \right\} \frac{1}{3888} \frac{l^3}{EJ} .$$

Die hieraus zu entnehmenden Näherungen für die erste Eigenfrequenz betragen:

$$\left. \begin{aligned} \omega_1 &\approx \sqrt{\frac{P_{a2}}{v_{a2}} \frac{3}{\mu l}} = \frac{10,943}{l^2} \sqrt{\frac{EJ}{\mu}} \; ; \quad (+11\%), \\ \omega_1 &\approx \sqrt{\frac{P_{b2}}{v_{b2}} \frac{3}{\mu l}} = \frac{9,783}{l^2} \sqrt{\frac{EJ}{\mu}} \; ; \quad (-1,2\%), \\ \omega_1 &\approx \sqrt{\frac{P_{c2}}{v_{c2}} \frac{3}{\mu l}} = \frac{9,145}{l^2} \sqrt{\frac{EJ}{\mu}} \; ; \quad (-7,3\%). \end{aligned} \right\} \qquad (37)$$

Die in Klammern hinzugefügten Prozentsätze geben die Abweichungen von den wahren Werten an.

Im dritten Schritt nehmen wir die Lasten

$$P_{a3} = 2435; \qquad P_{b3} = 4797; \qquad P_{c3} = 2371$$

an und erhalten die Auslenkungen

$$\left. \begin{aligned} v_{a3} &= 288265 \\ v_{b3} &= 575991 \\ v_{c3} &= 287753 \end{aligned} \right\} \frac{1}{3888} \frac{l^3}{EJ} .$$

Die hieraus zu berechnenden Näherungswerte für die erste Eigenfrequenz betragen

$$\left. \begin{aligned} \omega_1 &\approx \sqrt{\frac{P_{a3}}{v_{a3}} \frac{3}{\mu l}} = \frac{9,926}{l^2} \sqrt{\frac{EJ}{\mu}} \; ; \quad (+0,7\%), \\ \omega_1 &\approx \sqrt{\frac{P_{b3}}{v_{b3}} \frac{3}{\mu l}} = \frac{9,856}{l^2} \sqrt{\frac{EJ}{\mu}} \; ; \quad (-0,03\%), \\ \omega_1 &\approx \sqrt{\frac{P_{c3}}{v_{c3}} \frac{3}{\mu l}} = \frac{9,803}{l^2} \sqrt{\frac{EJ}{\mu}} \; ; \quad (-0,6\%). \end{aligned} \right\} \qquad (38)$$

Man beachte, wie sich die Auslenkung mit jedem Schritt der ersten Eigenschwingungsform nähert, bei welcher die Auslenkungen in den Punkten a, b, c sich wie $1:2:1$ verhalten.

Die Methode der schrittweisen Näherungen liefert zunächst lediglich die Grundschwingung. Wir wollen uns nun wieder an Hand der Modellvorstellung klarmachen, wie man die Methode für die Berechnung der zweiten Eigenfrequenz zu erweitern hat. Um zu vermeiden, daß die Komponente der Auslenkung in der ersten Hauptrichtung mit jedem Schritt gegenüber den Komponenten der beiden Hauptrichtungen größer wird, hat man offenbar dafür zu sorgen, daß die ursprünglich angenommene Kraft in der Ebene senkrecht zur ersten Hauptrichtung wirkt. Die statische Auslenkung, welche diese Kraft hervorruft, hat dann ebenfalls in der ersten Hauptrichtung die Komponente Null, d. h. sie liegt ebenfalls in der Ebene senkrecht zur ersten Hauptrichtung. Wenn 0, P_2, P_3 die Komponenten der Kraft in den drei Hauptrichtungen sind, so ergeben sich die zugehörigen Auslenkungen zu

$$v_1 = 0; \qquad v_2 = \frac{P_2}{C_2}; \qquad v_3 = \frac{P_3}{C_3},$$

und wegen $C_2 < C_3$ ist

$$\frac{v_2}{v_3} > \frac{P_2}{P_3}.$$

Der Vektor der Auslenkung schließt also mit der zweiten Hauptrichtung einen kleineren Winkel ein als der Vektor der Kraft. Läßt man in der Richtung der Auslenkung wieder eine Kraft wirken, so hat der Vektor der durch diese Kraft hervorgerufenen Auslenkung wieder in Richtung der ersten Hauptachse die Komponente Null und schließt mit der zweiten Hauptachse einen noch kleineren Winkel ein. Durch genügend häufige Wiederholung des Verfahrens ergibt sich schließlich eine Auslenkung, die beliebig genau in die zweite Hauptrichtung fällt. Wenn Kraft und Auslenkung schließlich nahezu in die gleiche Richtung weisen, erhält man das Quadrat der zweiten Eigenfrequenz wieder angenähert, indem man den Quotienten aus Kraftkomponente und Auslenkungskomponente für irgendeine Richtung durch die Masse dividiert.

Wir wenden die Berechnungsmethode wieder auf den zweifach gestützten Stab mit drei Einzelmassen an und wählen als Ausgangsbelastung eine Einheitskraft im Punkt a. Diese Kraft erzeugt eine Auslenkung

$$\left.\begin{aligned} v_{a1} &= 25 \\ v_{b1} &= 39 \\ v_{c1} &= 17 \end{aligned}\right\} \frac{l^3}{3888}\,\frac{1}{EJ}. \tag{39}$$

Kraft und Auslenkung liegen modellmäßig gesprochen beide nicht in der Ebene senkrecht zur ersten Hauptrichtung. Wir bestimmen von der Auslenkung die Komponente in dieser Ebene und bringen im zweiten Schritt eine Kraft an, welche die Richtung dieser Komponente hat. Der Einheitsvektor in der ersten Hauptrichtung hat die Komponenten

$$\left.\begin{aligned} v_a &= \frac{1}{\sqrt{6}}, \\ v_b &= \frac{2}{\sqrt{6}}, \\ v_c &= \frac{1}{\sqrt{6}}. \end{aligned}\right\} \quad [\text{vgl. } 11,\ (26)]$$

Die Auslenkung (39) hat also in der ersten Hauptrichtung die Komponente

$$\frac{25\cdot 1 + 39\cdot 2 + 17\cdot 1}{\sqrt{6}} = \frac{120}{\sqrt{6}}.$$

Die in bezug auf das Koordinatenkreuz genommenen Komponenten eines Vektors von der Länge $\dfrac{120}{\sqrt{6}}$, der in die erste Hauptrichtung weist, haben die Werte

$$\left.\begin{aligned} v_a &= \frac{120}{\sqrt{6}}\,\frac{1}{\sqrt{6}} = 20 \\ v_b &= \frac{120}{\sqrt{6}}\,\frac{2}{\sqrt{6}} = 40 \\ v_c &= \frac{120}{\sqrt{6}}\,\frac{1}{\sqrt{6}} = 20 \end{aligned}\right\} \frac{l^3}{3888}\frac{1}{EJ}.$$

Wenn wir diese Auslenkung von der Auslenkung (39) subtrahieren, erhalten wir die gesuchte Komponente in der Ebene senkrecht zur ersten Hauptachse:

$$\left.\begin{aligned} v_a &= 25 - 20 = 5 \\ v_b &= 39 - 40 = -1 \\ v_c &= 17 - 20 = -3 \end{aligned}\right\} \frac{l^3}{3888}\frac{1}{EJ}.$$

Wir bringen jetzt eine Belastung

$$P_{a2} = 5; \qquad P_{b2} = -1; \qquad P_{c2} = -3$$

an und erhalten eine Auslenkung

$$\left.\begin{aligned} v_{a2} &= 35 \\ v_{b2} &= -3 \\ v_{c2} &= -29 \end{aligned}\right\} \frac{l^3}{3888}\frac{1}{EJ}.$$

Man überzeugt sich leicht, daß diese Auslenkung in der ersten Hauptrichtung die Komponente Null besitzt, es ist nämlich

$$\frac{35\cdot 1 - 3\cdot 2 - 29\cdot 1}{\sqrt{6}} = 0.$$

Wir können also im dritten Schritt die Belastung

$$P_{a3} = 35; \qquad P_{b3} = -3; \qquad P_{c3} = -29$$

verwenden und erhalten für die zugehörige Auslenkung die Werte

$$\left.\begin{aligned} v_{a3} &= 265 \\ v_{b3} &= -9 \\ v_{c3} &= -247 \end{aligned}\right\} \frac{l^3}{3888}\frac{1}{EJ}.$$

Endlich sei noch ein vierter Schritt gerechnet mit den Kräften

$$P_{a4} = 265; \qquad P_{b4} = -9; \qquad P_{c4} = -247.$$

Man erhält

$$\left.\begin{aligned} v_{a4} &= 2075, \\ v_{b4} &= -27, \\ v_{c4} &= -2021, \end{aligned}\right\} \frac{l^3}{3888}\frac{1}{EJ}.$$

Auch die Auslenkungen des dritten und vierten Schrittes liegen in der Ebene senkrecht zur ersten Hauptrichtung, wie man leicht nachrechnet. Man achte darauf, wie mit jedem Schritt die zweite Eigenschwingungsform immer besser angenähert wird, bei welcher sich die Auslenkungen an den Stellen a, b, c verhalten wie

$$V_{a2} : V_{b2} : V_{c2} = 1 : 0 : -1.$$

Zur Vervollständigung seien noch die Näherungen für die zweite Eigenfrequenz ausgerechnet, die sich unter Verwendung der Auslenkungen in den beiden äußeren Punkten a und c des Balkens für die verschiedenen Schritte ergeben zu

$$\left.\begin{aligned} \sqrt{\frac{P_{a2}}{v_{a2}}}\,\frac{3}{\mu l} &= 40{,}7 & (+6{,}5\%), \\[4pt] \sqrt{\frac{P_{c2}}{v_{c2}}}\,\frac{3}{\mu l} &= 34{,}7 & (-9{,}1\%), \\[4pt] \sqrt{\frac{P_{a3}}{v_{a3}}}\,\frac{3}{\mu l} &= 39{,}2 & (+2{,}6\%), \\[4pt] \sqrt{\frac{P_{c3}}{v_{c3}}}\,\frac{3}{\mu l} &= 37{,}0 & (-3{,}1\%), \\[4pt] \sqrt{\frac{P_{a4}}{v_{a4}}}\,\frac{3}{\mu l} &= 38{,}60 & (+1{,}0\%), \\[4pt] \sqrt{\frac{P_{c4}}{v_{c4}}}\,\frac{3}{\mu l} &= 37{,}75 & (-1{,}2\%). \end{aligned}\right\} \frac{1}{l^2}\sqrt{\frac{EJ}{\mu}}; \qquad (40)$$

Die in Klammer angegebenen Prozentsätze geben wieder die Abweichung an von dem wahren Wert, der in 11, (25) berechnet war zu

$$\omega_2 = \frac{38{,}184}{l^2}\sqrt{\frac{EJ}{\mu}}.$$

Es ist angebracht, schon hier auf einen Umstand hinzuweisen, der später bei der Behandlung des stetig mit Masse belegten Balkens von Wichtigkeit wird. Nachdem einmal die Kraft für den zweiten Schritt so bestimmt worden war, daß ihre Komponente in der ersten Hauptrichtung verschwindet, blieben die Auslenkungen bei allen folgenden Schritten in der Ebene senkrecht zur ersten Hauptrichtung. Dies ist jedoch nur dann der Fall, wenn die Rechnung völlig genau ohne Abrundungsfehler durchgeführt wird. Sowie man infolge von Abrundungsfehlern zu Auslenkungen gelangt, die nicht genau in der Ebene senkrecht zur ersten Hauptrichtung liegen, vergrößert sich die Komponente der Auslenkung in der Richtung der ersten Hauptachse mit jedem Schritt entsprechend den obigen Überlegungen, und das Verfahren konvergiert nicht, wie gewünscht, nach der zweiten, sondern nach der ersten Eigenschwingungsform. Da nun im allgemeinen eine völlig genaue Rechnung nicht möglich ist, hat man zur Vermeidung des erwähnten Übelstandes besondere Maßnahmen zu ergreifen, etwa dadurch, daß man nach jedem Schritt die Komponente der Auslenkung in der ersten Hauptrichtung berechnet, so wie das oben bei dem ersten Schritt geschehen ist, und diese Komponente von der Auslenkung subtrahiert.

Wir sehen aus (40) und den entsprechenden Werten für die erste Eigenfrequenz (37) und (38), daß man durch Mittelung der Werte für die verschiedenen Stabpunkte schon beim zweiten und erst recht beim dritten Schritt zu einem brauchbaren Ergebnis gelangt. Kombinieren wir nun die Energiemethode mit der Methode der schrittweisen Näherungen, dann ergibt sich ein Ausdruck für die Eigenfrequenzen, den man auffassen kann als eine besondere Art von Mittelwertbildung. Sind P_a, P_b, P_c die Kräfte und v_a, v_b, v_c die zugehörigen Auslenkungen bei einem Schritt des Verfahrens, so ist die Formänderungsarbeit der Auslenkung:

$$A = \tfrac{1}{2}\left(P_a v_a + P_b v_b + P_c v_c\right)$$

und die bezogene kinetische Energie:

$$T = \frac{1}{2}\,\frac{\mu\,l}{3}\left(v_a^2 + v_b^2 + v_c^2\right).$$

Nach 13 gilt die Abschätzung

$$\omega \approx \sqrt{\frac{A}{T}} = \sqrt{\frac{P_a v_a + P_b v_b + P_c v_c}{v_a^2 + v_b^2 + v_c^2}\cdot\frac{3}{\mu\,l}}. \tag{41}$$

Wir wollen (41) für einige der oben gerechneten Auslenkungen des Balkens auswerten. Zunächst für die Auslenkung des zweiten Schrittes der zuerst gerechneten Grundtonnäherungen, die mit einer Belastung $P_{a1} = 1$; $P_{b1} = 0$; $P_{c1} = 0$ beginnen (S. 56). Im zweiten Schritt ist

$$P_{a2} = 25; \qquad P_{b2} = 39; \qquad P_{c2} = 17$$

und

$$\left.\begin{array}{l} v_{a2} = 2435 \\[4pt] v_{b2} = 4797 \\[4pt] v_{c2} = 2371 \end{array}\right\} \frac{l^3}{3888}\,\frac{1}{EJ}.$$

Die Gleichung (41) liefert den Wert

$$\omega_1 < \frac{9{,}863}{l^2} \sqrt{\frac{E\,J}{\mu}}\,; \quad (+0{,}04\ \%).$$

Der Fehler ist, wie nach den Ausführungen von 13 zu erwarten war, positiv und viel kleiner als bei irgendeinem der Werte in (37), er ist von derselben Größenordnung wie der Fehler des besten Wertes beim dritten Schritt. Die Anwendung der Energiemethode liefert Resultate von etwa der gleichen Güte wie diejenigen des darauffolgenden Schrittes. Ob es allerdings weniger Rechenarbeit ist, noch einen weiteren Schritt durchzuführen oder die Energieausdrücke auszuwerten, kann nur im Einzelfall entschieden werden.

Wir wollen die Energiemethode auch auf den zweiten und dritten Schritt der Rechnung für die zweite Eigenfrequenz anwenden. Für die Kräfte

$$P_{a2} = 5; \qquad P_{b2} = -1; \qquad P_{c2} = -3$$

und die zugehörigen Auslenkungen (vgl. S. 58)

$$v_{a2} = 35\,\frac{l^3}{3888\,E\,J}\,; \qquad v_{b2} = -3\,\frac{l^3}{3888\,E\,J}\,; \qquad v_{c2} = -29\,\frac{l^3}{3888\,E\,J}$$

erhält man nach (41)

$$\omega_2 \approx \frac{38{,}595}{l^2} \sqrt{\frac{E\,J}{\mu}}\,; \quad (+1{,}07\ \%).$$

Für die Kräfte

$$P_{a3} = 35; \qquad P_{b3} = -3; \qquad P_{c3} = -29$$

und die zugehörigen Auslenkungen

$$v_{a3} = 265\,\frac{l^3}{3888\,E\,J}\,; \qquad v_{b3} = -9\,\frac{l^3}{3888\,E\,J}\,; \qquad v_{c3} = -247\,\frac{l^3}{3888\,E\,J}$$

erhält man aus (41)

$$\omega_2 \approx \frac{38{,}243}{l^2} \sqrt{\frac{E\,J}{\mu}}\,; \quad (+0{,}15\ \%).$$

Man sieht auch hier, daß der Energieausdruck $\sqrt{\dfrac{A}{T}}$ viel rascher nach der zweiten Eigenfrequenz konvergiert als die Werte in (40).

15. Der Stab mit drei ungleichen Einzelmassen.

Wir hatten bisher immer angenommen, daß die drei Massen, welche sich auf dem Balken befinden, untereinander gleich sind. Wir wollen nunmehr drei verschiedene Einzelmassen M_a, M_b, M_c in den Punkten a, b, c voraussetzen und zeigen, daß auch dann der zwischen drei senkrecht aufeinander stehenden Federn eingespannte Massenpunkt als Modellsystem an Stelle des Balkens mit drei Einzelmassen verwendet werden kann. Die Bewegungsgleichungen des Balkens sind jetzt nicht mehr durch 4, (4) gegeben, sondern durch

$$
\begin{aligned}
M_a \ddot{v}_a(t) &= -C_{aa} v_a(t) - C_{ba} v_b(t) - C_{ca} v_c(t) + P_a(t), \\
M_b \ddot{v}_b(t) &= -C_{ab} v_a(t) - C_{bb} v_b(t) - C_{cb} v_c(t) + P_b(t), \\
M_c \ddot{v}_c(t) &= -C_{ac} v_a(t) - C_{bc} v_b(t) - C_{cc} v_c(t) + P_c(t).
\end{aligned} \tag{42}
$$

Sie nehmen durch die Substitutionen

$$
\begin{aligned}
\hat{v}_a &= v_a \sqrt{\frac{M_a}{M}}; & \hat{v}_b &= v_b \sqrt{\frac{M_b}{M}}; & \hat{v}_c &= v_c \sqrt{\frac{M_c}{M}}; \\
\hat{P}_a &= P_a \sqrt{\frac{M}{M_a}}; & \hat{P}_b &= P_b \sqrt{\frac{M}{M_b}}; & \hat{P}_c &= P_c \sqrt{\frac{M}{M_c}};
\end{aligned} \tag{43}
$$

$$
\begin{aligned}
\hat{C}_{aa} &= C_{aa} \sqrt{\frac{M^2}{M_a^2}}; & \hat{C}_{ba} &= C_{ba} \sqrt{\frac{M^2}{M_b M_a}}; & \hat{C}_{ca} &= C_{ca} \sqrt{\frac{M^2}{M_c M_a}}; \\
\hat{C}_{bb} &= C_{bb} \sqrt{\frac{M^2}{M_b^2}}; & \hat{C}_{bc} &= C_{bc} \sqrt{\frac{M^2}{M_b M_c}}; \\
\hat{C}_{cc} &= C_{cc} \sqrt{\frac{M^2}{M_c^2}}
\end{aligned} \tag{44}
$$

die Form der Gleichung 4, (4) an, nämlich

$$
\begin{aligned}
M \ddot{\hat{v}}_a(t) &= -\hat{C}_{aa} \hat{v}_a(t) - \cdots + \hat{P}_a(t), \\
M \ddot{\hat{v}}_b(t) &= -\hat{C}_{ab} \hat{v}_a(t) - \cdots + \hat{P}_b(t), \\
M \ddot{\hat{v}}_c(t) &= -\hat{C}_{ac} \hat{v}_a(t) - \cdots + \hat{P}_c(t).
\end{aligned} \tag{45}
$$

Wir können also durch geeignete Wahl der Federstärken vermittels (44) dem Balken mit drei Massen wieder einen zwischen drei senkrechten Federn aufgehängten Massenpunkt mit der Masse M zuordnen und können unsere gesamte Kenntnis von der Bewegung des Modellmassenpunktes ohne weiteres verwenden und vermittels (43) auf den Balken mit drei verschiedenen Massen übertragen. Vollführt insbesondere das Modellsystem eine harmonische Bewegung mit den Komponenten $\hat{v}_a, \hat{v}_b, \hat{v}_c$ und der Kreisfrequenz ω, so ist die entsprechende Bewegung des Balkens eine Schwingung mit der gleichen Frequenz und mit den Amplituden

$$
v_a = \sqrt{\frac{M}{M_a}} \, \hat{v}_a; \qquad v_b = \sqrt{\frac{M}{M_b}} \, \hat{v}_b; \qquad v_c = \sqrt{\frac{M}{M_c}} \, \hat{v}_c.
$$

Die drei Eigenfrequenzen des Modellsystems sind also identisch mit den Eigenfrequenzen des Balkens, und man erhält sie als Wurzeln der Gleichung

$$\begin{vmatrix} \hat{C}_{aa} - M\omega^2 & \hat{C}_{ba} & \hat{C}_{ca} \\ \hat{C}_{ab} & \hat{C}_{bb} - M\omega^2 & \hat{C}_{cb} \\ \hat{C}_{ac} & \hat{C}_{bc} & \hat{C}_{cc} - M\omega^2 \end{vmatrix} = 0,$$

die mit (44) die Form annimmt

$$\begin{vmatrix} \dfrac{C_{aa}}{M_a} - \omega^2 & \dfrac{C_{ba}}{\sqrt{M_b\,M_a}} & \dfrac{C_{ca}}{\sqrt{M_c\,M_a}} \\[2mm] \dfrac{C_{ab}}{\sqrt{M_a\,M_b}} & \dfrac{C_{bb}}{M_b} - \omega^2 & \dfrac{C_{cb}}{\sqrt{M_c\,M_b}} \\[2mm] \dfrac{C_{ac}}{\sqrt{M_a\,M_c}} & \dfrac{C_{bc}}{\sqrt{M_b\,M_c}} & \dfrac{C_{cc}}{M_c} - \omega^2 \end{vmatrix} = 0. \tag{46}$$

Einer geradlinigen, harmonischen Bewegung des Massenpunktes in einer Hauptrichtung entspricht eine Eigenschwingung des Balkens. Wenn $\hat{V}_{1a}, \hat{V}_{1b}, \hat{V}_{1c}$ die Komponenten eines Vektors in der ersten Hauptrichtung des Modellsystems sind, ist also die erste Eigenschwingungsform des Balkens gegeben durch

$$V_{1a} = \hat{V}_{1a}\sqrt{\frac{M}{M_a}}; \qquad V_{1b} = \hat{V}_{1b}\sqrt{\frac{M}{M_b}}; \qquad V_{1c} = \hat{V}_{1c}\sqrt{\frac{M}{M_c}};$$

und entsprechendes gilt für die andern Eigenschwingungsformen. Den Bedingungen des Senkrechtstehens der drei Hauptrichtungen des Modellsystems

$$\left.\begin{aligned} \hat{V}_{1a}\hat{V}_{2a} + \hat{V}_{1b}\hat{V}_{2b} + \hat{V}_{1c}\hat{V}_{2c} &= 0, \\ \hat{V}_{1a}\hat{V}_{3a} + \hat{V}_{1b}\hat{V}_{3b} + \hat{V}_{1c}\hat{V}_{3c} &= 0, \\ \hat{V}_{2a}\hat{V}_{3a} + \hat{V}_{2b}\hat{V}_{3b} + \hat{V}_{2c}\hat{V}_{3c} &= 0 \end{aligned}\right\} \tag{47}$$

entsprechen beim Balken die folgenden Beziehungen für die Eigenschwingungsformen

$$\left.\begin{aligned} V_{1a}V_{2a}M_a + V_{1b}V_{2b}M_b + V_{1c}V_{2c}M_c &= 0, \\ V_{1a}V_{3a}M_a + V_{1b}V_{3b}M_b + V_{1c}V_{3c}M_c &= 0, \\ V_{2a}V_{3a}M_a + V_{2b}V_{3b}M_b + V_{2c}V_{3c}M_c &= 0, \end{aligned}\right\} \tag{48}$$

die sich aus (47) unter Verwendung von (43) ergeben. Man nennt diese Beziehungen in übertragener Bedeutung Orthogonalitätsbeziehungen und spricht davon, daß die Eigenschwingungsformen orthogonal zueinander sind.

Besonders einfach wird die Zuordnung der Energieausdrücke von Modellsystem und Balken. Die Formänderungsarbeit, welche bei einer statischen Auslenkung des Massenpunktes mit den Komponenten $\hat{v}_a, \hat{v}_b, \hat{v}_c$ geleistet werden muß, beträgt

$$A = \tfrac{1}{2}(\hat{C}_{aa}\,\hat{v}_a^2 + \hat{C}_{bb}\,\hat{v}_b^2 + \hat{C}_{cc}\,\hat{v}_c^2 + 2\,\hat{C}_{ab}\,\hat{v}_a\,\hat{v}_b + 2\,\hat{C}_{ac}\,\hat{v}_a\,\hat{v}_c + 2\,\hat{C}_{bc}\,\hat{v}_b\,\hat{v}_c). \quad (49)$$

Dieser Ausdruck wird ähnlich wie in 3 gewonnen, indem man nacheinander die Verschiebungen $v_a\,v_b\,v_c$ ausführt und die Arbeit der Kräfte bestimmt, welche jeweils wirken. Führt man aus (43) und (44) die Elastizitätszahlen und die Verschiebungen des Balkens ein, dann geht (49) über in

$$A = \tfrac{1}{2}(C_{aa}\,v_a^2 + C_{bb}\,v_b^2 + C_{cc}\,v_c^2 + 2\,C_{ab}\,v_a\,v_b + 2\,C_{ac}\,v_a\,v_c + 2\,C_{bc}\,v_b\,v_c).$$

Das ist aber gerade die Formänderungsarbeit des Balkens, dessen Punkte a, b, c durch Kräfte ausgelenkt sind, welche in diesen Punkten wirken. Das heißt: die Formänderungsenergien von Modellsystem und Balken sind bei entsprechenden Auslenkungen einander gleich.

Dasselbe gilt von der kinetischen Energie. Sie beträgt für das Bildsystem bei einer Bewegung mit den Geschwindigkeitskomponenten $\dot{\hat{v}}_a, \dot{\hat{v}}_b, \dot{\hat{v}}_c$

$$\tfrac{1}{2} M \left(\dot{\hat{v}}_a^2 + \dot{\hat{v}}_b^2 + \dot{\hat{v}}_c^2\right)$$

und geht mit (43) über in

$$\tfrac{1}{2}(M_a\,\dot{v}_a^2 + M_b\,\dot{v}_b^2 + M_c\,\dot{v}_c^2).$$

Das ist aber gerade die kinetische Energie des Balkens, der sich so bewegt, daß die Punkte a, b, c die Geschwindigkeiten $\dot{v}_a, \dot{v}_b, \dot{v}_c$ haben. Natürlich sind auch die bezogenen kinetischen Energien entsprechender harmonischer Bewegungen von Modellsystem und Balken einander gleich, und wir können jetzt alle die früher für das Modell abgeleiteten Sätze über die Eigenschaften des Quotienten der Amplituden von Formänderungsarbeit und kinetischer Energie bei einer harmonischen Bewegung ohne weiteres auf den Balken mit drei ungleichen Massen übertragen. Bezeichnet A die Amplitude der Formänderungsenergie, T die Amplitude der bezogenen, d. h. durch das Quadrat der Kreisfrequenz dividierten kinetischen Energie einer harmonischen Bewegung des Balkens, so ist also der Quotient A/T am kleinsten, wenn die Schwingungsform mit der ersten Eigenschwingungsform übereinstimmt, und der Betrag dieses Minimums ist gleich dem Quadrat der ersten Eigenfrequenz. A/T ist am größten, wenn die Schwingungsform mit der dritten Eigenschwingungsform übereinstimmt, und der Betrag dieses Maximums ist gleich dem Quadrat der dritten Eigenfrequenz. Betrachtet man nur solche Schwingungsformen, die orthogonal sind zu einer Schwingungsform mit den Amplituden s_a, s_b, s_c, die also der Bedingung

$$M_a\,s_a\,v_a + M_b\,s_b\,v_b + M_c\,s_c\,v_c = 0$$

genügen, dann ist das Minimum des Quotienten A/T gleich dem Quadrat oder kleiner als das Quadrat der zweiten Eigenfrequenz, je nachdem, ob die Schwingungsform mit den Amplituden s_a, s_b, s_c mit der ersten Eigenschwingungsform übereinstimmt oder davon abweicht.

Die Anwendung der Energiesätze auf die Berechnung der Eigenfrequenzen des Balkens mit drei ungleichen Einzelmassen erfolgt also in genau derselben Weise wie früher. Auch die Methode der schrittweisen Näherungen erfährt, wie man leicht einsieht, nur geringe Änderungen. Man bringt am Modell eine statische Kraft mit den Komponenten $\hat{P}_{a1}$, $\hat{P}_{b1}$, $\hat{P}_{c1}$ an und bestimmt die zugehörige statische Auslenkung mit den Komponenten $\hat{v}_{a1}$, $\hat{v}_{b1}$, $\hat{v}_{c1}$. Man bringt dann eine Kraft mit den Komponenten $\hat{P}_{a2}$, $\hat{P}_{b2}$, $\hat{P}_{c2}$ an, welche in die Richtung dieser Auslenkung fällt. Es gilt also

$$\hat{v}_{a1} : \hat{v}_{b1} : \hat{v}_{c1} = \hat{P}_{a2} : \hat{P}_{b2} : \hat{P}_{c2}.$$

Man bestimmt alsdann die zugehörige statische Verschiebung usw. Nach hinreichend vielen Schritten fallen schließlich, wie wir gesehen haben, Kraft und Auslenkung nahezu in die erste Hauptrichtung, und das Quadrat der ersten Eigenfrequenz ist näherungsweise gegeben durch

$$\omega_1^2 \approx \frac{\hat{P}_{an}}{\hat{v}_{an} M} \approx \frac{\hat{P}_{bn}}{\hat{v}_{bn} M} \approx \frac{\hat{P}_{cn}}{\hat{v}_{cn} M}. \tag{50}$$

Führt man an Stelle der Modellkräfte und Auslenkungen die nach (43) zu ermittelnden entsprechenden Kräfte und Auslenkungen des Balkens ein, so erkennt man, daß im zweiten Schritt jetzt nicht mehr Kräfte genommen werden dürfen, die sich wie die Auslenkungen des vorigen Schrittes verhalten. Die Verhältnisgleichung

$$\hat{v}_{a1} : \hat{v}_{b1} : \hat{v}_{c1} = \hat{P}_{a2} : \hat{P}_{b2} : \hat{P}_{c2}$$

geht vielmehr vermittels (43) über in

$$M_a v_{a1} : M_b v_{b1} : M_c v_{c1} = P_{a2} : P_{b2} : P_{c2}.$$

Die Kräfte des neuen Schrittes verhalten sich wie die mit den entsprechenden Massen multiplizierten Auslenkungen des vorhergehenden Schrittes. Wir werden im folgenden Ausdrücke wie $M_a v_{a1}$, $M_b v_{b1}$ usw. einfach als Lasten bezeichnen, obwohl sie nicht die Dimension einer Last haben. Es ist dann immer der Faktor Eins mit der Dimension $\sec^{-2}$ zu ergänzen. In diesem Sinne gelten die Gleichungen

$$\left.\begin{aligned} M_a v_{a\,n\text{-}1} &= P_{an}, \\ M_b v_{b\,n-1} &= P_{bn}, \\ M_c v_{c\,n-1} &= P_{cn}. \end{aligned}\right\} \tag{51}$$

An Stelle von (50) tritt unter Verwendung von (43) die Beziehung

$$\omega_1^2 \approx \frac{P_{an}}{v_{an}M_a} \approx \frac{P_{bn}}{v_{bn}M_b} \approx \frac{P_{cn}}{v_{cn}M_c},$$

die man wegen (51) auch schreiben kann in der Form

$$\omega_1^2 \approx \frac{v_{a\,n-1}}{v_{an}} \approx \frac{v_{b\,n-1}}{v_{bn}} \approx \frac{v_{c\,n-1}}{v_{cn}}. \tag{52}$$

Auch hier ist überall der Faktor $\sec^{-2}$ zu ergänzen.

Um die zweite Eigenfrequenz und die zweite Eigenschwingungsform mit der Methode der schrittweisen Näherungen zu finden, hat man am Modell von einer Kraft auszugehen, die in der Ebene senkrecht zur ersten Hauptrichtung auf den Massenpunkt wirkt. Die Komponenten der Kraft müssen also der Bedingung

$$\hat{P}_a \hat{V}_{1a} + \hat{P}_b \hat{V}_{1b} + \hat{P}_c \hat{V}_{1c} = 0$$

genügen. Die entsprechende Bedingung für den Balken hat, wie aus (43) hervorgeht, die gleiche Form:

$$P_a V_{1a} + P_b V_{1b} + P_c V_{1c} = 0. \tag{53}$$

Um beliebige Kräfte P_a, P_b, P_c dieser Bedingung anzupassen, geht man genau so vor, wie dies früher gezeigt war. Man bildet zunächst die erste Normalkomponente der Belastung

$$P_1 = V_{1a} P_a + V_{1b} P_b + V_{1c} P_c$$

und erhält dann durch

$$P_{a1} = P_a - P_1 \frac{V_{1a}}{N_1},$$

$$P_{b1} = P_b - P_1 \frac{V_{1b}}{N_1},$$

$$P_{c1} = P_c - P_1 \frac{V_{1c}}{N_1}$$

Kräfte, welche der Bedingung (53) genügen und welche für den ersten Schritt verwendet werden können. N_1 ist wieder wie früher die Norm der ersten Eigenschwingungsform, also

$$N_1 = \hat{V}_{1a}^2 + \hat{V}_{1b}^2 + \hat{V}_{1c}^2 = \frac{1}{M}(V_{1a}^2 M_a + V_{1b}^2 M_b + V_{1c}^2 M_c).$$

Die praktische Durchführung der Energiemethode und der Methode der schrittweisen Näherungen zur Auffindung der Eigenfrequenzen ist im Falle von ungleichen Massen so wenig verschieden von dem früher behandelten Beispiel des Stabes mit drei gleichen Massen, daß sich die Durchrechnung eines Zahlenbeispiels erübrigt. Das gleiche gilt von der Anwendung der Normalgleichungen zur Untersuchung der Bewegung bei beliebigen, als Funktionen der Zeit vorgegebenen äußeren Kräften.

16. Der Einfluß von Massen- und Steifigkeitsänderungen auf die Eigenfrequenzen.

Aus den Energiesätzen lassen sich eine ganze Reihe von allgemeinen Eigenschaften schwingungsfähiger Systeme ableiten. Wird z. B. an einer Stelle des Systems die Masse vergrößert, so vergrößert sich für alle nur möglichen Schwingungsformen harmonischer Bewegungen die Amplitude der bezogenen kinetischen Energie, die ja gegeben war durch

$$T = M_a v_a^2 + M_b v_b^2 + M_c v_c^2 .$$

Die Formänderungsenergie, in welche die Masse nicht eingeht, bleibt unverändert, der Quotient der Amplituden von Formänderungsenergie und bezogener kinetischer Energie A/T wird also für alle Schwingungsformen kleiner. Nun war ja das Quadrat der niedrigsten Eigenfrequenz gleich dem Minimum des Quotienten A/T, das bei einer harmonischen Bewegung angenommen werden kann. Wenn A/T für alle Schwingungsformen kleiner wird, erniedrigt sich auch das Minimum des Quotienten,

obwohl die Stelle des Minimums, d. h. die Schwingungsform, für welche der Minimalwert angenommen wird, sich im allgemeinen verändern wird. In unserm Fall des Balkens mit drei Einzelmassen ist jede Auslenkungsform gekennzeichnet durch zwei Parameter, nämlich durch die beiden

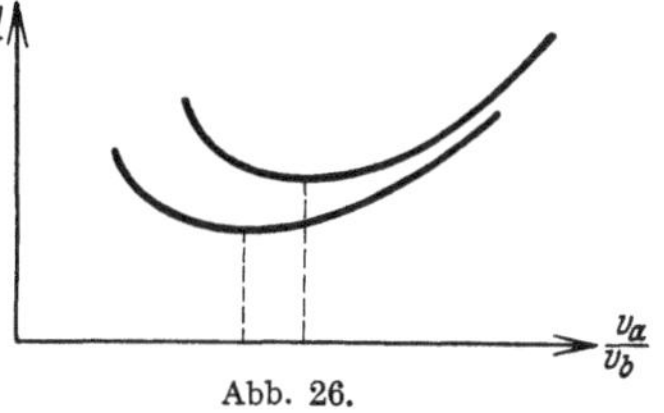

Abb. 26.

Verhältnisse $v_a : v_b$ und $v_b : v_c$. Auf die Absolutgröße der Auslenkungen kommt es nicht an, da die Auslenkungen sowohl in A als auch in T quadratisch eingehen, sodaß also die Multiplikation der Auslenkungen mit einem gemeinsamen konstanten Faktor den Wert des Quotienten A/T nicht verändert. Nehmen wir einmal der Einfachheit halber an, daß lediglich in den Punkten a und b eine Einzelmasse angebracht ist. Wir brauchen dann zur Kennzeichnung einer Auslenkungsform nur einen einzigen Parameter, das Verhältnis v_a/v_b der Auslenkungen. Die Abhängigkeit des Quotienten

$$\frac{A}{T} = \frac{C_{aa} v_a^2 + 2 C_{ba} v_a v_b + C_{bb} v_b^2}{M_a v_a^2 + M_b v_b^2} ,$$

von dem Verhältnis v_a/v_b sei durch die obere Kurve in Abb. 26 gegeben. Bei einer Vergrößerung der einen oder der anderen Masse wird A/T für alle Werte v_a/v_b kleiner und möge etwa durch die untere Kurve der Abb. 26 dargestellt werden. Das neue Minimum wird zwar für einen anderen Wert v_a/v_b angenommen, es ist aber auf jeden Fall kleiner als das ursprüngliche Minimum. Bei Erhöhung der Masse an irgendeiner Stelle des Systems muß sich also der Grundton erniedrigen. Eine ähnliche Überlegung kann man für die zweite Eigenfrequenz anstellen. Der Zusammenhang der zweiten Eigenfrequenz mit dem Quotienten A/T war ja folgendermaßen (vgl. den Schlußsatz von 12): Man wählt eine Schwingungsform mit den Auslenkungen s_a, s_b, s_c und bestimmt unter den Schwingungsformen, welche zu der gewählten orthogonal sind, also der Bedingung

$$M_a\, s_a\, v_a + M_b\, s_b\, v_b + M_c\, s_c\, v_c = 0$$

genügen, diejenige mit dem kleinsten Quotienten A/T. Verändert man dann die ursprünglich gewählte Schwingungsform so lange, bis der zugehörige Minimalwert des Quotienten A/T am größten wird, dann ist dieses Maximum-Minimum gleich dem Quadrat der zweiten Eigenfrequenz. Bei einer Erhöhung der Masse an irgendeiner Stelle des Systems erniedrigt sich der Quotient A/T für alle Schwingungsformen, also wird jedes Minimum von A/T, welches zu einer ursprünglich

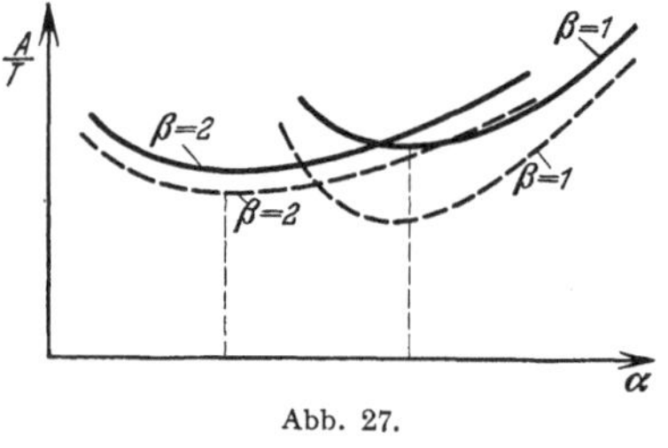

Abb. 27.

gewählten Auslenkungsform s_a, s_b, s_c gehört, kleiner. Dann muß aber auch das größte dieser Minima kleiner werden. Die Stelle des Maximum-Minimums wird sich wieder im allgemeinen verändern.

Wir wollen uns die Sachlage wieder an einer Abbildung veranschaulichen, dabei aber der Einfachheit halber etwas andere Verhältnisse voraussetzen, als sie bei unserer Aufgabe vorliegen. A/T möge von zwei Parametern α und β abhängen. Es soll nun unter der Bedingung $\beta = $ konst das Minimum von A/T bestimmt werden und dann β so gewählt werden, daß dieses Minimum am größten wird. In Abb. 27 sollen die ausgezogenen Kurven die Abhängigkeit des Quotienten A/T von α bei Konstanthalten von β darstellen für zwei Werte $\beta = 1$, $\beta = 2$, von denen der erste etwa das größte Minimum von A/T liefern soll. Bei einer Vergrößerung der Masse wird A/T für alle α und alle β kleiner. Die gestrichelten Linien mögen die Kurven $\beta = 1$ und $\beta = 2$ nach Vergrößerung der Masse darstellen. Das größte Minimum wird jetzt nicht mehr für $\beta = 1$ angenommen, sondern etwa für $\beta = 2$. Auf alle Fälle ist aber das neue Maximum-Minimum kleiner als das ursprüngliche.

Eine ähnliche Überlegung gilt für die dritte Eigenfrequenz, deren Quadrat ja gekennzeichnet war durch das Maximum von A/T. Wir können also sagen, daß sämtliche Eigenfrequenzen bei Erhöhung der Masse an irgendeiner Stelle des Systems niedriger werden. Es kann allerdings ausnahmsweise vorkommen, daß eine Erhöhung einer Masse keinen Einfluß auf eine Eigenfrequenz hat, wenn sich die Masse nämlich in einem Knoten der betreffenden Eigenschwingungsform befindet. Dieser Fall trifft zu für die mittlere Masse und die zweite Eigenschwingung unseres früher behandelten Beispiels, des Balkens mit drei gleichen Massen in den Punkten $x = \dfrac{l}{6}$; $x = \dfrac{l}{2}$; $x = \dfrac{5}{6}\,l$. Eine Erhöhung der mittleren Masse erniedrigt in diesem Fall lediglich die erste und die dritte Eigenfrequenz, während die zweite unverändert bleibt. Man spricht daher den gewonnenen Satz besser in der Form aus, daß eine Vergrößerung der Masse an irgendeiner Stelle des Systems jede Eigenfrequenz entweder erniedrigt oder unverändert läßt. Entsprechend gilt natürlich auch, daß eine Verringerung der Masse an irgendeiner Stelle des Systems jede Eigenfrequenz entweder erhöht oder unverändert läßt.

Wird die Steifigkeit des Systems vergrößert, dann vergrößert sich für alle möglichen Auslenkungsformen die Formänderungsarbeit. Da die kinetische Energie von der Steifigkeit unabhängig ist, wird also der Quotient A/T für alle möglichen Schwingungsformen größer. Es werden daher auch Minimum, Maximum-Minimum und Maximum von A/T größer, und wir erhalten den Satz, daß eine Erhöhung der Steifigkeit jede Eigenfrequenz entweder erhöht oder unverändert läßt. Eine Erhöhung der Steifigkeit kann nicht nur durch Vergrößerung des Trägheitsmomentes des Balkenquerschnittes erreicht werden, sondern auch durch entsprechende Änderung der Einspannung und Lagerung. Bei einer Erniedrigung der Steifigkeit fällt jeder Eigenton oder er bleibt unverändert. Vielfach wird eine Erhöhung der Steifigkeit auch mit einer Erhöhung der Massen verbunden sein, und in diesem Fall können sich die Wirkungen auf die Eigenfrequenzen eines Systems gerade aufheben. Wenn man die Eigenfrequenzen eines Systems wirksam beeinflussen will, hat man also Massen und Steifigkeiten im umgekehrten Sinne zu ändern oder zum mindesten darauf zu achten, daß bei einer Erhöhung der Steifigkeit nicht auch zugleich die Massen wesentlich vergrößert werden und umgekehrt.

17. Die Eigenfrequenzen zusammengesetzter Systeme.

Wir wollen noch eine weitere Anwendung der Energiesätze besprechen, die für einfache Abschätzungen der Eigenfrequenzen von Bedeutung ist. Es seien die Eigenfrequenzen eines Systems mit einer bestimmten Massenverteilung bekannt, ebenso die Eigenfrequenzen eines zweiten Systems, welches die gleiche Steifigkeit hat wie das erste, aber eine andere Verteilung der Massen. Gesucht sind Abschätzungen für die Eigenfrequenzen eines dritten Systems, welches wiederum die gleiche Steifigkeit hat wie die ersten beiden, aber dessen Massenverteilung aus der Summe der beiden ersten Massenverteilungen besteht. Die Amplitude der Formänderungsarbeit A für eine bestimmte Schwingungsform einer harmonischen Schwingung ist demnach für alle drei Systeme die gleiche. Die Amplitude der bezogenen kinetischen Energie des dritten Systems ist gleich der Summe der Amplituden der bezogenen kinetischen Energien des ersten und zweiten Systems. Wenn wir die Amplituden der bezogenen kinetischen Energie des ersten und zweiten Systems bei einer bestimmten Schwingungsform mit T_1 und T_2, diejenige des dritten zusammengesetzten Systems bei der gleichen Schwingungsform mit T bezeichnen, dann gilt für jede Schwingungsform die Beziehung

$$\frac{T_1}{A} + \frac{T_2}{A} = \frac{T}{A}.$$

Nun ist das Maximum von T_1/A gleich dem reziproken Quadrat der ersten Eigenfrequenz des ersten Systems,

$$\max \frac{T_1}{A} = \frac{1}{\omega_{11}^2}.$$

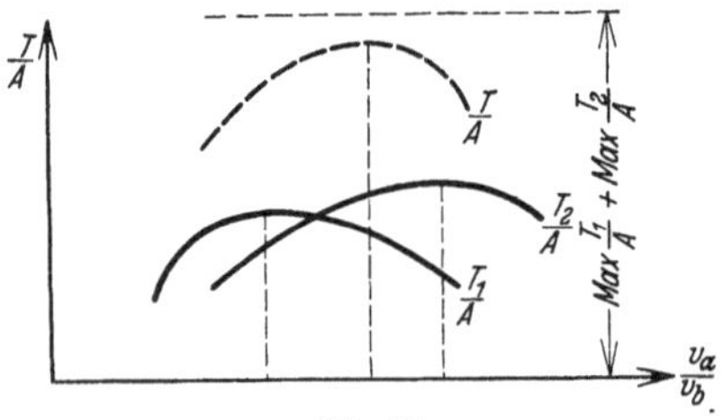

Entsprechend gilt

$$\max \frac{T_2}{A} = \frac{1}{\omega_{12}^2} \quad \text{und} \quad \max \frac{T}{A} = \frac{1}{\omega_1^2},$$

Abb. 28.

wobei ω_{11}, ω_{12} und ω_1 die ersten Eigenfrequenzen des ersten, zweiten und des aus ihnen zusammengesetzten dritten Systems bezeichnen.

Wir wollen wieder der Einfachheit halber annehmen, daß sich die Schwingungsformen durch einen einzigen Parameter kennzeichnen lassen. Das entspricht dem Fall, daß unser Balken nur in zwei Punkten a und b Einzelmassen trägt, so daß jede Schwingungsform durch das Verhältnis v_a/v_b der Auslenkungen dieser beiden Punkte gekennzeichnet ist. In Abb. 28 mögen die ausgezogenen Kurven die Abhängigkeit des Quotienten T_1/A und T_2/A von der Schwingungsform v_a/v_b darstellen, die gestrichelte Kurve ist gleich der Summe T/A dieser beiden Kurven. Man erkennt unmittelbar, daß das Maximum der Summe sicher kleiner sein muß als die Summe der Maxima

$$\max \frac{T}{A} \leq \max \frac{T_1}{A} + \max \frac{T_2}{A}.$$

Nur in dem Sonderfall, daß die Stelle des Maximums bei allen drei Kurven die gleiche ist, steht statt dem Kleinerzeichen das Gleichheitszeichen. Wir haben also für die reziproken Quadrate der ersten Eigenfrequenzen der drei Systeme die Ungleichung

$$\frac{1}{\omega_1^2} \leq \frac{1}{\omega_{11}^2} + \frac{1}{\omega_{12}^2}. \tag{54}$$

Nun ist mit dieser Ungleichung an sich für die praktische Berechnung von Eigenfrequenzen noch nichts gewonnen, wenn sie nicht näherungsweise durch eine Gleichung ersetzt werden kann. Dies ist dann der Fall, wenn die Stellen der Maxima in Abb. 28 genügend benachbart sind, denn im Grenzfall, daß die Stellen der Maxima bei allen drei Systemen zusammenfallen, gilt ja das Gleichheitszeichen streng. Man wird also in allen den Fällen, bei welchen die Grundschwingungsformen der beiden Systeme, aus denen sich das dritte zusammensetzt, nahezu übereinstimmen, an Stelle von (54) die Beziehung

$$\frac{1}{\omega_1^2} \approx \frac{1}{\omega_{11}^2} + \frac{1}{\omega_{12}^2} \tag{55}$$

verwenden dürfen, wobei man dann für die Eigenfrequenz des zusammengesetzten Systems eine untere Grenze erhält. Eine ähnliche Überlegung gilt auch für die zweite Eigenfrequenz. Hier kann man zwar nicht mehr eine Ungleichung wie (54) angeben, aber man kann erwarten, daß man vermittels

$$\frac{1}{\omega_2^2} \approx \frac{1}{\omega_{21}^2} + \frac{1}{\omega_{22}^2}$$

eine Näherung für die zweite Eigenfrequenz erhält, wenn die Stellen des Minimum-Maximums bei allen drei Systemen genügend benachbart sind. Denn im Grenzfall, daß die Stellen der kleinsten Maxima bei allen drei Systemen zusammenfallen, gilt wieder das Gleichheitszeichen streng. Man wird also in allen den Fällen, bei welchen nicht nur die Grundschwingungsformen, sondern auch die zweiten Eigenschwingungsformen der beiden Systeme, aus denen sich das dritte zusammensetzt, nahezu übereinstimmen, die obige Gleichung verwenden dürfen, wobei dann allerdings die Richtung des Fehlers unbekannt bleibt. In entsprechender Weise kann man für die obersten Eigenschwingungsfrequenzen die Ungleichung

$$\frac{1}{\omega_3^2} \geq \frac{1}{\omega_{31}^2} + \frac{1}{\omega_{31}^2}$$

ableiten, da ja $\dfrac{1}{\omega_3^2}$, $\dfrac{1}{\omega_{31}^2}$ und $\dfrac{1}{\omega_{32}^2}$ gekennzeichnet sind durch die Minima von T/A bzw. T_1/A und T_2/A, und da das Minimum einer Summe größer sein muß als die Summe der Minima. Wenn die dritten Eigenschwingungsformen der beiden ersten Systeme nahezu übereinstimmen, kann man wieder an Stelle der obigen Ungleichung die Beziehung

$$\frac{1}{\omega_3^2} \approx \frac{1}{\omega_{31}^2} + \frac{1}{\omega_{32}^2}$$

verwenden, und man erhält für die dritte Eigenfrequenz des zusammengesetzten Systems eine obere Grenze. Es sei schon hier darauf hin gewiesen, daß sich die Energiemethode und die Methode der Zusammensetzung von Systemen in glücklicher Weise ergänzen, da die erste Methode für die Grundfrequenz eine obere, die zweite eine untere Grenze liefert, sodaß bei Anwendung beider Methoden die wirkliche Grundfrequenz zwischen zwei Schranken eingeschlossen wird. Entsprechend liefert die Energiemethode für die höchste Eigenfrequenz eine untere Grenze, die Methode der Zusammensetzung von Systemen eine obere Grenze. Für die dazwischenliegende Eigenfrequenz lassen sich weder mit der einen, noch mit der andern Methode ohne weiteres Schranken angeben.

Wir wollen die Methode der Zusammensetzung von Systemen gleicher Steifigkeit auf unser schon mehrfach verwendetes Beispiel, den Balken auf zwei Stützen mit drei gleichen Einzelmassen in den Punkten $x = \dfrac{l}{6}$, $x = \dfrac{l}{2}$, $x = \dfrac{5}{6}\, l$ anwenden. Das erste Teilsystem möge lediglich im Punkt $x = \dfrac{l}{6}$ die Masse $\dfrac{\mu l}{3}$ tragen, das zweite Teilsystem möge lediglich im Punkt $x = \dfrac{l}{2}$ und das dritte lediglich im Punkt $x = \dfrac{5}{6}\, l$ mit einer Einzelmasse $\dfrac{\mu l}{3}$ behaftet sein. Es sind das drei Systeme mit je einem einzigen Freiheitsgrad. Die Eigenschwingungsform des ersten Systems ist identisch mit der statischen Biegelinie des Balkens, der

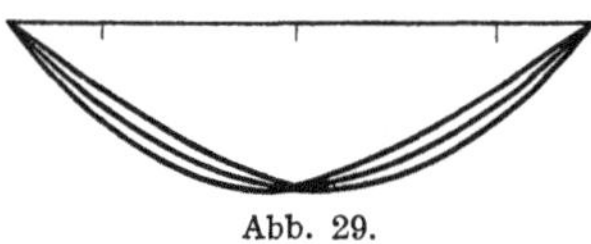

Abb. 29.

im Punkt a eine Einzellast trägt. Entsprechend stimmen die Eigenschwingungsformen des zweiten und dritten Systems überein mit den statischen Biegelinien des Balkens, wenn dieser in b bzw. in c mit einer Einzelkraft belastet wird. Die drei Schwingungsformen weichen nicht sehr stark voneinander ab. In Abb. **29** sind sie dargestellt, wobei die Durchbiegungen in der Mitte gleichgesetzt wurden. Nach unsern obigen Überlegungen darf man erwarten, daß die Summe der reziproken Quadrate der Eigenfrequenzen dieser drei Systeme eine gute Abschätzung für das reziproke Quadrat der ersten Eigenfrequenz des Balkens mit drei Einzelmassen $\dfrac{\mu l}{3}$ in den Punkten a, b, c darstellen wird. Wenn wie früher mit $\overline{C}_{aa}$, $\overline{C}_{ab}$, ... die Einflußzahlen für die Durchbiegungen bezeichnet werden, dann sind die reziproken Quadrate der Eigenschwingungszahlen der drei Systeme gegeben durch

$$\frac{1}{\omega_{11}^{2}} = \overline{C}_{aa}\,\frac{\mu l}{3}\,; \qquad \frac{1}{\omega_{12}^{2}} = \overline{C}_{bb}\,\frac{\mu l}{3}\,; \qquad \frac{1}{\omega_{13}^{2}} = \overline{C}_{cc}\,\frac{\mu l}{3}\,.$$

Die Einflußzahlen wurden schon mehrfach verwendet und haben die Werte

$$\left.\begin{array}{l} \overline{C}_{aa} = 25 \\[4pt] \overline{C}_{bb} = 81 \\[4pt] \overline{C}_{cc} = 25 \end{array}\right\}\ \frac{l^{3}}{3888}\,\frac{1}{EJ}\,. \qquad\qquad \text{(Vgl. S. 45.)}$$

Man erhält für das reziproke Quadrat der ersten Eigenfrequenz des zusammengesetzten Systems

$$\frac{1}{\omega_1^2} < (25 + 81 + 25)\, \frac{l^4 \mu}{11\,664}\, \frac{1}{E J},$$

oder

$$\omega_1 > \frac{9{,}436}{l^2}\, \sqrt{\frac{E J}{\mu}}.$$

Der richtige Wert war in 11 berechnet worden zu

$$\omega_1 = \frac{9{,}859}{l^2}\, \sqrt{\frac{E J}{\mu}}.$$

Der Fehler der obigen Näherung beträgt also 4,3%. Die Energiemethode lieferte im allgemeinen geringere Fehler. Die leicht zu handhabende Methode der Zusammensetzung von Systemen kann jedoch als Kontrollrechnung oft sehr erwünscht sein, da sie, wie schon bemerkt, im Gegensatz zur Energiemethode eine untere Grenze für die erste Eigenfrequenz liefert. Die Berechnung der zweiten und dritten Eigenfrequenz ist allerdings mit der hier gewählten Zusammensetzung nicht möglich, da die Teilsysteme gar keine höheren Eigenschwingungsformen besitzen. Die Methode wird überhaupt im allgemeinen auf die Berechnung der ersten Eigenfrequenz beschränkt bleiben.

Auf eine andere Art der Zusammensetzung, die gelegentlich mit Vorteil angewendet werden kann, sei noch kurz hingewiesen. Es handelt sich dabei um die Zusammensetzung von Steifigkeiten von Systemen. Es seien die Eigenfrequenzen eines Balkens mit einer bestimmten Steifigkeit bekannt, ebenso diejenigen eines zweiten Balkens mit der gleichen Massenverteilung, aber verschiedener Steifigkeit. Gesucht sind die Abschätzungen für die Eigenfrequenzen eines dritten Systems, welches wiederum die gleichen Massen trägt, aber dessen Steifigkeit gleich der Summe der Steifigkeiten der ersten beiden Systeme ist. Dies wird etwa dadurch erreicht, daß man zwei nebeneinanderliegende Balken so miteinander verbindet, daß sie in allen Punkten gleiche Durchbiegungen annehmen müssen. Die Amplitude der bezogenen kinetischen Energie ist für eine bestimmte Schwingungsform einer harmonischen Schwingung für alle drei Systeme die gleiche, die Amplitude der Formänderungsarbeit des dritten zusammengesetzten Systems ist gleich der Summe der Amplituden der Formänderungsarbeiten des ersten und zweiten Systems. Es gilt für jede Schwingungsform die Beziehung

$$\frac{A_1}{T} + \frac{A_2}{T} = \frac{A}{T}.$$

Nun ist das Minimum von A_1/T gleich dem Quadrat der ersten Eigenfrequenz des ersten Systems

$$\min \frac{A_1}{T} = \omega_{11}^2 \,,$$

ebenso gilt

$$\min \frac{A_2}{T} = \omega_{12}^2 \,,$$

$$\min \frac{A}{T} = \omega_{1}^2 \,.$$

Da das Minimum einer Summe größer ist als die Summe der Minima, gilt die Ungleichung

$$\omega_{1}^2 > \omega_{11}^2 + \omega_{12}^2 \,.$$

Wenn die ersten Eigenschwingungsformen der beiden Teilsysteme nahezu übereinstimmen, gilt wieder annähernd die Beziehung

$$\omega_{1}^2 \approx \omega_{11}^2 + \omega_{12}^2 \,,$$

und entsprechende Beziehungen lassen sich für die höheren Eigenfrequenzen aufstellen, wenn auch die höheren Eigenschwingungsformen der beiden Teilsysteme nahezu übereinstimmen.

18. Der Balken mit n Einzelmassen.

Wir sind nunmehr am Ende unsrer Untersuchungen über die Bewegung des Balkens mit drei Einzelmassen und wollen dazu übergehen, den Balken mit stetiger Massenverteilung zu behandeln. Zuvor sind jedoch noch einige Bemerkungen über den Balken mit n Einzelmassen am Platze, wenn n größer als drei wird. Die Anzahl von gerade drei Massen war nur gewählt worden, um die Veranschaulichung der Berechnungsweisen am Modell zu ermöglichen. Keine der besprochenen Methoden ist jedoch auf die Anzahl von drei Massen beschränkt, vielmehr sind alle Rechnungen ohne weiteres auf den Fall von beliebig vielen Einzelmassen übertragbar. Bei n Massen erhält man n Bewegungsgleichungen des Systems. Setzt man in die Bewegungsgleichungen eine Bewegungsform ein, bei welcher sich alle n Massen mit der gleichen Kreisfrequenz und mit der gleichen Phase harmonisch und ohne Einwirkung äußerer Kräfte bewegen, dann erhält man an Stelle von 8, (10) n homogene lineare Gleichungen, aus denen die n Eigenfrequenzen und die n Eigenschwingungsformen berechnet werden können. Die Auflösung der n reihigen Determinante, die an Stelle von 8, (11) tritt, und die Bestimmung der Wurzeln der Gleichung n^{ten} Grades bereitet um so erheblichere Schwierigkeiten, je größer die Anzahl der Massen ist. Vielfach interessieren jedoch nur wenige der untersten Eigenfrequenzen, und in diesem Fall bedeutet die Auflösung der Frequenzdeterminante einen unnötigen Umweg. Statt dessen verwendet man etwa die Energiemethode, man schätzt also die Eigenschwingungsformen und bildet den Quotienten aus Amplitude der Formänderungsenergie und Amplitude der bezogenen kinetischen Energie, welcher eine Näherung für das Quadrat der betreffenden Eigenfrequenz darstellt. Die in 12 hergeleiteten Sätze für die Minima und Maxima dieses Quotienten gelten völlig entsprechend auch für den Balken mit beliebig vielen Einzelmassen und lassen sich wieder dazu verwenden, um das Vorzeichen des Fehlers der Näherungen zu bestimmen. Wenn die Eigenschwingungsformen nicht mit genügender Sicherheit geschätzt werden können, verwendet man die Methode der schrittweisen Näherungen, die ohne weiteres auch bei Systemen mit vielen Einzelmassen zum Ziele führt. Die Quadrate der Eigenfrequenzen erhält man wieder entweder durch Bildung des Verhältnisses der Auslenkungen einer Masse in zwei aufeinander folgenden Schritten wie in 15, (52) oder genauer durch Anwendung der Energiemethode unter Zugrundlegung der Näherung für die betreffende Eigenschwingungsform, welche man mit Hilfe der Methode der schrittweisen Näherungen gefunden hat. Für die erste Eigenfrequenz erhält man so mit wenig Mühe gute Abschätzungen. Bei Berechnung der zweiten Eigenfrequenz ist zu beachten, daß die Auslenkungs- und Lastformen bei jedem Schritt „orthogonal" zu der ersten Eigenschwingungsform sein müssen [vgl. 15, (53)]. Die Berechnung höherer Eigenfrequenzen mit der Methode der schrittweisen Näherungen empfiehlt sich nicht. Eine untere Grenze für die niedrigste Eigenfrequenz erhält man wieder mit der Methode der Zusammensetzung von Systemen [vgl. 17, (54)], die ebenfalls ohne weiteres auf den Balken mit beliebig vielen Einzelmassen übertragbar ist. Nachdem die Eigenfrequenzen und die Eigenschwingungsformen bekannt sind, läßt sich die Bewegung des Systems unter dem Einfluß beliebiger zeitlich veränderlicher Kräfte mit Hilfe der Methode der Normalgleichungen behandeln. Die Lastformen sind zunächst in Normalkomponenten zu zerlegen. Man bestimmt also das Doppelte der Arbeit, welche die Belastung leistet, wenn der Balken gemäß einer Eigenschwingungsform ausgelenkt wird [vgl. 9, (13)]. Man löst alsdann die Normalgleichungen [vgl. 9, (14)], deren Zahl jetzt n ist und erhält so die Normalkomponenten der Auslenkung. Aus diesen lassen sich die Auslenkungen der Massen als Funktionen der Zeit leicht berechnen [vgl. 9, (15)]. Handelt es sich um den praktisch bedeutungsvollen Sonderfall von harmonisch veränderlichen äußeren Lasten, dann wird die Verwendung der Normalgleichungen wieder entbehrlich. Durch Einsetzen einer mit der Kreisfrequenz der erregenden Kräfte erfolgenden harmonischen Bewegung in die Bewegungsgleichungen erhält man an Stelle von 10, (18) ein nicht homogenes lineares System von n Gleichungen für die Auslenkungen der n Massen.

Man könnte jetzt, nachdem die Dynamik des Balkens mit beliebig vielen Massen als bekannt vorausgesetzt werden kann, den Grenzübergang zu unendlich vielen Massen vollziehen und so die Theorie des Balkens mit stetiger Massenverteilung gewinnen. Die Systeme linearer Gleichungen, mit denen wir es bis jetzt zu tun hatten, gehen dann teils in Differentialgleichungen, teils in Integralgleichungen über. Obwohl dieser Weg recht reizvoll erscheinen könnte, wollen wir ihn hier nicht beschreiten. Wir wollen vielmehr, an die bekannte Differentialgleichung der Biegelinie anknüpfend, die Dynamik des Balkens mit stetiger Massenverteilung völlig unabhängig von dem Vorhergehenden begründen und lediglich an den entsprechenden Stellen auf die Analogien mit dem Fall endlich vieler Einzelmassen hinweisen.

B. Der mit stetig verteilten Massen belegte Stab.

19. Einige wichtige Beziehungen aus der Statik des Balkens.

Ehe wir die Dynamik des Balkens mit stetiger Massenverteilung entwickeln, wollen wir einige häufig gebrauchte Sätze und Beziehungen aus der Statik des Balkens kurz zusammenstellen. Wir betrachten an Hand der Abb. 30 die Kräfte und Momente, die auf ein herausgeschnittenes Balkenelement wirken. Am linken Ende werden von den benachbarten Teilen des Balkens auf das Element übertragen die Querkraft Q_s und

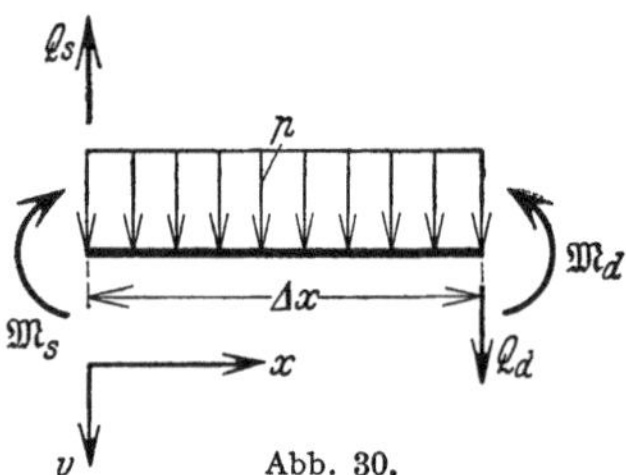

Abb. 30.

das Biegemoment $\mathfrak{M}_s$, am rechten Ende werden von außen auf das Element übertragen die Querkraft Q_d und das Biegemoment $\mathfrak{M}_d$. Außerdem möge auf den Balken je Längeneinheit die vertikale Last p wirken. Die Vorzeichen der Kräfte und Momente sind wie üblich angenommen und aus Abb. 30 ersichtlich. Wir nehmen vorläufig an, daß keine Längskräfte im Balken übertragen werden. Das Gleichgewicht der vertikalen Kräfte erfordert die Gültigkeit der Gleichung

$$Q_d - Q_s + p\,\Delta x = 0$$

oder, wenn wir zur Grenze $\Delta x \to 0$ übergehen,

$$\frac{dQ}{dx} = -p. \tag{56}$$

Das Gleichgewicht der Momente um den Mittelpunkt des Elements liefert die Gleichung

$$Q_s \frac{\Delta x}{2} + Q_d \frac{\Delta x}{2} + \mathfrak{M}_s - \mathfrak{M}_d = 0$$

oder, wenn man zur Grenze $\Delta x \to 0$ übergeht,

$$\frac{d\mathfrak{M}}{dx} = Q \, . \tag{57}$$

Aus (56) und (57) folgt die wichtige Beziehung

$$p = -\frac{d^2\mathfrak{M}}{dx^2} \, . \tag{58}$$

In Abb. 31 sind die praktisch vorkommenden Lagerungsarten mit den zugehörigen Lagerbedingungen zusammengestellt. Im Fall *I* des freien Endes ist am Rand das Biegemoment und die Querkraft Null, im Fall *II* des gewöhnlichen festen Auflagers ist am Ende die Auslenkung und das Biegemoment Null, im Fall *III* des elastischen Auflagers ist am Ende das Biegemoment Null, während die Querkraft proportional der Auslenkung wächst; c_1 ist die Federkonstante der elastischen Auflagerung. Im Fall *IV* der festen Einspannung ist am Ende die Auslenkung und der Neigungswinkel der Biegelinie Null, im Fall *V* der elastischen Einspannung ist die Auslenkung am Rand Null, während das Biegemoment proportional der Neigung der Biegelinie wächst; c_2 ist die Federkonstante der elastischen Einspannung*. Endlich stellt Fall *VI* den allgemeinsten Fall dar, bei welchem elastische Auflagerung und elastische Einspannung verbunden sind*. Durch geeignete Wahl der Konstanten c_1 und c_2 gehen hieraus alle anderen Lagerungsarten hervor.

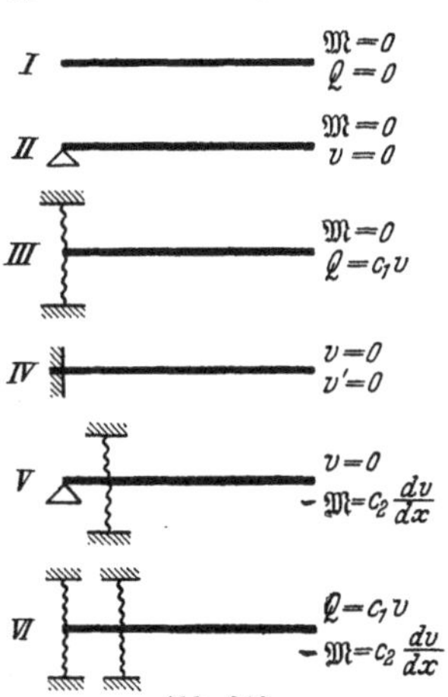

Abb. 31*.

Wir wollen nunmehr einen wichtigen und im weiteren häufig verwendeten Satz ableiten, der meistens nach Betti benannt wird. Wir gehen aus von der virtuellen Arbeit, die eine Belastung $p_a(x)$ leistet, wenn der Balken in irgendeine Auslenkungsform $v_b(x)$ gebracht wird:

$$A = \int\limits_0^l p_a v_b \, dx \, .$$

Unter Berücksichtigung von (56) erhält man durch partielle Integration

$$\int\limits_0^l p_a v_b \, dx = -\int\limits_0^l \frac{dQ_a}{dx} v_b \, dx = -Q_a v_b \Big|_0^l + \int\limits_0^l Q_a \frac{dv_b}{dx} \, dx \, .$$

---

* In Abb. 31, *V* und *VI* steht irrtümlicherweise $\mathfrak{M} = c_2 \dfrac{dv}{dx}$ an Stelle von $\mathfrak{M} = -c_2 \dfrac{dv}{dx}$, für das rechte Balkenende gilt $Q = -c_1 v$ und $\mathfrak{M} = +c_2 \dfrac{dv}{dx}$.

Durch nochmalige partielle Integration erhält man unter Verwendung von (57)

$$\int\limits_0^l p_a v_b\, dx = - Q_a v_b\,\Big|_0^l + \int\limits_0^l \frac{d\,\mathfrak{M}_a}{d\,x}\frac{d\,v_b}{d\,x}\, dx = - Q_a v_b\,\Big|_0^l + \mathfrak{M}_a \frac{d\,v_b}{d\,x}\,\Big|_0^l$$

$$- \int\limits_0^l \mathfrak{M}_a \frac{d^2 v_b}{d\,x^2}\, dx\,. \tag{59}$$

Es sei v_a die Auslenkungsform infolge der Belastung p_a. Dann besteht zwischen den Auslenkungen und Biegemomenten die bekannte Differentialgleichung der Biegelinie:

$$\mathfrak{M}_a = - E J \frac{d^2 v_a}{d\,x^2}\,. \tag{60}$$

Im Fall *VI* der allgemeinsten Lagerbedingungen bestehen weiter an den Balkenenden die Gleichungen:

$$\left.\begin{aligned}
Q_a &= \quad c_1 v_a\,\Big|^0, & Q_a &= - c_1 v_a\,\Big|^l, \\[2mm]
\mathfrak{M}_a &= - c_2 \frac{d\,v_a}{d\,x}\,\Big|^0, & \mathfrak{M}_a &= \quad c_2 \frac{d\,v_a}{d\,x}\,\Big|^l.
\end{aligned}\right\} \tag{60 a}$$

Setzt man (60) und (60 a) in (59) ein, so erhält man

$$\int\limits_0^l p_a v_b\, dx = c_1 v_a v_b\,\Big|^0 + c_2 \frac{d\,v_a}{d\,x}\frac{d\,v_b}{d\,x}\,\Big|^0 + c_1 v_a v_b\,\Big|^l + c_2 \frac{d\,v_a}{d\,x}\frac{d\,v_b}{d\,x}\,\Big|^l$$

$$+ \int\limits_0^l E J \frac{d^2 v_a}{d\,x^2}\frac{d^2 v_b}{d\,x^2}\, dx\,, \tag{61}$$

p_b sei die Belastung, welche die Auslenkung v_b erzeugt. Bestimmt man auf genau die gleiche Weise wie oben die virtuelle Arbeit, welche die Belastung p_b leistet, wenn der Balken in die Auslenkungsform v_a gebracht wird, so erhält man hierfür einen mit (61) identischen Ausdruck. Daraus folgt die wichtige Beziehung

$$\int\limits_0^l p_a v_b\, dx = \int\limits_0^l p_b v_a\, dx\,. \tag{62}$$

Hat man also eine Belastung und die durch diese Belastung verursachte Auslenkungsform, ferner eine zweite Belastung und die zugehörige Auslenkungsform, so ist die virtuelle Arbeit der ersten Belastung an der zweiten Auslenkungsform gleich der virtuellen Arbeit der zweiten Belastung an der ersten Auslenkungsform.

Wir haben diesen Satz lediglich für den einfachen Balken hergeleitet, der allerdings in allgemeinster Weise gelagert war. Es ist jedoch nicht schwer, die Gültigkeit des Satzes für beliebige elastische Tragwerke nachzuweisen. Für einen über mehrere Lager durchlaufenden Träger z. B. ergibt die partielle Integration in (59)

$$\int_0^l p_a v_b \, dx = - \sum_{k=1}^n (Q_{ak}^l - Q_{ak}^r) v_{bk} + (\mathfrak{M}_{ak}^l - \mathfrak{M}_{ak}^r) \frac{d v_{bk}}{d x}$$

$$- \int_0^l \mathfrak{M}_a \frac{d^2 v_b}{d x^2} \, dx. \tag{63}$$

Die Summe erstreckt sich über sämtliche Lager, der Index l bzw. r kennzeichnet den Wert der betreffenden Größe unmittelbar links bzw. rechts neben dem Lager. Bei elastischer Einspannung und elastischer Auflagerung gelten die Gleichungen

$$\left. \begin{aligned} Q_{ak}^r - Q_{ak}^l &= c_{k1} v_{ak}, \\ \mathfrak{M}_{ak}^l - \mathfrak{M}_{ak}^r &= c_{k2} \frac{d v_{ak}}{d x}, \end{aligned} \right\} \tag{64}$$

und man erhält durch Einsetzen von (64) und (60) in (63):

$$\int_0^l p_a v_b \, dx = + \sum_{k=1}^n c_{k1} v_{ak} v_{bk} + \sum_{k=1}^n c_{k2} \frac{d v_{ak}}{d x} \frac{d v_{bk}}{d x} + \int_0^l E J \frac{d^2 v_a}{d x^2} \frac{d^2 v_b}{d x^2} \, dx.$$

Der gleiche Ausdruck ergibt sich wieder für die virtuelle Arbeit der Belastung p_b an der Auslenkungsform v_a. In ähnlicher Weise kann man die Gültigkeit von (62) nachweisen, wenn außer den Lagern noch elastische Gelenke vorhanden sind. Außer der verteilten Belastung können auch Einzellasten P_k auf den Balken wirken. Die Gleichung (62) heißt dann

$$\sum_{k=1}^n P_{ak} v_{bk} + \int_0^l p_a v_b \, dx = \sum_{k=1}^n P_{bk} v_{ak} + \int_0^l p_b v_a \, dx, \tag{65}$$

wobei über alle Einzellasten summiert wird. Wir werden die häufig gebrauchte Beziehung (62) künftig als Arbeitsgleichung bezeichnen.

20. Aufstellung der Differentialgleichung der Transversalbewegung eines Balkens mit stetiger Massenverteilung.

Die Masse je Längeneinheit des Balkens sei mit μ bezeichnet, wobei μ als Funktion $\mu(x)$ des Ortes x angenommen wird. Wir betrachten wieder das Balkenelement der Abb. 30. Wenn sich das Balkenelement in der Zeichenebene bewegt, muß für die waagrechte und senkrechte Richtung die Summe der äußeren Kräfte gleich dem Produkt aus der

Masse des Elements und seiner Beschleunigungskomponente in dieser Richtung sein. Außerdem muß die Summe der äußeren Momente gleich dem Produkt aus dem Trägheitsmoment des Balkenelements und seiner Winkelbeschleunigung sein. Wir nehmen vorläufig an, daß das Element keine wagrechten Verschiebungen erfährt und daß keine Längskräfte übertragen werden. Das Element führt dann lediglich eine vertikale und eine Drehbewegung aus, wir haben den Fall der reinen Transversalschwingungen ohne Axialkräfte. Die äußeren Vertikalkräfte setzen sich zusammen aus den Querkräften Q_s und Q_d und aus der Last $p\,\Delta x$, die Masse des Elements hat die Größe $\mu\,\Delta x$. Die eine Bewegungsgleichung heißt demnach:

$$Q_d - Q_s + p\,\Delta x = \frac{\partial^2 v}{\partial t^2}\,\mu\,\Delta x\,,$$

oder, wenn wir zur Grenze $\Delta x \to 0$ übergehen,

$$\frac{\partial Q}{\partial x} + p = \frac{\partial^2 v}{\partial t^2}\,\mu\,. \tag{66}$$

Im Gegensatz zu unserer früheren Schreibweise müssen hier die Symbole für partielle Differentiation angewendet werden, da es sich um Funktionen sowohl des Ortes als auch der Zeit handelt.

Wenn wir annehmen, daß die Massenbelegung linienförmig ist, dann verschwindet das Trägheitsmoment des Elements mit abnehmendem Δx. Die zweite Bewegungsgleichung reduziert sich dann auf die bereits in 19, (57) aufgestellte Bedingung des Momentengleichgewichts

$$\frac{\partial \mathfrak{M}}{\partial x} = Q\,.$$

Durch Differentiation dieser Gleichung nach x und Einsetzen von $\dfrac{\partial Q}{\partial x}$ aus (66) erhält man

$$\mu\,\frac{\partial^2 v}{\partial t^2} = \frac{\partial^2 \mathfrak{M}}{\partial x^2} + p\,. \tag{67}$$

Aus der Gleichung der Biegelinie [19, (60)]

$$\frac{\partial^2 v}{\partial x^2} = - \frac{\mathfrak{M}}{EJ}$$

erhält man durch zweimalige Differentiation nach x

$$- \frac{\partial^2 \mathfrak{M}}{\partial x^2} = \frac{\partial^2}{\partial x^2}\left(EJ\,\frac{\partial^2 v}{\partial x^2}\right)$$

und durch Einsetzen dieses Ausdrucks in (67)

$$\mu\,\frac{\partial^2 v}{\partial t^2} = - \frac{\partial^2}{\partial x^2}\left(EJ\,\frac{\partial^2 v}{\partial x^2}\right) + p\,. \tag{68}$$

In dieser Form werden wir die Differentialgleichung für die Transversal-

bewegung des Stabes unseren weiteren Untersuchungen zugrunde legen
Es sei nochmals darauf hingewiesen, daß das Trägheitsmoment J, die
Masse μ je Längeneinheit und die Last p je Längeneinheit als beliebige
Funktionen des Ortes x vorausgesetzt werden, die lediglich gewissen
praktisch bedeutungslosen Einschränkungen unterworfen sein müssen.
Im weiteren seien wieder Differentiationen nach der Zeit durch hoch-
gesetzte Punkte gekennzeichnet. Außerdem wollen wir zur Bezeichnung der örtlichen Differentialquotienten nachgesetzte Striche verwenden. Die Gleichung (68) nimmt bei Verwendung dieser Symbolik
die Form an

$$(EJ\,v'')'' + \mu\,\ddot{v} = p\,. \tag{69}$$

Die partielle Differentialgleichung (69) tritt an die Stelle des Systems
von simultanen Differentialgleichungen 4, (4) bei dem Balken mit endlich vielen Einzelmassen. Da die stetige Massenverteilung durch eine
Belegung mit endlich vielen Punktmassen beliebig genau angenähert
werden kann, besteht offenbar ein grundsätzlicher Unterschied zwischen
diesen beiden Fällen nicht. Man wird also auf dem gleichen Weg zur
Lösung von (69) gelangen, der auch bei dem Balken mit endlich vielen
Punktmassen zum Ziel geführt hat, nämlich auf dem Weg über die
Normalgleichungen.

21. Die Bestimmung der Eigenfrequenzen und der Eigenschwingungsformen aus der Differentialgleichung für die freie harmonische Bewegung des Balkens.

Genau wie früher untersuchen wir zunächst, für welche Kreisfrequenzen und bei welchen Schwingungsformen der Balken freie harmonische Bewegungen ausführen kann, d. h. wir setzen in 20, (69) eine
harmonische Bewegungsform

$$v(x,t) = v(x)\cos\omega t$$

mit einer zunächst noch unbekannten Schwingungsform $v(x)$ und
Kreisfrequenz ω ein [vgl. 8, (9)] und lassen die äußeren Kräfte fort.
Man erhält dann nach Division durch $\cos\omega\,t$

$$(EJ\,v(x)'')'' - \omega^2\mu\,v(x) = 0\,. \tag{70}$$

Dieser homogenen linearen Differentialgleichung 4ter Ordnung müssen
die Eigenschwingungsformen $V_k(x)$ und die „Eigenkreisfrequenzen" ω_k
genügen, sie entspricht dem linearen homogenen Gleichungssystem 8,(10).
Die allgemeinsten Randbedingungen der Differentialgleichung (70) sind
nach Abb. **31**, VI unter Berücksichtigung von 19, (57) und 19, (60)
gegeben durch

$$(EJ\,v'')' + c_1 v = 0 \;\Big|_0^l, \qquad EJ\,v'' + c_2 v' = 0 \;\Big|_0^l.$$

Es bestehen also zwischen den Randwerten der Auslenkung und ihren ersten drei Ableitungen an jedem Balkenende zwei homogene lineare Gleichungen. Die vollständige Lösung der Differentialgleichung (70) muß sich zusammensetzen lassen aus vier linear unabhängigen Partikularlösungen. Es seien $v_I(x)$, $v_{II}(x)$, $v_{III}(x)$, $v_{IV}(x)$ vier solche Partikularlösungen, so daß also die Gleichung

$$B_1 v_I(x) + B_2 v_{II}(x) + B_3 v_{III}(x) + B_4 v_{IV}(x) = 0 \tag{71}$$

nur erfüllt ist, wenn sämtliche Koeffizienten B_1 bis B_4 verschwinden. Wenn (71) auch für irgendwelche andere Koeffizienten B_1 bis B_4 erfüllt wäre, könnte man aus drei Partikularlösungen die vierte berechnen. Es wäre infolgedessen nicht mehr möglich, in der Lösung

$$v(x) = C_1 v_I(x) + C_2 v_{II}(x) + C_3 v_{III}(x) + C_4 v_{IV}(x) \tag{72}$$

die vier Integrationskonstanten C_1 bis C_4 so zu bestimmen, daß alle vier Randbedingungen erfüllt sind. Setzt man (72) in die Randbedingungen ein, so erhält man vier homogene lineare Gleichungen für die vier Integrationskonstanten. Die Bedingung der Lösbarkeit dieses linearen Gleichungssystems, d. h. das Verschwinden der Koeffizientendeterminante, liefert eine unendliche Zahl von Eigenfrequenzen. Für jede dieser Eigenfrequenzen hat das System der vier linearen homogenen Gleichungen für die Integrationskonstanten eine Lösung, der vermittels (72) eine Eigenschwingungsform entspricht.

Wir wollen die Bestimmung der Eigenfrequenzen und der Eigenschwingungszahlen eines Balkens mit stetiger Massenverteilung an einem einfachen Beispiel vornehmen.

Es möge sich um den Balken auf zwei Stützen handeln, der über die Balkenlänge konstantes Trägheitsmoment und konstante Massenbelegung hat. Die Differentialgleichung (70) können wir dann schreiben in der Form

$$\frac{d^4 v}{d x^4} - \frac{\omega^2 \mu}{E J} v = 0$$

oder mit der Abkürzung

$$\frac{\omega^2 \mu}{E J} = m^4 \tag{73a}$$

in der Form

$$\frac{d^4 v}{d x^4} - m^4 v = 0. \tag{73b}$$

Die Randbedingungen heißen entsprechend Abb. 31, *II*

$$v(0) = 0, \qquad v''(0) = 0, \qquad v(l) = 0, \qquad v''(l) = 0. \tag{74}$$

Wie man sich durch Einsetzen überzeugt, sind die Funktionen

$$v_I(x) = \sin m x; \qquad v_{II}(x) = \cos m x;$$

$$v_{III}(x) = \mathfrak{Sin}\, m x; \qquad v_{IV}(x) = \mathfrak{Cof}\, m x$$

Partikularlösungen von (73 b). Sie sind überdies linear unabhängig, sodaß die vollständige Lösung gegeben ist durch

$$v(x) = C_1 \sin m\,x + C_2 \cos m\,x + C_3 \operatorname{\mathfrak{Sin}} m\,x + C_4 \operatorname{\mathfrak{Cof}} m\,x. \qquad (75)$$

Setzt man diese Lösung in die Randbedingungen (74) ein, so erhält man zunächst für $x = 0$:

$$C_2 + C_4 = 0,$$
$$m^2(-C_2 + C_4) = 0.$$

Da m nicht verschwindet, gilt also

$$C_2 = C_4 = 0.$$

Für $x = l$ erhält man

$$C_1 \sin m\,l + C_3 \operatorname{\mathfrak{Sin}} m\,l = 0,$$
$$m^2(-C_1 \sin m\,l + C_3 \operatorname{\mathfrak{Sin}} m\,l) = 0$$

oder wegen $m \neq 0$

$$C_1 \sin m\,l = 0,$$
$$C_3 \operatorname{\mathfrak{Sin}} m\,l = 0.$$

Die Größe $\operatorname{\mathfrak{Sin}} m\,l$ ist für $m \neq 0$ von Null verschieden, also folgt $C_3 = 0$. Aus der oberen Gleichung ergibt sich entweder $C_1 = 0$, dann verschwindet aber die Auslenkung identisch, da alle Integrationskonstanten null sind, oder man hat

$$\sin m\,l = 0. \qquad (76)$$

Diese Gleichung besitzt unendlich viele Wurzeln

$$m_k\, l = k\,\pi$$

für alle ganzzahligen Werte k. Daraus ergeben sich unter Beachtung von (73 a) die Eigenkreisfrequenzen zu

$$\omega_k = \frac{k^2}{l^2}\,\pi^2\,\sqrt{\frac{E\,J}{\mu}}. \qquad (77)$$

Setzt man die Integrationskonstanten $C_2 = C_3 = C_4 = 0$ und die willkürlich zu wählende Konstante C_1 in (75) ein, so erhält man die Eigenschwingungsformen:

$$V_k(x) = C_1 \sin k\,\pi\,\frac{x}{l}. \qquad (78)$$

Die erste Eigenkreisfrequenz beträgt nach (77)

$$\omega_1 = \frac{9{,}8696}{l^2}\,\sqrt{\frac{E\,J}{\mu}}.$$

Setzt man in (78) $C_1 = 1$, so ist die zugehörige Eigenschwingungsform gegeben durch

$$V_1(x) = \sin \frac{\pi x}{l}.$$

Die zweite Eigenkreisfrequenz beträgt

$$\omega_2 = \frac{39{,}4784}{l^2} \sqrt{\frac{E J}{\mu}},$$

die zweite Eigenschwingungsform ist gegeben durch

$$V_2(x) = \sin \frac{2 \pi x}{l}.$$

Vergleicht man diese Ergebnisse mit den früher für den Balken mit drei Einzelmassen gewonnenen Werten 11, (25), dann erkennt man, daß die erste und die zweite Eigenfrequenz des Balkens mit drei gleichen Einzelmassen nur um 0,1% bzw. 3,3% tiefer liegen als diejenigen des Balkens mit gleichmäßiger Massenverteilung. Auch die ersten beiden Schwingungsformen der beiden Systeme sind nahezu identisch und stimmen in den Punkten $x = \dfrac{l}{6}$; $x = \dfrac{l}{2}$; $x = \dfrac{5}{6}l$ völlig miteinander überein. Die dritte Eigenfrequenz des Balkens mit drei Einzelmassen liegt allerdings schon 30% tiefer als diejenige des Balkens mit stetiger Massenverteilung. Dieses Ergebnis ist insofern von Interesse, als es zeigt, daß man zur Berechnung der untersten Eigenfrequenzen die stetige Massenverteilung sehr gut durch wenige Punktmassen ersetzen kann. Die Rechnung wird dadurch oft wesentlich vereinfacht.

22. Die Entwicklung einer Funktion nach den Eigenschwingungsformen des Balkens.

Ehe wir die Differentialgleichung 20, (68) für die Bewegung eines Balkens zurückführen auf Normalgleichungen, müssen wir einige wichtige Eigenschaften der Eigenschwingungsformen besprechen, von denen wir wiederholt Gebrauch machen werden. Zunächst weisen wir für die Eigenschwingungsformen Beziehungen nach, welche den Bedingungen des Senkrechtstehens der Hauptrichtungen unseres früher behandelten Modells entsprechen. Es seien $V_i(x)$ und $V_k(x)$ zwei Eigenschwingungsformen, ω_i und ω_k die dazugehörigen Eigenkreisfrequenzen. Dann genügen die Eigenschwingungsformen der Differentialgleichung 21, (70), es bestehen also die Beziehungen

$$\left.\begin{aligned} (E J\, V_i'')'' - \omega_i^2\, \mu\, V_i &= 0, \\ (E J\, V_k'')'' - \omega_k^2\, \mu\, V_k &= 0. \end{aligned}\right\} \tag{79}$$

Die Differentialgleichung einer statischen Biegelinie infolge einer Last p

folgt aus 20, (69), wenn man dort die Beschleunigung $\ddot{v}$ gleich null setzt:

$$(EJ\,v'')'' - p = 0.$$

Durch Vergleich mit (79) erkennt man, daß sich die Eigenschwingungsform V_i auffassen läßt als Biegelinie infolge der Last $\omega_i^2\mu V_i$. Wenden wir nun auf diese beiden Lasten $\omega_i^2\mu V_i$ und $\omega_k^2\mu V_k$ und die dazugehörigen Biegelinien V_i und V_k die Arbeitsgleichung 19, (62) an, so erhalten wir

$$\omega_i^2 \int\limits_0^l V_i\,V_k\,\mu\,dx = \omega_k^2 \int\limits_0^l V_i\,V_k\,\mu\,dx.$$

Wegen $\omega_i \neq \omega_k$ kann diese Gleichung nur bestehen, wenn das Integral den Wert Null hat. Es gilt also immer zwischen zwei Eigenschwingungsformen, die zu zwei verschiedenen Eigenfrequenzen gehören, die Beziehung

$$\int\limits_0^l V_i\,V_k\,\mu\,dx = 0 \quad\text{für}\quad i \neq k. \tag{80}$$

Man nennt sie in Analogie zu den entsprechenden Bedingungen des Senkrechtstehens der Hauptrichtungen beim Modell Orthogonalitätsbedingungen [vgl. 15, (48)]. Die Eigenschwingungsformen, die man aus der Differentialgleichung 21, (70) erhält, sind wieder nur bis auf einen willkürlichen Faktor bestimmt, den man zweckmäßig so festlegt, daß das Integral (80) für $i = k$ den Wert Eins annimmt[1]. Wir wollen im weiteren immer diese Normierung der Eigenschwingungsformen voraussetzen und haben dann für alle i und k die wichtige und häufig verwendete Beziehung

$$\int\limits_0^l V_i\,V_k\,\mu\,dx \left\{ \begin{array}{ll} = 0 & i \neq k, \\ = 1 & i = k. \end{array} \right\} \tag{81}$$

Nachdem die Eigenfrequenzen und Hauptrichtungen bekannt waren, gingen wir bei dem Modell so vor, daß die gegebene äußere Kraft in die Hauptrichtungen zerlegt wurde. Einem Auslenkungsvektor beim Modell entspricht hier eine Auslenkungsfunktion, den Vektoren in den Hauptrichtungen entsprechen hier die Eigenschwingungsformen, der Zerlegung eines Vektors in die Hauptrichtungen entspricht die Entwicklung einer Funktion nach den Eigenschwingungsformen. Wir wollen daher jetzt solche Entwicklungen nach Eigenschwingungsformen etwas näher untersuchen, und zwar wollen wir von der zu entwickelnden

---

[1] Das Integral (80) hat die Dimension kg cm sec^2. Man hätte daher an Stelle von Eins genauer ein Symbol von dieser Dimension verwendet, doch ist der Einfachheit halber davon abgesehen worden.

Funktion $v(x)$ voraussetzen, daß sie sich als statische Biegelinie des Balkens unter dem Einfluß irgendeiner Belastung $p(x)$ auffassen läßt. $v(x)$ genüge also der Differentialgleichung der Biegelinie

$$(E J v'')'' - p = 0. \tag{82}$$

Wir setzen die Entwicklung

$$v(x) = \sum_{k=1}^{\infty} v_k V_k(x) \tag{83}$$

an und finden durch Multiplikation mit $V_k(x)$ und Integration über die Stablänge unter Berücksichtigung von (81) für den k^{ten} Entwicklungskoeffizienten oder die k^{te} Normalkomponente von $v(x)$ den Ausdruck:

$$v_k = \int_0^l v(x) V_k(x) \mu \, dx. \tag{84}$$

Falls die Entwicklung (83) konvergiert, sind die Entwicklungskoeffizienten durch (84) gegeben. Der Beweis für die Konvergenz von (83) ist unter der Voraussetzung, daß die Funktion $v(x)$ sich als statische Biegelinie unter dem Einfluß irgendeiner Belastung $p(x)$ auffassen läßt, daß also (82) gilt, leicht zu führen. Er soll wegen der fundamentalen Bedeutung der Entwicklung (83) kurz angedeutet werden. Der an dem Beweis weniger interessierte Leser mag ihn jedoch ruhig überschlagen, ohne befürchten zu müssen, daß dadurch das Verständnis der nachfolgenden Untersuchungen gestört wird.

Wir wenden zunächst auf die Belastung p und die zugehörige Biegelinie v, sowie auf die Belastung $\omega_k^2 \mu V_k$ und die zugehörige Biegelinie V_k die Arbeitsgleichung 19, (62) an und erhalten

$$\omega_k^2 \int_0^l V_k v \mu \, dx = \int_0^l p V_k \, dx. \tag{85}$$

Das Integral der rechten Seite werde mit p_k abgekürzt. (85) schreibt sich dann

$$v_k = \frac{p_k}{\omega_k^2}$$

und die Entwicklung (83) hat nunmehr die Form

$$v(x) = \sum_{k=1}^{\infty} \frac{p_k}{\omega_k^2} V_k(x) \tag{86}$$

mit

$$p_k = \int_0^l p V_k \, dx. \tag{87}$$

Wir benötigen noch zwei Ungleichungen, deren Gültigkeit leicht einzusehen ist. Die erste dieser Ungleichungen, die sog. Schwarzsche Ungleichung macht man sich am zweckmäßigsten durch folgende Überlegung klar. Es seien P_a, P_b, P_c die Komponenten einer Kraft in Bezug auf ein rechtwinkliges Achsenkreuz und s_a, s_b, s_c die Komponenten einer Verschiebung. Der Absolutbetrag der Arbeit der Kraft längs der Verschiebung ist dann sicher kleiner oder höchstens gleich dem Produkt aus Kraft und Länge des Verschiebungsweges. Die Gleichheit gilt nur dann, wenn Kraft und Verschiebung in die gleiche Richtung fallen. Es gilt also die Beziehung

$$(P_a\, s_a + P_b\, s_b + P_c\, s_c)^2 \leqq (P_a^2 + P_b^2 + P_c^2)\,(s_a^2 + s_b^2 + s_c^2). \tag{88}$$

Diese Ungleichung gilt für irgendwelche drei Zahlenpaare a_1, b_1; a_2, b_2; a_3, b_3, da sich diese immer in der besprochenen Weise deuten lassen. Man kann auch leicht zeigen, daß die Ungleichung (88) für beliebig viele Zahlenpaare gilt:

$$\left(\sum_{k=1}^{n} a_k\, b_k\right)^2 \leq \sum_{k=1}^{n} a_k^2 \sum_{k=1}^{n} b_k^2, \tag{89}$$

und in dieser Form werden wir die Schwarzsche Ungleichung im weiteren verwenden.

Die zweite Ungleichung, die sog. Besselsche Ungleichung, ergibt sich auf folgende Weise. Die Ungleichung

$$\int_0^l \left[\frac{p(x)}{\mu} - p_1 V_1(x) - \cdots - p_n V_n(x)\right]^2 \mu\, dx \geqq 0$$

ist sicher richtig, da unter dem Integralzeichen ein Quadrat steht. Unter Berücksichtigung von (81) erhält man daraus die Besselsche Ungleichung in der Form

$$p_1^2 + p_2^2 + \cdots + p_n^2 \leq \int_0^l \frac{p^2(x)}{\mu}\, dx. \tag{90}$$

Wir betrachten jetzt die Absolutbeträge der ersten n Glieder der Reihe (86). Nach der Schwarzschen Ungleichung (89) gilt

$$\sum_{k=1}^{n} \left|\frac{p_k}{\omega_k^2}\right|\,|V_k(x)| \leq \sqrt{\sum_{k=1}^{n} p_k^2 \sum_{k=1}^{n} \frac{V_k^2(x)}{\omega_k^4}}. \tag{91}$$

Die erste Summe unter dem Wurzelzeichen der rechten Seite ist nach (90) kleiner oder gleich dem Integral über das Quadrat der Belastung dividiert durch die Masse je Längeneinheit. Dieser Ausdruck ist sicher beschränkt. Um zu zeigen, daß auch die zweite Summe unter der Wurzel nicht unendlich werden kann, wenden wir wieder die Arbeitsgleichung 19, (62) an, und zwar soll die eine Belastung aus einer Kraft Eins im Punkte x des Balkens bestehen. Die Biegelinie sei in Übereinstimmung mit unserer früheren Bezeichnungsweise gekennzeichnet durch die Funktion $\overline{C}(x, \xi)$, welche die Durchbiegungen in ξ infolge einer Einheitslast in x darstellt. Die zweite Belastung sei gegeben durch $\mu V_k \omega_k^2$, die zugehörige Auslenkung durch V_k. Die Arbeitsgleichung 19, (62) liefert

$$V_k(x) = \omega_k^2 \int_0^l \overline{C}(x, \xi) V_k(\xi) \mu(\xi) d(\xi) .$$

Setzen wir

$$\overline{C}(x, \xi) \mu(\xi) = p(\xi) ,$$

so ist nach (87)

$$\frac{V_k(x)}{\omega_k^2} = p_k$$

und es gilt nach (90)

$$\sum_{k=1}^n \frac{V_k^2(x)}{\omega_k^4} \leq \int_0^l \overline{C}^2(x, \xi) \mu \, d\xi .$$

Das Integral der rechten Seite ist für alle Stellen x sicher beschränkt, und wir haben damit gezeigt, daß die rechte Seite der Ungleichung (91) für beliebiges n beschränkt bleibt. Die Reihe (86) bzw. (83) konvergiert daher gleichmäßig und absolut.

Es läßt sich also jede Funktion, die man als Biegelinie des Balkens unter dem Einflusse irgendeiner Belastung auffassen kann, nach den Eigenschwingungsformen des Balkens in eine gleichmäßig und absolut konvergierende unendliche Reihe entwickeln. Da man durch geeignete Wahl der Belastung Biegelinien erzeugen kann, die jeder vernünftigen vorgegebenen Funktion beliebig nahekommen, gilt der Entwicklungssatz praktisch unbeschränkt.

23. Die Lösung der Differentialgleichung der transversalen Bewegung eines Balkens mit Hilfe der Methode der Normalgleichungen.

Wir sind jetzt in der Lage, die Lösung für die allgemeine Differentialgleichung 20, (69)

$$(EJ\, v'')'' + \mu\, \ddot{v} = p$$

der transversalen Bewegung des Balkens anzugeben. Wir brauchen zunächst die Entwicklung der Belastung $p(x, t)$ nach den Eigenlasten, das sind diejenigen Belastungen, welche als statische Durchbiegung die Eigenschwingungsformen erzeugen. Die Eigenbelastungen sind nach 22, (79) gegeben durch

$$\mu\, \omega_k^2\, V_k(x) .$$

Wir setzen die Entwicklung

$$p(x, t) = \sum_{k=1}^{\infty} \overline{p}_k(t)\, \mu\, \omega_k^2\, V_k(x) \qquad (92)$$

an. Für die Entwicklungskoeffizienten $\overline{p}_k(t)$, die jetzt noch Funktionen der Zeit sind, ergeben sich durch Multiplikation von (92) mit $V_i(x)$ und Integration unter Berücksichtigung von 22, (81) die Gleichungen:

$$\overline{p}_k(t) = \frac{1}{\omega_k^2} \int_0^l p(x, t)\, V_k(x)\, dx.$$

Wenn wir noch wie früher die Abkürzung

$$p_k = \int_0^l p(x, t)\, V_k(x)\, dx \qquad (93)$$

einführen, nimmt die Entwicklung (92) die Form an

$$p(x, t) = \sum_{k=1}^{\infty} p_k\, \mu\, V_k(x). \qquad (94)$$

Die Konvergenz von (94) folgt ohne weiteres aus dem in 22 bewiesenen Entwicklungssatz für die Funktion $\dfrac{p(x, t)}{\mu(x)}$. Wir denken uns weiter die Auslenkung $v(x, t)$ nach den Eigenschwingungsformen entwickelt

$$v(x, t) = \sum_{k=1}^{\infty} v_k(t)\, V_k(x), \qquad (95)$$

wobei die Entwicklungskoeffizienten wieder gegeben sind durch

$$v_k(t) = \int_0^l v(x, t)\, V_k(x)\, \mu\, dx.$$

Setzt man die Reihen (94) und (95) in die Differentialgleichung 20, (69) für die Bewegung ein, dann erhält man unter Berücksichtigung der Beziehung

$$(E J V_k(x)'')'' = \mu(x)\, \omega_k^2\, V_k(x) \qquad \text{[vgl. 21, (70)]}$$

die Gleichung

$$\sum_{k=1}^{\infty} \mu\, V_k(x)\, [v_k(t)\, \omega_k^2 + \ddot{v}_k(t) - p_k] = 0.$$

Diese Gleichung kann für beliebige x nur bestehen, wenn die Koeffizienten der Eigenschwingungsformen alle verschwinden. Daraus folgen die „Normalgleichungen"

$$\ddot{v}_k(t) + \omega_k^2 v_k(t) = p_k, \quad k = 1, 2, \ldots, \infty, \qquad (96)$$

deren Zahl unendlich ist. Hierin sind die Normalkomponenten der Belastung, die $p_k(t)$, als Funktionen der Zeit gegeben. Sie stellen nach (93) die Arbeiten der Belastung dar, wenn man den Balken gemäß der k^{ten}

Eigenschwingungsform auslenkt. Die Normalkomponenten der Auslenkung berechnen sich nach den Methoden von I, B. Die Auslenkung als Funktion des Ortes und der Zeit erhält man dann aus der Reihe (95). Die Ermittlung der Bewegung des Balkens unter dem Einfluß von beliebigen äußeren Kräften erfolgt also genau wie früher bei dem Balken mit drei Einzelmassen in vier Stufen:

1. Bestimmung der Eigenfrequenzen und Eigenschwingungsformen aus der Differentialgleichung 21, (70) unter Berücksichtigung der Randbedingungen (vgl. Abb. 31).

2. Bestimmung der Normalkomponenten der äußeren Kräfte nach (93).

3. Lösung der Normalgleichungen (96).

4. Zusammensetzung der Bewegung aus den Normalkomponenten gemäß (95).

Für die praktische Brauchbarkeit dieser Lösung ist entscheidend, ob die Reihe (95) genügend rasch konvergiert. Ist dies der Fall, so hat man nur wenige Eigenfrequenzen und Eigenschwingungsformen zu berechnen und muß nur wenige der unendlich vielen Normalgleichungen (96) auflösen, um praktisch genügend genaue Ergebnisse zu erhalten.

Wir wollen als Beispiel für die Verwendung der Normalgleichungen wieder behandeln den Fall des plötzlich in der Mitte mit einer Einzelkraft P belasteten Balkens auf zwei Stützen, der konstantes Trägheitsmoment hat und gleichmäßig mit Masse belegt ist. In 11 hatten wir die Masse in den Punkten $x = \dfrac{l}{6}$; $x = \dfrac{l}{2}$; $x = \dfrac{5}{6} l$ konzentriert gedacht. Die jetzt folgende genaue Rechnung mit stetig verteilter Masse zeigt zugleich, inwieweit der früher gerechnete Fall als Näherung für den stetig mit Masse belegten Balken verwendet werden kann.

Die Bestimmung der Eigenfrequenzen und Eigenschwingungsformen war bereits in 22 erledigt. Es ergab sich

$$\omega_k = \frac{k^2 \pi^2}{l^2} \sqrt{\frac{E J}{\mu}}, \qquad (97)$$

und $\left. \begin{array}{c} \\ \\ \end{array} \right\} k = 1, 2, \ldots, \infty.$

$$V_k(x) = \sin k \pi \frac{x}{l}, \qquad (98)$$

Zur Bestimmung der Normalkomponenten der äußeren Last haben wir die Arbeiten der Last zu ermitteln, wenn man den Balken nach den Eigenschwingungsformen auslenkt. Die Normalkomponenten der Kraft betragen demnach

$$p_k = P V_k\left(\frac{l}{2}\right).$$

Die Lösung der Normalgleichungen (96) für den Fall plötzlicher Belastung ist in I, 5 enthalten und ergibt

$$v_k(t) = \frac{p_k}{\omega_k^2} (1 - \cos \omega_k t). \qquad (99)$$

Die Bewegung des Balkens unter dem Einfluß der plötzlichen Belastung in der Mitte ist dann nach (95) gegeben durch

$$v(x,t) = \sum_{k=1}^{\infty} P\,V_k\left(\frac{l}{2}\right) V_k(x)\,\frac{1-\cos\omega_k t}{\omega_k^2}. \tag{100}$$

Für $V_k(x)$ sind die Eigenschwingungsformen (98) einzusetzen, die allerdings noch so normiert werden müssen, daß

$$\int_0^l V_k^2(x)\,\mu\,dx = 1$$

ist. Die Normen der Eigenschwingungsformen (98) betragen

$$N_k = \int_0^l \sin^2 k\pi\,\frac{x}{l}\,\mu\,dx = \frac{\mu\,l}{2},$$

und man erhält als normierte Eigenschwingungsformen

$$V_k(x) = \sqrt{\frac{2}{\mu\,l}}\,\sin k\pi\,\frac{x}{l}.$$

Setzt man diese Ausdrücke in (100) ein, so erhält man

$$v(x,t) = \frac{2P}{\mu l}\left[\frac{1-\cos\omega_1 t}{\omega_1^2}\sin\pi\,\frac{x}{l} - \frac{1-\cos\omega_3 t}{\omega_3^2}\sin 3\pi\,\frac{x}{l}\right.$$
$$\left. + \frac{1-\cos\omega_5 t}{\omega_5^2}\sin 5\pi\,\frac{x}{l} - \cdots\right]. \tag{101}$$

Insbesondere ist die Auslenkung in der Mitte gegeben durch

$$v\left(\frac{l}{2},t\right) = \frac{2P}{\mu l}\left[\frac{1-\cos\omega_1 t}{\omega_1^2} + \frac{1-\cos\omega_3 t}{\omega_3^2} + \cdots\right]. \tag{102}$$

Durch Vergleich mit 11, (28) erkennt man, daß hier das zweite Glied doppelt so groß ist wie bei 11, (28). Außerdem sind die abweichenden Werte für die Eigenfrequenzen zu berücksichtigen.

24. Die Lösung der Differentialgleichung der transversalen Bewegung eines Balkens bei periodisch veränderlicher Last mit Hilfe der Fourierdarstellung der Last.

Wir wollen zunächst den Fall behandeln, daß die Last harmonisch mit der Zeit veränderlich ist:

$$p(x,t) = p(x)\sin\omega t.$$

Die Differentialgleichung 20, (69) der transversalen Bewegung des Balkens

$$(EJ\,v''(x,t))'' + \mu\,\ddot{v}(x,t) = p(x,t)$$

vereinfacht sich durch den Ansatz

$$v(x, t) = v(x) \sin \omega t$$

zu der gewöhnlichen Differentialgleichung

$$(E J\, v''(x))'' - \mu\, \omega^2 v(x) = p(x) \,. \tag{103}$$

Wir betrachten also lediglich die von der harmonischen Kraft erzwungenen Schwingungen unter der Voraussetzung, daß die beim Aufbringen der Last entstandenen freien Schwingungen durch die Dämpfung im Laufe der Zeit vernichtet worden sind (vgl. die entsprechenden Überlegungen für ein System mit einem Freiheitsgrad in I, 5, und für ein System mit drei Freiheitsgraden in II, 9). Die Differentialgleichung (103) kann so gedeutet werden, daß eine Auslenkung $v(x)$ unter den Lasten $p(x) + \mu\omega^2 v(x)$ gesucht ist. Um einen Überblick über den Verlauf der erzwungenen Schwingungsform $v(x)$ zu bekommen, entwickeln wir wieder diese Schwingungsform nach den Eigenschwingungsformen des Balkens:

$$v(x) = \sum_{k=1}^{\infty} v_k V_k(x) \,. \tag{104}$$

Ebenso entwickeln wir die Belastung $p(x)$ nach den Eigenbelastungen [vgl. 23, (94)]

$$p(x) = \sum_{k=1}^{\infty} p_k V_k(x)\, \mu \,.$$

Die Entwicklungskoeffizienten v_k und p_k sind gegeben durch

$$\left.\begin{aligned} v_k &= \int_0^l \mu\, v(x)\, V_k(x)\, dx\,, \\[2mm] p_k &= \int_0^l p(x)\, V_k(x)\, dx\,. \end{aligned}\right\} \tag{105}$$

Aus der Arbeitsgleichung 19, (62) folgt für eine Eigenbelastung $\mu\omega_k^2 V_k(x)$, die zugehörige Durchbiegung $V_k(x)$ sowie für die bei der erzwungenen Schwingung auftretende Last $\mu\omega^2 v(x) + p(x)$ und die zugehörige Auslenkung $v(x)$ die Beziehung

$$\omega_k^2 \int_0^l \mu\, V_k(x)\, v(x)\, dx = \int_0^l (\mu\omega^2 v(x) + p(x))\, V_k(x)\, dx\,,$$

oder bei Beachtung von (105)

$$\omega_k^2 v_k = \omega^2 v_k + p_k \,.$$

Es ist also

$$v_k = \frac{p_k}{\omega_k^2}\, \frac{1}{1 - \left(\dfrac{\omega}{\omega_k}\right)^2} \,. \tag{106}$$

Für $\omega = 0$ folgt hieraus die schon mehrfach verwendete Beziehung zwischen den Entwicklungskoeffizienten einer Last $p(x)$ und der zugehörigen statischen Durchbiegung $\bar{v}(x)$:

$$\bar{v}_k = \frac{p_k}{\omega_k^2}.$$

Die Gleichung (106) läßt sich also auch schreiben in der Form

$$v_k = \bar{v}_k \, \frac{1}{1 - \left(\dfrac{\omega}{\omega_k}\right)^2}. \tag{107}$$

Wir haben damit einen einfachen Zusammenhang gefunden zwischen der statischen Auslenkung infolge einer Last $p(x)$ und der erzwungenen Schwingungsform infolge der schwingenden Lasten

$$p(x, t) = p(x) \sin \omega t.$$

Wenn nämlich

$$\bar{v}(x) = \sum_{k=1}^{\infty} \bar{v}_k V_k(x) \tag{108}$$

die Entwicklung der statischen Durchbiegung unter der Last $p(x)$ nach den Eigenschwingungsformen ist, dann erhält man die erzwungene Schwingungsform infolge von schwingenden Lasten mit der Amplitude $p(x)$ und der Kreisfrequenz ω durch

$$v(x) = \sum_{k=1}^{\infty} \frac{\bar{v}_k}{1 - \left(\dfrac{\omega}{\omega_k}\right)^2} V_k(x). \tag{109}$$

In der Nähe einer Resonanzstelle, wenn also die Erregerkreisfrequenz ω nur wenig von einer Eigenkreisfrequenz ω_k abweicht, überwiegt in der Entwicklung (109) das k^{te} Glied gegenüber den übrigen Gliedern. Man sieht, daß in der Nähe einer Resonanz die Amplitude der erzwungenen Schwingung dadurch erhalten wird, daß man die statische Auslenkung mit dem Faktor $\dfrac{1}{1 - \left(\dfrac{\omega}{\omega_k}\right)^2}$ multipliziert. Stimmt die statische Auslenkung $\bar{v}(x)$ nahezu mit der ersten Eigenschwingungsform überein, dann überwiegt bereits in der Reihe (108) das erste Glied gegenüber den andern Gliedern, und es gilt annähernd

$$v(x) \approx \frac{1}{1 - \left(\dfrac{\omega}{\omega_1}\right)^2} \, \bar{v}(x). \tag{110}$$

Diese Beziehung wird für praktische Rechnungen oft verwendet. Es ist allerdings zu bemerken, daß sie in der Umgebung der höheren Eigenschwingungszahlen nicht mehr gültig sein kann. Denn wenn auch in der Reihe (108) das erste Glied überwiegt, so wird doch für genügend kleine $\omega - \omega_k$ in der Reihe (109) das k^{te} Glied immer größer sein als das erste. Auszunehmen ist nur der Grenzfall, daß die statische Durchbiegung $\bar{v}(x)$ völlig übereinstimmt mit der ersten Eigenschwingungsform. Die Gleichung (110) gilt daher nur für Erregerfrequenzen, die kleiner als die zweite Eigenfrequenz und von dieser genügend verschieden sind.

Um mit Hilfe von (109) die erzwungene Schwingungsform zu berechnen, ist es notwendig, daß sämtliche Eigenfrequenzen und sämtliche Eigenschwingungsformen des Stabes bekannt sind, denn es wird gefordert, daß man die statische Durchbiegung nach den Eigenschwingungsformen entwickelt. Es liegt nun nahe, wenn die Eigenfrequenzen und die Eigenschwingungszahlen nicht bekannt sind, die zu lösende Aufgabe so in Angriff zu nehmen, daß man zunächst eine Schwingungsform $v_0(x)$ schätzt, zu den Kräften $p(x) + \mu\omega^2 v_0(x)$ die Durchbiegung $v_1(x)$ bestimmt, zu den Kräften $p(x) + \mu\omega^2 v_1(x)$ abermals die Durchbiegungen $v_2(x)$ bestimmt usw. Wenn dieses Verfahren konvergiert, d. h. wenn der n^{te} Schritt eine Durchbiegung $v_n(x)$ liefert, die sich von der Durchbiegung $v_{n-1}(x)$ des $(n-1)^{\text{ten}}$ Schrittes mit wachsendem n immer weniger unterscheidet, dann ist die Aufgabe offenbar gelöst und $v_n(x)$ ist angenähert die gesuchte erzwungene Schwingungsform. Um zu untersuchen, unter welchen Umständen das Verfahren konvergiert, entwickeln wir die geschätzte Schwingungsform $v_0(x)$ und die daraus in der beschriebenen Weise erhaltenen Auslenkungsformen $v_1(x), \ldots, v_n(x)$ nach den Eigenschwingungsformen:

$$v_0(x) = \sum_{k=1}^{\infty} v_{0k} V_k(x),$$

$$v_1(x) = \sum_{k=1}^{\infty} v_{1k} V_k(x)$$

$$\vdots \qquad \qquad \vdots$$

$$v_n(x) = \sum_{k=1}^{\infty} v_{nk} V_k(x).$$

Wir wenden jetzt die Arbeitsgleichung 19, (62) an auf die Last $p(x) + \mu\omega^2 v_0(x)$ mit der zugehörigen Durchbiegung $v_1(x)$, sowie auf die Eigenbelastung $\mu\omega_k^2 V_k(x)$ mit der zugehörigen Durchbiegung $V_k(x)$. Wir erhalten:

$$\int_0^l [\mu\omega^2 v_0(x) + p(x)] V_k(x)\, dx = \int_0^l \mu\omega_k^2 V_k(x)\, v_1(x)\, dx,$$

oder wenn wir die Ausdrücke für die Entwicklungskoeffizienten berücksichtigen:

$$\frac{v_{0k}\omega^2 + p_k}{\omega_k^2} = v_{1k}. \tag{111}$$

In ganz entsprechender Weise erhalten wir aus der Arbeitsgleichung angewendet auf die Last im zweiten Schritt $p(x) + \mu\omega^2 v_1(x)$ mit der zugehörigen Durchbiegung $v_2(x)$ den Ausdruck

$$\frac{v_{1k}\omega^2 + p_k}{\omega_k^2} = v_{2k}, \tag{112}$$

und schließlich

$$\frac{v_{n-1k}\omega^2 + p_k}{\omega_k^2} = v_{nk}. \tag{113}$$

Setzen wir nacheinander (111) in (112), (112) in den entsprechenden Ausdruck für v_{3k} ein usw., so erhalten wir

$$v_{nk} = v_{0k}\left(\frac{\omega}{\omega_k}\right)^{2n} + \frac{p_k}{\omega_k^2}\left(1 + \frac{\omega^2}{\omega_k^2} + \cdots + \left(\frac{\omega}{\omega_k}\right)^{2n}\right). \tag{114}$$

Unter der Annahme $\omega < \omega_1$ bekommen wir für große n:

$$\lim_{n\to\infty} v_{nk} = \frac{p_k}{\omega_k^2}\,\frac{1}{1 - \left(\dfrac{\omega}{\omega_k}\right)^2}.$$

Das sind aber gerade die Entwicklungskoeffizienten der erzwungenen Schwingungsform, wie der Vergleich mit (106) zeigt. Wenn sämtliche Koeffizienten der Entwicklung von $v_n(x)$ nach den Eigenschwingungsformen mit wachsendem n konvergieren nach den entsprechenden Entwicklungskoeffizienten der gesuchten erzwungenen Schwingungsform, so konvergiert auch die im n^{ten} Schritt gewonnene Auslenkung $v_n(x)$ mit wachsendem n nach der erzwungenen Schwingungsform $v(x)$. Das Iterationsverfahren konvergiert also für $\omega < \omega_1$, und in diesem Bereich läßt sich die erzwungene Schwingungsform berechnen, ohne daß dazu die Kenntnis der Eigenfrequenzen und der Eigenschwingungsformen erforderlich ist.

Liegt die Erregerkreisfrequenz ω zwischen den beiden ersten Eigenkreisfrequenzen ω_1 und ω_2, dann konvergieren, wie man aus (114) sieht, alle Entwicklungskoeffizienten v_{nk}, außer dem ersten, nach den entsprechenden Entwicklungskoeffizienten v_k. Es liegt also nahe, in diesem Falle folgendermaßen vorzugehen: Man bestimmt die erste Eigenschwingungsform $V_1(x)$ und die erste Eigenkreisfrequenz ω_1, ferner den ersten Entwicklungskoeffizienten der geschätzten Funktion $v_0(x)$

$$v_{01} = \int_0^l \mu v_0(x)\, V_1(x)\, dx.$$

Man wendet nun das Iterationsverfahren an auf eine Ausgangsbelastung

$$p(x) + \mu\omega^2 v_0^*(x),$$

wo $v_0^*(x)$ gegeben ist durch:

$$v_0^*(x) = v_0(x) - v_{01} V_1(x),$$

und erhält die Durchbiegung $v_1^*(x)$. Man belastet weiter mit $p(x) + \mu\omega^2 v_1^*(x)$ und erhält eine Durchbiegung $v_2^*(x)$ usw. Die Entwicklungskoeffizienten der nach dem n^{ten} Schritt erhaltenen Auslenkung sind gegeben durch

$$v_{n1}^* = 0$$

und

$$v_{nk}^* = \frac{p_k}{\omega_k^2}\left(1 + \left(\frac{\omega}{\omega_k}\right)^2 + \cdots + \left(\frac{\omega}{\omega_k}\right)^{2n}\right).$$

Sie konvergieren für $\omega < \omega_2$ nach

$$\lim_{n\to\infty} v_{nk}^* = \frac{p_k}{\omega_k^2}\frac{1}{1 - \left(\dfrac{\omega}{\omega_k}\right)^2}.$$

Wir erhalten also die erzwungene Schwingungsform bis auf das erste Glied der Entwicklung nach Eigenschwingungsformen. Dieses erste Glied ist nach (109) gegeben durch

$$\frac{\overline{v}_1}{1 - \left(\dfrac{\omega}{\omega_1}\right)^2} V_1(x),$$

und die erzwungene Schwingungsform ergibt sich angenähert zu

$$v(x) = \frac{\overline{v}_1}{1 - \left(\dfrac{\omega}{\omega_1}\right)^2} V_1(x) + v_n^*(x).$$

Bei der praktischen Berechnung ist zu beachten, daß durch Ungenauigkeiten der numerischen Rechnung die Durchbiegungen $v_1^*(x)$, $v_2^*(x)$, ... nie ganz frei sein werden von dem Bestandteil der ersten Eigenschwingungsform. Da der so entstehende Fehler während des Verfahrens rasch wächst, wird man zweckmäßig nach jedem Schritt von neuem die Elimination vom Bestandteil der ersten Eigenschwingungsform vornehmen, also statt mit $v_1^*(x)$ weiter zu rechnen, dem folgenden Schritt die Durchbiegung

$$v_1^*(x) - V_1(x)\int_0^l \mu v_1^*(x) V_1(x)\, dx$$

zugrunde legen.

Wir sehen, daß das Iterationsverfahren wesentlich mühevoller ist, wenn die Erregerfrequenz zwischen der ersten und zweiten Eigenfrequenz liegt. Während vorher bei $\omega < \omega_1$ die Kenntnis von keiner der Eigenfrequenzen und Eigenschwingungsformen erforderlich war, muß jetzt die erste Eigenschwingungsform und die erste Eigenfrequenz bestimmt werden. Liegt die Erregerfrequenz zwischen der zweiten und dritten Eigenfrequenz, dann ist das Verfahren in ganz entsprechender Weise zu verändern, es müssen also die ersten beiden Eigenschwingungsformen und die ersten beiden Eigenfrequenzen bestimmt werden usw.

Eine ganz wesentliche Vereinfachung erfährt die Berechnung der durch harmonisch schwingende Lasten erzwungenen Schwingungsform, wenn das Stabwerk aus homogenen Stäben mit konstanter Massenbelegung besteht. Es lassen sich dann für die einfachen Lastformen (Einzellast, gleichmäßig verteilte Last) die Lösungen für die Stababschnitte in geschlossener Form angeben. Die Berechnung der erzwungenen Schwingungsform und der dabei auftretenden Biegemomente solcher Stabwerke mit homogenen Stäben ist überdies durch die in Kap. VII befindlichen Tabellen soweit vorbereitet worden, daß die Schwingungsrechnung nicht mehr Mühe erfordert als die entsprechende statische Rechnung. Da dieser in IV ausführlich zu besprechende Rechnungsgang gegenüber dem bisherigen nichts grundsätzlich Neues enthält, sei an dieser Stelle nicht näher auf ihn eingegangen. Dagegen wollen wir noch einige Bemerkungen hinzufügen für den Fall von nicht harmonischen, aber doch periodisch veränderlichen Lasten.

Nach dem Fourierschen Entwicklungssatz läßt sich jede gewissen Bedingungen genügende periodische Funktion von der Periode l in die gleichmäßig und absolut konvergente Reihe

$$f(x) = A_0 + \sum_{k=1}^{\infty} A_k \sin 2\pi k \frac{x}{l} + \sum_{k=1}^{\infty} B_k \cos 2\pi k \frac{x}{l} \tag{115}$$

entwickeln. Die Entwicklungskoeffizienten sind hierin gegeben durch

$$A_0 = \frac{1}{l} \int_0^l f(x)\, dx, \tag{116}$$

$$A_k = \int_0^l f(x) \sin 2\pi k \frac{x}{l} \tag{117}$$

$$\left. \begin{array}{c} \\ \\ \end{array} \right\} k = 1, 2, \ldots.$$

$$B_k = \int_0^l f(x) \cos 2\pi k \frac{x}{l} \tag{118}$$

Der Fouriersche Satz ist ein Sonderfall des in 22 bewiesenen allgemeinen Entwicklungssatzes. Nach diesem Satz können wir z. B. jede Funktion, die sich als Biegelinie eines Balkens auf zwei Stützen auffassen läßt, entwickeln nach den Eigenschwingungsformen dieses Balkens. Bezeichnen wir die Balkenlänge mit $l/2$, so gilt

$$f_1(x) = \sum_{k=1}^{\infty} A_k \sin 2\pi k \frac{x}{l},$$

worin A_k durch (117) gegeben ist. Benutzen wir die Entwicklung nicht nur in dem Intervall $0 < x < \frac{l}{2}$, sondern auch darüber hinaus nach beiden Seiten, dann stellt $f_1(x)$ eine zum Punkt $x = 0$ antisymmetrische periodische Funktion mit der Periode l dar, deren Integral über eine Periode verschwindet. Diese Eigenschaften von $f_1(x)$ folgen aus den entsprechenden Eigenschaften der Sinusfunktionen. Es gilt also

$$f_1(x) = -f_1(-x),$$
$$f_1(x) = f_1(x+l),$$

und

$$\int\limits_x^{x+l} f_1(x)\,dx = 0.$$

Betrachtet man einen Balken, dessen Enden so geführt sind, daß die Endtangenten immer horizontal bleiben, dessen Endpunkte aber im

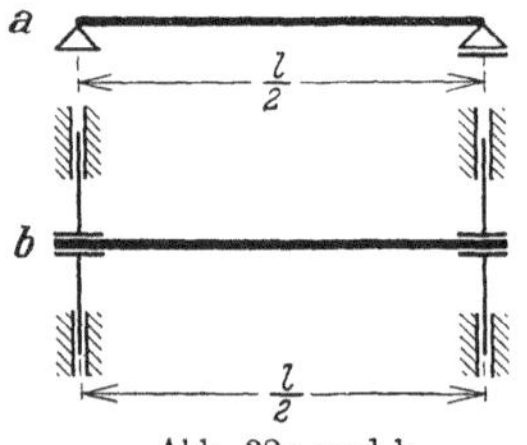

Abb. 32a und b.

übrigen frei verschiebbar sind (Abb. 32b, Randbedingungen $v''=0$, $Q=-EJv'''=0$), so kann man genau wie in 20 für den zweifach gestützten Stab zeigen, daß die Eigenschwingungsformen gegeben sind durch

$$V_k(x) = \cos 2\pi k \frac{x}{l}.$$

Nach dem Entwicklungssatz können wir nun jede Funktion, die sich als Biegelinie dieses Balkens auffassen läßt, entwickeln nach seinen Eigenschwingungsformen. Bezeichnen wir die Balkenlänge wieder mit $l/2$, so gilt

$$f_2(x) = \sum_{k=1}^{\infty} B_k \cos 2\pi k \frac{x}{l},$$

worin die B_k durch (118) gegeben sind. Benutzen wir diese Entwicklung wieder nicht nur in dem Intervall $0 < x < \frac{l}{2}$, sondern auch darüber hinaus nach beiden Seiten, so stellt $f_2(x)$ eine zum Punkte $x=0$ symmetrische, periodische Funktion mit der Periode l dar, deren Integral über eine Periode verschwindet. Diese Eigenschaften folgen wieder aus den entsprechenden Eigenschaften der Kosinusfunktionen. Es gilt also

$$f_2(x) = f_2(-x),$$
$$f_2(x) = f_2(x+l),$$
$$\int\limits_x^{x+l} f_2(x)\,dx = 0.$$

Da sich jede beliebige Funktion in einen symmetrischen und einen antisymmetrischen Teil zerlegen läßt:

$$f(x) = \frac{f(x)+f(-x)}{2} + \frac{f(x)-f(-x)}{2},$$

ist durch $f_1(x) + f_2(x)$ jede den erwähnten einschränkenden Bedingungen für $f_1(x)$ und $f_2(x)$ unterworfene periodische Funktion darstellbar, deren Integral über eine Periode verschwindet. Fügt man schließlich noch eine Konstante A_0 hinzu, sodaß

$$\int_0^l A_0\, dx = A_0\, l = \int_0^l f(x)\, dx,$$

dann ist durch

$$f(x) = A_0 + f_1(x) + f_2(x)$$

eine periodische Funktion vom allgemeinsten Charakter dargestellt, die keiner anderen Bedingung genügt, als daß $f_1(x)$ und $f_2(x)$ in einer halben Periode mögliche Biegelinien der nach Abb. 32a bzw. nach Abb. 32b gelagerten Balken sein müssen. Ausgeschlossen sind z. B. mehrdeutige Funktionen (Abb. 33), dagegen sind nicht ausgeschlossen unstetige Funktionen oder Funktionen mit unstetigen Ableitungen (Abb. 34), denn diese Funktionen lassen sich durch zulässige Funktionen beliebig genau annähern. Da die

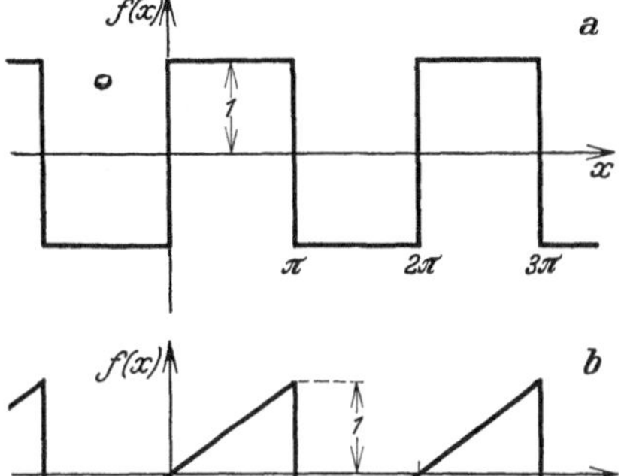

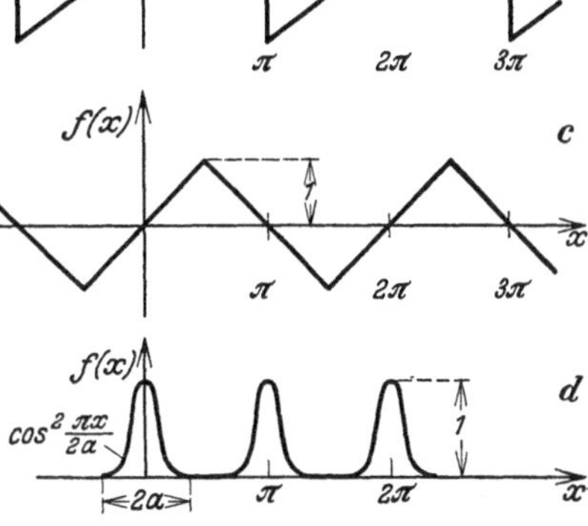

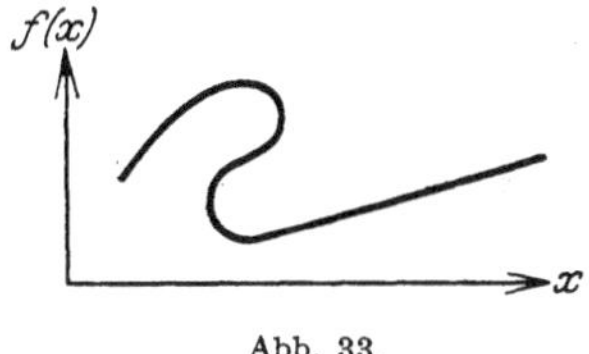

Abb. 33.

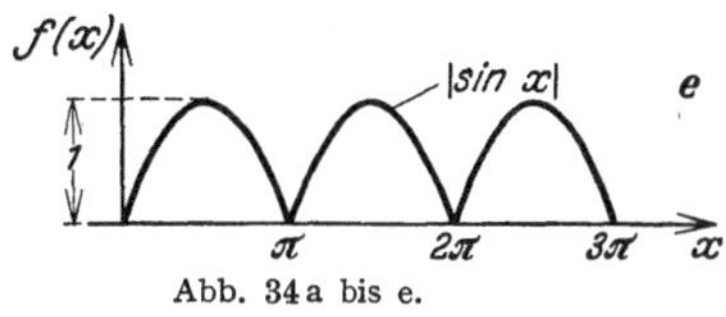

Abb. 34a bis e.

in Abb. 34 dargestellten Funktionen von praktischer Bedeutung sind, seien bei dieser Gelegenheit die entsprechenden Fourierentwicklungen angegeben, die Periode ist dabei zu $l = 2\pi$ angenommen.

$$\text{a)} \quad f(x) = \frac{4}{\pi}\left(\frac{\sin x}{1} + \frac{\sin 3x}{3} + \frac{\sin 5x}{5} + \cdots\right),$$

$$\text{b)} \quad f(x) = \frac{2}{\pi}\left(\sin x - \frac{\sin 2x}{2} + \frac{\sin 3x}{3} - \cdots\right),$$

$$\text{c)} \quad f(x) = \frac{8}{\pi^2}\left(\sin x - \frac{\sin 3x}{9} + \frac{\sin 5x}{25} - \cdots\right),$$

$$\text{d)} \quad f(x) = \frac{a}{\pi} - 2\,\pi \sum_{k=1}^{\infty} \frac{\sin 2\,k\,a}{2\,k\,(4\,k^2\,a^2 - \pi^2)} \cos 2\,k\,x,$$

$$\text{e)} \quad f(x) = \frac{2}{\pi} - \frac{4}{\pi} \sum_{k=1}^{\infty} \frac{1}{4\,k^2 - 1} \cos 2\,k\,x.$$

Die Anwendung der Fourierentwicklung zur Ermittlung der erzwungenen Bewegung eines Tragwerkes unter dem Einfluß von periodisch veränderlichen Lasten ist nun ohne weiteres durchführbar. Handelt es sich z. B. um eine zeitliche Abhängigkeit der Last nach Abb. 34a mit der Grundschwingungszeit T_1, dann heißt die Fourierentwicklung der Last

$$p\,(x,\,t) = p\,(x)\,\frac{8}{T_1}\left(\sin 2\,\pi\,\frac{t}{T_1} + \frac{1}{3}\sin 6\,\pi\,\frac{t}{T_1} + \cdots\right).$$

Wir haben jetzt an Stelle der Differentialgleichung (103) der erzwungenen Schwingung die Differentialgleichungen

$$(E\,J\,v_1''\,(x))'' - \mu\,\omega_1^2\,v_1\,(x) = p\,(x),$$

$$(E\,J\,v_3''\,(x))'' - \mu\,\omega_3^2\,v_3\,(x) = p\,(x),$$

$$\vdots \qquad\qquad \vdots \qquad\qquad \vdots$$

zu lösen mit

$$\omega_1 = \frac{2\,\pi}{T_1}, \qquad \omega_3 = 3\,\omega_1, \qquad \ldots$$

und erhalten schließlich die Gesamtbewegung durch

$$v\,(x,\,t) = \frac{8}{T_1}\left(v_1\,(x)\,\frac{\sin \omega_1 t}{1} + v_3\,(x)\,\frac{\sin \omega_3 t}{3} + \cdots\right).$$

Die Methode der Fourierentwicklung der Last arbeitet naturgemäß um so besser, je weniger die Lastschwingung von einer harmonischen Schwingung abweicht, da dann in der Fourierentwicklung das erste Glied überwiegt und man nur wenige der nachfolgenden Glieder berücksichtigen muß. Wir hatten hier den Fall vorausgesetzt, daß die gesamte Last periodisch schwingt, daß sie sich also darstellen läßt durch

$$p\,(x,\,t) = p\,(x)\,p\,(t).$$

Der allgemeine Fall, daß nur ein Teil der Last schwingt, der andere ruht, oder daß verschiedene Lastgruppen nach verschiedenen Gesetzen sich zeitlich periodisch verändern, ist durch Superposition der von den verschiedenen Lastgruppen ausgehenden Wirkungen ebenfalls der Rechnung zugänglich.

25. Die Formänderungsarbeit und die kinetische Energie bei harmonischen Schwingungen eines Balkens mit stetiger Massenverteilung.

Nachdem gezeigt worden ist, in welcher Weise man die Bewegung des Balkens unter dem Einfluß beliebiger äußerer Kräfte finden kann, wollen wir jetzt die verschiedenen Methoden zur Abschätzung der Eigenfrequenzen behandeln. Wir beginnen wie in 13 mit der Energiemethode. Wir zeigen zunächst, daß die in 12 aufgestellten Sätze über die Formänderungs- und die kinetische Energie einer harmonischen Bewegung des Balkens allgemein gelten, auch bei stetiger Verteilung der Massen. Wenn $v(x)$ die Amplitude einer harmonischen Schwingung des Balkens darstellt, bei welcher alle Punkte des Balkens sich mit gleicher Phase bewegen, dann ist die Amplitude der im Balken gespeicherten Formänderungsarbeit

$$A = \tfrac{1}{2} \int_0^l p(x)\, v(x)\, dx. \tag{119}$$

$p(x)$ bedeutet hierin diejenige Last, welche notwendig ist, um die statische Auslenkung $v(x)$ zu erzeugen. Die Amplitude der bezogenen kinetischen Energie, d. h. der durch das Quadrat der Kreisfrequenz dividierten kinetischen Energie der harmonischen Bewegung ist

$$T = \tfrac{1}{2} \int_0^l v^2(x)\, \mu\, dx. \tag{120}$$

Setzt man in die Ausdrücke (119), (120) die Reihen 23, (94) und 23, (95) für $p(x)$ und $v(x)$ ein:

$$v(x) = \sum_{k=1}^{\infty} v_k V_k(x), \quad p(x) = \sum_{k=1}^{\infty} p_k \mu V_k(x), \tag{121}$$

so ergibt sich unter Berücksichtigung der Orthogonalitätsbedingungen 22, (81)

$$\left. \begin{aligned} A &= \tfrac{1}{2} \sum_{k=1}^{\infty} p_k v_k, \\ T &= \tfrac{1}{2} \sum_{k=1}^{\infty} v_k^2. \end{aligned} \right\} \tag{122}$$

Die Formänderungsarbeit geht unter Verwendung der bereits mehrfach gebrauchten Beziehung 22, (85) über in

$$A = \tfrac{1}{2} \sum_{k=1}^{\infty} \omega_k^2 v_k^2. \tag{123}$$

Der Quotient

$$\frac{A}{T} = \frac{\displaystyle\sum_{k=1}^{\infty} \omega_k^2 v_k^2}{\displaystyle\sum_{k=1}^{\infty} v_k^2} \tag{124}$$

ist wegen $\omega_1 < \omega_2 < \cdots$ sicher größer oder höchstens gleich dem Quadrat der kleinsten Eigenkreisfrequenz, letzteres nur dann, wenn alle v_k bis auf v_1 verschwinden, wenn also die Schwingungsform $v(x)$ des Balkens mit der ersten Eigenschwingungsform übereinstimmt.

Wir betrachten jetzt nur solche Auslenkungen $v(x)$, die zu irgendeiner Schwingungsform $s(x)$ orthogonal sind, die also der Bedingung

$$\int_0^l s(x)\, v(x)\, \mu\, dx = 0 \tag{125}$$

genügen. Setzt man in (125) die Entwicklungen von $s(x)$ und $v(x)$ nach den Eigenschwingungsformen ein, so erhält man

$$\sum_{k=1}^{\infty} s_k v_k = 0, \tag{126}$$

wobei

$$s_k = \int_0^l s(x)\, V_k(x)\, \mu\, dx$$

ist. Der kleinste Wert, den der Quotient A/T für irgendeine Schwingungsform, die der Bedingung (125) genügt, annehmen kann, ist dann kleiner oder höchstens gleich dem Quadrat der zweiten Eigenkreisfrequenz. Nehmen wir nämlich etwa eine Schwingungsform, bei welcher alle Entwicklungskoeffizienten v_k bis auf v_1 und v_2 verschwinden, und bei welcher das Verhältnis v_1/v_2 aus (126)

$$s_1 v_1 + s_2 v_2 = 0$$

bestimmt wird, dann ist

$$\frac{A}{T} = \frac{\omega_1^2 v_1^2 + \omega_2^2 v_2^2}{v_1^2 + v_2^2} \leqq \omega_2^2.$$

Das Minimum des Quotienten A/T unter der Bedingung (126) ist dann erst recht kleiner als ω_2^2. Ist $s(x)$ identisch mit der ersten Eigenschwingungsform, dann verschwinden alle s_k bis auf s_1 und es folgt aus (126) $v_1 = 0$. In diesem Fall ist A/T sicher größer oder höchstens gleich dem Quadrat der zweiten Eigenkreisfrequenz, denn aus $\omega_2 < \omega_3 < \cdots$ folgt wie oben

$$\frac{A}{T} = \frac{\omega_2^2 v_2 + \omega_3^2 v_3 + \cdots}{v_2^2 + v_3^2 + \cdots} \geqq \omega_2^2.$$

Das Gleichheitszeichen gilt nur, wenn alle v_k bis auf v_2 verschwinden, wenn also die Schwingungsform $v(x)$ des Balkens mit der zweiten Eigenschwingungsform identisch ist. In ganz entsprechender Weise zeigt man, daß das Minimum von A/T für alle Schwingungsformen, die den beiden Bedingungen

$$\int_0^l s(x)\, v(x)\, \mu\, dx = 0,$$

$$\int_0^l r(x)\, v(x)\, \mu\, dx = 0$$

genügen, kleiner oder gleich ist dem Quadrat der dritten Eigenkreisfrequenz. Stimmen $s(x)$ und $r(x)$ mit der ersten und zweiten Eigenschwingungsform überein, dann ist A/T größer oder gleich dem Quadrat der dritten Eigenkreisfrequenz. Entsprechende Sätze gelten für die höheren Eigenfrequenzen. Zusammenfassend können wir die Sätze über die Extremaleigenschaften der Energieausdrücke folgendermaßen aussprechen:

Vergleicht man bei irgendwelchen harmonischen Bewegungen eines Balkens die Quotienten aus den Amplituden der Formänderungsenergie und der bezogenen kinetischen Energie miteinander, dann ist dieser Quotient gleich dem Quadrat oder größer als das Quadrat der kleinsten Eigenkreisfrequenz, je nachdem, ob die Schwingungsform der Bewegung mit der ersten Eigenschwingungsform übereinstimmt oder davon abweicht. Betrachtet man nur solche Schwingungsformen harmonischer Bewegungen, die orthogonal sind zu irgendeiner Auslenkungsform, dann ist das Minimum des Quotienten A/T gleich dem Quadrat oder kleiner als das Quadrat der zweiten Eigenkreisfrequenz, je nachdem, ob die Auslenkungsform, zu der die Schwingungsform des Balkens orthogonal ist, mit der ersten Eigenschwingungsform übereinstimmt oder davon abweicht. Betrachtet man nur solche Schwingungsformen harmonischer Bewegungen, die zu irgendwelchen $n-1$ Auslenkungsformen orthogonal sind, dann ist das Minimum des Quotienten A/T gleich dem Quadrat oder kleiner als das Quadrat der n^{ten} Eigenkreisfrequenz, je nachdem, ob die $n-1$ Auslenkungsformen mit den ersten $n-1$ Eigenschwingungsformen übereinstimmen oder davon abweichen. Die Energiesätze gelten im übrigen nicht nur für einzelne Balken, sondern auch für beliebige Tragwerke.

26. Die Energiemethode angewendet auf den Balken mit stetiger Massenverteilung.

Wir wollen die Energiemethode auf das wiederholt benutzte Beispiel des Balkens auf zwei Stützen mit konstantem Trägheitsmoment und konstanter Massenverteilung anwenden. Die Eigenfrequenzen dieses Balkens sind in 21 bestimmt worden und können zur Beurteilung der Güte der Energiemethode herangezogen werden. Wenn die Massenbelegung oder der Balkenquerschnitt nicht über die Länge konstant ist, bereitet die Lösung der Differentialgleichung der Bewegung erhebliche Schwierigkeiten, und in diesem Falle werden die Energiemethode und die im weiteren noch zu behandelnden Näherungsmethoden von größter Wichtigkeit. Die Formänderungsarbeit, die in dem Stab mit der Biegelinie $v(x)$ gespeichert ist, beträgt nach 19, (61), wenn man dort $v_a = v_b$ und infolge der starren Auflager $c_1 = c_2 = 0$ setzt

$$A = \tfrac{1}{2} \int_0^l p\, v\, dx = \tfrac{1}{2} \int_0^l E J\, (v'')^2\, dx. \tag{127}$$

Der Quotient A/T ergibt sich also mit 25, (120) zu

$$\frac{A}{T} = \frac{\int_0^l E J\, v''^2\, dx}{\int_0^l \mu\, v^2\, dx}. \tag{127a}$$

Wir nehmen zunächst statt der ersten Eigenschwingungsform, die in Wirklichkeit eine Sinuslinie ist, eine Parabel an:

$$v(x) = \frac{x}{l} - \frac{x^2}{l^2}, \qquad v'' = -\frac{2}{l^2}.$$

Mit dieser Auslenkungsform erhält man

$$\int_0^l E J v''^2\, dx = \frac{4\, E J}{l^3},$$

$$\int_0^l \mu\, v^2\, dx = \int_0^l \left(\frac{x}{l} - \frac{x^2}{l^2}\right)^2 \mu\, dx = \frac{l}{30}\, \mu,$$

und somit als Abschätzung für die kleinste Eigenkreisfrequenz

$$\omega_1 \le \sqrt{\frac{A}{T}} = \frac{10{,}96}{l^2} \sqrt{\frac{E J}{\mu}}.$$

Der in 21 berechnete genaue Wert beträgt

$$\omega_1 = \frac{9{,}8696}{l^2} \sqrt{\frac{E J}{\mu}},$$

der Fehler ist also 11% des richtigen Wertes. Der verhältnismäßig große Fehler ist dadurch begründet, daß die verwendete Schwingungsform nicht einmal eine mögliche Biegelinie des Balkens darstellt, da sie den Randbedingungen $v''(0) = 0$ und $v''(l) = 0$ nicht genügt. Wir wollen jetzt eine mögliche Biegelinie des Balkens in (127a) einsetzen, nämlich die Durchbiegung unter einer konstanten Last p je Längeneinheit. Diese Durchbiegung beträgt:

$$v(x) = \frac{p\, l^4}{24\, E J} \left(\frac{x}{l} - 2\frac{x^3}{l^3} + \frac{x^4}{l^4}\right).$$

Man erhält damit

$$2A = \int_0^l p\, v\, dx = \frac{p^2\, l^5}{120\, EJ},$$

$$2T = \int_0^l \mu\, v^2\, dx = 0{,}0492063\, \frac{\mu\, p^2\, l^9}{24^2\, (EJ)^2},$$

und somit als Abschätzung für die kleinste Eigenkreisfrequenz

$$\omega_1 \le \sqrt{\frac{A}{T}} = \frac{9{,}8767}{l^2}\sqrt{\frac{EJ}{\mu}}.$$

Der Fehler beträgt jetzt nur 0,07%, die Energiemethode liefert also, wenn man sie in sorgfältiger Weise anwendet, Näherungen, deren Genauigkeit weit über das praktisch erforderliche Maß hinausgeht.

Zur Berechnung der zweiten Eigenfrequenz nehmen wir zunächst als Schwingungsform eine Parabel dritten Grades an, die durch die Endpunkte und durch den Mittelpunkt der unverformten Stabachse geht. Die beiden Konstanten a und b in der Gleichung

$$v(x) = x + a\, x^2 + b\, x^3$$

bestimmen sich aus den Bedingungen

$$v\left(\frac{l}{2}\right) = \frac{l}{2} + a\,\frac{l^2}{4} + b\,\frac{l^3}{8} = 0,$$

$$v(l) = l + a\, l^2 + b\, l^3 = 0$$

zu

$$a = -\frac{3}{l}, \qquad b = \frac{2}{l^2}$$

und die Gleichung für die angenommene Schwingungsform lautet:

$$v(x) = l\left(\frac{x}{l} - 3\,\frac{x^2}{l^2} + 2\,\frac{x^3}{l^3}\right).$$

Hiermit wird

$$2A = \int_0^l EJ\, v''^2\, dx = 12\,\frac{EJ}{l},$$

$$2T = \int_0^l \mu\, v^2\, dx = 0{,}004762\, \mu\, l^3$$

und

$$\omega_2 \approx \frac{50{,}20}{l^2}\sqrt{\frac{EJ}{\mu}}.$$

Der in 21 berechnete genaue Wert beträgt

$$\omega_2 = \frac{39{,}4784}{l^2}\sqrt{\frac{EJ}{\mu}}.$$

Der große Fehler von 27% liegt wieder darin begründet, daß die angenommene Schwingungsform die Randbedingungen $v''(0) = 0$ und $v''(l) = 0$ nicht erfüllt. Wir nehmen daher jetzt als Schwingungsform eine Parabel 5ten Grades an, die durch die Endpunkte und durch den Mittelpunkt der unverformten Stabachse geht, außerdem aber an den Enden verschwindende zweite Ableitungen besitzt. Die vier Konstanten a, b, c, d in der Gleichung

$$v(x) = x + a\,x^2 + b\,x^3 + c\,x^4 + d\,x^5$$

bestimmen sich aus den Bedingungen $v''(0) = 2\,a = 0$

$$v''(l) = 6\,b\,l + 12\,c\,l^2 + 20\,d\,l^3 = 0,$$
$$v(l) = l + b\,l^3 + c\,l^4 + d\,l^5 = 0,$$
$$v\left(\frac{l}{2}\right) = \frac{l}{2} + b\,\frac{l^2}{8} + c\,\frac{l^4}{16} + d\,\frac{l^5}{32} = 0,$$

zu

$$b = -\frac{10}{l^2}, \qquad c = \frac{15}{l^3}, \qquad d = -\frac{6}{l^4},$$

und die Gleichung für die angenommene Schwingungsform lautet

$$v(x) = l\left(\frac{x}{l} - 10\,\frac{x^3}{l^3} + 15\,\frac{x^4}{l^4} - 6\,\frac{x^5}{l^5}\right).$$

Hiermit wird

$$2\,A = \int_0^l E\,J\,v''^2\,dx = 17{,}143\,\frac{E\,J}{l},$$

$$2\,T = \int_0^l \mu\,v^2\,dx = 0{,}0106\,\mu\,l^3$$

und

$$\omega_2 \approx \frac{40{,}22}{l^2}\,\sqrt{\frac{E\,J}{\mu}}.$$

Der Fehler beträgt jetzt nur noch 1,8%. Man sieht, daß es bei Berechnung der höheren Eigenfrequenzen unbedingt notwendig ist, die Schwingungsformen so zu wählen, daß sie allen Randbedingungen genügen. In den beiden letzten Beispielen war der Knoten den tatsächlichen Verhältnissen gemäß in der Stabmitte angenommen worden. Im dritten Kapitel werden wir zeigen, daß die mit der Energiemethode berechneten Näherungen für die höheren Eigenfrequenzen ziemlich unempfindlich gegen Fehlschätzungen der Knotenlage sind. Doch soll an dieser Stelle nicht näher hierauf eingegangen werden.

27. Die Methode der schrittweisen Näherungen, angewendet auf den Balken mit stetiger Massenverteilung. Kombination mit der Energiemethode.

Das Verfahren der schrittweisen Näherungen erfolgt in der gleichen Weise, wie wir es bei dem Balken mit drei verschiedenen Einzelmassen besprochen hatten. Zur Bestimmung der ersten Eigenfrequenz geht man aus von irgendeiner Auslenkungsform $v_0(x)$, bestimmt zu den Lasten $\mu v_0(x)$ (es ist wieder der Faktor 1/sek^2 zu ergänzen) die Auslenkungen $v_1(x)$, weiter zu den Lasten $\mu v_1(x)$ die Auslenkungen $v_2(x)$ und so fort, bis die Auslenkungsformen $v_{n-1}(x)$ und $v_n(x)$ in zwei aufeinanderfolgenden Schritten bis auf einen konstanten Faktor nahezu übereinstimmen. Die so erhaltene Auslenkungsform ist nahezu identisch mit der ersten Eigenschwingungsform, und man erhält eine Näherung für das Quadrat der ersten Eigenkreisfrequenz durch den Quotienten

$$\omega_1^2 \approx \frac{v_{n-1}(x)}{v_n(x)}$$

für irgendeine Stelle x des Balkens. Zum Beweis für die Konvergenz des Verfahrens denken wir uns wieder $v_0(x)$, $v_1(x) \ldots v_n(x)$ nach den Eigenschwingungsformen entwickelt:

$$\left.\begin{aligned}
v_0(x) &= \sum_{k=1}^{\infty} v_{0\,k}\, V_k(x)\,, \\
v_1(x) &= \sum_{k=1}^{\infty} v_{1\,k}\, V_k(x)\,, \\
&\ \vdots \\
v_n(x) &= \sum_{k=1}^{\infty} v_{n\,k}\, V_k(x)\,.
\end{aligned}\right\} \qquad (128)$$

Wenden wir die Arbeitsgleichung 19, (62) an auf die Belastung $\mu v_0(x)$ und die zugehörige Durchbiegung $v_1(x)$, sowie auf die Eigenbelastung $\mu \omega_k^2 V_k(x)$ und die zugehörige Durchbiegung $V_k(x)$, dann erhält man:

$$\int_0^l \mu\, v_0(x)\, V_k(x)\, dx = \int_0^l \omega_k^2\, \mu\, v_1(x)\, V_k(x)\, dx$$

oder

$$v_{0\,k} = \omega_k^2\, v_{1\,k}\,. \qquad (129)$$

In entsprechender Weise gelten zwischen den Entwicklungskoeffizienten der Auslenkungen im zweiten und dritten Schritt die Beziehungen

$$v_{1\,k} = \omega_k^2\, v_{2\,k}\,,$$

und so fort. Setzt man diese Werte der Reihe nach in (128) ein, so erhält man für die Auslenkung im n^{ten} Schritt die Reihe

$$v_n(x) = \sum_{k=1}^{\infty} \frac{v_{0\,k}}{\omega_k^{2\,n}} V_k(x) . \tag{130}$$

In (130) wird das erste Glied der Reihe mit wachsendem n gegenüber den übrigen Gliedern immer größer, da ja $\omega_1 < \omega_2 < \cdots$ gilt. Die Funktion $v_n(x)$ nähert sich also mit wachsender Zahl der Schritte immer mehr der ersten Eigenschwingungsform $V_1(x)$. Für genügend große n gilt daher

$$v_n(x) \approx \frac{v_{0\,1}}{\omega_1^{2\,n}} V_1(x)$$

und

$$v_{n-1}(x) \approx \frac{v_{0\,1}}{\omega_1^{2\,(n-1)}} V_1(x) .$$

Daraus ergibt sich

$$\omega_1^2 \approx \frac{v_{n-1}(x)}{v_n(x)} .$$

Als Beispiel hierfür verwenden wir wieder den zweifach gestützten homogenen Stab und nehmen als Ausgangsbiegelinie die Funktion an

$$v_0(x) = 1 , \tag{131}$$

die eine sehr grobe Näherung für die erste Eigenschwingungsform darstellt. Die Belastung im ersten Schritt ist dann $v_0(x)\mu = \mu$, und die zugehörige Auslenkungsform ist

$$v_1(x) = \frac{\mu\,l^4}{24\,EJ} \left(\frac{x}{l} - 2\,\frac{x^3}{l^3} + \frac{x^4}{l^4} \right) . \tag{132}$$

Bildet man etwa in der Balkenmitte das Verhältnis der nullten zur ersten Auslenkung, so erhält man für die erste Eigenfrequenz die Näherung

$$\omega_1 \approx \sqrt{\frac{v_0(l/2)}{v_1(l/2)}} = \frac{8{,}763}{l^2} \sqrt{\frac{EJ}{\mu}} .$$

Im zweiten Schritt des Verfahrens berechnet man zu der Last

$$\mu\,v_1(x) = \frac{l^4 \mu^2}{24\,EJ} \left(\frac{x}{l} - 2\,\frac{x^3}{l^3} + \frac{x^4}{l^4} \right)$$

die Durchbiegung. Die viermalige Integration ergibt unter Berücksichtigung der Randbedingungen

$$v_2(x) = \frac{\mu^2\,l^8}{24\,(EJ)^2}\,\frac{1}{98{,}8236} \left(\frac{x}{l} - \frac{1}{60}\,\frac{x^3}{l^3} + \frac{1}{120}\,\frac{x^5}{l^5} - \frac{1}{420}\,\frac{x^7}{l^7} + \frac{1}{1680}\,\frac{x^8}{l^8} \right) ,$$

und man erhält als zweite Näherung für die erste Eigenkreisfrequenz den Wert

$$\omega_1 \approx \sqrt{\frac{v_1(l/2)}{v_2(l/2)}} = \frac{9{,}851}{l^2} \sqrt{\frac{EJ}{\mu}} , \tag{133}$$

also einen Fehler von 0,25%.

Bei der Anwendung der Methode der schrittweisen Näherungen auf die Berechnung der zweiten Eigenfrequenz hat man dafür zu sorgen, daß in den Reihen (128) für $v_0(x)$, $v_1(x) \ldots v_n(x)$ das erste Glied fehlt. Wegen $\omega_2 < \omega_3 < \cdots$ wird dann das zweite Glied der Reihen (128) mit jedem Schritt gegenüber den anderen Gliedern größer, und man erhält schließlich eine Näherung für die zweite Eigenschwingungsform. Das erste Glied in der Entwicklung von $v_0(x)$ nach den Eigenschwingungsformen heißt

$$V_1(x) \int\limits_0^l v_0(x)\, V_1(x)\, \mu\, dx\,.$$

Wir bestimmen daher zu der Last

$$\mu\, \bar{v}_0(x) = \mu\Big(v_0(x) - V_1(x) \int\limits_0^l v_0(x)\, V_1(x)\, \mu\, dx\Big)$$

die Auslenkung $v_1(x)$. Falls diese Rechnung völlig exakt durchgeführt würde, müßte wegen (129) auch in der Reihe für $v_1(x)$ das erste Glied fehlen. Im allgemeinen wird infolge von Abrundungsfehlern bei der Rechnung in der Reihe für $v_1(x)$ auch das erste Glied einen zwar kleinen, aber von Null verschiedenen Wert besitzen. In der gleichen Weise wirkt sich die meist nur angenäherte Kenntnis der ersten Eigenschwingungsform $V_1(x)$ aus. Um zu vermeiden, daß das Verfahren im weiteren nach der ersten statt nach der zweiten Eigenschwingungsform strebt, muß man die Funktion $v_1(x)$ vom Bestandteil der ersten Eigenschwingungsform von neuem befreien und kann dann mit der Belastung

$$\mu\, \bar{v}_1(x) = \mu\, [v_1(x) - V_1(x) \int\limits_0^l v_1(x)\, V_1(x)\, \mu\, dx]$$

die Auslenkung $v_2(x)$ des zweiten Schrittes bestimmen und so fort. Das Quadrat der zweiten Eigenkreisfrequenz ist dann genau wie oben näherungsweise gegeben durch den Quotienten der Auslenkungen zweier aufeinanderfolgender Schritte an irgendeiner Stelle des Balkens:

$$\omega_2^2 \approx \frac{\bar{v}_{n-1}(x)}{\bar{v}_n(x)}\,. \tag{134}$$

Wenn auch das Verfahren der schrittweisen Näherungen bei beliebiger Wahl der Ausgangsfunktionen immer konvergiert, so wird doch diese Konvergenz wesentlich beschleunigt, wenn man als Ausgangsfunktion bei der Berechnung einer bestimmten Eigenfrequenz eine möglichst gute Näherung für die entsprechende Eigenschwingungsform verwendet.

Recht vorteilhaft ist häufig eine Kombination der Methode der schrittweisen Näherungen mit der Energiemethode. Die Formänderungsarbeit der Auslenkungsform $v_1(x)$ im ersten Schritt ist nämlich gegeben durch

$$A = \tfrac{1}{2} \int_0^l v_0(x)\, v_1(x)\, \mu\, dx\,,$$

da $\mu v_0(x)$ die Belastung zu der Biegelinie $v_1(x)$ darstellt. Man erhält so als obere Grenze für das Quadrat der ersten Eigenkreisfrequenz den Ausdruck

$$\omega_1^2 \leq \sqrt{\frac{A}{T}} = \frac{\int_0^l v_0(x)\, v_1(x)\, \mu\, dx}{\int_0^l v_1^2(x)\, \mu\, dx}\,. \tag{135}$$

Entsprechend erhält man aus dem zweiten Schritt

$$\omega_1^2 \leq \frac{\int_0^l v_1(x)\, v_2(x)\, \mu\, dx}{\int_0^l v_2^2(x)\, \mu\, dx}\,. \tag{136}$$

Durch Fortsetzung des Verfahrens erhält man der Reihe nach mit abnehmendem Fehler die Näherungen

$$\frac{\int_0^l v_0 v_1\, \mu\, dx}{\int_0^l v_1^2\, \mu\, dx} \geq \frac{\int_0^l v_1 v_2\, \mu\, dx}{\int_0^l v_2^2\, \mu\, dx} \geq \cdots \geq \frac{\int_0^l v_n v_{n-1}\, \mu\, dx}{\int_0^l v_n^2\, \mu\, dx} \geq \omega_1^2\,. \tag{137}$$

In entsprechender Weise werden durch Kombination der Energiemethode mit der Methode der schrittweisen Näherungen Abschätzungen für die höheren Eigenfrequenzen gewonnen, doch soll hierauf nicht weiter eingegangen werden.

Wendet man (135) auf die Auslenkungen $v_0(x)$ und $v_1(x)$ aus (131) und (132) an, so erhält man

$$\omega_1 \leqq \frac{9{,}8767}{l^2} \sqrt{\frac{EJ}{\mu}}\,.$$

Der Fehler von $0{,}07\%$ ist k l e i n e r als der Fehler der aus dem zweiten Schritt gewonnenen Näherung (133).

28. Weitere Anwendungen der Energiesätze.

Aus den Minimum- und Maximum-Minimumeigenschaften des Quotienten A/T folgen zunächst genau wie in 16 die Sätze über die Änderungen der Eigenfrequenzen bei Änderungen der Massen und Steifigkeiten des Balkens. Danach nehmen also alle Eigenfrequenzen zu, wenn die Massenbelegung verringert oder die Steifigkeit erhöht wird. Die

Eigenfrequenzen nehmen alle ab, wenn die Massenbelegung erhöht oder die Steifigkeit verringert wird. In dem Sonderfall, daß eine Einzelmasse in einem Knoten einer Eigenschwingungsform angebracht wird oder ein Gelenk in einem Wendepunkt einer Eigenschwingungsform, bleibt die betreffende Eigenfrequenz unverändert. Diese Einschränkung ist praktisch von Wichtigkeit, wenn man durch nachträgliche Veränderungen an einem zu Schwingungen neigenden Tragwerk die Eigenfrequenzen zu verlagern wünscht. Ehe eine solche Veränderung vorgenommen wird, sollte die Schwingungsform der betreffenden Schwingung wenigstens annähernd bestimmt werden.

Auch die Anwendung der Energiesätze auf die Berechnung von zusammengesetzten Systemen erfolgt ganz entsprechend zu der in 17 behandelten Weise. Sind $\omega_{11}, \omega_{12} \ldots \omega_{1n}$ die ersten Eigenkreisfrequenzen von Balken mit den Massenbelegungen $\mu_1, \mu_2 \ldots \mu_n$, so besteht für die erste Eigenkreisfrequenz des Balkens mit gleicher Steifigkeit und der Massenbelegung $\mu = \mu_1 + \cdots + \mu_n$ die Ungleichung

$$\frac{1}{\omega_1^2} \leq \frac{1}{\omega_{11}^2} + \frac{1}{\omega_{12}^2} + \cdots + \frac{1}{\omega_{1n}^2}. \tag{138}$$

Die hierdurch gewonnene obere Grenze für die erste Eigenfrequenz des zusammengesetzten Systems fällt um so genauer mit der wirklichen ersten Eigenfrequenz zusammen, je weniger die ersten Eigenschwingungsformen der Teilsysteme voneinander abweichen. Wir wollen (138) auswerten für den homogenen Stab auf zwei Stützen, und zwar unter folgender Voraussetzung: Der Balken werde in n Elemente von der Länge Δx geteilt. Die Massenbelegung des ersten Teilsystems habe den Wert μ im ersten Element, den Wert Null im übrigen Balkenteil, das zweite Teilsystem habe eine Massenbelegung, welche lediglich im zweiten Balkenelement von Null verschieden ist und dort wieder den Wert μ hat usw. Wir können dann jedes Teilsystem auffassen als einen Balken, der an der Stelle x eine Einzelmasse $\mu \Delta x$ trägt. Die Kraft, welche an der Stelle x nötig ist, um dem Balken dort eine Auslenkung vom Betrag Eins zu erteilen, beträgt

$$C(x) = \frac{3EJl}{x^2(x-l)^2}.$$

Also ist das Quadrat der Eigenschwingungszahl desjenigen Teilsystems, welches an der Stelle x die Masse $\mu \Delta x$ trägt:

$$\omega_k^2 = \frac{3EJl}{x^2(x-l)^2 \mu \Delta x}.$$

Nach (138) ist

$$\frac{1}{\omega_1^2} \leq \sum_{k=1}^{n} \frac{1}{\omega_k^2} = \sum_{k=1}^{n} \frac{x^2(x-l)^2 \mu \Delta x}{3EJl}$$

oder, wenn man zur Grenze $\varDelta x = 0$ übergeht,

$$\frac{1}{\omega_1^2} \leq \frac{\mu}{3\,E\,J\,l} \int\limits_0^l x^2 (x-l)^2\,d\,x = \frac{1}{90}\,\frac{\mu\,l^4}{E\,J}\,.$$

Man erhält damit

$$\omega_1 \geq \frac{9{,}4868}{l^2}\,\sqrt{\frac{E\,J}{\mu}}$$

mit einem Fehler von $3{,}9\,\%$.

29. Einander zugeordnete Systeme gleicher Eigenfrequenzen.

Wir wollen die Biegemomente, welche bei der Auslenkung eines Balkens gemäß einer Eigenschwingungsform V_k entstehen, Eigenmomente nennen und mit $\mathfrak{M}_k$ bezeichnen. Für die Eigenmomente gilt also die Differentialgleichung der Biegelinie

$$\mathfrak{M}_k = -\,E\,J\,V_k''\,. \tag{139}$$

Setzt man diese Beziehung in die Differentialgleichung 21, (70) für die Eigenschwingungsformen

$$(E\,J\,V_k'')'' - \omega_k^2\,\mu\,V_k = 0 \tag{140}$$

ein, dividiert durch μ und differenziert zweimal nach x, so erhält man

$$\left(\frac{\mathfrak{M}_k''}{\mu}\right)'' - \omega_k^2\,\frac{1}{E\,J}\,\mathfrak{M}_k = 0\,. \tag{141}$$

Die Gleichung (141) ist von derselben Form wie (140). Deutet man die $\mathfrak{M}_k$ als Eigenschwingungsformen, die $1/\mu$ als Steifigkeit und die $1/E\,J$ als Massenbelegung eines neuen Balkens, so sieht man, daß dieser Balken die gleichen Eigenschwingungszahlen hat wie der ursprüngliche, sofern er noch in geeigneter Weise gelagert wird. Wir bezeichnen alle Größen, welche sich auf den zugeordneten Stab beziehen, mit einem Querstrich. Es gelten dann zunächst die folgenden Zuordnungen:

$$\overline{\omega}_k = \omega_k\,, \qquad \overline{E\,J} = \frac{a}{\mu}\,, \qquad \overline{\mu} = \frac{a}{E\,J}\,, \qquad \overline{V}_k = b\,\mathfrak{M}_k\,. \tag{142}$$

Hierin sind a und b Einheitsfaktoren, welche solche Dimensionen haben, daß die Zuordnungsbeziehungen auch dimensionell richtig werden. Differenziert man die letzte Beziehung nach x, so erhält man

$$\overline{V}_k' = b\,Q_k\,, \tag{143}$$

wo Q_k die Eigenquerkraft ist, welche im Balken wirkt, wenn man ihn gemäß der k^{ten} Eigenschwingungsform auslenkt. Durch nochmalige

Differentiation erhält man unter Berücksichtigung von (139), (140) und (142)

$$\overline{\mathfrak{M}}_k = a\, b\, \omega_k^2\, V_k \,, \tag{144}$$

und durch abermalige Differentiation dieser Gleichung ergibt sich

$$\overline{Q}_k = a\, b\, \omega_k^2\, V_k' \,. \tag{145}$$

Wir können jetzt angeben, in welcher Weise die Auflagerbedingungen der beiden Balken einander zugeordnet sind. Einem festen Auflager, $V_k = 0$, $\mathfrak{M}_k = 0$ entspricht wegen (142) und (144) wieder ein festes Auflager $\overline{V}_k = 0$, $\overline{\mathfrak{M}}_k = 0$ des zugeordneten Balkens. Einer festen Einspannung $V_k = 0$, $V_k' = 0$ entspricht wegen (144) und (145) ein freies Ende, $\overline{\mathfrak{M}}_k = 0$, $\overline{Q}_k = 0$; einem freien Ende $\mathfrak{M}_k = 0$, $Q_k = 0$ entspricht umgekehrt wegen (142) und (143) eine Einspannung, $\overline{V}_k = 0$, $\overline{V}_k' = 0$. Hat man einen über mehrere feste Stützen durchlaufenden Balken, so gilt an jeder Zwischenstütze

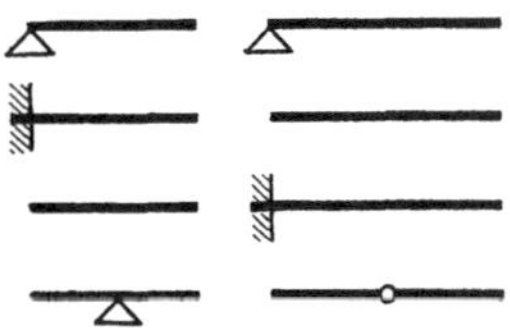

$$V_k = 0\,, \qquad \mathfrak{M}_{kl} = \mathfrak{M}_{kr}\,, \qquad V_{kl}' = V_{kr}'\,,$$

wobei der Index l bzw. r den Wert der betreffenden Größe unmittelbar links bzw. unmittelbar rechts neben der Stütze bezeichnen soll. Durch (142), (144) und (145) geht diese Bedingung für den zugeordneten Balken über in

Abb. 35.

$$\overline{\mathfrak{M}}_k = 0\,, \qquad \overline{V}_{kl} = \overline{V}_{kr}\,, \qquad \overline{Q}_{kl} = \overline{Q}_{kr}\,.$$

An Stelle der Stütze tritt also ein Gelenk. In Abb. 35 sind die Zuordnungen der Lager noch einmal zusammengestellt. Ein über mehrere Stützen durchlaufender Träger hat z. B. die gleichen Eigenschwingungszahlen wie ein Stab auf zwei Stützen, der an Stelle der Zwischenstützen Gelenke trägt, sofern seine Steifigkeit proportional der reziproken Massendichte und seine Massendichte proportional der reziproken Steifigkeit des ersten Trägers ist gemäß (142). Beispiele, welche die praktische Brauchbarkeit des Zuordnungsprinzips dartun, folgen im nächsten Abschnitt.

30. Anwendung des Zuordnungsprinzips zur Verbesserung der Energiemethode und der Methode der schrittweisen Näherungen.

Wir wenden die Energiemethode an auf das zugeordnete System und erhalten für die kleinste Eigenkreisfrequenz nach 25, (124) die Ungleichung

$$\omega_1^2 < \frac{\overline{A}}{\overline{T}} = \frac{\sum\limits_{k=1}^{\infty} \omega_k^2\, \overline{v}_k^2}{\sum\limits_{k=1}^{\infty} \overline{v}_k^2}\,. \tag{146}$$

Wenn man vom ursprünglichen Balken ausgeht, gilt entsprechend

$$\omega_1^2 < \frac{A}{T} = \frac{\sum\limits_{k=1}^{\infty} \omega_k^2 v_k^2}{\sum\limits_{k=1}^{\infty} v_k^2} . \qquad (147)$$

Die Auslenkungen $v(x)$ und $\bar{v}(x)$, welche in (146) und (147) eingesetzt werden, mögen nun in solchem Zusammenhang zueinander stehen, daß $\dfrac{\bar{v}(x)}{b}$ das Biegemoment darstellt, welches der Balken bei der Belastung mit den Kräften $\mu v(x)$ erfährt. Es gilt dann nach 19, (58) die Beziehung

$$\mu v(x) + \frac{\bar{v}(x)''}{b} = 0 .$$

Setzt man hierin die Entwicklungen

$$v(x) = \sum_{k=1}^{\infty} v_k V_k(x) ,$$

$$\bar{v}(x) = \sum_{k=1}^{\infty} \bar{v}_k \bar{V}_k(x)$$

ein, so erhält man

$$\sum_{k=1}^{\infty} \left[\mu v_k V_k(x) + \frac{\bar{v}_k}{b} \bar{V}_k''(x) \right] = 0 . \qquad (148)$$

In (148) sind die V_k und $\bar{V}_k$ als normiert vorausgesetzt, nun gilt aber nach 29, (142), 19, (61) und 29, (139) für starre Lagerung des Tragwerks $[c_1 = c_2 = 0$ in 19, (61)] die Beziehung

$$\int_0^l \bar{V}_k^2 \bar{\mu}\, dx = \int_0^l \frac{\mathfrak{M}_k^2}{EJ}\, dx = \omega_k^2 \int_0^l V_k^2 \mu\, dx = \omega_k^2 .$$

Die Dimensionsbezeichnungen a und b sind hierin der Einfachheit halber weggelassen worden. Wir haben also, um die Eigenschwingungsformen des zugeordneten Systems zu normieren, die $\bar{V}_k$ durch ω_k zu dividieren.

Aus 29, (144) und 29, (142) folgt somit

$$\bar{V}_k''(x) = -\frac{a\,b}{EJ} \omega_k V_k(x) = -b\,\mu\,\omega_k V_k(x) .$$

Setzt man diese Beziehung in (148) ein, so ergibt sich

$$\sum_{k=1}^{\infty} V_k(x) [v_k - \bar{v}_k \omega_k] = 0 .$$

Da dies für alle x gilt, müssen die Koeffizienten der Eigenschwingungsformen verschwinden:

$$v_k = \bar{v}_k \omega_k . \qquad (149)$$

Setzt man diese Gleichungen in (146) ein, so ergibt sich

$$\omega_1^2 < \frac{\overline{A}}{\overline{T}} = \frac{\sum\limits_{k=1}^{\infty} v_k^2}{\sum\limits_{k=1}^{\infty} v_k^2/\omega_k^2}.$$

Nun gilt wegen der Schwarzschen Ungleichung 22, (89), wenn man dort nämlich $\omega_k v_k = a_k$ und $\dfrac{v_k}{\omega_k} = b_k$ setzt:

$$\left(\sum_{k=1}^{\infty} v_k^2\right)^2 \leq \sum_{k=1}^{\infty} v_k^2 \omega_k^2 \sum_{k=1}^{\infty} \frac{v_k^2}{\omega_k^2}.$$

Also ist unter Beachtung von (146) und (147):

$$\frac{\overline{A}}{\overline{T}} \leq \frac{A}{T}$$

und (146) stellt eine bessere Näherung für das Quadrat der kleinsten Eigenkreisfrequenz dar als (147). Für den Quotienten $\overline{A}/\overline{T}$ erhält man den Ausdruck

$$\frac{\overline{A}}{\overline{T}} = \frac{\int\limits_0^l \overline{E\,J}\,\overline{v}''^2\,dx}{\int\limits_0^l \overline{\mu}\,\overline{v}^2\,dx}.$$

Wenn wir mit $\mathfrak{M}(x)$ das Biegemoment infolge der Lasten $\mu v(x)$ bezeichnen, bestehen also unter Beachtung von 29, (142) die Ungleichungen

$$\omega_1^2 \leq \frac{\int\limits_0^l \frac{1}{\mu}\,\mathfrak{M}''^2\,dx}{\int\limits_0^l \frac{1}{E\,J}\,\mathfrak{M}^2\,dx} \leq \frac{\int\limits_0^l E\,J\,v''^2\,dx}{\int\limits_0^l \mu\,v^2\,dx}. \tag{150}$$

Wir werten als Beispiel die Näherungen (150) für die kleinste Eigenfrequenz des homogenen zweifach gestützten Stabes aus. Als Biegelinie möge eine Parabel durch die beiden Stabendpunkte gewählt werden:

$$v(x) = \frac{x}{l} - \frac{x^2}{l^2}.$$

Die schlechtere der beiden Näherungen (150) war bereits früher ermittelt worden zu

$$\omega_1 \leqq \frac{10{,}96}{l^2} \sqrt{\frac{E\,J}{\mu}}$$

mit einem Fehler von 11%. Durch zweimalige Integration von $\mu v(x)$ erhält man unter Berücksichtigung des Umstands, daß die Biegemomente an den Lagern verschwinden, für das Biegemoment

$$\mathfrak{M} = \mu \left(\frac{1}{6} \frac{x^3}{l^3} - \frac{1}{12} \frac{x^4}{l^4} - \frac{1}{12} \frac{x}{l} \right).$$

Also ist

$$\int_0^l \frac{1}{\mu} \mathfrak{M}''^2 \, dx = \frac{\mu}{l^4} \int_0^l \left(\frac{x}{l} - \frac{x^2}{l^2} \right)^2 dx = \frac{1}{30} \frac{\mu}{l^3},$$

$$\int_0^l \frac{1}{EJ} \mathfrak{M}^2 \, dx = \frac{\mu^2}{EJ} \int_0^l \left(\frac{1}{6} \frac{x^3}{l^3} - \frac{1}{12} \frac{x^4}{l^4} - \frac{1}{12} \frac{x}{l} \right)^2 dx = 0{,}00034171 \, \frac{\mu^2 l}{EJ}$$

und

$$\omega_1 \leqq \frac{9{,}8797}{l^2} \sqrt{\frac{EJ}{\mu}}$$

mit einem Fehler von 0,1%. Die mit Hilfe des Zuordnungsprinzips gewonnene Näherung

$$\omega_1^2 \leq \frac{\displaystyle\int_0^l \frac{1}{\mu} \mathfrak{M}''^2 \, dx}{\displaystyle\int_0^l \frac{1}{EJ} \mathfrak{M}^2 \, dx} \tag{151}$$

ist also wesentlich besser als die Energieformel, angewendet auf den ursprünglichen Balken. Notwendig zur Auswertung von (151) ist lediglich die Kenntnis der Biegemomente infolge einer geschätzten Last $\mu v(x)$. Die Formel (151) erfordert also nur halb soviel Arbeit wie die Durchführung des ersten Schrittes der Methode der schrittweisen Näherungen, bei welcher die Durchbiegungen infolge der Lasten $\mu v(x)$ zu bestimmen sind. Die Genauigkeit von (151) wird fast immer ausreichen, während 26, (127), wie wir sahen, bei schlecht geschätzten Schwingungsformen erhebliche Fehler bringen kann.

Der Vollständigkeit halber wollen wir zum Schluß die Methode der schrittweisen Näherungen sowohl auf das ursprüngliche, wie auf das zugeordnete System anwenden. Wenn man die Ausgangsauslenkung $\bar{v}_0(x)$ für den zugeordneten Balken so wählt, daß sie den Biegemomenten infolge der Belastung $\mu v_0(x)$ des ursprünglichen Balkens proportional sind, dann schachteln sich die Schritte für das ursprüngliche System und das zugeordnete System gerade so ineinander, daß die n^{te} Näherung für das zugeordnete System immer zwischen der n^{ten} und der

$n + 1^{\text{ten}}$ Näherung des ursprünglichen Systems liegt. Man ist dadurch in die Lage versetzt, die Rechnung mit diesem Zwischenwert abzubrechen, ohne den $n + 1^{\text{ten}}$ Schritt auszuführen, der unter Umständen eine unnötig große Genauigkeitssteigerung bringt.

Es sei also $v_0(x)$ die angenommene Auslenkungsform des ursprünglichen Balkens. Die Biegemomente infolge der Belastung genügen dann gemäß 19, (58) der Gleichung

$$\mu\, v_0(x) = - \mathfrak{M} = - \frac{\overline{v_0''}}{b}\,;$$

führt man nun, ausgehend von den Biegelinien $v_0(x)$ und $\bar{v}_0(x)$, die Methode der schrittweisen Näherungen durch, so gilt nach 27, (137)

$$\omega_1^2 \leq \frac{\int\limits_0^l v_n\, v_{n-1}\, \mu\, dx}{\int\limits_0^l v_n^2\, \mu\, dx} \leq \cdots \leq \frac{\int\limits_0^l v_2\, v_1\, \mu\, dx}{\int\limits_0^l v_2^2\, \mu\, dx} \leq \frac{\int\limits_0^l v_1\, v_0\, \mu\, dx}{\int\limits_0^l v_1^2\, \mu\, dx}\,,$$

und

$$\omega_1^2 \leq \frac{\int\limits_0^l \bar{v}_n\, \bar{v}_{n-1}\, \mu\, dx}{\int\limits_0^l \bar{v}_n^2\, \mu\, dx} \leq \cdots \leq \frac{\int\limits_0^l \bar{v}_2\, \bar{v}_1\, \mu\, dx}{\int\limits_0^l \bar{v}_2^2\, \mu\, dx} \leq \frac{\int\limits_0^l \bar{v}_1\, \bar{v}_0\, \mu\, dx}{\int\limits_0^l \bar{v}_1^2\, \mu\, dx}\,.$$

Setzt man hierin die Entwicklungen 27, (128) bzw. 27, (130) ein, so ergeben sich unter Berücksichtigung der Orthogonalitätsbedingungen 22, (81) und der Beziehung (149) die Ungleichungen

$$\omega_1^2 \leq \frac{\sum\limits_{k=1}^{\infty} v_{0\,k}^2/\omega_k^{4\,n-2}}{\sum\limits_{k=1}^{\infty} v_{0\,k}^2/\omega_k^{4\,n}} \leq \cdots \leq \frac{\sum\limits_{k=1}^{\infty} v_{0\,k}^2/\omega_k^{6}}{\sum\limits_{k=1}^{\infty} v_{0\,k}^2/\omega_k^{8}} \leq \frac{\sum\limits_{k=1}^{\infty} v_{0\,k}^2/\omega_k^{2}}{\sum\limits_{k=1}^{\infty} v_{0\,k}^2/\omega_k^{4}}\,, \tag{152}$$

$$\omega_1^2 \leq \frac{\sum\limits_{k=1}^{\infty} v_{0\,k}^2/\omega_k^{4\,n}}{\sum\limits_{k=1}^{\infty} v_{0\,k}^2/\omega_k^{4\,n+2}} \leq \cdots \leq \frac{\sum\limits_{k=1}^{\infty} v_{0\,k}^2/\omega_k^{8}}{\sum\limits_{k=1}^{\infty} v_{0\,k}^2/\omega_k^{10}} \leq \frac{\sum\limits_{k=1}^{\infty} v_{0\,k}^2/\omega_k^{4}}{\sum\limits_{k=1}^{\infty} v_{0\,k}^2/\omega_k^{6}}\,. \tag{153}$$

Mit Hilfe der Schwarzschen Ungleichung folgt hieraus ähnlich wie auf S. 115

$$\omega_1^2 \leq \frac{\int\limits_0^l \bar{v}_n\, \bar{v}_{n-1}\, \bar{\mu}\, dx}{\int\limits_0^l \bar{v}_n^2\, \bar{\mu}\, dx} \leq \frac{\int\limits_0^l v_n\, v_{n-1}\, \mu\, dx}{\int\limits_0^l v_n^2\, \mu\, dx} \leq \cdots \leq \frac{\int\limits_0^l \bar{v}_2\, \bar{v}_1\, \bar{\mu}\, dx}{\int\limits_0^l \bar{v}_2^2\, \bar{\mu}\, dx}$$

$$\leq \frac{\int\limits_0^l v_2\, v_1\, \mu\, dx}{\int\limits_0^l v_2^2\, \mu\, dx} \leq \frac{\int\limits_0^l \bar{v}_0\, \bar{v}_1\, \bar{\mu}\, dx}{\int\limits_0^l \bar{v}_1^2\, \bar{\mu}\, dx} \leq \frac{\int\limits_0^l v_0\, v_1\, \mu\, dx}{\int\limits_0^l v_1^2\, \mu\, dx}\,,$$

oder, wenn man mit $\mathfrak{M}_n$ das Biegemoment infolge der Last $\mu v_n(x)$ bezeichnet und für $\bar{\mu}$ den Wert $\frac{a}{EJ}$ einsetzt,

$$\omega_1^2 \leq \frac{\int\limits_0^l \frac{\mathfrak{M}_n \mathfrak{M}_{n-1}}{EJ}\,dx}{\int\limits_0^l \frac{\mathfrak{M}_n^2}{EJ}\,dx} \leq \frac{\int\limits_0^l v_n v_{n-1}\,\mu\,dx}{\int\limits_0^l v_n^2\,\mu\,dx} \leq \cdots$$

$$\leq \frac{\int\limits_0^l \frac{\mathfrak{M}_1 \mathfrak{M}_0}{EJ}\,dx}{\int\limits_0^l \frac{\mathfrak{M}_1^2}{EJ}\,dx} \leq \frac{\int\limits_0^l v_0 v_1\,\mu\,dx}{\int\limits_0^l v_1^2\,\mu\,dx}\,.$$

III. Die Berechnung der Eigenschwingungszahlen von Stabwerken.

A. Die grundlegenden Differentialgleichungen für die Eigenschwingungen der Stabwerke.

1. Die Differentialgleichungen der Transversalschwingungen mit Berücksichtigung von Rotationsträgheit und statischen Längskräften.

Im vorigen Abschnitt hatten wir unter anderem die transversalen Eigenschwingungen eines Balkens berechnet, der frei von Längskräften ist und der mit linienförmigen Massen längs der Stabmittellinie belegt ist. Die Differentialgleichung für die Eigenschwingungsformen eines solchen Balkens war gegeben durch II, 21, (70):

$$(EJ\,v(x)'')'' - \omega^2\,\mu\,v(x) = 0\,. \tag{1}$$

Wir wollen zunächst die Annahme fallen lassen, daß die Massenbelegung linienförmig ist, sie möge jetzt vielmehr je Längeneinheit das Trägheitsmoment τ haben. Das bedeutet folgendes: Wenn man aus der Massenbelegung eine unendlich dünne Scheibe herausschneidet, dann besitzt diese Scheibe in bezug auf die Nullinie des Stabquerschnitts das Trägheitsmoment $\tau \Delta x$ (vgl. Abb. 36). Wir stellen wie früher die Bedingung des Momentengleichgewichts am Balkenelement auf. Während der Balkenbewegung sind die auf das Element wirkenden Momente gleich dem Produkt aus dem Trägheitsmoment $\tau \Delta x$ des Balkenelementes und seiner Drehbeschleunigung. Die äußeren Momente in bezug auf die Mitte des Elementes sind wie früher (vgl. Abb. 30 in II, 19):

$$Q_s \frac{\Delta x}{2} + Q_d \frac{\Delta x}{2} + \mathfrak{M}_s - \mathfrak{M}_d \,.$$

Der Drehwinkel des Elementes ist bei kleinen Ausschlägen

$$\frac{v_d - v_s}{\Delta x} \,.$$

Also gilt

$$Q_s \frac{\Delta x}{2} + Q_d \frac{\Delta x}{2} + \mathfrak{M}_s - \mathfrak{M}_d = \frac{\partial^2}{\partial t^2} \frac{v_d - v_s}{\Delta x} \cdot \Delta x \, \tau \qquad (2)$$

oder in der Grenze $\Delta x \to 0$

$$Q - \mathfrak{M}' = \ddot{v}' \tau \,. \qquad (3)$$

Außerdem ist die Summe der am Element angreifenden äußeren vertikalen Kräfte gleich dem Produkt aus der Masse des Elementes und seiner Vertikalbeschleunigung [II, 20, (66)]. Man hat also unter Weglassen der äußeren Lasten p:

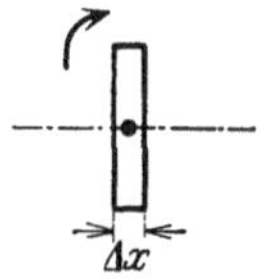

$$Q' = \ddot{v} \mu \,. \qquad (4)$$

Abb. 36.

Durch Differentiation von (3) und Einsetzen in (4) erhält man unter Berücksichtigung der bekannten Beziehung

$$\mathfrak{M} = - E J v'' :$$
$$(E J v'')'' - (\tau \ddot{v}')' + \mu \ddot{v} = 0 \,. \qquad (5)$$

Setzt man in diese Differentialgleichung eine harmonische Bewegung

$$v(x, t) = v(x) \cos \omega t$$

ein, so ergibt sich

$$(E J v'')'' + (\tau v')' \omega^2 - \mu \omega^2 v = 0 \,. \qquad (6)$$

Wenn es sich um die Schwingungen eines Stabes handelt, der lediglich seine Eigenmasse trägt, so ist

$$\tau = J \varrho \,,$$

wo ϱ die Massendichte, d. i. die Masse je Volumeneinheit des Stabmaterials, bedeutet. Auf den zahlenmäßigen Einfluß der Rotationsträgheit auf die Schwingungszahlen werden wir später noch eingehen. Einstweilen sei nur bemerkt, daß er im allgemeinen für die niedrigen Eigenfrequenzen gering ist, dagegen mit steigender Ordnung der Eigenfrequenz sehr stark wächst. Es liegt dies daran, daß bei den höheren Eigenschwingungsformen infolge der vielen Knoten die Drehbewegung der Stabquerschnitte immer mehr an Bedeutung gewinnt gegenüber der Transversalbewegung.

Wir wollen nun die ebenfalls früher zugrunde gelegte Annahme fallen lassen, daß der Stab keine Längskräfte überträgt. Im Stab möge eine konstante Längskraft N bestehen, die als Zug positiv gerechnet wird. Wenn wir, wie oben, die von außen auf ein herausgeschnittenes Balkenelement wirkenden Momente betrachten, dann kommt jetzt noch das Moment der Normalkraft $-N(v_d - v_s)$ hinzu, vgl. Abb. 37. Wir haben also an Stelle von (2) die Gleichung

$$Q_s \frac{\varDelta x}{2} + Q_d \frac{\varDelta x}{2} + \mathfrak{M}_s - \mathfrak{M}_d - N(v_d - v_s) = \frac{\partial^2}{\partial t^2} \frac{v_d - v_s}{\varDelta x} \tau \, \varDelta x ,$$

oder in der Grenze $\varDelta x \to 0$

$$Q - \mathfrak{M}' - N v' = \ddot{v}' \tau . \tag{3a}$$

Mit (4) zusammen erhält man wie oben, nachdem eine harmonische Bewegung eingeführt worden ist, die Differentialgleichung

$$(E J v'')'' + (\tau v')' \omega^2 - N v''$$
$$- \mu \omega^2 v = 0 . \tag{7}$$

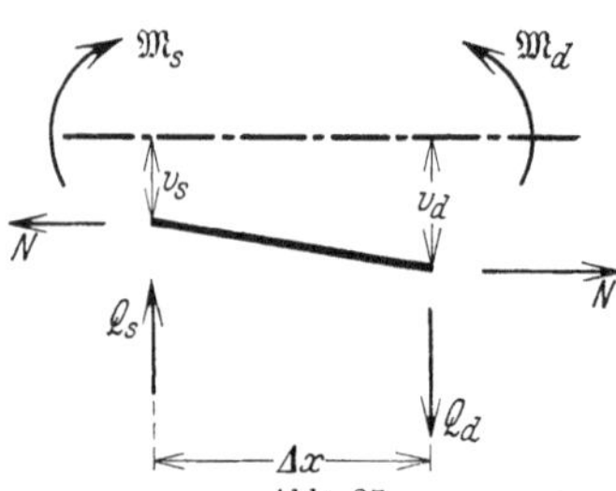

Abb. 37.

Ohne hier auf den zahlenmäßigen Einfluß der Längskräfte auf die Schwingungszahl einzugehen, sei nur bemerkt, daß dieser Einfluß für die niedrigen Eigenfrequenzen groß sein kann, daß er für die höheren dagegen wieder infolge der größeren Knotenzahl stark abnimmt. Der Einfluß ist um so größer, je mehr die Längskraft der Knickkraft nahekommt. Falls die Längskraft mit der Knicklast übereinstimmt, wird die kleinste Eigenfrequenz auf Null herabgesetzt, für $\omega = 0$ geht (7) in die Differentialgleichung des Knickproblems über.

2. Die Differentialgleichung der Longitudinalschwingungen.

Wir hatten bisher lediglich die Transversalbewegung der Stäbe betrachtet und vorausgesetzt, daß die Längsbewegung und die Drehbewegung um die Stabachse vernachlässigt werden können. Diese Vernachlässigung ist nicht immer zulässig. Praktisch müssen auch gelegentlich Längs- und Torsionsschwingungen von Tragwerken berücksichtigt werden.

Wir stellen zunächst die Differentialgleichung der Längsschwingungen eines Stabes auf, dann die Differentialgleichungen der Torsionsschwingungen eines Stabes und besprechen schließlich die gegenseitige Beeinflussung der Quer-, Längs- und Drehschwingungen.

Die Längsverschiebung eines Stabquerschnittes sei als Funktion der Stelle x mit $u(x)$ bezeichnet. In dem Stabquerschnitt mögen jetzt lediglich Längskräfte übertragen werden, von der Größe $N(x)$, die wieder als Zug positiv gerechnet werden sollen. Denken wir uns ein Stabelement herausgeschnitten, so muß die Summe der von außen auf das Element übertragenen Kräfte gleich dem Produkt aus der

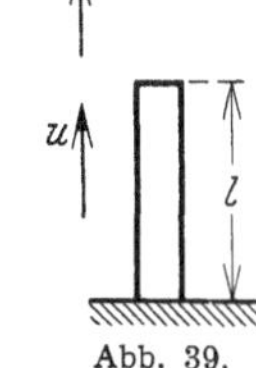

Abb. 38.

Masse des Elementes und seiner Beschleunigung sein. Wenn wir wie früher mit μ die Masse je Längeneinheit des Stabes bezeichnen, so gilt (Abb. 38)

$$N_d - N_s = \mu \, \ddot{u} \, \varDelta x$$

oder in der Grenze $\varDelta x \to 0$

$$N' = \mu \, \ddot{u} \, . \tag{8}$$

Die Dehnung des Elementes beträgt $\dfrac{u_d - u_s}{\varDelta x}$, also gilt

$$\frac{u_d - u_s}{\varDelta x} E F = N \, ,$$

wo F der Querschnitt des Stabes und EF seine Zugsteifheit ist. In der Grenze $\varDelta x \to 0$ hat man

$$u' E F = N \, , \tag{9}$$

und durch Einsetzen in (8) ergibt sich

$$(u' E F)' - \mu \, \ddot{u} = 0 \, .$$

Setzt man in diese Differentialgleichung eine harmonische Bewegung

$$u(x, t) = u(x) \cos \omega t$$

ein, so erhält man schließlich die Differentialgleichung der longitudinalen Eigenschwingungen in der Form

$$(u' E F)' + \omega^2 \mu \, u = 0 \, , \tag{10}$$

Um schon hier ein einfaches Beispiel für die Anwendung dieser Differentialgleichung zu geben, seien die longitudinalen Eigenschwingungsformen und die Eigenfrequenzen einer Säule berechnet (Abb. 39). Die Säule habe konstanten Querschnitt F und die Länge l. Die Differentialgleichung (10) vereinfacht sich dann zu

$$u'' + n^2 u = 0 \, , \tag{11}$$

wo $n^2 = \dfrac{\omega^2 \mu}{EF}$ gesetzt ist. Die allgemeine Lösung von (11) lautet bekanntlich

$$u = C_1 \cos nx + C_2 \sin nx.$$

Die Randbedingung am Fuß der Säule ist gegeben durch

$$u(0) = 0.$$

Am oberen Ende der Säule verschwindet die Normalkraft, also gilt nach (9)

$$u'(l) = 0.$$

Durch Einsetzen der Lösung in die Randbedingungen erhält man

$$C_1 = 0, \qquad \cos nl = 0.$$

Die letzte Gleichung hat die Wurzeln $n_1 l = \dfrac{\pi}{2}$; $n_2 l = 3\,\dfrac{\pi}{2}$; $n_3 l = 5\,\dfrac{\pi}{2}\ldots$. Die longitudinalen Eigenkreisfrequenzen der Säule betragen also

$$\omega_1 = \frac{\pi}{2\,l}\sqrt{\frac{EF}{\mu}}; \qquad \omega_2 = \frac{3\,\pi}{2\,l}\sqrt{\frac{EF}{\mu}}; \qquad \omega_3 = \frac{5\,\pi}{2\,l}\sqrt{\frac{EF}{\mu}}; \ldots$$

und die longitudinalen Eigenschwingungsformen der Säule sind gegeben durch

$$U_1 = \sin\frac{\pi}{2}\,\frac{x}{l}; \qquad U_2 = \sin\frac{3\,\pi}{2}\,\frac{x}{l}, \ldots$$

3. Die Differentialgleichung der Torsionsschwingungen.

Wir wollen nunmehr die Differentialgleichung der Torsionsschwingungen eines Stabes ableiten. Der Verdrehungswinkel eines Stabquerschnittes in seiner Ebene sei als Funktion des Ortes x mit $\alpha(x)$ bezeichnet.

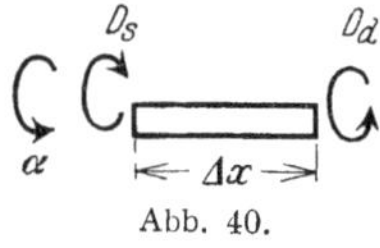

Abb. 40.

In dem Stabquerschnitt mögen lediglich Drehmomente übertragen werden von der Größe $D(x)$. Wir denken uns wieder ein Stabelement herausgeschnitten (Abb. 40). Das Drehmoment D soll positiv gerechnet werden, wenn es als äußeres auf das Element wirkendes Moment am rechten Ende des Elements im Sinne eines positiven Drehwinkels α, am linken Ende im entgegengesetzten Sinne wirkt. Die Summe der von außen auf das Element wirkenden Momente muß gleich dem Produkt aus seinem Trägheitsmoment um die Stabachse und seiner Winkelbeschleunigung sein. Wenn wir mit ϑ das Trägheitsmoment je Längeneinheit bezeichnen, so gilt

$$D_d - D_s = \vartheta\,\Delta x\,\ddot{\alpha},$$

oder in der Grenze $\Delta x \to 0$

$$D' = \vartheta\,\ddot{\alpha}. \tag{12}$$

Zwischen der Verdrehung je Längeneinheit des Stabelementes $\dfrac{\alpha_d - \alpha_s}{\varDelta x}$ und dem Drehmoment D besteht die Beziehung

$$\frac{\alpha_d - \alpha_s}{\varDelta x} G T = D,$$

wo G den Gleitmodul und $G T$ die Torsionssteifigkeit des Stabes bedeutet. T ist eine reine Querschnittsgröße, bei vollem Kreisquerschnitt mit dem Durchmesser d ist T durch das polare Trägheitsmoment $\dfrac{\pi d^4}{32}$ gegeben. In der Grenze hat man

$$\alpha' G T = D$$

und durch Einsetzen in (12) ergibt sich

$$(\alpha' G T)' - \vartheta \ddot{\alpha} = 0.$$

Setzt man in diese Differentialgleichung eine harmonische Bewegung

$$\alpha (x, t) = \alpha (x) \cos \omega t$$

ein, so erhält man die Differentialgleichung der Torsionseigenschwingungen in der Form

$$(\alpha' G T)' + \omega^2 \vartheta \alpha = 0. \tag{13}$$

Sie ist von derselben Form wie die Differentialgleichung 2, (10) für die longitudinalen Eigenschwingungen. An Stelle der Längsverschiebung u steht der Drehwinkel α, an Stelle der Zugsteifigkeit EF steht die Drehsteifigkeit $G T$, an Stelle der Masse μ je Längeneinheit steht das Trägheitsmoment ϑ je Längeneinheit. Die oben angegebenen Lösungen für die Eigenschwingungsformen und für die Eigenfrequenzen einer longitudinal schwingenden Säule lassen sich daher ohne weiteres übertragen auf einen einseitig eingespannten Stab, welcher Drehschwingungen ausführt. Die Torsionseigenfrequenzen eines solchen Stabes betragen also

$$\omega_1 = \frac{\pi}{2 l} \sqrt{\frac{G T}{\vartheta}}, \qquad \omega_2 = \frac{3 \pi}{2 l} \sqrt{\frac{G T}{\vartheta}}, \ldots$$

4. Kombinierte Schwingungen.

Wir hatten bisher vorausgesetzt, daß der Stab entweder nur transversale, nur longitudinale oder nur Drehschwingungen ausführt, und wir hatten die drei Differentialgleichungen für die entsprechenden drei freien Schwingungsarten aufgestellt. In Wirklichkeit können die drei Bewegungsmöglichkeiten gleichzeitig auftreten, und es fragt sich, wie in diesem Fall Eigenschwingungsformen und Eigenfrequenzen bestimmt werden. Zunächst kann man feststellen, daß das Auftreten von Drehmomenten im Stab weder die transversalen noch die longitudinalen

Bewegungen der Stabelemente beeinflußt. Ebensowenig werden durch das Vorhandensein von Biegemomenten oder von Längskräften die Drehbewegungen der Stabelemente beeinflußt. Man kann also die Torsionsschwingungen beim geraden Stab immer für sich betrachten, ohne auf etwa gleichzeitig stattfindende transversale oder longitudinale Schwingungen Rücksicht zu nehmen. Dagegen lassen sich longitudinale und transversale Schwingungen, wenn sie gleichzeitig auftreten, nicht unabhängig voneinander behandeln. Infolge der Längsbewegung entstehen nämlich veränderliche Längskräfte in dem Stab und diese erzeugen zusätzliche Biegemomente, sodaß auf diese Weise eine zwangsläufige Koppelung zwischen den transversalen und den longitudinalen Bewegungen entsteht. Die Differentialgleichung der gekoppelten Längs- und Transversalschwingungen soll hier nicht gegeben werden, da die Koppelung so schwach ist, daß man bei geraden Stäben praktisch immer die beiden Schwingungsarten getrennt berechnen kann. Die praktische Unabhängigkeit der beiden Schwingungsarten gilt im übrigen nur für gerade Stäbe. Bei Rahmentragwerken ist im allgemeinen die getrennte Berechnung der Längs- und Querschwingungen nicht mehr möglich, d. h. bei den tatsächlichen Eigenschwingungsformen führen die Stabelemente sowohl Querbewegungen als auch Längsbewegungen von der gleichen Größenordnung aus.

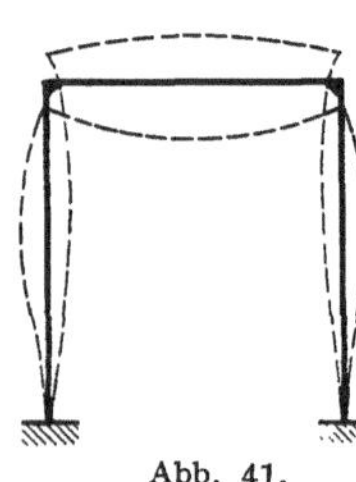

Abb. 41.

Betrachten wir etwa die symmetrische Schwingungsform eines Rahmens nach Abb. 41. Während der Riegel nach unten schwingt, wird an den Ecken auf die Stiele sowohl ein Biegemoment als auch eine Druckkraft ausgeübt, welche die Durchbiegung der Stiele erhöht und zugleich eine Zusammendrückung der Stiele hervorruft. Außer dieser an der Rahmenecke eingeleiteten Druckkraft entstehen in den Stielen infolge ihrer Längsbewegung noch weitere Längskräfte. Man kann nun näherungsweise die biegende Wirkung der Längskräfte vernachlässigen und lediglich die Zusammendrückung durch die Längskräfte berücksichtigen. Dann gilt für die Querauslenkung die Differentialgleichung

$$(E J v'')'' - \mu \omega^2 v = 0 \,,$$

für die Längsauslenkung die Differentialgleichung

$$(E F u')' + \mu \omega^2 u = 0 \,.$$

Die Koppelung der Quer- mit den Längsschwingungen verändert bei dieser Näherung nicht die Differentialgleichungen, sondern lediglich die Übergangsbedingungen an der Rahmenecke. Auf die praktische Berechnung solcher kombinierten Schwingungsarten wird noch eingegangen werden.

B. Verfahren zur Aufstellung der strengen Frequenzgleichung eines Stabwerks.

5. Die nächstliegende Art der Aufstellung der Frequenzgleichung.

Wie man die Frequenzgleichung eines Balkens auf zwei Stützen aufstellt, wurde bereits in II, 21 gezeigt. Grundsätzlich läßt sich auf die dort angegebene Art die Frequenzgleichung jedes beliebigen Stabwerks erhalten, doch treten bei nicht ganz einfachen Stabwerksformen erhebliche rechnerische Schwierigkeiten auf. Wir wollen uns über die Ursachen dieser Schwierigkeiten an Hand eines einfachen Beispiels klar werden. Wir betrachten den Balken der Abb. 42, welcher im Punkte 0 eingespannt und in den Punkten 1 und 2 gelenkig gelagert ist. Bei der Aufstellung der Frequenzgleichung für dieses System gehen wir aus von der Differentialgleichung 1, (1), die für den Fall unveränderlichen Stabquerschnittes die Form annimmt

$$EJ\,v^{IV} - \mu\,\omega^2\,v = 0\,.$$

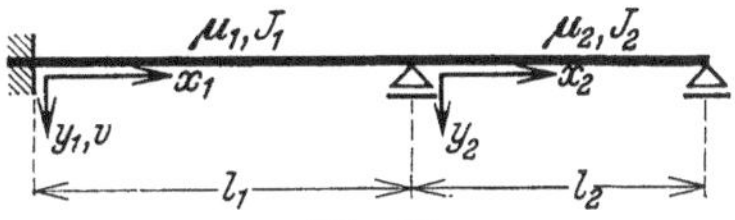

Abb. 42.

Diese Differentialgleichung gilt für harmonische Transversalschwingungen eines Stabes, welche mit der Kreisfrequenz ω erfolgen. Wie früher bedeutet v die Amplitude der Auslenkung der Stabachse an der Stelle x, μ die Masse je Längeneinheit der Stabachse, E den Elastizitätsmodul des Stabmaterials und J das Trägheitsmoment des Stabquerschnitts in bezug auf die Nullinie.

Mit

$$m = \sqrt[4]{\frac{\mu\,\omega^2}{E\,J}} \tag{14a}$$

lautet die allgemeine Lösung dieser Differentialgleichung [II, 21, (75)]

$$v(x) = A\,\mathfrak{Col}\,m\,x + B\,\mathfrak{Sin}\,m\,x + C\cos m\,x + D\sin m\,x\,. \tag{14b}$$

Hierin ist ω die noch unbekannte Kreisfrequenz der Schwingung und A, B, C, D sind Integrationskonstanten. Im Falle unseres Beispiels gelten solche Lösungen mit verschiedenen Integrationskonstanten für beide Abschnitte $(0, 1)$ und $(1, 2)$ des Balkens, sodaß insgesamt acht Integrationskonstanten und die für beide Abschnitte gleiche Kreisfrequenz ω als Unbekannte auftreten. Zur Berechnung der Integrationskonstanten stehen die folgenden Rand- und Übergangsbedingungen zur Verfügung: Die Durchbiegungen an den Lagerpunkten 0, 1 und 2 müssen verschwinden

$$v_1(0) = 0, \quad \text{(a)} \qquad v_1(l_1) = v_2(0) = 0, \quad \text{(b), (c)} \qquad v_2(l_2) = 0, \quad \text{(d)}$$

die Tangente der Biegelinie im Punkte *0* muß wegen der Einspannung horizontal verlaufen

$$v_1'(0) = 0 \,, \tag{e}$$

die Neigung der Tangente der Biegelinie muß unmittelbar links und rechts vom Punkte *1* den gleichen Wert besitzen

$$v_1'(l_1) = v_2'(0) \,, \tag{f}$$

das Biegemoment muß unmittelbar links und rechts vom Punkte *1* den gleichen Wert haben

$$E J_1 v_1''(l_1) = E J_2 v_2''(0) \,, \tag{g}$$

und das Biegemoment im Punkte *2* muß verschwinden

$$E J_2 v_2''(l_2) = 0 \,. \tag{h}$$

Denkt man sich in diese acht Bedingungen die zwei Lösungen der Form (14b) mit verschiedenen Integrationskonstanten für die beiden Stababschnitte eingesetzt, so ergeben sich acht in Bezug auf die Integrationskonstanten lineare und homogene Gleichungen. Damit von Null verschiedene Werte der Integrationskonstanten existieren, muß bekanntlich die Determinante der Koeffizienten dieses Gleichungssystems verschwinden. Diese Bedingung liefert eine von den Integrationskonstanten freie transzendente Gleichung, deren Wurzeln die Schwingungszahlen bestimmen. Man erkennt, daß die wirkliche Aufstellung der Frequenzgleichung auf dem angedeuteten Wege schon im Falle unseres einfachen Beispiels umständlich, bei weniger einfachen Stabwerksformen außerdem noch sehr unübersichtlich wird.

6. Einführung von Hilfsgrößen und Aufstellung der Grundgleichung.

Der tiefere Grund für die geringe Brauchbarkeit des im vorigen Abschnitt besprochenen Verfahrens zur Aufstellung der Frequenzgleichung ist in folgendem Umstand zu suchen. Die Integrationskonstanten der Lösung 5, (14b) stehen in keinerlei unmittelbarem Zusammenhang mit denjenigen Größen, welche in den Rand-

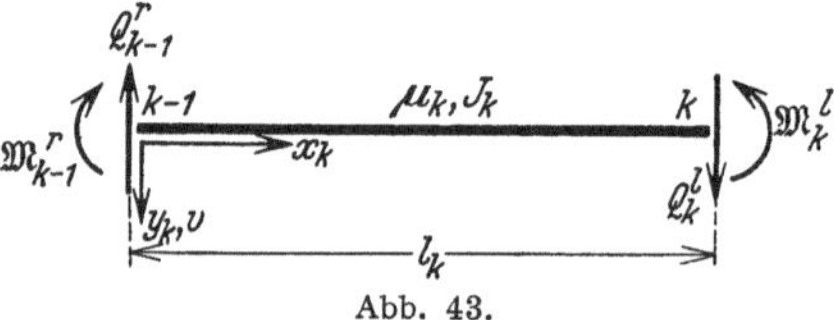

Abb. 43.

und Übergangsbedingungen in der Regel auftreten, also mit der Durchbiegung v, der Neigung v' der Tangente der Biegelinie, dem Biegemoment $\mathfrak{M} = -E J v''$ und der Querkraft $Q = -E J v'''$. Wir wollen daher an Stelle dieser Integrationskonstanten andere Werte einführen, welche in unmittelbarer Beziehung zu den genannten Größen stehen. Als solche Hilfsgrößen wählen wir für jeden Stababschnitt $(k-1, k)$ die Verhältnisse (Abb. 43)

$$e^r_{k-1} = \frac{v''_k}{m_k v'_k}\Big|_r, \qquad e^l_k = \frac{v''_k}{m_k v'_k}\Big|_l, \left.\begin{matrix} \\ \\ \\ \\ \end{matrix}\right\}$$
$$f^r_{k-1} = \frac{v'''_k}{m^3_k v_k}\Big|_r, \qquad f^l_k = \frac{v'''_k}{m^3_k v_k}\Big|_l, \tag{15}$$

worin m_k die für den Abschnitt $k-1, k$ nach 5, (14a) bestimmte Größe ist. Die Indizes l und r bedeuten dabei, daß die Größen unmittelbar links bzw. rechts von dem betreffenden Punkt genommen werden sollen. Setzt man in die Definitionsgleichungen (15) die aus der Lösung 5, (14b) gewonnenen Ausdrücke für v und seine Ableitungen ein, so erhält man nach Erweitern mit den Nennern der rechten Seiten vier in den Integrationskonstanten lineare und homogene Gleichungen. Durch Nullsetzen der Koeffizientendeterminante dieser Gleichungen erhält man schließlich mit

$$\lambda_k = m_k l_k \tag{16a}$$

die Beziehung

$$e^r_{k-1} f^r_{k-1} \{e^l_k f^l_k (\mathfrak{Cof}\,\lambda_k \cos \lambda_k - 1) - e^l_k (\mathfrak{Cof}\,\lambda_k \sin \lambda_k + \mathfrak{Sin}\,\lambda_k \cos \lambda_k)$$
$$+ f^l_k (\mathfrak{Cof}\,\lambda_k \sin \lambda_k - \mathfrak{Sin}\,\lambda_k \cos \lambda_k) + \mathfrak{Cof}\,\lambda_k \cos \lambda_n + 1\}$$
$$+ e^r_{k-1} \{e^l_k f^l_k (\mathfrak{Cof}\,\lambda_k \sin \lambda_k + \mathfrak{Sin}\,\lambda_k \cos \lambda_k) - 2\,e^l_k\,\mathfrak{Sin}\,\lambda_k \sin \lambda_k$$
$$- 2\,f^l_k\,\mathfrak{Cof}\,\lambda_k \cos \lambda_k + \mathfrak{Cof}\,\lambda_k \sin \lambda_k + \mathfrak{Sin}\,\lambda_k \cos \lambda_k\}$$
$$- f^r_{k-1} \{e^l_k f^l_k (\mathfrak{Cof}\,\lambda_k \sin \lambda_k - \mathfrak{Sin}\,\lambda_k \cos \lambda_k) + 2\,e^l_k\,\mathfrak{Cof}\,\lambda_k \cos \lambda_k$$
$$- 2\,f^l_k\,\mathfrak{Sin}\,\lambda_k \sin \lambda_k + \mathfrak{Cof}\,\lambda_k \sin \lambda_k - \mathfrak{Sin}\,\lambda_k \cos \lambda_k\}$$
$$+ e^l_k f^l_k (\mathfrak{Cof}\,\lambda_k \cos \lambda_k + 1) - e^l_k (\mathfrak{Cof}\,\lambda_k \sin \lambda_k + \mathfrak{Sin}\,\lambda_k \cos \lambda_k)$$
$$+ f^l_k (\mathfrak{Cof}\,\lambda_k \sin \lambda_k - \mathfrak{Sin}\,\lambda_k \cos \lambda_k) + \mathfrak{Cof}\,\lambda_k \cos \lambda_k - 1 = 0. \tag{16b}$$

Wir wollen für die verschiedenen transzendenten Funktionen, welche in der obigen Gleichung auftreten, im folgenden die Abkürzungen gebrauchen

$$\mathfrak{A}(\lambda) = \mathfrak{Cof}\,\lambda \sin \lambda + \mathfrak{Sin}\,\lambda \cos \lambda, \left.\begin{matrix} \\ \\ \\ \\ \\ \\ \end{matrix}\right\}$$
$$\mathfrak{B}(\lambda) = \mathfrak{Cof}\,\lambda \sin \lambda - \mathfrak{Sin}\,\lambda \cos \lambda,$$
$$\mathfrak{C}(\lambda) = 2\,\mathfrak{Cof}\,\lambda \cos \lambda,$$
$$\mathfrak{S}(\lambda) = 2\,\mathfrak{Sin}\,\lambda \sin \lambda,$$
$$\mathfrak{D}(\lambda) = \mathfrak{Cof}\,\lambda \cos \lambda - 1,$$
$$\mathfrak{E}(\lambda) = \mathfrak{Cof}\,\lambda \cos \lambda + 1. \tag{17}$$

Diese sechs Funktionen sind in VII, Tabelle A für Argumentwerte zwischen $\lambda = 0{,}00$ und $\lambda = 10{,}00$ tabuliert[1]. Bei Gebrauch der abge-

---

[1] Die Verfasser verdanken einen Teil dieser Tabellen Herrn Dr.-Ing. F. W. Waltking in München.

kürzten Bezeichnungen für diese Funktionen nimmt die Beziehung (16b) die Form an

$$
\begin{aligned}
e^{r}_{k-1}\, f^{r}_{k-1}\, & \{e^{l}_{k}\, f^{l}_{k}\,\mathfrak{D}\,(\lambda_{k}) - e^{l}_{k}\,\mathfrak{A}\,(\lambda_{k}) + f^{l}_{k}\,\mathfrak{B}\,(\lambda_{k}) + \mathfrak{E}\,(\lambda_{k})\} \\
+\, e^{r}_{k-1}\, & \{e^{l}_{k}\, f^{l}_{k}\,\mathfrak{A}\,(\lambda_{k}) - e^{l}_{k}\,\mathfrak{S}\,(\lambda_{k}) - f^{l}_{k}\,\mathfrak{C}\,(\lambda_{k}) + \mathfrak{A}\,(\lambda_{k})\} \\
-\, f^{r}_{k-1}\, & \{e^{l}_{k}\, f^{l}_{k}\,\mathfrak{B}\,(\lambda_{k}) + e^{l}_{k}\,\mathfrak{C}\,(\lambda_{k}) - f^{l}_{k}\,\mathfrak{S}\,(\lambda_{k}) + \mathfrak{B}\,(\lambda_{k})\} \\
+\, e^{l}_{k}\, f^{l}_{k}\,\mathfrak{E}\,(\lambda_{k}) & - e^{l}_{k}\,\mathfrak{A}\,(\lambda_{k}) + f^{l}_{k}\,\mathfrak{B}\,(\lambda_{k}) + \mathfrak{D}\,(\lambda_{k}) = 0\,. \quad (18)
\end{aligned}
$$

Wir wollen diese wichtige Beziehung im folgenden als Grundgleichung bezeichnen. Aus ihr können die Frequenzgleichungen für die einfachsten Lagerungsarten eines Balkens ohne weiteres entnommen werden. Betrachten wir z. B. einen beiderseits eingespannten Balken (Abb. 44). An beiden Enden verschwindet die Durchbiegung v und die Neigung v' der Tangente der Biegelinie. Aus den Definitionsgleichungen (15) folgt daher, daß die Hilfsgrößen e und f für beide Stabenden unendlich groß werden. In der Grundgleichung (18) kommen solche Glieder vor, in denen alle vier Hilfsgrößen miteinander multipliziert sind, solche

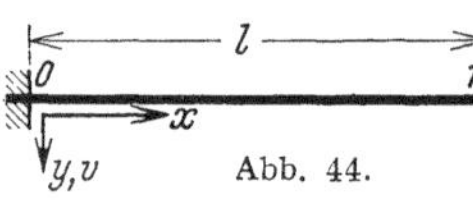
Abb. 44.

Glieder, in denen nur je drei oder zwei Hilfsgrößen miteinander multipliziert sind, und solche Glieder, die nur eine oder keine Hilfsgröße enthalten. Falls alle vier Hilfsgrößen unendlich groß werden, überragt das Glied, in welchem alle vier Hilfsgrößen auftreten, alle anderen und ist allein von Bedeutung. Man erhält so als Frequenzgleichung die Beziehung

$$\mathfrak{D}\,(\lambda) = 0\,,$$

oder nach (17)

$$\mathfrak{Cof}\,\lambda \cos \lambda - 1 = 0\,. \qquad (19)$$

Da die Funktion $\mathfrak{D}\,(\lambda)$ in VII, Tabelle A enthalten ist, genügt ein einfaches Durchgehen der entsprechenden Spalte dieser Tabelle, um diejenigen Werte λ zu finden, für welche die Funktion $\mathfrak{D}\,(\lambda)$ verschwindet. Man erkennt so, daß innerhalb des Umfangs dieser Tabelle Wurzeln der Frequenzgleichung liegen zwischen $\lambda = 4{,}72$ und $\lambda = 4{,}74$ und zwischen $\lambda = 7{,}84$ und $\lambda = 7{,}86$. Aus den Wurzeln λ_{i} der Frequenzgleichung ergeben sich die Eigenkreisfrequenzen des Systems unter Berücksichtigung von 5, (14a) und (16a) zu

$$\omega_i = \frac{\lambda_i^2}{l^2}\sqrt{\frac{EJ}{\mu}}\,. \qquad (19a)$$

Als zweites Beispiel betrachten wir einen beiderseits gelenkig gelagerten Balken. An beiden Lagern verschwinden Durchbiegung v und Biegemoment $\mathfrak{M} = -EJ\,v''$, es verschwinden also nach (15) die Hilfsgrößen e für beide Stabenden, während die Hilfsgrößen f für beide Stabenden unendlich groß werden. Von der Grundgleichung (18) ist jetzt nur dasjenige Glied von Bedeutung, in welchem lediglich die beiden unendlich großen f-Werte miteinander multipliziert sind. Produkte von der Form $e_0 e_1 f_0 f_1$, $e_0 f_0 f_1$ usw. können nämlich gegenüber diesem Glied vernachlässigt werden wegen des Verschwindens der Hilfsgrößen e. Man erhält als Frequenzgleichung die Beziehung

$$\mathfrak{S}(\lambda) = 0$$

oder

$$\mathfrak{Sin}\,\lambda \sin \lambda = 0 \, .$$

Da außer für die triviale Wurzel $\lambda = 0$ die Hyperbelsinusfunktion für reelles λ nicht verschwindet, kann man diese Frequenzgleichung auch schreiben in der Form

$$\sin \lambda = 0 \, ,$$

die mit der in II, 21 erhaltenen übereinstimmt.

Schließlich betrachten wir noch einen am einen Ende eingespannten, am anderen freien Balken. Für das eingespannte Ende 0 gilt $v_0 = 0$, $v_0' = 0$, und am freien Ende verschwinden Biegemoment und Querkraft, es ist also dort $v_1'' = 0$ und $v_1''' = 0$. Aus diesen Randbedingungen ergeben sich unter Berücksichtigung von (15) als Werte der Hilfsgrößen $e_0 = \infty$, $f_0 = \infty$, $e_1 = 0$, $f_1 = 0$. Von der Grundgleichung (18) ist also hier nur dasjenige Glied zu berücksichtigen, welches lediglich das Produkt $e_0 f_0$ enthält. Die Frequenzgleichung lautet somit

$$\mathfrak{E}(\lambda) = 0$$

oder

$$\mathfrak{Cof}\,\lambda \cos \lambda + 1 = 0 \, . \tag{20}$$

Wir entnehmen aus VII, Tabelle A, daß im Bereich dieser Tabelle Wurzeln der Frequenzgleichung liegen zwischen $\lambda = 1{,}86$ und $\lambda = 1{,}88$, zwischen $\lambda = 4{,}68$ und $\lambda = 4{,}70$ und zwischen $\lambda = 7{,}84$ und $\lambda = 7{,}86$.

7. Verwendung der Grundgleichung zur Aufstellung der Frequenzgleichung ebener Stabwerke.

Wir wollen uns jetzt wieder dem Beispiel von 5 zuwenden und die Frequenzgleichung für das dort betrachtete System mit Hilfe der Grundgleichung aufstellen. Aus den Bedingungen 5, (a), (b), (c) und (d) folgt nach 6, (15)

$$f_0 = f_1^l = f_1^r = f_2 = \infty$$

und die Bedingungen 5, (e) und 5, (h) liefern

$$e_0 = \infty, \qquad e_2 = 0 \, .$$

Die Gleichung 5, (g) nimmt nach Einführung der Hilfsgrößen 6, (15) die Form an

$$E J_1 m_1 \{v_1' e_1\}^l = E J_2 m_2 \{v_1' e_1\}^r .$$

Da nach 5, (f) die Neigung der Tangente auf beiden Seiten des Punktes *1* die gleiche ist, ergibt sich aus der obigen Beziehung

$$J_1 m_1 e_1^l = J_2 m_2 e_1^r ,$$

oder

$$e_1^r = \frac{m_1 J_1}{m_2 J_2} e_1^l = \frac{J_1}{J_2} \sqrt[4]{\frac{\mu_1 J_2}{\mu_2 J_1}} e_1^l . \tag{21}$$

Schreiben wir nun die Grundgleichung 6, (18) für jeden der beiden Abschnitte unseres Balkens an, so ergeben sich unter Berücksichtigung der oben angeführten Werte der Hilfsgrößen die Beziehungen

$$e_1^l \, \mathfrak{D}(\lambda_1) + \mathfrak{B}(\lambda_1) = 0 , \tag{22}$$

$$e_1^r \, \mathfrak{B}(\lambda_2) + \mathfrak{C}(\lambda_2) = 0 . \tag{23}$$

Setzt man die aus diesen beiden Gleichungen hervorgehenden Werte von e_1^l und e_1^r in die Gleichung (21) ein, so erhält man schließlich die gesuchte Frequenzgleichung

$$\sqrt[4]{\frac{\mu_1 J_1^3}{\mu_2 J_2^3}} \frac{\mathfrak{B}(\lambda_1)}{\mathfrak{D}(\lambda_1)} = \frac{\mathfrak{C}(\lambda_2)}{\mathfrak{B}(\lambda_2)} . \tag{24}$$

Wir wollen nun an Hand eines Beispiels zeigen, wie man unter Heranziehung von VII, Tabelle A Wurzeln einer derartigen Frequenzgleichung finden kann. Weitere Auflösungsarten solcher Frequenzgleichungen werden in III, 11 behandelt. Wir setzen voraus, daß der Balken des obigen Beispiels in beiden Feldern gleiches Trägheitsmoment und gleiche bezogene Masse besitzt. Wir nehmen weiter an, daß die Spannweite l_2 doppelt so groß ist wie die Spannweite l_1. Für diesen Fall hat die Frequenzgleichung (24) die besonders einfache Form

$$\frac{\mathfrak{B}(\lambda_1)}{\mathfrak{D}(\lambda_1)} = \frac{\mathfrak{C}(\lambda_2)}{\mathfrak{B}(\lambda_2)} ,$$

wobei nach 6, (16a) und 5, (14a)

$$\frac{\lambda_2}{\lambda_1} = \frac{m_2 l_2}{m_1 l_1} = \frac{l_2 \sqrt[4]{\dfrac{\mu_2}{E J_2}}}{l_1 \sqrt[4]{\dfrac{\mu_1}{E J_1}}}$$

ist, woraus sich wegen $2 l_1 = l_2$, $J_1 = J_2$ und $\mu_1 = \mu_2$ das Verhältnis $\frac{\lambda_2}{\lambda_1} = 2$ ergibt.

In VII, Tabelle A sind auch die am häufigsten in Frequenzgleichungen auftretenden Quotienten der Funktionen 6, (17) tabuliert. Wir brauchen daher lediglich die Spalten, in denen die Quotienten $\dfrac{\mathfrak{B}(\lambda)}{\mathfrak{D}(\lambda)}$ und $\dfrac{\mathfrak{S}(\lambda)}{\mathfrak{B}(\lambda)}$ enthalten sind, durchzugehen und diejenigen Argumentwerte zu suchen, bei denen der erste Quotient für einen gewissen Argumentwert λ_1 gerade so groß ist wie der zweite Quotient für den doppelten Argumentwert. Man findet so, daß die niedrigste Wurzel $\lambda_{1,I}$ der Frequenzgleichung zwischen $\lambda_1 = 1{,}80$ und $\lambda_1 = 1{,}82$ liegt. Aus diesem Wurzelwert kann mittels der Beziehung 6, (19a)

$$\omega = \frac{\lambda_{1,I}^2}{l_1^2}\sqrt{\frac{EJ_1}{\mu_1}}$$

die niedrigste Eigenkreisfrequenz des Stabwerks bestimmt werden.

Zwecks Bestimmung der Wurzeln der allgemeineren Form (24) der Frequenzgleichung empfiehlt es sich, die beiden Seiten der Frequenzgleichung unter Berücksichtigung der gegebenen Balkenabmessungen in Abhängigkeit von λ_1 aufzutragen und die Schnittpunkte der beiden Kurven aufzusuchen. Dieses Verfahren bereitet bei Verwendung von VII, Tabelle A wenig Mühe.

Ehe wir zur Behandlung weiterer Beispiele übergehen, wollen wir uns noch einmal alle Beziehungen, welche wir im folgenden verwenden werden, in möglichst übersichtlicher Form zusammenstellen. Aus den Definitionsgleichungen für die Hilfsgrößen

und
$$\left.\begin{aligned} e &= \frac{v''}{m\,v'} \\[2mm] f &= \frac{v'''}{m^3\,v} \end{aligned}\right\} \tag{15a}$$

ergeben sich die folgenden Ausdrücke für Biegemoment und Querkraft

$$\left.\begin{aligned} \mathfrak{M} &= -EJv'' = -mEJv'e = -\frac{\mu\,l^3}{\lambda^3}\,\omega^2 v'e, \\[2mm] Q &= -EJv''' = -m^3EJvf = -\frac{\mu\,l}{\lambda}\,\omega^2 vf. \end{aligned}\right\} \tag{15b}$$

Da das Vorzeichen der Hilfsgrößen von der Wahl der positiven Richtungen des Koordinatensystems abhängt, werden wir im folgenden diese positiven Richtungen stets durch Pfeile in den Abbildungen andeuten.

Die verschiedenen, praktisch wichtigen Arten von Lagerbedingungen (Anschluß des Stabes an das Fundament) und Übergangsbedingungen (Anschluß zweier Stäbe aneinander) lassen sich in drei Gruppen einteilen. Bei der ersten Gruppe sind beide Hilfsgrößen sofort bestimmbar. Zu ihr gehören alle Endstützungen eines Stabes und Punkte auf der

Symmetrieachse eines symmetrischen Systemes. In Abb. 45 sind die hierhergehörigen Fälle unter Angabe der Werte der Hilfsgrößen zusammengestellt.

	a) Einspannung	b) Endstützgelenk	c) Freies Ende
Endpunkte	 $e=\infty,\quad f=\infty$	 $e=0,\quad f=\infty$	 $e=0,\quad f=0$
Symmetriepunkte	d) Symmetrische Schwingungsform  $e=\infty,\quad f=0$	e) Gegensymmetrische Schwingungsform 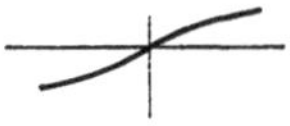 $e=0,\quad f=\infty$	

Abb. 45a bis e.

Die zweite Gruppe umfaßt diejenigen Anschlüsse, bei welchen lediglich eine Hilfsgröße ohne weiteres bestimmt werden kann, während die beiden Werte der anderen Hilfsgröße unmittelbar links und rechts

Anschlußart	Übergangsbedingungen	Anschlußgleichungen
a) Zwischenlager 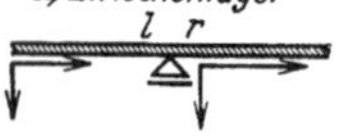	$v_l = v_r = 0$ $v'_l = v'_r$ $\mathfrak{M}_l = \mathfrak{M}_r$	$f_l = f_r = \infty$ $(\varkappa J e)_l = (\varkappa J e)_r$
b) Gelenk 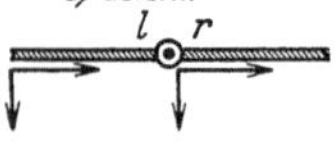	$\mathfrak{M}_l = \mathfrak{M}_r = 0$ $v_l = v_r$ $Q_l = Q_r$	$e_l = e_r = 0$ $\left(\frac{\mu}{\varkappa} f\right)_l = \left(\frac{\mu}{\varkappa} f\right)_r$
c) Unverschieblicher Rahmenknoten 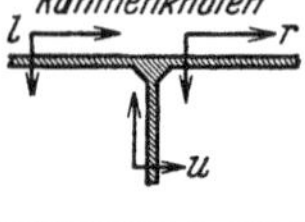	$v_u = v_l = v_r = 0$ $v'_u = v'_l = v'_r$ $\mathfrak{M}_u + \mathfrak{M}_l = \mathfrak{M}_r$	$f_u = f_l = f_r = \infty$ $(\varkappa J e)_u + (\varkappa J e)_l = (\varkappa J e)_r$
d) Unverschieblicher Rahmenknoten 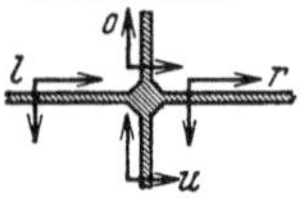	$v_u = v_o = v_l = v_r = 0$ $v'_u = v'_o = v'_r = v'_l$ $\mathfrak{M}_u + \mathfrak{M}_l = \mathfrak{M}_o + \mathfrak{M}_r$	$f_u = f_o = f_l = f_r = \infty$ $(\varkappa J e)_u + (\varkappa J e)_l = (\varkappa J e)_o + (\varkappa J e)_r$

Abb. 46a bis d.

von dem betreffenden Anschlußpunkt durch eine Anschlußgleichung miteinander verknüpft sind. Abb. 46 enthält eine Zusammenstellung dieser Anschlußformen unter Angabe der Werte der einen Hilfsgröße und der Anschlußgleichung für die andere. Dabei ist zwecks bequemerer Schreibweise von der Abkürzung

$$\varkappa = \sqrt[4]{\frac{\mu}{J}} \tag{15c}$$

Gebrauch gemacht worden.

Zur dritten Gruppe gehören diejenigen Anschlußformen, bei denen keine der beiden Hilfsgrößen unmittelbar bekannt ist. Wie wir später erkennen werden, bedarf es zur Aufstellung der Frequenzgleichung von Stabwerken, in welchen Anschlüsse dieser Gruppe vorkommen, noch einer Erweiterung des oben angegebenen Verfahrens.

Schließlich wollen wir uns noch zwei Formen der Grundgleichung bereitstellen, welche sich lediglich durch die verschiedene Anordnung der Glieder unterscheiden:

$$e^r_{k-1} f^r_{k-1} \{ e^l_k f^l_k \mathfrak{D}(\lambda_k) - e^l_k \mathfrak{A}(\lambda_k) + f^l_k \mathfrak{B}(\lambda_k) + \mathfrak{E}(\lambda_k) \}$$
$$+ e^r_{k-1} \{ e^l_k f^l_k \mathfrak{A}(\lambda_k) - e^l_k \mathfrak{S}(\lambda_k) - f^l_k \mathfrak{E}(\lambda_k) + \mathfrak{A}(\lambda_k) \}$$
$$- f^r_{k-1} \{ e^l_k f^l_k \mathfrak{B}(\lambda_k) + e^l_k \mathfrak{E}(\lambda_k) - f^l_k \mathfrak{S}(\lambda_k) + \mathfrak{B}(\lambda_k) \}$$
$$+ e^l_k f^l_k \mathfrak{E}(\lambda_k) - e^l_k \mathfrak{A}(\lambda_k) + f^l_k \mathfrak{B}(\lambda_k) + \mathfrak{D}(\lambda_k) = 0 , \tag{18a}$$

$$e^l_k f^l_k \{ e^r_{k-1} f^r_{k-1} \mathfrak{D}(\lambda_k) + e^r_{k-1} \mathfrak{A}(\lambda_k) - f^r_{k-1} \mathfrak{B}(\lambda_k) + \mathfrak{E}(\lambda_k) \}$$
$$- e^l_k \{ e^r_{k-1} f^r_{k-1} \mathfrak{A}(\lambda_k) + e^r_{k-1} \mathfrak{S}(\lambda_k) + f^r_{k-1} \mathfrak{E}(\lambda_k) + \mathfrak{A}(\lambda_k) \}$$
$$+ f^l_k \{ e^r_{k-1} f^r_{k-1} \mathfrak{B}(\lambda_k) - e^r_{k-1} \mathfrak{E}(\lambda_k) + f^r_{k-1} \mathfrak{S}(\lambda_k) + \mathfrak{B}(\lambda_k) \}$$
$$+ e^r_{k-1} f^r_{k-1} \mathfrak{E}(\lambda_k) + e^r_{k-1} \mathfrak{A}(\lambda_k) - f^r_{k-1} \mathfrak{B}(\lambda_k) + \mathfrak{D}(\lambda_k) = 0 . \tag{18b}$$

8. Beispiele.

Beispiel 1. Wir behandeln als Beispiel einen Balken auf vier Stützen (Abb. 47) mit gleich großen Endfeldern, bei dem Trägheitsmomente und bezogene Massen für beide Endfelder gleiche Werte

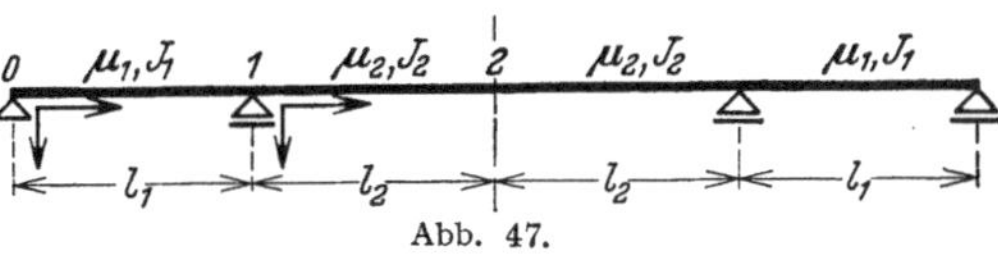

Abb. 47.

besitzen. Wir können diese Symmetrie beim Aufstellen der Frequenzgleichung ausnutzen, indem wir unsere Überlegungen auf die beiden Stababschnitte $(0,1)$ und $(1,2)$ beschränken. Wir stellen zunächst die Frequenzgleichung für die symmetrische Schwingungsform auf. Bis auf e^l_1 und e^r_1 sind alle Hilfsgrößen bekannt, und zwar ist nach Abb. 45b $e_0 = 0$, $f_0 = \infty$, nach Abb. 46a $f^l_1 = f^r_1 = \infty$ und nach Abb. 45d $e_2 = \infty$, $f_2 = 0$. Am Punkte 1 gilt nach Abb. 46a die Übergangsbedingung

$$\varkappa_1 J_1 e^l_1 = \varkappa_2 J_2 e^r_1.$$

Die Grundgleichung 7, (18a) für den Abschnitt $(0,1)$ nimmt unter Berücksichtigung der oben angegebenen Werte der Hilfsgrößen die Form an

$$- \mathfrak{B}(\lambda_1)\, e_1^l + \mathfrak{S}(\lambda_1) = 0\,,$$

und die Grundgleichung 7, (18b) für den Abschnitt (1,2) lautet

$$- \mathfrak{A}(\lambda_2)\, e_1^r - \mathfrak{C}(\lambda_2) = 0\,.$$

Aus der oben angegebenen Übergangsgleichung ergibt sich somit die Frequenzgleichung für die symmetrischen Schwingungsformen zu

$$\varkappa_1 J_1 \frac{\mathfrak{S}(\lambda_1)}{\mathfrak{B}(\lambda_1)} = - \varkappa_2 J_2 \frac{\mathfrak{C}(\lambda_2)}{\mathfrak{A}(\lambda_2)}\,. \tag{25}$$

Für die gegensymmetrischen Schwingungsformen gilt nach Abb. 45b $e_0 = 0$, $f_0 = \infty$, nach Abb. 46a $f_1^l = f_1^r = \infty$ und nach Abb. 45e $e_2 = 0$, $f_2 = \infty$. Die Übergangsbedingung am Punkte 1 behält die oben angegebene Form und die Grundgleichungen für die beiden Stababschnitte lauten

$$- \mathfrak{B}(\lambda_1)\, e_1^l + \mathfrak{S}(\lambda_1) = 0\,, \qquad \mathfrak{B}(\lambda_2)\, e_1^r + \mathfrak{S}(\lambda_2) = 0\,.$$

Als Frequenzgleichung für die gegensymmetrischen Schwingungsformen erhält man somit die Beziehung

$$\varkappa_1 J_1 \frac{\mathfrak{S}(\lambda_1)}{\mathfrak{B}(\lambda_1)} = - \varkappa_2 J_2 \frac{\mathfrak{S}(\lambda_2)}{\mathfrak{B}(\lambda_2)}\,. \tag{26}$$

Beispiel 2. Es soll die Frequenzgleichung für die symmetrischen Schwingungsformen eines Balkens auf zwei Stützen aufgestellt werden, welcher in der Mitte seiner Spannweite eine Einzelmasse M trägt (Abb. 48). Aus Symmetriegründen können wir unsere Betrachtungen auf die Stabhälfte (0,1) beschränken. Bis auf f_1 sind alle Hilfsgrößen unmittelbar bekannt, und zwar gilt nach Abb. 45b.

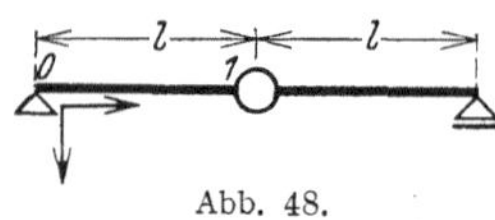

Abb. 48.

$$e_0 = 0\,, \qquad f_0 = \infty\,,$$

und aus der Symmetriebedingung $v_1' = 0$ ergibt sich nach der Definition 7, (15a)

$$e_1 = \infty\,.$$

Die Amplitude Q_1 der Querkraft unmittelbar links von der Einzelmasse beträgt nach 7, (15b)

$$Q_1 = - \frac{\mu\, l\, \omega^2}{\lambda}\, v_1 f_1\,.$$

Die Amplitude $- 2\,Q_1$ der von den links und rechts anschließenden Stababschnitten auf die Einzelmasse übertragenen Kräfte (positiv gerechnet, wenn in der positiven Richtung von v_1 gehend) muß gleich dem Produkt aus der Größe dieser Masse und der Amplitude $- \omega^2 v_1$

ihrer Beschleunigung sein. Es gilt also

$$2\,Q_1 = -\,\frac{2\,\mu\,l\,\omega^2}{\lambda}\,v_1 f_1 = M\,\omega^2\,v_1$$

oder

$$f_1 = -\,M^*\,\lambda\,,$$

wobei das Verhältnis von Einzelmasse M zu Stabmasse $2\,\mu l$ mit M^* abgekürzt ist. Die Grundgleichung für den Stababschnitt $(0,1)$ nimmt mit den angegebenen Werten der Hilfsgrößen die Form an

$$f_1\,\mathfrak{B}\,(\lambda) + \mathfrak{C}\,(\lambda) = 0$$

und liefert die Frequenzgleichung

$$\frac{\mathfrak{C}\,(\lambda)}{\lambda\,\mathfrak{B}\,(\lambda)} = M^*. \qquad (27)$$

Abb. 49 zeigt das Verhältnis ω^* der niedrigsten Eigenkreisfrequenz des Balkens mit Zusatzmasse zu derjenigen des gleichen Balkens ohne Zusatzmasse als Funktion des Massenverhältnisses M^*.

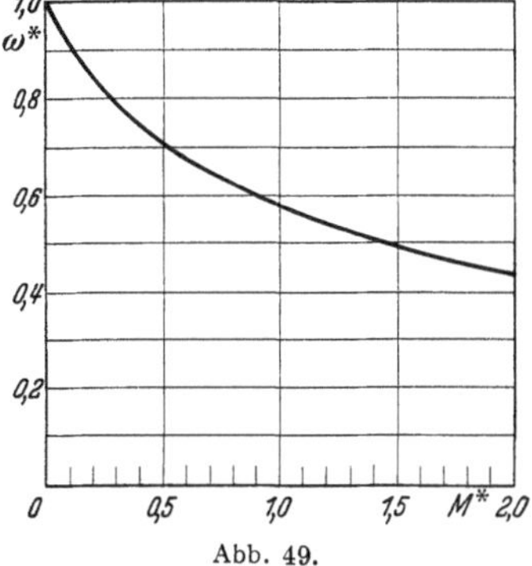
Abb. 49.

Beispiel 3. Es soll die Frequenzgleichung für die symmetrischen Eigenschwingungen eines beiderseits eingespannten, symmetrischen Rahmens (Fundamentrahmen) aufgestellt werden. Wenn wir, wie es gewöhnlich geschieht, die einzelnen Rahmenstäbe als unausdehnbar voraussetzen, bleiben bei den symmetrischen Schwingungsformen die Rahmenecken in Ruhe. Infolgedessen können wir, was diese symmetrischen Schwingungsformen angeht, an Stelle des Rahmens (Abb. 50a) auch das System der Abb. 50b behandeln.

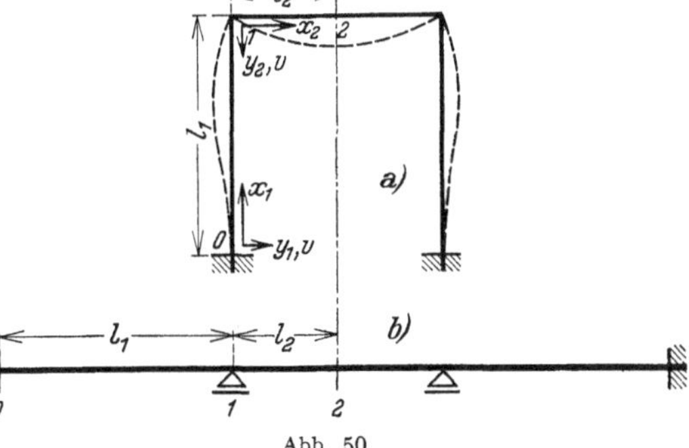
Abb. 50.

Bis auf e_1^l und e_1^r können alle Hilfsgrößen unmittelbar angegeben werden, und zwar ist nach Abb. 45a $e_0 = f_0 = \infty$, nach Abb. 46a $f_1^l = f_1^r = \infty$ und nach Abb. 45d $e_2 = \infty$, $f_2 = 0$. Die Übergangsgleichung für den Punkt 1 kann aus Abb. 46a entnommen werden. Man erhält

$$\varkappa_1 J_1 e_1^l = \varkappa_2 J_2 e_1^r\,.$$

Die Grundgleichungen für die beiden Stababschnitte lauten

$$e_1^l \, \mathfrak{D}(\lambda_1) + \mathfrak{B}(\lambda_1) = 0 , \qquad - e_1^r \, \mathfrak{A}(\lambda_2) - \mathfrak{C}(\lambda_2) = 0 .$$

Als Frequenzgleichung erhält man somit

$$\varkappa_1 J_1 \frac{\mathfrak{B}(\lambda_1)}{\mathfrak{D}(\lambda_1)} = \varkappa_2 J_2 \frac{\mathfrak{C}(\lambda_2)}{\mathfrak{A}(\lambda_2)} . \tag{28}$$

In III, 11 wird ein Nomogramm zur Ermittlung der Wurzeln dieser Frequenzgleichung bei beliebigen Rahmenabmessungen angegeben.

Beispiel 4. Es soll die Frequenzgleichung für die gegensymmetrischen Eigenschwingungen des im vorigen Beispiel behandelten Rahmens aufgestellt werden. Wegen der Unausdehnbarkeit der Stiele ist $v_1^r = 0$ (Abb. 51). Die sofort angebbaren Hilfsgrößen haben die folgenden Werte. Nach Abb. 45a ist $e_0 = f_0 = \infty$, wegen $v_1^r = 0$ gilt nach 7, (15a) $f_1^r = \infty$ und nach Abb. 45e ist $e_2 = 0$, $f_2 = \infty$. Wegen der Gleichheit der Biegemomente und der Gleichheit der Neigungen der Biegelinie gegen die positive Richtung der Stabachse unmittelbar unterhalb und rechts vom Punkte *1* gilt nach 7, (15b) und 7, (15c) die Übergangsgleichung

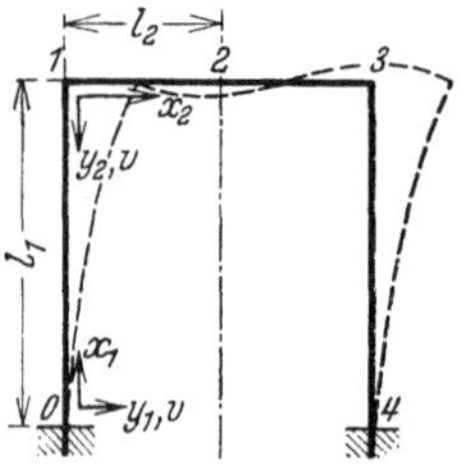

$$\varkappa_1 J_1 e_1^u = \varkappa_2 J_2 e_1^r .$$

Da der Riegel ebenfalls als unausdehnbar vorausgesetzt wird, haben alle Riegelpunkte die gleiche Amplitude v_1^u der Horizontalverschiebung. Die Amplitude der vom Stiel *(0,1)* auf den Riegel übertragenen horizontalen Kraft beträgt nach 7, (15b)

Abb. 51.

$$Q_1^u = - \frac{\mu_1 \, l_1 \, \omega^2}{\lambda_1} v_1^u f_1^u .$$

Der Stiel *(3, 4)* überträgt eine horizontale Kraft auf den Riegel, welche infolge der Gegensymmetrie der Schwingungsform in jedem Augenblick nach Größe und Richtung der vom Stiel *(0,1)* übertragenen horizontalen Kraft gleich ist. Die Summe der Amplituden der von den Stielen auf den Riegel übertragenen horizontalen Kräfte (positiv gerechnet, wenn in der positiven Richtung von v_1^u wirkend) muß gleich sein dem Produkt aus der Gesamtmasse $2\,\mu_2 l_2$ des Stiels und der Amplitude $-\omega^2 v_1^u$ seiner Horizontalbeschleunigung; es gilt also

$$-2 Q_1^u = + \frac{2\,\mu_1 l_1 \omega^2}{\lambda_1} v_1^u f_1^u = - 2\,\mu_2 l_2 \omega^2 v_1^u \quad \text{oder} \quad f_1^u = - \frac{\mu_2 l_2}{\mu_1 l_1} \lambda_1 .$$

Die Grundgleichungen für die beiden Stababschnitte *(0, 1)* und *(1, 2)* lauten

$$e_1^u f_1^u \, \mathfrak{D}(\lambda_1) - e_1^u \, \mathfrak{A}(\lambda_1) + f_1^u \, \mathfrak{B}(\lambda_1) + \mathfrak{C}(\lambda_1) = 0$$

und

$$e_1^r \, \mathfrak{B}(\lambda_2) + \mathfrak{S}(\lambda_2) = 0 .$$

Durch Einsetzen des oben gefundenen Wertes von f_1^u und Verwendung der Übergangsgleichung am Punkte 1 erhält man die Frequenzgleichung

$$\varkappa_1 J_1 \frac{\dfrac{\mu_2 \, l_2}{\mu_1 \, l_1} \lambda_1 \, \mathfrak{B}\,(\lambda_1) - \mathfrak{E}\,(\lambda_1)}{\dfrac{\mu_2 \, l_2}{\mu_1 \, l_1} \lambda_1 \, \mathfrak{D}\,(\lambda_1) + \mathfrak{A}\,(\lambda_1)} = \varkappa_2 J_2 \frac{\mathfrak{S}\,(\lambda_2)}{\mathfrak{B}\,(\lambda_2)} . \tag{29}$$

In III, 11 wird ein Nomogramm zur Ermittlung der Wurzeln dieser Frequenzgleichung bei beliebigen Rahmenabmessungen angegeben.

9. Weiterer Ausbau des Verfahrens.

Wie bereits erwähnt wurde, versagt das oben angegebene Verfahren zur Aufstellung der Frequenzgleichung eines Stabwerks in den glücklicherweise ziemlich seltenen Fällen, in denen das Stabwerk solche Stabanschlüsse enthält, für die beide Hilfsgrößen durch Anschlußgleichungen eliminiert werden müssen (Anschlüsse der dritten Gruppe). Wir wollen uns diese Tatsache an einem Beispiel klarmachen.

Es soll die Frequenzgleichung aufgestellt werden für einen Balken auf zwei Stützen, der eine sprunghafte Querschnittsänderung aufweist (Abb. 52). Unmittelbar angegeben werden können die folgenden Hilfsgrößen. Nach Abb. 45b ist

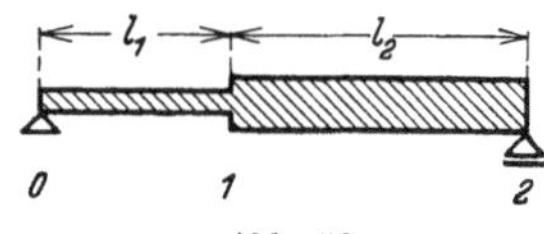

Abb. 52.

$$e_1 = 0, \qquad f_1 = \infty, \qquad e_2 = 0, \qquad f_2 = \infty.$$

Zur Ermittlung der zunächst unbekannt bleibenden Hilfsgrößen zu beiden Seiten des Punktes 1 stehen die Anschlußbedingungen

$$v_1^l = v_1^r, \qquad \mathfrak{M}_1^l = \mathfrak{M}_1^r,$$
$$\{v'\}_1^l = \{v'\}_1^r, \qquad Q_1^l = Q_1^r$$

zur Verfügung. Aus ihnen ergeben sich unter Berücksichtigung von 7, (15a), (15b) und (15c) die beiden Anschlußgleichungen

$$\varkappa_1 J_1 e_1^l = \varkappa_2 J_2 e_1^r \quad \text{und} \quad \frac{\mu_1}{\varkappa_1} f_1^l = \frac{\mu_2}{\varkappa_2} f_1^r .$$

Es sind also nur die beiden Hilfsgrößen e_1^l und f_1^l als unbekannt zu betrachten. Zu ihrer Elimination reichen die beiden Grundgleichungen für die Stababschnitte $(0, 1)$ und $(1, 2)$ nicht aus. In der bisher gebrauchten Form versagt also hier das Verfahren zur Aufstellung der Frequenzgleichung.

Diese Schwierigkeit wird beseitigt durch Einführung einer neuen Hilfsgröße

$$i = \frac{v'}{m \, v}, \qquad \left(m = \sqrt[4]{\frac{\mu \, \omega^2}{E \, J}}\right). \tag{30}$$

Aus den oben angegebenen Anschlußbedingungen für den Punkt *1* ergibt sich unter Berücksichtigung von 7, (15c) für die neue Hilfsgröße die Übergangsgleichung

$$\varkappa_1\, i_1^l = \varkappa_2\, i_1^r\,.$$

In entsprechender Weise wie in III, 6 wird nun eine Grundgleichung aufgestellt, welche die Größen e_{k-1}^r, f_{k-1}^r, f_k^l und i_k^l eines Stababschnitts $(k-1,\,k)$ miteinander verbindet. Man erhält die Beziehung

$$i_k^l\left\{e_{k-1}^r f_{k-1}^r \frac{\mathfrak{S}(\lambda_k)}{2} + e_{k-1}^r\,\mathfrak{B}(\lambda_k) + f_{k-1}^r\,\mathfrak{A}(\lambda_k) + \frac{\mathfrak{S}(\lambda_k)}{2}\right\}$$
$$+ f_k^l\left\{e_{k-1}^r f_{k-1}^r\,\mathfrak{D}(\lambda_k) + e_{k-1}^r\,\mathfrak{A}(\lambda_k) - f_{k-1}^r\,\mathfrak{B}(\lambda_k) + \mathfrak{C}(\lambda_k)\right\}$$
$$- e_{k-1}^r f_{k-1}^r\,\mathfrak{A}(\lambda_k) - e_{k-1}^r\,\mathfrak{S}(\lambda_k) - f_{k-1}^r\,\mathfrak{C}(\lambda_k) - \mathfrak{A}(\lambda_k) = 0\,, \qquad (31)$$

die wir als Grundgleichung zweiter Art bezeichnen wollen. In ähnlicher Weise kann man noch andere Grundgleichungen aufstellen, welche je vier der sechs Hilfsgrößen e, f, i für beide Stabenden miteinander verbinden. Wir geben noch einige solche Grundgleichungen an, in denen jeweils eine Hilfsgröße i vorkommt.

$$i_{k-1}^r\left\{e_k^l f_k^l \frac{\mathfrak{S}(\lambda_k)}{2} - e_k^l\,\mathfrak{B}(\lambda_k) - f_k^l\,\mathfrak{A}(\lambda_k) + \frac{\mathfrak{S}(\lambda_k)}{2}\right\}$$
$$+ f_{k-1}^r\left\{e_k^l f_k^l\,\mathfrak{D}(\lambda_k) - e_k^l\,\mathfrak{A}(\lambda_k) + f_k^l\,\mathfrak{B}(\lambda_k) + \mathfrak{C}(\lambda_k)\right\}$$
$$+ e_k^l f_k^l\,\mathfrak{A}(\lambda_k) - e_k^l\,\mathfrak{S}(\lambda_k) - f_k^l\,\mathfrak{C}(\lambda_k) + \mathfrak{A}(\lambda_k) = 0\,, \qquad (32)$$

$$i_k^l e_k^l\left\{e_{k-1}^r f_{k-1}^r\,\mathfrak{D}(\lambda_k) + e_{k-1}^r\,\mathfrak{A}(\lambda_k) - f_{k-1}^r\,\mathfrak{B}(\lambda_k) + \mathfrak{C}(\lambda_k)\right\}$$
$$+ i_k^l\left\{e_{k-1}^r f_{k-1}^r\,\mathfrak{B}(\lambda_k) - e_{k-1}^r\,\mathfrak{C}(\lambda_k) + f_{k-1}^r\,\mathfrak{S}(\lambda_k) + \mathfrak{B}(\lambda_k)\right\}$$
$$- e_{k-1}^r f_{k-1}^r \frac{\mathfrak{S}(\lambda_k)}{2} - e_{k-1}^r\,\mathfrak{B}(\lambda_k) - f_{k-1}^r\,\mathfrak{A}(\lambda_k) - \frac{\mathfrak{S}(\lambda_k)}{2} = 0\,, \qquad (33)$$

$$i_{k-1}^r e_{k-1}^r\left\{e_k^l f_k^l\,\mathfrak{D}(\lambda_k) - e_k^l\,\mathfrak{A}(\lambda_k) + f_k^l\,\mathfrak{B}(\lambda_k) + \mathfrak{C}(\lambda_k)\right\}$$
$$- i_{k-1}^r\left\{e_k^l f_k^l\,\mathfrak{B}(\lambda_k) + e_k^l\,\mathfrak{C}(\lambda_k) - f_k^l\,\mathfrak{S}(\lambda_k) + \mathfrak{B}(\lambda_k)\right\}$$
$$- e_k^l f_k^l \frac{\mathfrak{S}(\lambda_k)}{2} + e_k^l\,\mathfrak{B}(\lambda_k) + f_k^l\,\mathfrak{A}(\lambda_k) - \frac{\mathfrak{S}(\lambda_k)}{2} = 0\,. \qquad (34)$$

Durch Verwendung derartiger weiterer Grundgleichungen erhält man nun die notwendige Anzahl von Gleichungen zur Elimination aller Hilfsgrößen und Aufstellung der Frequenzgleichung. Bei dem oben betrachteten Beispiel steigt durch Einführung der Hilfsgrößen i zu beiden Seiten des Punktes *1* unter Berücksichtigung der Übergangsgleichung für diese Hilfsgrößen die Anzahl der Unbekannten auf drei, aber durch Hinzunahme der beiden Grundgleichungen zweiter Art für die beiden Stababschnitte wächst die Anzahl der Grundgleichungen auf vier, und es können die unbekannten Hilfsgrößen eliminiert werden. Man erkennt, daß durch die Einführung der neuen Hilfsgrößen zwar die Durchführbarkeit des Verfahrens erreicht wird, daß aber das Verfahren durch diese Erweiterung viel von seiner früheren Eleganz einbüßt. Immerhin bleibt es dem in III, 5 angedeuteten Verfahren in den meisten Fällen überlegen.

Beispiel 5. Wir wollen das erweiterte Verfahren zur Aufstellung der strengen Frequenzgleichung eines ebenen Stabwerks noch an einem durchgeführten Beispiel erläutern. Es soll die Frequenzgleichung für einen Balken auf zwei Stützen aufgestellt werden, der im Punkte $x = l_1$ eine Einzelmasse M trägt (Abb. 53). Falls diese Einzelmasse gerade in Balkenmitte angebracht ist, läßt sich, wie in Beispiel 2 von III, 8 gezeigt wurde, die Frequenzgleichung unschwer ermitteln. Falls aber die Einzelmasse unsymmetrisch angebracht ist, entsprechen die Verhältnisse vollkommen denjenigen des soeben behandelten· Beispiels eines Balkens mit sprunghaft veränderlichem Querschnitt, und es müssen noch die Hilfsgrößen i_1^l und i_1^r zu beiden Seiten des Punktes 1 eingeführt werden.

Die geometrischen Übergangsbedingungen am Punkte 1 lauten

$$v_1^l = v_1^r \quad \text{und} \quad (v_1')_l = (v_1')_r \, .$$

Ferner müssen die Biegemomente zu beiden Seiten des Punktes 1 einander gleich sein, und die Summe der Amplituden der von den Stababschnitten auf die Masse M übertragenen Kräfte (positiv gerechnet, wenn in der positiven Richtung von v_1 wirkend) muß gleich dem Produkt aus der Größe der Masse M und der Amplitude $-\omega^2 v_1$ ihrer Beschleunigung sein. Man erhält so die Bedingungen

$$\mathfrak{M}_1^l = \mathfrak{M}_1^r \quad \text{und} \quad -Q_1^l + Q_1^r = -M\,\omega^2 v_1 \, .$$

Aus diesen Übergangsgleichungen ergeben sich, falls man die Trägheitsmomente J und die bezogenen Massen μ für beide Stababschnitte als gleich voraussetzt, unter Berücksichtigung von 7, (15a), (15b), (15c) und (30) die folgenden Anschlußgleichungen für die Hilfsgrößen am Punkte 1

$$e_1^l = e_1^r = e_1 \, ,$$
$$i_1^l = i_1^r = i_1 \, ,$$
$$f_1^l - f_1^r + M^* \lambda_1 = 0 \, .$$

Entbehrliche Indizes l und r wurden in diesen Beziehungen weggelassen, und für das Verhältnis von Einzelmasse M zur Masse μl_1 des Stababschnitts $(0, 1)$ wurde die Abkürzung $M^* = \dfrac{M}{\mu\, l_1}$ verwendet. Nach Abb. 45a ist

$$e_0 = 0 \, , \qquad f_0 = \infty \, , \qquad e_2 = 0 \, , \qquad f_2 = \infty \, .$$

Als Grundgleichungen erhält man daher aus den Gleichungen 7, (18)

$$e_1 f_1^l \mathfrak{B}(\lambda_1) + e_1 \mathfrak{C}(\lambda_1) - f_1^l \mathfrak{S}(\lambda_1) + \mathfrak{B}(\lambda_1) = 0 \qquad \text{(a)}$$

und

$$e_1 f_1^r \mathfrak{B}(\lambda_2) - e_1 \mathfrak{C}(\lambda_2) + f_1^r \mathfrak{S}(\lambda_2) + \mathfrak{B}(\lambda_2) = 0 , \qquad \text{(b)}$$

aus Gleichung (31)

$$i_1 \mathfrak{A}(\lambda_1) - f_1^l \mathfrak{B}(\lambda_1) - \mathfrak{C}(\lambda_1) = 0 \qquad \text{(c)}$$

und aus Gleichung (32)

$$- i_1 \mathfrak{A}(\lambda_2) + f_1^r \mathfrak{B}(\lambda_2) - \mathfrak{C}(\lambda_2) = 0 . \qquad \text{(d)}$$

Aus den beiden letzten Gleichungen folgt durch Elimination von i_1

$$f_1^l \mathfrak{A}(\lambda_2) \mathfrak{B}(\lambda_1) + \mathfrak{A}(\lambda_2) \mathfrak{C}(\lambda_1) = f_1^r \mathfrak{A}(\lambda_1) \mathfrak{B}(\lambda_2) - \mathfrak{A}(\lambda_1) \mathfrak{C}(\lambda_2) .$$

Mittels der Anschlußgleichung für die Größen f_1^l und f_1^r kann man aus dieser Gleichung eine dieser beiden Größen eliminieren und erhält

$$f_1^l = \frac{\mathfrak{A}(\lambda_1) \mathfrak{C}(\lambda_2) + \mathfrak{A}(\lambda_2) \mathfrak{C}(\lambda_1) - \mathfrak{A}(\lambda_1) \mathfrak{B}(\lambda_2) M^* \lambda_1}{\mathfrak{A}(\lambda_1) \mathfrak{B}(\lambda_2) - \mathfrak{A}(\lambda_2) \mathfrak{B}(\lambda_1)} \qquad (35)$$

und

$$f_1^r = \frac{\mathfrak{A}(\lambda_1) \mathfrak{C}(\lambda_2) + \mathfrak{A}(\lambda_2) \mathfrak{C}(\lambda_1) - \mathfrak{A}(\lambda_2) \mathfrak{B}(\lambda_1) M^* \lambda_1}{\mathfrak{A}(\lambda_1) \mathfrak{B}(\lambda_2) - \mathfrak{A}(\lambda_2) \mathfrak{B}(\lambda_1)} . \qquad (36)$$

Aus den Grundgleichungen (a) und (b) ergibt sich durch Elimination von e_1 die Beziehung

$$\frac{f_1^l \mathfrak{S}(\lambda_1) - \mathfrak{B}(\lambda_1)}{f_1^l \mathfrak{B}(\lambda_1) + \mathfrak{C}(\lambda_1)} = - \frac{f_1^r \mathfrak{S}(\lambda_2) + \mathfrak{B}(\lambda_2)}{f_1^r \mathfrak{B}(\lambda_2) - \mathfrak{C}(\lambda_2)} . \qquad (37)$$

Setzt man die in (35) und (36) gegebenen Werte der Hilfsgrößen f in diese Gleichung ein, so erhält man die gesuchte Frequenzgleichung. Für die Auflösung der Frequenzgleichung bietet diese Elimination der Hilfsgrößen f jedoch keinerlei Vorteile. Es ist vielmehr einfacher, für angenommene Werte von ω bzw. λ_1 die Hilfsgrößen aus den Gleichungen (35) und (36) zu berechnen und die beiden Seiten von (37) in Abhängigkeit von λ_1 aufzutragen. Man würde also beim Auflösen die Frequenzgleichung genau in der Weise wieder zerlegen, in der man sie vorher aufgebaut hat. Das explizite Anschreiben der Frequenzgleichung erübrigt sich daher.

10. Berücksichtigung von Längsschwingungen.

Bisher haben wir bei der Aufstellung der Frequenzgleichung eines Stabwerks stets die einzelnen Stäbe als unausdehnbar vorausgesetzt. In Wirklichkeit werden aber neben den Biegungsschwingungen auch Längsschwingungen der einzelnen Stäbe des Stabwerks auftreten. Die Vernachlässigung dieser Längsschwingungen bei der Berechnung der Eigenfrequenzen des Stabwerks entspricht etwa der in der Baustatik vielfach üblichen Vernachlässigung der Formänderungsarbeit der Längskräfte gegenüber derjenigen der Biegemomente. Bei einem geraden Stab sind, wie in III, 4 bereits ausgeführt wurde, die Biegungsschwingungen weitgehend unabhängig von etwa gleichzeitig vorhandenen Längsschwingungen. Lediglich durch die biegende Wirkung der veränderlichen Längskräfte ist eine gewisse, meist sehr schwache Kopplung beider Schwingungsarten gegeben. In III, 4 wurde jedoch schon darauf hingewiesen, daß die Verhältnisse bei Rahmentragwerken völlig anders liegen, und daß für derartige Tragwerke die Vernachlässigung der Längsschwingungen bei der Aufstellung der Frequenzgleichung im allgemeinen nicht zulässig ist. Wir wollen daher in diesem Abschnitt unser Verfahren zur Aufstellung der Frequenzgleichung eines ebenen Stabwerks so ausbauen, daß es die Berücksichtigung der Längsschwingungen ermöglicht.

Die Differentialgleichung für die Amplituden u der Längsbewegungen der Elemente eines Stabes, welcher Längsschwingungen von der Kreisfrequenz ω ausführt, lautet für den Fall konstanten Stabquerschnitts F nach III, 2, (10)

$$EF u'' + \mu \omega^2 u = 0.$$

Hierin bedeutet E den Elastizitätsmodul und μ die auf die Längeneinheit der Stabachse bezogene Masse. Mit $n = \sqrt{\dfrac{\mu \omega^2}{EF}}$ lautet die allgemeine Lösung dieser Differentialgleichung

$$u = A \cos n x + B \sin n x.$$

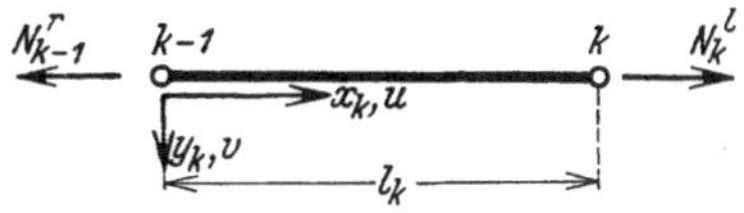

Abb. 54.

Als Hilfsgrößen, welche mit den in Rand- und Übergangsbedingungen auftretenden Größen unmittelbar zusammenhängen, wählen wir hier die Werte des Quotienten

$$g = \frac{u'}{n u} \tag{38}$$

für beide Enden des betrachteten Stababschnitts $(k - 1, k)$ (Abb. 54). Mit $n_k l_k = \nu_k$ erhält man

$$g_{k-1}^r = \frac{B}{A}$$

und

$$g_k^l = \frac{- A \sin \nu_k + B \cos \nu_k}{A \cos \nu_k + B \sin \nu_k}.$$

Erweitert man diese beiden Beziehungen mit den Nennern der rechten Seiten, so erhält man zwei in den Integrationskonstanten A und B homogene und lineare Gleichungen. Durch Nullsetzen der Koeffizientendeterminante dieser Gleichungen ergibt sich die Grundgleichung für die Längsschwingungen

$$g^r_{k-1}\,g^l_k - g^r_{k-1}\operatorname{ctg}\nu_k + g^l_k\operatorname{ctg}\nu_k + 1 = 0\,. \tag{39}$$

Die Funktion ctg λ ist in VII, Tabelle A für Argumentwerte zwischen $\lambda = 0{,}00$ und $\lambda = 10{,}00$ tabuliert. Wir bemerken noch, daß die Längskraft N am Ende eines Stababschnitts mit der Hilfsgröße g für dieses Ende zusammenhängt vermöge der Beziehung

$$N = nEFug = \frac{\mu l \omega^2}{\nu}\,ug\,. \tag{40}$$

Ähnlich wie bei der Behandlung der Transversalschwingungen können wir auch hier verschiedene Arten von Stabanschlüssen unterscheiden. Bei der ersten Art kann der Wert der Hilfsgröße g unmittelbar angegeben werden ($g = \infty$ bei festgehaltenem Ende des Stababschnitts

Anschlußform	Übergangsbedingungen	Anschlußgleichungen
a) Zwischenlager 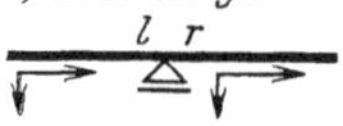	$u_l = u_r$ $N_i = N_r$ $v_l = v_r = 0$ $v'_l = v'_r$ $\mathfrak{M}_l = \mathfrak{M}_r$	$\left.\right\}(\sqrt{\mu F}\,g)_l = (\sqrt{\mu F}\,g)_r$ $f_l = f_r = \infty$ $\left.\right\}(\varkappa J e)_l = (\varkappa J e)_r$
b) Rahmenknoten 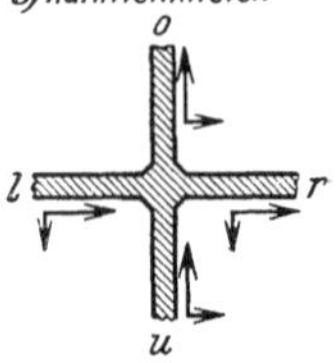	$u_l = u_r = v_u = v_o$ $N_l - N_r + Q_u - Q_o = 0$ $u_u = u_o = -v_l = -v_r$ $N_u - N_o - Q_l + Q_r = 0$ $v'_u = v'_o = v'_l = v'_r$ $\mathfrak{M}_u - \mathfrak{M}_o + \mathfrak{M}_l - \mathfrak{M}_r = 0$	$\left.\right\}\left(\frac{\mu}{\varkappa}\frac{j}{\lambda}g\right)_l - \left(\frac{\mu}{\varkappa}\frac{j}{\lambda}g\right)_r - \left(\frac{\mu}{\varkappa}f\right)_u + \left(\frac{\mu}{\varkappa}f\right)_o =$ $\left.\right\}\left(\frac{\mu}{\varkappa}\frac{j}{\lambda}g\right)_u - \left(\frac{\mu}{\varkappa}\frac{j}{\lambda}g\right)_o - \left(\frac{\mu}{\varkappa}f\right)_l + \left(\frac{\mu}{\varkappa}f\right)_r =$ $\left.\right\}(\varkappa J e)_u - (\varkappa J e)_o + (\varkappa J e)_l - (\varkappa J e)_r = 0$

Abb. 55a und b.

und für Symmetriepunkte eines symmetrischen Systems bei symmetrischer Schwingungsform, $g = 0$ bei freiem Ende des Stababschnitts und für Symmetriepunkte eines symmetrischen Systems bei gegensymmetrischer Schwingungsform). Bei der zweiten Art bleibt g zunächst unbestimmt, doch sind die Werte dieser Hilfsgröße zu beiden Seiten des betreffenden Systempunktes durch eine Anschlußgleichung miteinander verknüpft. Abb. 55 zeigt zwei Arten von Stabanschlüssen unter Angabe der Anschlußbedingungen und der sich daraus ergebenden Anschlußgleichungen. In ihnen ist $j = \dfrac{l}{\sqrt{J/F}} = \dfrac{\lambda^2}{\nu}$ der Schlankheitsgrad des Stabes, wobei allerdings J im Gegensatz zu der in der Knicktheorie gebräuchlichen Definition des Schlankheitsgrades nicht das kleinste Trägheitsmoment des Stabquerschnitts bedeutet, sondern das auf die Nullinie des Stabquerschnitts bezogene Trägheitsmoment. Da die

Gleichgewichtsbedingungen an einem Knoten in solche zerfallen, welche Kräfte (Längskräfte, Querkräfte) miteinander verknüpfen, und solche, die sich auf Momente (Biegemomente) beziehen, gelten die Übergangsgleichungen für die Hilfsgrößen e in der früher aufgestellten Form.

Die Anwendung der Grundgleichung (39) erläutern wir am Beispiel eines beiderseits eingespannten symmetrischen Rahmens nach Abb. 56. Es soll die Frequenzgleichung für die symmetrischen Schwingungen unter Berücksichtigung der Längsschwingungen aufgestellt werden. Unmittelbar angegeben werden können die folgenden Hilfsgrößen. Nach Abb. 45a ist $e_0 = f_0 = \infty$, aus $u_0 = 0$ folgt vermöge (38) $g_0 = \infty$, nach Abb. 45d ist $e_2 = \infty$, $f_2 = 0$, und aus der Symmetriebedingung $u_2 = 0$ ergibt sich nach (38) $g_2 = \infty^*$. Für die Hilfsgrößen am Punkte *1* gelten die folgenden Übergangsbedingungen, die sich aus denjenigen für den Rahmenknoten der Abb. 55b durch Weglassen aller Größen mit den Indizes l und o ergeben,

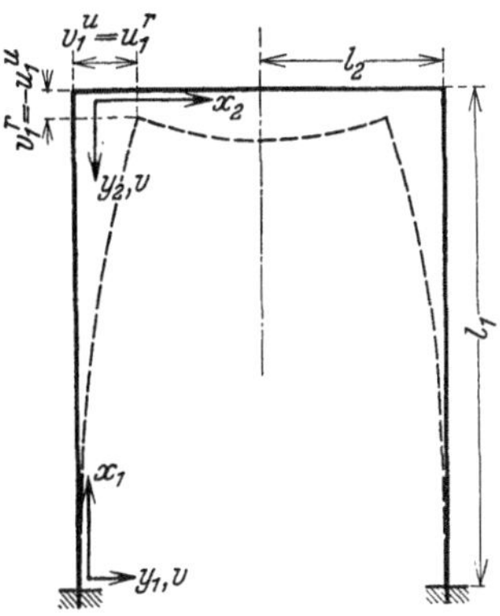

$$\varkappa_1 J_1 e_1^u = \varkappa_2 J_2 e_1^r, \qquad \text{(a)}$$

$$-\frac{\mu_1}{\varkappa_1} \frac{j_1}{\lambda_1} g_1^u = \frac{\mu_2}{\varkappa_2} f_1^r, \qquad \text{(b)}$$

$$\frac{\mu_1}{\varkappa_1} f_1^u = -\frac{\mu_2}{\varkappa_2} \frac{j_2}{\lambda_2} g_1^r. \qquad \text{(c)}$$

Die Grundgleichungen 7, (18) und (39) lauten für den Stababschnitt $(0,\ 1)$

$$e_1^u f_1^u \mathfrak{D}(\lambda_1) - e_1^u \mathfrak{A}(\lambda_1) + f_1^u \mathfrak{B}(\lambda_1) + \mathfrak{C}(\lambda_1) = 0, \qquad \text{(d)}$$

$$g_1^u - \operatorname{ctg} \nu_1 = 0, \qquad \text{(e)}$$

und für den Stababschnitt $(1,\ 2)$

$$e_1^r f_1^r \mathfrak{A}(\lambda_2) + e_1^r \mathfrak{S}(\lambda_2) + f_1^r \mathfrak{C}(\lambda_2) + \mathfrak{A}(\lambda_2) = 0, \qquad \text{(f)}$$

$$g_1^r + \operatorname{ctg} \nu_2 = 0. \qquad \text{(g)}$$

Aus den Gleichungen (b) und (e) folgt

$$f_1^r = -\frac{\mu_1 \varkappa_2}{\mu_2 \varkappa_1} \frac{j_1}{\lambda_1} \operatorname{ctg} \nu_1,$$

und aus den Gleichungen (c) und (g) ergibt sich

$$f_1^u = +\frac{\mu_2 \varkappa_1}{\mu_1 \varkappa_2} \frac{j_2}{\lambda_2} \operatorname{ctg} \nu_2.$$

Abb. 56*.

---

* In Abb. 56 ist die linke Einspannstelle mit *0*, die Rahmenecke mit *1* und die Riegelmitte mit *2* zu bezeichnen.

Setzt man diese Werte der Hilfsgrößen f in die Gleichungen (d) und (f) ein, so ergibt sich unter Heranziehung der Übergangsgleichung (a) die Frequenzgleichung des Systems zu

$$\frac{\mathfrak{C}(\lambda_1) + \dfrac{\mu_2\varkappa_1}{\mu_1\varkappa_2}\cdot\dfrac{j_2}{\lambda_2}\,\mathrm{ctg}\,v_2\,\mathfrak{B}(\lambda_1)}{\mathfrak{A}(\lambda_1) - \dfrac{\mu_2\varkappa_1}{\mu_1\varkappa_2}\dfrac{j_2}{\lambda_2}\,\mathrm{ctg}\,v_2\,\mathfrak{D}(\lambda_1)} = -\frac{\varkappa_2 J_2\left\{\mathfrak{A}(\lambda_2) - \dfrac{\mu_1\varkappa_2}{\mu_2\varkappa_1}\dfrac{j_1}{\lambda_1}\,\mathrm{ctg}\,v_1\,\mathfrak{C}(\lambda_2)\right\}}{\varkappa_1 J_1\left\{\mathfrak{S}(\lambda_2) - \dfrac{\mu_1\varkappa_2}{\mu_2\varkappa_1}\dfrac{j_1}{\lambda_1}\,\mathrm{ctg}\,v_1\,\mathfrak{A}(\lambda_2)\right\}}\cdot \tag{41}$$

Für unendlich schlanke Stäbe, also unendlich große Werte der Schlankheitsgrade j geht diese Gleichung über in

$$\frac{\mathfrak{B}(\lambda_1)}{\mathfrak{D}(\lambda_1)} = \frac{\varkappa_2 J_2\,\mathfrak{C}(\lambda_2)}{\varkappa_1 J_1\,\mathfrak{A}(\lambda_2)}.$$

Dies ist aber die Frequenzgleichung, welche wir in 8, (28) bei Vernachlässigung der Längsschwingungen erhalten haben. Die Durchrechnung von Beispielen lehrt, daß bei normalen Rahmenabmessungen die Berücksichtigung der Längsschwingungen eine wesentliche Erniedrigung der Eigenschwingungszahlen mit sich bringt (bis etwa 10%). Da die Auswertung beider Seiten der Frequenzgleichung (41) ziemlich mühsam ist, empfiehlt es sich, zunächst die Wurzeln der Frequenzgleichung 8, (28) vermittels des in III, 11 mitgeteilten Nomogramms zu bestimmen und dann die beiden Seiten von (41) für etwas niedrigere Werte der Kreisfrequenz zu berechnen. Man vermeidet so ein allzu umfangreiches probeweises Einsetzen willkürlich angenommener Frequenzwerte.

11. Die Bestimmung der Wurzeln von Frequenzgleichungen.

In diesem Abschnitt werden einige Verfahren zur praktischen Auflösung von Frequenzgleichungen besprochen. Zunächst sei darauf aufmerksam gemacht, daß man die höheren Eigenfrequenzen meist durch sehr einfache Überlegungen finden kann. Als Beispiele wählen wir die Frequenzgleichung 6, (19) für einen beiderseits eingespannten Stab ($\mathfrak{Cof}\,\lambda\cos\lambda - 1 = 0$) und die Frequenzgleichung 6, (20) für den am einen Ende eingespannten, am anderen freien Stab ($\mathfrak{Cof}\,\lambda\cos\lambda + 1 = 0$). Da der Betrag von $\cos\lambda$ höchstens den Wert 1 annehmen kann, wird die Kurve $y = \mathfrak{Cof}\,\lambda\cos\lambda$ eingehüllt von den beiden Kurven $y = +\,\mathfrak{Cof}\,\lambda$ und $y = -\,\mathfrak{Cof}\,\lambda$. Wie man aus Abb. 57 erkennt, geht die Kurve $y = \mathfrak{Cof}\,\lambda\cos\lambda$ für größere Werte von λ außerordentlich steil durch ihre Nullstellen hindurch, sodaß die Wurzeln der beiden obigen Frequenzgleichungen für größere Werte von λ nahezu bei $\lambda = \dfrac{2n+1}{2}\,\pi$ liegen. Die beiden Systeme haben also bei gleichen Abmessungen trotz ihrer verschiedenen Lagerungsart nahezu die gleichen höheren Eigenfrequenzen.

Auf diese bemerkenswerte Eigenschaft wird in III, 13 noch näher eingegangen werden.

An dem soeben erhaltenen Näherungswert, welcher für die höheren Eigenfrequenzen bereits sehr genau ist, können noch Verbesserungen angebracht werden, sodaß sich auch für weniger hohe Eigenfrequenzen brauchbare Werte ergeben. Wie aus Abb. 57 hervorgeht, ist für den beiderseits eingespannten Stab abwechselnd eine Wurzel der Frequenzgleichung größer und eine kleiner als der Näherungswert $\lambda = \dfrac{2n+1}{2}\,\pi$. Wir machen daher für die n^{te} Wurzel den Ansatz

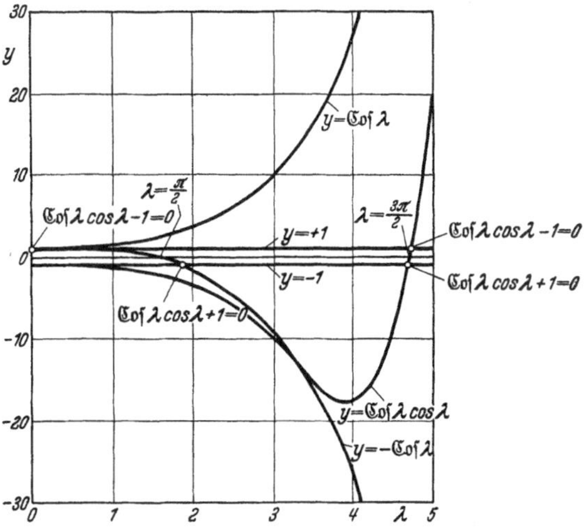

$$\lambda_n = \frac{2n+1}{2}\,\pi - (-1)^n \beta_n\,,$$

wo β_n stets positiv ist. Berücksichtigt man, daß β_n eine kleine Größe ist, so ergibt sich durch Taylorentwicklung und Vernachlässigung höherer Potenzen von β_n

Abb. 57.

$$\mathfrak{Cof}\,\lambda_n \cos \lambda_n \approx \mathfrak{Cof}\,\frac{2n+1}{2}\,\pi \cos \frac{2n+1}{2}\,\pi$$

$$- (-1)^n \beta_n \left\{ \mathfrak{Sin}\,\frac{2n+1}{2}\,\pi \cos \frac{2n+1}{2}\,\pi - \mathfrak{Cof}\,\frac{2n+1}{2}\,\pi \sin \frac{2n+1}{2}\,\pi \right\}$$

oder $\qquad\qquad \mathfrak{Cof}\,\lambda_n \cos \lambda_n \approx \beta_n\,\mathfrak{Cof}\,\dfrac{2n+1}{2}\,\pi.$

Also entspricht der Frequenzgleichung

$$\mathfrak{Cof}\,\lambda_n \cos \lambda_n - 1 = 0$$

mit großer Annäherung die Beziehung

$$\beta_n\,\mathfrak{Cof}\,\frac{2n+1}{2}\,\pi - 1 = 0,$$

und man erhält die Verbesserung β_n des n^{ten} Näherungswertes zu

$$\beta_n = \frac{1}{\mathfrak{Cof}\,\dfrac{2n+1}{2}\,\pi}$$

und damit den n^{ten} Wurzelwert der Frequenzgleichung zu

$$\lambda_n \approx \frac{2n+1}{2}\,\pi - \frac{(-1)^n}{\mathfrak{Cof}\,\dfrac{2n+1}{2}\,\pi}\,. \tag{42}$$

Diejenigen Wurzelwerte, für welche eine derartige Näherung nicht mehr ausreichende Genauigkeit besitzt, liegen dann in der Regel innerhalb des Bereichs von VII, Tabelle A und können mit ihrer Hilfe bestimmt werden. In den meisten Fällen wird es bereits ausreichen, wenn man aus der Tabelle entnimmt, zwischen welchen in der Tabelle enthaltenen Argumentwerten die Wurzel liegt. Ist größere Genauigkeit erwünscht, so wird man beide Seiten der Frequenzgleichung in der unmittelbaren Umgebung der gesuchten Nullstelle in Abhängigkeit von λ graphisch darstellen und aus dieser Darstellung einen genaueren Wurzelwert entnehmen. In Abb. 58 ist dies für den zweiten Eigenwert des eingespannt-freien Stabes geschehen[1]. Man erkennt, daß die gesuchte Wurzel bei $\lambda_{II} = 4{,}694$ liegt.

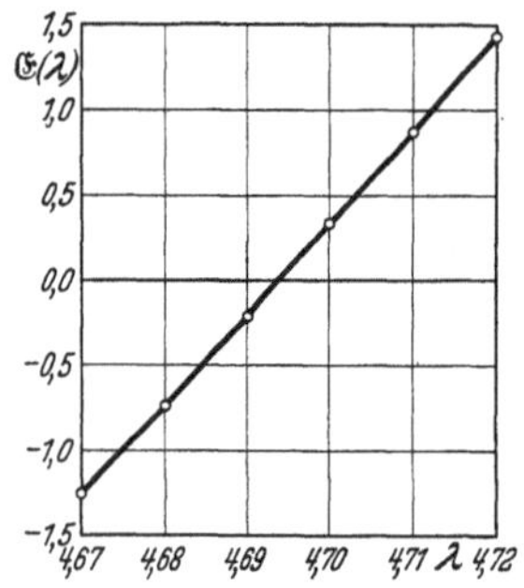

Sollte ausnahmsweise die so erhaltene Genauigkeit noch nicht ausreichen, so kann man mittels inverser Interpolation die Nullstelle sehr genau bestimmen. Wir erläutern den Rechenvorgang am Beispiel des niedrigsten Eigenwertes eines eingespannt-freien Stabes. Die Frequenzgleichung lautet $\mathfrak{E}(\lambda) = 0$. Aus VII, Tabelle A entnimmt man den Wert von $\mathfrak{E}(\lambda)$ für vier äquidistante Argumentwerte, die so anzuordnen sind, daß die näher zu berechnende Nullstelle zwischen dem zweiten und dritten Argumentwert liegt[1]. Man erhält

Abb. 58.

$$\lambda_0 - \Delta\lambda = 4{,}68 \quad \mathfrak{E}(4{,}68) = -0{,}74513$$
$$\lambda_0 \qquad = 4{,}69 \quad \mathfrak{E}(4{,}69) = -0{,}21856 \quad \leftarrow \text{Nullstelle bei } \lambda_{II} = \lambda_0 + x\,\Delta\lambda$$
$$\lambda_0 + \Delta\lambda = 4{,}70 \quad \mathfrak{E}(4{,}70) = +0{,}31889$$
$$\lambda_0 + 2\Delta\lambda = 4{,}71 \quad \mathfrak{E}(4{,}71) = +0{,}86734.$$

Wir bilden nun das Differenzenschema zu diesen Funktionswerten. Die erste Spalte dieses Schemas enthält die oben angegebenen Funktionswerte. In der zweiten Spalte wird zwischen zwei Zeilen der ersten Spalte die Differenz eingetragen aus dem Funktionswert der ersten Spalte, welcher in der unteren Zeile steht, und dem Funktionswert der ersten Spalte, welcher in der oberen Zeile steht. Die Werte der weiteren Spalten des Differenzenschemas ergeben sich aus denjenigen der jeweils vorhergehenden Spalte in gleicher Weise wie die Werte der zweiten Spalte aus denen der ersten. Im Falle unseres Beispiels enthält das

---

[1] Die Werte $\mathfrak{E}(4{,}69)$ und $\mathfrak{E}(4{,}71)$ sind in VII, Tabelle A nicht enthalten, da zwecks Raumersparnis nur jede zweite Zeile der ursprünglich vorgesehenen Tafel abgedruckt wurde.

Differenzenschema die folgenden Werte

$$
\begin{array}{ccccc}
-0{,}74513 \\
& +0{,}52657 \\
-0{,}21856 & & +0{,}01088 \\
& +0{,}53745 & & +0{,}00012 \\
+0{,}31889 & & +0{,}01100 \\
& +0{,}54845 \\
+0{,}86734\,.
\end{array}
$$

Für die weitere Rechnung brauchen wir nur die in diesem Schema fettgedruckten Zahlen. Wir führen die Bezeichnungen ein

$$y_0 = -0{,}21856\,,$$

$$\Delta^1 y_0 = +0{,}53745\,,$$

$$\Delta^2 y_0 = \frac{0{,}01088 + 0{,}01100}{2} = +0{,}01094\,,$$

$$\Delta^3 y_0 = +0{,}00012\,.$$

Aus der Besselschen Formel der Interpolationsrechnung[1] ergibt sich dann die folgende Gleichung zur Bestimmung der Unbekannten x:

$$x\{\Delta^1 y_0 - \tfrac{1}{2}\Delta^2 y_0 + \tfrac{1}{12}\Delta^3 y_0\} = -y_0 - x^2\{\tfrac{1}{2}\Delta^2 y_0 - \tfrac{1}{4}\Delta^3 y_0\} - x^3 \tfrac{1}{6}\Delta^3 y_0\,.$$

Für unser Beispiel nimmt diese Gleichung die Form an

$$0{,}53199\,x = 0{,}21856 - 0{,}00544\,x^2 - 0{,}00002\,x^3$$

oder

$$x = 0{,}41083 - 0{,}01023\,x^2 - 0{,}00004\,x^3\,.$$

Die angenäherte Bestimmung der für uns allein wichtigen Wurzel dieser Gleichung erfolgt am einfachsten dadurch, daß man auf der rechten Seite den Näherungswert $x_0 = 0{,}41083$ einsetzt, der sich durch Vernachlässigung der wenig einflußreichen Glieder mit x^2 und x^3 ergibt. Man erhält so $x = 0{,}4091$ und damit die gesuchte Wurzel der Frequenzgleichung zu

$$\lambda_{II} = 4{,}694091\,.$$

Dieser Wert stimmt bereits in sämtlichen angegebenen Stellen mit dem genauen überein[2]. Natürlich kommt eine derartig genaue Bestimmung der Eigenwerte für praktische Rechnungen kaum in Frage, dagegen können zwecks Überprüfung eines Näherungsverfahrens zur Bestimmung der Eigenwerte gelegentlich so hohe Ansprüche an die Genauigkeit gestellt werden.

Schließlich wollen wir noch ein nomographisches Verfahren zur Bestimmung der Wurzeln der Frequenzgleichung einfacher Stabwerks-

---

[1] Vgl. z. B. A. Willers: Methoden der praktischen Analysis S. 82. Leipzig 1928.

[2] In Rayleigh: Theory of Sound Bd. 1 S. 278 (2. Auflage 1929) ist der Wert infolge eines Rechenfehlers fälschlicherweise zu $\lambda_{II} = 4{,}694098$ angegeben.

formen besprechen, welches besonders dann von großem Vorteil ist, wenn der Einfluß von Änderungen der Tragwerksabmessungen auf die Eigenfrequenzen untersucht werden soll. Wir erläutern das Verfahren zunächst an Hand der früher aufgestellten Frequenzgleichung 8, (25) für die symmetrischen Schwingungsformen eines Balkens auf vier Stützen mit symmetrischen Endfeldern. Mit

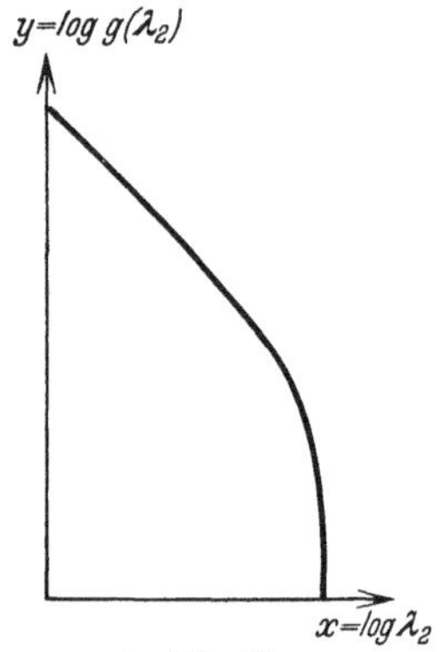

$$\alpha = \frac{\varkappa_1 J_1}{\varkappa_2 J_2} \quad \text{und} \quad \beta = \frac{\lambda_1}{\lambda_2} = \frac{\varkappa_1 l_1}{\varkappa_2 l_2}$$

lautet diese Frequenzgleichung

$$\alpha \frac{\mathfrak{S}(\lambda_1)}{\mathfrak{B}(\lambda_1)} = - \frac{\mathfrak{C}(\lambda_2)}{\mathfrak{A}(\lambda_2)} \quad \text{mit} \quad \lambda_1 = \beta \lambda_2. \tag{43}$$

Sie hat die bei vielen einfachen Tragwerken wiederkehrende Form

$$\alpha f(\lambda_1) = g(\lambda_2) \tag{a}$$

mit

$$\lambda_1 = \beta \lambda_2 \tag{b}$$

y=log g(λ₂)

x=log λ₂

Abb. 59.

oder

$$\log \alpha + \log f(\lambda_1) = \log g(\lambda_2) \tag{a′}$$

mit

$$\log \lambda_1 = \log \beta + \log \lambda_2. \tag{b′}$$

Zur nomographischen Auflösung dieser Gleichung zeichnet man unter Verwendung von Potenzpapier (Koordinatenpapier mit logarithmischer Teilung beider Achsen) auf ein Grundblatt die Kurve

$$x = \log \lambda_2,$$
$$y = \log g(\lambda_2)$$

(Abb. 59), und auf ein durchsichtiges Deckblatt in gleichem Maßstab die Kurve

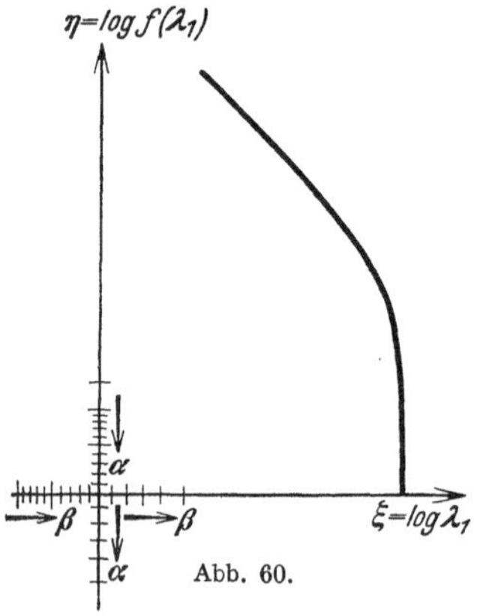

$$\xi = \log \lambda_1,$$
$$\eta = \log f(\lambda_1)$$

η=log f(λ₁)

ξ=log λ₁

Abb. 60.

(Abb. 60). Die Gleichungen (a′) und (b′) lassen sich dann schreiben in der Form

$$\xi = x + \log \beta, \tag{b″}$$

$$\eta = y - \log \alpha, \tag{a″}$$

und geben somit an, wie die beiden Blätter mit zueinander parallelen Achsen übereinander zu legen sind (Abb. 61). Das richtige Überein-anderlegen beider Blätter wird er-leichtert durch Skalen für α und β, welche auf dem Deckblatt angebracht sind. Diejenigen Punkte dieser Skalen, welche den Systemabmessungen ent-sprechen, müssen auf die Koordinaten-achsen des Grundblatts zu liegen kommen. Die Wurzeln der Frequenz-gleichung ergeben sich aus den Ab-szissen der Schnittpunkte der Kurve des Grundblatts mit derjenigen des Deckblatts. Nehmen die Funktionen $f(\lambda_1)$ und $g(\lambda_2)$ auch negative Werte an, so trägt man den Logarithmus des Betrags dieser Funktionen auf

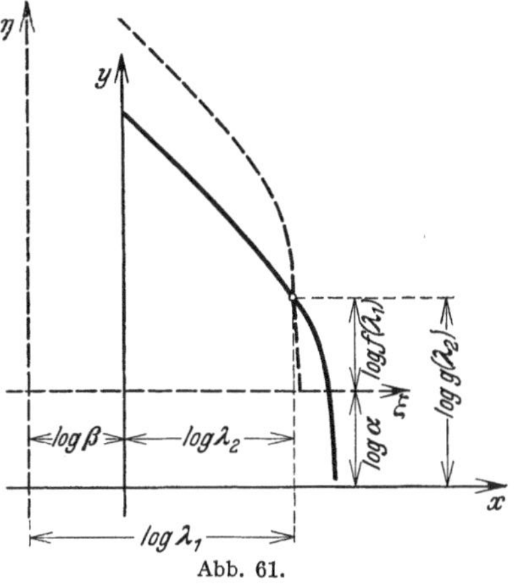
Abb. 61.

und bringt das Vorzeichen durch die Strichart zum Ausdruck. Die Abb. **62** und **63** zeigen die beiden Blätter für unser Beispiel, und zwar entsprechen die aus-gezogenen Kurventeile positiven, die gestrichel-ten negativen Werten von $\dfrac{\mathfrak{S}(\lambda_1)}{\mathfrak{B}(\lambda_1)}$ bzw. $\dfrac{\mathfrak{C}(\lambda_2)}{\mathfrak{A}(\lambda_2)}$.

Infolge des negativen Vorzeichens auf der rech-ten Seite der Frequenz-gleichung (43) liefern Wurzeln der Frequenz-gleichung nur diejenigen Schnittpunkte, in denen sich Kurven verschiede-ner Strichart schneiden.

Die Frequenzglei-chung für die gegen-symmetrischen Schwin-gungsformen unseres Balkens auf vier Stützen hat ebenfalls die Form (a), (b). Die Kurven

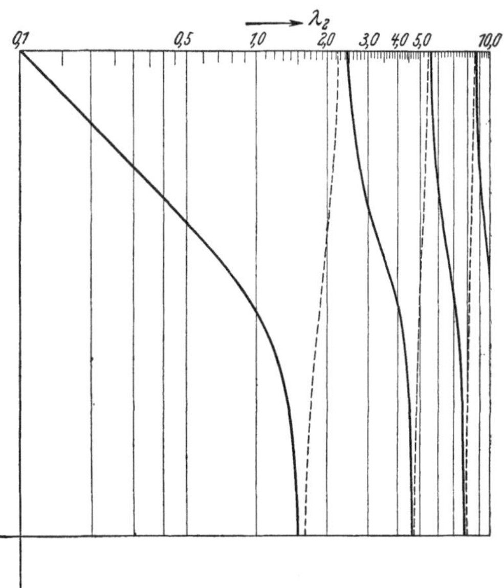
Abb. 62.

zur Auflösung dieser Frequenzgleichung lassen sich daher in die gleichen Blätter eintragen. Der größeren Übersichtlichkeit halber geschieht dies am besten in anderer Farbe. Durch einfaches Übereinanderlegen beider Blätter kann man dann die Frequenzen der sechs bis acht niedrigsten Eigentöne eines Balkens auf vier Stützen mit symmetrischen Endfeldern ermitteln. Einer Veränderung der Systemabmessungen entspricht eine Verschiebung der beiden Blätter gegeneinander, und man kann den Einfluß einer solchen Veränderung auf die Eigenschwingungszahlen leicht verfolgen.

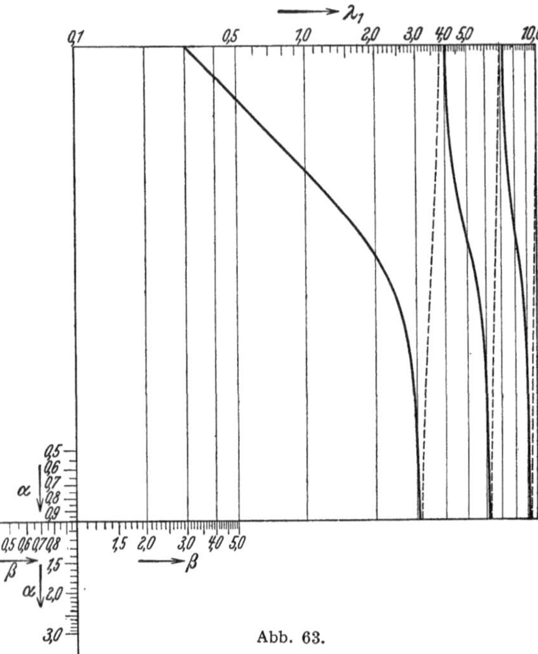

Abb. 63.

Die Frequenzgleichung 8, (28) für die symmetrischen Schwingungsformen eines beiderseits eingespannten Rahmens kann ebenfalls in der Form (a), (b) geschrieben und daher in der gleichen Weise nomographisch behandelt werden. Die Abb. **64** und **65** zeigen die beiden Blätter dieses Nomogramms; es ist

$$\alpha = \frac{\varkappa_1 J_1}{\varkappa_2 J_2} \quad \text{und} \quad \beta = \frac{\varkappa_1 l_1}{\varkappa_2 l_2}.$$

Etwas verwickelter gebaut ist die Frequenzgleichung 8, (29) für die gegensymmetrischen Schwingungsformen dieses Rahmens, doch kann auch sie der nomographischen Behandlung zugänglich gemacht werden. Mit den Abkürzungen

$$\alpha = \frac{\varkappa_1 J_1}{\varkappa_2 J_2}, \qquad \beta = \frac{\lambda_1}{\lambda_2} = \frac{\varkappa_1 l_1}{\varkappa_2 l_2}, \qquad \gamma = \frac{\mu_2 l_2}{\mu_1 l_1}$$

lautet die Frequenzgleichung 8, (29)

$$\alpha \frac{\gamma \lambda_1 \, \mathfrak{B}(\lambda_1) - \mathfrak{E}(\lambda_1)}{\gamma \lambda_1 \, \mathfrak{D}(\lambda_1) + \mathfrak{A}(\lambda_1)} = \frac{\mathfrak{S}(\lambda_2)}{\mathfrak{B}(\lambda_2)},$$

sie ist somit von der Form

$$\alpha f(\gamma, \lambda_1) = g(\lambda_2), \quad \text{(c)} \qquad \text{mit} \qquad \lambda_1 = \beta \lambda_2. \tag{d}$$

Für ein bestimmtes festes γ stimmt diese Form mit derjenigen der Gleichungen (a), (b) überein und kann daher in der oben dargestellten Weise behandelt werden. Zeichnet man nun auf das Deckblatt für eine

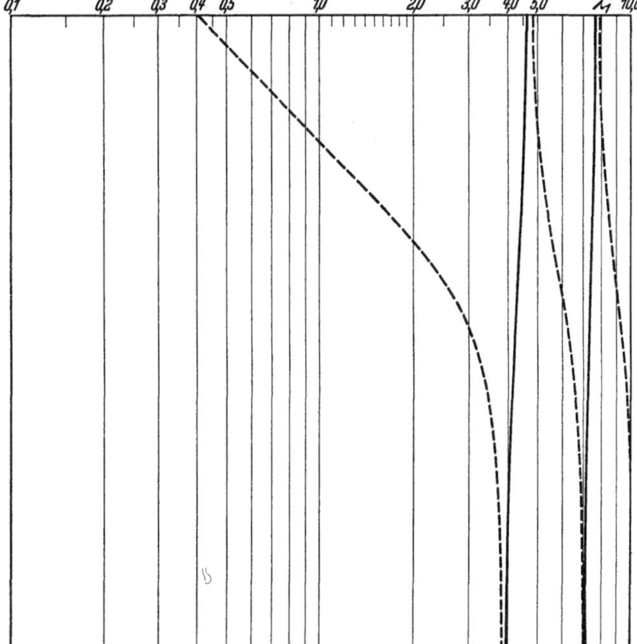

Abb. 64.

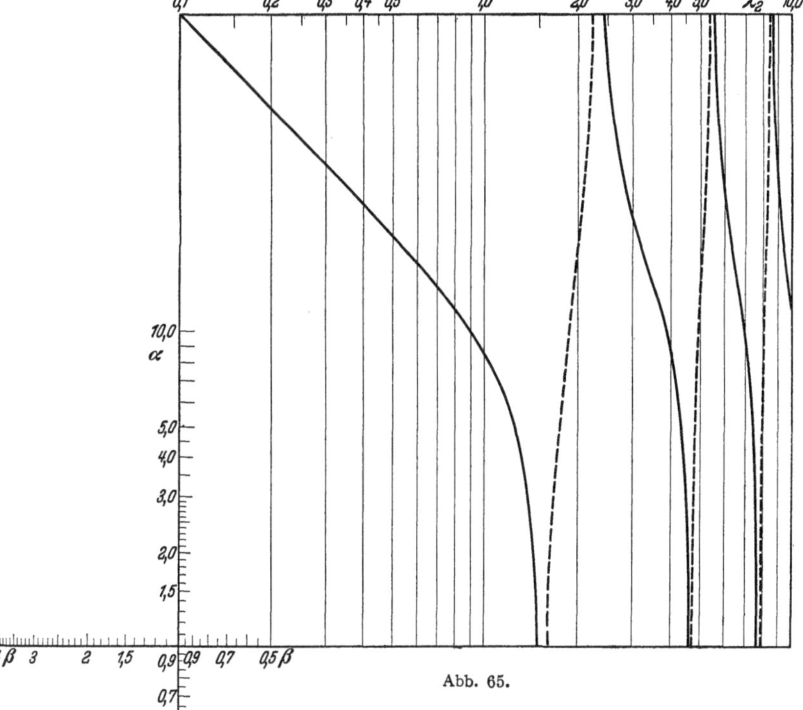

Abb. 65.

Anzahl praktisch wichtiger γ-Werte die nach γ bezifferten Kurven

$$\xi = \log \lambda_1$$
$$\eta = \log f(\gamma, \lambda_1) , \tag{c''}$$

so kann die Bestimmung der Wurzeln der Frequenzgleichung in der obigen Weise erfolgen. Man muß dabei lediglich diejenige Kurve berücksichtigen, welche dem vorliegenden Werte von γ entspricht. Falls

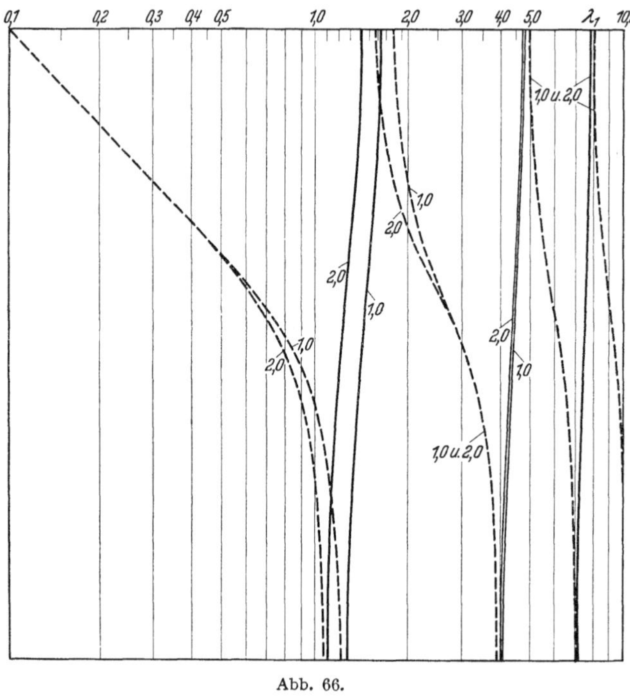

Abb. 66.

dieser Wert zwischen zwei Werten γ liegt, für welche Kurven im Deckblatt enthalten sind, so ist die zu ihm gehörige Kurve in der üblichen Weise nach Augenmaß einzuschalten. Die Abb. 66 und 67 zeigen die beiden Blätter des Nomogramms für die gegensymmetrischen Schwingungsformen eines beiderseits eingespannten Rahmens für die Werte $\gamma = 1,0$ und $\gamma = 2,0$. Bei Benutzung verschiedener Farben lassen sich die Blätter der Abb. 64 und 66 sowie die Blätter der Abb. 65 und 67 vereinigen, sodaß man durch einfaches Übereinanderlegen der beiden so entstehenden Blätter die Eigenschwingungszahlen sowohl der symmetrischen wie auch der gegensymmetrischen Schwingungsformen eines

beiderseits eingespannten Rahmens erhält. Beim Gebrauch der
Abb. 64 bis 67 ist zu beachten, daß jeweils die Schnitt-

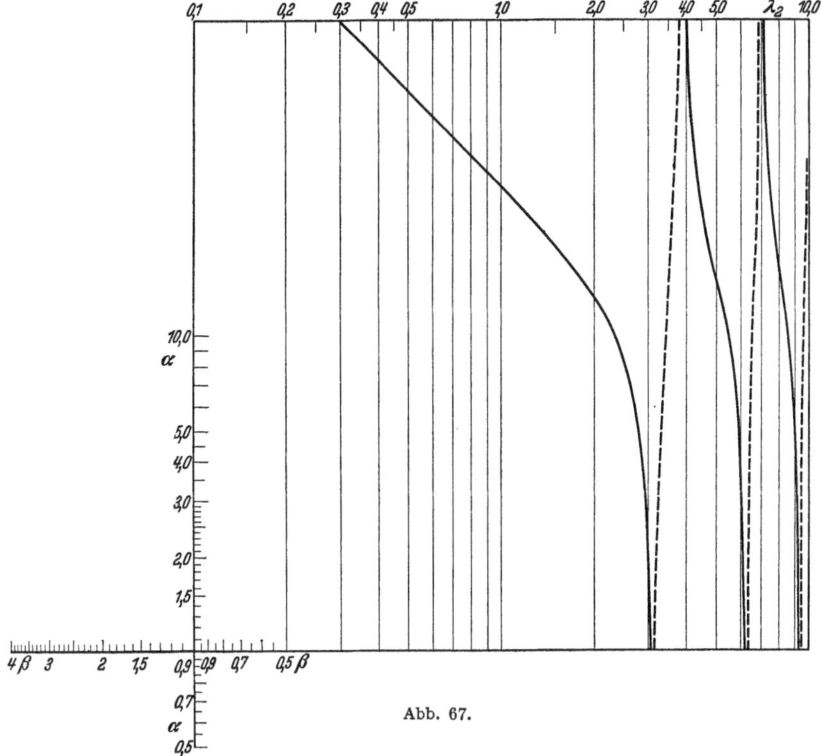

Abb. 67.

punkte zweier Kurven gleicher Strichart den Wurzeln der
Frequenzgleichungen entsprechen.

C. Praktisch ausreichende näherungsweise Berechnung der Eigenschwingungszahlen.

12. Grundton.

Mit den oben entwickelten strengen Methoden lassen sich die Eigenfrequenzen von allen solchen Tragwerken berechnen, die aus nicht zu
zahlreichen homogenen Stäben bestehen. Bei komplizierteren Tragwerken und solchen mit ungleichmäßiger Massenverteilung und Steifigkeit über die Stablängen (Brücken, Schornsteine usw.) versagen die
strengen Methoden, und man ist gezwungen, angenäherte Methoden
zur Berechnung der Eigenfrequenzen solcher Stabwerke zu verwenden.

Die Grundlagen für die Näherungsmethoden sind im zweiten Kapitel entwickelt worden. Unter den verschiedenen Möglichkeiten, solche angenäherten Rechnungen durchzuführen, werden zunächst nur einige herausgegriffen, die nach den Erfahrungen der Verfasser für die praktischen Erfordernisse immer ausreichen. Später werden dann noch Methoden zur Prüfung und Verbesserung der so gewonnenen Näherungen angegeben und an Beispielen durchgeführt.

Die näherungsweise Berechnung der niedrigsten Eigenschwingungszahl eines Stabwerks mit Hilfe der Energiemethode dürfte wohl immer mit relativ geringem Arbeitsaufwand praktisch völlig ausreichende Ergebnisse liefern. Für das Quadrat der niedrigsten Eigenkreisfrequenz gilt ja, wie in II, 26 gezeigt wurde, die Ungleichung

$$\omega_1^2 \leq \frac{A(v)}{T(v)}. \tag{44}$$

Hierin ist $A(v)$ die potentielle Energie einer Auslenkungsform $v(x)$, T ist die Amplitude der bezogenen kinetischen Energie bei einer harmonischen Schwingung gemäß der Auslenkungsform $v(x)$. Führt der Balken nur Querschwingungen aus, und trägt er nur verteilte Massen μ je Längeneinheit, dann ist $T(v)$ gegeben durch

$$T(v) = \tfrac{1}{2} \int_0^l v^2(x)\, \mu\, dx. \tag{45}$$

Die Formänderungsarbeit ist gegeben durch den Ausdruck

$$A(v) = \tfrac{1}{2} \int_0^l p(x)\, v(x)\, dx, \tag{46}$$

wobei $p(x)$ die Last ist, welche die statische Auslenkung $v(x)$ erzeugt. (44) erhält also die Form

$$\omega_1^2 \leq \frac{\int_0^l p\, v\, dx}{\int_0^l \mu\, v^2\, dx}. \tag{47}$$

Stimmt die Auslenkungsform $v(x)$ mit der ersten Eigenschwingungsform $V_1(x)$ überein, dann gilt das Gleichheitszeichen. Man hat nun die Lastverteilung $p(x)$ so zu wählen, daß die zugehörige statische Auslenkung $v(x)$ möglichst gut mit der Eigenschwingungsform übereinstimmt. Wie früher gezeigt wurde, erhält man als statische Auslenkung die genaue Eigenschwingungsform $V(x)$, wenn man eine Last $p(x) = V(x)\mu$ anbringt. Wenn man sorgfältig rechnen will, hat man demnach eine Schwingungsform $v_0(x)$ zu schätzen und die Durchbiegung $v(x)$ unter der Last $p(x) = v_0(x)\mu$ zu bestimmen. Die Verteilung der Last $p(x)$ kann jedoch in weiten Grenzen variieren, ohne daß dadurch die Güte der Abschätzung (44) wesentlich beeinträchtigt wird. Wir wollen dies zunächst an einem einfachen Beispiel zeigen, nämlich dem am einen Ende eingespannten, am anderen Ende freien Balken mit konstanter Steifigkeit und Massenverteilung.

Beispiel 1. Wir nehmen zunächst eine längs des Stabes unveränderliche Last p je Längeneinheit an. Wenn x vom eingespannten Ende aus gerechnet wird, beträgt die Durchbiegung unter dieser Last

$$v\,(x) = \frac{p\,l^4}{24\,E\,J}\left(\frac{x^4}{l^4} - 4\,\frac{x^3}{l^3} + 6\,\frac{x^2}{l^2}\right).$$

Durch Einsetzen in (47) erhält man

$$\omega_1 \leq \frac{3{,}530}{l^2}\,\sqrt{\frac{E\,J}{\mu}}\,.$$

Die Frequenzgleichung für unseren Fall, 6, (20), hat als niedrigste Wurzel

$$\lambda_1 = 1{,}8751\,.$$

Die genaue Eigenkreisfrequenz ist also

$$\omega_1 = \frac{\lambda_1^2}{l^2}\,\sqrt{\frac{E\,J}{\mu}} = \frac{3{,}516}{l^2}\,\sqrt{\frac{E\,J}{\mu}}\,.$$

Der Fehler der obigen Näherung beträgt demnach nur 0,04%.

Wir nehmen nun eine Einzellast P am freien Stabende an. Die Durchbiegung unter dieser Last beträgt, wenn wieder x vom eingespannten Ende aus gerechnet wird,

$$v\,(x) = \frac{P\,l^3}{6\,E\,J}\left(3\,\frac{x^2}{l^2} - \frac{x^3}{l^3}\right).$$

Die Formänderungsarbeit ist gleich dem halben Produkt aus der Auslenkung am freien Stabende und der Kraft P, und man erhält die Eigenkreisfrequenz vermittels

$$\omega_1 \leq \sqrt{\frac{A\,(v)}{T\,(v)}} = \frac{3{,}567}{l^2}\,\sqrt{\frac{E\,J}{\mu}}\,,$$

mit einem Fehler von 1,45%, der praktisch noch völlig unbedenklich ist. Ganz wahllos darf man allerdings die Lasten nicht annehmen. Wenn man z. B. ω aus der Biegelinie infolge einer Einzellast in $l/2$ bestimmt, erhält man bereits einen Fehler von 5,7% in der Eigenfrequenz. Die Lastverteilung soll ja nach Möglichkeit mit dem Produkt aus der Massenverteilung und der ersten Eigenschwingungsform übereinstimmen, und wenn diese Forderung nicht erfüllt ist, sollten die Lasten wenigstens in der Nähe des Größtwerts von $V\,(x)\,\mu\,(x)$ konzentriert sein. In dem gerechneten Beispiel ergab sich tatsächlich bei Verwendung einer gleichmäßigen Lastverteilung der beste Wert für die erste Eigenfrequenz. Auch die Lastverteilung, bei welcher an der Stelle der größten Auslenkung der Eigenschwingungsform eine Einzellast angenommen wurde, ergab einen geringen Fehler. Bei der Wahl von Einzellasten, die sehr weit vom freien Stabende entfernt angreifen, also an Stellen, an denen die erste Eigenschwingungsform nur kleine Auslenkungen besitzt, entstehen jedoch größere Fehler.

Bei dem oben gerechneten Beispiel war nur deshalb eine gleichmäßige Verteilung der Massen und konstantes Trägheitsmoment über die Stablänge angenommen worden, um die Näherungswerte mit den früher ermittelten genauen Werten für die erste Eigenfrequenz vergleichen zu können. Praktisch wird man, wie schon bemerkt wurde, die Näherungsmethode nur dort verwenden, wo die strenge Methode versagt oder sich zu umständlich gestaltet.

Beispiel 2. Ein Versagen der strengen Methode liegt bei folgendem Beispiel vor: Es soll die Grundschwingungszahl eines Turmes oder Freileitungsmastes bestimmt werden, der aus 4 Winkeleisen $100 \times 100 \times 12$ besteht (Abb. 68), und der in einer Ebene parallel zu einem Seitenpaar des quadratischen Querschnitts schwingt. Die Breite am Fuß sei $b_0 = 100$ cm, die Breite am oberen Ende $b_0/2 = 50$ cm. Es wird angenommen, daß die Winkeleisen am Fuß fest eingespannt sind. Die Masse je Längeneinheit kann in erster Näherung konstant über die Länge vorausgesetzt werden, da die Hauptmasse von den Winkeleisen herrührt. Wir bestimmen die Biegelinie des Turmes unter dem Einfluß

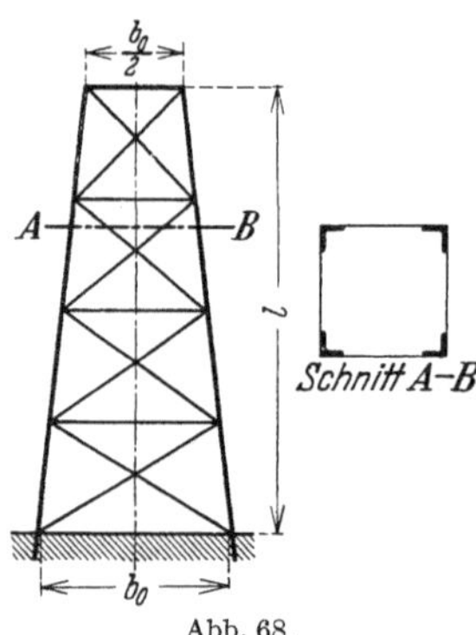

Abb. 68.

einer am oberen Ende angreifenden, horizontalen Einzelkraft von P kg. Das Biegemoment infolge dieser Kraft hat die Größe

$$\mathfrak{M} = -\left(1 - \frac{x}{l}\right) l\, P, \qquad (48)$$

wenn x vom Grund aus gerechnet wird. Für die Durchbiegung erhält man aus der Differentialgleichung der Biegelinie

$$v'' = -\frac{\mathfrak{M}}{E\,J}$$

das Integral

$$v(x) = -\int_0^x dx \int_0^x \frac{\mathfrak{M}}{E\,J}\, dx, \qquad (49)$$

da die Durchbiegung $v(0)$ und die Neigung der Biegelinie $v'(0)$ an der Einspannstelle verschwinden. Anstatt die Doppelintegration in der üblichen Weise graphisch auszuführen mit Hilfe der Mohrschen Konstruktion der Biegelinie, wollen wir eine Formel zur numerischen Doppelintegration verwenden, die eine ebenso bequeme aber genauere Ermittlung der Biegelinie gestattet, und die im folgenden für alle Durchbiegungsberechnungen verwendet wird. Wir geben zunächst die Methode der numerischen Doppelintegration in allgemeiner Form. Die Werte der Funktion $f(x)$ seien in n äquidistanten Punkten $0, 1, 2$ gegeben und seien mit $f_0, f_1, f_2, \ldots$ bezeichnet. Das Doppelintegral

$$I(x) = \int\limits_0^x dx \int\limits_0^x dx\, f(x)$$

in diesen Punkten sei mit $I_0, I_1, I_2, \ldots$ bezeichnet. Diese Werte kann man aus den Funktionswerten $f_0, f_1, f_2, \ldots$ folgendermaßen berechnen: Wenn h die Intervallbreite ist, so gelten mit

$$I(x) = \frac{h^2}{12}\overline{I}(x)\,, \tag{50}$$

für die $\overline{I}(x)$ die Beziehungen

$$
\begin{aligned}
\overline{I}_1 &= \overline{I}_0 &&+ \overline{I}_0' h + 3{,}5 f_0 + 3 f_1 && - 0{,}5 f_2\,, \\
\overline{I}_2 &= 2\overline{I}_1 &&- \overline{I}_0 + f_0 && + 10 f_1 + f_2\,, \\
\overline{I}_3 &= 2\overline{I}_2 &&- \overline{I}_1 + f_1 && + 10 f_2 + f_3\,, \\
&\;\vdots && \vdots && \vdots \quad \vdots \\
\overline{I}_n &= 2\overline{I}_{n-1} &&- \overline{I}_{n-2} + f_{n-2} && + 10 f_{n-1} + f_n\,.
\end{aligned}
\tag{51}
$$

Die Ausführung der Doppelintegration gestaltet sich bei Verwendung einer Rechenmaschine außerordentlich einfach. Die angegebenen Formeln zur numerischen Doppelintegration sind dadurch entstanden, daß man die Funktion $f(x)$ ersetzt hat durch eine Anzahl von Parabelbogen, die durch je drei aufeinanderfolgende Teilpunkte gehen (Abb. 69). Je mehr Wendepunkte die Funktion $f(x)$ hat, je ungleichmäßiger sie verläuft, desto enger muß die Intervallbreite genommen werden, um durch die aneinandergeflickten Parabelbogen eine gute Annäherung für die Funktion zu erhalten. Wir teilen die Länge des Mastes in 10 gleiche Abschnitte und bestimmen zunächst die Biegelinie $v(x)$. Die kleinste Eigenkreisfrequenz ergibt sich dann zu

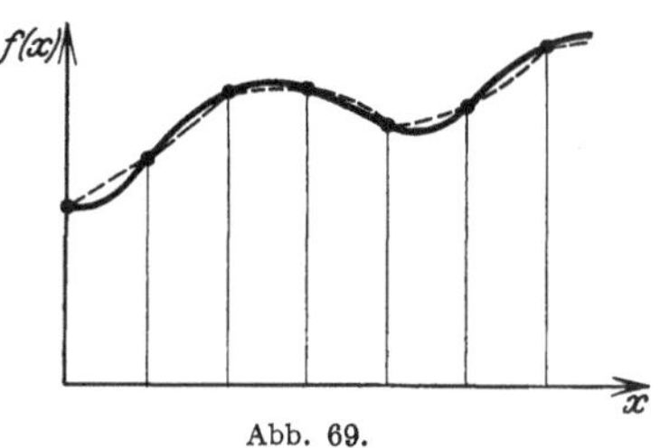

Abb. 69.

$$\omega_1 \leq \sqrt{\dfrac{P\, v(l)}{\displaystyle\int\limits_0^l \mu\, v^2\, dx}}\,,$$

denn $\dfrac{P\,v\,(l)}{2}$ ist die potentielle Energie der Biegelinie infolge einer Einzelkraft von P kg, welche im Punkte $x = l$ angreift, und μ wird als konstant vorausgesetzt. Das Integral im Nenner ermitteln wir wieder auf numerischem Wege mit Hilfe der Simpsonschen Formel. Das bestimmte Integral über eine Funktion $f(x)$ berechnet man nach dieser Formel vermittels

$$\int_0^l f(x)\,dx = \frac{h}{3}\,(f_0 + 4f_1 + 2f_2 + 4f_3 + \cdots + 4f_{n-1} + f_n). \tag{52}$$

Hierbei wird vorausgesetzt, daß n gerade ist. Bei dieser Formel ist genau wie oben die Funktion $f(x)$ ersetzt durch aneinandergeflickte Parabelbogen durch je drei aufeinanderfolgende Teilpunkte, h ist wieder die Intervallbreite. Die gesamte Rechnung für den Grundton des Freileitungsmastes ist in Tabelle 1 enthalten. Die Trägheitsmomente der

Tabelle 1. Turm, Energiemethode mit Biegelinie infolge Einzellast am Ende.

$h = \dfrac{l}{10}$		A	B	C	D	
$\dfrac{x}{l}$	$J\ \mathrm{cm}^4$	$\dfrac{J_0}{J}$	$-\dfrac{\mathfrak{M}}{P\,l}$	$A \cdot B$	$\dfrac{12}{h^2}\displaystyle\int_0^x\!\!\int C\,dx^2$	D^2
0,0	202 260	1,0000	1,0	1,0000	0,0	0
0,1	181 444	1,1147	0,9	1,0032	6,0	36
0,2	161 763	1,2502	0,8	1,0002	24,1	580
0,3	143 217	1,4123	0,7	0,9886	54,1	2930
0,4	125 806	1,6077	0,6	0,9646	96,0	9200
0,5	109 530	1,8465	0,5	0,9233	149,4	22 400
0,6	94 389	2,1427	0,4	0,8571	213,9	45 800
0,7	80 383	2,5163	0,3	0,7549	288,7	83 400
0,8	67 512	2,9960	0,2	0,5992	372,4	139 000
0,9	55 777	3,6262	0,1	0,3626	463,3	214 000
1,0	45 176	4,4771	0,0	0,0000	558,4	311 000
						Σ
						$\dfrac{3}{h}\displaystyle\int_0^l D^2\,dx$
						19 910 000

Querschnitte sind den statischen Tabellen von Börner entnommen. J_0 ist das Trägheitsmoment des Einspannquerschnitts. Das im folgenden wiederholt vorkommende Doppelintegral über eine Funktion werde mit

$$\int_0^x dx \int_0^x dx\, f(x) = \int_0^x\!\!\int f(x)\,dx^2$$

abgekürzt. An den Anfang der Tabelle 1 ist die Intervallbreite h angeschrieben, die hier $l/10$ beträgt. Die ersten zwei Spalten der Tabelle enthalten die Abhängigkeit des Querschnittsträgheitsmomentes von dem dimensionslosen Argument $\xi = \dfrac{x}{l}$. In der dritten Spalte sind die Verhältnisse des Trägheitsmomentes an der Einspannstelle J_0 zu den Trägheitsmomenten in den übrigen Stabpunkten ausgerechnet. Die vierte Spalte enthält die durch Division durch Pl dimensionslos gemachten negativen Biegemomente nach (48)

$$- \frac{\mathfrak{M}}{P\,l} = 1 - \frac{x}{l}\,.$$

In der fünften Spalte ist das Produkt $- \dfrac{\mathfrak{M}}{P\,l}\dfrac{J_0}{J}$ berechnet, und in der sechsten Spalte sind die mit Hilfe der Formeln (51) gewonnenen Werte eingetragen, die angenähert gleich dem mit $12/h^2$ multiplizierten Doppelintegral über die Funktion $C(x)$ sind. Die Funktion $D(x)$ stellt daher bis auf einen Faktor die Biegelinie des Stabes unter der Einzellast P am Stabende dar. Infolgedessen verschwindet in der ersten der Gleichungen (51) das Glied $\overline{I_0'}h$, welches der Neigung der Integralkurve für $x = 0$ proportional ist, ebenso ist $\overline{I_0} = 0$, und die Größe

$$\frac{12}{h^2} \int\limits_0^x\!\!\int C\,d\,x^2$$

nimmt für den Punkt $\dfrac{x}{l} = 0{,}1$ den Wert an

$$D_1 = 3{,}5 + 3\cdot 1{,}0032 - 0{,}5\cdot 1{,}0002 = 6{,}0095\,.$$

Die nächste Zahl dieser Spalte berechnet sich nach (51) zu

$$D_2 = 2\cdot 6{,}0005 + 1{,}0000 + 10{,}032 + 1{,}0002 = 24{,}0512\,,$$

entsprechend ist

$$D_3 = 2\cdot 24{,}0512 - 6{,}0095 + 1{,}0032 + 10{,}0020 + 0{,}9886 = 54{,}0867\,,$$

usw. In Tabelle 1 ist nur die erste Ziffer hinter dem Komma angegeben. Die Quadrate in der letzten Spalte sind mit dem Rechenschieber gerechnet. Das mit $3/h$ multiplizierte Integral über D^2 ist mit Hilfe von (52) berechnet, also

$$\Sigma = \frac{3}{h} \int\limits_0^l D^2\,dx = 0 + 4\cdot 36 + 2\cdot 580 + 4\cdot 2930 + \cdots$$
$$+ 4\cdot 214000 + 311000 = 19\,910\,000\,.$$

Den Zusammenhang der Durchbiegung $v(x)$ mit der Funktion $D(x)$

der Tabelle erhält man, wenn man (49) in der Form schreibt

$$v(x) = -\frac{Pl}{EJ_0}\frac{h^2}{12}\int\int_0^x \frac{12}{h^2}\frac{\mathfrak{M}}{Pl}\frac{J_0}{J}\,dx^2 = \frac{Pl}{EJ_0}\frac{l^2}{1200}D(x).$$

Der Zusammenhang zwischen $\int_0^l v^2\,dx$ und Σ der Tabelle 1 ist gegeben durch

$$\int_0^l v^2\,dx = \frac{P^2 l^6}{(EJ_0)^2}\frac{1}{1200^2}\int_0^l D^2\,dx = \frac{P^2 l^6}{(EJ_0)^2}\frac{1}{1200^2}\frac{l}{30}\Sigma,$$

und man erhält für das Quadrat der kleinsten Eigenkreisfrequenz den Ausdruck

$$\omega_1^2 \approx \frac{Pv(l)}{\mu\int_0^l v^2\,dx} \approx \frac{EJ_0}{\mu l^4}\frac{D(l)\,36000}{\Sigma}.$$

Mit $D(l) = 558{,}4$ und $\Sigma = 19\,910\,000$, Tabelle 1, ergibt sich

$$\omega_1 \le \frac{3{,}17}{l^2}\sqrt{\frac{EJ_0}{\mu}}.$$

Den genauen Wert werden wir später ermitteln zu

$$\omega_1 = \frac{3{,}110}{l^2}\sqrt{\frac{EJ_0}{\mu}}.$$

Der Fehler bei der obigen Rechnung beträgt also 1,9%.

Beispiel 3. Wir wollen nun das gleiche Beispiel ebenfalls mit Hilfe der Energiemethode, aber mit einer anderen Ausgangslast behandeln, und zwar soll jetzt eine gleichmäßige Last je Längeneinheit p genommen werden. Es ist zu erwarten, daß die Näherung für die kleinste Eigenfrequenz hiermit besser wird. Die Rechnung ist in ganz entsprechender Weise wie oben angelegt und in Tabelle 2 ausgeführt. Das Biegemoment infolge der gleichmäßigen Last p hat den Wert

$$\mathfrak{M} = -p\frac{(l-x)^2}{2},$$

und das in der dritten Spalte der Tabelle 2 stehende dimensionslose negative Biegemoment berechnet sich zu

$$-\frac{\mathfrak{M}}{pl^2} = \frac{\left(1-\dfrac{x}{l}\right)^2}{2}.$$

Für das Quadrat der kleinsten Eigenkreisfrequenz hat man jetzt die Abschätzung

$$\omega_1^2 = \frac{\int_0^l p\,v\,dx}{\int_0^l \mu\,v^2\,dx}. \tag{53}$$

Zwischen der Durchbiegung $v(x)$ und der in Tabelle 2 berechneten Funktion $D(x)$ besteht die Beziehung

$$v(x) = -\frac{p\,l^2}{E\,J_0}\frac{h^2}{12}\int\int_0^x \frac{12}{h^2}\frac{\mathfrak{M}^2}{p\,l^2}\frac{J_0}{J}\,dx^2 = \frac{p\,l^2}{E\,J_0}\frac{l^2}{1200}\,D(x),$$

Tabelle 2. Turm, Energiemethode mit Biegelinie infolge gleichmäßig verteilter Last je Längeneinheit.

$h=\dfrac{l}{10}$	A	B	C	D	
$\dfrac{x}{l}$	$\dfrac{J_0}{J}$	$-\dfrac{\mathfrak{M}}{p\,l^2}$	$A\cdot B$	$\dfrac{12}{h^2}\displaystyle\int\int_0^x C\,dx^2$	D^2
0,0	1,0000	0,500	0,5000	0,0	0
0,1	1,1147	0,405	0,4515	2,9	10
0,2	1,2502	0,320	0,4001	11,2	130
0,3	1,4123	0,245	0,3460	24,3	590
0,4	1,6077	0,180	0,2894	41,6	1730
0,5	1,8465	0,125	0,2308	62,3	3880
0,6	2,1427	0,080	0,1714	85,6	7330
0,7	2,5163	0,045	0,1132	111,4	12410
0,8	2,9960	0,020	0,0599	138,2	19130
0,9	3,6260	0,005	0,0181	166,0	27560
1,0	4,4771	0,000	0,0000	193,9	37600
				Σ_1	Σ_2
				$\dfrac{3}{h}\displaystyle\int_0^l D\,dx$	$\dfrac{3}{h}\displaystyle\int_0^l D^2\,dx$
				2214,9	272000

und man erhält, wenn man dies in (53) einsetzt,

$$\omega_1^2 \approx \frac{E\,J_0}{\mu\,l^4}\frac{1200\,\Sigma_1}{\Sigma_2}.$$

Die Werte Σ_1 und Σ_2 werden wieder nach (52) gerechnet:

$$\Sigma_1 = \frac{3}{h}\int_0^l D\,dx = 0 + 4\cdot 2{,}9 + 2\cdot 11{,}2 + \cdots + 4\cdot 166{,}0 + 193{,}9 = 2214{,}9,$$

$$\Sigma_2 = \frac{3}{h}\int_0^l D^2\,dx = 0 + 4\cdot 10 + 2\cdot 130 + \cdots + 4\cdot 27560 + 37600 = 272000.$$

Damit ergibt sich schließlich

$$\omega_1 \le \frac{3{,}126}{l^2} \sqrt{\frac{E J_0}{\mu}}\,.$$

Der Fehler ist tatsächlich gegenüber der ersten Rechnung kleiner geworden und beträgt nur noch 0,5%.

Beispiel 4. In denjenigen Fällen, bei denen von der statischen Berechnung her eine für die Schwingungsrechnung geeignete Biegelinie nicht vorliegt, oder deren Berechnung zuviel Mühe machen würde, ist eine andere Form der Energiemethode sehr empfehlenswert zur Abschätzung der kleinsten Eigenfrequenz des Stabwerks. Man verwendet dann nämlich an Stelle einer Biegelinie infolge von statischen Lasten die erste Eigenschwingungsform eines „benachbarten" Tragwerks, wobei unter einem benachbarten Tragwerk ein solches verstanden werden soll, das die gleichen Längenabmessungen und Rand- und Übergangsbedingungen aufweist wie das ursprüngliche, das jedoch in der Verteilung der Massen und Trägheitsmomente der Stabquerschnitte von dem ursprünglichen abweicht. In vielen Fällen wird es gelingen, die Eigenfrequenzen und Eigenschwingungsformen eines benachbarten Stabwerks mit gleichmäßiger Verteilung der Massen und der Trägheitsmomente mit strengen Methoden zu berechnen. Die strenge Berechnung der Eigenfrequenzen eines solchen Stabwerks ist bereits in III, B gegeben worden, die Berechnung der Eigenschwingungsformen wird in IV, B nachgeholt werden im Zusammenhang mit der Theorie der erzwungenen Schwingungen. In dem eben behandelten Beispiel der Schwingungen eines Freileitungsmastes liegt es nahe, die Grundschwingungsform eines homogenen eingespannt-freien Stabes zu verwenden. In VII, Tabelle C sind für 20 äquidistante Punkte die Funktionswerte und die zweiten Ableitungen der ersten vier Eigenschwingungsformen eines solchen Stabes angegeben. Die Formänderungsenergie berechnen wir jetzt mit Hilfe der Beziehung

$$A(v) = \tfrac{1}{2}\int_0^l E J\, v''^2\, dx\,,$$

die nach II, 26, (127) bei festen Lagern, festen Einspannungen oder freien Stabenden gilt. Wir erhalten für das Quadrat der niedrigsten Eigenkreisfrequenz die Abschätzung

$$\omega_1^2 \le \frac{\int_0^l E J\, v''^2\, dx}{\int_0^l \mu\, v^2\, dx}\,,$$

oder unter Berücksichtigung der konstanten Massenverteilung und unter

Verwendung der in VII, Tabelle C enthaltenen dimensionslosen Größen V_1/l und $V_1''l$:

$$\omega_1^2 \leq \frac{E J^0}{\mu l^4} \frac{\displaystyle\int_0^l (V_1'' l)^2 \frac{J}{J_0}\, dx}{\displaystyle\int_0^l \left(\frac{V_1}{l}\right)^2 dx}.$$

Die Rechnung ist in Tabelle 3 durchgeführt. Die Integrationen sind wieder mit Hilfe von (52) vorgenommen worden. Die kleinste Eigenkreisfrequenz des Stabes ergibt sich zu

$$\omega_1 \leq \sqrt{\frac{\Sigma_2}{\Sigma_1}} \frac{1}{l^2} \sqrt{\frac{E J_0}{\mu}} = \frac{3,170}{l^2} \sqrt{\frac{E J_0}{\mu}}$$

Tabelle 3. Turm, Energiemethode mit der Grundschwingungsform des homogenen eingespannt-freien Stabes.

$h = \dfrac{l}{10}$		A	B	C	D	E
$\dfrac{x}{l}$	J cm^4	$\dfrac{J}{J_0}$	$\dfrac{V_1}{l}$	$V_1'' l$	B^2	$A C^2$
0,0	202 260	1,0000	0,0000	7,032	0,000	49,46
0,1	181 444	0,8971	0,0335	6,064	0,001	32,99
0,2	161 763	0,7998	0,1277	5,102	0,017	20,81
0,3	143 217	0,7081	0,2730	4,155	0,074	12,22
0,4	125 806	0,6220	0,4598	3,243	0,211	6,54
0,5	109 530	0,5415	0,6790	2,387	0,460	3,09
0,6	94 389	0,4667	0,9223	1,616	0,849	1,21
0,7	80 383	0,3974	1,1817	0,960	1,396	0,37
1,8	67 512	0,3338	1,4510	0,449	2,105	0,06
0,9	55 777	0,2758	1,7248	0,118	2,975	0,00
0,0	45 176	0,2234	2,0000	0,000	4,000	0,00
					Σ_1	Σ_2
					$\dfrac{3}{h}\displaystyle\int_0^l D\, dx$	$\dfrac{3}{h}\displaystyle\int_0^l E\, dx$
					29,989	30,141

mit einem Fehler von nur 1,9%. Trotz der sehr starken Veränderung des Trägheitsmomentes, welches am Stabende nur rund ein Viertel desjenigen an der Einspannstelle beträgt, ist der Stab mit konstantem Trägheitsmoment genügend benachbart und seine Grundschwingungsform geeignet zur angenäherten Berechnung der ersten Eigenfrequenz des Turmes. Selbstverständlich kann auch die Masse ungleichmäßig über die Länge verteilt sein. Die vorletzte Spalte der

Tabelle 3 ist dann lediglich noch mit dem Faktor μ zu multiplizieren. Auf diese Weise können die Eigenfrequenzen von Schornsteinen und anderen turmartigen Gebäuden bequem berechnet werden.

Beispiel 4a. Außer verteilten Massen können auch konzentrierte Massen vorkommen. Um die Energiemethode auch auf ein Beispiel eines Stabes mit einer konzentrierten Masse anzuwenden, sei die Grundfrequenz eines homogenen Stabes berechnet, der auf der einen Seite eingespannt ist und am anderen Ende eine Einzelmasse trägt. Wenn μ die Masse je Längeneinheit des Stabes ist und M die Einzelmasse, dann ist die bezogene kinetische Energie

$$T = \tfrac{1}{2}\left(\int_0^l \mu v^2\, dx + v^2(l)\, M\right),$$

und wir erhalten für die kleinste Eigenfrequenz die obere Grenze

$$\omega_1^2 \leq \frac{\int_0^l E J v''^2\, dx}{\int_0^l \mu v^2\, dx + v^2(l)\, M}.$$

Setzen wir hierin wieder die Schwingungsform des entsprechenden Stabes ohne Einzelmasse aus VII, Tabelle C ein, dann ergibt sich

$$\omega_1 \leq \frac{3{,}52}{l^2 \sqrt{1 + 4{,}00\,\dfrac{M}{\mu l}}} \sqrt{\frac{E J}{\mu}}. \tag{54}$$

Für $M = 0$ folgt hieraus der bekannte Wert für den Stab ohne Einzelmasse. Für den anderen Grenzfall $\mu = 0$ folgt hieraus

$$\omega_1 \leq \frac{1{,}76}{l^{3/2}} \sqrt{\frac{E J}{M}}.$$

Dieser Grenzfall ist aber leicht exakt zu berechnen. Es handelt sich dann nämlich um eine gefederte Einzelmasse mit der Federkonstanten

$$C = \frac{3 E J}{l^3}$$

und die Eigenfrequenz dieses Systems beträgt

$$\omega = \sqrt{\frac{3 E J}{l^3 M}} = \frac{1{,}73}{l^{3/2}} \sqrt{\frac{E J}{M}}.$$

Bei $\mu = 0$ weicht das System am stärksten ab von demjenigen, dessen Schwingungsform verwendet worden ist, der Fehler in (54) muß also in diesem Fall größer sein als für alle anderen Verhältnisse $M/\mu l$, d.h. der Fehler der Formel (54) ist bestimmt kleiner als $1{,}7\%$.

Die Eigenfrequenzen unseres Stabes mit Einzelmasse können leicht mit Hilfe der in III, B entwickelten strengen Methode berechnet werden. Wir versehen die Größen am linken Stabende wieder mit dem Index 0, diejenigen am rechten Stabende mit dem Index 1. Von den Hilfsgrößen e_0, f_0, e_1, f_1 lassen sich drei unmittelbar angeben, nämlich $e_0 = f_0 = \infty$ und $e_1 = 0$ (Abb. 70). Die Grundgleichung 6, (18) lautet dann

$$f_1 \mathfrak{B}(\lambda) + \mathfrak{C}(\lambda) = 0,$$

und aus der Bedingung am Stabende

$$Q_1 - M\omega^2 v_1 = 0 \qquad \text{(vgl. 8, Beispiel 2)}$$

ergibt sich

$$f_1 = -\frac{\lambda M}{\mu l}.$$

Es ist also

$$\frac{M}{\mu l} = \frac{\mathfrak{C}(\lambda)}{\lambda \mathfrak{B}(\lambda)}.$$

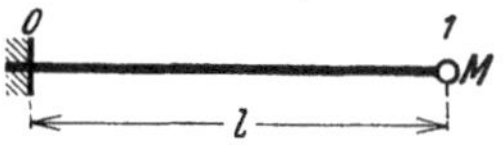

Abb. 70.

Für $\dfrac{M}{\mu l} = 1$ erhält man die Frequenzgleichung

$$\mathfrak{C}(\lambda) - \lambda \mathfrak{B}(\lambda) = 0,$$

deren kleinste Wurzel sich aus VII, Tabelle A ergibt zu $\lambda = 1{,}248$. Die nach der strengen Methode ermittelte kleinste Eigenkreisfrequenz hat also den Wert

$$\omega_1 = \frac{1{,}56}{l^2} \sqrt{\frac{EJ}{\mu}}.$$

Die Näherung (54) liefert

$$\omega_1 \leq \frac{1{,}57}{l^2} \sqrt{\frac{EJ}{\mu}},$$

also einen Fehler von $0{,}6\%$. Wenn die Einzelmasse sich nicht am Stabende, sondern an einer anderen Stelle des Stabes befindet, wird die Anwendung der strengen Methode recht umständlich, bei veränderlichem Trägheitsmoment des Stabquerschnitts oder bei veränderlicher Massenverteilung versagt die strenge Methode überhaupt. Die Güte der oben angewendeten Näherungsmethoden dagegen ist auch in jenen der strengen Methode unzugänglichen Fällen die gleiche.

Beispiel 5. Von besonderem Interesse ist die Berechnung der Eigenschwingungszahlen von Brücken. Man kann die Brücke meistens auffassen als Träger mit veränderlichem Trägheitsmoment. Die Massen rühren in erster Linie von der Fahrbahn her, und man wird meistens eine gleichmäßige Massenverteilung annehmen können. Wir wollen zunächst die Berechnung einer Trägerbrücke auf zwei Stützen mit Hilfe der Energiemethode ausführen. Der Verlauf der Trägheitsmomente über die halbe Spannweite ist der Tabelle 4 zu entnehmen, für die zweite Trägerhälfte sind die Trägheitsmomente symmetrisch zu ergänzen (Abb. 71). J_0 ist das Trägheitsmoment des Mittelquerschnitts. Wir verwenden zunächst wieder die Biegelinie infolge einer Einzellast in Trägermitte. Die Berechnung der Biegemomente ist in Tabelle 4 enthalten. Das Biegemoment infolge der Einzelkraft P in Trägermitte beträgt für die linke Trägerhälfte

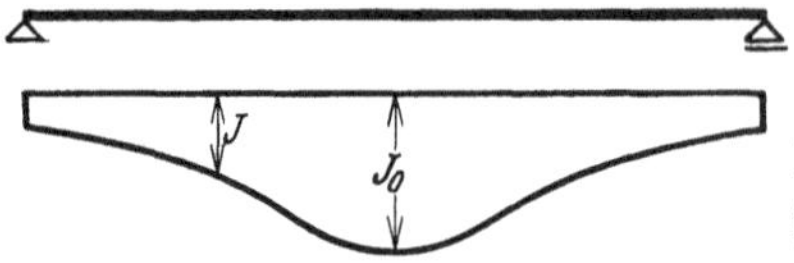

$$\mathfrak{M} = \frac{P\,l}{2}\,\frac{x}{l}\,.$$

Abb. 71.

In der dritten Spalte der Tabelle 4 ist das dimensionslose Moment

$$\frac{\mathfrak{M}}{P\,l} = \frac{x}{2\,l}$$

eingetragen. Die Doppelintegration ist wieder mit Hilfe der Formeln (51) ausgeführt. Da die Neigung der Biegelinie aus Symmetriegründen in der Trägermitte verschwindet, wurde von der Mitte her nach außen integriert, und zwar zunächst unter der Annahme, daß das Doppelintegral $D(x)$ in der Mitte Null ist. Wenn man die Werte der Funktion $D(x)$ mit $D_0, D_1, \ldots, D_{10}$ bezeichnet, wobei D_0 den Wert am Lager,

Tabelle 4. Trägerbrücke, Energiemethode mit Biegelinie infolge Einzellast in Trägermitte.

$h = \dfrac{l}{20}$	A	B	C	D	E	
$\dfrac{x}{l}$	$\dfrac{J_0}{J}$	$\dfrac{\mathfrak{M}}{P\,l}$	$A \cdot B$	$\dfrac{12}{h^2}\displaystyle\int\limits_{l/2}^{l/2-x}\!\!\!\int C\,dx$	$140{,}0 - D$	E^2
0,00	5,000	0,000	0,000	140,0	0,0	0
0,05	4,240	0,025	0,106	115,2	24,8	615
0,10	3,560	0,050	0,178	91,7	48,3	2333
0,15	2,960	0,075	0,222	70,3	69,7	4858
0,20	2,440	0,100	0,244	51,5	88,5	7832
0,25	2,000	0,125	0,250	35,6	104,4	10899
0,30	1,640	0,150	0,246	22,7	117,3	13759
0,35	1,360	0,175	0,238	12,8	127,2	16180
0,40	1,160	0,200	0,232	5,7	134,3	18036
0,45	1,040	0,225	0,234	1,5	138,5	19182
0,50	1,000	0,250	0,250	0,0	140,0	19600
						Σ
						$\dfrac{3}{h}\displaystyle\int\limits_{0}^{l/2} E^2\,dx$
						310456

D_{10} den Wert in der Trägermitte bedeutet, dann ist also

$$D_{10} = 0,$$
$$D_9 = 3,5 \cdot 0,250 + 3 \cdot 0,234 - 0,5 \cdot 0,232 = 1,461,$$
$$D_8 = 2 \cdot 1,461 + 0,250 + 2,340 + 0,232 = 5,744,$$
$$D_7 = 2 \cdot 5,744 - 1,461 + 0,234 + 2,320 + 0,238 = 12,819.$$

$$\vdots \qquad \vdots \qquad \vdots \qquad \vdots \qquad \vdots \qquad \vdots \qquad \vdots$$

Die Zahlen der folgenden Spalte der Tabelle 4, $E = D(0) - D(x)$, entsprechen den Durchbiegungen (Abb. 72). Die Quadrate der letzten Spalte sind aus einer Quadrattafel entnommen, die für Schwingungsrechnungen sehr nützlich ist. An sich wäre jedoch, wie in dem früheren Beispiel, die Rechenschiebergenauigkeit ausreichend. Die Intervallbreite ist $h = l/20$, wo l die Spannweite des Trägers bezeichnet. Den Zusammenhang zwischen der Durchbiegung und der Funktion $D(x)$ bzw. $E(x)$ der Tabelle 4 erhält man vermittels

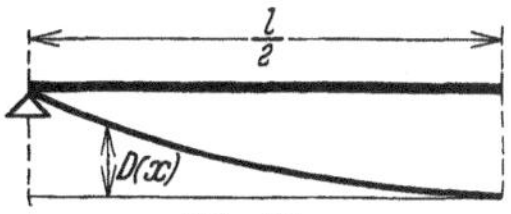

Abb. 72.

$$v(x) = \iint_0^x \frac{\mathfrak{M}}{EJ}\, dx^2 = \frac{Pl}{EJ_0}\frac{h^2}{12} \iint_0^x \frac{12}{h^2}\frac{\mathfrak{M}}{Pl}\frac{J_0}{J}\, dx^2,$$

$$v(x) = \frac{Pl}{EJ_0}\frac{l^2}{12 \cdot 400}\, E(x).$$

Das Integral über die Quadrate der Biegeordinaten ergibt sich zu

$$\int_0^l v^2(x)\, dx = \frac{P^2 l^6}{(EJ_0)^2}\frac{1}{4800^2}\int_0^l E^2(x)\, dx,$$

$$\int_0^l v^2(x)\, dx = \frac{P^2 l^6}{(EJ_0)^2}\frac{1}{4800^2}\frac{2 l \Sigma}{60},$$

und man erhält damit

$$\omega_1^2 \leq \frac{P\, v\!\left(\frac{l}{2}\right)}{\mu \int_0^l v^2(x)\, dx} = \frac{EJ_0}{\mu\, l^4}\frac{E\!\left(\frac{l}{2}\right)}{\Sigma}\, 144\,000$$

und

$$\omega_1 \leq \frac{8,059}{l^2}\sqrt{\frac{EJ_0}{\mu}}.$$

Der genaue Wert beträgt, wie wir später sehen werden,

$$\omega_1 = \frac{7,991}{l^2}\sqrt{\frac{EJ_0}{\mu}}.$$

Der Fehler der obigen Abschätzung ist also 0,85 %.

Beispiel 6. Vielfach werden bereits bei der statischen Rechnung die Durchbiegungen unter dem Eigengewicht der Brücke ermittelt. Die Bestimmung der kleinsten Eigenfrequenz unter Verwendung der Biegelinie infolge des Eigengewichts macht dann fast keine Mehrarbeit gegenüber der statischen Rechnung. In Tabelle 5 ist für unser Beispiel die entsprechende Rechnung durchgeführt nach dem gleichen Muster wie im Falle der Einzellast in Brückenmitte. Der Zusammenhang zwischen der Durchbiegung $v(x)$ und der in Tabelle 5 errechneten Funktion $E(x)$ ist gegeben durch

$$v(x) = \frac{p\,l^2}{E\,J_0}\,\frac{l^2}{8\cdot 12\cdot 400}\,E(x)\,.$$

Das Quadrat der kleinsten Eigenkreisfrequenz erhält man dann mittels

$$\omega_1^2 \leq \frac{\displaystyle\int_0^{l/2} p\,v\,dx}{\displaystyle\int_0^{l/2} \mu\,v^2\,dx}$$

zu

$$\omega_1^2 \leq \frac{E\,J_0}{\mu\,l^4}\,384\,\frac{\Sigma_1}{\Sigma_2} = 63{,}88\,\frac{E\,J_0}{\mu\,l^4}\,,$$

Tabelle 5.

Trägerbrücke, Energiemethode mit Biegelinie infolge Eigengewicht.

$h = \dfrac{l}{20}$	A	B	C	D	E	F
$\dfrac{x}{l}$	$\dfrac{J_0}{J}$	$8\dfrac{\mathfrak{M}}{Pl^2}$	$A\,B$	$\dfrac{12}{h^2}\displaystyle\int\int_{l/2}^{l/2-x} C\,dx^2$	$740{,}7 - D$	$E^2\,10^{-2}$
0,00	5,00	0,00	0,000	740,7	0,0	0
0,05	4,24	0,19	0,806	598,0	142,7	204
0,10	3,56	0,36	1,282	465,1	275,6	760
0,15	2,96	0,51	1,510	347,3	393,4	1548
0,20	2,44	0,64	1,562	247,5	493,2	2432
0,25	2,00	0,75	1,500	166,3	574,4	3299
0,30	1,64	0,84	1,378	103,1	637,6	4065
0,35	1,36	0,91	1,238	56,3	684,4	4684
0,40	1,16	0,96	1,114	24,5	716,2	5129
0,45	1,04	0,99	1,030	6,0	734,7	5398
0,50	1,00	1,00	1,000	0,0	740,7	5486
					Σ_1	Σ_2
					$\dfrac{3}{h}\displaystyle\int_0^{l/2} E\,dx$	$\dfrac{3}{h}\displaystyle\int_0^{l/2} F\,dx$
					15 104,3	90 790

oder

$$\omega_1 \leq \frac{7{,}993}{l^2} \sqrt{\frac{E J_0}{\mu}}\,.$$

Der Fehler beträgt nur 0,04%. Diese Genauigkeit ist bei der verwendeten Methode allerdings nicht immer zu erwarten, so lieferte die entsprechende Rechnung bei dem Turm einen Fehler von ½%. Immerhin haben Durchrechnungen zahlreicher Beispiele gezeigt, daß die Verwendung der Energiemethode mit der Biegelinie unter gleichmäßig verteilter Last in allen Fällen Fehler liefert, die 1% nicht überschreiten.

Beispiel 7. Liegt eine geeignete Biegelinie nicht bereits von der statischen Rechnung her vor, und wünscht man die Berechnung der Biegelinie zu vermeiden, dann nimmt man wieder am zweckmäßigsten die Schwingungsform des entsprechenden Stabes mit konstantem Trägheitsmoment. Das ist in unserem Fall eine Sinuslinie, vgl. II, 23 (98). Wir setzen also in die Formel

$$\omega_1^2 \leq \frac{\int_0^{l/2} E J\, v''^2\, dx}{\int_0^{l/2} \mu\, v^2\, dx} = \frac{E J_0}{\mu} \cdot \frac{\int_0^{l/2} \frac{J}{J_0}\, v''^2\, dx}{\int_0^{l/2} v^2\, dx}$$

die Funktion

$$\frac{v(x)}{l} = \sin \pi \frac{x}{l}$$

mit der zweiten Ableitung

$$l\, v''(x) = -\pi^2 \sin \pi \frac{x}{l}$$

ein. Man erhält also

$$\omega_1^2 \leq \frac{E J_0}{\mu\, l^4}\, \pi^4\, \frac{\int_0^{l/2} \frac{J}{J_0} \sin^2 \pi \frac{x}{l}\, dx}{\int_0^{l/2} \sin^2 \pi \frac{x}{l}\, dx}\,.$$

Der Nenner läßt sich streng integrieren und ergibt

$$\int_0^{l/2} \sin^2 \pi \frac{x}{l}\, dx = \frac{l}{4}\,.$$

Das Integral im Zähler ist in Tabelle 6 berechnet zu

$$\int_0^{l/2} \frac{J}{J_0} \sin^2 \pi \frac{x}{l}\, dx = \frac{l}{60} \sum = \frac{11{,}086}{60}\, l\,.$$

Man bekommt so

$$\omega_1^2 \leq \frac{E\,J_0}{\mu\,l^4}\,\frac{11{,}086}{15}\,\pi^4$$

oder

$$\omega_1 \leq \frac{8{,}48}{l^2}\,\sqrt{\frac{E\,J_0}{\mu}}\,.$$

Der Fehler dieser einfachen Rechnung ist wesentlich größer als bei Verwendung von Biegelinien, nämlich 6%. Für viele Zwecke wird jedoch auch ein Fehler von dieser Größe noch durchaus zulässig sein, besonders wenn man bedenkt, daß die elastischen Eigenschaften der Konstruktion (Einspannungsgrad, Elastizitätsmodul) oft nur recht ungenau bekannt sind. In der folgenden Tabelle sind noch einmal die mit Hilfe der Energiemethode gewonnenen Näherungen für die kleinste Eigenfrequenz des Turmes und der Brücke zusammengestellt mit Angabe der Fehler. Von Interesse sind ebenfalls die in

Tabelle 6. Trägerbrücke, Energiemethode mit Grundschwingungsform des homogenen Stabes auf zwei Stützen.

$\dfrac{x}{l}$	A $\dfrac{J}{J_0}$	B $-\dfrac{v}{l}=\dfrac{v''\,l}{\pi^2}$	C $A\,B^2$
0,00	0,200	0,0000	0,0000
0,05	0,236	0,1564	0,0057
0,10	0,281	0,3090	0,0268
0,15	0,338	0,4540	0,0697
0,20	0,410	0,5878	0,1417
0,25	0,500	0,7071	0,2500
0,30	0,610	0,8090	0,3992
0,35	0,735	0,8910	0,5835
0,40	0,863	0,9511	0,7807
0,45	0,962	0,9877	0,9384
0,50	1,000	1,0000	1,0000
			Σ
			$\dfrac{3}{h}\displaystyle\int_0^{l/2} C\,dx$
			11,086

Tabelle der mit Hilfe der Energiemethode gewonnenen Näherungen für die Werte $\omega\,l^2\,\sqrt{\dfrac{\mu}{E\,J_0}}$.

a) Turm:

Biegelinie unter Einzellast am Stabende	Biegelinie unter konstanter verteilter Last	Eigenschwingungsform des homogenen Stabes
3,170 (1,9%)	3,126 (0,5%)	3,170 (1,9%)

b) Brücke:

Biegelinie unter Einzellast in Stabmitte	Biegelinie unter konstanter verteilter Last	Eigenschwingungsform des homogenen Stabes
8,059 (0,85%)	7,993 (0,04%)	8,48 (6,1%)

Abb. 73 (Turm) und 74 (Brücke) gezeichneten Funktionen $v(x)$ und ihre zweiten Ableitungen $v''(x)$, die in der Energieformel verwendet wurden. Man sieht, daß die Funktionswerte selbst sich nur wenig voneinander unterscheiden, daß dagegen die Krümmungen sehr stark voneinander abweichen. Die Biegemomente, d. h. die mit EJ multiplizierten Krümmungen, unterscheiden sich wieder nur sehr wenig voneinander.

Beispiel 8. Ehe wir die Energiemethode auf kompliziertere Tragwerke anwenden, sei auf eine Methode zur Berechnung der kleinsten Eigenfrequenz hingewiesen, die in gewissen einfachen, aber praktisch häufig vorkommenden Fällen sehr zweckmäßig ist. Wenn die Stabmasse gleichmäßig über die Länge verteilt ist, genügt es oft, ein reduziertes mittleres Trägheitsmoment zu bestimmen und die Schwingungszahl des gleichartig gelagerten Balkens mit konstantem, mittlerem Trägheitsmoment zu berechnen. Die Reduktion des Trägheitsmoments wird so vorgenommen, daß die maximalen Durchbiegungen des wirklichen Stabes und des Ersatzstabes mit konstantem Trägheitsmoment unter der Einwirkung einer geeigneten statischen Belastung gleich werden. Wir wenden die Methode der reduzierten Trägheitsmomente zunächst auf das oben behandelte Beispiel des Turmes an. Die größte Durchbiegung des Turmes unter der Wirkung einer Einzellast P am freien Ende beträgt, wie aus

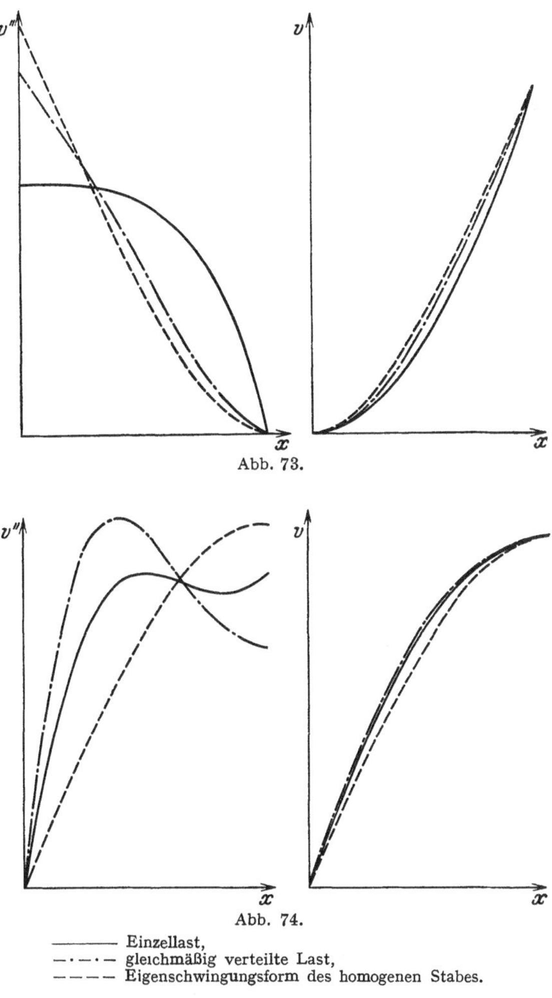

Abb. 73.

Abb. 74.

Tabelle 1 hervorgeht,

$$v(l) = \frac{P\,l^3}{E\,J_0}\frac{558,4}{1200}.$$

Die größte Durchbiegung eines glatten Stabes mit dem Trägheitsmoment J, der am einen Ende eingespannt ist und am anderen Ende die Last P trägt, hat den Wert

$$\bar{v}(l) = \frac{P\,l^3}{E\,J}\,0,3333.$$

Wenn diese beiden Durchbiegungen gleich sein sollen, muß

$$J = 0,716\,J_0$$

sein. Die kleinste Eigenfrequenz des glatten Stabes mit diesem Trägheitsmoment beträgt

$$\omega_1 = \frac{3,52}{l^2}\sqrt{\frac{E\,J}{\mu}} = \frac{2,98}{l^2}\sqrt{\frac{E\,J_0}{\mu}}.$$

Sie ist nur um 4,2% kleiner als diejenige des Turmes mit den veränderlichen Trägheitsmomenten.

Die größte Durchbiegung des Turmes unter der Wirkung einer gleichmäßig verteilten Last p ist nach Tabelle 2

$$v(l) = \frac{p\,l^4}{E\,J_0}\frac{193,9}{1200}.$$

Die größte Durchbiegung eines glatten Stabes mit dem Trägheitsmoment J, der einseitig eingespannt ist und eine gleichmäßige Last p je Längeneinheit trägt, ist

$$\bar{v}(l) = \frac{p\,l^4}{E\,J}\,0,125.$$

Die Gleichheit der beiden Durchbiegungen erfordert die Gültigkeit der Beziehung

$$J = 0,774\,J_0.$$

Die kleinste Eigenfrequenz des glatten Stabes mit diesem Trägheitsmoment beträgt dann

$$\omega_1 = \frac{3,52}{l^2}\sqrt{\frac{E\,J}{\mu}} = \frac{3,10}{l^2}\sqrt{\frac{E\,J_0}{\mu}}.$$

Sie ist also nur um 0,33% kleiner als diejenige des Turmes mit veränderlichem Trägheitsmoment. Die gleiche Methode ist auch anwendbar, wenn die Massenverteilung nur schwach ungleichmäßig ist. Man setzt dann eine mittlere Massendichte ein. Die Methode der reduzierten Trägheitsmomente ist wohl zu unterscheiden von der früher verwendeten Energiemethode unter Zugrundelegung der Eigenschwingungsform eines benachbarten Systems mit konstanter Steifigkeit. Bei der ersten Methode berechnet man die tatsächliche Eigenfrequenz eines benachbarten Stabes mit geeignetem mittleren, konstantem Trägheitsmoment, bei der zweiten Methode dagegen übernimmt man von dem benachbarten System lediglich die Eigenschwingungsform und setzt diese Funktion in den Energiequotienten für das wirkliche System ein. Die Methode der reduzierten Trägheitsmomente kann aufgefaßt werden als praktisch oft zulässige Abkürzung der genaueren Energiemethode unter Zugrundlegung einer Biegelinie infolge geeigneter Lasten. Es ist hier nämlich nicht die Kenntnis der gesamten Biegelinie, sondern lediglich diejenige der größten Durchbiegung erforderlich, außerdem fällt die Integration über die Biegelinie und über die Quadrate der Biegeordinaten weg.

Beispiel 9. Wir wollen die Methode der reduzierten Trägheitsmomente noch auf ein weiteres Beispiel, nämlich die oben behandelte Brücke anwenden. Die größte Durchbiegung der Brücke unter Wirkung einer Einzellast P in der Mitte beträgt, wie man aus Tabelle 4 entnimmt,

$$v\left(\frac{l}{2}\right) = \frac{P\,l^3}{E\,J_0}\,\frac{140,0}{4800}\,.$$

Die größte Durchbiegung eines glatten Stabes mit dem Trägheitsmoment J unter dem Einfluß einer Last P in der Mitte ist

$$\bar{v}\left(\frac{l}{2}\right) = \frac{P\,l^3}{E\,J}\,\frac{1}{48}\,.$$

Aus $\bar{v}(\tfrac{l}{2}) = v(\tfrac{l}{2})$ folgt also die Beziehung

$$J = 0{,}715\,J_0\,.$$

Die kleinste Eigenkreisfrequenz des Stabes auf zwei Stützen mit diesem Trägheitsmoment beträgt

$$\omega_1 = \frac{9,86}{l^2}\,\sqrt{\frac{E\,J}{\mu}} = \frac{8,35}{l^2}\,\sqrt{\frac{E\,J_0}{\mu}}\,.$$

Sie ist um 4,4% größer als diejenige der Brücke.

Verwenden wir die größte Durchbiegung unter dem Eigengewicht, so erhalten wir nach Tabelle 5

$$v\left(\frac{l}{2}\right) = \frac{740,7}{8\cdot4800}\,\frac{p\,l^4}{E\,J_0}\,.$$

Beim glatten Stab ist

$$\bar{v}\left(\frac{l}{2}\right) = \frac{5}{384}\,\frac{p\,l^4}{E\,J}\,.$$

woraus

$$J = 0{,}675\,J_0$$

folgt. Die kleinste Eigenkreisfrequenz des glatten Stabes mit diesem Trägheitsmoment ist

$$\omega_1 = \frac{9{,}86}{l^2} \sqrt{\frac{E\,J}{\mu}} = \frac{8{,}10}{l^2} \sqrt{\frac{E\,J_0}{\mu}}\,.$$

Sie ist nur noch 1,2% größer als diejenige der Brücke. Aus diesem und aus anderen gerechneten Beispielen geht hervor, daß man bei einfachen Stabwerken mit konstanter oder beinahe konstanter Massenverteilung die Methode der reduzierten Trägheitsmomente, insbesondere bei Vergleich der Durchbiegungen infolge konstanter Lasten je Längeneinheit, sehr gut verwenden kann. Für die kleinste Eigenkreisfrequenz einer Trägerbrücke auf zwei Stützen sei das Ergebnis noch einmal in einer einfachen Formel zusammengefaßt. Danach erhält man

$$\omega_1 = \frac{1{,}126}{\sqrt{v^*}}\, \frac{1}{l^2} \sqrt{\frac{E\,J_0}{\mu}}\,.$$

wo v^* die dimensionslose größte Durchbiegung der Brücke infolge einer gleichmäßig verteilten Last p ist (Eigengewicht):

$$v^* = v\,\frac{E\,J_0}{p\,l^4}\,.$$

Diese Formel liefert bei konstantem Trägheitsmoment den genauen Wert, bei veränderlichen Trägheitsmomenten sehr gute Näherungen für die kleinste Eigenkreisfrequenz der Brücke.

Beispiel 10. Bisher hatten wir lediglich Beispiele von statisch bestimmt gelagerten Trägern behandelt. Um zu zeigen, daß die Energiemethode auch bei statisch unbestimmten Konstruktionen brauchbar ist, wollen wir nunmehr die kleinste Eigenschwingungszahl eines über vier Stützen durchlaufenden Trägers berechnen.

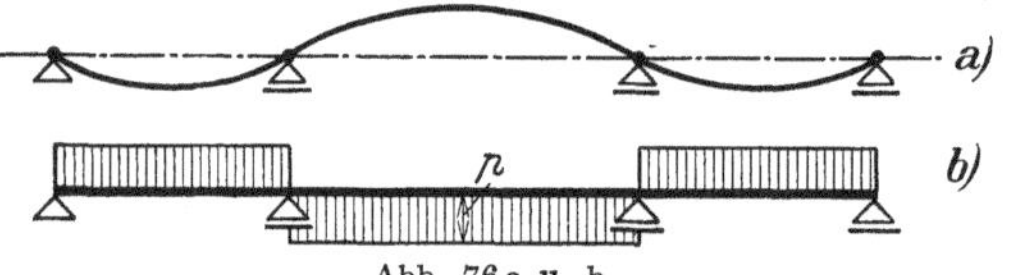

Abb. 75.

Die Abmessungen sind Abb. 75 zu entnehmen. Wir setzen zunächst über die Länge konstante Massenverteilung μ und konstante Steifigkeit $E\,J$ voraus, da dieser Fall der strengen Berechnung zugänglich ist. Die erste Eigenschwingungsform hat die in Abb. 76a gezeichnete Gestalt. Wir nehmen daher eine Belastung nach Abb. 76b an, wo in den Endfeldern eine Last p nach oben, in dem Mittelfeld eine Last p nach unten wirkt. Das Stützmoment über den Mittelstützen infolge dieser Belastung findet man in bekannter Weise aus den Dreimomentengleichungen zu

$$\mathfrak{M}_s = -\,0{,}0406\,p\,l_2^2\,.$$

Abb. 76a u. b.

In Tabelle 7 ist die Berechnung der Durchbiegung unter den angenommenen Lasten nach dem schon bei den früheren Beispielen angewendeten Schema vorgenommen. Man hätte zwar in unserm Fall die Durchbiegung bequemer mit Hilfe der ω-Tafeln von Müller-Breslau gewonnen, doch ist davon abgesehen worden, um zu zeigen, daß die numerische Integration, die ja bei veränderlicher Steifigkeit ohnedies verwendet werden muß, tatsächlich zuverlässige Werte ergibt. Mit $\mathfrak{M}_0$ ist das

Tabelle 7. Trägerbrücke mit konstanter Steifigkeit auf 4 Stützen, Energiemethode mit Biegelinie infolge Belastung nach Abb. 76b.

$h = \dfrac{l_2}{12}$	A	B	C	D	E	
$12\,\dfrac{x}{l_2}$	$8\,\dfrac{\mathfrak{M}_0}{p\,l_2^2}$	$8\,\dfrac{\mathfrak{M}_1}{p\,l_2^2}$	$A + B$	$\dfrac{12}{h^2}\displaystyle\int\limits_{l_1+l_2/2}^{l_1+l_2/2-x}\!\!\!\int C\,dx^2$	$109 - D$	E^2
0	$-\,0{,}000$	$-\,0{,}000$	$0{,}000$	109	0	0
1	$-\,0{,}194$	$-\,0{,}041$	$-\,0{,}235$	128	$-\,19$	360
2	$-\,0{,}333$	$-\,0{,}081$	$-\,0{,}414$	144	$-\,35$	1 220
3	$-\,0{,}416$	$-\,0{,}122$	$-\,0{,}538$	156	$-\,47$	2 200
4	$-\,0{,}444$	$-\,0{,}162$	$-\,0{,}606$	161	$-\,52$	2 700
5	$-\,0{,}416$	$-\,0{,}203$	$-\,0{,}619$	159	$-\,50$	2 500
6	$-\,0{,}333$	$-\,0{,}244$	$-\,0{,}577$	149	$-\,40$	1 600
7	$-\,0{,}194$	$-\,0{,}284$	$-\,0{,}478$	131	$-\,22$	480
8	$0{,}000$	$-\,0{,}325$	$-\,0{,}325$	109	0	0
9	$+\,0{,}305$	$-\,0{,}325$	$-\,0{,}020$	83	$+\,26$	680
10	$+\,0{,}556$	$-\,0{,}325$	$+\,0{,}231$	57	$+\,52$	2 700
11	$+\,0{,}750$	$-\,0{,}325$	$+\,0{,}425$	34	$+\,75$	5 620
12	$+\,0{,}889$	$-\,0{,}325$	$+\,0{,}564$	15	$+\,94$	8 820
13	$+\,0{,}972$	$-\,0{,}325$	$+\,0{,}647$	4	$+\,105$	11 020
14	$+\,1{,}000$	$-\,0{,}325$	$+\,0{,}675$	0	$+\,109$	11 900
					Σ_1	Σ_2
					$\dfrac{3}{h}\displaystyle\int\limits_0^{l_1+l_2/2} |E|\,dx$	$\dfrac{3}{h}\displaystyle\int\limits_0^{l_1+l_2/2} E^2\,dx$
					2031	137 420

Biegemoment des Grundsystems bezeichnet, das in den Mittelstützen Gelenke besitzt, mit $\mathfrak{M}_1$ sind die Biegemomente bezeichnet, die entstehen, wenn in den Mittelstützen die statisch unbestimmten Momente $\mathfrak{M}_s$ angreifen. Da der Träger symmetrisch ist, genügt es, die eine Hälfte zu betrachten, die in 14 Intervalle eingeteilt ist mit der Intervallbreite $h = \dfrac{l_2}{12}$. In der zweiten und dritten Spalte der Tabelle 7 sind die dimensionslosen Biegemomente

$$\frac{8\,\mathfrak{M}_0}{p\,l_2^2} \quad \text{und} \quad \frac{8\,\mathfrak{M}_1}{p\,l_2^2}$$

eingetragen, in der vierten Spalte die wirklichen dimensionslosen Biegemomente $\frac{8\,\mathfrak{M}}{p\,l_2^2}$. Die fünfte Spalte enthält das Doppelintegral über die Biegemomente, angefangen von der Trägermitte. Die Neigung in der Trägermitte verschwindet aus Symmetriegründen, außerdem ist in der Spalte D auch $D_{14} = 0$ gesetzt worden. Die nächste Spalte enthält dann bis auf einen Faktor die gesuchten Durchbiegungen, und zwar ist

$$v(x) = \iint\limits_{0}^{x} \frac{\mathfrak{M}}{E\,J}\,dx = \frac{1}{E\,J}\,\frac{p\,l_2^2}{8}\,\frac{l_2^2}{12^3} \iint\limits_{0}^{x} \frac{8\,\mathfrak{M}}{p\,l_2^2}\,\frac{12}{h^2}\,dx\,,$$

$$v(x) = \frac{p\,l_2^4}{E\,J}\,\frac{1}{8\cdot 12^3}\,E(x)\,.$$

Das Quadrat der kleinsten Eigenkreisfrequenz erhält man vermittels

$$\omega_1^2 \leq \frac{\int\limits_{0}^{l_1+l_2/2} p\,v\,dx}{\int\limits_{0}^{l_1+l_2/2} \mu\,v^2\,dx} = 8\cdot 12^3\,\frac{E\,J}{\mu\,l_2^4}\,\frac{\Sigma_1}{\Sigma_2}\,,$$

oder mit den Werten der Tabelle 7

$$\omega_1 = \frac{14,30}{l_2^2}\,\sqrt{\frac{E\,J}{\mu}}\,.$$

Man hat zu beachten, daß p im ersten Feld negativ, im zweiten Feld positiv ist. Bei der Berechnung von Σ_1 sind daher die Absolutbeträge $|E(x)|$ zu nehmen.

Die strenge Berechnung der kleinsten Eigenfrequenz dieses Trägers gestaltet sich sehr einfach. Die Frequenzgleichung wurde bereits in 8, (25) abgeleitet in der Form

$$\varkappa_1 J_1 \frac{\mathfrak{S}(\lambda_1)}{\mathfrak{B}(\lambda_1)} = -\varkappa_2 J_2 \frac{\mathfrak{C}\left(\frac{\lambda_2}{2}\right)}{\mathfrak{A}\left(\frac{\lambda_2}{2}\right)}\,.$$

(In 8 ist die halbe mittlere Spannweite mit l_2 bezeichnet, hier dagegen die ganze mittlere Spannweite, daher steht auf der rechten Seite der Frequenzgleichung $\lambda_2/2$.) Da die Trägheitsmomente in allen Feldern gleich sind, gilt

$$\lambda_1 : \lambda_2 = l_1 : l_2\,,$$

also $\lambda_2 = \frac{3}{2}\lambda_1$. Die Frequenzgleichung reduziert sich zu

$$\frac{\mathfrak{S}(\lambda_1)}{\mathfrak{B}(\lambda_1)} = -\frac{\mathfrak{C}\left(\frac{3}{4}\lambda_1\right)}{\mathfrak{A}\left(\frac{3}{4}\lambda_1\right)}\,.$$

Mit Hilfe von VII, Tabelle A findet man

$$\lambda_1 = 2{,}494\,,$$

also

$$\omega_1 = \frac{2{,}494^2}{l_1^2}\sqrt{\frac{EJ}{\mu}} = \frac{9}{4}\frac{2{,}494^2}{l_2^2}\sqrt{\frac{EJ}{\mu}}\,,$$

$$\omega_1 = \frac{14{,}00}{l_2^2}\sqrt{\frac{EJ}{\mu}}\,.$$

Der Fehler bei Anwendung der Energiemethode betrug somit 2,1%.

Beispiel 11. Nachdem wir uns überzeugt haben, daß die Energie-methode auch für unseren durch-laufenden Träger brauchbare Er-gebnisse liefert, wollen wir einen in gleicher Weise gelagerten Träger mit veränderlicher Steifigkeit be-handeln. Es möge sich wieder um

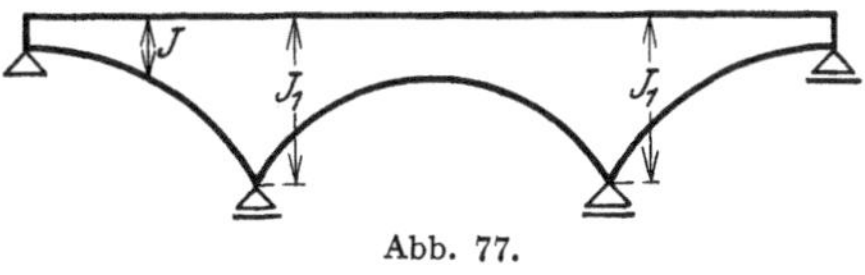

Abb. 77.

eine Brücke handeln, bei welcher die Hauptmassen von der Fahrbahn herrühren, sodaß wir konstante Massenverteilung voraussetzen können. Der Verlauf der Trägheitsmomente sei symmetrisch zur Trägermitte, er ist in Abb. 77 dargestellt. Das Trägheitsmoment über den Mittel-stützen sei mit J_1 bezeichnet. Die zweite Spalte der Tabelle 8 enthält die reziproken Trägheitsmo-mente des Trägers bezogen auf das Trägheitsmoment an den Mittelstützen. Wir berech-nen wieder die Durchbiegung des Trägers unter dem Einfluß einer Belastung nach Abb. 76 b.

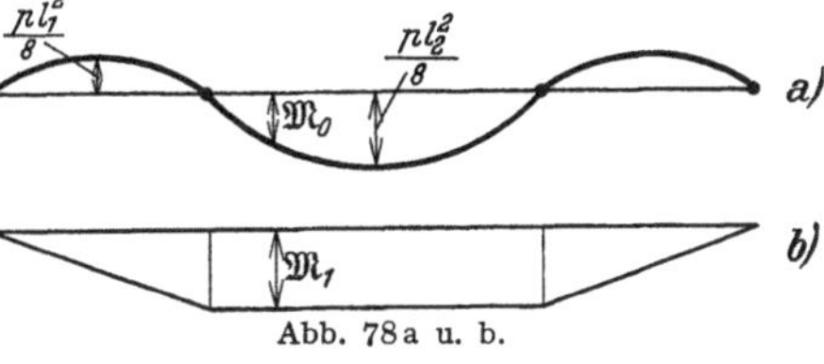

Abb. 78 a u. b.

Als statisch bestimmtes Grundsystem wird der Träger genommen, der an den Mittelstützen durch Gelenke unterbrochen ist. Die Biege-momente infolge der angenommenen Lasten am Grundsystem sind in der dritten Spalte der Tabelle 8 eingetragen (vgl. auch Abb. 78a). Die tatsächlichen Biegemomente setzen sich zusammen aus

$$\mathfrak{M} = \mathfrak{M}_0 + X\mathfrak{M}_1\,,$$

wo der Verlauf von $\mathfrak{M}_1$ aus Abb. 78b hervorgeht. X ist die statisch unbestimmte Größe, die sich bekanntlich aus dem Satz vom Minimum der Formänderungsarbeit ergibt zu

$$X = -\frac{\displaystyle\int\frac{\mathfrak{M}_0\,\mathfrak{M}_1}{J}\,dx}{\displaystyle\int\frac{\mathfrak{M}_1^2}{J}\,dx}\,. \tag{55}$$

Diese Rechnung ist in Tabelle 8 ausgeführt. $\mathfrak{M}_1$ ist so gewählt, daß

Tabelle 8. Vierfach gelagerte Trägerbrücke mit veränderlicher Steifig-

$h = \dfrac{l_2}{12}$	A	B	C	D	E	F
$12\,\dfrac{x}{l_2}$	$\dfrac{J_1}{J}$	$8\,\dfrac{\mathfrak{M}_0}{p\,l_2^2}$	$8\,\dfrac{\mathfrak{M}_1}{p\,l_2^2}$	$A\,B\,C$	$A\,C^2$	$-\dfrac{\Sigma_1}{\Sigma_2}\,C$
0	5,000	— 0,000	0,000	0,000	0,000	— 0,000
1	4,500	— 0,194	0,125	— 0,109	0,070	— 0,041
2	4,000	— 0,333	0,250	— 0,333	0,250	— 0,082
3	3,500	— 0,416	0,375	— 0,546	0,492	— 0,124
4	3,000	— 0,444	0,500	— 0,666	0,750	— 0,165
5	2,500	— 0,416	0,625	— 0,650	0,977	— 0,206
6	2,000	— 0,333	0,750	— 0,500	1,125	— 0,247
7	1,500	— 0,194	0,875	— 0,255	1,150	— 0,288
8	1,000	0,000	1,000	0,000	1,000	— 0,330
9	1,460	+ 0,305	1,000	+ 0,445	1,460	— 0,330
10	1,834	+ 0,556	1,000	+ 1,020	1,834	— 0,330
11	2,125	+ 0,750	1,000	+ 1,595	2,125	— 0,330
12	2,333	+ 0,889	1,000	+ 2,075	2,333	— 0,330
13	2,458	+ 0,972	1,000	+ 2,385	2,458	— 0,330
14	2,500	+ 1,000	1,000	+ 2,500	2,500	— 0,330
				Σ_1	Σ_2	
				$\dfrac{3}{h}\displaystyle\int_0^{l_1+l_2/2} D\,dx$	$\dfrac{3}{h}\displaystyle\int_0^{l_1+l_2/2} E\,dx$	
				17,152	52,012	

im mittleren Feld $\dfrac{8\,\mathfrak{M}_1}{p\,l_2^2} = 1$ gilt. Infolge der Symmetrie des Trägers genügt es, die eine Hälfte zu betrachten, die in 14 Intervalle von der Länge $h = \dfrac{l_2}{12}$ eingeteilt ist. In der Spalte D und E sind die Integranden der in (55) zu bildenden Integrale ausgewertet worden. Die statisch unbestimmte Größe ergibt sich zu

$$X = -\,\frac{\Sigma_1}{\Sigma_2} = -\,0{,}330\;.$$

Die Spalte G enthält die wirklich auftretenden dimensionslosen Biegemomente $\dfrac{8\,\mathfrak{M}}{p\,l_2^2}$, Spalte H die mit den reziproken Trägheitsmomenten multiplizierten Biegemomente. Der weitere Verlauf der Rechnung entspricht völlig demjenigen bei dem vorhergehenden Beispiel, dem über vier Stützen durchlaufenden Träger mit konstanter Steifigkeit. Die Doppelintegration ist von der Mitte ausgehend vorgenommen. Die vorletzte Spalte enthält bis auf einen Faktor die Durchbiegungen. Das Quadrat der kleinsten Eigenkreisfrequenz ergibt sich wie bei dem

keit, Energiemethode mit Biegelinie infolge Belastung nach Abb. 76b

$G\cdot$	H	K	L	M
$B+F$	GA	$\dfrac{12}{h^2}\displaystyle\int\limits_{l_1+l_2/2}^{l_1+l_2/2-x}\!\!\!\int H\,dx^2$	$258-K$	$L^2\,10^{-1}$
0,000	0,000	258	0	0
$-$ 0,235	$-$ 1,058	320	$-$ 62	384
$-$ 0,415	$-$ 1,660	369	$-$ 111	1232
$-$ 0,540	$-$ 1,890	399	$-$ 141	1988
$-$ 0,609	$-$ 1,827	406	$-$ 148	2190
$-$ 0,622	$-$ 1,552	392	$-$ 134	1796
$-$ 0,580	$-$ 1,160	359	$-$ 101	1020
$-$ 0,482	$-$ 0,723	312	$-$ 54	292
$-$ 0,330	$-$ 0,330	257	0	0
$-$ 0,025	$-$ 0,036	198	$+$ 60	360
$+$ 0,226	$+$ 0,414	138	$+$ 120	1440
$+$ 0,420	$+$ 0,894	83	$+$ 175	3062
$+$ 0,559	$+$ 1,301	39	$+$ 219	4796
$+$ 0,642	$+$ 1,578	10	$+$ 248	6150
$+$ 0,670	$+$ 1,672	0	$+$ 258	6656
			Σ_3	Σ_4
			$\dfrac{3}{h}\displaystyle\int\limits_{0}^{l_1+l_2/2} L\,dx$	$\dfrac{3}{h}\displaystyle\int\limits_{0}^{l_1+l_2/2} M\,dx$
			5154	84140

vorhergehenden Beispiel zu

$$\omega_1^2 \le 8\cdot 12^3\,\frac{E J_1}{\mu\,l_2^4}\,\frac{\Sigma_3}{\Sigma_4\,10}\,.$$

Man erhält

$$\omega_1 \le \frac{9{,}20}{l_2^2}\,\sqrt{\frac{E J_1}{\mu}}\,.$$

Den genauen Wert werden wir später ermitteln zu

$$\omega_1 = \frac{9{,}13}{l_2^2}\,\sqrt{\frac{E J_1}{\mu}}\,.$$

Der Fehler beträgt also 0,8%.

Beispiel 12. Eine wesentlich einfachere, wenn auch ungenauere Abschätzung der kleinsten Eigenfrequenz erhält man wieder, wenn man an Stelle einer Biegelinie die erste Eigenschwingungsform des Trägers mit konstanter Steifigkeit in die Energieformel einsetzt, die dann die Form

$$\omega_1^2 \le \frac{\displaystyle\int_0^l v''^2 E J\,dx}{\displaystyle\int_0^l v^2 \mu\,dx} \tag{56}$$

annimmt. Über die Berechnung der Eigenschwingungsformen von Stabwerken, deren Stäbe konstante Steifigkeit und konstante Massendichte haben, wird in IV, 9 das Nötige gesagt werden. Hier sei nur soviel bemerkt, daß die Berechnung solcher Eigenschwingungsformen mit Hilfe der in VII gegebenen Tabellen nicht mehr Arbeit macht, als die Berechnung der statischen Durchbiegung infolge einer Einzellast mit Hilfe der bekannten ω-Tafeln von Müller-Breslau. In die erste Spalte der Tabelle 9 ist die dimensionslos gemachte erste Eigenschwingungsform $\dfrac{v}{l_2^2\,l_2'\,P}$ der Brücke mit konstanter Steifigkeit eingetragen. l_2' ist wie früher für l_2/EJ gesetzt, wo EJ die Steifigkeit des Trägers mit konstantem Querschnitt ist. P ist die Amplitude einer schwingenden Last, die in Brückenmitte mit nahezu der Frequenz der Eigenschwingung angreifend gedacht wird. Genau genommen ist in der ersten Spalte der Tabelle 9 die durch diese Kraft erzwungene Schwingungsform eingetragen, doch stimmt diese nahezu mit der Eigenschwingungsform überein. Die zweite Spalte der Tabelle 9 enthält die zweiten Ableitungen der Eigenschwingungsform, in der gleichen Weise dimensionslos gemacht. Die Berechnung der Spalten A und B wird in IV, 9 nachgeholt werden. Bei der Bildung des Ausdrucks (56) für das Quadrat der kleinsten Eigenkreisfrequenz heben sich die Steifigkeit des Trägers mit konstantem Querschnitt, d. h. l_2' und die Amplitude P der erregenden Kraft weg, und man erhält

$$\omega_1^2 \leq \frac{EJ_1}{\mu\,l_2^4}\,\frac{\displaystyle\int v''^2\,\frac{J}{J_1}\,dx}{\displaystyle\int \frac{v^2}{l_2^4}\,dx} = \frac{EJ_1}{\mu\,l_2^4}\,\frac{\displaystyle\int \frac{B^2}{C}\,dx}{\displaystyle\int A^2\,dx}\,.$$

Bei der Integration ist zu beachten, daß die Intervallbreite in den beiden Feldern verschieden groß angenommen wurde, sodaß jedes Feld in 10 Teile geteilt ist, um die Verwendung von VII, Tabelle B zu ermöglichen. Mit

$$h_1 = \frac{l_1}{10} = \frac{l_2}{15} \quad \text{und} \quad h_2 = \frac{l_2}{20}$$

erhält man

$$\omega_1^2 \leq \frac{EJ_1}{\mu\,l_2^4}\,\frac{\dfrac{\Sigma_2}{15} + \dfrac{\Sigma_4}{20}}{\dfrac{\Sigma_1}{15} + \dfrac{\Sigma_3}{20}} = 92{,}11\,\frac{EJ_1}{\mu\,l_2^4}\,,$$

oder

$$\omega_1 \leq \frac{9{,}598}{l_2^2}\,\sqrt{\frac{EJ_1}{\mu}}\,.$$

Der Fehler beträgt 5%.

Die Methode der reduzierten Trägheitsmomente ist bei komplizierteren Tragwerken wenig angebracht. Man hätte z. B. bei der eben

Tabelle 9.

Vierfach gelagerte Trägerbrücke mit veränderlicher Steifigkeit,
Energiemethode mit Grundschwingungsform des homogenen Trägers.

$h_1 = \dfrac{l_1}{10}$	A	B	C		D
$\dfrac{x}{l_1}$	$\dfrac{v}{l_2^2\, l_2'\, P}$	$\dfrac{v''}{l_2'\, P}$	$\dfrac{J_1}{J}$	A^2	$\dfrac{B^2}{C}$
0,0	0,000	0,00	5,000	0,0000	0,00
0,1	0,053	− 0,91	4,600	0,0028	0,18
0,2	0,102	− 1,78	4,200	0,0104	0,76
0,3	0,143	− 2,56	3,800	0,0204	1,72
0,4	0,173	− 3,22	3,400	0,0300	3,06
0,5	0,188	− 3,72	3,000	0,0354	4,60
0,6	1,187	− 4,05	2,600	0,0350	6,30
0,7	0,168	− 4,23	2,200	0,0282	8,13
0,8	0,131	− 4,26	1,800	0,0172	10,08
0,9	0,075	− 4,17	1,400	0,0056	12,42
1,0	0,000	− 4,02	1,000	0,0000	16,16
				Σ_1	Σ_2
				$\dfrac{3}{h_1}\displaystyle\int_0^{l_1} A^2\,dx$	$\dfrac{3}{h_1}\displaystyle\int_0^{l_1} D\,dx$
				0,5548	164,76

$h_2 = \dfrac{l_2}{20}$	A	B	C		D
$\dfrac{x}{l_2}$	$\dfrac{v}{l_2^2\, l_2'\, P}$	$\dfrac{v''}{l_2'\, P}$	$\dfrac{J_1}{J}$	A^2	$\dfrac{B^2}{C}$
0,00	− 0,000	− 4,02	1,000	0,0000	16,16
0,05	− 0,068	− 2,39	1,285	0,0046	4,45
0,10	− 0,142	− 0,80	1,540	0,0202	0,42
0,15	− 0,220	+ 0,73	1,765	0,0485	0,30
0,20	− 0,294	+ 2,13	1,960	0,0865	2,32
0,25	− 0,364	+ 3,39	2,125	0,1332	5,40
0,30	− 0,424	+ 4,43	2,260	0,1798	8,68
0,35	− 0,475	+ 5,29	2,365	0,2256	11,83
0,40	− 0,511	+ 5,90	2,440	0,2611	14,26
0,45	− 0,534	+ 6,21	2,485	0,2852	15,51
0,50	− 0,540	+ 6,26	2,500	0,2916	15,68
				Σ_3	Σ_4
				$\dfrac{3}{h_2}\displaystyle\int_0^{l_2/2} A^2\,dx$	$\dfrac{3}{h_2}\displaystyle\int_0^{l_2/2} D\,dx$
				4,1752	233,16

behandelten Dreifelderbrücke zunächst die Durchbiegung etwa in Brückenmitte infolge einer Belastung nach Abb. 76b zu bestimmen, ferner die Durchbiegung eines entsprechend gelagerten Trägers mit konstanter Steifigkeit infolge derselben Lasten, und man hätte dann die kleinste Eigenfrequenz eines Trägers mit konstanter Steifigkeit berechnen müssen, der in der Mitte die gleiche Durchbiegung infolge der Last nach Abb. 76b hat wie der wirkliche Träger unter der gleichen Last. Diese Rechnung ist nicht nur umständlicher als die Energiemethode, sondern liefert auch ungenauere Ergebnisse.

Beispiel 13. Wir wollen nunmehr zeigen, daß die Energiemethode nicht nur bei Trägern, die über zwei oder mehrere Stützen laufen, bequem anwendbar ist, sondern auch bei Rahmentragwerken. Als Beispiel nehmen wir einen Rahmen, dessen Abmessungen aus Abb. 79a hervorgehen. Die Rahmenecken sind steif vorausgesetzt, die Stiele sind fest eingespannt. Die Schwingungen derartiger Rahmen interessieren

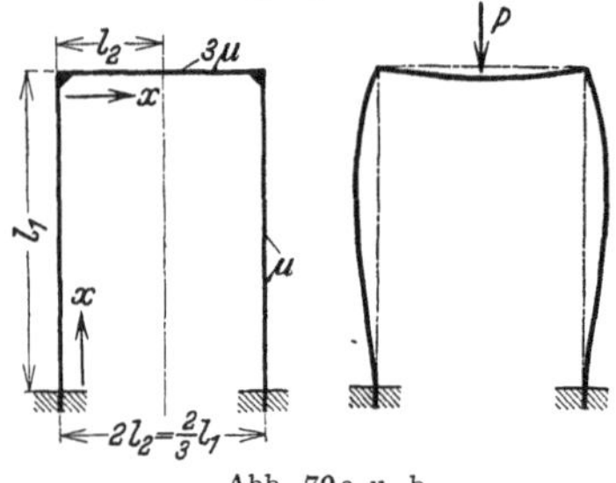

Abb. 79a u. b.

vor allem beim Bau von Maschinenfundamenten. Die Fundamente größerer Maschinenaggregate werden heute meist in aufgelöster Bauweise als Rahmentragwerke ausgeführt und können durch nicht völlig ausgewuchtete rotierende oder hin- und hergehende Maschinenteile in Schwingungen versetzt werden. Wir wollen annehmen, daß alle Stäbe des Rahmens konstante Steifigkeit und konstante Massenverteilung haben. Da dieser Fall auch der exakten Rechnung zugänglich ist, können wir die Ergebnisse der Energiemethode mit denen der strengen Rechnung vergleichen. Die Steifigkeiten von Stielen und Riegel seien einander gleich. Dagegen möge der Riegel noch eine Auflast tragen, sodaß die gesamte Massendichte dreimal so groß ist wie diejenige der Stiele. Bezeichnet man mit μ die Massendichte der Stiele, dann ist also diejenige des Riegels $3\,\mu$. Wir berechnen zunächst die symmetrische Grundschwingung des Rahmens nach Abb. 79b und verwenden im Energieausdruck die Durchbiegung unter einer Einzellast P, die in Riegelmitte angreift. Das Einspannmoment ergibt sich zu

$$\mathfrak{M}_0 = \frac{P\,l_1}{42}\,*$$

und das Moment in der Rahmenecke zu

$$\mathfrak{M}_1 = -\frac{P\,l_1}{21}\,.$$

---

* Vgl. A. Kleinlogel: Rahmenformeln. Berlin 1925.

Die Durchbiegungen des Rahmens sind in bekannter Weise mit Hilfe der Müller-Breslauschen ω-Tafeln berechnet und in Tabelle 10 eingetragen. Der Stiel und der halbe Riegel sind in je 10 Intervalle eingeteilt. Die doppelte Formänderungsarbeit ist durch das Produkt aus der Kraft P und der Durchbiegung v_P ihres Angriffspunktes gegeben. Das Integral über die Quadrate der Durchbiegungen ist für den Stiel und für die Riegelhälfte getrennt berechnet. Man erhält für das Quadrat

Tabelle 10. Fundamentrahmen, Energiemethode mit Biegelinie unter vertikaler Einzellast in Riegelmitte, symmetrische Grundschwingung.

$h_1 = \dfrac{l_1}{10}$	A	B	$h_2 = \dfrac{l_2}{10}$	A	B
$\dfrac{x}{l_1}$	$\dfrac{EJ}{Pl_1^3} v\, 10^6$	$A^2\, 10^{-3}$	$\dfrac{x}{l_2}$	$\dfrac{EJ}{Pl_1^3} v\, 10^6$	$A^2\, 10^{-3}$
0,0	0	0	0,0	$+$ 0	0
0,1	$-$ 107	11	0,1	$+$ 420	176
0,2	$-$ 381	145	0,2	$+$ 866	750
0,3	$-$ 750	562	0,3	$+$ 1345	1809
0,4	$-$ 1143	1306	0,4	$+$ 1803	3251
0,5	$-$ 1488	2214	0,5	$+$ 2260	5108
0,6	$-$ 1714	2938	0,6	$+$ 2667	7113
0,7	$-$ 1750	3063	0,7	$+$ 3015	9090
0,8	$-$ 1524	2323	0,8	$+$ 3278	10745
0,9	$-$ 964	929	0,9	$+$ 3464	11999
1,0	0	0	1,0	$+$ 3527	12440
		$\dfrac{3}{h_1}\displaystyle\int_0^{l_1} B\,dx$			$\dfrac{3}{h_2}\displaystyle\int_0^{l_2} B\,dx$
		Σ_1			Σ_2
		40540			168886

der kleinsten Eigenkreisfrequenz der symmetrischen Schwingung den Wert

$$\omega_1^2 \leq \frac{P\,v_p}{2\mu\int\limits_0^{l_1} v^2\,dx + 6\mu\int\limits_0^{l_2} v^2\,dx} = \frac{EJ}{2\mu\, l_1^3}\cdot\frac{A_p\,10^6}{\int\limits_0^{l_1} A^2\,dx + 3\int\limits_0^{l_2} A^2\,dx}$$

oder

$$\omega_1^2 \leq \frac{1}{2}\cdot\frac{3527\cdot 10^3}{\dfrac{40540}{30} + 3\,\dfrac{168886}{90}}\cdot\frac{EJ}{\mu\, l_1^4}.$$

Also ist

$$\omega_1 \leq \frac{15{,}9}{l_1^2}\sqrt{\frac{EJ}{\mu}}.$$

Die Frequenzgleichung für die symmetrische Grundschwingung des Rahmens war in 8, (28) abgeleitet worden zu

$$\varkappa_1 J_1 \frac{\mathfrak{B}(\lambda_1)}{\mathfrak{D}(\lambda_1)} = \varkappa_2 J_2 \frac{\mathfrak{C}(\lambda_2)}{\mathfrak{A}(\lambda_2)},$$

wobei $\varkappa = \sqrt[4]{\dfrac{\mu}{J}}$ gesetzt war. Es ist also wegen $J_1 = J_2$ und $\mu_1 = \dfrac{\mu_2}{3}$ in unserem Falle

$$\frac{\varkappa_1}{\varkappa_2} = \sqrt[4]{\frac{1}{3}} = 0{,}761, \qquad \frac{\lambda_1}{\lambda_2} = 0{,}761 \cdot 3 = 2{,}283.$$

Die Frequenzgleichung lautet mit diesen Werten

$$0{,}761 \frac{\mathfrak{B}(\lambda_1)}{\mathfrak{D}(\lambda_1)} = \frac{\mathfrak{C}\left(\dfrac{\lambda_1}{2{,}283}\right)}{\mathfrak{A}\left(\dfrac{\lambda_1}{2{,}283}\right)}.$$

Man findet unter Verwendung von VII, Tabelle A als kleinste Wurzel dieser Gleichung den Wert $\lambda_1 = 3{,}78$. Der genaue Wert für die kleinste Eigenkreisfrequenz der symmetrischen Schwingung des Rahmens ist also

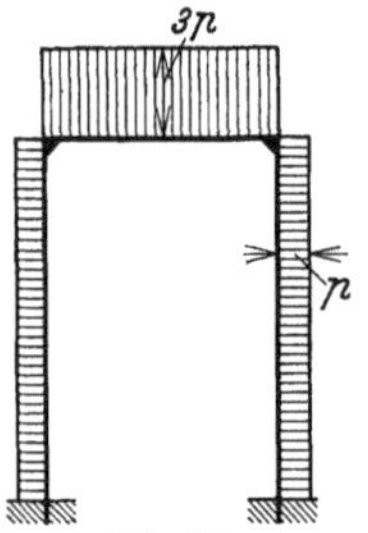

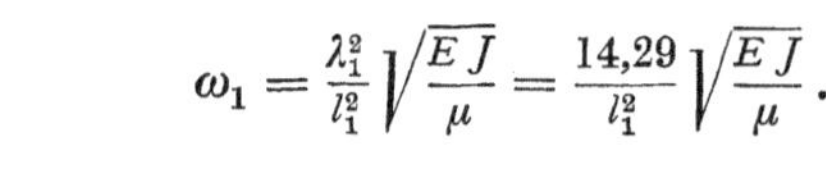

$$\omega_1 = \frac{\lambda_1^2}{l_1^2} \sqrt{\frac{EJ}{\mu}} = \frac{14{,}29}{l_1^2} \sqrt{\frac{EJ}{\mu}}.$$

Der Fehler der Energiemethode betrug demnach 11%. Die Biegelinie unter einer Einzellast in Riegelmitte weicht bei dem untersuchten hochstieligen Rahmen doch recht erheblich von der Eigenschwingungsform ab.

Abb. 80.

Beispiel 14. Ein wesentlich besseres Ergebnis ist zu erwarten, wenn wir an Stelle der Einzellast des Beispiels 13 eine Lastverteilung nach Abb. 80 verwenden. Auf den Riegel soll eine gleichmäßige Last $3\,p$ nach unten, auf die Stiele eine Last p nach außen wirken, entsprechend den bezogenen Massen μ und $3\,\mu$ der Stiele und des Riegels. Das Einspannmoment ergibt sich bei dieser Belastung zu

$$\mathfrak{M}_0 = \frac{5}{36} p\,l_1^2,$$

das Eckmoment zu

$$\mathfrak{M}_1 = -\frac{p\,l_1^2}{36}.$$

Die Biegeordinaten sind wieder mit Hilfe der Müller-Breslauschen ω-Tafeln berechnet und in Tabelle 11 eingetragen. Die Intervallteilung ist die gleiche wie bei der vorhergehenden Rechnung. Man beachte, daß in der ersten Spalte die Durchbiegungen von Stiel und von Riegel mit verschiedenen Zahlen multipliziert sind, wie aus den Köpfen der ersten Spalte hervorgeht. Das Quadrat der kleinsten Eigenkreisfrequenz ergibt sich zu

$$\omega_1^2 \leq \frac{\int\limits_0^{l_1} p\,v\,dx + \int\limits_0^{l_2} 3\,p\,v\,dx}{\int\limits_0^{l_1} \mu\,v^2\,dx + \int\limits_0^{l_2} 3\,\mu\,v^2\,dx} = \frac{E\,J}{\mu\,l_1^4}\,36\,\frac{\dfrac{\Sigma_1}{6}\dfrac{l_1}{30} + \dfrac{\Sigma_3}{9}\dfrac{l_1}{90}\,3}{\dfrac{\Sigma_2}{36}\dfrac{l_1}{30} + \dfrac{\Sigma_4}{81}\dfrac{l_1}{90}\,3}$$

oder

$$\omega_1^2 \leq \frac{E\,J}{\mu\,l_1^4}\,\frac{\dfrac{24004}{6} + \dfrac{38004}{9}}{\dfrac{25718}{36} + \dfrac{59634}{81}}\,36\,.$$

Also ist

$$\omega_1 \leq \frac{14{,}29}{l_1^2}\sqrt{\frac{E\,J}{\mu}}\,.$$

Dieser Wert stimmt innerhalb der angegebenen Stellen mit dem genauen überein. Es muß dies allerdings als Zufall angesehen werden, der sich dadurch erklären läßt, daß die Fehler der numerischen Integrationen gerade die Fehler der Methode aufgehoben haben. Bei genauerer Rechnung hätte sich vermutlich eine kleine Abweichung ergeben, die jedoch ½% sicher nicht überschritten hätte. Von dieser Größenordnung ist nämlich der Fehler der numerischen Rechnung. Man sieht jedenfalls, daß bei etwas vorsichtiger Wahl der Belastung die Energiemethode

Tabelle 11. Fundamentrahmen, Energiemethode mit Biegelinie unter Belastung nach Abb. 80, symmetrische Grundschwingung.

$h_1 = \dfrac{l_1}{10}$	A	B	$h_2 = \dfrac{l_2}{10}$	A	B
$\dfrac{x}{l_1}$	$\dfrac{E\,J}{p\,l_1^4}\,v\cdot 6\cdot 10^3\cdot 36$	$A^2\,10^{-3}$	$\dfrac{x}{l_2}$	$\dfrac{E\,J}{p\,l_1^4}\,v\cdot 9\cdot 10^3\cdot 36$	$A^2\,10^{-3}$
0,0	0	0	0,0	$+$ 0	0
0,1	$-$ 127	16	0,1	$+$ 303	92
0,2	$-$ 422	178	0,2	$+$ 605	366
0,3	$-$ 775	601	0,3	$+$ 895	801
0,4	$-$ 1094	1197	0,4	$+$ 1165	1357
0,5	$-$ 1313	1724	0,5	$+$ 1407	1980
0,6	$-$ 1382	1910	0,6	$+$ 1613	2602
0,7	$-$ 1279	1636	0,7	$+$ 1779	3165
0,8	$-$ 998	996	0,8	$+$ 1901	3614
0,9	$-$ 559	312	0,9	$+$ 1975	3901
1,0	0	0	1,0	$+$ 2000	4000
	$\dfrac{3}{h_1}\displaystyle\int_0^{l_1} \lvert A\rvert\,dx$	$\dfrac{3}{h_1}\displaystyle\int_0^{l_1} B\,dx$		$\dfrac{3}{h_2}\displaystyle\int_0^{l_2} A\,dx$	$\dfrac{3}{h_2}\displaystyle\int_0^{l_2} B\,dx$
	Σ_1	Σ_2		Σ_3	Σ_4
	24004	25718		38004	59634

auch bei Rahmen völlig einwandfreie Ergebnisse liefert. In Abb. 81 sind die Biegelinien des Rahmens unter einer in Riegelmitte angreifenden Einzellast und unter der verteilten Last nach Abb. 80 aufgetragen. Die wirkliche Schwingungslinie stimmt sehr genau mit der letzteren überein. Man erkennt, daß die Einzellast eine viel zu kleine Durchbiegung der Stiele verursacht. Hierdurch ist das schlechte Ergebnis der Energiemethode bei Verwendung dieser Biegelinie erklärt.

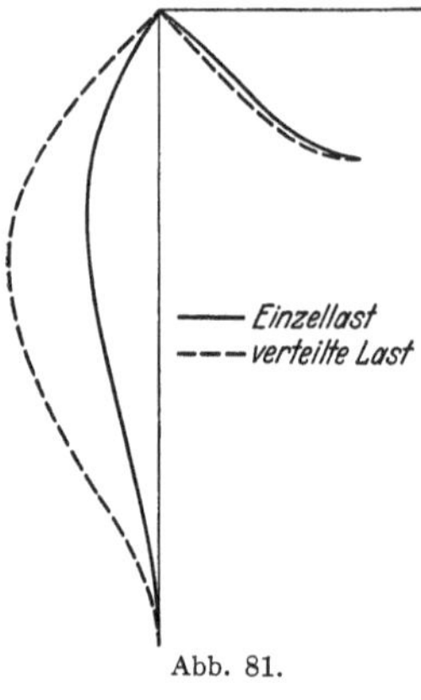

Abb. 81.

Beispiel 15. Wir wollen zum Schluß noch die Frequenz der unsymmetrischen Grundschwingung desselben Rahmens mit Hilfe der Energiemethode berechnen und mit dem genauen Wert vergleichen. Die Schwingungsform verläuft etwa nach Abb. 82. Wir verwenden die Biegelinie unter dem Einfluß einer am Riegelende angreifenden horizontalen Kraft P. Die Durchbiegungen findet man wie oben, sie sind in Tabelle 12 eingetragen. Die doppelte Formänderungsarbeit ist wieder durch das Produkt aus der Kraft P und der Horizontalverschiebung des Riegels gegeben. Bei der Berechnung der bezogenen kinetischen Energie ist zu beachten, daß beim Riegel sowohl die kinetische Energie infolge der Horizontalbewegung, wie auch diejenige infolge der Vertikalbewegung seiner Punkte zu berücksichtigen ist. Wir haben also, wenn v_h die Horizontalverschiebung des Riegels unter der Last P ist,

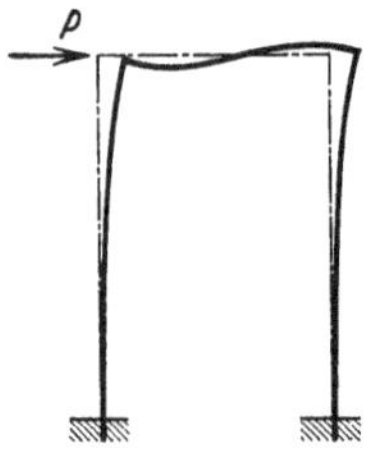

Abb. 82.

$$\omega_1^2 \leq \frac{P\,v_h}{2\left(\int\limits_0^{l_1}\mu\,v^2\,dx + 3\,\mu\,l_2\,v_h^2 + 3\int\limits_0^{l_2}\mu\,v^2\,dx\right)},$$

oder

$$\omega_1^2 \leq \frac{E\,J}{l_1^4\,\mu}\,\frac{1300}{2\left(\dfrac{16\,484}{30} + 1690 + 3\,\dfrac{18}{90}\right)}\,24\,.$$

Es ist also

$$\omega_1 \leq \frac{2{,}639}{l_1^2}\sqrt{\frac{E\,J}{\mu}}\,.$$

Die Frequenzgleichung für die unsymmetrischen Schwingungen des Rahmens war in 8, (29) abgeleitet worden zu

$$\varkappa_1\,J_1\,\frac{\dfrac{\mu_2\,l_2}{\mu_1\,l_1}\,\lambda_1\,\mathfrak{B}(\lambda_1) - \mathfrak{E}(\lambda_1)}{\dfrac{\mu_2\,l_2}{\mu_1\,l_1}\,\lambda_1\,\mathfrak{D}(\lambda_1) + \mathfrak{A}(\lambda_1)} = \varkappa_2\,J_2\,\frac{\mathfrak{S}(\lambda_2)}{\mathfrak{B}(\lambda_2)}\,.$$

Mit $\quad \dfrac{\varkappa_1}{\varkappa_2} = \sqrt[4]{\dfrac{\mu_1}{\mu_2}} = 0{,}761\,, \qquad \dfrac{\mu_2\,l_2}{\mu_1\,l_1} = 1\,, \qquad \lambda_1 = 2{,}283\,\lambda_2$

(vgl. Beispiel 13) erhält man die Frequenzgleichung

$$0{,}761\,\frac{\lambda_1\,\mathfrak{B}(\lambda_1) - \mathfrak{E}(\lambda_1)}{\lambda_1\,\mathfrak{D}(\lambda_1) + \mathfrak{A}(\lambda_1)} = \frac{\mathfrak{C}\left(\dfrac{\lambda_1}{2{,}283}\right)}{\mathfrak{B}\left(\dfrac{\lambda_1}{2{,}283}\right)}$$

mit der kleinsten Wurzel

$$\lambda_1 = 1{,}624\,.$$

Die kleinste Eigenkreisfrequenz der unsymmetrischen Rahmenschwin-

Tabelle 12.

Fundamentrahmen, Energiemethode mit Biegelinie unter horizontaler Einzellast in Riegelhöhe, antisymmetrische Grundschwingung.

$h_1 = \dfrac{l_1}{10}$	A	B	$h_2 = \dfrac{l_2}{10}$	A	B
$\dfrac{x}{l_1}$	$\dfrac{EJ}{Pl_1^3}\,v\cdot 24\cdot 10^3$	$A^2\,10^{-3}$	$\dfrac{x}{l_2}$	$\dfrac{EJ}{Pl_1^3}\,v\cdot 24\cdot 10^3$	$A^2\,10^{-3}$
0,0	— 0	0	0,0	0	0
0,1	— 31	1	0,1	17	0
0,2	— 116	13	0,2	29	1
0,3	— 243	59	0,3	36	1
0,4	— 400	160	0,4	38	1
0,5	— 575	331	0,5	37	1
0,6	— 756	572	0,6	34	1
0,7	— 931	867	0,7	27	1
0,8	— 1088	1184	0,8	19	0
0,9	— 1215	1476	0,9	10	0
1,0	— 1300	1690	1,0	0	0
		$\dfrac{3}{h_1}\displaystyle\int_0^{l_1} B\,dx$			$\dfrac{3}{h_2}\displaystyle\int_0^{l_2} B\,dx$
		Σ_1			Σ_2
		16484			18

gung hat also den Wert

$$\omega_1 = \frac{\lambda_1^2}{l_1^2}\,\sqrt{\frac{EJ}{\mu_1}} = \frac{2{,}637}{l_1^2}\,\sqrt{\frac{EJ}{\mu_1}}\,.$$

Die Energiemethode hat demnach nahezu den genauen Wert ergeben. Es sei nochmals darauf hingewiesen, daß die numerischen Integrationen im Endergebnis Fehler von der Größenordnung eines halben Prozents liefern können. Die überaus gute Übereinstimmung mit dem Ergebnis der genauen Rechnung dürfte also auch hier auf Zufall beruhen. Immerhin haben die Beispiele in diesem Abschnitt gezeigt, wie zuverlässig die Energiemethode auch bei komplizierteren Tragwerken ist, sodaß man sie bedenkenlos anwenden darf auf Rahmen mit veränderlicher Steifigkeit oder ähnlichen, der strengen Behandlung unzugänglichen Tragwerken.

Beispiel 16. Wir wollen nun die Energiemethode zur Berechnung der kleinsten Eigenfrequenz eines Fachwerkträgers verwenden. Für Fachwerke mit einer größeren Anzahl von Stäben empfiehlt es sich, eine wesentliche Vereinfachung der Rechnung dadurch zu erzielen, daß man alle Massen in den Knotenpunkten zusammenfaßt. Da an den Knotenpunkten ohnehin schon erhebliche Teile der Tragwerksmasse angreifen (Knotenbleche, Fahrbahnmasse), ist der Fehler, den man

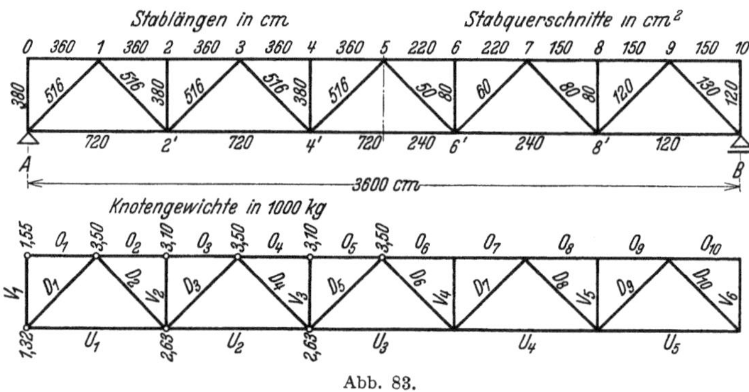

Abb. 83.

durch die Zusammenfassung begeht, nicht groß. Man hat so das schwingungsfähige System mit seinen unendlich vielen Freiheitsgraden ersetzt durch ein System mit endlich vielen Freiheitsgraden. Die strenge Berechnung der Eigenfrequenzen eines solchen Systems aus der Frequenzdeterminante, wie sie in II, 8 für drei Freiheitsgrade vollzogen wurde, ist bei der meist viel größeren Anzahl der Knotenmassen eines Fachwerks praktisch undurchführbar. Dagegen können wir auch hier die Energiemethode mit Erfolg anwenden. Wir wollen die kleinste Eigenschwingungszahl des in Abb. 83 gezeichneten Fachwerkträgers berechnen. In jedem Knoten sind die halben Massen der anschließenden Stäbe zu den Knotenmassen hinzugeschlagen. Die Fahrbahn liegt oben, und es ist angenommen, daß ihre Masse in den Obergurtknoten angreift. Die Stablängen, die Stabquerschnitte und die Knotengewichte in Tonnen gehen aus Abb. 83 hervor.

Wir nehmen in der Mitte des Trägers eine Einzelkraft P an und bestimmen die Horizontal- und Vertikalverschiebungen u und v der Knotenpunkte infolge dieser Last. Die doppelte potentielle Energie dieser Verschiebung beträgt $P v_5$, die bezogene kinetische Energie setzt sich zusammen aus der kinetischen Energie der Horizontalbewegung und derjenigen der Vertikalbewegung. Wenn mit M_i die Knotenmassen bezeichnet werden, erhält man für das Quadrat der kleinsten Eigenkreisfrequenz

$$\omega^2 \leq \frac{P v_5}{\Sigma M_i v_i^2 + \Sigma M_i u_i^2}.$$

Die Rechnung ist in Tabelle 13 enthalten. In der ersten Spalte stehen

Tabelle 13. Fachwerkträger, Energiemethode mit Biegelinie infolge Einzellast in Trägermitte.

Punkt	A $M g$	B $\dfrac{E v}{P}$	C $\dfrac{E u}{P}$	D $B^2 A\ 10^{-2}$	E $C^2 A\ 10^{-2}$
A	1,32	0	0	0	0
$2'$	2,63	-46	$+3$	56	0
$4'$	2,63	-83	$+7$	181	1
$6'$	2,63	-83	$+14$	181	5
$8'$	2,63	-46	$+18$	56	8
B	1,32	0	$+21$	0	6
0	1,55	0	$+22$	0	7
1	3,50	-24	$+22$	20	17
2	3,10	-44	$+20$	60	12
3	3,50	-65	$+17$	148	10
4	3,10	-80	$+14$	198	6
5	3,50	-96	$+11$	322	4
6	3,10	-80	$+8$	198	2
7	3,50	-65	$+5$	148	1
8	3,10	-44	$+3$	60	0
9	3,50	-24	0	20	0
10	1,55	0	-1	0	0
				ΣD	ΣE
				1648	79

die Knotengewichte, in der zweiten und dritten Spalte die mit E/P multiplizierten Knotenverschiebungen. E ist der Elastizitätsmodul, alle Größen beziehen sich auf die Maßeinheiten Tonnen, Zentimeter und Sekunden. Die Knotenverschiebungen sind in bekannter Weise auf graphischem Wege gewonnen worden, indem zuerst der Cremonasche Kräfteplan und dann der zugehörige Williotsche Verschiebungsplan gezeichnet wurden. Für das Quadrat der kleinsten Eigenkreisfrequenz erhält man

$$\omega_1^2 \leq \frac{E\,g}{P} \cdot \frac{P \dfrac{v_5 E}{P}}{\Sigma M_i\, g \left(\dfrac{v_i E}{P}\right)^2 + \Sigma M_i\, g \left(\dfrac{u_i E}{P}\right)^2}$$

oder

$$\omega_1^2 \leq E\,g\,\frac{96}{172700}.$$

Mit $E = 2150$ t/cm² und $g = 981$ cm/sek² erhält man

$$\omega_1 \leq 34{,}2/\text{sek} .$$

Den genauen Wert für das angenommene System mit konzentrierten Massen werden wir später ermitteln zu

$$\omega_1 = 31{,}9/\text{sek} .$$

Der Fehler beträgt 7%. Da es sich ja überhaupt nur um die Berechnung eines benachbarten Systems mit konzentrierten Massen an Stelle des eigentlichen Fachwerks handelt, dürfte dies eine ausreichende Genauigkeit darstellen. Das Ergebnis wird wesentlich besser, wenn an Stelle der Einzellast in Trägermitte eine Anzahl von etwa gleich großen Lasten in allen Obergurtknoten angenommen werden. Vielfach wird der Verschiebungsplan unter dem Einfluß des Eigengewichts der Brücke bereits von der statischen Berechnung her vorliegen. Das Quadrat der kleinsten Eigenkreisfrequenz ergibt sich dann in der einfachsten Weise zu

$$\omega_1^2 \leq \frac{\Sigma\, M_i\, g\, v_i}{\Sigma\, M_i\, v_i^2 + \Sigma\, M_i\, u_i^2} . \tag{57}$$

Bei vielgliedrigen Fachwerkträgern ist der Einfluß der Horizontalverschiebungen klein, wie auch aus Tabelle 13 hervorgeht. Man kann daher die Horizontalverschiebung meist unberücksichtigt lassen. (57) liefert in allen Fällen praktisch ausreichende Ergebnisse.

Beispiel 17. Die Grundschwingungszahl unseres Fachwerkträgers läßt sich auch in einfacher Weise dadurch angenähert bestimmen, daß man den Fachwerkträger ersetzt durch einen Vollwandträger von konstanter Massenverteilung. Die gleichfalls konstante Steifigkeit dieses Ersatzträgers wird so ermittelt, daß er unter geeignet anzunehmenden Lasten die gleiche größte Durchbiegung erfährt wie der Fachwerkträger. Die Verteilung der Massen beim Fachwerk ist ziemlich gleichmäßig über die Trägerlänge. Man begeht daher keinen großen Fehler, wenn man dem Ersatzbalken einfach die mittlere Massendichte des Fachwerks zuschreibt. Man erhält so eine Massendichte von $\mu g = 0{,}0138$ t/cm. Als Belastung wählen wir eine gleichmäßig über die Länge verteilte Last p, da wir aus früheren Beispielen zur Methode der reduzierten Trägheitsmomente wissen, daß eine derartige Belastung sehr gute Ergebnisse liefert. Die größte Durchbiegung des Vollwandträgers mit der Steifigkeit $E J$ unter dieser Belastung ist

$$\bar{v}\left(\frac{l}{2}\right) = \frac{5}{384}\,\frac{p\, l^4}{E J} .$$

Beim Fachwerkträger beträgt die Vertikalverschiebung des mittleren Knotenpunktes 5 unter der Annahme, daß die Last am Obergurt angreift,

$$v_5 = 52\,\frac{p\, l}{E} .$$

Aus der Gleichheit der beiden Durchbiegungen folgt mit $l = 3600$ cm

$$J = 1168 \cdot 10^4 \text{ cm}^4 .$$

Die kleinste Eigenkreisfrequenz des Vollwandträgers ist

$$\omega_1^2 = \frac{\pi^2}{l^2} \sqrt{\frac{E J}{\mu}} .$$

Nach Einsetzen von

$$l = 3600 \text{ cm}, \qquad E = 2150 \text{ t/cm}^2, \qquad J = 1168 \cdot 10^4 \text{ cm}^4,$$

$$\mu = \frac{0,0138}{981} \frac{\text{tsek}^2}{\text{cm}^2}$$

erhält man schließlich

$$\omega_1 = 32,2/\text{sek} .$$

Der Fehler beträgt nur 1%. Die Methode der reduzierten Trägheitsmomente bewährt sich also auch beim Fachwerkträger vorzüglich.

Ehe wir zur Berechnung von höheren Eigenkreisfrequenzen übergehen, wollen wir die Ergebnisse dieses Abschnitts zusammenfassen. In Abb. 84 sind alle untersuchten Systeme zugleich mit dem Verlauf der Trägheitsmomente aufgezeichnet. Die Nummern der Systeme (I bis VII) entsprechen denjenigen

Tabelle 14. Tabelle der Fehler in % des wirklichen Wertes der kleinsten Eigenschwingungszahl bei Anwendung der Energiemethode.

System	Ba	Bb	Bc	S
I	1,45	0,04	—	—
II	1,90	0,50	—	1,90
III	0,85	0,04	—	6,10
IV	—	2,10	—	—
V	—	0,80	—	5,10
VI	11,20	0,00	0,01	—
VII	7,20	—	—	—

der Tabelle 14. Außerdem sind in Abb. 84 die Belastungsfälle a, b, c eingetragen, die bei den verschiedenen Berechnungsmethoden gebraucht wurden. In Tabelle 14 sind zunächst in Prozent des wahren Wertes der kleinsten Eigenschwingungszahl für die verschiedenen Tragwerke die Fehler angegeben, welche bei Verwendung der Energiemethode entstehen. Die Spalten B_a, B_b und B_c enthalten die Fehler bei Benutzung der statischen Biegelinien für die Belastungen a, b und c. Die Spalte S enthält die Fehler bei Benutzung der Schwingungsform des entsprechenden benachbarten Systems mit konstanter Steifigkeit. Die Massen waren bis auf das Beispiel VII des Fachwerkträgers überall gleichmäßig verteilt. Die Fehler sind, wie es ja bei der Energiemethode sein muß, alle positiv, d. h. man erhält einen zu großen Wert für die Eigenfrequenzen. Man sieht, daß die Energiemethode, insbesondere unter Verwendung von Biegelinien des Belastungsfalles b, also bei gleichmäßig verteilter Last, durchweg sehr genaue Ergebnisse liefert. Weniger genau, allerdings auch mit geringerem Rechenaufwand verbunden, ist die Energiemethode unter Verwendung von Biegelinien des Belastungsfalles *a*, also bei Einzellasten. Noch weniger genau, allerdings mit einer nochmaligen Verringerung des Rechenaufwands verbunden, ist die Energiemethode unter Verwendung von

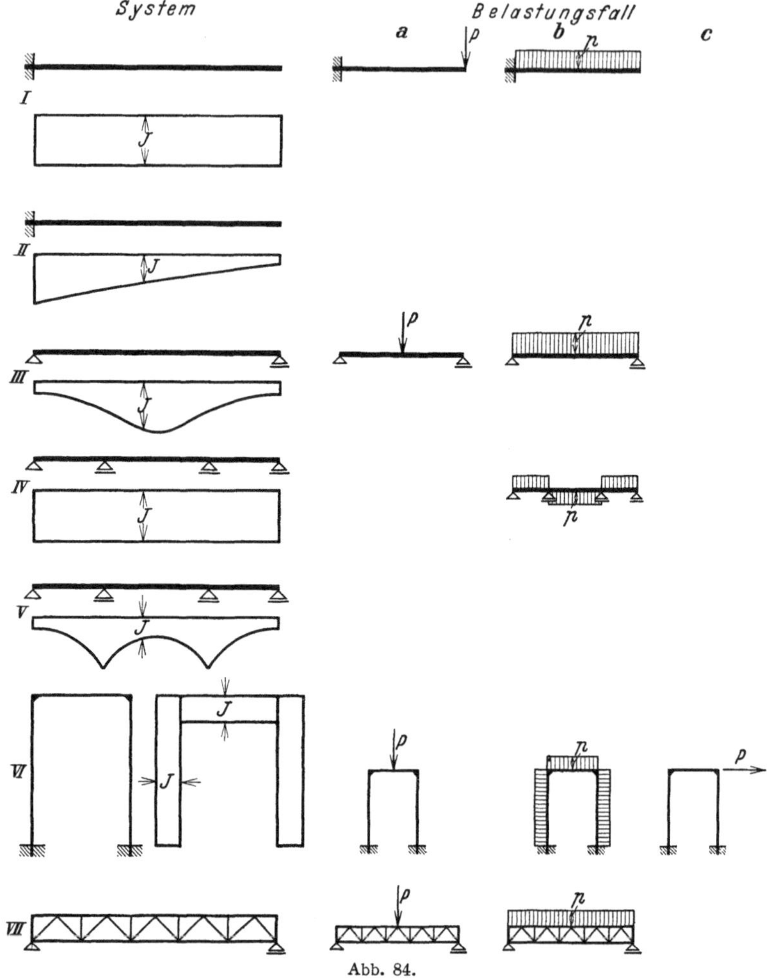

Abb. 84.

Eigenschwingungslinien des entsprechenden benachbarten Tragwerks von konstanter Steifigkeit. Die Energiemethode ist nicht auf die hier gegebenen Beispiele oder auf verwandte beschränkt, sie läßt sich vielmehr genau in der gleichen Form auf beliebige Tragwerke anwenden, z. B. auf Bogenbrücken oder auf Hängebrücken usw. Die Ermittlung der kleinsten Eigenfrequenz auch solcher von der einfachen Trägerform abweichenden Tragwerke ist mit ganz geringer Mühe verbunden, wenn erst einmal die Verformung der Brücke unter dem Einfluß ihres Eigengewichts oder unter dem Einfluß einer gleichmäßig verteilten Last vorliegt. Diese mit den bekannten Hilfsmitteln der Statik zu lösende Aufgabe ist allerdings bei hochgradig statisch unbestimmten Systemen recht langwierig. Es wurde daher hier davon Abstand genommen, die Untersuchungen etwa auch auf Bogenbrücken oder Hängebrücken auszudehnen. Grundsätzliche Schwierigkeiten treten jedoch dabei nicht auf.

Während die Energiemethode ganz allgemein brauchbar ist und in allen Fällen bei einiger Vorsicht zuverlässige Ergebnisse liefert, ist die Methode der reduzierten Trägheitsmomente auf einfache Tragwerksformen beschränkt. Sie leistet dort jedoch vorzügliche Dienste, da sie wesentlich geringeren Arbeitsaufwand erfordert als die Energiemethode.

In der nebenstehenden Tabelle sind wieder in Prozenten des wirklichen Wertes der kleinsten Eigenschwingungszahl die Fehler angegeben, welche sich bei Verwendung der Methode der reduzierten Trägheitsmomente einstellen. Die erste Spalte enthält die Fehler für den Fall, daß das Trägheitsmoment des glatten Trägers aus der Gleichheit der größten Durchbiegungen im Belastungsfall a bestimmt wird. Die zweite Spalte enthält die Fehler, falls das Trägheitsmoment des benachbarten Systems aus der Gleichheit der größten Durchbiegungen im Belastungsfall b bestimmt wird.

Tabelle der Fehler in % des wirklichen Wertes der kleinsten Eigenschwingungszahl bei Anwendung der Methode der reduzierten Trägheitsmomente.

System	a	b
II	— 4,20	— 0,33
III	+ 4,40	+ 1,20
VII	—	+ 1,00

Es haben sich in der Praxis noch einige abgekürzte Berechnungsweisen für den Grundton von Tragwerken eingeführt. Wir glauben jedoch, daß man mit den hier gegebenen Berechnungsweisen immer auskommen wird, um so mehr als sie ja in Bezug auf den Arbeitsaufwand sehr elastisch sind. Man gerät dabei im Gegensatz zur Verwendung abgekürzter Verfahren nicht in die Gefahr, gelegentlich sehr ungenaue Ergebnisse zu erhalten. Der Rechnungsgang bei Anwendung der strengen und der angenäherten Methode wird im übrigen in VI in Form von kurzen Anweisungen noch einmal zusammengestellt. Es wird damit auch dem mechanisch Ungeschulten möglich, dynamische Rechnungen auszuführen. Wir geben im folgenden Abschnitt die praktisch ausreichenden Methoden zur angenäherten Berechnung von Obertönen an und bringen dann verfeinerte Verfahren zur Verbesserung und zur Kontrolle der bisher gewonnenen Näherungen.

13. Obertöne.

Wir wollen zunächst eine sehr wichtige Beziehung aufstellen, mit deren Hilfe man vielfach höhere Eigenfrequenzen von Tragwerken leicht berechnen kann. Es ist dies die Beziehung für die asymptotischen Werte der Eigenfrequenzen. Es möge sich um einen Stab handeln, der einen beliebigen Verlauf der Steifigkeit und der Massenverteilung über die Stablänge aufweist. Abb. 85 soll die Schwingungsform einer höheren Eigenschwingung an irgendeiner Stelle im Innern des Stabes darstellen, l_i, l_{i+1} sind die Längenabschnitte zwischen zwei aufeinanderfolgenden Knoten, und ω_n sei die betreffende Eigenkreisfrequenz des Stabes. Wenn der Stab konstante Steifigkeit und Massendichte hätte, wäre die Schwingungsform eine Sinuswelle [II, 21, (77) und (78)]:

$$v\,(x) = \sin \sqrt{\omega_n}\,\sqrt[4]{\frac{\mu}{EJ}}\,x\,.$$

Die Schwingungsform zwischen zwei Knoten wird um so weniger von der Sinusform abweichen, je geringer die Veränderlichkeit des Quotienten μ/EJ innerhalb einer Wellenlänge und einer genügend großen

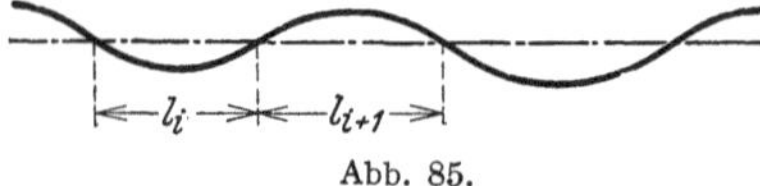

Abb. 85.

Umgebung derselben ist. Bei abnehmenden Knotenabständen, d. h. bei wachsender Ordnungszahl der Eigenschwingung, wird bei stetigem Verlauf der Funktion μ/EJ der Funktionswert innerhalb einer Wellenlänge und deren Umgebung immer besser konstant. Es werden also in der Grenze auch bei veränderlichem μ/EJ Sinuswellen auftreten. Bedeuten EJ_i und μ_i eine mittlere Steifigkeit und eine mittlere Massendichte im i^{ten} Feld, so gilt für die n^{te} Eigenkreisfrequenz

$$\omega_n = \frac{\pi^2}{l_i^2}\sqrt{\frac{EJ_i}{\mu_i}}\,.$$

Da die Eigenkreisfrequenz für alle Abschnitte zwischen zwei Knoten die gleiche sein muß, ist

$$\sum_{i=1}^{n} \frac{l_i}{\pi}\sqrt[4]{\frac{\mu_i}{EJ_i}} = \frac{n}{\sqrt{\omega_n}}\,.$$

In der Grenze für $n \to \infty$ geht die Summe in ein Integral über, und man erhält

$$\lim_{n \to \infty} \frac{n}{\sqrt{\omega_n}} = \frac{1}{\pi}\int_0^l \sqrt[4]{\frac{\mu\,(x)}{EJ\,(x)}}\,dx\,. \tag{58}$$

Die höheren Eigenkreisfrequenzen hängen immer weniger von dem besonderen Verlauf von μ und EJ ab, vielmehr nur noch von dem Wert des Integrals $\int\limits_{0}^{l} \sqrt[4]{\dfrac{\mu}{EJ}}\,dx$. Auch der Einfluß der Randbedingungen verschwindet bei den höheren Eigenschwingungen. Es überwiegt nämlich dann die Zahl derjenigen Abschnitte zwischen zwei Knoten, in denen die Schwingungsform fast sinusförmig verläuft, bei weitem die Zahl der wenigen Randfelder, in denen allein sich die Randbedingungen bemerkbar machen.

Aus der Art, in der wir versucht haben, die Gültigkeit der Beziehung (58) verständlich zu machen, könnte man leicht den Eindruck gewinnen, als ob diese Formel erst bei Eigenschwingungen von sehr hoher Ordnung brauchbar ist. Glücklicherweise ist ihre Anwendbarkeit eine sehr viel ausgedehntere, wenn man sie zur Berechnung von höheren Eigenfrequenzen nach der Methode der reduzierten Trägheitsmomente benutzt. Es läßt sich jedem Tragwerk mit veränderlicher Steifigkeit und veränderlicher Massendichte ein anderes mit konstanter Steifigkeit und konstanter Massendichte so zuordnen, daß die höheren Eigenfrequenzen der beiden Tragwerke sich immer weniger voneinander unterscheiden und in der Grenze zusammenfallen. Dies ist dann der Fall, wenn das Integral

$$\int\limits_{0}^{l} \sqrt[4]{\dfrac{\mu}{EJ}}\,dx \tag{59}$$

für beide Tragwerke den gleichen Wert hat. Bis zu welchem Oberton herab die Differenz der Eigenfrequenzen für beide Tragwerke noch innerhalb der praktisch zulässigen Grenzen bleibt, hängt natürlich sehr von der Art des Systems und der Veränderlichkeit des Quotienten μ/EJ ab. In den meisten den Bauingenieur interessierenden Fällen wird man jedoch bereits den ersten Oberton mit Hilfe der oben angedeuteten Methode der reduzierten Trägheitsmomente gut abschätzen können. Wir wollen das zunächst für das schon wiederholt behandelte Beispiel des Turms durchführen.

Beispiel 1. Das zu berechnende reduzierte Trägheitsmoment des entsprechenden Stabes mit konstanter Steifigkeit sei J_r. Die Massendichte des Turmes war konstant. Die Gleichheit der Integrale (59) für den Turm und für den Ersatzstab mit den gleichen asymptotischen Obertönen reduziert sich daher auf die Gleichheit der Integrale

$$\int\limits_{0}^{l} \sqrt[4]{\dfrac{1}{J_r}}\,dx = \int\limits_{0}^{l} \sqrt[4]{\dfrac{1}{J}}\,dx,$$

oder

$$\sqrt[4]{\dfrac{J_0}{J_r}}\,l = \int\limits_{0}^{l} \sqrt[4]{\dfrac{J_0}{J}}\,dx, \tag{60}$$

wobei wie früher J_0 das Trägheitsmoment des Turmes an der Einspannstelle, J das Trägheitsmoment an einer beliebigen Stelle bedeutet. In Tabelle 15 ist das Integral (60) auf numerischem Wege mit der wiederholt benutzten Integrationsformel 12, (52) berechnet, und man erhält unter Berücksichtigung von $h = \dfrac{l}{10}$

$$\sqrt[4]{\frac{J_0}{J_r}} = \frac{35{,}565}{30{,}000}$$

oder

$$\sqrt{J_r} = 0{,}7117\ \sqrt{J_0}\,.$$

Die zweite Eigenkreisfrequenz des eingespannt freien Stabes mit dem konstanten Trägheitsmoment J_r beträgt nach VII, Tabelle C

$$\omega_2 = \frac{22{,}03}{l^2}\ \sqrt{\frac{E J_r}{\mu}}$$

oder nach Einführen von J_0

$$\omega_2 = \frac{15{,}68}{l^2}\ \sqrt{\frac{E J_0}{\mu}}\,.$$

Die zweite Eigenkreisfrequenz des Turmes werden wir später genauer ermitteln zu

$$\omega_2 = \frac{16{,}80}{l^2}\ \sqrt{\frac{E J_0}{\mu}}\,.$$

Tabelle 15.

Turm, Trägheitsmomentenreduktion zur angenäherten Berechnung der Obertöne.

$h = \dfrac{l}{10}$		
$\dfrac{x}{l}$	$\dfrac{J_0}{J}$	$\sqrt[4]{\dfrac{J_0}{J}}$
0,0	1,000	1,000
0,1	1,115	1,028
0,2	1,250	1,057
0,3	1,412	1,090
0,4	1,608	1,126
0,5	1,846	1,166
0,6	2,143	1,210
0,7	2,516	1,259
0,8	2,996	1,316
0,9	3,626	1,380
1,0	4,477	1,455
		$\dfrac{3}{h}\displaystyle\int_0^l \sqrt[4]{\dfrac{J_0}{J}}\, dx$
		35,565

Der Fehler der Methode der reduzierten Trägheitsmomente beträgt also nur 7,2%. Er ist in Anbetracht des sehr geringen Rechenaufwandes und der stark veränderlichen Steifigkeit des Turmes bemerkenswert klein. Die dritte Eigenkreisfrequenz des Ersatzstabes ist nach VII, Tabelle C

$$\omega_3 = \frac{61{,}70}{l^2}\ \sqrt{\frac{E J_r}{\mu}}\,,$$

oder nach Einführen von J_0

$$\omega_3 = \frac{43{,}91}{l^2}\ \sqrt{\frac{E J_0}{\mu}}\,.$$

Da die höheren Eigenfrequenzen des Turmes und des Ersatzstabes immer besser miteinander übereinstimmen, ist der Fehler sicher kleiner als für die erste Eigenfrequenz. Man beherrscht also mit der einfachen Rechnung der Tabelle 15 tatsächlich sämtliche Obertöne des Turmes, vom ersten angefangen, mit ausreichender Genauigkeit.

Beispiel 2. Wir wollen die gleiche Methode noch auf das schon früher behandelte Beispiel der Brücke auf zwei Stützen anwenden. Die Massendichte war auch bei der Brücke konstant. Das reduzierte Trägheitsmoment des Ersatzträgers mit konstanter Steifigkeit $E J_r$ berechnet sich wieder aus der Beziehung

$$\sqrt[4]{\frac{J_0}{J_r}}\,\frac{l}{2} = \int_0^{\frac{l}{2}} \sqrt[4]{\frac{J_0}{J}}\,dx,$$

wo wie früher J_0 das Trägheitsmoment in Brückenmitte und J das Trägheitsmoment der Brücke an einer beliebigen Stelle bezeichnet. In Tabelle 16 ist das Integral auf dem gleichen Wege wie oben ausgewertet, und man erhält unter Berücksichtigung von $h = \dfrac{l}{20}$

$$\sqrt[4]{\frac{J_0}{J_r}} = \frac{36{,}185}{30{,}000},$$

oder

$$\sqrt{J_r} = 0{,}6874\,\sqrt{J_0}.$$

Die Eigenkreisfrequenzen des an den Enden gestützten Stabes mit konstantem Trägheitsmoment J_r betragen nach II, 21, (77)

$$\omega_n = \frac{n^2\,\pi^2}{l^2}\sqrt{\frac{E J_r}{\mu}},$$

oder nach Einsetzen von J_0

$$\omega_n = \frac{n^2\,6{,}785}{l^2}\sqrt{\frac{E J_0}{\mu}}.$$

Für die zweite und dritte Eigenkreisfrequenz erhält man

$$\omega_2 = \frac{27{,}14}{l^2}\sqrt{\frac{E J_0}{\mu}},$$

$$\omega_3 = \frac{61{,}06}{l^2}\sqrt{\frac{E J_0}{\mu}}.$$

Tabelle 16.

Trägerbrücke, Reduktion der Trägheitsmomente zur Berechnung der Obertöne.

$h = \dfrac{l}{20}$		
$\dfrac{x}{l}$	$\dfrac{J_0}{J}$	$\sqrt[4]{\dfrac{J_0}{J}}$
0,00	5,000	1,495
0,05	4,240	1,435
0,10	3,560	1,374
0,15	2,960	1,312
0,20	2,440	1,250
0,25	2,000	1,189
0,30	1,640	1,131
0,35	1,360	1,080
0,40	1,160	1,038
0,45	1,040	1,010
0,50	1,000	1,000
		$\dfrac{3}{h}\displaystyle\int_0^{l/2}\sqrt[4]{\dfrac{J_0}{J}}\,dx$
		36,185

Die genaueren Werte für die zweite und dritte Eigenkreisfrequenz werden wir später ermitteln zu

$$\omega_2 = \frac{26{,}96}{l^2}\sqrt{\frac{E J_0}{\mu}},$$

$$\omega_3 = \frac{62{,}3}{l^2}\sqrt{\frac{E J_0}{\mu}}.$$

Die Fehler der Methode der reduzierten Trägheitsmomente betragen also hier nur 0,8 und 1,9%. Dabei ist zu bemerken, daß die zuletzt angegebenen Kontrollwerte durch eine längere Rechnung gewonnen sind, in welcher eine Anzahl numerischer Integrationen vorkommen, sodaß die hier gefundenen Fehler von derselben Größenordnung sind wie diejenigen infolge der Rechenungenauigkeit. Die höheren Eigenfrequenzen des Ersatzstabes stimmen immer genauer mit den entsprechenden Eigenfrequenzen der Brücke überein, und man beherrscht auch bei der Brücke sämtliche Obertöne durch die einfache Rechnung der Tabelle 16.

Bei komplizierteren Tragwerken darf man nicht mehr erwarten, in allen Fällen mit der dargestellten Methode so gute Ergebnisse zu erhalten. Allerdings ist, wenn die strengen Methoden versagen, die genaue Berechnung von Obertönen schon bei einfachen Tragwerken und erst recht bei komplizierteren statisch unbestimmten Tragwerken sehr mühsam. Man wird sich daher wohl meist mit der Abschätzung der höheren Eigenfrequenzen nach der obigen Methode begnügen. Aus diesem Grunde sind auch die genaueren Verfahren zur Ermittlung von Obertönen nicht in diesen Abschnitt aufgenommen worden, der nur die praktisch ausreichenden Methoden enthält. Die umständlicher zu handhabenden und genaueren Kontrollmethoden werden dann in **D** nachgeholt. Bei komplizierteren Tragwerken, etwa Rahmen mit veränderlicher Massendichte und Steifigkeit der Stäbe, wird man zunächst einmal ein Ersatzsystem wählen, dessen Stäbe eine konstante mittlere Steifigkeit und Massendichte haben, sodaß das Integral (59) für das wirkliche und für das Ersatzsystem den gleichen Wert hat, und wird dann mit Hilfe der in **B** dargestellten strengen Methode die gewünschten Obertöne des Ersatzsystems berechnen.

Beispiel 3. Es sei hier noch auf eine bemerkenswerte Anwendung der obigen Methode der reduzierten Trägheitsmomente hingewiesen, die bei durchlaufenden Trägern sehr nützlich sein kann. Vielfach wird nämlich die erste Eigenschwingungsform eines durchlaufenden Trägers angenähert mit einer Oberschwingungsform des nur an den Enden gestützten Trägers übereinstimmen. Dies ist dann der Fall, wenn die Knoten der betreffenden Oberschwingung ungefähr mit den Zwischenstützen zusammenfallen. In diesen Fällen ist zu erwarten, daß die Methode der reduzierten Trägheitsmomente auf Grund der gleichen asymptotischen Eigenfrequenzen bereits für den Grundton gute Abschätzungen liefert. Wir wollen als Beispiel hierzu den Grundton der bereits früher behandelten Dreifelderbrücke nach obiger Methode berechnen. In Tabelle 17 ist in bekannter Weise das Integral über die vierten Wurzeln der reziproken Trägheitsmomente ausgerechnet. J_1 ist wie früher das Trägheitsmoment über den Mittelstützen. Wenn J_r das Trägheitsmoment des Ersatzträgers von konstanter Steifigkeit bezeichnet, ist unter Berücksichtigung von $h = \frac{l_2}{12}$, $l_1 = \frac{2}{3} l_2$

$$\int_0^{l_1 + \frac{l_2}{2}} \sqrt[4]{\frac{J_1}{J_r}}\, dx = \frac{7}{6}\, l_2 \sqrt[4]{\frac{J_1}{J_r}} = \frac{52,378}{36}\, l_2 ,$$

oder

$$\sqrt{\frac{J_r}{J_1}} = 0,6430 .$$

In 12, Beispiel 10 war für die Grundkreisfrequenz der Brücke mit konstanter Steifigkeit gefunden worden

$$\omega_1 = \frac{14,00}{l_2^2} \sqrt{\frac{E J_r}{\mu}} ,$$

oder durch Einsetzen von $\sqrt{J_r}$:

$$\omega_1 = \frac{9,002}{l_2^2} \sqrt{\frac{E J_1}{\mu}} .$$

Der genaue Wert für die Brücke mit veränderlicher Steifigkeit beträgt, wie später nachgerechnet wird,

$$\omega_1 = \frac{9,131}{l_2^2} \sqrt{\frac{E J_1}{\mu}} .$$

Der Grundton der Brücke mit veränderlicher Steifigkeit unterscheidet sich vom Grundton der Brücke mit konstantem Trägheitsmoment und mit den gleichen asymptotischen Obertönen nur um 1,4%. Der Grund hierfür ist, wie schon bemerkt, darin zu suchen, daß die Grundschwingungsform der Dreifelderbrücke nicht sehr stark von der dritten Eigenschwingungsform des Stabes auf zwei Endstützen abweicht.

Tabelle 17. Träger auf 4 Stützen, Reduktion der Trägheitsmomente.

$h = \dfrac{l_2}{12}$		
$12\,\dfrac{x}{l_2}$	$\dfrac{J_1}{J}$	$\sqrt[4]{\dfrac{J_1}{J}}$
0	5,000	1,495
1	4,500	1,457
2	4,000	1,414
3	3,500	1,368
4	3,000	1,316
5	2,500	1,257
6	2,000	1,189
7	1,500	1,107
8	1,000	1,000
9	1,460	1,099
10	1,834	1,164
11	2,125	1,207
12	2,333	1,236
13	2,458	1,252
14	2,500	1,257
		$\dfrac{3}{h} \displaystyle\int_0^{l_1 + l_2/2} \sqrt[4]{\dfrac{J_1}{J}}\, dx$
		52,378

Obwohl die Methode der reduzierten Trägheitsmomente für die meisten praktischen Bedürfnisse ausreichen wird, sei doch noch darauf hingewiesen, daß in Zweifelsfällen, insbesondere also beim ersten Oberton, auch die Energiemethode brauchbar ist. Die Form der Energiemethode, bei welcher Biegelinien verwendet werden, ist mühsam zu handhaben und wird an späterer Stelle besprochen. Dagegen sollen zu der Form der Energiemethode, welche Schwingungslinien benachbarter Systeme mit konstanter Steifigkeit benutzt, einige Beispiele gerechnet werden.

Beispiel 4. Tabelle 18 enthält die Rechnung für den ersten Oberton des Turmes, die Schwingungslinie des Stabes mit konstanterSteifigkeit ist aus VII, Tabelle C entnommen, ebenso die zweiten Ableitungen der Schwingungslinie. Für das Quadrat der zweiten Eigenkreisfrequenz ergibt sich

$$\omega_2^2 \approx \frac{\displaystyle\int_0^l (V_2'' l)^2 \frac{J}{J_0}\, dx}{\displaystyle\int_0^l \left(\frac{V_2}{l}\right)^2 dx} \cdot \frac{E J_0}{\mu\, l^4} = \frac{\Sigma_2}{\Sigma_1} \frac{E J_0}{\mu\, l^4}$$

Tabelle 18.   Turm, Energiemethode mit Schwingungsform des homogenen Stabes, erster Oberton.

$h = \dfrac{l}{10}$	A	B	C	D	E
$\dfrac{x}{l}$	$\dfrac{J}{J_0}$	$\dfrac{V_2}{l}$	$V_2'' l$	B^2	$A C^2$
0,0	1,0000	0,0000	$+\ 44,08$	0,000	1906,088
0,1	0,8971	$+\ 0,1813$	$+\ 23,16$	0,032	481,412
0,2	0,7998	$+\ 0,6021$	$+\ \ 3,08$	0,363	7,538
0,3	0,7081	$+\ 1,0524$	$-\ 13,97$	1,108	138,128
0,4	0,6220	$+\ 1,3669$	$-\ 25,98$	1,868	419,682
0,5	0,5415	$+\ 1,4273$	$-\ 31,44$	2,037	535,400
0,6	0,4667	$+\ 1,1790$	$-\ 30,12$	1,389	423,349
0,7	0,3974	$+\ 0,6342$	$-\ 23,19$	0,401	213,915
0,8	0,3338	$-\ 0,1400$	$-\ 13,27$	0,020	58,878
0,9	0,2758	$-\ 1,0515$	$-\ \ 4,00$	1,106	4,482
1,0	0,2234	$-\ 2,0000$	0,00	3,999	0,000
				Σ_1	Σ_2
				$\dfrac{3}{h}\displaystyle\int_0^l D\, dx$	$\dfrac{3}{h}\displaystyle\int_0^l E\, dx$
				30,023	9255,0

oder

$$\omega_2 \approx \frac{17,56}{l^2} \sqrt{\frac{E J_0}{\mu}},$$

d. h. ein Fehler von 4,7 %.

Beispiel 5. Tabelle 19 enthält die Rechnung für den ersten Oberton der Brücke auf zwei Stützen. Die Schwingungslinie des Stabes mit konstanter Steifigkeit ist bekanntlich eine Sinuslinie

$$\frac{V_2(x)}{l} = \sin 2\pi \frac{x}{l}$$

mit der zweiten Ableitung

$$l\,V_2''(x) = -\,4\,\pi^2 \sin 2\,\pi\,\frac{x}{l}\,.$$

Man erhält also

$$\omega_2^2 \approx \frac{16\,\pi^4}{l^4}\,\frac{E\,J_0}{\mu}\,\frac{\displaystyle\int_0^{l/2} \frac{J}{J_0}\sin^2 2\,\pi\,\frac{x}{l}\,d\,x}{\displaystyle\int_0^{l/2} \sin^2 2\,\pi\,\frac{x}{l}\,d\,x}\,.$$

Das Integral im Nenner hat den Wert $\frac{1}{4}$, das Integral im Zähler er-

<table>
<tr><td colspan="4">Tabelle 19.
Trägerbrücke, Energiemethode mit Schwingungsform des homogenen Stabes, erster Oberton.</td><td colspan="4">Tabelle 20.
Trägerbrücke, Energiemethode mit Schwingungslinie des homogenen Stabes, zweiter Oberton.</td></tr>
<tr><td>$h=\dfrac{l}{20}$</td><td>A</td><td>B</td><td>C</td><td>$h=\dfrac{l}{20}$</td><td>A</td><td>B</td><td>C</td></tr>
<tr><td>$\dfrac{x}{l}$</td><td>$\dfrac{J}{J_0}$</td><td>$-\dfrac{v}{l}=\dfrac{v''l}{4\,\pi^2}$</td><td>$A\,B^2$</td><td>$\dfrac{x}{l}$</td><td>$\dfrac{J}{J_0}$</td><td>$\dfrac{v}{l}=\dfrac{v''l}{9\,\pi^2}$</td><td>$A\,B^2$</td></tr>
<tr><td>0,00</td><td>0,200</td><td>0,0000</td><td>0,0000</td><td>0,00</td><td>0,200</td><td>+ 0,0000</td><td>0,0000</td></tr>
<tr><td>0,05</td><td>0,236</td><td>0,3090</td><td>0,0225</td><td>0,05</td><td>0,236</td><td>+ 0,4540</td><td>0,0486</td></tr>
<tr><td>0,10</td><td>0,281</td><td>0,5878</td><td>0,0971</td><td>0,10</td><td>0,281</td><td>+ 0,8090</td><td>0,1839</td></tr>
<tr><td>0,15</td><td>0,338</td><td>0,8090</td><td>0,2212</td><td>0,15</td><td>0,338</td><td>+ 0,9877</td><td>0,3297</td></tr>
<tr><td>0,20</td><td>0,410</td><td>0,9511</td><td>0,3709</td><td>0,20</td><td>0,410</td><td>+ 0,9511</td><td>0,3709</td></tr>
<tr><td>0,25</td><td>0,500</td><td>1,0000</td><td>0,5000</td><td>0,25</td><td>0,500</td><td>+ 0,7071</td><td>0,2500</td></tr>
<tr><td>0,30</td><td>0,610</td><td>0,9511</td><td>0,5520</td><td>0,30</td><td>0,610</td><td>+ 0,3090</td><td>0,0582</td></tr>
<tr><td>0,35</td><td>0,735</td><td>0,8090</td><td>0,4810</td><td>0,35</td><td>0,735</td><td>− 0,1564</td><td>0,0180</td></tr>
<tr><td>0,40</td><td>0,863</td><td>0,5878</td><td>0,2982</td><td>0,40</td><td>0,863</td><td>− 0,5878</td><td>0,2982</td></tr>
<tr><td>0,45</td><td>0,962</td><td>0,3090</td><td>0,0918</td><td>0,45</td><td>0,962</td><td>− 0,8910</td><td>0,7637</td></tr>
<tr><td>0,50</td><td>1,000</td><td>0,0000</td><td>0,0000</td><td>0,50</td><td>1,000</td><td>− 1,0000</td><td>1,0000</td></tr>
<tr><td></td><td></td><td></td><td>Σ</td><td></td><td></td><td></td><td>Σ</td></tr>
<tr><td></td><td></td><td></td><td>$\dfrac{3}{h}\displaystyle\int_0^{l/2} C\,d\,x$</td><td></td><td></td><td></td><td>$\dfrac{3}{h}\displaystyle\int_0^{l/2} C\,d\,x$</td></tr>
<tr><td></td><td></td><td></td><td>7,9024</td><td></td><td></td><td></td><td>8,4624</td></tr>
</table>

gibt sich nach Tabelle 19 zu $\dfrac{\Sigma}{60}$. Es ist daher

$$\omega_2^2 \approx \frac{16\cdot 4\cdot 7{,}9024}{60}\,\frac{\pi^4}{l^4}\,\frac{E\,J_0}{\mu} = 8{,}430\,\frac{\pi^4}{l^4}\,\frac{E\,J_0}{\mu}$$

oder

$$\omega_2 \approx \frac{28{,}65}{l^2}\,\sqrt{\frac{E\,J_0}{\mu}}\,,$$

mit einem Fehler von 6,2%.

Beispiel 6. Endlich ist in Tabelle 20 die entsprechende Rechnung für den zweiten Oberton der Brücke enthalten. Die Schwingungsform des Stabes mit konstanter Steifigkeit ist

$$\frac{V_3(x)}{l} = \sin 3\pi\,\frac{x}{l}.$$

Die zweite Ableitung beträgt

$$l\,V_3''(x) = -9\,\pi^2 \sin 3\pi\,\frac{x}{l}.$$

Man erhält daher

$$\omega_3^2 \approx \frac{81\,\pi^4}{l^4}\,\frac{E J_0}{\mu}\,\frac{4}{60}\,\Sigma = 45{,}70\,\frac{\pi^4}{l^4}\,\frac{E J_0}{\mu}$$

oder

$$\omega_3 \approx \frac{66{,}71}{l^2}\,\sqrt{\frac{E J_0}{\mu}},$$

mit einem Fehler von 7,1%.

In Tabelle 21 sind die Ergebnisse der hier durchgeführten Obertonberechnungen noch einmal zusammengestellt. Wenn man die erhebliche Arbeit der genaueren, in III, D durchgeführten Obertonberechnung berücksichtigt, kann man sagen, daß beide Methoden, insbesondere aber die Methode der reduzierten Trägheitsmomente sehr günstig sind. Allerdings sei nochmals darauf hingewiesen, daß die dargestellten Methoden auf diejenigen Fälle beschränkt sind, bei denen die Steifigkeits- und Massenverteilung nicht allzusehr von der gleichmäßigen Verteilung abweichen. Im Maschinenbau treten Fälle auf, bei denen die obigen Methoden gänzlich versagen (z. B. bei den Schwingungen von stark verjüngten Propellerblättern). Man dürfte jedoch im Bauingenieurwesen mit der dargestellten Berechnungsweise der höheren Eigenfrequenzen meist auskommen.

Tabelle 21. Tabelle der Fehler in % des wirklichen Wertes der Eigenschwingungszahlen.

	Energiemethode	Methode der red. J
Erster Oberton, Turm . .	+ 4,7	− 6,5
Erster Oberton, Brücke . .	+ 6,2	+ 0,8
Zweiter Oberton, Brücke .	+ 7,1	− 1,9

14. Der Einfluß von Systemänderungen.

In II, 16 war für ein System mit drei Freiheitsgraden gezeigt worden, daß bei irgendeiner Erhöhung der Steifigkeit des Systems oder bei einer Erniedrigung der Massen an irgendeiner Stelle des Systems alle drei Eigenfrequenzen fallen müssen. In Ausnahmefällen konnte allerdings bei einer Systemänderung auch eine Eigenfrequenz unverändert bleiben. Man sieht leicht ein, daß der früher gegebene Beweis dieser Sätze ohne Schwierigkeit auf Balken mit stetiger Massenverteilung verallgemeinert werden kann. Das Quadrat der kleinsten

Eigenkreisfrequenz ist ja gegeben durch das Minimum des Ausdrucks

$$\omega_1^2 \leq \frac{A}{T} = \frac{\int_0^l E\,J\,v''^2\,dx}{\int_0^l \mu\,v^2\,dx}.$$

Wird jetzt die Steifigkeit $E\,J$ erhöht, dann wird A/T für alle Auslenkungen größer, also wird auch das Minimum größer. Entsprechendes gilt für eine Verringerung der Massendichte μ. Wird die Steifigkeit $E\,J$ erniedrigt, dann wird A/T für alle Auslenkungen $v(x)$ kleiner, also wird auch das Minimum kleiner und entsprechendes gilt für eine Vergrößerung der Massendichte μ. Eine ähnliche Überlegung läßt sich für sämtliche Obertöne durchführen. Wenn wir gewisse Ausnahmefälle ausschließen, bei denen eine Systemveränderung die eine oder andere Eigenfrequenz unverändert läßt, können wir also den folgenden Satz aussprechen. Durch eine Erhöhung der Steifigkeit eines Stabwerks oder durch eine Verringerung der Masse werden sämtliche Eigenfrequenzen des Stabwerks gehoben, durch eine Erniedrigung der Steifigkeit oder durch eine Vergrößerung der Masse werden sämtliche Eigenfrequenzen erniedrigt. Diese Erkenntnis ist von praktischer Bedeutung. Es handelt sich nämlich oft darum, durch einen Eingriff an einem schwingungsfähigen System unerwünschte Resonanzschwingungen zu beheben, indem man die Eigenfrequenzen verlagert, sodaß sie nicht mehr mit den Frequenzen schwingender Erregerkräfte zusammenfallen.

Beispiel 1. Wir wollen den Einfluß von Steifigkeitsänderungen an einem leicht zu berechnenden Beispiel untersuchen. Es möge sich um einen Stab handeln, der entsprechend Abb. 86 mit Hilfe einer festen Einspannung und von zwei Stützen gelagert ist. Mit den Bezeichnungen von III, 6 haben wir nach Abb. 45a und b und nach Abb. 46a

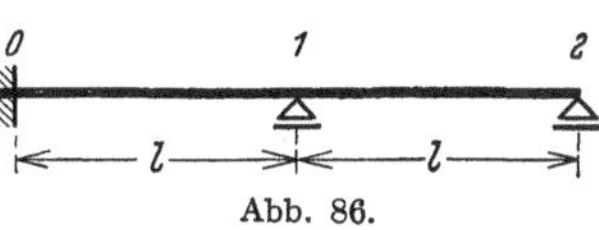

Abb. 86.

$$e_0 = \infty, \qquad e_{1\,l} = e_{1\,r}, \qquad e_2 = 0,$$
$$f_0 = \infty, \qquad f_{1\,l} = f_{1\,r} = \infty, \qquad f_2 = \infty.$$

Die Grundgleichungen 7, (18) für die beiden Stababschnitte nehmen mit diesen Werten die Form an

$$e_1\,\mathfrak{D}\,(\lambda) + \mathfrak{B}\,(\lambda) = 0$$

und

$$e_1\,\mathfrak{B}\,(\lambda) + \mathfrak{S}\,(\lambda) = 0.$$

Hieraus ergibt sich die Frequenzgleichung

$$\frac{\mathfrak{B}\,(\lambda)}{\mathfrak{D}\,(\lambda)} = \frac{\mathfrak{S}\,(\lambda)}{\mathfrak{B}\,(\lambda)}.$$

Die beiden Quotienten sind in VII, Tabelle A tabuliert, und man findet die ersten fünf Wurzeln der Frequenzgleichung zu

$$\lambda_1 = 3{,}39, \qquad \lambda_2 = 4{,}46, \qquad \lambda_3 = 6{,}54, \qquad \lambda_4 = 7{,}59, \qquad \lambda_5 = 9{,}69.$$

Die Eigenkreisfrequenzen ergeben sich daraus in bekannter Weise zu [6, (19a)]

$$\omega = \frac{\lambda^2}{l^2} \sqrt{\frac{EJ}{\mu}},$$

wo l die Spannweite der beiden Felder des Balkens ist. Wir wollen nun eine Verminderung der Steifigkeit des Balkens vornehmen, indem wir an Stelle der Einspannung eine einfache Stütze anbringen. Aus den Rand- und Übergangsbedingungen folgt dann

$$e_0 = 0, \qquad e_{1r} = e_{1l}, \qquad e_2 = 0,$$
$$f_0 = \infty, \qquad f_{1l} = f_{1r} = \infty, \qquad f_2 = \infty,$$

und die Grundgleichungen 7, (18) für die beiden Felder ergeben sich zu

$$-e_1 \, \mathfrak{B}(\lambda) + \mathfrak{S}(\lambda) = 0,$$
$$e_1 \, \mathfrak{B}(\lambda) + \mathfrak{S}(\lambda) = 0.$$

Daraus folgt die Frequenzgleichung

$$\frac{\mathfrak{S}(\lambda)}{\mathfrak{B}(\lambda)} = 0,$$

mit den aus VII, Tabelle A zu entnehmenden ersten fünf Wurzeln

$$\lambda_1 = 3{,}14, \qquad \lambda_2 = 3{,}92, \qquad \lambda_3 = 6{,}28, \qquad \lambda_4 = 7{,}10, \qquad \lambda_5 = 9{,}42.$$

Man sieht, daß sämtliche Schwingungszahlen tiefer liegen als im Fall des eingespannten Trägers. Wir wollen nun am ursprünglichen System eine andere Steifigkeitsverminderung vornehmen, indem wir das rechte Lager weglassen. Die Randbedingungen am freien Ende liefern dann nach Abb. 45c $e_2 = 0$, $f_2 = 0$, und die Grundgleichungen 7, (18) für die beiden Felder reduzieren sich auf

$$e_1 \, \mathfrak{D}(\lambda) + \mathfrak{B}(\lambda) = 0,$$
$$e_1 \, \mathfrak{E}(\lambda) - \mathfrak{B}(\lambda) = 0.$$

Daraus ergibt sich die Frequenzgleichung

$$\frac{\mathfrak{B}(\lambda)}{\mathfrak{D}(\lambda)} = -\frac{\mathfrak{B}(\lambda)}{\mathfrak{E}(\lambda)}$$

mit den ersten fünf Wurzeln

$$\lambda_1 = 1{,}57, \qquad \lambda_2 = 3{,}92, \qquad \lambda_3 = 4{,}71, \qquad \lambda_4 = 7{,}10, \qquad \lambda_5 = 7{,}85.$$

Auch hier liegen alle Eigenfrequenzen tiefer als die entsprechenden Eigenfrequenzen des ursprünglichen Trägers.

Die Tatsache, daß durch eine Verminderung der Steifigkeit die Eigenfrequenzen sinken, wird zur Kontrolle des Bauzustandes von Eisenbahnbrücken verwendet. Man erregt bei der Vornahme der Kontrolle die Brücke durch eine schwingende Kraft und nimmt mit einem Schwingungsmesser die Resonanzkurve etwa in der Umgebung der niedrigsten Eigenschwingungszahl der Brücke auf. Diese Eigenschwingungszahl ist aus früheren Versuchen bekannt und muß sich bei unverändertem Bauzustand reproduzieren lassen. Haben sich dagegen irgendwelche Verbände in der Zwischenzeit gelockert, dann muß die betreffende Eigenschwingungszahl der Brücke einen niedrigeren als den Normwert haben, und man erkennt auf diese Weise Veränderungen im Bauzustand der Brücke. Die Bestimmung der Eigenfrequenzen ist ebenfalls ein gutes Mittel, um zu untersuchen, inwieweit bei der praktischen Ausführung eines Bauwerks die der Rechnung zugrunde gelegten Voraussetzungen, etwa über den Einspannungsgrad, zutreffen. Eine solche Schwingungsmessung ist oft weit bequemer durchzuführen als statische Messungen über die Steifigkeit des Bauwerks, wie die von der Reichsbahn regelmäßig vorgenommenen dynamischen Brückenprüfungen zeigen. Wie empfindlich die Eigenfrequenzen gerade gegenüber Änderungen des Einspannungsgrades sind, sei an dem Beispiel des an beiden Enden elastisch eingespannten Stabes gezeigt.

Beispiel 2. Der Stab sei nach Abb. 87 gelagert, c sei der Einspannungsgrad, sodaß für das eingespannte linke Ende gilt

$$c\,v_0' = -\mathfrak{M}_0 = E J\,v_0''.$$

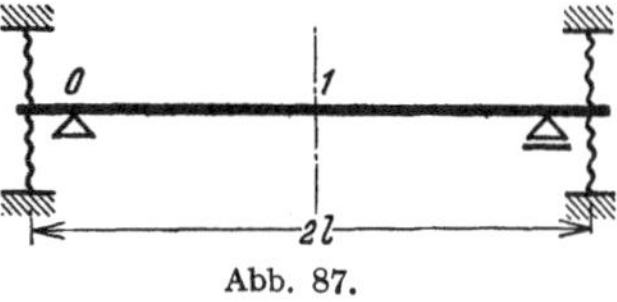

Abb. 87.

Für die symmetrischen Schwingungen gelten daher, wieder mit den Bezeichnungen von 6 und der Abkürzung $l' = \dfrac{l}{E J}$, die Bedingungen

$$e_0 = \frac{v_0''}{m\,v_0'} = \frac{c\,l'}{\lambda}, \qquad f_0 = \infty, \qquad e_1 = \infty, \qquad f_1 = 0.$$

Die Grundgleichung 7, (18) ergibt sich zu

$$e_0\,\mathfrak{A}(\lambda) + \mathfrak{C}(\lambda) = 0$$

oder

$$\frac{c\,l'}{\lambda} = -\frac{\mathfrak{C}(\lambda)}{\mathfrak{A}(\lambda)}. \tag{61}$$

Für den Grenzfall $c = \infty$, d. h. feste Einspannung, ergibt sich als Frequenzgleichung $\mathfrak{A}(\lambda) = 0$ mit der ersten Wurzel $\lambda_1 = 2{,}36$. Für den Grenzfall $c = 0$, d. h. freies Auflager, ergibt sich $\mathfrak{C}(\lambda) = 0$ mit der ersten Wurzel $\lambda_1 = \dfrac{\pi}{2}$. Die Eigenkreisfrequenz erhält man wieder aus

$$\omega = \frac{\lambda^2}{l^2}\sqrt{\frac{E J}{\mu}}.$$

In Abb. 88 ist das Verhältnis ω der Eigenkreisfrequenz des elastisch eingespannten Trägers zu der Eigenkreisfrequenz des fest eingespannten Trägers in Abhängigkeit von dem dimensionslosen Einspannungsgrad cl' aufgetragen. Die Asymptote an die Schwingungszahl bei fester Einspannung wird nur sehr langsam erreicht, das bedeutet, daß eine nur sehr geringe Abweichung von der festen Einspannung bereits eine wesentliche Erniedrigung der Eigenfrequenz ergibt.

Besonders unangenehm haben sich gelegentlich Resonanzerscheinungen an Turbogeneratorfundamenten bemerkbar gemacht. Die Eigenschwingungszahlen eines Fundamentrahmens nach Abb. 89a sind bereits früher berechnet worden. Bei fertig ausgeführten Fundamenten ist es oft erwünscht, eine störende Eigenfrequenz des Fundaments zu verlagern. Dies kann auf zweierlei Weise erreicht werden. Entweder man erhöht die Steifigkeit etwa durch eine Zugstange zwischen den Stielen (Abb. 89b). Es ist einleuchtend, daß durch diese Maßnahme die Frequenz der antisymmetrischen Grundschwingung (Abb. 89d) nur unwesentlich verändert wird, die Frequenz der symmetrischen Grundschwingung dagegen (Abb. 89e) wird durch die Zugstange gehoben. Bei den praktischen Ausführungen von Turbogeneratoranlagen liegt die Frequenz der Drehzahl (3000/min) meistens zwischen der Frequenz der antisymmetrischen und derjenigen der symmetrischen Grundschwingung. Durch die Zugstange wird das Gebiet zwischen den beiden

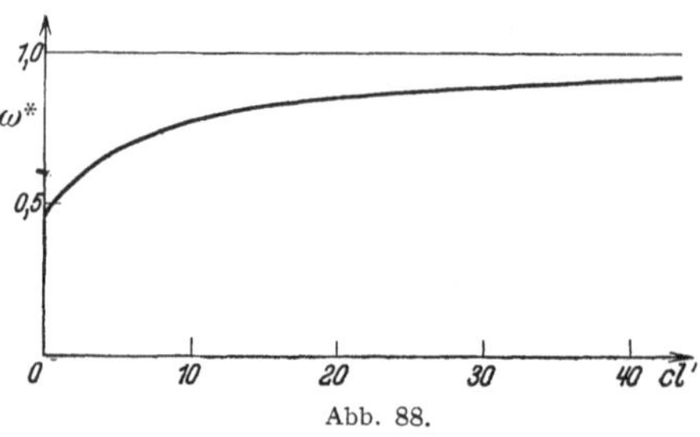

Abb. 88.

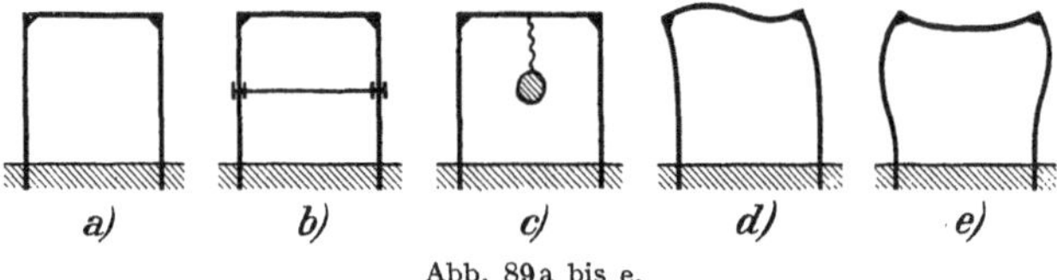

a)   b)   c)   d)   e)

Abb. 89a bis e.

Frequenzen vergrößert, die Maßnahme ist also in diesem Falle günstig. Fiel dagegen bei der ursprünglichen Bauausführung die Frequenz der nächstfolgenden symmetrischen Oberschwingung mit einer Erregerfrequenz zusammen, etwa bei einer Anlage mit Reduziergetriebe, so wird durch die Vergrößerung der Steifigkeit zwar die störende Oberschwingungsfrequenz gehoben, zugleich aber auch die Frequenz der Grundschwingung, die jetzt ihrerseits Anlaß zu Störungen geben kann. Die andere Methode, eine störende Eigenfrequenz zu verlagern, besteht darin, daß man die schwingenden Massen vergrößert. Bei verschiedenen amerikanischen Anlagen hat man z. B. den Kondensator am Riegel elastisch aufgehängt, sodaß ein schwingungsfähiges System nach Abb. 89c entsteht. Durch geeignete Abstimmung der Feder hat man es in der Hand, das Gebiet in der Umgebung der Betriebsfrequenz frei von Eigenfrequenzen zu halten.

Wir wollen hierzu ein einfaches Beispiel behandeln, nämlich einen Stab auf zwei Stützen, an dem in der Mitte eine Masse M elastisch aufgehängt ist (Abb. 90). Wir wollen untersuchen, wie sich die ersten Eigenfrequenzen dieses Systems verändern, wenn die Stärke der Kopplungsfeder verändert wird. Die Auslenkung der Masse M sei v_2, die Auslenkung der Balkenmitte sei v_1. Die Gleichgewichtsbedingung an der angehängten Masse M während einer harmonischen Schwingung des Systems mit der Kreisfrequenz ω erfordert die Gültigkeit von

$$M\,\omega^2\,v_2 = C\,(v_2 - v_1),$$

woraus sich

$$v_2 = \frac{C\,v_1}{C - M\,\omega^2}$$

ergibt. Die auf den Balken nach unten wirkende Kraft beträgt demnach

$$C\,(v_2 - v_1) = M\,\omega^2\,v_2 = \frac{M\,C\,\omega^2}{C - M\,\omega^2}\,v_1\,.$$

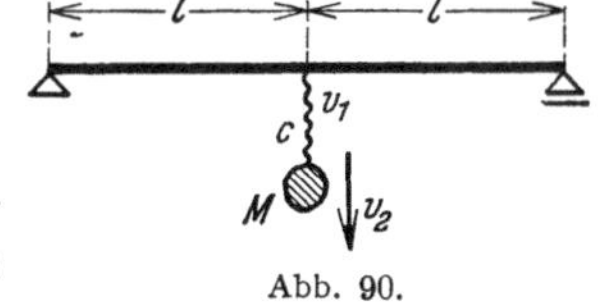

Abb. 90.

Wir hatten in 8, Beispiel 2 das gleiche Beispiel für eine fest mit dem Stab verbundene Masse behandelt. Die bei einer harmonischen Schwingung in der Stabmitte angreifende Trägheitskraftamplitude ist bei fest angehängter Masse $M\omega^2 v_1$. Die elastisch angehängte Masse verhält sich also wie eine mit dem Reduktionsfaktor

$$\frac{1}{1 - \dfrac{M}{C}\,\omega^2}$$

versehene fest angehängte Masse. Bezeichnen wir mit

$$M^* = \frac{M}{2\,\mu\,l}$$

das Verhältnis der Einzelmasse zur Stabmasse, dann geht die früher abgeleitete Frequenzgleichung [8, (27)]

$$M^* = \frac{\mathfrak{C}\,(\lambda)}{\lambda\,\mathfrak{B}\,(\lambda)}$$

für die fest angehängte Masse über in die Frequenzgleichung

$$\frac{M^*}{1 - \dfrac{M}{C}\,\omega^2} = \frac{\mathfrak{C}\,(\lambda)}{\lambda\,\mathfrak{B}\,(\lambda)}$$

für die elastisch angekoppelte Masse. Durch Einführen von

$$M = 2\,\mu\,l\,M^*$$

und

$$\omega^2 = \frac{\lambda^4}{l^4}\,\frac{E\,J}{\mu}$$

erhält man für die linke Seite der Frequenzgleichung den Ausdruck

$$\frac{M^*}{1 - \dfrac{2\,M^*}{C}\,\lambda^4\,\dfrac{E\,J}{l^3}}\,.$$

Die Durchbiegung des Balkens unter einer Einzellast P in der Mitte beträgt

$$v = \frac{P}{48}\,\frac{8\,l^3}{E\,J}\,.$$

Wir führen die Federkonstante C_0 des Balkens ein durch

$$C_0 = \frac{P}{v} = \frac{6\,E\,J}{l^3}\,.$$

Bezeichnen wir das Verhältnis der Federkonstante C zu der Federkonstante C_0 des Balkens mit

$$C^* = \frac{C}{C_0}\,,$$

so erhält die Frequenzgleichung schließlich die Form

$$\frac{M^*}{1 - \lambda^4\,\dfrac{M^*}{3\,C^*}} = \frac{\mathfrak{C}\,(\lambda)}{\lambda\,\mathfrak{B}\,(\lambda)}\,.$$

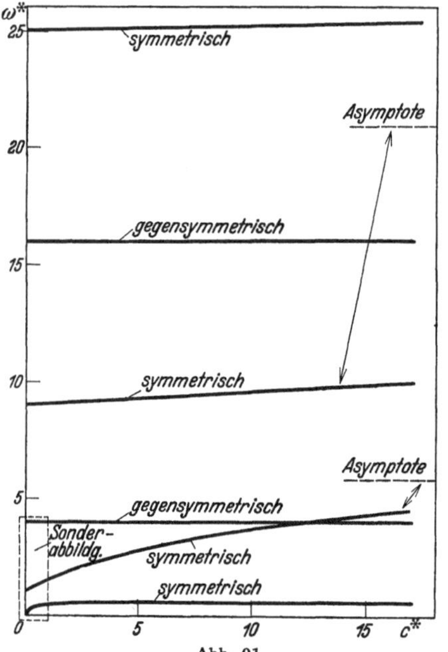

Abb. 91.

Wir nehmen ein Massenverhältnis $M^* = 1$ an und bestimmen für verschiedene λ die zugehörige dimensionslose Federkonstante C^*:

$$C^* = \frac{\lambda^4}{3\left(1 - \lambda\,\dfrac{\mathfrak{B}\,(\lambda)}{\mathfrak{C}\,(\lambda)}\right)}\,.$$

In Abb. 91 ist das Verhältnis der ersten fünf Eigenfrequenzen des Balkens mit elastisch angehängter Masse zu der niedrigsten Eigenfrequenz des Balkens ohne Einzelmasse aufgetragen als Funktion der dimensionslosen Federkonstante C^*. Für $C^* = 0$, d. h. für eine unendlich weiche Feder, erhält man die dimensionslosen Eigenkreisfrequenzen des Balkens ohne Einzelmasse zu

$$\omega_1^* = 1,\qquad \omega_2^* = 4,\qquad \omega_3^* = 9,\qquad \dots$$

Durch die Anhängung der Masse bleiben die antisymmetrischen Eigenschwingungen unverändert, die symmetrischen werden um eine vermehrt, entsprechend der um Eins größer gewordenen Anzahl der Freiheitsgrade des Systems. Nehmen wir an, die Erregerfrequenz läge etwa bei $\omega^*=1$, sodaß bei dem ursprünglichen Balken die Grundschwingung stark erregt worden ist. Hängen wir eine Masse an, die gleich der Stabmasse ist, und verwenden wir eine Feder von etwa $C^*=1$, dann treten Eigenschwingungen bei etwa $\omega^*=0{,}5$ und $\omega^*=1{,}5$ auf, sodaß die Erregerfrequenz günstig in der Mitte zwischen den beiden Eigenfrequenzen des veränderten Systems liegt. Eine noch stärkere Kopplungsfeder zu verwenden ist zulässig, weil dadurch die untere Eigenfrequenz kaum gehoben wird, die obere dagegen sehr stark, sodaß die Umgebung von $\omega^*=1$ auch dann frei von Eigenfrequenzen ist. In Abb. 92 sind die ersten beiden Eigenfrequenzen des veränderten Systems in Abhängigkeit von der Federkonstanten C^* für drei verschieden große Massenverhältnisse M^* aufgetragen. Man erkennt, daß es günstiger ist, große Massen anzuhängen als kleine, da die

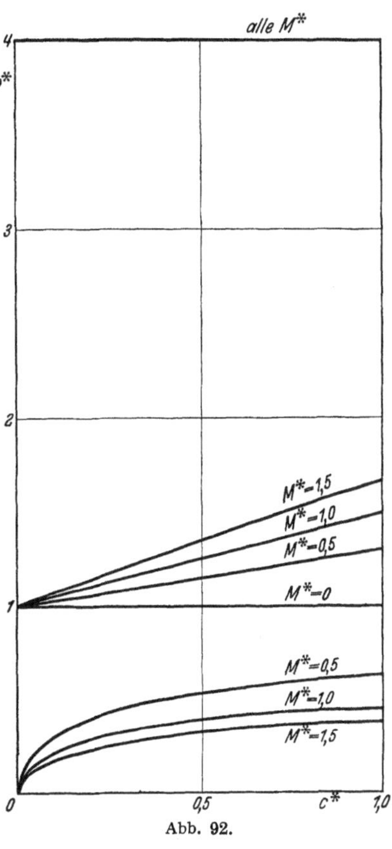

Abb. 92.

Umgebung von $\omega^*=1$, in der keine Eigenfrequenzen liegen, mit wachsendem M^* immer größer wird.

D. Verfeinerte Methoden zur Kontrolle der Näherungen.

15. Grundton.

In II, 30 war gezeigt worden, daß man eine wesentlich bessere Näherung für die kleinste Eigenfrequenz erhält, wenn man die Energiemethode anwendet auf das zugeordnete System mit den gleichen Eigenschwingungszahlen. Die entsprechende Beziehung II, 30, (151) lautete

$$\omega_1^2 \leq \frac{\displaystyle\int_0^l \frac{1}{\mu}\, \mathfrak{M}''^2\, dx}{\displaystyle\int_0^l \frac{1}{EJ}\, \mathfrak{M}^2\, dx}\,. \tag{62}$$

$\mathfrak{M}$ ist das Biegemoment infolge einer Last $\mu v(x)$, wobei $v(x)$ eine geschätzte Schwingungslinie darstellt. Damit $\mu v(x)$ die Dimension einer Last erhält, ist wie früher der Faktor $1/\mathrm{sek}^2$ hinzuzufügen. Es ist also nach II, 19, (58)

$$\mathfrak{M}'' = -\mu v(x), \tag{63}$$

und wir können (62) auch in der Form schreiben

$$\omega_1^2 \leq \frac{\displaystyle\int_0^l \mu\, v^2(x)\, dx}{\displaystyle\int_0^l \frac{1}{EJ}\, \mathfrak{M}^2\, dx}\,. \tag{64}$$

Die erste Näherung kann mit Hilfe der Energiemethode durch Einsetzen der geschätzten Schwingungsform $v(x)$ in

$$\omega_1^2 \leq \frac{\displaystyle\int_0^l EJ\, v''^2\, dx}{\displaystyle\int_0^l \mu\, v^2\, dx} \tag{65}$$

oder in

$$\omega_1^2 \leq \frac{\displaystyle\int_0^l p\, v\, dx}{\displaystyle\int_0^l \mu\, v^2\, dx} \tag{66}$$

gewonnen werden, wobei p wie früher die statische Last ist, welche die Durchbiegung $v(x)$ erzeugt. In diesem Falle ist für die zweite Näherung nach (64) lediglich das Nennerintegral auszuwerten, während der Zähler in (64) identisch ist mit dem Nenner in (65) oder (66).

Beispiel 1. Um zu zeigen, wie groß der Gewinn an Genauigkeit bei Anwendung von (64) gegenüber der normalen Energiemethode ist, sei zunächst die Grundfrequenz des eingespannt-freien Stabes mit konstanter Steifigkeit und konstanter Massenverteilung nach (66) und nach

(64) berechnet. In Tabelle 22 ist die Rechnung in der üblichen Weise durchgeführt. Für $v(x)$ wurde die Biegelinie unter einer gleichmäßig verteilten Last p je Längeneinheit genommen. Die zweite Spalte enthält die dimensionslosen Biegemomente $\dfrac{\mathfrak{M}}{p\,l^2}$ infolge der Last p. Die dritte Spalte ist durch numerische Doppelintegration mit Hilfe der Formel 12, (51) gewonnen und stellt bis auf den Faktor

$$\frac{p\,l^4}{E\,J}\,\frac{1}{1200}$$

die Durchbiegung unter der Last p dar. Die Doppelintegration ist in

Tabelle 22. Eingespannt-freier Stab, Kontrollmethode, Grundton.

$h=\dfrac{l}{10}$	A	B		C	D
$\dfrac{x}{l}$	$-\dfrac{\mathfrak{M}}{p\,l^2}$	$\dfrac{12}{h^2}\displaystyle\int\!\!\int_0^x A\,dx^2$	B^2	$\dfrac{12}{h^2}\displaystyle\int\!\!\int_l^{l-x} B\,dx^2$	$C^2\,10^{-6}$
0,0	0,500	0,000	0	52002	2704
0,1	0,405	2,805	8	44805	2007
0,2	0,320	10,480	110	37646	1417
0,3	0,245	22,005	484	30616	937
0,4	0,180	36,480	1331	23854	568
0,5	0,125	53,125	2821	17532	307
0,6	0,080	71,280	5081	11848	140
0,7	0,045	90,405	8172	7022	49
0,8	0,020	110,080	12118	3280	11
0,9	0,005	130,005	16900	860	1
1,0	0,000	150,000	22500	0	0
		Σ_1	Σ_2		Σ_3
		$\dfrac{3}{h}\displaystyle\int_0^l B\,dx$	$\dfrac{3}{h}\displaystyle\int_0^l B^2\,dx$		$\dfrac{3}{h}\displaystyle\int_0^l D\,dx$
		1800,0	173320		20180

unserem Fall auch streng ausführbar. Von der strengen Rechnung werden wir jedoch nur das Endergebnis anmerken, sodaß man zugleich den Fehler der numerischen Integrationen kennt. Die Gleichung (66) liefert

$$\omega_1^2 \leq \frac{\displaystyle\int_0^l p\,v\,dx}{\displaystyle\int_0^l \mu\,v^2\,dx} = \frac{E\,J}{\mu\,l^4}\,\frac{1200\,\Sigma_1}{\Sigma_2} = 12,4624\,\frac{E\,J}{\mu\,l^4}$$

oder

$$\omega_1^2 \leq \frac{3,53021}{l^2}\sqrt{\frac{E\,J}{\mu}}\,.$$

Führt man strenge Integrationen an Stelle der numerischen durch, so erhält man

$$\omega_1 \leqq \frac{3{,}53009}{l^2} \sqrt{\frac{E\,J}{\mu}}\,,$$

also erst in der fünften Stelle eine Differenz gegenüber der numerischen Rechnung. Diese geringe Abweichung ist darin begründet, daß die zu integrierenden Funktionen in unserem Falle von verhältnismäßig einfachem Bau sind. $A(x)$ ist zweiten Grades, sodaß B das streng richtige Doppelintegral darstellt. Fehler entstehen lediglich bei der Berechnung von $\varSigma_1$ und $\varSigma_2$ mit Hilfe der Formel 12, (52). Der genaue Wert der ersten Eigenkreisfrequenz ist

$$\omega_1 = \frac{3{,}51601}{l^2} \sqrt{\frac{E\,J}{\mu}}\,.$$

Der Fehler der Näherung (66) beträgt also 0,40%.

In der Spalte C der Tabelle 22 ist das Doppelintegral über B ausgerechnet, angefangen am freien Stabende. Wenn man $B(x)$ mit $v(x)$ gleichsetzt, dann ist $C(x)$ bis auf den Faktor

$$-\frac{\mu\, l^2}{1200}$$

identisch mit dem Biegemoment $\mathfrak{M}$ infolge der Kräfte $\mu v(x)$ [vgl. (63)]. Die Gleichung (64) ergibt dann

$$\omega_1^2 \leqq \frac{\int\limits_0^l \mu\, v^2\, dx}{\int\limits_0^l \frac{1}{E\,J}\,\mathfrak{M}^2\, dx} = \frac{E\,J}{\mu\, l^4}\,144\cdot10^4\,\frac{\varSigma_2}{10^6\,\varSigma_3} = 12{,}3677\,\frac{E\,J}{\mu\, l^4}$$

oder
$$\omega_1 \leqq \frac{3{,}51678}{l^2} \sqrt{\frac{E\,J}{\mu}}\,.$$

Der entsprechende Wert für strenge Integration lautet

$$\omega_1 \leqq \frac{3{,}51636}{l^2} \sqrt{\frac{E\,J}{\mu}}$$

und unterscheidet sich ebenfalls erst in der fünften Stelle von dem Ergebnis der numerischen Integrationen. Der Fehler der Beziehung (64) beträgt also nur 0,001%. Er ist 400 mal kleiner als der Fehler der Näherung (66). Man sieht, daß (64) eine ganz wesentliche Verbesserung gegenüber (66) bringt. Im folgenden ist die Beziehung (64) für die auch früher schon behandelten Systeme ausgewertet. Die so erhaltenen Zahlen für die Eigenfrequenzen können innerhalb der Rechengenauigkeit als unbedingt zuverlässig gelten. Es sind diejenigen Zahlen, welche früher bereits als „genaue" Werte für die betreffenden Eigenfrequenzen angegeben waren und die dazu verwendet worden sind, das Ergebnis der verschiedenen Näherungsrechnungen zu kontrollieren.

Beispiel 2. Tabelle 23 enthält die Rechnung für den Turm (Abb. 68). In der dritten Spalte sind bis auf einen konstanten Faktor die schon früher (Tabelle 2) ermittelten Durchbiegungen $v(x)$ unter dem Einfluß einer gleichmäßig verteilten Querbelastung eingetragen. Die Spalte C enthält dann wieder bis auf den Faktor

$$- \frac{\mu\, l^2}{1200}$$

die Biegemomente infolge der Last $\mu v(x)$. Das Zählerintegral von (64)

Tabelle 23. Turm, Kontrollmethode, Grundton.

$h = \dfrac{l}{10}$	A	B	C	D
$\dfrac{x}{l}$	$\dfrac{J_0}{J}$	v	$\dfrac{12}{h^2} \displaystyle\int_l \!\!\int^{l-x} B\, dx^2$	$C^2 A\ 10^{-6}$
0,0	1,0000	0,0	64799	4199
0,1	1,1147	2,9	55943	3489
0,2	1,2502	11,2	47128	2777
0,3	1,4123	24,3	38451	2087
0,4	1,6077	41,6	30071	1451
0,5	1,8465	62,3	22193	907
0,6	2,1427	85,6	15065	484
0,7	2,5163	111,4	8967	201
0,8	2,9960	138,3	4207	54
0,9	3,6260	166,0	1107	4
1,0	4,4771	193,9	0	0
				Σ_3
				$\dfrac{3}{h}\displaystyle\int_0^l D\, dx$
				40483

entnimmt man der Tabelle 2:

$$\Sigma_2 = \frac{3}{h}\int_0^l v^2\, dx = 272000.$$

Man erhält so

$$\omega_1^2 \leq E J_0 \mu\, \frac{\displaystyle\int_0^l v^2\, dx}{\displaystyle\int_0^l \frac{J_0}{J}\,\mathfrak{M}^2\, dx} = \frac{E J_0}{\mu\, l^4}\, 144 \cdot 10^4\, \frac{\Sigma_2}{10^6\, \Sigma_3} = 9{,}675\, \frac{E J_0}{\mu\, l^4}$$

oder

$$\omega_1 \leq \frac{3{,}110}{l^2} \sqrt{\frac{E J_0}{\mu}}.$$

Beispiel 3. Tabelle 24 enthält die entsprechende Rechnung für die Brücke auf zwei Stützen (Abb. 71). Die dritte Spalte stellt wieder die Durchbiegung unter einer gleichmäßig verteilten Last dar und ist identisch mit der Spalte E in Tabelle 5. Bei der Berechnung des Biegemoments infolge der Last $\mu v(x)$ wurde mit der Doppelintegration in der Brückenmitte begonnen und dort zunächst Ordinate und Ableitung der Momentenfunktion Null gesetzt. Die Ableitung in der Brückenmitte muß verschwinden aus Symmetriegründen. Die Momentenlinie

Tabelle 24. Trägerbrücke, Kontrollmethode, Grundton.

$h = \dfrac{l}{20}$	A	B	C	D	E
$\dfrac{x}{l}$	$\dfrac{J_m}{J}$	v	$\dfrac{12}{h^2}\displaystyle\int\!\!\!\int_{l/2}^{l/2-x} B\,dx^2$	$375\,800 - C$	$A\,D^2\,10^{-8}$
0,00	5,00	0,0	375 800	0	0
0,05	4,24	142,7	315 700	60 100	153
0,10	3,56	275,6	257 300	118 500	498
0,15	2,96	393,4	202 100	173 700	894
0,20	2,44	493,2	151 700	224 100	1225
0,25	2,00	574,4	107 200	268 600	1442
0,30	1,64	637,6	69 500	306 300	1538
0,35	1,36	684,4	39 500	336 300	1538
0,40	1,16	716,2	17 700	358 100	1487
0,45	1,04	734,7	4 400	371 400	1434
0,50	1,00	740,7	0	375 800	1412
					Σ_3
					$\dfrac{h}{3}\displaystyle\int_0^{l/2} E\,dx$
					32 752

selbst erhält man dann aus $C(x)$ durch $D(x) = C(0) - C(x)$, da am Lager das Biegemoment verschwindet. Das Zählerintegral von (64) entnimmt man der Tabelle 5 zu

$$\Sigma_2 = \frac{3}{h}\int_0^{l/2} v^2\,dx = 9\,079\,000.$$

Man erhält so unter Berücksichtigung von

$$\mathfrak{M}(x) = D(x)\,\frac{l^2\,\mu}{4800}$$

für die niedrigste Eigenkreisfrequenz

$$\omega_1^2 \le E J_0 \mu \frac{\int\limits_0^{l/2} v^2\, dx}{\int\limits_0^{l/2} \frac{J_0}{J} \mathfrak{M}^2\, dx} = \frac{E J_0}{\mu\, l^4} 4800^2 \frac{\Sigma_2}{10^8 \Sigma_3} = 63{,}87 \frac{E J_0}{\mu\, l^4}$$

oder

$$\omega_1 \le \frac{7{,}991}{l^2} \sqrt{\frac{E J_0}{\mu}}.$$

Beispiel 4. Von der entsprechenden Rechnung für die ebenfalls schon früher behandelte Brücke auf vier Stützen mit veränderlichem Trägheitsmoment (Abb. 77) sei nur das Endergebnis angemerkt:

$$\omega_1 \le \frac{9{,}131}{l_2^2} \sqrt{\frac{E J_1}{\mu}}. \tag{67}$$

Beispiel 5. Wir wollen zum Schluß die wiederholt benutzte Kontrollmethode auch auf den oben behandelten Fachwerkträger anwenden. Die Formel (64) für Stabwerke ist leicht für Fachwerke umzuformen. Im Zähler steht die doppelte bezogene kinetische Energie, die beim ebenen Fachwerk in der Form

$$\Sigma M_i (v_i^2 + u_i^2)$$

zu schreiben ist, wo M_i die Massen und v_i und u_i die Verschiebungen der Fachwerkknoten sind. Die Stäbe setzen wir wie früher masselos voraus. Im Nenner von (64) steht die doppelte potentielle Energie der Auslenkungsform infolge der Belastung mit Kräften $\mu v(x)$ ausgedrückt in Biegemomenten. Beim Fachwerk tritt an diese Stelle die doppelte potentielle Energie der Auslenkungsform infolge der Knotenlasten $M_i v_i$ und $M_i u_i$, ausgedrückt in den Stabkräften, also

$$\sum \frac{S_i^2}{E F_i} l_i,$$

wo F_i die Stabquerschnitte und l_i die Stablängen bezeichnen. (64) nimmt daher für ebene Fachwerke mit in den Knoten zusammengefaßten Massen die Form an

$$\omega_1^2 \le \frac{\Sigma M_i (v_i^2 + u_i^2)}{\sum \frac{S_i^2}{E F_i} l_i}. \tag{68}$$

Die Rechnung ist in Tabelle 25 vorgenommen. Die Stabbezeichnungen stimmen mit Abb. 83 überein. Die vertikalen und horizontalen Komponenten der Knotenlasten sind zu $A\,B$ bzw. $A\,C$ angenommen worden, wo A, B und C aus Tabelle 13 stammen. S sind die Stabkräfte in Tonnen infolge dieser Knotenlasten. Den Zähler von (68) entnehmen wir der Tabelle 13 zu

$$\frac{172700}{g}.$$

Tabelle 25. Fachwerkträger, Kontrollmethode, Grundton.

Stab	F	S	l	$\dfrac{S^2}{F}\, l\; 10^{-5}$
O_1	150	$-\;40$	360	0
O_2	150	$-\;2240$	360	120
O_3	150	$-\;2310$	360	128
O_4	220	$-\;3730$	360	228
O_5	220	$-\;3770$	360	232
O_6	220	$-\;3740$	360	228
O_7	220	$-\;3690$	360	223
O_8	150	$-\;2300$	360	127
O_9	150	$-\;2320$	360	129
O_{10}	150	0	360	0
U_1	120	$+\;1620$	720	157
U_2	240	$+\;3440$	720	355
U_3	240	$+\;4100$	720	505
U_4	240	$+\;3240$	720	316
U_5	120	$+\;1230$	720	91
V_1	120	0	380	0
V_2	80	$-\;130$	380	1
V_3	80	$-\;240$	380	3
V_4	80	$-\;240$	380	3
V_5	80	$-\;140$	380	1
V_6	120	0	380	0
D_1	130	$-\;1600$	516	102
D_2	120	$+\;1490$	516	95
D_3	80	$-\;1140$	516	84
D_4	60	$+\;820$	516	58
D_5	50	$-\;180$	516	3
D_6	50	$-\;290$	516	9
D_7	60	$+\;920$	516	73
D_8	80	$-\;1240$	516	99
D_9	120	$+\;1620$	516	113
D_{10}	130	$-\;1740$	516	120
				ΣQ
				3603

Der Nenner ergibt sich nach Tabelle 25 zu

$$\frac{3603\cdot 10^5}{g^2 E},$$

also ist

$$\omega^2 \leq 1017\, E\, g,$$

oder mit

$$E = 2150\ \text{t/cm}^2$$

und

$$g = 981\ \text{cm/sek}^2$$
$$\omega \leq 31{,}9\ \text{sek}^{-1}.$$

Man könnte alle hier errechneten Werte für die kleinsten Eigenfrequenzen noch weiter verbessern, wenn man wie in II, 27 einen zweiten ganzen Schritt der Methode der schrittweisen Näherungen durchrechnet und die Mittelwertbildung mit Hilfe der Energieformel vornimmt. Dies wurde für den Turm, für die Brücke auf zwei Stützen und für den Fachwerkträger durchgeführt, wobei sich ergab, daß in allen Fällen die oben angegebenen Ziffern der Eigenfrequenzen keine Änderung mehr erfahren. Die hier gegebene Methode der Kontrolle der kleinsten Eigenfrequenz mittels der Formel (64) bzw. (68) dürfte also immer ausreichend sein.

16. Obertöne.

Um genauere Werte der höheren Eigenfrequenzen zu erhalten, als dies mittels der oben dargestellten Methode der reduzierten Trägheitsmomente unter Verwendung der asymptotischen Eigenfrequenzen möglich ist, erweist es sich als zweckmäßig, zunächst einmal die Anzahl und Lage der Knotenstellen der Oberschwingungsformen zu untersuchen. Wir wollen ein einfaches Beispiel betrachten, den Balken auf zwei Stützen, und folgendes Gedankenexperiment ausführen: Das eine Lager wird entfernt, und das jetzt freie Balkenende werde mit einer gewissen Kreisfrequenz und einer gewissen Amplitude harmonisch auf und ab bewegt. Der Stab führt dann eine erzwungene harmonische Bewegung aus mit einer Schwingungsform, die von der Frequenz der Erregung abhängt. Ist die Frequenz Null, so wirken keinerlei Kräfte auf den Stab, er bleibt gerade. In Abb. 93 ist nun gezeigt, wie die Schwingungsform sich verändert, wenn die Erregerfrequenz allmählich immer größer wird. Die Berechnung der betreffenden Schwingungsformen wird erst in IV, 2 gebracht. Hier wollen wir lediglich das Ergebnis zur Kenntnis nehmen. Die Amplitude des linken Endpunktes ist in allen Fällen gleich angenommen. Die Schwingungslinie krümmt sich mit wachsender Erregerfrequenz immer stärker, die Amplituden werden immer größer und schließlich unendlich, wenn die Erregerfrequenz mit der ersten Eigenfrequenz des zweifach gestützten Stabes übereinstimmt. Dies tritt zwischen $\lambda = 3{,}0$ und $\lambda = 3{,}5$ (genau bei $\lambda = \pi$) auf. In diesem Punkte findet ein Umschlagen der Schwingungslinie statt, die von jetzt ab entsprechend den Linien für $\lambda = 3{,}5$ usw. verläuft. An der Stelle $\lambda = \pi$ ist ein Knoten in die Schwingungsform hineingekommen, der mit wachsender Erregerfrequenz nach rechts wandert. Die Krümmungen und Amplituden der Schwingungslinie werden zunächst schwächer, wachsen dann aber wieder an, um zwischen $\lambda = 6{,}0$ und $\lambda = 6{,}5$ (genau bei $\lambda = 2\,\pi$) wieder unendlich zu werden. An der Stelle $\lambda = 2\,\pi$, welche der zweiten Eigenfrequenz des Stabes auf zwei Endstützen entspricht, findet ein abermaliges Umschlagen der Schwingungsform statt, die von nun an zwei Knoten aufweist. Der Vorgang des Umschlagens und des Hineinwanderns eines neuen Knotens wiederholt sich beim

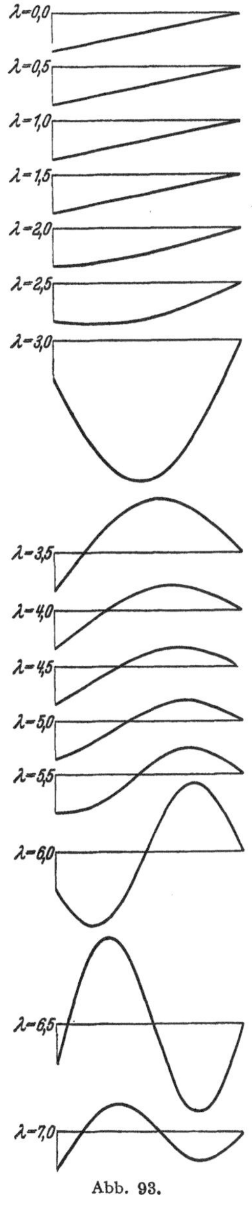

Abb. 93.

Durchlaufen jeder weiterer Eigenfrequenz. Die Knoten wandern dann mit wachsender Erregerfrequenz allmählich alle nach rechts, ohne das rechte Lager jemals zu erreichen. Es läßt sich nun zeigen, daß Träger auf beliebig vielen Stützen und mit beliebiger Verteilung der Steifigkeiten und Massen sich ganz entsprechend verhalten wie der hier betrachtete Stab. Wenn man also den Träger an einem Ende mit allmählich wachsender Frequenz erregt, wandert bei jedem Durchlaufen einer Eigenfrequenz ein Knoten hinein. Über ein Zwischenlager kann ein Knoten hinweg (Abb. 94), über das Endlager dagegen nicht. Man kann zeigen, daß auch auf andere Weise kein Knoten, der am erregten Ende hineingewandert ist, wieder verschwinden kann, sodaß also die n^{te} Eigenschwingungsform gerade n Knoten besitzt. Als Knoten werden dabei im allgemeinen nicht mitgezählt die Lager, welche ja auch für die erste Eigenschwingung Nullstellen erzwingen. Dagegen ist ein Lager als Knoten zu zählen, wenn die Schwingungslinie dort eine hori-

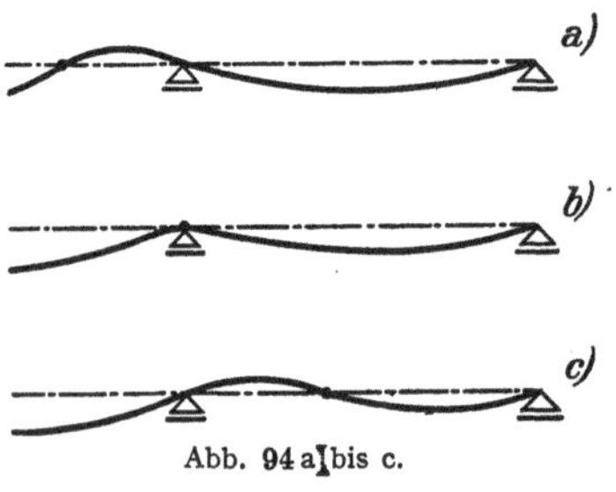

Abb. 94 a bis c.

zontale Tangente hat (Abb. 94b), denn das entspricht gerade derjenigen Erregerfrequenz, bei welcher ein Knoten durch das betreffende Lager hindurchtritt. Kompliziertere Stabwerke, z. B. Rahmen, verhalten sich ähnlich, doch ist hier zu beachten, daß auch bereits die erste Eigenschwingungsform Knoten enthalten kann, welche nicht mit einem Lager zusammenfallen. So hat z. B. die erste Eigenschwingungsform des Rahmens nach Abb. 89 d einen Knoten in Riegelmitte, jede nächst höhere Eigenschwingungsform weist dann wieder einen zusätzlichen Knotenpunkt auf.

Wenn die genaue Lage der Knoten bekannt wäre, könnte man den betreffenden Oberton berechnen als Grundton eines veränderten Systems, welches an den Knotenstellen Lager besitzt. Man könnte auf das veränderte System etwa die Energiemethode anwenden, ausgehend von einer gleichmäßigen Lastverteilung, die in jedem Feld ihr Vorzeichen wechselt, so wie wir dies bei der Brücke auf vier Stützen getan haben. Es liegt nun nahe, in denjenigen Fällen, wo die Knotenpunkte nicht bekannt sind, dieselben schätzungsweise festzulegen, dort Lager anzubringen und den Grundton des so veränderten Systems zu berechnen. Ehe man diese Methode anwendet, muß man sich Klarheit verschaffen über den Fehler, der durch eine Fehlschätzung der Knotenlage entstehen kann. Wir betrachten zunächst ein Beispiel. Wir nehmen einen homogenen Stab mit zwei Endstützen, legen eine Zwischenstütze ein und ermitteln die Abhängigkeit der Grundschwingungszahl des Trägers auf drei Stützen von der Lage der Mittelstütze

(Abb. 95). Die Rechnung ist mit Hilfe der früher entwickelten strengen Methode leicht durchzuführen. Wir haben mit den Bezeichnungen von 6 an den Außenlagern nach Abb. 45b die Bedingungen

$$e_0 = e_2 = 0\,, \qquad f_0 = f_2 = \infty\,,$$

am Zwischenlager nach Abb. 46a unter Berücksichtigung von $J_1 = J_2$ und $\mu_1 = \mu_2$ die Bedingung

$$e_1^l = e_1^r \quad \text{und} \quad f_1^l = f_1^r = \infty\,.$$

Die Grundgleichung 6, (18) heißt dann für das erste Feld

$$\mathfrak{S}(\lambda_1) - e_1\,\mathfrak{B}(\lambda_1) = 0\,,$$

für das zweite Feld

$$e_1\,\mathfrak{B}(\lambda_2) + \mathfrak{S}(\lambda_2) = 0\,.$$

Durch Elimination von e_1 erhält man die Frequenzgleichung

$$\frac{\mathfrak{S}(\lambda_1)}{\mathfrak{B}(\lambda_1)} = -\frac{\mathfrak{S}(\lambda_2)}{\mathfrak{B}(\lambda_2)}\,.$$

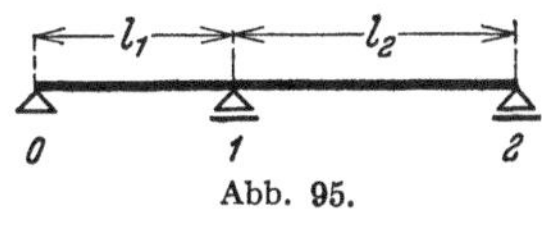

Wir bestimmen zunächst die Grundfrequenz des Stabes für $\dfrac{l_1}{l_2} = \dfrac{1}{5}$. Es ist dann $\lambda_2 = 5\,\lambda_1$, und man erhält durch Auftragen der beiden Seiten der Frequenzgleichung mit Hilfe von VII, Tabelle A und Bestimmung des ersten Schnittpunktes der beiden Kurven:

$$\lambda_1 = 0{,}745\,,$$

oder auf die Gesamtlänge des Stabes bezogen

$$\lambda = 6\,\lambda_1 = 4{,}470\,.$$

Die Eigenkreisfrequenz beträgt also

$$\omega_1 = \frac{\lambda^2}{l^2}\sqrt{\frac{E\,J}{\mu}} = \frac{19{,}98}{l^2}\sqrt{\frac{E\,J}{\mu}}\,.$$

Wir bestimmen weiter die Grundfrequenz des Stabes für $\dfrac{l_1}{l_2} = \dfrac{1}{2}$. Es ist dann $\lambda_2 = 2\,\lambda_1$, und man erhält als kleinste Wurzel der Frequenzgleichung $\lambda_1 = 1{,}778$, oder auf die Gesamtlänge des Stabes bezogen $\lambda = 3\,\lambda_1 = 5{,}334$. Die Eigenkreisfrequenz beträgt also

$$\omega_1 = \frac{28{,}45}{l^2}\sqrt{\frac{E\,J}{\mu}}\,.$$

Die kleinste Eigenkreisfrequenz für $\dfrac{l_1}{l_2} = 1$ erhält man in der gleichen Weise zu

$$\omega_1 = \frac{39{,}49}{l^2}\sqrt{\frac{E\,J}{\mu}}\,,$$

sie ist gleich der zweiten Eigenkreisfrequenz des Stabes ohne Zwischenstütze, dessen zweite Eigenschwingungsform in der Stabmitte einen Knoten aufweist. Der Vollständigkeit halber berechnen wir noch den Fall, daß die Mittelstütze der linken Außenstütze unendlich benachbart ist. Die beiden unendlich benachbarten Stützen erzwingen dann eine horizontale Tangente der Biegelinie, und der Stab verhält sich wie an diesem Ende eingespannt. Die Bedingungen am eingespannten Ende heißen

$$e_0 = \infty, \qquad f_0 = \infty,$$

und die am gestützten Ende

$$e_2 = 0, \qquad f_2 = \infty.$$

Die Grundgleichung reduziert sich auf

$$\mathfrak{B}(\lambda) = 0$$

und hat die kleinste Wurzel

$$\lambda = 3{,}926.$$

Die entsprechende Eigenkreisfrequenz beträgt

$$\omega_1 = \frac{15{,}41}{l^2}\sqrt{\frac{E\,J}{\mu}}.$$

In Abb. 96 ist die Abhängigkeit der kleinsten Eigenfrequenz von der Lage der Zwischenstütze aufgetragen, und zwar ist noch ein weiterer Zwischenpunkt $\dfrac{l_1}{l_2} = \dfrac{5}{7}$ eingetragen, für den sich die Eigenkreisfrequenz zu

$$\omega_1 = \frac{35{,}86}{l^2}\sqrt{\frac{E\,J}{\mu}}$$

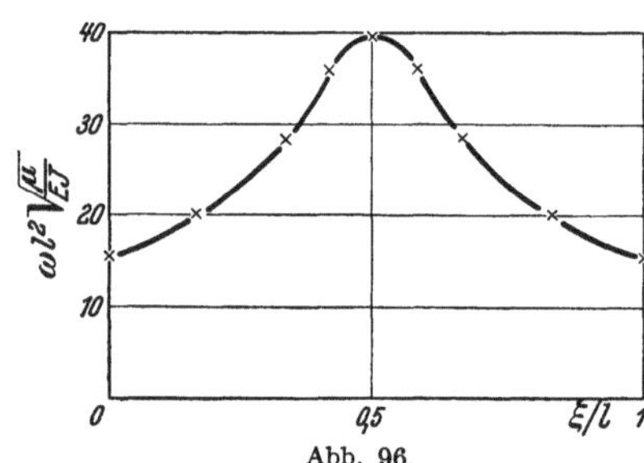

Abb. 96.

ergibt. Man sieht, daß die Schwingungszahl am größten ist, wenn sich die Stütze in Stabmitte, d. h. an der Stelle des Knotens der zweiten Eigenschwingungsform, befindet. Man erkennt, daß in unserem Falle die größte Grundfrequenz, die man durch Verschieben der Mittelstütze erreichen kann, übereinstimmt mit der Frequenz der ersten Oberschwingung. Man erkennt weiter, daß Verschiebungen der Mittelstütze in der Nähe des Knotens der Oberschwingung die Grundfrequenz des veränderten Systems verhältnismäßig wenig beeinflussen. Eine kleine Fehlschätzung des Knotens ergibt also auch nur einen geringen Fehler, selbst bei einer Fehlschätzung von $\dfrac{\xi}{l} = 0{,}417$ statt $\dfrac{\xi}{l} = 0{,}500$ entsteht erst ein Fehler von 9,2%. Der Fehler ist überdies immer negativ,

d. h. man bekommt eine untere Grenze für die Eigenfrequenz der Oberschwingung.

Die Eigenschaften, die wir an dem Beispiel festgestellt haben, treffen nun ganz allgemein zu. Man kann zeigen, daß für Träger auf beliebig vielen Stützen mit beliebiger Verteilung der Steifigkeit und der Massen folgender Satz gilt. Verändert man das vorliegende System dadurch, daß man n zusätzliche Stützen anbringt, und betrachtet man die Abhängigkeit der Grundfrequenz des so veränderten Systems von der Lage der Stützen, dann hat diese Grundfrequenz ein absolutes Maximum, wenn die Stützen mit den Knoten des n^{ten} Obertons zusammenfallen. Diese größte Grundfrequenz des veränderten Systems stimmt überein mit der Frequenz der n^{ten} Oberschwingung. Dieser Satz ist sehr nahe verwandt mit einem anderen Satz über das Verhalten der Quotienten aus potentieller und bezogener kinetischer Energie A/T, den wir in II, 25 bewiesen hatten. Dort wurde folgendes gezeigt. Das Minimum des Quotienten A/T für eine Biegelinie $v(x)$, die der Bedingung

$$\int_0^l s(x)\, v(x)\, \mu\, dx = 0 \tag{69}$$

genügt, ist am größten, wenn (69) identisch ist mit der Orthogonalitätsbedingung für den ersten Oberton, wenn also $s(x)$ mit der Grundschwingungsform übereinstimmt. Der Wert des größten Minimums stimmt überein mit dem Quadrat der Kreisfrequenz des ersten Obertons. Ersetzen wir die Bedingung (69) durch die Bedingung $v(\xi) = 0$, so besagt der oben ausgesprochene Satz folgendes. Das Minimum des Quotienten A/T für eine Biegelinie $v(x)$, die der Bedingung $v(\xi) = 0$ genügt, ist am größten, wenn ξ übereinstimmt mit der Knotenstelle des ersten Obertons. Der Wert des Minimums stimmt überein mit dem Quadrat der Kreisfrequenz des ersten Obertons. Der einzige Unterschied ist also der, daß an Stelle der Orthogonalitätsbedingung für $v(x)$ mit irgendeiner Funktion $s(x)$ das Vorschreiben einer Nullstelle von $v(x)$ an irgendeinem Punkt ξ tritt. Das Maximum des Minimums von A/T tritt dabei einmal ein, wenn die für den Oberton gültige Orthogonalitätsbedingung mit der ersten Eigenschwingungsform $V_1(x)$ vorgeschrieben wird, das andere Mal, wenn die für den Oberton gültige Nullstelle vorgeschrieben wird. Wie die Obertonberechnung unter Berücksichtigung der Orthogonalitätsbedingung für die Oberschwingung vorgenommen werden muß, war in II, 26 gezeigt worden. Für den praktischen Gebrauch zweckmäßiger ist die Verwendung der Knotenpunktsbedingung.

Beispiel 1. Zunächst wollen wir ein Beispiel einer Obertonberechnung bei bekannter Knotenlage betrachten, nämlich die schon wiederholt behandelte Brücke auf zwei Stützen (Abb. 71). Aus Symmetriegründen muß hier der Knoten der ersten Oberschwingung in der Mitte des Feldes liegen. Wir nehmen daher eine Belastung nach Abb. 97 an. Sie erzeugt eine Durchbiegung, welche in der Mitte verschwindet. Die Rechnung ist in bekannter Weise durchzuführen und ergibt:

$$\omega_2 \leq \frac{26{,}96}{l^2} \sqrt{\frac{E J_0}{\mu}}.$$

Wesentlich schwieriger ist die Berechnung eines Obertons, wenn die Lage des Knotenpunktes der Schwingungsform unbekannt ist. Anstatt für mehrere geschätzte Knotenpunktslagen ξ die Grundfrequenz ω des

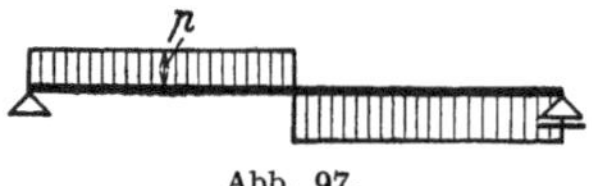

Abb. 97.

durch ein zusätzliches Lager veränderten Systems zu bestimmen und das Maximum der $\omega - \xi$-Kurve aufzusuchen (Abb. 96), wollen wir einen weniger mühsamen Weg einschlagen. Wir wollen vor Beginn der Schwingungsrechnung das Lager so bestimmen, daß es sicher von dem Knoten nur wenig entfernt liegt. Dabei soll uns folgende Überlegung leiten: Wenn wir das Lager an der richtigen Knotenstelle angebracht haben und das so veränderte System mit den wirklichen, bei der Oberschwingung entstehenden Trägheitskräften belasten, so wird die Lagerkraft verschwinden, da ja bei der Oberschwingung auch keine äußere Kraft im Knoten angreift. An Stelle der wirklichen Kräftebelastung bei der Oberschwingung führen wir, wie bei Anwendung der Energiemethode

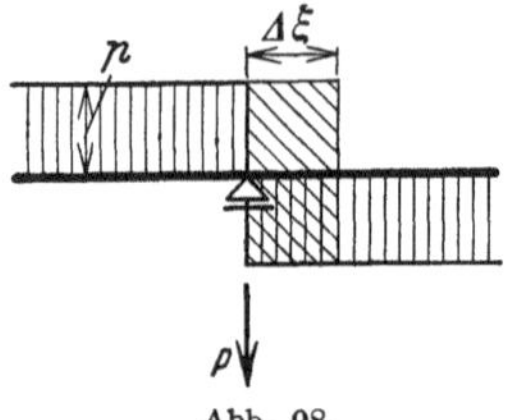

Abb. 98.

schon mehrfach, eine feldweise konstante Last p je. Längeneinheit ein. Die Stelle des Lagers, die auch gleichzeitig Sprungstelle für die Belastung ist (Abb. 98), legen wir nun so, daß die Lagerkraft P verschwindet. Es ist plausibel, und zahlreiche gerechnete Beispiele haben es erhärtet, daß die so bestimmte Stelle der Knotenpunktsstelle der betreffenden Oberschwingung benachbart ist. Praktisch führt man die Berechnung zweckmäßig in der Weise aus, daß man zunächst die Knotenstelle schätzt, dort ein Lager anbringt und die Lagerkraft P unter dem Einfluß der feldweise konstanten Last p ermittelt. Wenn P klein ist, was bei einigermaßen zutreffender Schätzung des Knotens der Fall sein wird, verschiebt man die Sprungstelle der Last p um $\Delta \xi = \frac{P}{2p}$. Man hat dabei die Einzellast P ersetzt durch die über $\Delta \xi$ verteilte Last $2\,p\,\Delta \xi$ (Abb. 98), was bei kleinem $\Delta \xi$ zulässig ist. Würde man jetzt in $\xi + \Delta \xi$ ein Lager anbringen, so hätte die Lagerkraft infolge der bei $\xi + \Delta \xi$ springenden Last p beinahe den Betrag Null. Wir führen diese Rechnung jedoch gar nicht mehr durch, sondern bestimmen eine in ξ angreifende Last P^* so, daß die Biegelinie infolge p und P im Punkte $\xi + \Delta\xi$ verschwindet. Diese Biegelinie wird dann in die Energieformel eingesetzt. Für die gesamte Rechnung wird also nur gebraucht die Biegelinie infolge der Last p, die in einem geschätzten Knotenpunkt ξ das Vorzeichen wechselt sowie die Biegelinie infolge der Einzelkraft P in ξ.

Beispiel 2. Wir wollen zunächst die Güte dieser Methode an einem überprüfbaren Beispiel nachweisen. Wir berechnen auf die oben beschriebene Art den ersten Oberton eines Stabes mit konstanter Steifigkeit und Massenverteilung, der am einen Ende eingespannt und am anderen frei ist. Aus VII, Tabelle C geht hervor, daß die Schwingungsform bei etwa $\dfrac{\xi}{l} = 0{,}783$ einen Knoten hat. Wir wollen nun der Rechnung einen davon sehr stark abweichenden Wert, nämlich $\dfrac{\xi}{l} = 0{,}60$ zugrunde legen. Eine so grobe Fehlschätzung des Knotens dürfte im allgemeinen kaum vorkommen, sodaß wir einen für die Methode sehr ungünstigen Fall haben. Wir legen also in den Punkt $\dfrac{\xi}{l} = 0{,}60$ ein

Lager und bestimmen die Lagerkraft unter einer Belastung nach Abb. 99. Die Rechnung ist in Tabelle 26 in der bekannten Form durchgeführt, um die Einheitlichkeit in der Behandlung der Beispiele zu wahren. Man hätte in diesem Sonderfall bequemer wieder

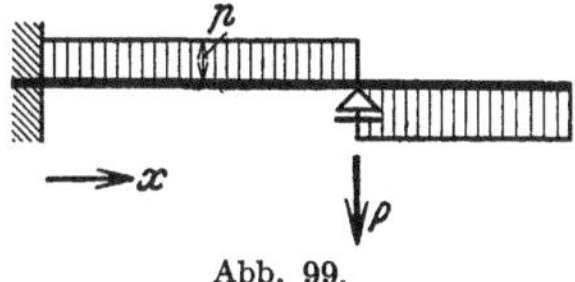

Abb. 99.

die Müller-Breslauschen ω-Tafeln verwenden. Die zweite Spalte enthält die dimensionslosen Biegemomente infolge der verteilten Last p, die vierte Spalte die dimensionslosen Biegemomente infolge einer Einzellast P in $\dfrac{\xi}{l} = 0{,}60$. Lasten und Verschiebungen, die nach abwärts gerichtet sind, werden mit positivem Vorzeichen eingesetzt. Die Spalten B und C enthalten die dazugehörigen Biegelinien bis auf den Faktor

$$\frac{p\,l^4}{4800\,EJ} \quad \text{bzw.} \quad \frac{P\,l^3}{4800\,EJ}\,.$$

Es ergibt sich eine Lagerkraft von

$$P = -\frac{B(0{,}60)}{D(0{,}60)}\,p\,l = 0{,}375\,p\,l\,.$$

Wenn wir P ersetzen durch $2\,p\,\Delta\xi$, so verschiebt sich die Sprungstelle der Last p um

$$\frac{\Delta\xi}{l} = \frac{0{,}375}{2} = 0{,}1875$$

nach rechts. Wir bestimmen jetzt eine in $\dfrac{\xi}{l} = 0{,}60$ wirkende Kraft P^* so, daß die Biegelinie infolge dieser Last und infolge der ursprünglichen

Tabelle 26. Eingespannt-freier homogener Stab,
Knotenpunktsmethode, erster Oberton.

$h = \dfrac{l}{20}$	A	B	C	D	E	
$\dfrac{x}{l}$	$+\dfrac{\mathfrak{M}}{p\,l^2}$	$\dfrac{12}{h^2}\displaystyle\iint_0^x A\,dx^2$	$-\dfrac{\overline{\mathfrak{M}}}{P\,l}$	$\dfrac{12}{h^2}\displaystyle\iint_0^x C\,dx^2$	$B+0{,}414\,D$	E^2
0,00	0,14000	0	0,60	0,00	0,00	0,00
0,05	0,14875	0,85875	0,55	3,50	$+\;\;0,59$	0,35
0,10	0,15500	3,50000	0,50	13,60	$+\;\;2,13$	4,54
0,15	0,15875	7,99875	0,45	29,70	$+\;\;4,30$	18,49
0,20	0,16000	14,40000	0,40	51,20	$+\;\;6,80$	46,24
0,25	0,15975	22,71875	0,35	77,50	$+\;\;9,37$	87,80
0,30	0,15500	32,94000	0,30	108,00	$+\;11,77$	138,53
0,35	0,14875	45,01875	0,25	142,10	$+\;13,81$	190,72
0,40	0,14000	58,88000	0,20	179,20	$+\;15,31$	234,40
0,45	0,12875	74,41875	0,15	218,70	$+\;16,12$	259,85
0,50	0,11500	91,50000	0,10	260,00	$+\;16,14$	260,50
0,55	0,09875	109,95875	0,05	302,50	$+\;15,28$	233,48
0,60	0,08000	129,60000	0,00	345,60	$+\;13,48$	181,71
0,65	0,06125	150,20125	0,00	388,75	$+\;10,74$	115,35
0,70	0,04500	171,54000	0,00	431,90	$+\;\;7,27$	52,85
0,75	0,03125	193,42125	0,00	475,05	$+\;\;3,25$	10,58
0,80	0,02000	215,68000	0,00	518,20	$-\;\;1,15$	1,32
0,85	0,01125	238,18125	0,00	561,35	$-\;\;5,78$	33,41
0,90	0,00500	260,82000	0,00	604,50	$-\;10,56$	111,51
0,95	0,00125	283,52125	0,00	647,65	$-\;15,39$	236,85
1,00	0,00000	306,24000	0,00	690,80	$-\;20,25$	410,06
						Σ_2
						$\dfrac{3}{h}\displaystyle\int_0^l E^2\,dx$
						7220,78

Last p an der Stelle

$$\frac{\xi+\varDelta\xi}{l} = 0{,}60 + 0{,}1875 = 0{,}7875$$

die Ordinate Null hat. Man findet durch Interpolation zwischen den
zu tabulierenden Werten des Quotienten B/D:

$$P^* = -\,\frac{B\,(0{,}7875)}{D\,(0{,}7875)}\,p\,l = 0{,}414\,p\,l\,.$$

In der Spalte E ist die Biegelinie infolge der Belastung p und der
Kraft P^*:

$$E = B + 0{,}414\,D$$

ausgerechnet. Diese Biegelinie geht wie gewünscht an der Stelle

$\frac{x}{l} = 0{,}7875$ durch Null. Wir bestimmen jetzt die doppelte potentielle Energie dieser Biegelinie, indem wir zunächst uns die Belastung mit P^* und dann die Belastung mit p vorgenommen denken und die aufzuwendende Arbeit ermitteln. Bei der Belastung mit P^* wird die Arbeit

$$A_1 = \frac{1}{2}\, P^*\, D\,(0{,}6)\; 0{,}414\, \frac{p\,l^4}{4800\,EJ} = \frac{1}{2}\, 0{,}414^2\, p\,l\, D\,(0{,}6)\, \frac{p\,l^4}{4800\,EJ}$$

oder

$$A_1 = \frac{1}{2}\, 59{,}234\, \frac{p^2\,l^5}{4800\,EJ}$$

geleistet. Wir bringen jetzt die Last p auf. Die aufzuwendende Formänderungsarbeit beträgt

$$A_2 = \frac{p\,l^4}{4800\,EJ}\left[\frac{1}{2}\int_0^l p\,B\,(x)\,dx + P^*\,B\,(0{,}60)\right].$$

Da die Last P^* während des Aufbringens von p in voller Größe wirksam ist, enthält nur das erste Glied den Faktor $1/2$. Wenn wir nach unten gerichtete Kräfte und Verschiebungen positiv setzen, dann ist die Durchbiegung infolge der verteilten Last p negativ, wie auch im Kopf der Tabelle 26 angemerkt ist. Das Integral $\int_0^l p\,B\,(x)\,dx$ wird in zwei Stufen berechnet. Der erste Teil von $x = 0$ bis an die Stelle $\frac{x}{l} = 0{,}60$ ist negativ, da dort p positiv und B negativ ist, und hat den mit Hilfe der Simpsonschen Integrationsformeln (52) berechneten Wert

$$\int_0^{0{,}6\,l} p\,B\,(x)\,dx = -\,1576{,}32\,\frac{p\,h}{3}.$$

Der Restteil ist positiv und hat den Wert

$$\int_{0{,}6\,l}^l p\,B\,(x)\,dx = 5193{,}56\,\frac{p\,h}{3}.$$

Man erhält also für das gesamte Integral

$$\int_0^l p\,B\,(x)\,dx = 3617{,}24\,\frac{p\,h}{3}.$$

Das zweite Klammerglied in dem Ausdruck für die Arbeit A_2 ist negativ und hat den Wert

$$P^*\,B\,(0{,}60) = -\,0{,}414\,p\,l\cdot 129{,}6$$

oder mit $l = 20\,h$

$$P^*\,B\,(0{,}60) = -\,3219{,}24\,\frac{p\,h}{3}.$$

Die doppelte potentielle Energie der Biegelinie beträgt also insgesamt

$$2\,A = \frac{p^2\,l^4}{4800\,E\,J}\,\frac{h}{3}\,[3617{,}24 - 6438{,}48 + 3554{,}06]$$

oder

$$2\,A = 732{,}82\,\frac{h}{3}\,\frac{p^2\,l^4}{4800\,E\,J}\,.$$

Die doppelte bezogene kinetische Energie beträgt

$$2\,T = \frac{p^2\,l^8}{4800^2\,(E\,J)^2}\int_0^l \mu\,E^2(x)\,d\,x = 7220{,}78\,\frac{h}{3}\,\frac{p^2\,l^8\,\mu}{(4800)^2\,(E\,J)^2}\,,$$

und man erhält für das Quadrat der zweiten Eigenkreisfrequenz

$$\omega_2^2 \approx \frac{2\,A}{2\,T} = \frac{487{,}14}{l^4}\,\frac{E\,J}{\mu}$$

oder

$$\omega_2 \approx \frac{22{,}07}{l^2}\,\sqrt{\frac{E\,J}{\mu}}\,.$$

Der wirkliche Wert beträgt

$$\omega_2 = \frac{22{,}03}{l^2}\,\sqrt{\frac{E\,J}{\mu}}\,.$$

Der außerordentlich geringe Fehler von nur 0,2% zeigt, wie gut die Knotenpunktmethode arbeitet, selbst bei einer so großen Fehlschätzung der Knotenlage.

Beispiel 3. Wir wollen jetzt die entsprechende Rechnung für die zweite Eigenfrequenz des früher wiederholt behandelten Turmes (Abb. 68) durchführen. Für die Knotenpunktsabszisse wählen wir diesmal denjenigen der Intervallendpunkte von Tabelle 26, welcher dem Knoten der zweiten Eigenschwingungsform des homogenen Stabes am nächsten kommt, das ist $\frac{\xi}{l} = 0{,}80$. Die in entsprechender Weise wie bei dem vorhergehenden Beispiel durchgeführte Rechnung ergibt:

$$\omega_2 \approx \frac{16{,}80}{l^2}\,\sqrt{\frac{E\,J_0}{\mu}}\,.$$

Beispiel 4. Schließlich sei als letztes Beispiel für die Knotenpunktmethode noch der zweite Oberton der ebenfalls wiederholt behandelten Brücke auf zwei Stützen (Abb. **71**) berechnet. Bei dem homogenen Stab liegen die Knoten der zweiten Oberschwingung bei $\frac{x}{l} = \frac{1}{3}$ und $\frac{x}{l} = \frac{2}{3}$. Nimmt man diese Knotenlagen an, dann erhält man für eine

Ausgangsbelastung nach Abb. 100 durch eine entsprechende Rechnung wie in Beispiel 2 den Wert

$$\omega_3 \approx \frac{62{,}38}{l^2}\sqrt{\frac{E J_0}{\mu}}.$$

Höhere Obertöne, bei denen mehrere Knotenstellen geschätzt werden müssen, lassen sich in ganz entsprechender Weise nach der Knotenpunktmethode berechnen, allerdings nur mit erheblicher Rechenarbeit. Im allgemeinen wird sich jedoch diese Rechnung erübrigen. Wie die Beispiele gezeigt haben, kommt man mit der Methode der reduzierten Trägheitsmomente auf Grund der asymptotischen Eigenfrequenzen meist schon für den ersten Oberton, sicher aber für die höheren Obertöne, praktisch aus. Die in diesem Abschnitt berechneten

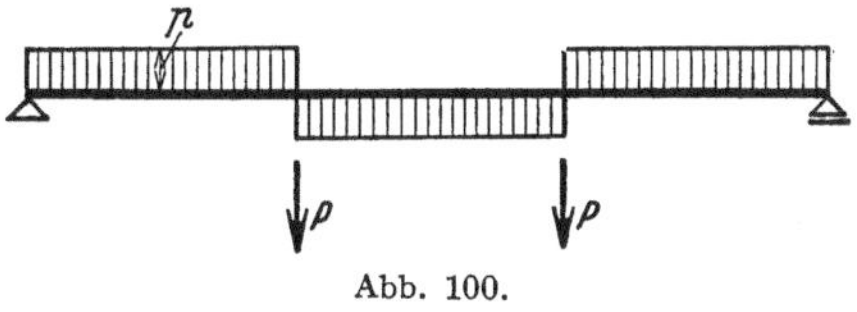

Abb. 100.

Eigenfrequenzen sind ausnahmslos im Abschnitt C zur Kontrolle der dort verwendeten Verfahren herangezogen worden. Die zuletzt dargestellten Methoden der Eigenfrequenzberechnung sind weniger für den praktischen Gebrauch gedacht als vielmehr zu gelegentlichen zuverlässigen Nachprüfungen abgekürzter Rechenverfahren.

E. Nebeneinflüsse.

17. Rotationsträgheit.

Die Differentialgleichung der Transversalschwingungen eines Stabes mit Berücksichtigung einer Trägheitsmomentenbelegung τ je Längeneinheit hatten wir in 1 abgeleitet. Es ergab sich für die freien Schwingungen die Gleichung 1, (6)

$$(E J\, v'')'' + (\tau\, v')'\, \omega^2 - \mu\, \omega^2 v = 0. \tag{70}$$

Um die Größenordnung des Einflusses der Rotationsträgheit abzuschätzen, betrachten wir ein einfaches Beispiel, den homogenen Stab auf zwei Stützen. Wie man sich leicht überzeugt, genügen die Eigenschwingungsformen

$$V_k(x) = \sin k\,\pi\,\frac{x}{l} \tag{71}$$

sowohl den Randbedingungen

$$V_k(0) = V_k''(0) = V_k(l) = V_k''(l) = 0$$

wie auch der Differentialgleichung (70). Man erhält durch Einsetzen von (71) in (70) für die Eigenkreisfrequenzen die Gleichung

$$E J\,\frac{k^4\,\pi^4}{l^4} - \tau\,\omega_k^2\,\frac{k^2\,\pi^2}{l^2} - \mu\,\omega_k^2 = 0$$

15*

oder

$$\omega_k^2 = \frac{k^4 \pi^4}{l^4} \frac{E J}{\mu + \tau \dfrac{\pi^2 k^2}{l^2}}.$$

Nun sind

$$\frac{k^4 \pi^4}{l^4} \frac{E J}{\mu}$$

die Quadrate der Eigenkreisfrequenzen ohne Berücksichtigung der Rotationsträgheit [vgl. II, 21, (77)]. Wir erhalten daher für das Verhältnis ω_k^* der Eigenfrequenzen mit Berücksichtigung der Rotationsträgheit zu denjenigen ohne Berücksichtigung der Rotationsträgheit

$$\omega_k^{*\,2} = \frac{1}{1 + \dfrac{\tau}{\mu} \dfrac{\pi^2 k^2}{l^2}}. \tag{72}$$

Wenn ϱ die Massendichte der Volumeneinheit des Stabmaterials ist,

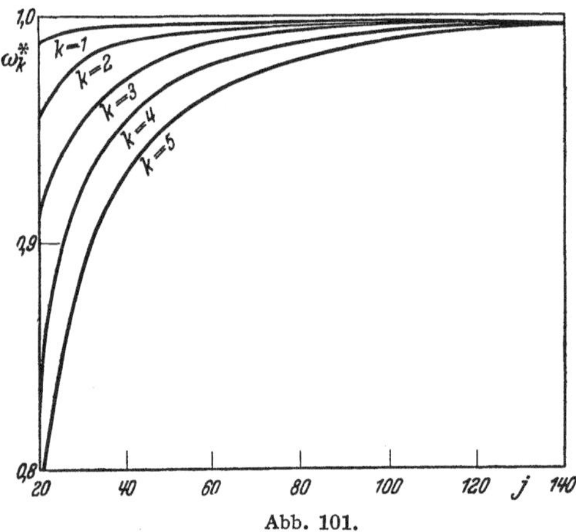

Abb. 101.

so hat das Trägheitsmoment eines Stabelements von der Breite dx den Wert

$$\varrho J\, dx,$$

wobei J das Flächenträgheitsmoment des Stabquerschnitts in bezug auf die Nullinie bedeutet. Es ist also das Trägheitsmoment je Längeneinheit $\tau = \varrho J$. Die Masse je Längeneinheit des Stabes ist $\mu = \varrho F$, wo F die Stabquerschnittsfläche bedeutet. Man erhält also

$$\frac{\tau}{l^2 \mu} = \frac{J}{l^2 F} = \frac{1}{j^2}.$$

j wird als Schlankheitsgrad des Stabes bezeichnet. Der Korrekturfaktor für die Eigenfrequenzen des homogenen, zweifach gestützten Stabes bei Berücksichtigung der Rotationsträgheit ist also nach (72) gegeben durch

$$\omega_k^* = \sqrt{\frac{1}{1 + \pi^2 \dfrac{k^2}{j^2}}}. \tag{73}$$

Man sieht, daß für die höheren Eigenfrequenzen der Einfluß der Rotationsträgheit immer größer wird. In Abb. 101 ist ω_k^* in Abhängigkeit von dem Schlankheitsgrad j für die ersten fünf Eigenschwingungen aufgetragen. Die dicksten im Betonbau vorkommenden Stäbe haben einen Schlankheitsgrad von etwa $j = 20$. Aus dem Diagramm entnimmt man, daß für die praktisch meist interessierenden ersten beiden oder auch für die ersten drei Eigenfrequenzen die Berücksichtigung der Rotationsträgheit im ungünstigsten Falle eine Korrektur von wenigen Prozenten mit sich bringt.

Die Energiemethode ist ohne weiteres auf den Fall übertragbar, daß der Stab auch Rotationsträgheit besitzt. Die kinetische Energie setzt sich zusammen aus der kinetischen Energie der Transversalbewegung und derjenigen der Drehbewegung. Bezeichnen wir wieder mit T die Amplitude der bezogenen, d. h. durch das Quadrat der Kreisfrequenz dividierten kinetischen Energie des Stabes bei einer harmonischen Schwingung mit der Amplitude $v(x)$, so ist

$$T(v) = \tfrac{1}{2} \int_0^l \mu\, v^2 dx + \tfrac{1}{2} \int_0^l \tau\, v'^2 dx,$$

denn v' ist bei kleinen Schwingungen die Amplitude des Drehwinkels der Stabtangente. Für die niedrigste Eigenkreisfrequenz gilt die Ungleichung

$$\omega_1^2 \leq \frac{A(v)}{T(v)},$$

wo $A(v)$ wie früher die potentielle Energie der Auslenkungsform bedeutet. Für $v(x)$ ist wieder eine Biegelinie einzusetzen, die ungefähr mit der Schwingungsform übereinstimmt, etwa die Durchbiegung $v(x)$ infolge einer konstanten Last p. Man erhält dann als Näherung für die kleinste Eigenfrequenz

$$\omega_1^2 \leq \frac{\int_0^l p\, v\, dx}{\int_0^l \mu\, v^2 dx + \int_0^l \tau\, v'^2 dx}. \tag{74}$$

Da der Einfluß der Rotationsträgheit in den meisten praktisch interessierenden Fällen klein ist, kann man für $v(x)$ auch die Schwingungsformen des Stabes ohne Berücksichtigung der Rotationsträgheit nehmen. Sind $V_k(x)$ die Eigenschwingungsformen des nur mit linienförmigen Massen μ je Längeneinheit belegten Stabes, dann gilt für die untersten Eigenkreisfrequenzen

$$\omega_k^2 \approx \frac{A(V_k)}{\int_0^l \mu\, V_k^2 dx + \int_0^l \tau\, V_k'^2 dx}.$$

Da

$$\frac{A(V_k)}{\int_0^l \mu\, V_k^2 dx}$$

gleich dem Quadrat der k^{ten} Eigenkreisfrequenz ohne Berücksichtigung der Rotationsträgheit ist, kann man auch schreiben

$$\omega_k^* \approx \sqrt{\dfrac{1}{1 + \dfrac{\int\limits_0^l \tau\, V_k'^2\, dx}{\int\limits_0^l \mu\, V_k^2\, dx}}}\,. \tag{75}$$

Hierin bedeutet wie in (73) ω_k^* den Korrekturfaktor. Die Durchrechnung weiterer Beispiele erübrigt sich wegen des meist geringen Einflusses der Rotationsträgheit.

18. Statische Längskräfte.

Die Differentialgleichung der Transversalschwingungen eines Stabes, der von einer statischen Längskraft beansprucht wird, war in 1 abgeleitet worden. Es ergab, sich für die freien Schwingungen die Gleichung 1, (7)

$$(E J\, v'')'' - N\, v'' - \mu\, \omega^2 v = 0\,, \tag{76}$$

wobei N als Zug positiv gerechnet war. Wir behandeln, um einen Einblick in die Größenordnung der Korrektur infolge Längskräften zu bekommen, als einfaches, leicht lösbares Beispiel den homogenen Stab auf zwei Stützen. Die Eigenschwingungsformen

$$V_k(x) = \sin k\,\pi\,\frac{x}{l}$$

genügen wieder der Differentialgleichung und den Randbedingungen, und man erhält durch Einsetzen der Eigenschwingungsformen in (76) die Gleichung

$$E J\,\frac{\pi^4\, k^4}{l^4} + \frac{k^2\,\pi^2}{l^2}\, N - \mu\,\omega_k^2 = 0$$

oder

$$\omega_k^2 = \frac{k^4\,\pi^4}{l^4}\,\frac{E J}{\mu}\left(1 + \frac{l^2}{k^2\,\pi^2}\,\frac{N}{E J}\right)\,. \tag{77}$$

Die Quadrate der Eigenkreisfrequenzen eines längskraftfreien Stabes sind gegeben durch

$$\frac{k^4\,\pi^4}{l^4}\,\frac{E J}{\mu}\,.$$

Die Eulersche Knicklast für den Stab bei Ausknicken in der Schwingungsebene beträgt $\frac{\pi^2}{l^2}E J$. Es sei wieder ω_k^* das Verhältnis der Eigenfrequenzen mit Längskraft zu denjenigen ohne Längskraft und N^* das Verhältnis der Längskraft zum Betrag der Knicklast. Aus (77) folgt mit diesen Bezeichnungen

$$\omega_k^* = \sqrt{1 + \frac{N^*}{k^2}}. \tag{78}$$

Man sieht, daß für höhere Eigenfrequenzen der Einfluß der Längskraft verschwindet. In Abb. 102 ist ω_k^* als Funktion von N^* für Druckkräfte (negative N) aufgetragen. Bei einer Längskraft, die einer dreifachen Knicksicherheit in der Schwingungsebene entspricht, wird die erste Eigenfrequenz bereits um 18% erniedrigt.

Am zweckmäßigsten ist in denjenigen Fällen, die einer strengen Behandlung unzugänglich sind, wieder die Energiemethode. Die potentielle Energie einer Auslenkungsform setzt sich zusammen aus der Energie der Arbeit der Querlasten und der Arbeit der Längslast. Um die Arbeit der Längslast zu ermitteln, bestimmen wir zunächst die Längsverschiebung der Stabendpunkte. Bei der reinen Biegung, die wir augenblicklich voraussetzen, bleibt die Länge des Stabes bei der Verformung unverändert. Die Länge eines Stabelements mit der Projektion dx und der Neigung $v'(x)$ ist (Abb. 103)

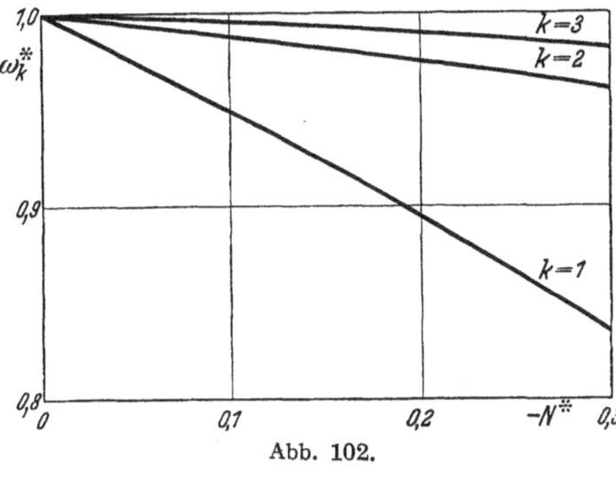

Abb. 102.

$$ds = \sqrt{dx^2 + v'^2(x)\,dx^2}.$$

Die Gesamtlänge des Stabes ist also gegeben durch

$$s = \int_0^l \sqrt{1 + v'^2}\,dx.$$

Da die Neigung $v'(x)$ klein ist,

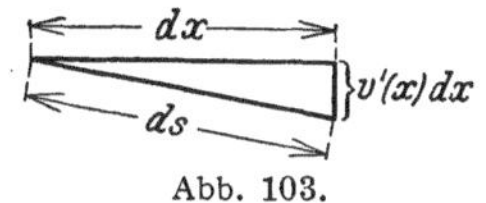

Abb. 103.

können wir in der Reihenentwicklung der Wurzel uns auf die ersten beiden Glieder beschränken. Wir setzen also

$$\sqrt{1 + v'^2} = 1 + \frac{v'^2}{2}$$

und erhalten

$$s = l + \tfrac{1}{2}\int_0^l v'^2\,dx.$$

Die Längsverschiebung der Stabendpunkte gegeneinander ist somit

$$u = s - l = \tfrac{1}{2}\int_0^l v'^2\,dx,$$

und die Arbeit der Längskraft beträgt

$$A_L(v) = \frac{N}{2}\int_0^l v'^2\,dx. \tag{79}$$

Für positive N, also für Zugkräfte, wird die potentielle Energie erhöht, für Druckkräfte dagegen erniedrigt. Für die kleinste Eigenkreisfrequenz gilt die Ungleichung

$$\omega_1^2 \leq \frac{A_B(v) + A_L(v)}{T(v)},$$

wo $A_B(v)$ die potentielle Energie des Stabes ohne Längskraft ist. Verwendet man als Auslenkungsform $v(x)$ die Biegelinie des längskraftfreien Stabes unter konstanten äußeren Transversalkräften p je Längeneinheit, dann ist

$$\omega_1^2 \leq \frac{\int\limits_0^l p\,v\,dx + N\int\limits_0^l v'^2\,dx}{\int\limits_0^l \mu\,v^2\,dx}. \tag{80}$$

Da der Einfluß der Längskräfte verhältnismäßig klein ist, wird es in den meisten Fällen genügen, für $v(x)$ die entsprechende Schwingungsform $V_k(x)$ des Stabes ohne Längskraft einzusetzen. Wir haben dann

$$\omega_k^2 \approx \frac{A_B(V_k) + A_L(V_k)}{T(V_k)}.$$

Da

$$\frac{A_B(V_k)}{T(V_k)}$$

gleich dem Quadrat der k^{ten} Eigenkreisfrequenz des längskraftfreien Stabes ist, erhält man für das Verhältnis ω_k^* der k^{ten} Eigenfrequenz des Stabes mit der statischen Längskraft N zu der k^{ten} Eigenfrequenz des längskraftfreien Stabes die Beziehung

$$\omega_k^* \approx \sqrt{1 + \frac{A_L(V_k)}{A_B(V_k)}}$$

oder

$$\omega_k^* \approx \sqrt{1 + \frac{N\int\limits_0^l V_k'^2\,dx}{\int\limits_0^l E\,J\,V_k''^2\,dx}}. \tag{81}$$

Wir wollen als Beispiel hierzu die kleinste Eigenfrequenz eines homogenen Stabes berechnen, der an einem Ende frei ist, am andern Ende eingespannt ist, und auf den eine Längskraft N wirkt. Wir verwenden die erste Eigenschwingungsform des Stabes ohne Längslast, die mit ihrer zweiten Ableitung in VII, Tabelle C tabuliert ist. Die Berechnung der ersten Ableitung V_1' nehmen wir auf numerischem Wege durch Integration über V_1'' vor:

$$V_1' = \int\limits_0^x V_1''\,dx,$$

und zwar mit Hilfe der schon früher [III, 12, (52)] benutzten Integrationsformel, bei welcher der Integrand ersetzt wird durch Parabeln durch je drei aufeinanderfolgende Punkte. Da früher nur das Integral zwischen 0 und 1 angegeben war, schreiben wir der Vollständigkeit halber auch die Formeln für Integration von 0 bis x an. In dem Integral

$$I = \int\limits_0^x f(x)\, dx$$

sei $f(x)$ in äquidistanten Punkten mit dem Abstand h gegeben:

$$f_0,\ f_1,\ f_2,\ \ldots\ldots$$

Dann ist

$$\overline{I}_2 = \overline{I}_0 + f_0 + 4 f_1 + f_2,$$
$$\overline{I}_4 = \overline{I}_2 + f_2 + 4 f_3 + f_4, \tag{82}$$

und

$$I = \frac{h}{3}\,\overline{I}. \tag{83}$$

In dieser Weise sind aus den 20 Werten für $V_1'' l$ in VII, Tabelle C die 10 Werte von B in Tabelle 27 bestimmt worden, d. h. es ist

$$B_1 = 7{,}0321 + 4 \cdot 6{,}5481 + 6{,}0644 = 39{,}3$$

usw. Um V_1' zu erhalten, muß B zunächst durch l dividiert werden, da man über $V_1'' l$ statt über V_1'' integriert hat. Dann ist B mit $\dfrac{h}{3} = \dfrac{l}{60}$ zu multiplizieren nach (83). Mit den Integralen Σ_1 und Σ_2 in Tabelle 27 hat man dann nach (81)

$$\omega_1^* \leq \sqrt{1 + \frac{N \Sigma_2 l^2}{3600\, E J \Sigma_1}}$$

oder

$$\omega_1^* \leq \sqrt{1 + 0{,}37813 \frac{N l^2}{E J}}.$$

Die Knicklast für den einseitig eingespannten, am anderen Ende freien Stab beträgt

$$N_k = \frac{\pi^2}{4} \frac{E J}{l^2}.$$

Bezeichnet man wieder das Verhältnis der Längskraft N zum Betrag der Knicklast mit

$$N^* = \frac{N}{N_k},$$

so erhält man schließlich für das Verhältnis der ersten Eigenfrequenz des Stabes mit Längskraft zu derjenigen des längskraftfreien Stabes die Beziehung

$$\omega_1^* \leq \sqrt{1 + 0,9330\,N^*}\,. \tag{84}$$

Es ergibt sich also nahezu die gleiche Abhängigkeit zwischen N^* und ω^* wie beim Stab auf zwei Stützen. Wenn die Knicklinie genau mit der Schwingungslinie V_1 übereinstimmt, dann ist der Faktor von N^* gleich Eins. Wir können dies aus (81) ohne weiteres ablesen, wenn wir uns die Bedeutung der beiden Integrale klarmachen. Wenn der Stab mit der Knickform $v(x)$ unter der Last N_k ausknickt, so ist

$$\frac{N_k}{2}\int_0^l v'^2\,dx$$

die Arbeit der Längskraft und $\frac{1}{2}\int_0^l E J v''^2\,dx$ die gespeicherte Formänderungsenergie. Die Knicklast ist dadurch gekennzeichnet, daß ein Gleichgewichtszustand mit der Biegelinie $v(x)$ eintreten kann. Es ist dann die innere Arbeit gleich der äußeren, d. h. es gilt

$$N_k = \frac{\displaystyle\int_0^l E J v''^2\,dx}{\displaystyle\int_0^l v'^2\,dx}\,. \tag{85}$$

Wenn also die Knicklinie mit der Schwingungslinie V_1 übereinstimmt, so nimmt (81) die Form an

$$\omega_1^* \leq \sqrt{1 + N^*}\,. \tag{86}$$

Nun stellt (85) eine gute Näherung für die Knicklast auch dann dar, wenn man für $v(x)$ nicht die genaue Knicklinie, sondern eine andere Biegelinie einsetzt, die ungefähr die gleiche Form hat wie die Knicklinie, etwa die Biegelinie unter einer konstanten Querbelastung oder

Tabelle 27.

Homogener, eingespannt-freier Stab, Grundschwingung bei Längsbelastung.

	A		B	
x/l	$V_1''l$	A^2	$60\,V_1'$	B^2
0,0	7,0321	49,450	0,0	0
0,1	6,0644	36,777	39,3	1544
0,2	5,1016	25,026	72,8	5300
0,3	4,1550	17,264	100,6	10120
0,4	3,2427	10,515	122,7	15055
0,5	2,3875	5,700	139,6	19488
0,6	1,6165	2,615	151,5	22952
0,7	0,9598	0,921	159,2	25345
0,8	0,4492	0,202	163,3	26667
0,9	0,1180	0,014	165,0	27225
1,0	0,0000	0,000	165,2	27291
		$\dfrac{3}{h}\displaystyle\int_0^l A^2\,dx$		$\dfrac{3}{h}\displaystyle\int_0^l B^2\,dx$
		Σ_1		Σ_2
		368,870		502127

die erste Eigenschwingungsform des Balkens. Die Formel (86) gilt also angenähert für beliebige Stäbe mit beliebiger, auch veränderlicher Steifigkeit und Massenbelegung unter der alleinigen Voraussetzung, daß die Schwingungslinien des längskraftfreien Stabes, die Schwingungslinien des mit Längskraft behafteten Stabes und die Knicklinie ungefähr die gleiche Form haben. Man kann (86) dazu verwenden, um experimentell aus zwei Schwingungszahlmessungen mit und ohne eine gewisse Längskraft die Knicklast eines beliebig gelagerten Stabes mit beliebigem Verlauf der Steifigkeit zu ermitteln, ohne den Stab wirklich zum Ausknicken zu bringen und damit zu zerstören[1]. Im Fall des zweifach gelagerten Stabes gilt (86) genau, da hier ausnahmsweise sowohl die Schwingungslinie ohne Längslast wie auch diejenige mit Längslast mit der Knicklinie übereinstimmen, alle drei sind Sinuslinien.

19. Überlagerte Längsschwingungen.

Wir hatten schon in 4 bemerkt, daß bei geraden Stäben die Kopplung zwischen Längs- und Querschwingungen so schwach ist, daß diese beiden Schwingungsarten praktisch unabhängig voneinander sind. Eine nicht mehr zu vernachlässigende Kopplung findet jedoch bei Rahmentragwerken statt. Wir wollen hierzu ein Beispiel näher untersuchen, nämlich den schon früher behandelten Rahmen nach Abb. 79. Es sei wie früher

$$J_1 = J_2 = J,$$

$l_2 = \dfrac{l_1}{3}$ und $\mu_2 = 3\,\mu_1$. Wir brauchen für die folgenden Rechnungen noch eine Angabe für die Querschnittsflächen. Wir nehmen an:

$$F_1 = F_2 = F.$$

Der Rahmen möge in der in Abb. 79b angedeuteten ersten symmetrischen Eigenschwingungsform schwingen. Der Riegel überträgt dann auf die Stiele Längskräfte, welche in der gezeichneten Phase der Schwingung die Stiele zusammendrücken. Außerdem übertragen die Stiele auf den Riegel eine Längskraft, die den Riegel in der gezeichneten Phase der Schwingung ausdehnt. Die schwingenden Längskräfte erzeugen außer Längsverschiebungen der Stabelemente auch eine zusätzliche Biegung. Wir sahen in 18, daß der Einfluß von statischen Längskräften auf die Biegungsschwingungen nur dann wesentlich wird, wenn die Längskräfte in die Nähe derjenigen Last kommen, die ein Ausknicken in der Schwingungsebene verursacht. Die Kopplung von Längs- und Querschwingungen wird aber andererseits nur von Be-

---

[1] Allerdings gestattet dieses Verfahren nur die Bestimmung der Knicklast von hinreichend schlanken Stäben, die sich im Eulerbereich befinden.

deutung bei sehr gedrungenen Stäben, bei denen die Längsverschiebungen von der gleichen Größenordnung werden wie die Querverschiebungen der Stabteile. Bei derartigen gedrungenen Stäben ist aber die Knicklast sehr hoch und die Knicksicherheit außerordentlich groß. Wir können daher in den Fällen, in denen die kombinierten Längs- und Querschwingungen berücksichtigt werden müssen, die biegende Wirkung der Längskräfte unbedenklich vernachlässigen.

Wir wollen jetzt mit Hilfe der Energiemethode die Frequenz der in Abb. 79 gezeichneten Eigenschwingungsformen des Rahmens berechnen. Wir setzen also

$$\omega_1^2 \leq \frac{A(v)}{T(v)}$$

und nehmen wie früher für $v(x)$ die Auslenkung unter der konstanten Last p je Längeneinheit, die nach außen gerichtet auf die Stiele einwirkt, und der Last $3\,p$, die nach unten gerichtet am Riegel angreift (Abb. 80). Wie man aus der Baustatik weiß, ändern sich durch die Längselastizität der Stäbe in erster Näherung die statisch unbestimmten Größen und damit die Biegemomente nicht, wir können also die bereits früher angegebenen Biegelinien verwenden. Die Längskraft in den Stielen beträgt

$$N_1 = -3\,p\,l_2 = -p\,l_1,$$

also ist die Vertikalverschiebung des Riegels infolge der Zusammendrückung der Stiele

$$u_1 = \frac{p\,l_1^2}{EF} = \frac{p\,l_1^4}{EJ}\frac{1}{j^2}, \tag{87}$$

wo j der Schlankheitsgrad der Stiele ist. Die Längskraft im Riegel erhält man aus den auf S. 182 angegebenen Biegemomenten $\mathfrak{M}_0$ und $\mathfrak{M}_1$ in den Stielendpunkten zu

$$N_2 = \frac{p\,l_1}{3}.$$

Also ist die Horizontalverschiebung der Rahmeneckpunkte infolge der Riegeldehnung

$$u_2 = \frac{p\,l_1^3}{9\,EF} = \frac{p\,l_1^4}{9\,EJ}\frac{1}{j^2}.$$

Um einen Überblick über die Größenordnung der Längsverschiebung u_1 und u_2 zu erhalten, nehmen wir für den Schlankheitsgrad den Wert $j_1 = 40$ an. Dieser Wert entspricht schon einem sehr gedrungenen Stab, wie er im Eisenbetonbau vorkommen kann. Die Vertikalverschiebung des Riegels beträgt dann

$$u_1 = \frac{p\,l_1^4}{EJ}\frac{1}{1600}.$$

Die größte Durchbiegung der Stiele infolge der angenommenen Belastung ist nach Tabelle 11

$$\text{Max } v_B = \frac{1382}{6 \cdot 10^3 \cdot 36} \frac{p\, l_1^4}{E\, J} = \frac{1}{156} \frac{p\, l_1^4}{E\, J},$$

also mehr als 10 mal so groß wie die Vertikalverschiebung des Riegels und rund 100 mal so groß wie die Horizontalverschiebung der Rahmeneckpunkte. Wir können daher, solange wir uns auf Schlankheitsgrade j_1 beschränken, die größer als 40 sind, u_1 als kleine Größe behandeln und deren Quadrate ebenso wie die Längsausdehnung u_2 des Riegels vernachlässigen. Wenn wir mit v_B die in Tabelle 11 enthaltene Auslenkungsform des Rahmens mit unausdehnbaren Stäben bezeichnen, dann bleibt bei unseren angenommenen Vernachlässigungen die Durchbiegung der Stiele auch nach Berücksichtigung der Längsdehnbarkeit unverändert, dagegen gilt für den Riegel

$$v = v_B + u_1.$$

Die kinetische Energie wird vermehrt um die kinetische Energie der Längsbewegung, doch treten hierin die Längsverschiebungen quadratisch auf, und das Zusatzglied in der kinetischen Energie soll deshalb vernachlässigt werden.

Wir haben dann für die erste Eigenkreisfrequenz bei symmetrischer Schwingungsform

$$\omega_1^2 \approx \frac{\int\limits_0^{l_1} p\, v_B\, d\,x + \int\limits_0^{l_2} 3\, p\, (v_B + u_1)\, d\,x}{\int\limits_0^{l_1} \mu_1\, v_B^2\, d\,x + \int\limits_0^{l_2} 3\, \mu_1\, (v_B + u_1)^2\, d\,x}$$

oder, wenn wir wieder das in u_1 quadratische Glied streichen:

$$\omega_1^2 \approx \frac{\int\limits_0^{l_1} p\, v_B\, d\,x + \int\limits_0^{l_2} 3\, p\, v_B\, d\,x + 3\, p\, u_1\, l_2}{\int\limits_0^{l_1} \mu_1\, v_B^2\, d\,x + \int\limits_0^{l_2} 3\, \mu_1\, v_B^2\, d\,x + 2\, u_1 \int\limits_0^{l_2} 3\, \mu_1\, v_B\, d\,x}. \tag{88}$$

Die hierin vorkommenden Integrale sind bereits früher ausgewertet worden und aus Tabelle 11 zu entnehmen. Man erhält damit unter Berücksichtigung von (87)

$$\omega_1 \approx \frac{14{,}29}{l_1^2} \sqrt{\frac{E\, J}{\mu_1}} \sqrt{\frac{1 + \dfrac{131{,}3}{j_1^2}}{1 + \dfrac{209{,}6}{j_1^2}}},$$

oder, wenn wir mit ω_1^* das Verhältnis der Eigenfrequenz unter Berücksichtigung der Längsdehnbarkeit der Stiele zu der Eigenfrequenz des

Rahmens mit unausdehnbaren Stielen bezeichnen,

$$\omega_1^* = \sqrt{\frac{1 + \dfrac{131{,}3}{j_1^2}}{1 + \dfrac{209{,}6}{j_1^2}}} \cdot$$

Es ergibt sich für

j_1	ω_1^*
30	0,928
40	0,957
50	0,972

Für $j_1 = 30$ ist die Näherung (88) nicht mehr zuverlässig, da dann die Längsausdehnungen so groß werden, daß ihre Quadrate nicht mehr ohne weiteres vernachlässigt werden können. Doch handelt es sich hierbei um einen extremen Fall, der praktisch selten vorkommen wird. Man sieht also, daß der Einfluß der Längsdehnbarkeit der Stäbe auf die Schwingungszahl nicht sehr groß ist. Die genaue Frequenzgleichung für den hier behandelten Fall wurde bereits in III, 11 aufgestellt. Die Auswertung dieser Frequenzgleichung für verschiedene Beispiele ergab eine gute Übereinstimmung der strengen Eigenfrequenzen mit den Ergebnissen der oben durchgeführten Näherungsrechnungen. Diese Frequenzgleichung gestattet auch die Berechnung der höheren Eigenfrequenzen, welche durch die Längsdehnbarkeit der Stäbe in stärkerem Maße beeinflußt werden.

IV. Die Berechnung der erzwungenen Schwingungen von Stabwerken infolge der Belastung durch schwingende Kräfte.

A. Die strenge Berechnung der erzwungenen Schwingungen von Stabwerken infolge der Belastung durch schwingende Kräfte.

1. Aufgabenstellung.

In diesem Kapitel wollen wir uns mit der Berechnung derjenigen Schwingungen von Stabwerken befassen, welche durch periodisch veränderliche Lasten mit festem Angriffspunkt erzwungen werden. Derartige Belastungen treten auf, wenn auf dem Tragwerk Maschinen aufgestellt sind, welche nicht völlig ausgeglichene hin- und hergehende Massen oder mangelhaft ausgewuchtete rotierende Massen besitzen. Im letzteren Fall wird das Tragwerk beansprucht durch eine gleichförmig umlaufende Kraft, die aber nach I, 3 zerlegt werden kann in zwei zueinander senkrechte schwingende Komponenten von gleicher Frequenz und 90° Phasenverschiebung.

Wie wir in I, 5 und II, 9 gesehen haben, setzt sich die Bewegung eines elastischen Systems, welches durch harmonisch schwingende Kräfte beansprucht wird, zusammen aus einer Schwingung, welche mit der Frequenz der erregenden Kraft erfolgt, und aus Eigenschwingungen, deren Amplituden von den Anfangsbedingungen der Bewegung abhängen. Eine beliebig kleine Dämpfung bringt aber diese Eigenschwingungen allmählich zum Erlöschen, sodaß für die Dauerbeanspruchung des Systems schließlich nur noch der stationäre Anteil der erzwungenen Bewegung maßgebend ist. Wir beschränken uns daher im folgenden darauf, diesen Anteil der Bewegung zu bestimmen. Dabei machen wir Gebrauch von der Tatsache, daß diese Schwingungen mit der Frequenz der erregenden Kraft erfolgen, und daß die Phasenverschiebung zwischen erregender Kraft und erzwungener Auslenkung infolge der verschwindend kleinen Dämpfung 0° oder 180° beträgt (vgl. I, 7). Eine wichtige Rolle spielt bei unseren Überlegungen weiter noch der Umstand, daß die Differentialgleichungen für die Longitudinal- und Transversalschwingungen eines Stabes linear sind, daß also Teillösungen ohne weiteres überlagert werden dürfen.

2. Erzwungene Schwingungen eines von Einzellasten freien Balkenstücks.

Wir schneiden aus einem mit der Kreisfrequenz ω schwingenden Stabwerk durch zwei Querschnitte $k-1$ und k ein von Einzellasten freies, gerades Balkenstück heraus. Wir können dann die Bewegung, welche dieses Stück als Bestandteil des Stabwerks ausführte, auch dadurch erzwingen, daß wir den beiden Endquerschnitten des betrachteten Stücks diejenigen Bewegungen erteilen, welche sie im Zusammenhang mit dem übrigen Stabwerk ausführten. Die Bewegungen der Endquerschnitte $k-1$ und k können bei einem ebenen Stabwerk beschrieben werden durch Angabe der Verschiebungen $\bar{u}_{k-1}$ und $\bar{u}_k$ der Querschnittsschwerpunkte senkrecht zu den Querschnittsebenen, der Verschiebungen $\bar{v}_{k-1}$ und $\bar{v}_k$ der Querschnittsschwerpunkte in Richtung der Schnittlinien der Querschnittsebenen mit der Tragwerksebene und der Drehungen $\bar{\beta}_{k-1}$ und $\bar{\beta}_k$ der Querschnittsebenen (Abb. 104). Um den End-

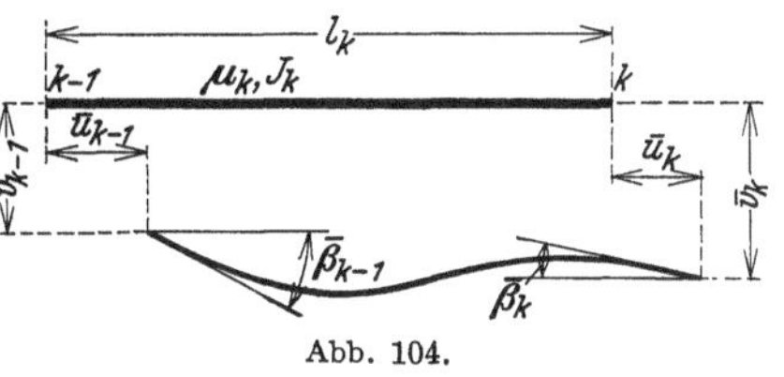

Abb. 104.

querschnitten des betrachteten Balkenstücks diese Bewegungen aufzuzwingen, müssen wir diejenigen Kräfte auf die Endquerschnitte einwirken lassen, welche von den benachbarten Teilen des Stabwerks durch diese Endquerschnitte hindurch auf das Stück übertragen wurden. Wie aus der Baustatik geläufig ist, können wir diese Schnittkräfte zusammenfassen zu senkrecht zu den Querschnittsebenen wirkenden Längskräften $\overline{N}_{k-1}$ und $\overline{N}_k$, zu in die Querschnittsebenen fallenden Querkräften $\overline{Q}_{k-1}$ und $\overline{Q}_k$ und zu in der Stabwerksebene wirkenden Biegemomenten $\overline{\mathfrak{M}}_{k-1}$ und $\overline{\mathfrak{M}}_k$ (Abb. 105). Selbstverständlich sind die Verschiebungsgrößen $\overline{u}$, $\overline{v}$, $\overline{\beta}$ und die Kraftgrößen $\overline{N}$, $\overline{Q}$, $\overline{\mathfrak{M}}$ nicht voneinander unabhängig, vielmehr können auf verschiedene Weisen für jeden Endquerschnitt drei dieser Größen so ausgewählt werden, daß die übrigen sich aus ihnen berechnen lassen. Wir werden im folgenden in Anlehnung an Rechenverfahren der Baustatik als unabhängige Veränderliche einführen die Längsverschiebungen $\overline{u}_{k-1}$ und $\overline{u}_k$, die Querverschiebungen $\overline{v}_{k-1}$ und $\overline{v}_k$ und die Biegemomente $\overline{\mathfrak{M}}_{k-1}$ und $\overline{\mathfrak{M}}_k$.

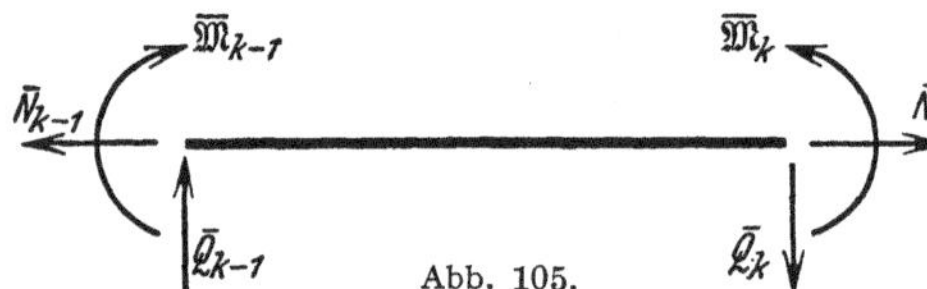

Abb. 105.

Wie wir zeigen werden, lassen sich aus ihnen die Längskräfte, Querkräfte und die Drehungen der Endquerschnitte eindeutig bestimmen.

Da wir voraussetzen, daß das Stabwerk harmonische Schwingungen von bestimmter Kreisfrequenz ω ausführt, sind die Schnittkräfte harmonisch veränderliche Kräfte von der Kreisfrequenz ω, und die Bewegungen der Endquerschnitte sind harmonische Schwingungen von eben dieser Kreisfrequenz. Bei Abwesenheit von dämpfenden Kräften haben alle diese Schwingungen die gleiche Phase, und wir können den Ansatz machen

$$\begin{aligned}
\overline{u}_{k-1} &= u_{k-1}\cos\omega t, & \overline{u}_k &= u_k\cos\omega t, \\
\overline{v}_{k-1} &= v_{k-1}\cos\omega t, & \overline{v}_k &= v_k\cos\omega t, \\
\overline{\beta}_{k-1} &= \beta_{k-1}\cos\omega t, & \overline{\beta}_k &= \beta_k\cos\omega t, \\
\overline{N}_{k-1} &= N_{k-1}\cos\omega t, & \overline{N}_k &= N_k\cos\omega t, \\
\overline{Q}_{k-1} &= Q_{k-1}\cos\omega t, & \overline{Q}_k &= Q_k\cos\omega t, \\
\overline{\mathfrak{M}}_{k-1} &= \mathfrak{M}_{k-1}\cos\omega t, & \overline{\mathfrak{M}}_k &= \mathfrak{M}_k\cos\omega t.
\end{aligned} \tag{1}$$

Um die folgenden Überlegungen möglichst einfach zu gestalten, wollen wir vorläufig ganz absehen von Längsverschiebungen $\overline{u}$, also annehmen, daß das betrachtete Balkenstück nur Transversalschwingungen ausführt. Weiter können wir die Rechnungen noch dadurch etwas vereinfachen, daß wir den Einfluß der Endverschiebungen $\bar{v}_{k-1}$ und $\bar{v}_k$ und den Einfluß der Endmomente $\overline{\mathfrak{M}}_{k-1}$ und $\overline{\mathfrak{M}}_k$ getrennt behandeln. Wegen der Linearität der Differentialgleichung der Transversalschwingungen ist die Überlagerung der getrennt gewonnenen Ergebnisse erlaubt. Wir betrachten somit zunächst ein von Einzellasten freies, gerades Balkenstück von der Länge l_k, dessen einem Ende k eine harmonische Querbewegung $\bar{v}_k = v_k \cos \omega t$ aufgezwungen wird, während das andere Ende in Ruhe bleibt und die Biegemomente an beiden Enden verschwinden. Die Differentialgleichung III, 1, (1) für die Amplituden v der Punkte eines Balkens, welcher harmonische Schwingungen von der Kreisfrequenz ω ausführt, lautet für den Fall unveränderlichen Balkenquerschnitts

$$E J_k v^{IV} - \mu_k \omega^2 v = 0 . \tag{2}$$

Mit

$$m_k = \sqrt[4]{\frac{\mu_k \omega^2}{E J_k}} \tag{3a}$$

lautet die allgemeine Lösung dieser Differentialgleichung [vgl. III, 5, (14b)]

$$v(x) = A \operatorname{\mathfrak{Cof}} m_k x + B \operatorname{\mathfrak{Sin}} m_k x + C \cos m_k x + D \sin m_k x . \tag{3b}$$

Aus den Randbedingungen für den hier durchzurechnenden Fall

$$v(0) = 0, \qquad\qquad v(l_k) = v_k, \qquad\left.\right\}$$
$$\mathfrak{M}_{k-1} = -E J_k v''(0) = 0, \quad \mathfrak{M}_k = -E J_k v''(l_k) = 0 \quad\left.\right\} \tag{4a}$$

können die Integrationskonstanten A, B, C, D bestimmt werden. Man erhält

$$\begin{aligned} A &= 0, \\ B &= \frac{v_k}{2 \operatorname{\mathfrak{Sin}} m_k l_k}, \\ C &= 0, \\ D &= \frac{v_k}{2 \sin m_k l_k}, \end{aligned} \left.\right\} \tag{4b}$$

und damit

$$v(x) = \frac{v_k}{2}\left\{ \frac{\operatorname{\mathfrak{Sin}} m_k x}{\operatorname{\mathfrak{Sin}} m_k l_k} + \frac{\sin m_k x}{\sin m_k l_k} \right\}. \tag{5}$$

Wir wollen außer dem Durchbiegungsverlauf (5) auch noch den Verlauf der Biegemomente feststellen. Es ist

$$\mathfrak{M}(x) = -E J_k v''(x) = -\frac{v_k m_k^2 E J_k}{2}\left\{ \frac{\operatorname{\mathfrak{Sin}} m_k x}{\operatorname{\mathfrak{Sin}} m_k l_k} - \frac{\sin m_k x}{\sin m_k l_k} \right\}. \tag{6}$$

Mit den Abkürzungen

$$\lambda_k = m_k\, l_k = l_k \sqrt[4]{\frac{\mu_k\, \omega^2}{E\, J_k}}\,, \tag{7a}$$

$$l'_k = \frac{l_k}{E\, J_k}\,, \tag{7b}$$

$$\xi = \frac{x}{l_k} \quad \text{und} \quad \bar{\xi} = \frac{l_k - x}{l_k} \tag{7c}$$

gelten also die Beziehungen

$$v(x) = v_k\, \chi(\lambda_k,\, \bar{\xi}) \tag{7d}$$

und

$$\mathfrak{M}(x) = v_k\, \frac{\lambda_k^2}{l_k\, l'_k}\, \bar{\chi}(\lambda_k,\, \bar{\xi})\,, \tag{7e}$$

worin

$$\chi(\lambda,\, \xi) = \frac{\mathfrak{Sin}\,\lambda\,(1-\xi)}{2\,\mathfrak{Sin}\,\lambda} + \frac{\sin\lambda\,(1-\xi)}{2\,\sin\lambda} \tag{7f}$$

und

$$\bar{\chi}(\lambda,\, \xi) = -\frac{\mathfrak{Sin}\,\lambda\,(1-\xi)}{2\,\mathfrak{Sin}\,\lambda} + \frac{\sin\lambda\,(1-\xi)}{2\,\sin\lambda} \tag{7g}$$

ist. Der Einfluß einer Endauslenkung $\bar{v}_{k-1} = v_{k-1}\cos\omega\, t$ ergibt sich aus diesen Formeln durch Ersetzen von v_k durch v_{k-1} und von $\bar{\xi}$ durch ξ. Falls beiden Stabenden harmonische Bewegungen aufgezwungen werden, während die Biegemomente an beiden Stabenden verschwinden, gilt also

$$v(x) = v_{k-1}\, \chi(\lambda_k,\, \xi) + v_k\, \chi(\lambda_k,\, \bar{\xi}) \tag{7h}$$

und

$$\mathfrak{M}(x) = v_{k-1}\, \frac{\lambda_k^2}{l_k\, l'_k}\, \bar{\chi}(\lambda_k,\, \xi) + v_k\, \frac{\lambda_k^2}{l_k\, l'_k}\, \bar{\chi}(\lambda_k,\, \bar{\xi})\,. \tag{7i}$$

Die Funktionen $\chi(\lambda,\, \xi)$ und $\bar{\chi}(\lambda,\, \xi)$ sind in VII, Tabelle B für Argumentwerte zwischen $\lambda = 0{,}0$ und $\lambda = 10{,}0$ und zwischen $\xi = 0{,}0$ und $\xi = 1{,}0$ tabuliert.

Abb. 93 von III, 16 zeigt eine Reihe von Auslenkungsformen im Augenblick der größten Auslenkung eines zweifach gelagerten Balkens, die nach den obigen Formeln auf Grund von VII, Tabelle B bestimmt wurden. Das linke Balkenende führt harmonische Schwingungen von fester Amplitude aus, das rechte Balkenende ist festgehalten und die Biegemomente an beiden Balkenenden verschwinden. Die Schwingungslinien wurden für verschiedene Werte der Kreisfrequenz der Schwingungen aufgetragen.

Aus (5) ergeben sich durch Differentiation die Amplituden β_{k-1} und β_k der Drehwinkel an den Stabenden zu

$$\beta_{k-1} = v'(0) = \frac{v_k}{l_k}\left(\frac{\lambda_k}{2\,\mathfrak{Sin}\,\lambda_k} + \frac{\lambda_k}{2\,\sin\lambda_k}\right) \tag{8a}$$

und

$$\beta_k = v'(l_k) = \frac{v_k}{l_k}\left(\frac{\lambda_k}{2}\operatorname{\mathfrak{C}tg}\lambda_k + \frac{\lambda_k}{2}\operatorname{ctg}\lambda_k\right). \tag{8b}$$

Da die reziproken Werte der Sinus- und Cosinusfunktion in den folgenden Formeln häufig wiederkehren, wollen wir sie als Cosecans- und Secansfunktion schreiben:

$$\operatorname{cosec}\lambda = \frac{1}{\sin\lambda}, \qquad \sec\lambda = \frac{1}{\cos\lambda}. \tag{9}$$

Nach Einführung der in VII, Tabelle D tabulierten Funktionen

$$\overline{\varphi}(\lambda) = \frac{\lambda}{2}\left(\operatorname{\mathfrak{C}tg}\lambda + \operatorname{ctg}\lambda\right) \tag{10a}$$

und

$$\overline{\psi}(\lambda) = \frac{\lambda}{2}\left(\operatorname{\mathfrak{Cojec}}\lambda + \operatorname{cosec}\lambda\right) \tag{10b}$$

nehmen die Gleichungen (8) die Form an

$$\beta_{k-1} = \frac{v_k}{l_k}\,\overline{\psi}(\lambda_k) \tag{11a}$$

und

$$\beta_k = \frac{v_k}{l_k}\,\overline{\varphi}(\lambda_k). \tag{11b}$$

Die Amplituden der Querkräfte an den Stabenden ergeben sich aus (5) zu

$$Q_{k-1} = -EJ_k\,v'''(0) = v_k\frac{\lambda_k^4}{l_k^3\,l_k'}\,\psi(\lambda_k) \tag{12a}$$

und

$$Q_k = -EJ_k\,v'''(l_k) = -v_k\frac{\lambda_k^4}{l_k^3\,l_k'}\,\varphi(\lambda_k), \tag{12b}$$

worin

$$\varphi(\lambda) = \frac{1}{2\lambda}\left(\operatorname{\mathfrak{C}tg}\lambda - \operatorname{ctg}\lambda\right), \tag{10c}$$

und

$$\psi(\lambda) = -\frac{1}{2\lambda}\left(\operatorname{\mathfrak{Cojec}}\lambda - \operatorname{cosec}\lambda\right) \tag{10d}$$

ist. Diese Funktionen sind gleichfalls in VII, Tabelle D enthalten.

Später werden wir noch die Amplituden der Durchbiegung und des Biegemoments in der Mitte des betrachteten Stababschnitts brauchen. Aus den Gleichungen (5) und (6) ergeben sich nach leichten goniometrischen Umformungen die Beziehungen

$$v\left(\frac{l_k}{2}\right) = v_k\overline{\overline{\varPsi}}(\lambda_k) \tag{13a}$$

und

$$\mathfrak{M}\left(\frac{l_k}{2}\right) = -EJ_k\,v''\left(\frac{l_k}{2}\right) = v_k\frac{\lambda_k^4}{l_k\,l_k'}\,\varPsi(\lambda_k), \tag{13b}$$

16*

worin

$$\Psi(\lambda) = -\frac{1}{4\lambda^2}\left(\mathfrak{Sec}\,\frac{\lambda}{2} - \sec\frac{\lambda}{2}\right),\qquad (10\,\mathrm{e})$$

und

$$\overline{\Psi}(\lambda) = \frac{1}{4}\left(\mathfrak{Sec}\,\frac{\lambda}{2} + \sec\frac{\lambda}{2}\right)\qquad (10\,\mathrm{f})$$

ist. Auch diese Funktionen können aus VII, Tabelle D entnommen werden.

Nachdem wir so den Einfluß einer harmonischen Auslenkung des Stabendes k auf Auslenkungen, Biegemomente, Enddrehwinkel und Endquerkräfte des Stababschnitts $k-1, k$ behandelt haben, wollen wir noch den Einfluß eines harmonisch veränderlichen äußeren Moments $\overline{\mathfrak{M}}_k = \mathfrak{M}_k \cos\omega t$ am Stabende k bei ruhenden Stabenden und verschwindendem Biegemoment $\mathfrak{M}_{k-1}$ untersuchen. Zur Bestimmung der Integrationskonstanten in der Lösung (3b) stehen uns jetzt die Bedingungen zur Verfügung

$$v(0) = 0,\qquad v(l_k) = 0,$$
$$\mathfrak{M}_{k-1} = -EJ_k v''(0) = 0,\qquad \mathfrak{M}_k = -EJ_k v''(l_k).\ \Big\}\qquad (14\,\mathrm{a})$$

Aus ihnen ergeben sich als Werte der Integrationskonstanten

$$
\left.
\begin{aligned}
A &= 0,\\
B &= -\frac{\mathfrak{M}_k\, l_k\, l'_k}{2\,\lambda_k^2\,\mathfrak{Sin}\,\lambda_k},\\
C &= 0,\\
D &= \frac{\mathfrak{M}_k\, l_k\, l'_k}{2\,\lambda_k^2\,\sin\lambda_k}.
\end{aligned}
\right\}\qquad (14\,\mathrm{b})
$$

Mit Verwendung der in (7g) definierten Funktion $\overline{\chi}(\lambda,\xi)$ und der Abkürzungen (7a) bis (7c) kann die Lösung somit in der Form geschrieben werden

$$v(x) = \mathfrak{M}_k\,\frac{l_k\, l'_k}{\lambda_k^2}\,\overline{\chi}(\lambda_k, \bar{\xi}).\qquad (15\,\mathrm{a})$$

Der Verlauf der Biegemomente ergibt sich hieraus zu

$$\mathfrak{M}(x) = -EJ_k v''(x) = \mathfrak{M}_k\,\chi(\lambda_k, \bar{\xi}),\qquad (15\,\mathrm{b})$$

wobei von der in (7f) definierten Funktion $\chi(\lambda,\xi)$ Gebrauch gemacht worden ist. Der Einfluß eines harmonisch veränderlichen Endmomentes $\overline{\mathfrak{M}}_{k-1}$ auf Auslenkung und Biegemoment ergibt sich aus diesen Beziehungen durch Ersetzen von $\mathfrak{M}_k$ durch $\mathfrak{M}_{k-1}$ und von $\bar{\xi}$ durch ξ. Falls beiden Stabenden harmonische Querbewegungen aufgezwungen werden, während gleichzeitig auf beide Stabenden harmonisch veränderliche äußere Momente wirken, können also Auslenkung und Biegemoment an einer beliebigen Balkenstelle berechnet werden aus

$$v(x) = v_{k-1}\,\chi(\lambda_k,\,\xi) + v_k\,\chi(\lambda_k,\,\bar\xi) + \mathfrak{M}_{k-1}\frac{l_k\,l'_k}{\lambda_k^2}\,\overline{\chi}(\lambda,\,\xi)$$
$$+ \mathfrak{M}_k\frac{l_k\,l'_k}{\lambda_k^2}\,\overline{\chi}(\lambda_k,\,\bar\xi)\,, \qquad (16\,\mathrm{a})$$

und

$$\mathfrak{M}(x) = v_{k-1}\frac{\lambda_k^2}{l_k\,l'_k}\,\overline{\chi}(\lambda_k,\,\xi) + v_k\frac{\lambda_k^2}{l_k\,l'_k}\,\overline{\chi}(\lambda_k,\,\bar\xi) + \mathfrak{M}_{k-1}\chi(\lambda_k,\,\xi)$$
$$+ \mathfrak{M}_k\,\chi(\lambda_k,\,\bar\xi)\,. \qquad (16\,\mathrm{b})$$

Aus (15a) erhält man unter Verwendung der in (10c, d) definierten Funktionen die Amplituden der Drehwinkel an den Stabenden zu

$$\beta_{k-1} = v'(0) = \mathfrak{M}_k\,l'_k\,\psi(\lambda_k) \qquad (17\,\mathrm{a})$$

und

$$\beta_k = v'(l_k) = -\,\mathfrak{M}_k\,l'_k\,\varphi(\lambda_k)\,, \qquad (17\,\mathrm{b})$$

und die Amplituden der Querkräfte an den Stabenden unter Verwendung der Funktionen (10a, b) zu

$$Q_{k-1} = -\,E J_k\,v'''(0) = \frac{\mathfrak{M}_k}{l_k}\,\overline{\psi}(\lambda_k) \qquad (18\,\mathrm{a})$$

und

$$Q_k = -\,E J_k\,v'''(l_k) = \frac{\mathfrak{M}_k}{l_k}\,\overline{\varphi}(\lambda_k)\,. \qquad (18\,\mathrm{b})$$

Die Durchbiegungsamplitude in der Mitte des betrachteten Stababschnitts hat den Wert

$$v\left(\frac{l_k}{2}\right) = \mathfrak{M}_k\,l_k\,l'_k\,\Psi(\lambda_k)\,, \qquad (19\,\mathrm{a})$$

und die Amplitude des Biegemoments in der Abschnittsmitte ist

$$\mathfrak{M}\left(\frac{l_k}{2}\right) = -\,E J\,v''\left(\frac{l_k}{2}\right) = \mathfrak{M}_k\,\overline{\Psi}(\lambda_k)\,, \qquad (19\,\mathrm{b})$$

wobei von den Funktionen (10e, f) Gebrauch gemacht wurde.

Wir wollen zum Schluß noch die Formeln (17) bis (19) für den Fall verallgemeinern, daß beiden Stabenden harmonische Querbewegungen aufgezwungen werden, während gleichzeitig an beiden Stabenden harmonisch veränderliche äußere Momente angreifen. Der Einfluß einer harmonischen Querbewegung des Stabendes $k-1$ auf die Drehwinkel an den Stabenden kann aus den Gleichungen (11a, b) und der Einfluß eines harmonisch veränderlichen äußeren Momentes am Stabende $k-1$ aus den Gleichungen (17a, b) entnommen werden. Man muß nur in diesen Gleichungen auf der linken Seite die Indizes $k-1$ und k vertauschen und auf der rechten Seite den Index k der Größen v_k und $\mathfrak{M}_k$ durch den Index $k-1$ ersetzen. Wie man sich an Hand der Abb. 106 leicht überzeugt, muß dabei infolge der Vorzeichenfestsetzungen für die Größen $v, \mathfrak{M}, \beta$ auf der rechten Seite der angegebenen Gleichungen das Vorzeichen gewechselt werden. Man erhält so die Beziehungen

$$\beta_{k-1} = -\frac{v_{k-1}}{l_k}\,\overline{\varphi}\,(\lambda_k) + \frac{v_k}{l_k}\,\overline{\psi}\,(\lambda_k) + \mathfrak{M}_{k-1}\,l_k'\,\varphi\,(\lambda_k) + \mathfrak{M}_k\,l_k'\,\psi\,(\lambda_k)\,, \qquad (20\,\mathrm{a})$$

$$\beta_k = -\frac{v_{k-1}}{l_k}\,\overline{\psi}\,(\lambda_k) + \frac{v_k}{l_k}\,\overline{\varphi}\,(\lambda_k) - \mathfrak{M}_{k-1}\,l_k'\,\psi\,(\lambda_k) - \mathfrak{M}_k\,l_k'\,\varphi\,(\lambda_k)\,. \qquad (20\,\mathrm{b})$$

Der Einfluß einer harmonischen Querbewegung des Stabendes $k-1$ auf die Querkräfte an den Stabenden kann aus den Gleichungen (12a, b)

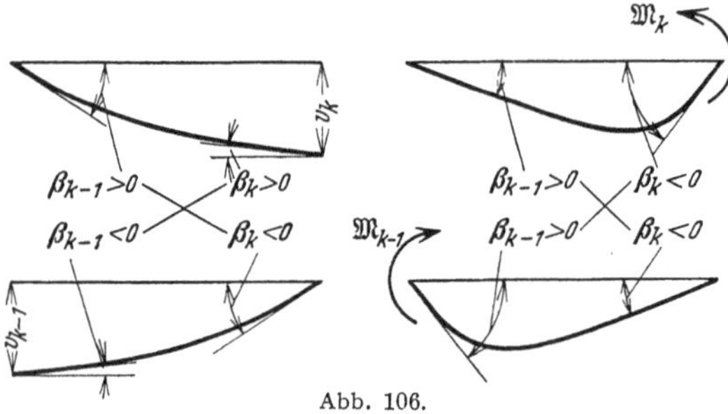

Abb. 106.

entnommen werden und der Einfluß eines harmonisch veränderlichen äußeren Momentes am Stabende $k-1$ aus den Gleichungen (18a, b). Man hat nur in diesen Gleichungen die entsprechenden Indizesänderungen vorzunehmen, wobei das Vorzeichen auf der rechten Seite der angegebenen Beziehungen ebenfalls gewechselt werden muß. Man erhält so die Beziehungen

$$Q_{k-1} = v_{k-1}\,\frac{\lambda_k^4}{l_k^2\,l_k'}\,\varphi\,(\lambda_k) + v_k\,\frac{\lambda_k^4}{l_k^2\,l_k'}\,\psi\,(\lambda_k) - \frac{\mathfrak{M}_{k-1}}{l_k}\,\overline{\varphi}\,(\lambda_k) + \frac{\mathfrak{M}_k}{l_k}\,\overline{\psi}\,(\lambda_k), \qquad (21\,\mathrm{a})$$

$$Q_k = -v_{k-1}\,\frac{\lambda_k^4}{l_k^2\,l_k'}\,\psi\,(\lambda_k) - v_k\,\frac{\lambda_k^4}{l_k^2\,l_k'}\,\varphi\,(\lambda_k) - \frac{\mathfrak{M}_{k-1}}{l_k}\,\overline{\psi}\,(\lambda_k) + \frac{\mathfrak{M}_k}{l_k}\,\overline{\varphi}\,(\lambda_k). \qquad (21\,\mathrm{b})$$

Die Gleichungen (13) und (19) geben den Einfluß von v_k und $\mathfrak{M}_k$ auf Auslenkung und Biegemoment in Stabmitte an. Der Einfluß von v_{k-1} und $\mathfrak{M}_{k-1}$ wird durch entsprechend gebaute Glieder gegeben, es gilt also

$$v\left(\frac{l_k}{2}\right) = (v_{k-1} + v_k)\,\overline{\Psi}\,(\lambda_k) + (\mathfrak{M}_{k-1} + \mathfrak{M}_k)\,l_k\,l_k'\,\Psi\,(\lambda_k) \qquad (22\,\mathrm{a})$$

und

$$\mathfrak{M}\left(\frac{l_k}{2}\right) = (v_{k-1} + v_k)\,\frac{\lambda_k^4}{l_k\,l_k'}\,\Psi\,(\lambda_k) + (\mathfrak{M}_{k-1} + \mathfrak{M}_k)\,\overline{\Psi}\,(\lambda_k)\,. \qquad (22\,\mathrm{b})$$

3. Berücksichtigung einer schwingenden Einzellast in Stabmitte.

Die soeben aufgestellten Beziehungen wollen wir nun auf die Schwingungen eines Balkens auf zwei Stützen anwenden, die durch eine schwingende Last $\overline{P} = P\cos\omega t$ in Balkenmitte erzwungen werden

(Abb. 107). Durch einen Schnitt in Balkenmitte denken wir uns den Balken in die Abschnitte $0,1$ und $1,2$ zerlegt und wenden auf den Abschnitt $0,1$ die oben abgeleiteten Beziehungen an. Die Durchbiegung v_0 und das Biegemoment $\mathfrak{M}_0$ am Lager 0 verschwinden, und die Durchbiegung v_1 und das Biegemoment $\mathfrak{M}_1$ in Balkenmitte müssen so bestimmt werden, daß den folgenden Bedingungen Genüge geschieht. Aus Symmetriegründen muß nämlich der Drehwinkel β_1 verschwinden, und aus Gleichgewichtsgründen muß die Amplitude Q_1^l der Querkraft unmittelbar links von der Lastangriffsstelle gleich der Hälfte der Lastamplitude P sein. Aus der Gleichung 2, (20b) ergibt sich

$$\beta_1 = 2\,\frac{v_1}{l}\,\overline{\varphi}\left(\frac{\lambda}{2}\right) - \mathfrak{M}_1\,\frac{l'}{2}\,\varphi\left(\frac{\lambda}{2}\right) = 0,$$

und aus der Beziehung 2, (21b) folgt

$$Q_1^l = -v_1\,\frac{\lambda^4}{2\,l^2\,l'}\,\varphi\left(\frac{\lambda}{2}\right) + \mathfrak{M}_1\,\frac{2}{l}\,\overline{\varphi}\left(\frac{\lambda}{2}\right) = \frac{P}{2}.$$

Beim Anschreiben dieser Gleichungen ist zu beachten, daß die Länge des betrachteten Balkenstücks $0,1$ im Gegensatz zu den früheren Formeln in Abb. 104 mit $l/2$ bezeichnet wurde. Aus den soeben angeschriebenen Gleichungen können die gesuchten Werte v_1 und $\mathfrak{M}_1$ berechnet werden. Man findet nach leichter goniometrischer Umformung

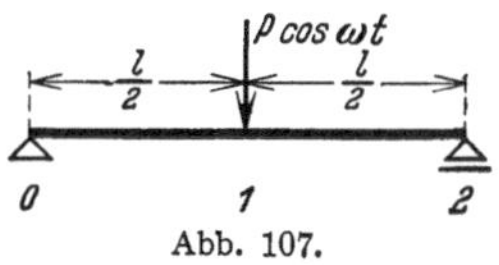

Abb. 107.

$$v_1 = v\left(\frac{l}{2}\right) = P\,l^2\,l'\,\Phi(\lambda) \tag{23a}$$

und

$$\mathfrak{M}_1 = \mathfrak{M}\left(\frac{l}{2}\right) = P\,l\,\overline{\Phi}(\lambda), \tag{23b}$$

worin

$$\Phi(\lambda) = -\frac{1}{4\,\lambda^3}\left(\mathfrak{Tg}\,\frac{\lambda}{2} - \operatorname{tg}\,\frac{\lambda}{2}\right) \tag{24a}$$

und

$$\overline{\Phi}(\lambda) = \frac{1}{4\,\lambda}\left(\mathfrak{Tg}\,\frac{\lambda}{2} + \operatorname{tg}\,\frac{\lambda}{2}\right) \tag{24b}$$

ist. Auch die hier neu eingeführten Funktionen sind in VII, Tabelle D tabuliert.

Aus den durch die Formeln (23) gegebenen Werten von v_1 und $\mathfrak{M}_1$ können die Amplituden β_0 und Q_0 von Drehwinkel und Querkraft am Lager 0 des Balkens bestimmt werden vermittels der Formeln 2, (20a) und 2, (21a). Man findet nach einfachen goniometrischen Umformungen unter Verwendung der Funktionen 2, (10e, f)

$$\beta_0 = P\,l\,l'\,\Psi(\lambda) = -\beta_2 \tag{25a}$$

und

$$Q_0 = P\,\overline{\Psi}(\lambda) = -Q_2, \tag{25b}$$

aus Symmetriegründen ist nämlich $\beta_2 = -\beta_0$ und $Q_2 = -Q_0$.

Beispiel 1. Ein Balken *I NP 20* auf zwei Stützen werde zu Schwingungen erregt durch eine in Balkenmitte angreifende schwingende Einzellast von der Amplitude $P = 500$ kg und einer Frequenz von 1200 Schwingungen in der Minute. Die Spannweite des Balkens betrage $l = 4{,}35$ m. Es sollen die Amplituden der Biegemomente und Durchbiegungen der Balkenpunkte berechnet werden.

Aus dem in den Normalprofiltafeln enthaltenen Eigengewicht von 26,3 kg/m ergibt sich die bezogene Masse des Balkens zu

$$\mu = \frac{26{,}3}{9{,}81} = 2{,}68 \; \text{kg m}^{-2}\,\text{sek}^2 \,.$$

Mit

$$\omega = \frac{2\pi}{60}\, 1200 = 125{,}6 \; \text{sek}^{-1},$$

$$E = 2{,}15 \cdot 10^{10} \; \text{kg m}^{-2}$$

und

$$J = 2{,}14 \cdot 10^{-5} \; \text{m}^4$$

erhält man nach 2, (7a) $\lambda = 2{,}40$. Mit den aus VII, Tabelle D zu entnehmenden Werten

$$\Phi\,(2{,}40) = 0{,}03144 \quad \text{und} \quad \overline{\Phi}\,(2{,}40) = 0{,}35477$$

ergibt sich nach den Formeln (23)

$$v\left(\frac{l}{2}\right) = P\, l^2\, l'\, \Phi\,(\lambda) = 0{,}00282 \; \text{m}$$

und

$$\mathfrak{M}\left(\frac{l}{2}\right) = P\, l\, \overline{\Phi}\,(\lambda) = 771 \; \text{mkg} \,.$$

Für eine ruhende Last von 500 kg in Balkenmitte beträgt die Durchbiegung

$$v_s\left(\frac{l}{2}\right) = \frac{P\, l^2\, l'}{48} = 0{,}00186 \; \text{m}$$

und das Biegemoment

$$\mathfrak{M}_s\left(\frac{l}{2}\right) = \frac{P\, l}{4} = 544 \; \text{mkg} \,.$$

Um weitere Punkte der Biegelinie und Momentenfläche zu bestimmen, verwendet man VII, Tabelle B, welche die Berechnung der Durchbiegung und Biegemomente für je zehn äquidistante Punkte eines jeden Stababschnitts erlaubt. Wendet man die Formeln 2, (16) auf den Stababschnitt *0,1* an und beachtet, daß hier die Länge des Stababschnitts im Gegensatz zu diesen Formeln mit $l/2$ bezeichnet ist, so erhält man

$$v\,(x) = v\left(\frac{l}{2}\right) \chi\left(\frac{\lambda}{2}, \bar{\xi}\right) + \mathfrak{M}\left(\frac{l}{2}\right) \frac{l\, l'}{\lambda^2} \overline{\chi}\left(\frac{\lambda}{2}, \bar{\xi}\right)$$

und

$$\mathfrak{M}\,(x) = v\left(\frac{l}{2}\right) \frac{\lambda^2}{l\, l'} \overline{\chi}\left(\frac{\lambda}{2}, \bar{\xi}\right) + \mathfrak{M}\left(\frac{l}{2}\right) \chi\left(\frac{\lambda}{2}, \bar{\xi}\right).$$

Der hierin auftretende Bruch $\dfrac{\lambda^2}{l\,l'}$ hat für die oben angegebenen Zahlenwerte den Wert $1{,}4\cdot10^5$. Die Berechnung findet am einfachsten in Form der folgenden Tabellen statt.

Tabelle 28. Durchbiegungen in 10^{-5} m.

$\xi = \dfrac{x}{l/2}$	0,0	0,1	0,2	0,3	0,4	0,5	0,6	0,7	0,8	0,9	1,0
Beitrag von $v\,(l/2)$	0	29	58	88	117	145	173	201	228	255	282
Beitrag von $\mathfrak{M}\,(l/2)$	0	13	26	37	45	50	52	48	39	23	0
Gesamtdurchbiegung ..	0	42	84	125	162	195	225	249	267	278	282

Tabelle 29. Biegemomente in mkg.

$\xi = \dfrac{x}{l/2}$	0,0	0,1	0,2	0,3	0,4	0,5	0,6	0,7	0,8	0,9	1,0
Beitrag von $v\,(l/2)$	0	10	19	26	33	36	37	34	28	16	0
Beitrag von $\mathfrak{M}\,(l/2)$	0	80	160	240	318	396	473	548	624	698	771
Gesamtmoment	0	90	179	266	351	432	510	582	652	714	771

Abb. 108 gibt den Vergleich der Momentenlinien bei ruhender und bei schwingender Last.

Das Verhältnis $v^*\left(\dfrac{l}{2}\right)$ des Betrages der Durchbiegung $v\left(\dfrac{l}{2}\right)$ an der Lastangriffsstelle zur statischen Durchbiegung $v_s\left(\dfrac{l}{2}\right)$ ist in Abb. 109 als Funktion des Verhältnisses $\omega^* = \dfrac{\omega}{\omega_I}$ der Kreisfrequenz ω der erregenden Kraft zur niedrigsten Eigenkreisfrequenz ω_I des Balkens dargestellt

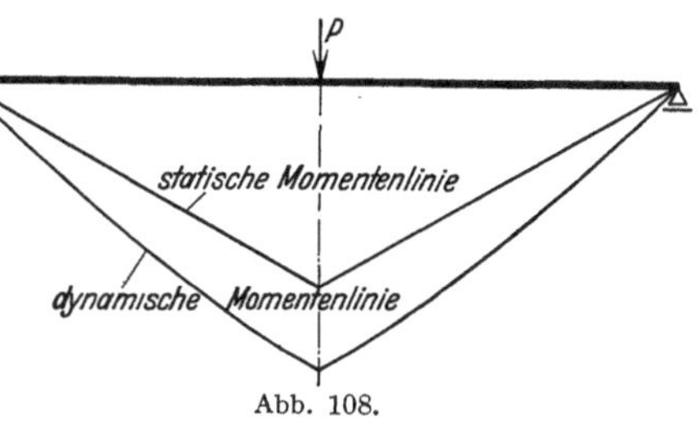

Abb. 108.

(Kurve *1*). Die entsprechende Resonanzkurve für ein System von einem Freiheitsgrad (vgl. I, 5 Abb. 13) ist als Kurve *3* in Abb. 109 eingetragen. Die beiden Resonanzkurven weichen bis $\omega^* = 2{,}0$ kaum voneinander ab. Die Resonanzkurve für das Biegemoment in Balkenmitte

$$\mathfrak{M}^*\left(\frac{l}{2}\right) = \frac{\left|\,\mathfrak{M}\left(\dfrac{l}{2}\right)\,\right|}{\mathfrak{M}_s\left(\dfrac{l}{2}\right)}$$

(Kurve 2, Abb. 109) stimmt unterhalb der niedrigsten Eigenfrequenz des Systems recht gut mit den beiden anderen Resonanzkurven überein, weicht aber oberhalb dieser Eigenfrequenz beträchtlich von ihnen ab.

Beispiel 2. Auf dem Balken des vorigen Beispiels sei ein Motor so aufgestellt, daß die Motorachse sich 0,75 m über der Balkenachse befindet. Infolge mangelhafter Auswuchtung des Motors entstehe beim Betrieb eine umlaufende Kraft $P = 50$ kg, die 1200 Umdrehungen in der Minute ausführt. Die Beanspruchung des Balkens durch diese Kraft ist zu bestimmen.

Wir zerlegen die umlaufende Kraft in zwei mit gleicher Frequenz schwingende Kräfte, von denen die eine $\overline{P} = P \cos \omega t$ senkrecht zur Balkenachse und die andere $\overline{H} = P \sin \omega t$ in Richtung der Balken-

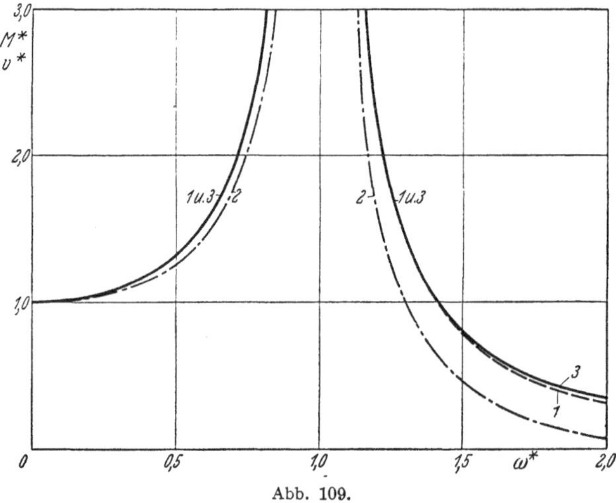

Abb. 109.

achse wirkt, und die eine Phasenverschiebung von 90° gegeneinander besitzen (vgl. I, 3). Der Einfluß der lotrechten Kraft P wurde bereits in Beispiel 1 behandelt, allerdings für $P = 500$ kg, sodaß wir die dort gewonnenen Ergebnisse durch 10 dividieren müssen. Es ist also die Amplitude des durch P erzeugten Biegemomentes in Balkenmitte $\mathfrak{M}_P \left(\dfrac{l}{2} \right) = 77,1$ mkg.

Würde die horizontale Kraft $\overline{H}$ in Balkenachse wirken, so könnte sie nur Longitudinalschwingungen erzeugen, auf deren Berechnung wir hier jedoch nicht eingehen wollen. Die Wirkung der außerhalb der Stabachse angreifenden Kraft $\overline{H}$ ist bei Vernachlässigung dieser Longitudinalschwingungen gleichwertig mit der Wirkung eines in Balkenmitte angreifenden äußeren Momentes von der Amplitude

$\mathfrak{M} = 50 \cdot 0{,}75 = 37{,}5$ mkg. Wegen der Gegensymmetrie gilt für den hier betrachteten Teilbelastungszustand

$$\left| \mathfrak{M}_H \left(\frac{l}{2} \right) \right| = \mathfrak{M}_1^l = - \mathfrak{M}_1^r = - \frac{\mathfrak{M}}{2} = 18{,}75 \, \text{mkg} .$$

Die Amplitude der sich aus den beiden schwingenden Beanspruchungen $\mathfrak{M}_P \cos \omega t$ und $\mathfrak{M}_H \sin \omega t$ zusammensetzenden Beanspruchung beträgt also nach I, 2, (5)

$$\mathfrak{M} \left(\frac{l}{2} \right) = \sqrt{ 77{,}1^2 + 18{,}75^2 } = 79{,}3 \, \text{mkg} .$$

4. Der Dreimomentensatz der Stabwerksdynamik.

Wir wollen nunmehr die in IV, 2 und IV, 3 gewonnenen Formeln zur Berechnung der erzwungenen Schwingungen eines durchlaufenden Balkens verwenden.

Wir betrachten zwei benachbarte Felder $k - 1, k$ und $k, k + 1$ des Balkens (Abb. 110), der zu Schwingungen erregt wird durch schwingende Lasten von der Kreis-frequenz ω, die in den Mitten der einzelnen Felder angreifen. Die Biege-momente an den Stützen führen wir als Unbekannte ein und benützen zu ihrer Berechnung die Bedingung,

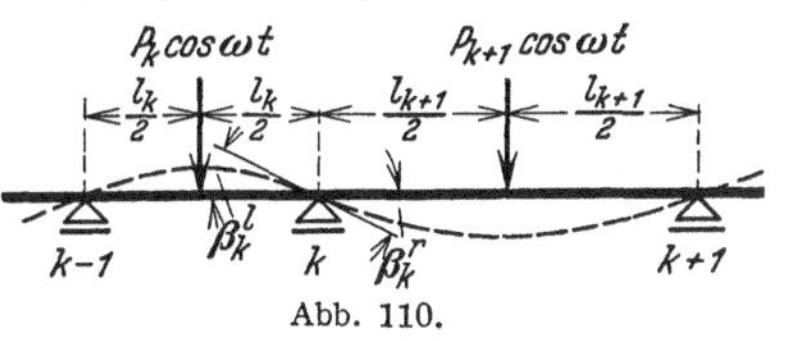

Abb. 110.

daß wegen der Steifigkeit des Balkens die Drehwinkel β_k^l und β_k^r zu beiden Seiten einer jeden Stütze k einander gleich sein müssen. Dabei werden die Drehungen β verursacht durch die Stützmomente an den Enden und durch die Last in der Mitte des betreffenden Feldes. Aus den Gleichungen 2, (20b) und 3, (25a) ergibt sich

$$\beta_k^l = - \mathfrak{M}_{k-1} \, l_k' \, \psi(\lambda_k) - \mathfrak{M}_k \, l_k' \, \varphi(\lambda_k) - P_k \, l_k \, l_k' \, \Psi(\lambda_k) ,$$

und die Anwendung der Gleichungen 2, (20a) und 3, (25a) auf den Stababschnitt $k, k + 1$ liefert

$$\beta_k^r = \mathfrak{M}_k \, l_{k+1}' \, \varphi(\lambda_{k+1}) + \mathfrak{M}_{k+1} \, l_{k+1}' \, \psi(\lambda_{k+1}) + P_{k+1} \, l_{k+1} \, l_{k+1}' \, \Psi(\lambda_{k+1}).$$

Die Forderung, daß beide Drehwinkel einander gleich sein sollen, führt zu dem Dreimomentensatz

$$\mathfrak{M}_{k-1} \, l_k' \cdot \psi(\lambda_k) + \mathfrak{M}_k \{ l_k' \, \varphi(\lambda_k) + l_{k+1}' \, \varphi(\lambda_{k+1}) \} + \mathfrak{M}_{k+1} \, l_{k+1}' \, \psi(\lambda_{k+1})$$
$$= - P_k \, l_k \, l_k' \, \Psi(\lambda_k) - P_{k+1} \, l_{k+1} \, l_{k+1}' \, \Psi(\lambda_{k+1}) . \qquad (26)$$

Diese Dreimomentengleichung der Stabwerksdynamik entspricht vollkommen der bekannten Dreimomentengleichung (Clapeyronschen Gleichung) der Baustatik, die übrigens auch als Sonderfall in (26) enthalten ist. Für statische Belastung ist nämlich $\omega = 0$ und damit nach 2, (7a) auch $\lambda = 0$. Mit den nach VII, Tabelle D zu $\lambda = 0$ gehörenden Werten der Funktionen φ, ψ, Ψ nimmt Gleichung (26) die Form an

$$\frac{1}{6}\,\mathfrak{M}_{k-1}\,l_k' + \frac{1}{3}\,\mathfrak{M}_k\,(l_k' + l_{k+1}') + \frac{1}{6}\,\mathfrak{M}_{k+1}\,l_{k+1}'$$

$$= -\frac{1}{16}\,(P_k\,l_k\,l_k' + P_{k+1}\,l_{k+1}\,l_{k+1}')$$

und dies ist gerade die statische Dreimomentengleichung für den hier betrachteten Belastungsfall. Für schwingende Belastung von bekannter Kreisfrequenz ω sind die Werte

$$\lambda_k = l_k\,\sqrt[4]{\frac{\mu_k\,\omega^2}{E J_k}}$$

für die einzelnen Balkenfelder aus der Kreisfrequenz ω und den Stabwerksabmessungen zu berechnen. Die Werte der Funktionen φ, ψ, Ψ können aus VII, Tabelle D entnommen und damit die Dreimomentengleichungen aufgestellt werden. Aus den für sämtliche Nachbarfelderpaare des durchlaufenden Balkens angeschriebenen Dreimomentengleichungen können die Stützmomente bestimmt werden. Die Formeln 2, (22) und 3, (23) gestatten die Berechnung der Durchbiegungen und Biegemomente in den Feldmitten aus den Stützmomenten und Lasten. Da die beiden Hälften eines jeden Feldes von Einzellasten freie Balkenstücke sind, können aus den Stützmomenten, den Durchbiegungen und den Biegemomenten in den Feldmitten die Durchbiegungen und Biegemomente in weiteren Balkenpunkten vermöge der Gleichungen 2, (16) berechnet werden unter Benutzung von VII, Tabelle B. Die Durchrechnung eines kontinuierlichen Trägers für eine bestimmte Frequenz der schwingenden Lasten macht somit kaum größere Mühe als die Durchrechnung dieses Trägers für statische Belastung.

Beispiel 3. Als Beispiel behandeln wir einen beiderseits eingespannten Eisenbetonbalken von der Spannweite $l = 4{,}0$ m, der zu Schwingungen erregt wird durch eine in Balkenmitte angreifende Last von der Amplitude $P = 2500$ kg und einer Frequenz von 1000 Schwingungen in der Minute. Der Balkenquerschnitt sei ein Rechteck von der Höhe $h = 0{,}4$ m und der Breite $b = 0{,}2$ m. Außer seinem eigenen Gewicht trage der Balken eine gleichmäßig verteilte Belastung von 500 kg/m. Die Kreisfrequenz der erzwungenen Schwingungen beträgt

$$\omega = \frac{2\,\pi}{60}\,1000 = 104{,}6\;\text{sek}^{-1},$$

und das Trägheitsmoment des Balkenquerschnitts ist

$$J = 106{,}6 \cdot 10^{-5}\,\text{m}^4.$$

Mit dem Einheitsgewicht des Eisenbetons von 2400 kgm^{-3} ergibt sich die schwingende Masse je Längeneinheit des Balkens zu

$$\mu = \frac{2400 \cdot 0{,}2 \cdot 0{,}4 + 500}{9{,}81} = 70{,}6 \, \text{kg m}^{-2} \, \text{sek}^2.$$

Setzt man als Elastizitätsmodul des Eisenbetons $2 \cdot 10^9$ kgm^{-2} in Formel 2, (7a) ein, so erhält man aus den obigen Zahlenwerten

$$\lambda = 3{,}10.$$

Aus Symmetriegründen sind die Biegemomente $\mathfrak{M}_1$ und $\mathfrak{M}_2$ an beiden Einspannstellen einander gleich. Die linke Einspannung selbst wird aufgefaßt als entstanden aus zwei unendlich dicht aneinandergerückten gelenkigen Lagern 0 und 1. Das Biegemoment an dem äußeren dieser Lager muß verschwinden, in Gleichung (26) ist also $\mathfrak{M}_{k-1} = \mathfrak{M}_0 = 0$, $\mathfrak{M}_k = \mathfrak{M}_1$, $\mathfrak{M}_{k+1} = \mathfrak{M}_2 = \mathfrak{M}_1$ und $l'_k = 0$, $l'_{k+1} = l'$ zu setzen. Man erhält so die Dreimomentengleichung

$$\mathfrak{M}_1 \, l' \, \varphi\,(\lambda) + \mathfrak{M}_1 \, l' \, \psi\,(\lambda) = - P\,l\,l'\,\Psi\,(\lambda),$$

also gilt

$$\mathfrak{M}_1 = - P\,l\,\frac{\Psi\,(\lambda)}{\varphi\,(\lambda) + \psi\,(\lambda)}. \tag{27}$$

Mit den aus VII, Tabelle D zu entnehmenden abgerundeten Werten

$$\Psi\,(3{,}10) = 1{,}240, \qquad \varphi\,(3{,}10) = 4{,}038, \qquad \psi\,(3{,}10) = 3{,}864$$

ergibt sich also

$$\mathfrak{M}_1 = \mathfrak{M}_2 = - 1570 \, \text{mkg}.$$

Das von einer statisch wirkenden Last von 2500 kg erzeugte Einspannmoment kann aus der Formel (27) gewonnen werden, indem man die Werte der transzendenten Funktionen für $\lambda = 0$ einsetzt. Man erhält $\mathfrak{M}_{1s} = - 1250$ mkg. In Abb. 111 ist das Verhältnis $\mathfrak{M}_1^* = \dfrac{|\mathfrak{M}_1|}{\mathfrak{M}_{1s}}$ über dem Verhältnis ω^* der Kreisfrequenz ω der erregenden Kraft zur niedrigsten Eigenkreisfrequenz ω_1 des beiderseits eingespannten Balkens als Kurve 1 aufgetragen.

Das Biegemoment an der Lastangriffstelle (Balkenmitte) beträgt nach 2, (22b) und 3, (23b)

$$\mathfrak{M}\left(\frac{l}{2}\right) = (\mathfrak{M}_1 + \mathfrak{M}_2)\,\overline{\Psi}\,(\lambda) + P\,l\,\overline{\Phi}\,(\lambda).$$

Für $\lambda = 3{,}10$ findet man mittels der Funktionswerte von VII, Tabelle D

$$\mathfrak{M}\left(\frac{l}{2}\right) = 1440 \, \text{mkg},$$

während für $\lambda = 0$ sich das Moment bei statischer Lastwirkung ergibt zu

$$\mathfrak{M}_s\left(\frac{l}{2}\right) = 1250 \,\text{mkg}.$$

Das Verhältnis

$$\mathfrak{M}^*\left(\frac{l}{2}\right) = \frac{\left|\mathfrak{M}\left(\frac{l}{2}\right)\right|}{\mathfrak{M}_s\left(\frac{l}{2}\right)}$$

ist in Abb. 111 als Kurve *2* über ω^* aufgetragen. Kurve *3* dieser Abbildung zeigt das entsprechende Verhältnis für einen Balken auf zwei Stützen, sie entspricht der Kurve *2* von Abb. 109.

Wir wollen nun den Dreimomentensatz noch erweitern auf den Fall, daß den Lagerpunkten $k-1, k, k+1$ harmonische Vertikal-

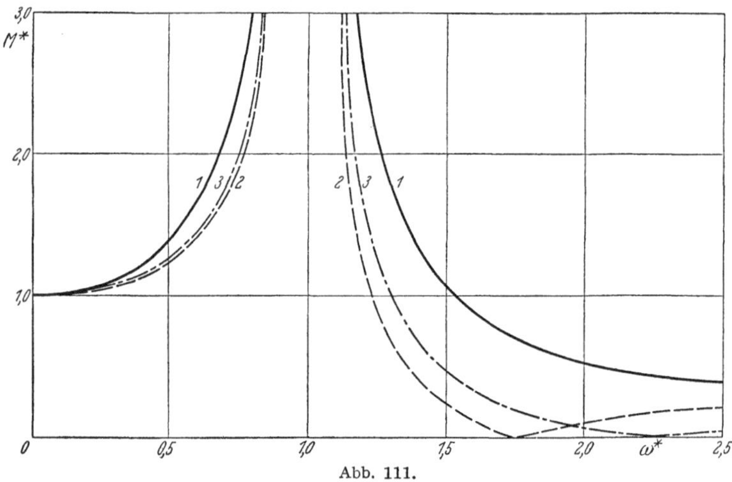

Abb. 111.

schwingungen von der Kreisfrequenz ω aufgezwungen werden, während die schwingenden Kräfte $P_k \cos \omega t$ und $P_{k+1} \cos \omega t$ wieder in den Mitten der Felder $k-1, k$, und $k, k+1$ angreifen. Wir gehen dabei abermals von der Gleichheit der Drehwinkel auf beiden Seiten des Punktes k aus. Aus 2, (20b) und 3, (25a) ergibt sich

$$\beta_k^l = -\frac{v_{k-1}}{l_k}\,\overline{\psi}\,(\lambda_k) + \frac{v_k}{l_k}\,\overline{\varphi}\,(\lambda_k) - \mathfrak{M}_{k-1}\,l_k'\,\psi\,(\lambda_k) - \mathfrak{M}_k\,l_k'\,\varphi\,(\lambda_k)$$
$$- P_k\,l_k\,l_k'\,\Psi\,(\lambda_k),$$

und die Anwendung der Gleichungen 2, (20a) und 3, (25a) auf den Stababschnitt $k, k+1$ liefert

$$\beta_k^r = -\frac{v_k}{l_{k+1}}\,\overline{\varphi}\,(\lambda_{k+1}) + \frac{v_{k+1}}{l_{k+1}}\,\overline{\psi}\,(\lambda_{k+1}) + \mathfrak{M}_k\,l_{k+1}'\,\varphi\,(\lambda_{k+1}) + \mathfrak{M}_{k+1}\,l_{k+1}'\,\psi\,(\lambda_{k+1})$$
$$+ P_{k+1}\,l_{k+1}\,l_{k+1}'\,\Psi\,(\lambda_{k+1}).$$

Die Gleichheit der beiden Drehwinkel führt zu dem Dreimomentensatz in der Form

$$\mathfrak{M}_{k-1}\, l'_k\, \psi\,(\lambda_k) + \mathfrak{M}_k\,\{l'_k\,\varphi\,(\lambda_k) + l'_{k+1}\,\varphi\,(\lambda_{k+1})\} + \mathfrak{M}_{k+1}\, l'_{k+1}\,\psi\,(\lambda_{k+1})$$

$$= -\frac{1}{l_k}\,(v_{k-1}\,\overline{\psi}\,(\lambda_k) - v_k\,\overline{\varphi}\,(\lambda_k)) + \frac{1}{l_{k+1}}\,(v_k\,\overline{\varphi}\,(\lambda_{k+1})$$

$$- v_{k+1}\,\overline{\psi}\,(\lambda_{k+1})) - P_k\, l_k\, l'_k\,\Psi\,(\lambda_k) - P_{k+1}\, l_{k+1}\, l'_{k+1}\,\Psi\,(\lambda_{k+1}). \tag{28}$$

Wir werden im folgenden noch den Lagerdruck an der Stütze k brauchen. Wie aus der in Abb. 112 angedeuteten Gleichgewichtsbetrachtung für die Stütze k hervorgeht, ist

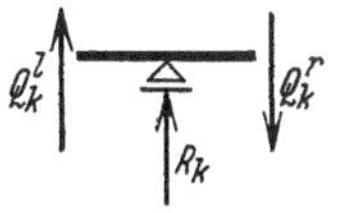

$$R_k = - Q^l_k + Q^r_k.$$

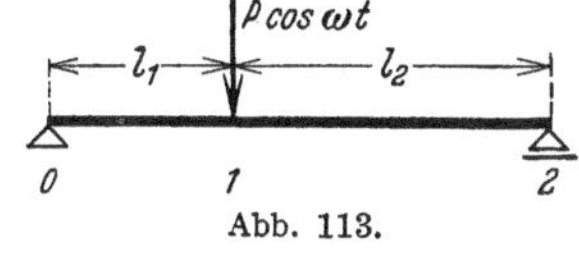

Abb. 112.

Die Amplituden Q^l_k und Q^r_k der Querkräfte zu beiden Seiten der Stütze k können aus den Gleichungen 2, (21) und 3, (25b) entnommen werden. Man erhält so die Amplitude des Lagerdrucks an der Stütze k zu

$$R_k = - Q^l_k + Q^r_k =$$

$$= \frac{\lambda^4_k}{l^2_k\, l'_k}\,(v_{k-1}\,\psi\,(\lambda_k) + v_k\,\varphi\,(\lambda_k)) + \frac{\lambda^4_{k+1}}{l^2_{k+1}\, l'_{k+1}}\,(v_k\,\varphi\,(\lambda_{k+1}) + v_{k+1}\,\psi\,(\lambda_{k+1}))$$

$$+ \frac{1}{l_k}\,(\mathfrak{M}_{k-1}\,\overline{\psi}\,(\lambda_k) - \mathfrak{M}_k\,\overline{\varphi}\,(\lambda_k)) - \frac{1}{l_{k+1}}\,(\mathfrak{M}_k\,\overline{\varphi}\,(\lambda_{k+1}) - \mathfrak{M}_{k+1}\,\overline{\psi}\,(\lambda_{k+1})) \tag{29}$$

$$+ P_k\,\overline{\Psi}\,(\lambda_k) + P_{k+1}\,\overline{\Psi}\,(\lambda_{k+1}).$$

Die Amplitude der Durchbiegung in der Mitte des Feldes $k-1, k$ ergibt sich aus 2, (22a) und 3, (23a) zu

$$v\left(\frac{l_k}{2}\right) = (v_{k-1} + v_k)\,\overline{\Psi}(\lambda_k) + (\mathfrak{M}_{k-1} + \mathfrak{M}_k)\, l_k\, l'_k\,\Psi\,(\lambda_k) + P_k\, l^2_k\, l'_k\,\Phi\,(\lambda_k), \tag{30a}$$

und die Amplitude des Biegemomentes in der Mitte des Feldes $k-1, k$ beträgt nach 2, (22b) und 3, (23b)

$$\mathfrak{M}\left(\frac{l_k}{2}\right) = \frac{\lambda^4_k}{l_k\, l'_k}\,(v_{k-1} + v_k)\,\Psi\,(\lambda_k) + (\mathfrak{M}_{k-1} + \mathfrak{M}_k)\,\overline{\Psi}\,(\lambda_k) + P_k\, l_k\,\overline{\Phi}\,(\lambda_k). \tag{30b}$$

Der erweiterte Dreimomentensatz (28) gestattet uns eine einfache Bestimmung des Einflusses solcher schwingender Einzellasten, die im Gegensatz zu den seitherigen Annahmen nicht in der Mitte des betreffenden

Abb. 113.

Feldes angreifen. Wir zeigen dies am Beispiel eines Balkens auf zwei Stützen nach Abb. 113. Der erweiterte Dreimomentensatz (28) liefert unter Berücksichtigung von $v_0 = v_2 = 0$ und $\mathfrak{M}_0 = \mathfrak{M}_2 = 0$ die Beziehung

$$\mathfrak{M}_1\,\{l'_1\,\varphi\,(\lambda_1) + l'_2\,\varphi\,(\lambda_2)\} = v_1\left\{\frac{\overline{\varphi}\,(\lambda_1)}{l_1} + \frac{\overline{\varphi}\,(\lambda_2)}{l_2}\right\}.$$

Die Gleichgewichtsbedingung am Lastangriffspunkt lautet $Q_1^l - Q_1^r = P$, sie führt nach (29) zu der Beziehung

$$\frac{\lambda_1^4}{l_1^2 l_1'} v_1 \varphi(\lambda_1) + \frac{\lambda_2^4}{l_2^2 l_2'} v_1 \varphi(\lambda_2) - \frac{\mathfrak{M}_1}{l_1} \overline{\varphi}(\lambda_1) - \frac{\mathfrak{M}_1}{l_2} \overline{\varphi}(\lambda_2) + P = 0.$$

Durch Auflösung der beiden angegebenen Beziehungen nach v_1 und $\mathfrak{M}_1$ ergeben sich Durchbiegungs- und Biegemomentamplitude am Lastangriffspunkt.

Beispiel 4. Als Beispiel für die Anwendung des erweiterten Dreimomentensatzes wollen wir einen Gerberträger nach Abb. 114 behandeln, auf den in der Mitte der Öffnung l_3 eine schwingende Einzellast wirkt. Wir wollen uns dabei begnügen mit der Aufstellung der zur Berechnung notwendigen Beziehungen, ohne die Rechnung selbst numerisch durchzuführen.

An den Lagerpunkten $0, 2, 3, 5$ verschwindet die Durchbiegung v, an den Endlagern 0 und 5, sowie an den Gelenken 1 und 4 verschwindet das Biegemoment $\mathfrak{M}$. Aus Symmetriegründen ist das Biegemoment $\mathfrak{M}_3$

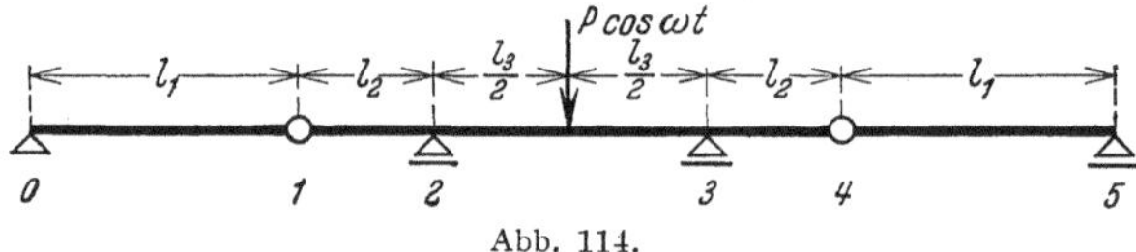

Abb. 114.

gleich dem Biegemoment $\mathfrak{M}_2$, sodaß wir nur die Dreimomentengleichungen für die Nachbarfelderpaare l_1, l_2 und l_2, l_3 aufzustellen brauchen. Der erweiterte Dreimomentensatz (28) liefert die Beziehungen

$$\mathfrak{M}_2 l_2' \psi(\lambda_2) = \frac{v_1}{l_1} \overline{\varphi}(\lambda_1) + \frac{v_1}{l_2} \overline{\varphi}(\lambda_2),$$

$$\mathfrak{M}_2 \{ l_2' \varphi(\lambda_2) + l_3' \varphi(\lambda_3) + l_3' \cdot \psi(\lambda_3) \} = - \frac{v_1}{l_1} \overline{\psi}(\lambda_2) - P l_3 l_3' \Psi(\lambda_3).$$

Aus diesen beiden Gleichungen können die Unbekannten v_1 und $\mathfrak{M}_2$ ermittelt werden. Durch Anwendung der Gleichungen 2, (16) kann man dann weitere Punkte der Biegelinie und Momentenlinie bestimmen.

5. Der Viermomentensatz der Stabwerksdynamik.

In den Formen (26) und (28) des Dreimomentensatzes ist vorausgesetzt, daß das Biegemoment $\mathfrak{M}$ und die Durchbiegung v zu beiden Seiten eines jeden Endpunktes k eines Stababschnitts die gleichen Werte haben. Wie man jedoch an Hand der Abb. 115 leicht einsehen kann, gelten diese Bedingungen durchaus nicht für alle Stabwerksformen.

Betrachten wir zunächst den Punkt 1 des in Abb. 115 dargestellten Stabwerks. Aus Gleichgewichtsgründen muß das Biegemoment $\mathfrak{M}_1^u$, welches der Stab *0,1* auf die in Abb. 115a in größerem Maßstab herausgezeichnete Rahmenecke ausübt, gleich dem Biegemoment $\mathfrak{M}_1^r$ sein, welches der Stab *1,2* auf diese Rahmenecke überträgt. Die Gleichheit der Biegemomente zu beiden Seiten des Punktes *1* ist also noch erfüllt.

Die Durchbiegungen v werden stets senkrecht gemessen zur Lage der Stabachse im unverformten Zustand des Systems. Fassen wir daher den Punkt *1* als Endpunkt des Stabes *0,1* auf, so ist die zugehörige Durchbiegung v_1^l gegeben durch die Horizontalverschiebung des Punktes *1*. Fassen wir dagegen den Punkt *1* als Anfangspunkt des Stabes *1,2* auf, so ist die zugehörige Durchbiegung v_1^r gegeben durch die Vertikalverschiebung des Punktes *1*. Die Durchbiegungen zu beiden Seiten des Punktes *1* sind also nicht mehr einander gleich.

Wir betrachten nun den Punkt *2* unseres Stabwerks, der in Abb. 115b in größerem Maßstab herausgezeichnet ist, und verfolgen den Stabzug *1, 2, 3*. Da die Lagen der Stabachsen *1,2* und *2,3* im unverformten

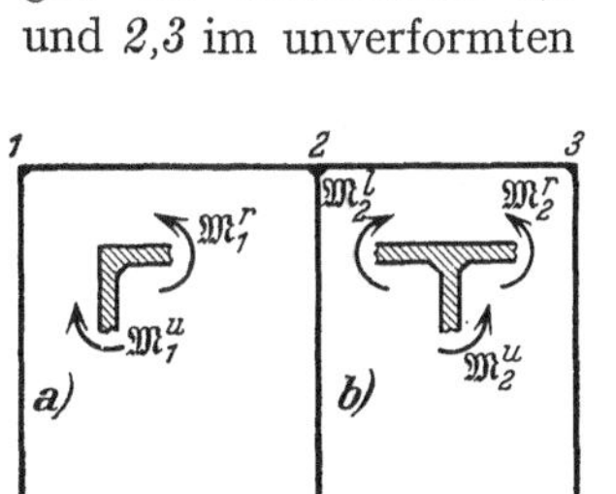

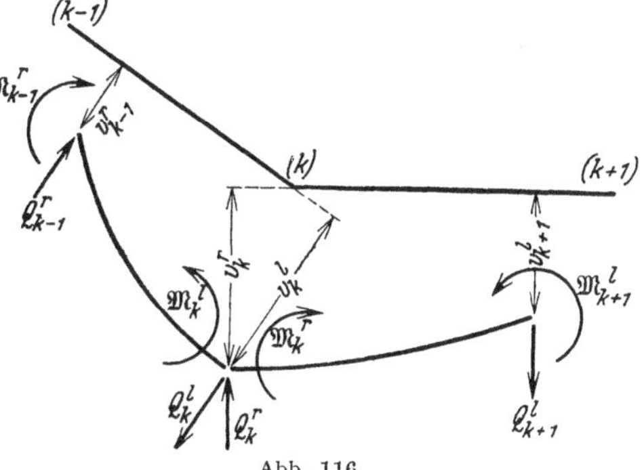

Abb. 115.
Abb. 116.

Zustand zusammenfallen, sind die Durchbiegungen v_2^l und v_2^r zu beiden Seiten des Punktes *2* einander gleich. Die Gleichgewichtsbedingung für die Biegemomente, welche die im Punkte *2* zusammenstoßenden Stäbe auf diesen Punkt übertragen, lautet mit den Bezeichnungen der Abb. 115b

$$\mathfrak{M}_2^l = \mathfrak{M}_2^r + \mathfrak{M}_2^u.$$

Die von den Stäben *1,2* und *2,3* auf den Punkt *2* übertragenen Biegemomente sind also nicht einander gleich.

Betrachten wir schließlich den Stabzug *1, 2, 5* unseres Stabwerks, so gilt für die im Punkte *2* zusammenstoßenden Stäbe *1,2* und *2,5* dieses Stabzugs weder die Gleichheit der Durchbiegungen, noch die Gleichheit der Biegemomente zu beiden Seiten des Punktes *2*.

Wir wollen nun den Dreimomentensatz (28) für diesen allgemeinsten Fall erweitern. Mit den Bezeichnungen der Abb. 116 lautet die Bedingung dafür, daß nach der Formänderung des Stabwerks die Tangenten im Punkte k an die Biegelinien der Stäbe $k-1, k$ und $k, k+1$ den gleichen Winkel miteinander bilden, wie die entsprechenden Stabachsen im verformten Stabwerk

$$\mathfrak{M}_{k-1}^{r} \, l_k' \, \psi \, (\lambda_k) + \mathfrak{M}_k^{l} \, l_k' \, \varphi \, (\lambda_k) + \mathfrak{M}_k^{r} \, l_{k+1}' \, \varphi \, (\lambda_{k+1}) + \mathfrak{M}_{k+1}^{l} \, l_{k+1}' \, \psi(\lambda_{k+1})$$

$$= -\frac{1}{l_k} \left(v_{k-1}^{r} \, \overline{\psi} \, (\lambda_k) - v_k^{l} \, \overline{\varphi} \, (\lambda_k) \right) + \frac{1}{l_{k+1}} \left(v_k^{r} \, \overline{\varphi} \, (\lambda_{k+1}) - v_{k+1}^{l} \, \overline{\psi} \, (\lambda_{k+1}) \right)$$

$$- P_k \, l_k \, l_k' \, \Psi \, (\lambda_k) - P_{k+1} \, l_{k+1} \, l_{k+1}' \, \Psi \, (\lambda_{k+1}) \, . \tag{31}$$

Diese Beziehung ergibt sich aus der Gleichheit der Drehwinkel β_k^l und β_k^r unter Beachtung der Gleichungen 2, (20) und 3, (25a), sie entspricht völlig dem bekannten Viermomentensatz[1] der Baustatik und soll daher im folgenden als Viermomentensatz der Stabwerksdynamik bezeichnet werden. An Stelle der Beziehungen 4, (29) und 4, (30) treten bei Gebrauch unserer neuen, dem allgemeinsten Fall angepaßten Bezeichnungen die folgenden:

$$Q_k^{l} = -\frac{\lambda_k^4}{l_k^2 \, l_k'} \left(v_{k-1}^{r} \, \psi \, (\lambda_k) + v_k^{l} \, \varphi \, (\lambda_k) \right)$$

$$- \frac{1}{l_k} \left(\mathfrak{M}_{k-1}^{r} \, \overline{\psi} \, (\lambda_k) - \mathfrak{M}_k^{l} \, \overline{\varphi} \, (\lambda_k) \right) - P_k \, \overline{\Psi} \, (\lambda_k) \, , \tag{32a}$$

$$Q_k^{r} = \frac{\lambda_{k+1}^4}{l_{k+1}^2 \, l_{k+1}'} \left(v_k^{r} \, \varphi \, (\lambda_{k+1}) + v_{k+1}^{l} \, \psi \, (\lambda_{k+1}) \right)$$

$$- \frac{1}{l_{k+1}} \left(\mathfrak{M}_k^{r} \, \overline{\varphi} \, (\lambda_{k+1}) - \mathfrak{M}_{k+1}^{l} \, \overline{\psi}(\lambda_{k+1}) \right) + P_{k+1} \, \overline{\Psi}(\lambda_{k+1}) \, , \tag{32b}$$

$$v \left(\frac{l_k}{2} \right) = \left(v_{k-1}^{r} + v_k^{l} \right) \overline{\Psi} \, (\lambda_k) + \left(\mathfrak{M}_{k-1}^{r} + \mathfrak{M}_k^{l} \right) l_k \, l_k' \, \Psi \, (\lambda_k)$$

$$+ P_k \, l_k^2 \, l_k' \, \Phi \, (\lambda_k) \, , \tag{33a}$$

$$\mathfrak{M} \left(\frac{l_k}{2} \right) = \frac{\lambda_k^4}{l_k \, l_k'} \left(v_{k-1}^{r} + v_k^{l} \right) \Psi \, (\lambda_k) + \left(\mathfrak{M}_{k-1}^{r} + \mathfrak{M}_k^{l} \right) \overline{\Psi} \, (\lambda_k)$$

$$+ P_k \, l_k \, \overline{\Phi} \, (\lambda_k) \, . \tag{33b}$$

Die Beziehungen (31) bis (33) ermöglichen uns zusammen mit VII, Tabelle B und VII, Tabelle D die Berechnung der erzwungenen Biegungsschwingungen eines beliebigen ebenen Stabwerks.

Beispiel 5. In einer Ecke eines Zweigelenkrahmens nach Abb. 117 greife eine schwingende horizontale Kraft $\overline{P} = P \cos \omega t$ an. Die Amplitude der Horizontalauslenkung des Kraftangriffspunktes soll bestimmt werden unter der Voraussetzung, daß die Rahmenstäbe *0,1*, *1,2* und *2,3* gleiche Länge und gleichen Querschnitt besitzen.

Da Stielhöhe und Riegellänge sowie die Querschnitte der Stiele und des Riegels einander gleich sind, hat auch die Größe λ für sämt-

---

[1] Vgl. F. Bleich: Die Berechnung statisch unbestimmter Tragwerke nach der Methode des Viermomentensatzes. Berlin 1925.

liche Stäbe des Rahmens den gleichen Wert, und der Gebrauch eines unterscheidenden Index erübrigt sich. Bei Voraussetzung unausdehnbarer Rahmenstäbe werden die Horizontalverschiebungen der Rahmenecken einander gleich, und die Vertikalverschiebungen dieser Punkte verschwinden. Infolge der Gegensymmetrie der Formänderungen sind die Biegemomente $\mathfrak{M}_1$ und $\mathfrak{M}_2$ entgegengesetzt gleich. Der Viermomentensatz (31) für den Stabzug $0, 1, 2$ lautet

$$2\,\mathfrak{M}_1\,l'\,\varphi\,(\lambda) + \mathfrak{M}_2\,l'\,\psi\,(\lambda) = \frac{v_1^u}{l}\,\overline{\varphi}\,(\lambda)$$

oder mit $\mathfrak{M}_2 = -\,\mathfrak{M}_1$

$$\mathfrak{M}_1\,\{2\,\varphi\,(\lambda) - \psi\,(\lambda)\} = \frac{v_1^u}{l\,l'}\,\overline{\varphi}\,(\lambda)\,. \qquad\text{(a)}$$

Außer ihrer Vertikalbewegung führen sämtliche Riegelpunkte Horizontalschwingungen von der Amplitude v_1^u aus. Diese Horizontalschwingung des gesamten Riegels wird verursacht durch die äußere Kraft $P\cos\omega t$ und durch die beiden von den Stielen auf den Riegel übertragenen Querkräfte $Q_1^u\cos\omega t = Q_2^u\cos\omega t$. Das Produkt aus der Masse $\mu\,l$ des Riegels und seiner Horizontalbeschleunigung $-\omega^2\,v_1^u\cos\omega t$ muß gleich sein der Summe

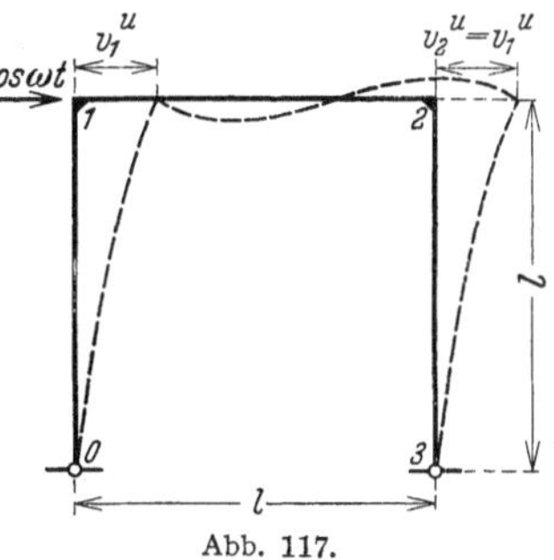

Abb. 117.

der am Riegel angreifenden Kräfte. Diese Bedingung führt zu der Beziehung

$$\mu\,l\,\omega^2\,v_1^u + P - 2\,Q_1^u = 0\,. \qquad\text{(b)}$$

Nun ist nach (32a)

$$Q_1^u = Q_2^u = \frac{\mathfrak{M}_1}{l}\,\overline{\varphi}\,(\lambda) - \frac{\lambda^4}{l^2\,l'}\,v_1^u\,\varphi\,(\lambda),$$

und ferner gilt

$$\mu\,l\,\omega^2 = l^2\,\frac{\mu\,\omega^2}{E\,J}\cdot\frac{E\,J}{l} = \frac{\lambda^4}{l^2\,l'}\,.$$

Die Gleichung (b) nimmt somit die Form an

$$\frac{\lambda^4}{l^2\,l'}\,v_1^u\,(1 + 2\,\varphi\,(\lambda)) = 2\,\frac{\mathfrak{M}_1}{l}\,\overline{\varphi}\,(\lambda) - P\,. \qquad\text{(c)}$$

Drückt man hierin $\mathfrak{M}_1$ vermöge (a) durch v_1^u aus, so ergibt sich die gesuchte Auslenkungsamplitude zu

$$v_1^u = P\,l^2\,l'\,\frac{2\,\varphi\,(\lambda) - \psi\,(\lambda)}{2\,\overline{\varphi}^2\,(\lambda) - \lambda^4\,(2\,\varphi\,(\lambda) - \psi\,(\lambda))\,(1 + 2\,\varphi\,(\lambda))}\,. \qquad\text{(34)}$$

6. Näherungsweise Berücksichtigung von Longitudinalschwingungen.

Bisher haben wir in diesem Kapitel ausschließlich Biegungsschwingungen der einzelnen Tragwerksstäbe behandelt. Wie in III, 4 und III, 10 bereits betont wurde, ist jedoch bei manchen Tragwerksformen die Vernachlässigung der neben den Biegungsschwingungen auftretenden Längsschwingungen nicht zulässig. Es soll daher in diesem Abschnitt an Hand eines Beispiels gezeigt werden, wie man die Längsschwingungen in angenäherter Weise berücksichtigen kann.

Beispiel 6. Ein Rahmen nach Abb. 118 werde beansprucht durch eine in Riegelmitte angreifende schwingende Last $\overline{P} = P \cos \omega t$. Das Biegemoment in der Rahmenecke ist unter näherungsweiser Berücksichtigung der Längsschwingungen zu bestimmen.

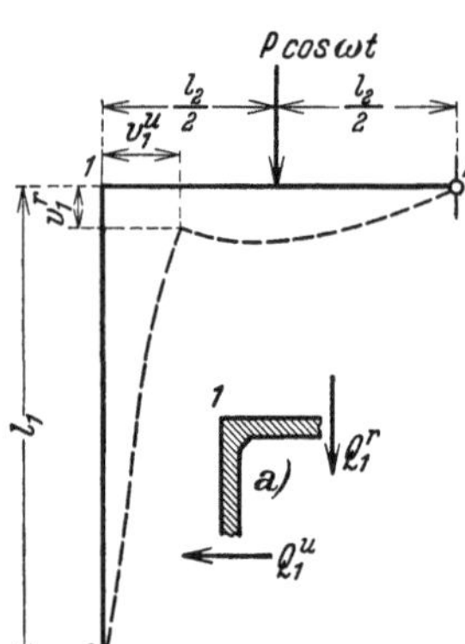

Abb. 118.

Da wir die Längsschwingungen berücksichtigen wollen, dürfen wir die Rahmenstäbe nicht mehr als unausdehnbar voraussetzen. Die Viermomentengleichung 5, (31) nimmt für den Stabzug $0, 1, 2$ die Form an

$$\mathfrak{M}_1 \{l_1' \varphi(\lambda_1) + l_2' \varphi(\lambda_2)\} = \frac{v_1^u}{l_1} \overline{\varphi}(\lambda_1) + \frac{v_1^r}{l_2} \overline{\varphi}(\lambda_2)$$
$$- P l_2 l_2' \Psi(\lambda_2), \tag{a}$$

und die Querkräfte an den Rahmenecken ergeben sich nach 5, (32) zu

$$Q_1^u = - \frac{\lambda_1^4}{l_1^2 l_1'} v_1^u \varphi(\lambda_1) + \frac{\mathfrak{M}_1}{l_1} \overline{\varphi}(\lambda_1),$$

und

$$Q_1^r = \frac{\lambda_2^4}{l_2^2 l_2'} v_1^r \varphi(\lambda_2) - \frac{\mathfrak{M}_1}{l_2} \overline{\varphi}(\lambda_2) + P \overline{\Psi}(\lambda_2). \tag{b}$$

Die Querkraft Q_1^r wirkt als Druckkraft auf den Stiel (Abb. 118a) und verursacht dessen Verkürzung v_1^r, die Querkraft Q_1^u wirkt als Zugkraft auf den Riegel und verursacht dessen Verlängerung $- v_1^u$ (bezüglich des Vorzeichens vgl. Abb. 118). Es bestehen somit die Beziehungen

$$Q_1^u = - \frac{v_1^u l_2}{E F_2}, \qquad Q_1^r = \frac{v_1^r l_1}{E F_1}, \tag{c}$$

worin F_1 und F_2 die Querschnittflächen von Stiel und Riegel bedeuten. Durch Gleichsetzen der in (b) und (c) gegebenen Ausdrücke für die Querkräfte ergeben sich zwei Gleichungen, die zusammen mit der Viermomentengleichung (a) die Berechnung der drei Unbekannten M_1, v_1^u und v_1^r gestatten. Die Auflösung solcher Gleichungen erfolgt zweckmäßigerweise nicht in allgemeiner Form, sondern unter Zugrundelegung der speziellen Zahlenwerte für das jeweils durchzurechnende Beispiel.

Wir haben in dem obigen Beispiel die Längsschwingungen dadurch angenähert berücksichtigt, daß wir die Längsnachgiebigkeit der einzelnen Tragwerkstäbe in Rechnung gestellt haben. Wir haben aber nicht die Kräfte berücksichtigt, welche zur Beschleunigung und Verzögerung der in Stabrichtung schwingenden Massen benötigt werden, wir haben also mit anderen Worten die Stäbe hinsichtlich ihrer Längsschwingungen als masselos behandelt. Wie in 8 an durchgerechneten Beispielen gezeigt werden wird, ist diese Behandlung der Längsschwingungen meist von ausreichender Genauigkeit.

7. Strenge Berücksichtigung von Längsschwingungen.

Die Differentialgleichung für die Amplituden u der Längsauslenkungen der Elemente eines Stabes, welcher Längsschwingungen von der Kreisfrequenz ω ausführt, lautet für den Fall konstanten Stabquerschnittes F_k nach III, 4, (10)

Abb. 119.

$$EF_k u'' + \mu_k \omega^2 u = 0 . \qquad (35)$$

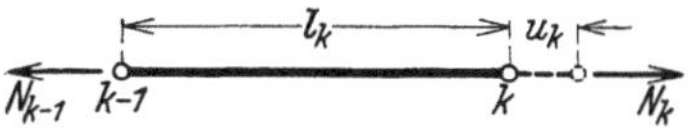

Hierin bedeutet μ_k die auf die Längeneinheit der Stabachse bezogene Masse des Stabes und E den Elastizitätsmodul des Stabmaterials. Mit

$$n_k = \sqrt{\frac{\mu_k \omega^2}{EF_k}} \qquad (36\,\text{a})$$

lautet die Lösung dieser Differentialgleichung

$$u(x) = A \cos n_k x + B \sin n_k x . \qquad (36\,\text{b})$$

Wir bestimmen zunächst den Einfluß einer harmonischen Längsbewegung $\bar{u}_k = u_k \cos \omega t$, welche dem Ende k des betrachteten Stababschnitts (Abb. 119) aufgezwungen wird, während das andere Ende $k-1$ festgehalten wird. Aus der Bedingung $u_{k-1} = u(0) = 0$ folgt, daß die Integrationskonstante A in der Lösung (36b) verschwindet. Die Bedingung $u(l_k) = u_k$ liefert

$$B = \frac{u_k}{\sin n_k l_k} ,$$

und mit

$$v_k = n_k l_k \qquad (37\,\text{a})$$

wird die betrachtete Längsschwingung dargestellt durch

$$u(x) = u_k \frac{\sin v_k \dfrac{x}{l_k}}{\sin v_k} . \qquad (37\,\text{b})$$

Die Längskraft N_{k-1}, welche zum Festhalten des Endes $k-1$ notwendig ist, ergibt sich mit

$$l_k'' = \frac{l_k}{E F_k} \qquad (37\,\mathrm{c})$$

zu

$$N_{k-1} = E F_k\, u'(0) = \frac{v_k}{l_k''}\, u_k \cos\!ec v_k , \qquad (38\,\mathrm{a})$$

und die Längskraft N_k, welche zum Erzwingen der Auslenkung u_k notwendig ist, beträgt

$$N_k = E F_k\, u'(l_k) = \frac{v_k}{l_k''}\, u_k \operatorname{ctg} v_k . \qquad (38\,\mathrm{b})$$

In entsprechender Weise findet man die Längskräfte, welche erforderlich sind, um dem Stabende $k - 1$ die Schwingungsbewegung

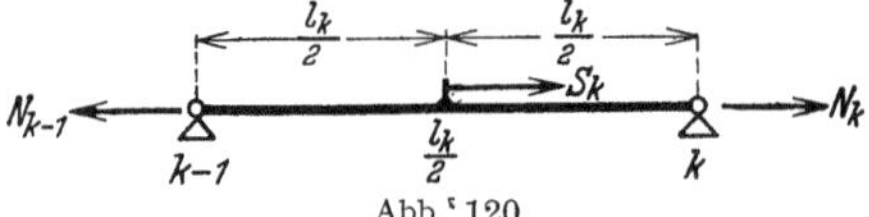

Abb. 120.

$\bar u_{k-1} = u_{k-1} \cos \omega\, t$ aufzuzwingen und das Stabende k festzuhalten. Werden beiden Stabenden gleichzeitig harmonische Längsbewegungen von den Amplituden u_{k-1} und u_k und der Kreisfrequenz ω aufgezwungen, so erhält man die hierzu notwendigen Längskräfte an den Stabenden zu

$$N_{k-1} = -\frac{v_k}{l_k''}\,(u_{k-1} \operatorname{ctg} v_k - u_k \cos\!ec v_k) \qquad (39\,\mathrm{a})$$

und

$$N_k = -\frac{v_k}{l_k''}\,(u_{k-1} \cos\!ec v_k - u_k \operatorname{ctg} v_k). \qquad (39\,\mathrm{b})$$

Weiter behandeln wir den Einfluß einer schwingenden Längskraft $\bar S_k = S_k \cos \omega t$, welche in der Mitte des Stabes $k - 1, k$ angreift, während beide Stabenden festgehalten werden (Abb. 120). Wir wenden die soeben aufgestellten Beziehungen auf beide Balkenhälften an. Ist $u\!\left(\frac{l_k}{2}\right)$ die Amplitude der Längsauslenkung der Balkenmitte, so ergibt sich aus (39 b)

$$N^l\!\left(\frac{l_k}{2}\right) = \frac{v_k}{l_k''}\, u\!\left(\frac{l_k}{2}\right) \operatorname{ctg} \frac{v_k}{2},$$

und aus (39 a)

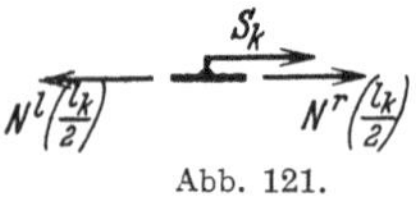

$$N^r\!\left(\frac{l_k}{2}\right) = -\frac{v_k}{l_k''}\, u\!\left(\frac{l_k}{2}\right) \operatorname{ctg} \frac{v_k}{2}.$$

Abb. 121.

Dabei ist berücksichtigt, daß die Länge der betrachteten Balkenstücke im Gegensatz zu den Formeln (39) in Abb. 120 mit $l_k/2$ bezeichnet ist. Die Gleichgewichtsbedingung für die Balkenmitte lautet (Abb. 121)

$$N^l\!\left(\frac{l_k}{2}\right) - N^r\!\left(\frac{l_k}{2}\right) = S_k .$$

Durch Einsetzen der oben angegebenen Werte der Längskräfte zu beiden

Seiten des Lastangriffspunktes und Auflösen nach $u\left(\frac{l_k}{2}\right)$ ergibt sich

$$u\left(\frac{l_k}{2}\right) = \frac{l_k''}{2\,v_k}\, S_k\, \mathrm{tg}\,\frac{v_k}{2}, \qquad (40\,\mathrm{a})$$

und durch Auflösen nach den Längskräften erhält man

$$N^l\left(\frac{l_k}{2}\right) = -\,N^r\left(\frac{l_k}{2}\right) = \frac{S_k}{2}. \qquad (40\,\mathrm{b})$$

Aus (39a) erhält man alsdann die Längskraft am Punkte $k-1$ zu

$$N_{k-1} = \frac{v_k}{l_k''}\, u\left(\frac{l_k}{2}\right)\mathrm{cosec}\,\frac{v_k}{2} = \frac{S_k}{2}\,\sec\,\frac{v_k}{2}, \qquad (41\,\mathrm{a})$$

und die Längskraft am Punkte k kann mittels der Gleichung (39b) bestimmt werden zu

$$N_k = -\,\frac{v_k}{l_k''}\, u\left(\frac{l_k}{2}\right)\mathrm{cosec}\,\frac{v_k}{2} = -\,\frac{S_k}{2}\,\sec\,\frac{v_k}{2}. \qquad (41\,\mathrm{b})$$

Die in den Formeln (39) bis (41) auftretenden Funktionen $\mathrm{cosec}\,v$, $\mathrm{ctg}\,v$, $\sec\frac{v}{2}$ und $\mathrm{tg}\frac{v}{2}$ können aus VII, Tabelle D entnommen werden für Argumentwerte zwischen $v = 0{,}0$ und $v = 10{,}0$.

Beispiel 7. Das Beispiel 6 möge bei strenger Berücksichtigung der Längsschwingungen nochmals behandelt werden.

Der Viermomentensatz für den Stabzug $0, 1, 2$ behält die dort gegebene Form bei [Beispiel 6, Gleichung (a)] und auch die Ausdrücke für die Querkräfte Q_1^u und Q_1^r können in unveränderter Form übernommen werden [Beispiel 6, Gleichung (b)]. Die am Knoten 1 übertragenen Längskräfte betragen nach (39)

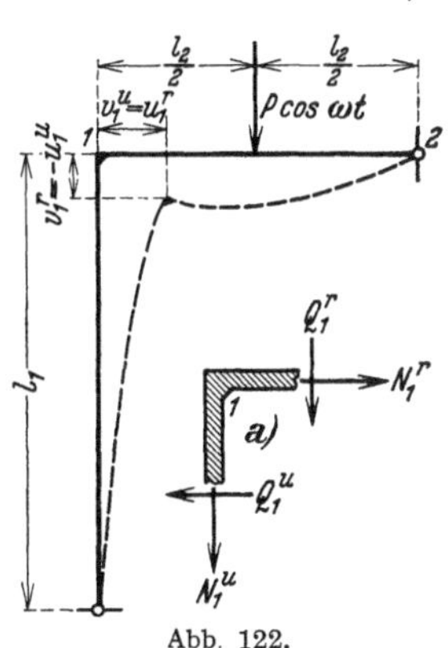

Abb. 122.

$$N_1^u = -\,\frac{v_1}{l_1''}\, v_1^r\,\mathrm{ctg}\,v_1 \qquad \text{und} \qquad N_1^r = -\,\frac{v_2}{l_2''}\, v_1^u\,\mathrm{ctg}\,v_2, \qquad (\mathrm{c}')$$

wobei gemäß Abb. 122 die Beziehungen $v_1^u = u_1^r$ und $v_1^r = -\,u_1^u$ berücksichtigt sind. Die Gleichgewichtsbedingungen für die Rahmenecke lauten schließlich (Abb. 122a)

$$N_1^u + Q_1^r = 0 \qquad \text{und} \qquad N_1^r - Q_1^l = 0. \qquad (\mathrm{d}')$$

Drückt man vermöge dieser Gleichgewichtsbedingungen die Querkräfte durch die Längskräfte aus und setzt für diese die in (c′) gegebenen Werte ein, so hat man in den Gleichungen (a) und (b) von Beispiel 6 drei Gleichungen für die drei Unbekannten v_1^u, v_1^r und $\mathfrak{M}_1$. Bezüglich der zweckmäßigen Form der Auflösung dieser Gleichungen gilt das am Schluß von Beispiel 6 Gesagte.

8. Vergleich der numerischen Ergebnisse der verschiedenen Rechnungsweisen an einem Beispiel.

Wir haben in diesem Kapitel verschiedene Verfahren entwickelt, welche die Berechnung der erzwungenen Schwingungen eines Stabwerks mit verschiedener Genauigkeit gestatten. Zunächst haben wir lediglich die reinen Biegungsschwingungen ohne Berücksichtigung von gleichzeitig auftretenden Längsschwingungen behandelt (1 bis 5). Dann haben wir Verfahren zur angenäherten Berücksichtigung (6) und zur strengen Berücksichtigung von Längsschwingungen angegeben (7). Wir wollen diese drei Rechnungsweisen in der angeführten Reihenfolge als erste, zweite und dritte Näherung bezeichnen. Es liefert nämlich auch die dritte Rechnungsweise noch nicht völlig strenge Werte, da sie noch den Einfluß der Rotationsträgheit der Balkenelemente und die biegende Wirkung statischer und schwingender Längskräfte vernachlässigt. Man kann übrigens das Verfahren so ausbauen, daß es die Behandlung der

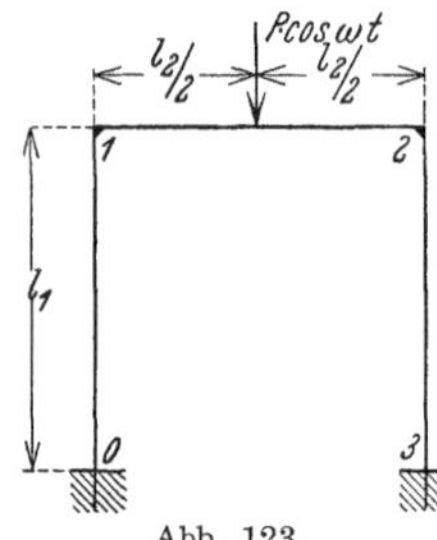
Abb. 123.

beiden zuerst genannten Nebeneinflüsse gestattet. Es zeigt sich, daß bei den üblichen Tragwerksabmessungen im Bereich der niedrigeren Eigenschwingungszahlen die Berücksichtigung dieser Nebeneinflüsse nur zu sehr unwesentlichen Änderungen der Rechnungsergebnisse führt. Es sollen nun die Ergebnisse der drei aufgeführten Näherungen für ein Beispiel numerisch verglichen werden.

Beispiel 8. Als Beispiel behandeln wir einen beiderseits eingespannten Rahmen (Fundamentrahmen) nach Abb. 123, der zu Schwingungen erregt wird durch eine in Riegelmitte angreifende schwingende Last $\overline{P} = P \cos \omega t$. Infolge der Symmetrie des Systems und des Lastangriffs können wir unsere Rechnungen auf die Stäbe $0,1$ und $1,2$ beschränken. Wir stellen zunächst die Formeln zusammen, welche zur numerischen Durchführung der verschiedenen Näherungen nötig sind, und geben dann die Ergebnisse dieser Rechnungen für zwei verschiedene Rahmen wieder.

1. Näherung. Da bei dieser Näherung die Tragwerkstäbe als unausdehnbar behandelt werden, bleiben die Rahmenecken in Ruhe. Unter Berücksichtigung von $\mathfrak{M}_1 = \mathfrak{M}_2$ lauten die Viermomentengleichungen 5, (31) für die Stabzüge $0, 0, 1$ und $0, 1, 2$ (betr. der Behandlung der Einspannung vgl. 4, Beispiel 3)

$$\mathfrak{M}_0\, l_1'\, \varphi\,(\lambda_1) + \mathfrak{M}_1\, l_1'\, \psi\,(\lambda_1) = 0,$$

$$\mathfrak{M}_0\, l_1'\, \psi\,(\lambda_1) + \mathfrak{M}_1\, \{l_1'\, \varphi\,(\lambda_1) + l_2'\, \varphi\,(\lambda_2) + l_2'\, \psi\,(\lambda_2)\} = -P\, l_2\, l_2'\, \Psi\,(\lambda_2).$$

Die Auflösung dieser Gleichungen nach $\mathfrak{M}_0$ und $\mathfrak{M}_1$ ergibt mit

$$D = \frac{l_1'}{l_2'}\{\varphi^2(\lambda_1) - \psi^2(\lambda_1)\} + \varphi(\lambda_1)\{\varphi(\lambda_2) + \psi(\lambda_2)\}$$

die Amplituden der Biegemomente

$$\mathfrak{M}_0 = \frac{Pl_2}{D}\,\psi(\lambda_1)\,\Psi(\lambda_2),$$

$$\mathfrak{M}_1 = \frac{Pl_2}{D}\,\varphi(\lambda_1)\,\Psi(\lambda_2),$$

und Gleichung 5, (33b) liefert

$$\mathfrak{M}\left(\frac{l_k}{2}\right) = Pl_2\,\overline{\Phi}(\lambda_2) + 2\,\mathfrak{M}_1\,\overline{\Psi}(\lambda_2) = Pl_2\left\{\overline{\Phi}(\lambda_2) - \frac{2}{D}\,\varphi(\lambda_1)\,\Psi(\lambda_2)\,\overline{\Psi}(\lambda_2)\right\}.$$

Die Eigenfrequenzen der hier allein berücksichtigten symmetrischen Eigenschwingungen können aus der Bedingung des Verschwindens der Koeffizientendeterminante D der Gleichungen für $\mathfrak{M}_0$ und $\mathfrak{M}_1$ oder auch mit Hilfe des Nomogramms III, 11, Abb. 64 u. 65, bestimmt werden.

2. Näherung. In vielen praktisch vorkommenden Fällen kann man die Rechnungen zur zweiten Näherung noch dadurch etwas vereinfachen, daß man nur die Längsnachgiebigkeiten derjenigen Stäbe berücksichtigt, welche bei der zu berechnenden Schwingungsform am meisten zu Längsschwingungen veranlaßt werden. Im Falle unseres Beispiels sind dies die beiden Stiele. Wir wollen daher hier nur die Längsnachgiebigkeit der Stiele berücksichtigen, den Riegel aber als unausdehnbar voraussetzen.

Infolge der Symmetrie des Systems und der Belastung werden die Amplituden v_1^r und v_2^l der Vertikalbewegung beider Rahmenecken gleich groß ausfallen, und die Dreimomentengleichungen 5, (31) nehmen unter Beachtung von $\mathfrak{M}_1 = \mathfrak{M}_2$ die Form an

$$\mathfrak{M}_0\,l_1'\,\varphi(\lambda_1) + \mathfrak{M}_1\,l_1'\,\psi(\lambda_1) = 0,$$

$$\mathfrak{M}_0\,l_1'\,\psi(\lambda_1) + \mathfrak{M}_1\{l_1'\,\varphi(\lambda_1) + l_2'\,\varphi(\lambda_2) + l_2'\,\psi(\lambda_2)\}$$

$$= -Pl_2\,l_2'\,\Psi(\lambda_2) + \frac{v_1^r}{l_2}\{\overline{\varphi}(\lambda_2) - \overline{\psi}(\lambda_2)\}.$$

Aus Gleichung 5, (32b) erhält man die Querkraft am Riegelende zu

$$Q_1^r = \frac{\mathfrak{M}_1}{l_2}\{\overline{\psi}(\lambda_2) - \overline{\varphi}(\lambda_2)\} + \frac{\lambda_2^4}{l_2^3\,l_2'}\,v_1^r\{\varphi(\lambda_2) + \psi(\lambda_2)\} + P\,\overline{\Psi}(\lambda_2).$$

Diese Kraft wirkt als Druckkraft auf den Stiel *0,1* und erzeugt dessen Verkürzung v_1^r. Es ist also

$$Q_1^r = v_1^r\,\frac{E\,F_1}{l_1}.$$

Aus den obigen Gleichungen können die Unbekannten $\mathfrak{M}_0$, $\mathfrak{M}_1$, v_1^r und Q_1^r berechnet werden.

3. Näherung. In den meisten Fällen wird man durch Berücksichtigung wesentlicher Längsnachgiebigkeiten (zweite Näherung) die vollständige Berücksichtigung der Längsschwingungen umgehen können. Um den Vergleich der Ergebnisse der verschiedenen Näherungen an unserem Beispiel durchführen zu können, sollen jedoch auch die Formeln zur vollständigen Berücksichtigung der Längsschwingungen für dieses Beispiel aufgestellt werden. Mit den Bezeichnungen der Abb. 124, in welcher bereits der Symmetrie der Schwingungsform Rechnung getragen ist, lauten die Viermomentengleichungen 5, (31) für die Stabzüge $0, 0, 1$ und $0, 1, 2$

$$\mathfrak{M}_0\, l_1'\, \varphi\,(\lambda_1) + \mathfrak{M}_1\, l_1'\, \psi\,(\lambda_1) = -\frac{v_1^u}{l_1}\,\psi\,(\lambda_1),$$

$$\mathfrak{M}_0\, l_1'\, \psi\,(\lambda_1) + \mathfrak{M}_1\,\{l_1'\,\varphi\,(\lambda_1) + l_2'\,\varphi\,(\lambda_2) + l_2'\,\psi\,(\lambda_2)\}$$

$$= \frac{v_1^u}{l_1}\,\overline{\varphi}\,(\lambda_1) + \frac{v_1^r}{l_2}\,\{\overline{\varphi}\,(\lambda_2) - \overline{\psi}\,(\lambda_2)\} - P\,l_2\,l_2'\,\Psi\,(\lambda_2).$$

Aus den Gleichungen 5, (32) ergeben sich die Querkräfte

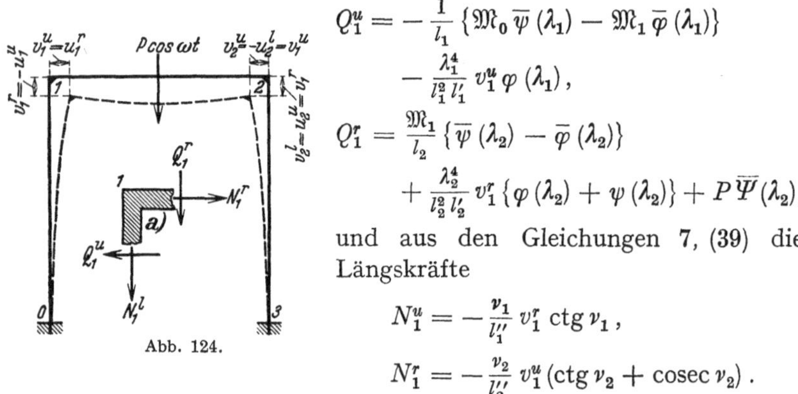

Abb. 124.

$$Q_1^u = -\frac{1}{l_1}\,\{\mathfrak{M}_0\,\overline{\psi}\,(\lambda_1) - \mathfrak{M}_1\,\overline{\varphi}\,(\lambda_1)\}$$
$$\qquad -\frac{\lambda_1^4}{l_1^2\,l_1'}\,v_1^u\,\varphi\,(\lambda_1),$$

$$Q_1^r = \frac{\mathfrak{M}_1}{l_2}\,\{\overline{\psi}\,(\lambda_2) - \overline{\varphi}\,(\lambda_2)\}$$
$$\qquad + \frac{\lambda_2^4}{l_2^2\,l_2'}\,v_1^r\,\{\varphi\,(\lambda_2) + \psi\,(\lambda_2)\} + P\,\overline{\Psi}\,(\lambda_2),$$

und aus den Gleichungen 7, (39) die Längskräfte

$$N_1^u = -\frac{v_1}{l_1''}\,v_1^r\,\operatorname{ctg} v_1,$$

$$N_1^r = -\frac{v_2}{l_2''}\,v_1^u\,(\operatorname{ctg} v_2 + \operatorname{cosec} v_2).$$

Die Gleichgewichtsbedingungen für die Rahmenecke (Abb. 124a) lauten

$$-Q_1^u + N_1^r = 0, \qquad Q_1^r + N_1^u = 0.$$

Aus diesen Gleichungen können die Unbekannten $\mathfrak{M}_0$, $\mathfrak{M}_1$, v_1^u, v_1^r sowie die Querkräfte und Längskräfte am Punkte 1 berechnet werden.

Um die Genauigkeit der verschiedenen Näherungen überblicken zu können, wurden zwei Beispiele vollständig nach allen drei Näherungen durchgearbeitet. Die beiden Rahmen hatten die folgenden Bestimmungsstücke:

Rahmen I:

Stablängen $\qquad\qquad l_1 = l_2 = 10\ \mathrm{m}$ $\left.\right\}$ $\dfrac{\mu_2}{\mu_1} = 4$.
Schlankheitsgrade $j_1 = j_2 = 20$

Rahmen II:

Stablängen $\qquad l_1 = l_2 = 5\,\mathrm{m}$

Schlankheitsgrade $j_1 = j_2 = 40$ $\qquad \dfrac{\mu_2}{\mu_1} = 4$.

Die drei Stäbe eines jeden Rahmens haben gleiche Abmessungen, die

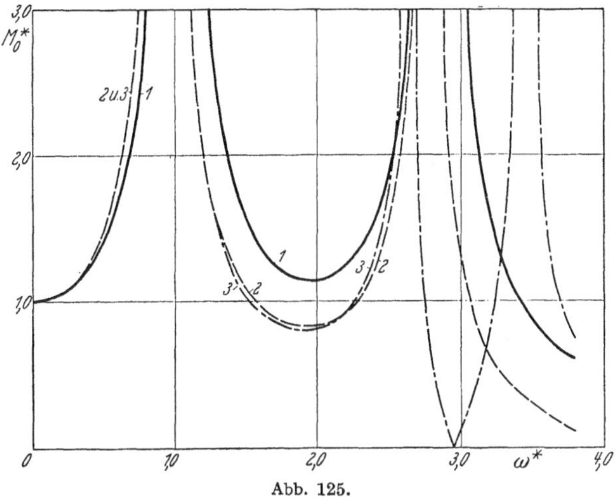

Abb. 125.

größere Riegelmasse kommt dadurch zustande, daß der Riegel noch eine Zusatzmasse trägt, welche gleich der dreifachen Eigenmasse des

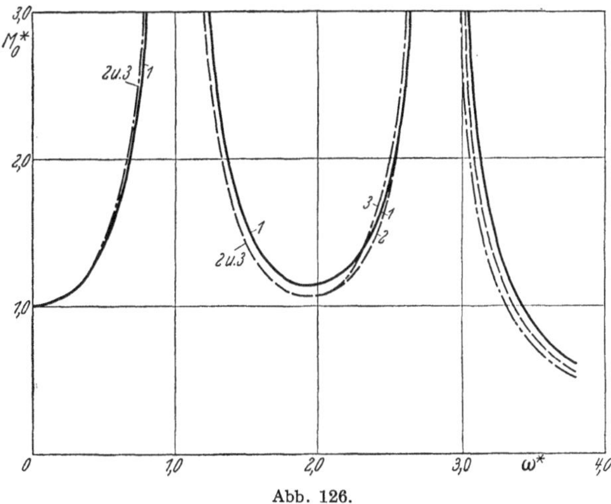

Abb. 126.

Riegels ist. Als Elastizitätsmodul des Stabmaterials (Eisenbeton) ist $E = 2 \cdot 10^9\,\mathrm{kgm^{-2}}$ und als Einheitsgewicht $2400\,\mathrm{kgm^{-3}}$ eingesetzt. Für die dimensionslose Auftragung der Abb. 125 bis 130 reichen diese wenigen Angaben aus, die Kurven für alle Rahmen, welche in den angegebenen Größen übereinstimmen, decken sich in dieser dimensionslosen Auftragung.

In den Abb. 125 bis 130 sind die Resonanzkurven $\mathfrak{M}_0^*$, $\mathfrak{M}_1^*$ und

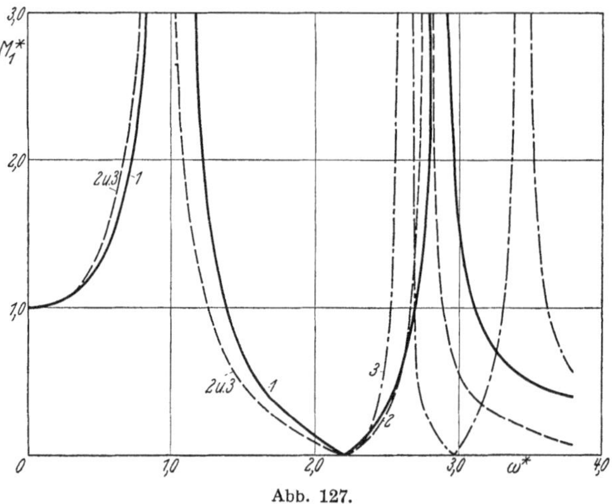

Abb. 127.

$\mathfrak{M}^*\left(\dfrac{l_2}{2}\right)$ für die drei Näherungen eingezeichnet (bezeichnet als *1, 2, 3*). Dabei ist $\mathfrak{M}^*$ der Quotient aus der Amplitude $\mathfrak{M}$ des betreffenden

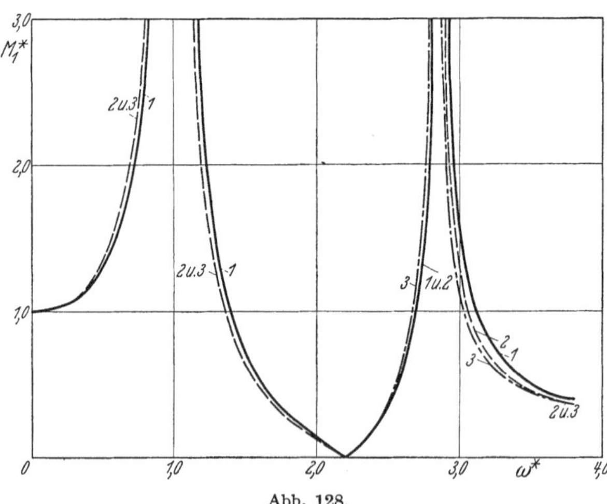

Abb. 128.

Biegemomentes und dem Wert $\mathfrak{M}_s$ dieses Momentes bei statischer Lastwirkung, wie er sich aus der ersten Näherung für $\omega = 0$ ergibt. ω^* ist der Quotient aus der Kreisfrequenz ω der erregenden Kraft und der niedrigsten Eigenkreisfrequenz der ersten Näherung. Die Abbildungen 125, 127 und 129 beziehen sich auf den Rahmen I, die übrigen auf den Rahmen II. Die Abmessungen der beiden Rahmen

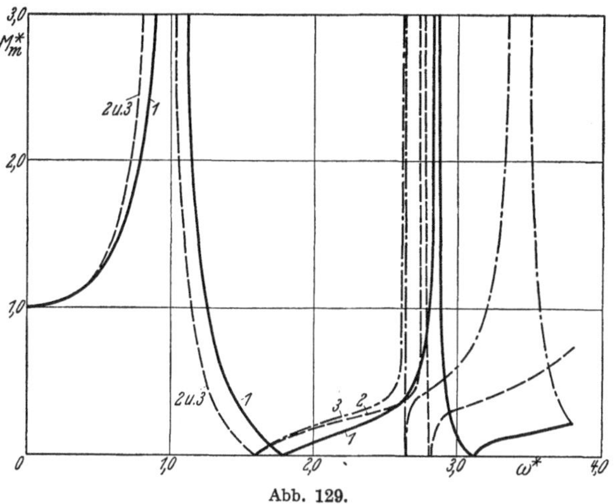

Abb. 129.

sind übrigens so gewählt, daß entsprechende Resonanzkurven der ersten Näherung sich decken.

Während die verschiedenen Näherungen für den Rahmen II mit

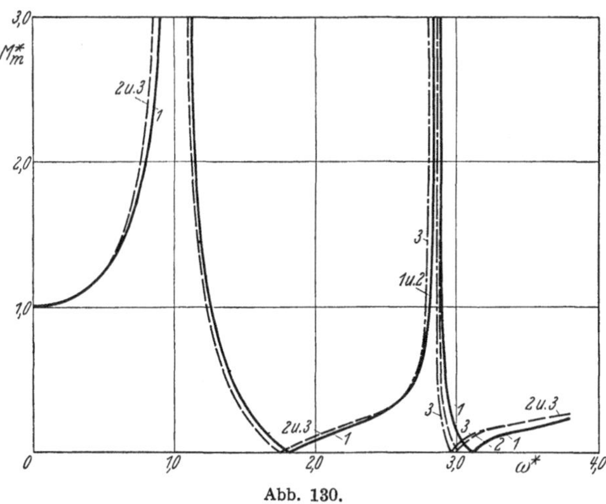

Abb. 130.

dem größeren Schlankheitsgrad sich kaum unterscheiden, treten beim Rahmen I mit dem kleineren Schlankheitsgrad beträchtliche Abweichungen auf, welche insbesondere bei größeren Erregungsfrequenzen das Bild vollkommen ändern. Aber selbst bei diesem Rahmen mit sehr gedrungenen Stäben unterscheiden sich zweite und dritte Näherung bis etwa $\omega^* = 2{,}5$ nur wenig.

Man wird also bei Stabwerken mit schlanken Stäben unbedenklich die erste Näherung benützen können, während man bei Stabwerken mit gedrungenen Stäben mindestens die zweite Näherung verwenden muß.

B. Verwendung des Verfahrens zur Bestimmung der Eigenschwingungsformen ebener Stabwerke.

9. Beziehung zwischen Eigenschwingungsformen und erzwungenen Schwingungsformen.

In III, C wurde gezeigt, wie man sehr brauchbare Näherungswerte für die Eigenschwingungszahlen eines Systems von veränderlicher Steifigkeit oder veränderlicher Masse erhalten kann, wenn man die Eigenschwingungsformen eines verwandten Systems kennt. Bei der in III, 12, Beispiel 12 durchgeführten Berechnung der niedrigsten Eigenfrequenz einer Brücke über drei Öffnungen mit veränderlicher Steifigkeit wurde die entsprechende Eigenschwingungsform einer Brücke mit konstanter Steifigkeit verwendet, ohne daß näher darauf eingegangen werden konnte, wie man diese Eigenschwingungsform ermittelt. Die in diesem Kapitel dargelegte Methode zur Bestimmung der Formänderungen und Beanspruchungen eines ebenen Stabwerks bei erzwungenen Schwingungen ermöglicht uns nun die Berechnung der Eigenschwingungsformen eines solchen Stabwerks. Wir machen bei dieser Berechnung Gebrauch von dem Umstand, daß sich bei der Schwingungserregung eines Stabwerks durch schwingende Kräfte von wachsender Frequenz die erzwungenen Schwingungsformen stetig verändern und bei Durchschreitung einer Eigenfrequenz des Systems mit den entsprechenden Eigenschwingungsformen übereinstimmen (vgl. die Ausführungen zu Abb. 93 in III, 16). Wir ermitteln also nach dem in III, B dargelegten Verfahren die Schwingungszahl desjenigen Eigentones, dessen Schwingungsform wir berechnen wollen, und bestimmen mit dem in diesem Kapitel angegebenen Verfahren die erzwungene Schwingungsform des Systems für eine passend gewählte Erregungsart. Die Frequenz dieser Erregung legen wir dabei so nahe an die vorher bestimmte Eigenfrequenz, als es uns die Dichtigkeit von VII, Tabelle B und VII, Tabelle D erlaubt.

Beispiel 9. Die erste Eigenschwingungsform eines Balkens auf vier Stützen nach Abb. 131 soll bestimmt werden. Wir ermitteln zunächst die erste Eigenschwingungszahl des Systems. Die Frequenzgleichung wurde in III, 8, Beispiel 1 aufgestellt, und in III, 11, Abb. 62, 63 wurde ein Nomogramm zu ihrer Auflösung angegeben. Bei der Anwendung dieses Nomogramms auf unsere Aufgabe ist jedoch zu beachten, daß dort die Spannweite der Mittelöffnung im Gegensatz zu Abb. 131 mit $2\,l_2$ bezeichnet worden ist. Für unser Beispiel ist wegen $\mu_1 = \mu_2$ und $J_1 = J_2$ auch

$$\varkappa_1 = \sqrt[4]{\frac{\mu_1}{J_1}} = \varkappa_2 = \sqrt[4]{\frac{\mu_2}{J_2}}$$

und somit

$$\alpha = \frac{\varkappa_1 J_1}{\varkappa_2 J_2} = 1 \quad \text{und} \quad \beta = \frac{\varkappa_1 l_1}{\varkappa_2 \frac{l_2}{2}} = \frac{4}{3}\,.$$

Man erhält mit Hilfe des Nomogramms aus diesen Werten als niedrigste Wurzel der Frequenzgleichung $\lambda_1 = 2{,}50$ und $\lambda_2 = \frac{3}{2}\lambda_1 = 3{,}75$.

Als Erregungsart wählen wir eine Einzellast $\overline{P} = P\cos\omega t$ in der Mitte des Feldes l_2, deren Frequenz wir so annehmen, daß $\lambda_1 = 2{,}50$ und $\lambda_2 = 3{,}75$

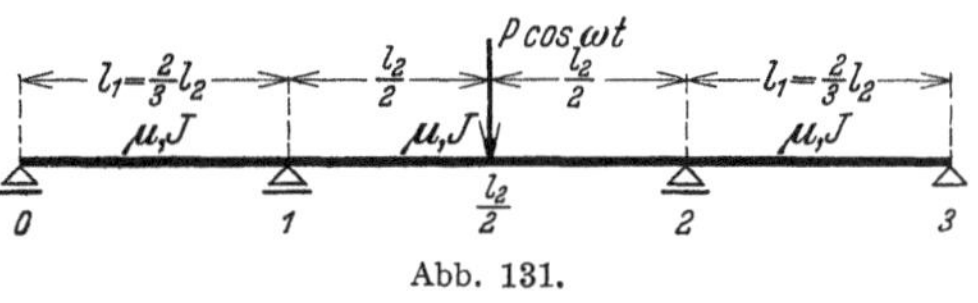

Abb. 131.

wird. Die Dreimomentengleichung 4, (26) für das Felderpaar $0, 1, 2$ lautet bei Beachtung der Symmetriebedingung $\mathfrak{M}_1 = \mathfrak{M}_2$

$$\mathfrak{M}_1 \left(l'_1\,\varphi\,(\lambda_1) + l'_2\,\varphi\,(\lambda_2) + l'_2\,\psi\,(\lambda_2)\right) = -\,P\,l_2\,l'_2\,\Psi\,(\lambda_2)\,.$$

Mit den aus VII, Tabelle D zu entnehmenden Werten von $\varphi\,(2{,}50)$, $\varphi\,(3{,}75)$, $\psi\,(3{,}75)$ und $\Psi\,(3{,}75)$ erhält man aus dieser Gleichung

$$\mathfrak{M}_1 = 4{,}02\,P\,l_2\,.$$

Wir können nun mit Hilfe der Formeln 2, (16) und VII, Tabelle B die Biegelinie und die Momentenlinie im Felde $0,1$ bestimmen. Es ist nach 2, (16a)

$$v\,(x_1) = \mathfrak{M}_1\,\frac{l_1\,l'_1}{\lambda_1^2}\,\bar{\chi}\,(\lambda_1,\,\bar{\xi}_1)\,,$$

und nach 2, (16b)

$$\mathfrak{M}\,(x_1) = \mathfrak{M}_1\,\chi\,(\lambda_1,\,\bar{\xi}_1)\,.$$

Um Biegelinie und Momentenlinie auch für das Feld $1,2$ bestimmen zu können, müssen wir zuerst Auslenkung und Biegemoment in der Mitte dieses Feldes berechnen. Nach 4, (30) ist

$$v\left(\frac{l_2}{2}\right) = 2\,\mathfrak{M}_1\,l_2\,l'_2\,\Psi\,(\lambda_2) + P\,l_2^2\,l'_2\,\Phi\,(\lambda_2)$$

und

$$\mathfrak{M}\left(\frac{l_2}{2}\right) = 2\,\mathfrak{M}_1\,\overline{\Psi}\,(\lambda_2) + P\,l_2\,\overline{\Phi}\,(\lambda_2)\,.$$

Aus den Beziehungen 2, (16), die für die linke Hälfte des Feldes $1,2$

angeschrieben werden (Länge mit $l_2/2$ bezeichnet!), ergibt sich mit $\xi_2 = \dfrac{2\,x_2}{l_2}$ und $\bar{\xi}_2 = 1 - \xi_2$

$$v(x_2) = v\left(\frac{l_2}{2}\right)\chi\left(\frac{\lambda_2}{2},\bar{\xi}_2\right) + \frac{l_2\,l_2'}{\lambda_2^2}\left\{\mathfrak{M}_1\,\bar{\chi}\left(\frac{\lambda_2}{2},\xi_2\right) + \mathfrak{M}\left(\frac{l_2}{2}\right)\bar{\chi}\left(\frac{\lambda_2}{2},\bar{\xi}_2\right)\right\},$$

$$\mathfrak{M}(x_2) = v\left(\frac{l_2}{2}\right)\frac{\lambda_2^2}{l_2\,l_2'}\,\bar{\chi}\left(\frac{\lambda_2}{2},\bar{\xi}_2\right) + \mathfrak{M}_1\,\chi\left(\frac{\lambda_2}{2},\xi_2\right) + \mathfrak{M}\left(\frac{l_2}{2}\right)\chi\left(\frac{\lambda_2}{2},\bar{\xi}_2\right).$$

Die Auswertung dieser Beziehungen geschieht am zweckmäßigsten in Form kleiner Tabellen (vgl. 3, Tabelle 28 und 29). Da das Argument $\dfrac{\lambda_2}{2} = 1{,}875$ in VII, Tabelle B nicht enthalten ist, und da sich die erzwungene Schwingungsform nur langsam mit der Frequenz ändert, kann in den obigen Formeln für $\lambda_2/2$ der Wert 1,9 eingesetzt werden. Die so berechnete, erzwungene Schwingungsform wurde in III, 12, Tabelle 9 verwendet; sie stimmt recht gut mit der ersten Eigenschwingungsform des Systems überein, da die Frequenz der erregenden Kraft sehr dicht bei der ersten Eigenfrequenz angenommen wurde.

10. Die Bestimmung der Lage der Knotenpunkte von Eigenschwingungsformen.

In III, 16 wurde gezeigt, daß der erhöhende Einfluß zusätzlicher Bindungen auf die Eigenschwingungszahlen eines Stabwerks dann am stärksten ist, wenn diese Bindungen das Stabwerk veranlassen, in einer Oberschwingungsform des Stabwerks ohne Bindungen zu schwingen. So wird z. B. der Grundton eines Balkens auf mehreren Stützen durch zusätzlich angebrachte Stützen dann am meisten gehoben, wenn diese Stützen in die Knotenpunkte der entsprechenden Oberschwingungsform des Balkens ohne zusätzliche Stützen verlegt werden. Im Zusammenhang mit Fragestellungen, welche sich mit der möglichst starken Beeinflussung der Eigenschwingungszahlen eines Stabwerks durch zusätzliche Bindungen befassen, ist häufig lediglich die Lage der Knotenpunkte einer Eigenschwingungsform, nicht aber der genaue Verlauf dieser Eigenschwingungsform von Interesse. Wir geben daher eine Abart des in 9 dargelegten Verfahrens an, welche eine einfachere Bestimmung der Lage der Knotenpunkte einer Eigenschwingungsform gestattet.

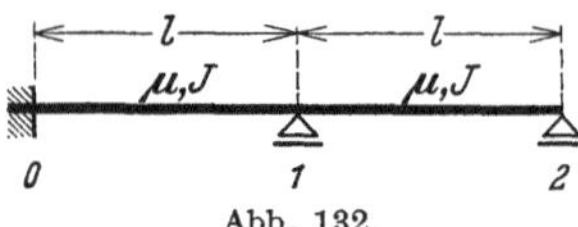
Abb. 132.

Beispiel 10. Die Lage der Knotenpunkte der zweiten Oberschwingungsform eines Balkens nach Abb. 132 soll bestimmt werden. Die Frequenzgleichung des Systems wurde bereits in III, 7, (24) gegeben, für die hier zugrunde gelegten speziellen Systemabmessungen lautet sie

$$\frac{\mathfrak{B}(\lambda)}{\mathfrak{D}(\lambda)} = \frac{\mathfrak{S}(\lambda)}{\mathfrak{B}(\lambda)}.$$

Durch einfaches Durchgehen der entsprechenden Spalten von VII, Tabelle A findet man als angenäherte Werte der Wurzeln dieser Gleichung $\lambda_I = 3{,}40$, $\lambda_{II} = 4{,}46$, $\lambda_{III} = 6{,}55$. Dem zweiten Oberton, dessen Knotenpunktlagen bestimmt werden sollen, entspricht also die Wurzel $\lambda_{III} = 6{,}55$. Um nun die Schwingungsform für das Feld *0,1* zu berechnen, denken wir uns das System durch eine in der Mitte des Feldes *1,2* angreifende schwingende Einzellast erregt. Die Dreimomenten-

Tabelle 30.

$\xi_1 = \dfrac{x_1}{l}$	0,0	0,1	0,2	0,3	0,4	0,5	0,6	0,7	0,8	0,9	1,0
$1{,}425\,\bar\chi(\lambda,\xi_1)\ldots$	0	$-1{,}14$	$-2{,}12$	$-2{,}38$	$-1{,}72$	$-0{,}39$	$+1{,}09$	$+2{,}09$	$+2{,}22$	$+1{,}40$	0
$\bar\chi(\lambda,\bar\xi_1)\ldots$	0	$+0{,}98$	$+1{,}55$	$+1{,}47$	$+0{,}76$	$-0{,}27$	$-1{,}21$	$-1{,}67$	$-1{,}49$	$-0{,}80$	0
$v(x_1)\ldots$	0	$-0{,}16$	$-0{,}67$	$-0{,}91$	$-0{,}96$	$-0{,}66$	$-0{,}12$	$+0{,}42$	$+0{,}73$	$+0{,}60$	0

gleichung 4, (26) für den Stabzug *0, 0, 1* (betr. Berücksichtigung der Einspannung vgl. 4, Beispiel 3) liefert die Beziehung

$$\mathfrak{M}_0\,\varphi(\lambda) + \mathfrak{M}_1\,\psi(\lambda) = 0,$$

oder unter Verwendung der Funktionswerte für $\lambda = 6{,}55$ aus VII, Tabelle D

$$\mathfrak{M}_0 = 1{,}425\,\mathfrak{M}_1.$$

Die Gleichung 2, (16a) liefert

$$v(x_1) = \frac{l\,l'}{\lambda^2}\left\{\mathfrak{M}_0\,\bar\chi(\lambda,\xi_1) + \mathfrak{M}_1\,\bar\chi(\lambda,\bar\xi_1)\right\}.$$

Da es uns nur auf die Lage des Knotenpunktes ankommt, können wir bei der numerischen Auswertung dieser Beziehung in beiden Gliedern den gemeinsamen Faktor $l\,l'/\lambda^2$ weglassen und willkürlich $\mathfrak{M}_1 = 1$, also der obigen Beziehung gemäß $\mathfrak{M}_0 = 1{,}425$ setzen. Da der Wert $\lambda = 6{,}55$ in VII, Tabelle B nicht enthalten ist, verwenden wir statt dessen $\lambda = 6{,}6$. Tabelle 30 gibt die Auswertung wieder.

Abb. 133 stellt diese Biegelinie dar, man entnimmt ihr, daß der Knoten des Feldes *0,1* bei $x_1 = 0{,}62\,l$ liegt.

Um nun auch die Lage des Knotens des Feldes *1,2* zu berechnen, denken wir uns den Balken erregt durch eine in der Mitte des Feldes *0,1* angreifende schwingende Einzellast. Die Schwingungen des Feldes *1,2* werden bei dieser Erregungsart lediglich erzeugt durch das schwingende Stützmoment $\mathfrak{M}_1$. Die Gleichung 2, (16a) liefert

$$v(x_2) = \frac{l\,l'}{\lambda^2}\,\mathfrak{M}_1\,\overline{\chi}(\lambda,\,\xi_2)\,.$$

Bei der Auswertung dieser Beziehung können wir wiederum den Faktor $l l'/\lambda^2$ weglassen und willkürlich $\mathfrak{M}_1 = 1$ setzen. Die Biegelinie stimmt also bis auf einen Faktor mit $\overline{\chi}(\lambda,\xi_2)$ überein, der Knoten liegt bei $x_2 = 0{,}53\,l$. Abb. 133 zeigt auch die Biegelinie für das Feld $1,2$.

Die hier gegebene Vereinfachung des Verfahrens von 9 besteht darin, daß man sich die Schwingungen jeweils durch eine Last erregt denkt, die nicht in dem gerade durchzurechnenden Felde angreift.

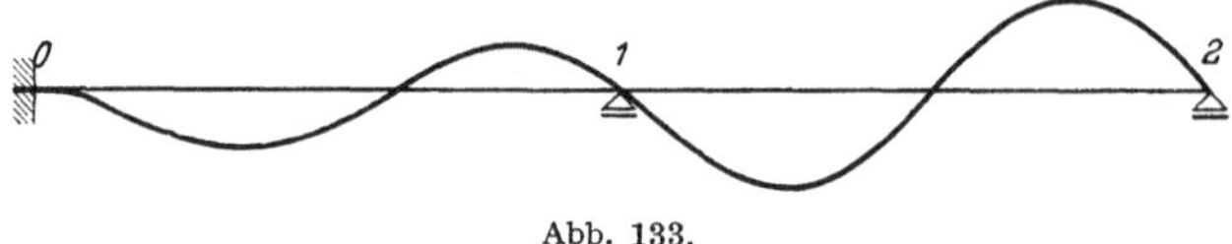

Abb. 133.

Aus den Dreimomentengleichungen erhält man dann das Verhältnis der Stützmomente an den Enden dieses Feldes und kann mit Hilfe der Gleichung 2, (16a) die Form der Biegelinie für dieses Feld bestimmen.

C. Verfahren zur angenäherten Berechnung erzwungener Schwingungen.

11. Die Methode der Entwicklung der erzwungenen Schwingungsform nach Eigenschwingungsformen.

Wenn harmonisch veränderliche Lasten mit festem Angriffspunkt

$$p(x,\,t) = p(x)\,\sin\omega\,t$$

an einem Stab angreifen, so entsteht eine stationäre Schwingung mit der Kreisfrequenz ω der erregenden Kräfte

$$v(x,\,t) = v(x)\,\sin\omega\,t\,.$$

Für die Amplitude $v(x)$ dieser erzwungenen Schwingung gilt, wie in II, 24 gezeigt wurde, die Entwicklung

$$v(x) = \sum_{k=1}^{\infty}{}' \frac{\overline{v}_k}{1-\left(\dfrac{\omega}{\omega_k}\right)^2}\,V_k(x)\,. \tag{42}$$

Hierin sind die $\overline{v}_k$ die Entwicklungskoeffizienten der durch die Last $p(x)$ bewirkten statischen Durchbiegung $\overline{v}(x)$ nach den Eigenschwingungsformen $V_k(x)$

$$\overline{v}(x) = \sum_{k=1}^{\infty}\overline{v}_k\,V_k(x)\,. \tag{43}$$

Für die praktische Näherungsrechnung handelt es sich darum, in der Entwicklung (42) die maßgebenden Glieder herauszufinden. Wenn die statische Durchbiegung $v(x)$ unter der Last $p(x)$ ungefähr mit der ersten Eigenschwingungsform übereinstimmt, was meistens der Fall sein wird, überwiegt in der Reihe (43) das erste Glied. Solange $\omega < \omega_1$, überwiegt dann in der Reihe (42) erst recht das erste Glied. Wir haben also in erster Näherung

$$v(x) \approx \frac{\bar{v}_1}{1 - \left(\dfrac{\omega}{\omega_1}\right)^2}\, V_1(x) \approx \frac{\bar{v}(x)}{1 - \left(\dfrac{\omega}{\omega_1}\right)^2}. \tag{44}$$

Bezeichnet man das Verhältnis der dynamischen Durchbiegung $v(x)$ zur statischen Durchbiegung $\bar{v}(x)$ mit $v^*(x)$, so erhält man näherungsweise

$$v^*(x) \approx v_1^*(x) = \frac{1}{1 - \left(\dfrac{\omega}{\omega_1}\right)^2}. \tag{45}$$

$v^*(x)$ hat in erster Näherung an allen Punkten des Balkens den gleichen Wert, d. h. die dynamische Biegelinie ist in erster Näherung der statischen Biegelinie ähnlich. Die Näherung (45) ist sicher nicht mehr gültig, wenn die Erregerfrequenz ω in der Nähe der zweiten Eigenfrequenz ω_2 liegt, denn dann wird $1 - \left(\dfrac{\omega}{\omega_2}\right)^2$ klein und das zweite Glied der Entwicklung (42) wird für genügend kleine $|\omega - \omega_2|$ immer größer sein als das erste. Die Näherung (45) gilt daher, wie schon früher bemerkt wurde, nur für Erregerfrequenzen, die kleiner sind als die zweite Eigenfrequenz, und die außerdem von dieser genügend verschieden sind.

Wir wollen jetzt eine bessere Näherung gewinnen dadurch, daß wir in den Entwicklungen (42) und (43) die ersten beiden Glieder berücksichtigen. Wir setzen also

$$\bar{v}(x) = \bar{v}_1\, V_1(x) + \bar{v}_2\, V_2(x), \tag{46}$$

oder

$$v(x) = \frac{\bar{v}_1}{1 - \left(\dfrac{\omega}{\omega_1}\right)^2}\, V_1(x) + \frac{\bar{v}_2}{1 - \left(\dfrac{\omega}{\omega_2}\right)^2}\, V_2(x). \tag{47}$$

Führt man $\bar{v}_2\, V_2(x)$ aus (46) in (47) ein, dann ergibt sich für das Verhältnis der dynamischen zur statischen Durchbiegung in zweiter Näherung

$$v_2^*(x) = \frac{1}{1 - \left(\dfrac{\omega}{\omega_2}\right)^2} + \frac{\bar{v}_1\, V_1(x)}{\bar{v}(x)} \left[\frac{1}{1 - \left(\dfrac{\omega}{\omega_1}\right)^2} - \frac{1}{1 - \left(\dfrac{\omega}{\omega_2}\right)^2} \right]. \tag{48}$$

Wir sehen also, daß in zweiter Näherung die dynamische Biegelinie nicht mehr der statischen Biegelinie ähnlich ist.

18*

Wir wollen nun noch die entsprechenden Formeln für die dynamischen Biegemomente aufstellen. Differenziert man (44) zweimal nach x und multipliziert man beide Seiten mit der Steifigkeit EJ, so erhält man unter Berücksichtigung von

$$EJ\,v''(x) = -\mathfrak{M}(x)$$
$$EJ\,\bar{v}''(x) = -\overline{\mathfrak{M}}(x) \qquad (49)$$

für das Verhältnis $\mathfrak{M}^*(x)$ der dynamischen zu den statischen Biegemomenten in erster Näherung den Ausdruck

$$\mathfrak{M}^*(x) \approx \mathfrak{M}_1^*(x) = \frac{1}{1 - \left(\dfrac{\omega}{\omega_1}\right)^2}, \qquad (50)$$

also den gleichen Wert wie für das Verhältnis der dynamischen zur statischen Durchbiegung. Hierbei ist vorausgesetzt, daß auch die zweiten Differentialquotienten der rechten und linken Seite von (44) annähernd übereinstimmen. Dies ist eine viel weitgehendere Forderung als die der Gültigkeit von (44), wir werden denn auch an Beispielen sehen, daß (50) eine schlechtere Näherung darstellt als (45).

Multipliziert man (48) mit $\bar{v}(x)$, differenziert zweimal nach x und multipliziert mit EJ, so erhält man

$$EJ\,v''(x) = \frac{EJ\,\bar{v}''(x)}{1 - \left(\dfrac{\omega}{\omega_2}\right)^2} + \bar{v}_1\,EJ\,V_1''(x)\left[\frac{1}{1 - \left(\dfrac{\omega}{\omega_1}\right)^2} - \frac{1}{1 - \left(\dfrac{\omega}{\omega_2}\right)^2}\right].$$

Daraus ergibt sich unter Berücksichtigung von (49) für das Verhältnis der dynamischen zu den statischen Biegemomenten in zweiter Näherung

$$\mathfrak{M}^*(x) \approx \mathfrak{M}_2^*(x) = \frac{1}{1 - \left(\dfrac{\omega}{\omega_2}\right)^2} - \frac{\bar{v}_1\,EJ\,V_1''(x)}{\overline{\mathfrak{M}}(x)}\left[\frac{1}{1 - \left(\dfrac{\omega}{\omega_1}\right)^2} - \frac{1}{1 - \left(\dfrac{\omega}{\omega_2}\right)^2}\right]. \quad (51)$$

Wenn die Erregerfrequenz nahezu mit der dritten Eigenfrequenz übereinstimmt, dann überwiegt in der Reihe (42) das dritte Glied, welches in (48) und (51) gerade nicht mehr berücksichtigt ist. Die Näherungen (48) und (51) gelten also nur für Erregerfrequenzen, die kleiner sind als die dritte Eigenfrequenz, und die außerdem von dieser genügend verschieden sind. In entsprechender Weise lassen sich für die dynamische Durchbiegung und für die dynamischen Biegemomente bessere Näherungsformeln aufstellen, die für noch höhere Erregerfrequenzen gültig bleiben.

12. Beispiel.

Wir nehmen als Beispiel für die Verwendung der angegebenen Formeln den homogenen Stab, der am einen Ende fest eingespannt, am anderen Ende frei ist, und auf dessen freies Ende eine schwingende

Einzellast wirkt. Dieser Fall ist der strengen Rechnung zugänglich, die uns eine erwünschte Kontrolle für die Näherungsrechnung liefern wird. Zur Berechnung der Eigenkreisfrequenzen

$$\omega_k = \frac{\lambda_k^2}{l^2}\sqrt{\frac{EJ}{\mu}}$$

entnimmt man VII, Tabelle C die Werte

$$\left.\begin{aligned}
\lambda_1^2 &= \ \ 3{,}5160\,, \\
\lambda_2^2 &= 22{,}0345\,, \\
\lambda_3^2 &= 61{,}6972\,, \\
&\ \ \vdots \qquad \vdots
\end{aligned}\right\} \tag{52}$$

Wenn wir für die Erregerkreisfrequenz setzen

$$\omega = \frac{\lambda^2}{l^2}\sqrt{\frac{EJ}{\mu}}\,, \tag{53}$$

dann ist das Verhältnis der dynamischen zur statischen Durchbiegung

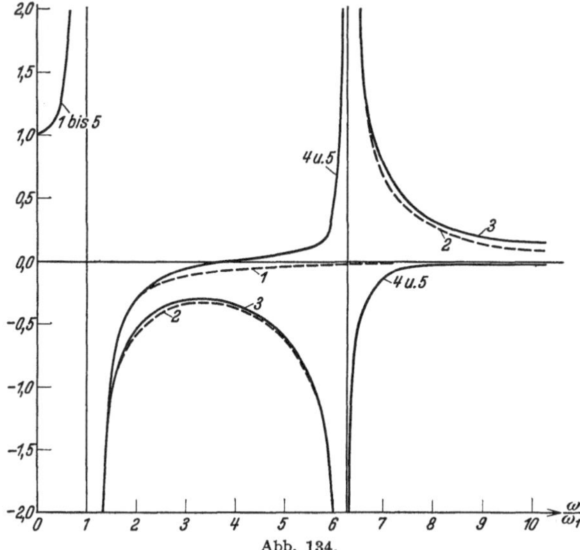

Abb. 134.

bzw. das Verhältnis der dynamischen zu den statischen Biegemomenten in erster Näherung gegeben durch

$$v^* \approx \mathfrak{M}^* \approx \frac{1}{1 - \left(\dfrac{\lambda}{\lambda_1}\right)^4}\,. \tag{54}$$

Diese Gleichung ist für verschiedene λ-Werte in Abb. 134 durch Kurve 1 dargestellt.

Zur Berechnung der zweiten Näherung ist die Kenntnis des ersten Entwicklungskoeffizienten $\bar{v}_1$ der statischen Biegelinie erforderlich. Diese Rechnung ist in Tabelle **31** durchgeführt. Zunächst ist die statische Biegelinie unter der Einzellast P am freien Stabende in der nunmehr als bekannt vorauszusetzenden Weise bestimmt. Die Spalte C enthält die dimensionslose erste Eigenschwingungsform aus VII, Tabelle C. Wegen

$$\bar{v}(x) = \frac{P\,l^3}{4800\,E J}\,B(x) \tag{55}$$

ist

$$\bar{v}_1 = \int\limits_0^l \mu\,\bar{v}(x)\,V_1(x)\,dx = \frac{\mu\,P\,l^3}{4800\,E J}\,l\int\limits_0^l B\,C\,dx = \frac{\mu\,P\,l^3}{4800\,E J}\,\frac{l^2}{60}\,\Sigma_1. \tag{56}$$

In den Formeln (48) und (51) ist die erste Eigenschwingungsform als normiert vorausgesetzt. Wir haben somit $V_1(x)$ durch $\sqrt{N_1}$ zu dividieren, wobei

$$N_1 = \int\limits_0^l \mu\,V_1^2(x)\,dx = l^2\mu\int\limits_0^l C^2\,dx = l^3\mu \tag{57}$$

ist. Das Verhältnis der dynamischen zur statischen Durchbiegung am freien Stabende ergibt sich dann nach (48) zu

$$v_2^*(l) = \frac{1}{1-\left(\dfrac{\omega}{\omega_2}\right)^2} + \frac{\bar{v}_1\,C(l)\,l}{N_1\,\bar{v}(l)}\left[\frac{1}{1-\left(\dfrac{\omega}{\omega_1}\right)^2} - \frac{1}{1-\left(\dfrac{\omega}{\omega_2}\right)^2}\right]$$

oder unter Verwendung von (55), (56) und (57) zu

$$v_2^*(l) = \frac{1}{1-\left(\dfrac{\omega}{\omega_2}\right)^2} + \frac{C(l)\,\Sigma_1}{60\,B(l)}\left[\frac{1}{1-\left(\dfrac{\omega}{\omega_1}\right)^2} - \frac{1}{1-\left(\dfrac{\omega}{\omega_2}\right)^2}\right].$$

Man erhält schließlich durch Einsetzen der entsprechenden Werte aus Tabelle **31** und unter Berücksichtigung von (53)

$$v_2^*(l) = \frac{0,97085}{1-\left(\dfrac{\lambda}{\lambda_1}\right)^4} + \frac{0,02915}{1-\left(\dfrac{\lambda}{\lambda_2}\right)^4}. \tag{58}$$

Diese Funktion ist wieder für verschiedene λ-Werte in Abb. **134** als Kurve *4* eingetragen. Man sieht, daß die zweite Näherung (58) mit der ersten Näherung (54) bis etwa $\lambda = 3{,}5$ recht gut übereinstimmt. Die zweite Eigenfrequenz liegt bei $\lambda_2 = 4{,}69$. Für λ-Werte in der Nähe dieses Wertes versagt die Formel (54) völlig.

Das Verhältnis des dynamischen zum statischen Biegemoment an der Einspannstelle des Stabes ergibt sich nach (51) zu

$$\mathfrak{M}_2^*(0) = \frac{1}{1-\left(\dfrac{\omega}{\omega_2}\right)^2} - \frac{\bar{v}_1\,E J\,V_1''(0)\,l}{l\,N_1\,\overline{\mathfrak{M}}(0)}\left[\frac{1}{1-\left(\dfrac{\omega}{\omega_1}\right)^2} - \frac{1}{1-\left(\dfrac{\omega}{\omega_2}\right)^2}\right].$$

Setzt man hierin (56) und (57) ein, so erhält man unter Berücksichtigung von

$$\overline{\mathfrak{M}}(0) = -Pl,$$

und

$$l\,V_1''(0) = 7{,}0321$$

(vgl. VII, Tabelle C)

$$\mathfrak{M}_2^*(0) = \frac{1}{1 - \left(\dfrac{\omega}{\omega_2}\right)^2} + \frac{\Sigma_1\,7{,}0321}{60 \cdot 4800}\left[\frac{1}{1 - \left(\dfrac{\omega}{\omega_1}\right)^2} - \frac{1}{1 - \left(\dfrac{\omega}{\omega_2}\right)^2}\right],$$

oder schließlich

$$\mathfrak{M}_2^*(0) = \frac{1{,}17035}{1 - \left(\dfrac{\lambda}{\lambda_1}\right)^4} - \frac{0{,}17035}{1 - \left(\dfrac{\lambda}{\lambda_2}\right)^4}. \quad (59)$$

Auch diese Funktion ist für verschiedene λ-Werte in Abb. 134 als Kurve *2* eingetragen. Die zweite Näherung stimmt wieder im ersten Teil der Kurve gut mit der ersten Näherung überein. Wenn die Erregerfrequenz in die Nähe der zweiten Eigenfrequenz kommt, wird die Näherung unbrauchbar. Wir haben hier lediglich die Verhältnisse v^* und $\mathfrak{M}^*$ im freien bzw. am eingespannten Stabende berechnet. Für andere Stabpunkte erhält man andere Verhältnisse.

Zur Kontrolle der Näherungsrechnung wollen wir jetzt noch die genaue Berechnung der dynamischen Schwingungsform und der dynamischen Biegemomente durchführen. Die Einspannung können wir auffassen als zwei unendlich benachbarte Lager. Der erweiterte Dreimomentensatz 4, (28) nimmt dann für das Feld *0,1* wegen $\mathfrak{M}(l=0)$ die

Tabelle 31.

$h = \dfrac{l}{20}$	A	B	C	
$\dfrac{x}{l}$	$-\dfrac{\mathfrak{M}}{Pl}$	$\dfrac{12}{h^2}\displaystyle\int\!\!\!\int_0^x A\,dx^2$	$\dfrac{V_1}{l}$	BC
0,00	1,00	0,0	0,00000	0,00
0,05	0,95	5,9	0,00860	0,05
0,10	0,90	23,2	0,03354	0,77
0,15	0,85	51,3	0,07518	3,84
0,20	0,80	89,6	0,12774	11,44
0,25	0,75	137,5	0,19458	26,76
0,30	0,70	194,4	0,27297	53,06
0,35	0,65	259,7	0,36175	93,94
0,40	0,60	332,8	0,45976	153,01
0,45	0,55	413,1	0,56590	233,78
0,50	0,50	500,0	0,67905	339,52
0,55	0,45	592,9	0,79817	473,24
0,60	0,40	691,2	0,92227	637,47
0,65	0,35	794,3	1,05042	834,34
0,70	0,30	901,6	1,18175	1065,47
0,75	0,25	1012,5	1,31549	1331,93
0,80	0,20	1126,4	1,45096	1634,36
0,85	0,15	1242,7	1,58907	1974,74
0,90	0,10	1360,8	1,72481	2347,12
0,95	0,05	1480,1	1,86238	2756,51
1,00	0,00	1600,0	2,00000	3200,01
				Σ_1
				$\dfrac{3}{h}\displaystyle\int_0^l BC\,dx$
				46600,97

Form an

$$\mathfrak{M}(0)\, l'\, \varphi(\lambda) = -\frac{v(l)}{l}\,\overline{\psi}(\lambda). \qquad (60)$$

Die Querkraft am Balkenende ist nach 2, (21b) gegeben durch

$$Q(l) = -\frac{\mathfrak{M}(0)}{l}\,\overline{\psi}(\lambda) - \frac{\lambda^4}{l^2\, l'}\,v(l)\,\varphi(\lambda) = P.$$

Man erhält aus diesen beiden Gleichungen

$$\mathfrak{M}(0) = -P\,l\,\frac{\overline{\psi}(\lambda)}{\overline{\psi}^2(\lambda) - \lambda^4\,\varphi^2(\lambda)},$$

oder wegen

$$\overline{\mathfrak{M}}(0) = -P\,l,$$

$$\mathfrak{M}*(0) = \frac{\overline{\psi}(\lambda)}{\overline{\psi}^2(\lambda) - \lambda^4\,\varphi^2(\lambda)}. \qquad (61)$$

Die dynamische Durchbiegung am Balkenende ist nach (60)

$$v(l) = -\mathfrak{M}(0)\, l\, l'\,\frac{\varphi(\lambda)}{\overline{\psi}(\lambda)}.$$

Die statische Durchbiegung unter der Last P am Stabende beträgt

$$\overline{v}(l) = \frac{P\, l^2\, l'}{3} = -\mathfrak{M}(0)\,\frac{l\, l'}{3}.$$

Wir erhalten somit für das Verhältnis der dynamischen zur statischen Durchbiegung am freien Stabende die Beziehung

$$v*(l) = \frac{3\,\varphi(\lambda)}{\overline{\psi}(\lambda)}\,\mathfrak{M}*(0). \qquad (62)$$

Die Funktionen (61) und (62) sind ebenfalls in Abb. **134** als Kurve *3* und *5* eingetragen. Bis etwa $\lambda = 1{,}3$ fallen beide Näherungen innerhalb der Zeichengenauigkeit mit den exakten Werten zusammen. Von da ab wird die erste Näherung (Kurve *1*) völlig unbrauchbar, die zweite Näherung stimmt dagegen im gezeichneten Gebiet noch gut mit der genauen Lösung überein, und zwar liegt der Unterschied zwischen der dynamischen und der statischen Durchbiegung unterhalb der Zeichengenauigkeit, d. h. die Kurven *4* und *5* fallen praktisch zusammen, während sich für das Verhältnis des dynamischen zum statischen Biegemoment geringe Unterschiede des Näherungswertes von den genauen Werten bemerken lassen (vgl. Kurve *2* und *3*). Die ausgezogenen Kurven stellen in Abb. **134** die genauen Verhältnisse dar. Die Resonanzkurve sowohl für die maximale Auslenkung wie für das maximale Biegemoment ist an der Stelle der ersten Resonanz recht breit. Es gibt also ein großes Gebiet von Erregerfrequenzen, für welche die dynamischen Ausschläge und Biegemomente groß werden. So ist z. B. die dynamische Auslenkung größer als die doppelte statische Auslenkung in einem Bereich von etwa $0{,}7 < \dfrac{\omega}{\omega_1} < 1{,}3$. Bei der zweiten Resonanz liegen die Verhältnisse wesentlich anders. Die Resonanzkurve für die Auslenkungen ist sehr schmal. Die dynamische Auslenkung ist größer als die doppelte statische Auslenkung nur in dem kleinen Bereich von etwa $6{,}2 < \dfrac{\omega}{\omega_1} < 6{,}3$. Die Resonanzkurve für das größte Biegemoment dagegen ist auch in der Umgebung der zweiten Resonanz verhältnismäßig breit, und das dynamische Biegemoment ist z. B. größer als das doppelte statische Biegemoment in dem Bereich von etwa $6{,}0 < \dfrac{\omega}{\omega_1} < 6{,}5$. Alle diese Tatsachen werden auch von den Näherungsformeln (58) und (59) richtig wiedergegeben. Sie sind also in einem gewissen Bereich der Erregerfrequenz geeignet zur Berechnung der dynamischen Auslenkungen und Biegemomente auch dann, wenn die strenge Methode versagt, also bei inhomogenen Stäben. Im Fall eines inhomogenen Stabes erfolgt die Berechnung der dynamischen Auslenkungen und der dynamischen Biegemomente in ganz entsprechender Weise. Es erübrigt sich daher, die Durchrechnung eines Beispiels wiederzugeben. Für die erste Näherung (54) ist lediglich die Kenntnis der ersten Eigenfrequenz erforderlich, die mit Hilfe der Näherungsmethoden von III, B ermittelt wird. Für die zweiten Näherungen (48) und (51) müssen außerdem noch die zweite Eigenfrequenz und die erste Eigenschwingungsform bekannt sein. Die näherungsweise Berechnung der zweiten Eigenfrequenz ist in III, B beschrieben, als Näherung für die erste Eigenschwingungsform ist etwa die Biegelinie unter einer gleichmäßig verteilten Last zu nehmen.

13. Die Energiemethode für erzwungene Schwingungen.

Wir wollen jetzt die Energiebilanz für einen Stab anschreiben, der unter dem Einfluß einer harmonischen Kraft je Längeneinheit

$$p\,(x,t) = p\,(x)\sin\omega t$$

harmonische erzwungene Schwingungen mit der Kreisfrequenz ω ausführt, sodaß die Auslenkung gegeben ist durch

$$v\,(x,t) = v\,(x)\sin\omega t.$$

Wir ermitteln zunächst die Arbeit der am Stabelement angreifenden äußeren Kraft $p\,(x,t)\,dx$, wenn sich der Stab aus der gestreckten Lage in die Umkehrlage bewegt. Diese Arbeit beträgt

$$dA_p = dx \int\limits_{0}^{v\,(x)} p\,(x,t)\,dv\,(x,t) = p\,(x)\,dx\,v\,(x) \int\limits_{0}^{\pi/2} \sin^2\psi\,d\psi,$$

worin $\omega t = \psi$ gesetzt ist. Das Integral hat den Wert $\tfrac{1}{2}$ und man erhält für die gesamte Arbeit der äußeren Kraft während einer Viertelschwingung

$$A_p = \tfrac{1}{2} \int_0^l p\,(x)\,v\,(x)\,dx.$$

Die Arbeit der Trägheitskräfte $\mu\,\omega^2\,v\,(x)\,\sin\omega\,t$ beträgt entsprechend

$$A_T = \tfrac{1}{2} \int_0^l \mu\,\omega^2\,v^2\,(x)\,dx.$$

Die Summe dieser beiden Arbeiten muß gleich sein der Formänderungsenergie des Balkens mit der Auslenkung $v\,(x)$, also gilt

$$\int_0^l E\,J\,v''^2\,dv = \omega^2 \int_0^l \mu\,v^2\,dx + \int_0^l p\,(x)\,v\,dx. \tag{63}$$

Diese Energiegleichung gilt auch noch angenähert, wenn an Stelle der
wirklichen Schwingungsform $v\,(x)$ eine davon nicht allzusehr abweichende andere Biegelinie eingesetzt wird. Wir wollen annehmen, daß
die dynamische Biegelinie $v\,(x)$ ähnlich ist der statischen Biegelinie $\bar v\,(x)$
unter der Last $p\,(x)$, sodaß gilt

$$v\,(x) = v^*\,\bar v\,(x). \tag{64}$$

Dies ist immer angenähert der Fall, wenn die Erregerfrequenz unterhalb der ersten Eigenfrequenz liegt und von dieser genügend verschieden ist. Außerdem gilt (64) auch oberhalb der ersten Eigenfrequenz
noch angenähert, wenn die Last $p\,(x)$ eine Biegelinie erzeugt, die
ungefähr mit der ersten Eigenschwingungsform übereinstimmt. Dies
ist z. B. bei der Endbelastung eines einseitig eingespannten Balkens
der Fall (vgl. das Beispiel in 12). Durch Einsetzen von (64) in (63)
erhält man unter Berücksichtigung der Beziehung

$$\int_0^l E\,J\,\bar v''^2\,dx = \int_0^l p\,\bar v\,dx \tag{65}$$

für v^* die Gleichung

$$v^* \approx \cfrac{1}{1 - \omega^2\,\cfrac{\displaystyle\int_0^l \mu\,\bar v^2\,dx}{\displaystyle\int_0^l E\,J\,\bar v''^2\,dx}}. \tag{66}$$

Diese Beziehung gilt angenähert für beliebige schwingende Lasten,
solange die Erregerfrequenz genügend unterhalb der ersten Eigenfrequenz liegt. Stimmt überdies die statische Biegelinie $\bar v\,(x)$ ungefähr
mit der ersten Eigenschwingungslinie überein, so gilt bekanntlich

$$\omega_1^2 \leq \frac{\displaystyle\int_0^l E\,J\,\bar v''^2\,dx}{\displaystyle\int_0^l \mu\,\bar v^2\,dx}, \tag{67}$$

und man bekommt

$$v^* \approx \frac{1}{1 - \left(\dfrac{\omega}{\omega_1}\right)^2}, \qquad (68)$$

also die gleiche Formel, die in 11 bereits auf anderem Wege gewonnen war, und deren Güte an einem Beispiel in 12 erwiesen wurde. Das Verhältnis $\mathfrak{M}^*$ des dynamischen zum statischen Biegemoment ist wieder in erster Näherung gleich v^* zu setzen.

14. Der Einfluß von statischen Längskräften auf die erzwungenen Schwingungen.

Wir wollen die Energiegleichung dazu verwenden, um den Einfluß von statischen Längskräften auf die erzwungenen Schwingungen näherungsweise zu berücksichtigen. Wir nehmen an, daß im Stab eine Längskraft N herrscht, die wiederum als Zug positiv gerechnet werden soll. Die Arbeit der Längskraft bei der Auslenkung $v(x)$ war bereits in III, 18, (79) berechnet worden zu

$$A_L = \tfrac{1}{2} \int_0^l N v'^2 \, dx.$$

Die Energiegleichung (63) ist dann um dieses Glied zu erweitern, und zwar ist die Arbeit der Längskraft positiv, wenn sie als Druck wirkt

$$\int_0^l E J v''^2 \, dx = \omega^2 \int_0^l \mu v^2 \, dx + \int_0^l p v \, dx - N \int_0^l v'^2 \, dx. \qquad (69)$$

Wir nehmen wieder an, daß sich die dynamische Biegelinie von der statischen Biegelinie $\bar{v}(x)$ des längskraftfreien Stabes nur um einen konstanten Faktor unterscheidet:

$$v(x) = v^* \bar{v}(x). \qquad (70)$$

Dies ist sicher dann der Fall, wenn die absolut genommene Längskraft genügend unterhalb der Knicklast liegt, und wenn die Erregerfrequenz genügend unterhalb der ersten Eigenfrequenz liegt. Durch Einsetzen von (70) in (69) erhält man unter Berücksichtigung der Beziehung (65) für v^* die Gleichung

$$v^* \approx \frac{1}{1 - \omega^2 \dfrac{\displaystyle\int_0^l \mu \bar{v}^2 \, dx}{\displaystyle\int_0^l E J \bar{v}''^2 \, dx} + N \dfrac{\displaystyle\int_0^l \bar{v}'^2 \, dx}{\displaystyle\int_0^l E J \bar{v}''^2 \, dx}}. \qquad (71)$$

Wie man durch Vergleich mit (66) sieht, wird die Auslenkung vergrößert bei Druck, verkleinert bei Zug. Stimmt die statische Biegelinie $\bar{v}(x)$ des längskraftfreien Stabes unter der Last $p(x)$ überdies ungefähr mit der ersten Eigenschwingungsform überein, so gilt (67). Stimmt die statische Biegelinie $\bar{v}(x)$ auch angenähert mit der Knicklinie überein, so gilt, wie in III, 18, (85) gezeigt wurde, für die Knicklast N_k die Beziehung

$$N_k \approx \frac{\int_0^l EJ\,v''^2\,dx}{\int_0^l v'^2\,dx}.$$
(72)

Wir erhalten dann durch Einsetzen von (67) und (72) in (71) die einfache Beziehung

$$v^* \approx \frac{1}{1 - \left(\dfrac{\omega}{\omega_1}\right)^2 + \dfrac{N}{N_k}}.$$
(73)

Für $\omega = 0$ geht diese Formel in die bekannte Vianellosche Formel für die Auslenkung bei Knickbiegung über. Die Formel dürfte für die meisten praktisch interessierenden Fälle ausreichen. Es sei jedoch noch einmal ausdrücklich auf die Voraussetzung hingewiesen, daß die statische Biegelinie ohne Längskraft, die Eigenschwingungslinie und die Knicklinie ungefähr die gleiche Form haben. Die Formel gilt dann nur für Eigenfrequenzen, die genügend weit unterhalb der zweiten Eigenfrequenz liegen (vgl. Abb. 134 in 12).

V. Die Berechnung von Ausgleichsschwingungen.

A. Ausgleichsschwingungen infolge plötzlicher Laständerungen.

1. Das Stabwerk unter dem Einfluß allgemeiner zeitlich veränderlicher Lasten.

Die Methode zur Berechnung der Bewegung eines Stabwerkes unter dem Einfluß irgendwelcher äußerer Kräfte und aus irgendeiner gegebenen Anfangslage und Geschwindigkeit des Systems mit Hilfe der Normalgleichungen ist in II, 23 ausführlich dargestellt worden. Wir fassen das Ergebnis noch einmal zusammen: Die Auslenkung an der Stelle x zur Zeit t läßt sich darstellen durch die gleichmäßig und absolut konvergente unendliche Reihe

$$v(x, t) = \sum_{k=1}^{\infty} v_k(t)\, V_k(x).$$
(1)

Hierin ist $V_k(x)$ die k^{te} Eigenschwingungsform des Stabes, die so normiert sein soll, daß die Beziehung

$$\int_0^l V_k^2(x)\,\mu\,dx = 1 \tag{2}$$

gilt. $v_k(t)$ ist die k^{te} Normalkomponente der Bewegung. Sie hängt mit der Auslenkungsfunktion $v(x,t)$ vermittels

$$v_k(t) = \int_0^l v(x,t)\,V_k(x)\,\mu\,dx \tag{3}$$

zusammen. Die Normalkomponente $v_k(t)$ der Auslenkung ergibt sich als Lösung der Normalgleichung

$$\ddot{v}_k(t) + \omega_k^2 v_k(t) = p_k(t). \tag{4}$$

Hierin ist ω_k die k^{te} Eigenkreisfrequenz und $p_k(t)$ die k^{te} Normalkomponente der äußeren Kräfte. Bezeichnet $p(x,t)$ die zeitlich und örtlich veränderliche äußere Last je Längeneinheit, dann ergibt sich die k^{te} Normalkomponente der Last aus

$$p_k(t) = \int_0^l p(x,t)\,V_k(x)\,dx. \tag{5}$$

Will man umgekehrt aus den Normalkomponenten der Last diese selbst bestimmen, so verwendet man die unendliche Reihe

$$p(x,t) = \sum_{k=1}^{\infty} p_k(t)\,V_k(x)\,\mu. \tag{6}$$

Nach den Ausführungen in I, 5 läßt sich die Lösung der Normalgleichung (4) schreiben in der Form

$$v_k(t) = v_k(0)\cos\omega_k t + \frac{\dot{v}_k(0)}{\omega_k}\sin\omega_k t + \frac{1}{\omega_k}\int_0^t p_k(t')\sin\omega_k(t - t')\,dt', \tag{7}$$

$v_k(0)$ ist die k^{te} Normalkomponente der Anfangsauslenkung $v(x,0)$ zur Zeit $t = 0$ und wird nach (3) gewonnen durch

$$v_k(0) = \int_0^l v(x,0)\,V_k(x)\,\mu\,dx. \tag{8}$$

$\dot{v}_k(0)$ ist die k^{te} Normalkomponente der Anfangsgeschwindigkeit $\dot{v}(x,0)$ zur Zeit $t = 0$ und wird ebenfalls nach (3) gewonnen durch

$$\dot{v}_k(0) = \int_0^l \dot{v}(x,0)\,V_k(x)\,\mu\,dx. \tag{9}$$

Für die praktische Anwendung sind die Biegemomente wichtiger als die Auslenkungen. Wir wollen daher auch die Ausdrücke für die bei der Bewegung entstehenden Biegemomente angeben. Wir bezeichnen mit $\mathfrak{M}(x, t)$ das Biegemoment zur Zeit t an der Stelle x. Dieses Biegemoment hängt mit der Auslenkung $v(x, t)$ vermittels

$$\mathfrak{M}(x, t) = -v''(x, t)\, EJ \tag{10}$$

zusammen. Wir bezeichnen weiter wie früher mit $\mathfrak{M}_k(x)$ das zur k^{ten} Eigenschwingungsform gehörende Eigenbiegemoment, für welches die Beziehung gilt

$$\mathfrak{M}_k(x) = -V_k''(x)\, EJ. \tag{11}$$

Differenzieren wir die Reihe (1) zweimal nach x und multiplizieren sie mit EJ, so erhalten wir für das Biegemoment die Reihe

$$\mathfrak{M}(x, t) = \sum_{k=1}^{\infty} v_k(t)\, \mathfrak{M}_k(x). \tag{12}$$

Wir müssen noch die Konvergenz dieser unendlichen Reihe sicherstellen. Wir haben in II, 29 gesehen, daß sich die bei einer harmonischen Schwingung auftretenden Biegemomente deuten lassen als Auslenkungen eines zugeordneten Stabwerkes, dessen Massenverteilung gleich dem reziproken Wert der Steifigkeit und dessen Steifigkeit gleich dem reziproken Wert der Massenverteilung des ursprünglichen Stabwerkes ist, wobei die Randbedingungen für die Durchbiegung mit den Randbedingungen für die Biegemomente des ursprünglichen Stabwerkes übereinstimmen müssen. Da nun gezeigt war, daß sich alle gewissen praktisch unwesentlichen Beschränkungen unterworfenen Funktionen nach den Eigenschwingungsformen eines Stabes in eine gleichmäßig und absolut konvergente Reihe entwickeln lassen, gilt dies auch für die Eigenbiegungsmomente. Diese stimmen nämlich mit den Eigenschwingungsformen des zugeordneten Systems überein. Die Entwicklung (12) muß also konvergent sein. Die Eigenschwingungsformen genügen im übrigen der Orthogonalitätsbedingung

$$\int_0^l V_i(x)\, V_k(x)\, \mu\, dx = 0 \quad \text{für} \quad i \neq k. \tag{13}$$

Für die Eigenschwingungsformen des zugeordneten Systems bzw. für die Eigenbiegemomente des ursprünglichen gelten die entsprechenden Orthogonalitätsbeziehungen

$$\int_0^l \frac{\mathfrak{M}_i(x)\, \mathfrak{M}_k(x)}{EJ}\, dx = 0 \quad \text{für} \quad i \neq k. \tag{14}$$

An Stelle der Normierungsbedingung (2) für die Eigenschwingungsformen tritt die Normierungsbedingung für die Eigenmomente

$$\int\limits_0^l \frac{\mathfrak{M}_k^2(x)}{EJ}\, dx = \omega_k^2 . \tag{15}$$

Dies geht daraus hervor, daß

$$\int\limits_0^l \omega_k^2 V_k(x)\, \mu\, V_k(x)\, dx = \omega_k^2$$

die doppelte Formänderungsarbeit der k^{ten} Eigenschwingungsform ist, die bei starren Lagern auch in der Form

$$\int\limits_0^l \frac{\mathfrak{M}_k^2(x)}{EJ}\, dx$$

geschrieben werden kann.

Wenn an Stelle von Anfangsverschiebungen Anfangslasten gegeben sind, ist zur Bestimmung der Anfangsnormalkomponenten $v_k(0)$ an Stelle von (8) die Verwendung einer anderen Beziehung zweckmäßig, die man mit Hilfe der Arbeitsgleichung II, 19, (62) aus (8) gewinnt. $p(x,0)$ sei die zur statischen Auslenkung $v(x,0)$ gehörende Last, $\mu\,\omega_k^2 V_k(x)$ ist die zur Auslenkung $V_k(x)$ gehörende Last. Die Arbeitsgleichung liefert daher

$$\int\limits_0^l \mu\,\omega_k^2 V_k(x)\, v(x,0)\, dx = \int\limits_0^l p(x,0)\, V_k(x)\, dx ,$$

also ist

$$v_k(0) = \frac{1}{\omega_k^2}\cdot \int\limits_0^l p(x,0)\, V_k(x)\, dx = \frac{p_k(0)}{\omega_k^2} . \tag{16}$$

2. Plötzliche Entlastung.

Bei der plötzlichen Entlastung sind die Schwingungen eines Stabwerkes zu untersuchen, das zur Zeit t unter dem Einfluß der Belastung eine gewisse Auslenkung besitzt und dann eine von äußeren Kräften freie Bewegung ausführt. Aus 1, (7) folgt für die Normalkomponenten der Bewegung

$$v_k(t) = v_k(0) \cos \omega_k t .$$

Die $v_k(0)$ ergeben sich aus der Anfangslast $p(x,0)$ vermittels 1, (16). Die Gesamtbewegung nach einer zur Zeit $t=0$ erfolgten plötzlichen Entlastung ist also nach 1, (1) gegeben durch

$$v(x,t) = \sum_{k=1}^{\infty} V_k(x)\, \frac{\cos \omega_k t}{\omega_k^2} \int\limits_0^l p(x,0)\, V_k(x)\, dx . \tag{17}$$

Die Biegemomente werden nach 1, (12) dargestellt durch

$$\mathfrak{M}(x,\,t) = \sum_{k=1}^{\infty} \mathfrak{M}_k(x)\, \frac{\cos \omega_k t}{\omega_k^2} \int_0^l p(x,\,0)\, V_k(x)\, dx\,. \tag{18}$$

Die statische Auslenkung zur Zeit $t = 0$ beträgt

$$v(x,\,0) = \sum_{k=1}^{\infty} \frac{V_k(x)}{\omega_k^2} \int_0^l p(x,\,0)\, V_k(x)\, dx\,. \tag{19}$$

Das Biegemoment zur Zeit $t = 0$ infolge der Lasten $p(x,\,0)$ ist

$$\mathfrak{M}(x,\,0) = \sum_{k=1}^{\infty} \frac{\mathfrak{M}_k(x)}{\omega_k^2} \int_0^l p(x,\,0)\, V_k(x)\, dx\,. \tag{20}$$

Wir wollen aus diesen allgemeingültigen Formeln zunächst einen Satz über die potentielle Energie des Systems während der Ausgleichsschwingungen ableiten. Die Energie ist bei starrer Lagerung gegeben durch

$$2\,A\,(t) = \int_0^l \frac{\mathfrak{M}^2(x,\,t)}{EJ}\, dx = \sum_{k=1}^{\infty} \sum_{i=1}^{\infty} \int_0^l \frac{\mathfrak{M}_k \mathfrak{M}_i}{EJ}\, dx\, \frac{\cos \omega_k t \cos \omega_i t}{\omega_k^2 \omega_i^2}\, p_k p_i\,.$$

Wegen 1, (14) und 1, (15) erhält man hieraus

$$A\,(t) = \frac{1}{2} \sum_{k=1}^{\infty} \frac{p_k^2 \cos^2 \omega_k t}{\omega_k^2}\,. \tag{21}$$

Die Energie zur Zeit $t = 0$ beträgt

$$A\,(0) = \frac{1}{2} \sum_{k=1}^{\infty} \frac{p_k^2}{\omega_k^2}\,. \tag{22}$$

Durch Vergleich von (21) und (22) erkennt man, daß die potentielle Energie des Systems während der Bewegung nach der Entlastung immer kleiner oder höchstens gleich der potentiellen Energie zu Beginn der Bewegung sein kann, da $\cos^2 \omega_k t$ nur kleiner oder höchstens gleich Eins werden kann[1].

Über Auslenkung und Biegemoment während der Ausgleichsschwingungen läßt sich sagen, daß die Absolutbeträge ihrer Größtwerte sicher

---

[1] Dieser Satz gilt im übrigen auch für elastische Lagerung, wie man unter Berücksichtigung von II, 19, (61) ohne weiteres einsieht.

nicht größer werden können als

$$\text{Max} \, | \, v \, (x) \, | \leq \sum_{k=1}^{\infty} \frac{| \, V_k \, (x) \, | \, | \, p_k \, |}{\omega_k^2}$$

und

$$\text{Max} \, | \, \mathfrak{M} \, (x) \, | \leq \sum_{k=1}^{\infty} \frac{| \, \mathfrak{M}_k \, (x) \, | \, | \, p_k \, |}{\omega_k^2} \, . \tag{23}$$

Dagegen kann man von der Auslenkung und dem Biegemoment im allgemeinen nicht sagen, daß sie nicht größer werden können als zu Beginn der Bewegung. Immerhin wird eine wesentliche Überschreitung der Anfangswerte nicht stattfinden, da die potentielle Gesamtenergie den Anfangswert niemals überschreiten kann. Wir werden das an einigen Beispielen zeigen.

3. Beispiele für plötzliche Entlastung: Der zweifach gestützte Stab mit Einzellast in der Mitte.

Wir untersuchen zunächst die Bewegung und die Beanspruchungen in einem homogenen, zweifach gelagerten Stab, der in der Mitte mit der Einzellast P belastet war und plötzlich entlastet wird. Die normierten Eigenschwingungsformen dieses Stabes sind, wie in II, 21 gezeigt wurde, gegeben durch

$$V_k(x) = \sqrt{\frac{2}{\mu \, l}} \, \sin k \pi \, \frac{x}{l} \, , \qquad k = 1, \, 2, \, \ldots, \tag{24}$$

die Eigenkreisfrequenzen durch

$$\omega_k = \frac{\pi^2}{l^2} \, k^2 \, \sqrt{\frac{E \, J}{\mu}} \, , \qquad k = 1, \, 2, \, \ldots \tag{25}$$

Die Eigenmomente erhält man also zu

$$\mathfrak{M}_k(x) = - \, E \, J \, V_k''(x) = E \, J \, \sqrt{\frac{2}{\mu \, l}} \, \frac{k^2 \, \pi^2}{l^2} \, \sin k \pi \, \frac{x}{l} \, . \tag{26}$$

Die größten Ausschläge und Biegemomente sind in der Stabmitte zu erwarten. Wir wollen daher lediglich die Auslenkung und das Biegemoment der Mitte berechnen. Die Normalkomponenten der äußeren Kraft P betragen

$$p_k = P \, V_k \left(\frac{l}{2} \right), \tag{27}$$

denn wir können die Einzelkraft P ersetzen durch eine sehr große, an der Stelle $x = \frac{l}{2}$ konzentrierte Kraft $p(x)$ je Längeneinheit, sodaß

$$\int_0^l p(x) \, dx = P \tag{28}$$

ist. Die Funktion $V_k(x)$ ändert sich dann in dem kleinen Bereich, in dem $p(x)$ von Null verschieden ist, nur unwesentlich, und man kann $V_k(x)$ in dem Ausdruck

$$p_k = \int_0^l p(x)\, V_k(x)\, dx$$

vor das Integralzeichen nehmen, sodaß unter Berücksichtigung von (28) der Ausdruck (27) für die Normalkomponenten der äußeren Last P entsteht. Die Durchbiegung an der Stelle $x = \dfrac{l}{2}$ ist dann nach 2, (17) gegeben durch

$$v\left(\frac{l}{2}, t\right) = P \sum_{k=1}^{\infty} V_k^2\left(\frac{l}{2}\right) \frac{\cos \omega_k t}{\omega_k^2},$$

woraus man wegen

$$V_k\left(\frac{l}{2}\right) = \sqrt{\frac{2}{\mu l}}(-1)^{\frac{k-1}{2}}, \qquad k = 1,\, 3,\, 5,\, \ldots \tag{29}$$

$$V_k\left(\frac{l}{2}\right) = 0, \qquad k = 2,\, 4,\, 6,\, \ldots$$

erhält

$$v\left(\frac{l}{2}, t\right) = \frac{2P}{\mu l} \sum_{k=1}^{\infty}{}' \frac{\cos \omega_k t}{\omega_k^2}.$$

Hierin bedeutet $\sum_{k=1}^{\infty}{}'$ Summation über alle ungeraden k. Für die Eigenkreisfrequenzen des Stabes gilt $\omega_k = k^2 \omega_1 = k^2 \dfrac{2\pi}{T_1}$, wo T_1 die Schwingungsdauer der niedrigsten Eigenschwingung ist. Bezeichnen wir schließlich das Verhältnis der seit der Belastung verflossenen Zeit t zu der Schwingungszeit T_1 der ersten Eigenschwingung mit

$$t^* = \frac{t}{T_1},$$

so nimmt der Ausdruck für die Auslenkung in Balkenmitte unter Berücksichtigung von (25) die Form an

$$v\left(\frac{l}{2}, t\right) = \frac{2P l^3}{\pi^4 E J} \sum_{k=1}^{\infty}{}' \frac{\cos 2\pi k^2 t^*}{k^4}.$$

Die statische Auslenkung in Balkenmitte infolge der Last P beträgt

$$\bar{v}\left(\frac{l}{2}\right) = \frac{P l^3}{48 E J}.$$

Das Verhältnis der dynamischen zur statischen Durchbiegung nach der Entlastung des Balkens ist also

$$v_E^*\left(\frac{l}{2}, t\right) = \frac{96}{\pi^4} \sum_{k=1}^{\infty}{}' \frac{\cos 2\pi k^2 t^*}{k^4}. \tag{30}$$

Das Biegemoment an der Stelle $x = \dfrac{l}{2}$ ist nach (18) gegeben durch

$$\mathfrak{M}\left(\frac{l}{2}, t\right) = P \sum_{k=1}^{\infty} \mathfrak{M}_k\left(\frac{l}{2}\right) V_k\left(\frac{l}{2}\right) \frac{\cos \omega_k t}{\omega_k^2}.\tag{31}$$

Die Eigenmomente an der Stelle $x = \dfrac{l}{2}$ heißen nach (26)

$$\left.\begin{aligned}
\mathfrak{M}_k\left(\frac{l}{2}\right) &= EJ \sqrt{\frac{2}{\mu l}} \frac{k^2 \pi^2}{l^2} (-1)^{\frac{k-1}{2}}, &\quad k &= 1, 3, 5, \ldots, \\
\mathfrak{M}_k\left(\frac{l}{2}\right) &= 0, &\quad k &= 2, 4, 6, \ldots,
\end{aligned}\right\}\tag{32}$$

und durch Einsetzen von (32) und (29) in (31) erhält man, wenn man noch (25) berücksichtigt,

$$\mathfrak{M}\left(\frac{l}{2}, t\right) = \frac{2 P l}{\pi^2} \cdot {\sum_{k=1}^{\infty}}' \frac{\cos 2\pi k^2 t^*}{k^2}.$$

Das statische Biegemoment unter der Last P beträgt

$$\overline{\mathfrak{M}}\left(\frac{l}{2}\right) = \frac{P l}{4},$$

also ist das Verhältnis des dynamischen zum statischen Biegemoment nach der Entlastung des Balkens

$$\mathfrak{M}_E^*\left(\frac{l}{2}, t\right) = \frac{8}{\pi^2} {\sum_{k=1}^{\infty}}' \frac{\cos 2\pi k^2 t^*}{k^2}.\tag{33}$$

Um uns einen Überblick über den Verlauf der dynamischen Auslenkung und des dynamischen Biegemomentes zu verschaffen, wollen wir nur solche Zeiten t betrachten, die ein ganzes Vielfaches von einem Zehntel der Grundschwingungsdauer sind. Es soll also

$$t^* = \frac{t}{T_1} = \frac{n}{10}$$

sein, wo n eine ganze Zahl ist. Wir haben dann nach (30) und (33)

$$v_E^*\left(\frac{l}{2}, n\right) = \frac{96}{\pi^4} {\sum_{k=1}^{\infty}}' \frac{\cos 2\pi \dfrac{k^2}{10} n}{k^4}\tag{34}$$

und

$$\mathfrak{M}_E^*\left(\frac{l}{2}, n\right) = \frac{8}{\pi^2} {\sum_{k=1}^{\infty}}' \frac{\cos 2\pi \dfrac{k^2}{10} n}{k^2}.\tag{35}$$

Maßgebend für die Werte des Kosinus sind lediglich die Unterschiede zwischen den $k^2/10$ und der nächsten ganzen Zahl q, d. h. es ist

$$\cos 2\pi \frac{k^2}{10} n = \cos 2\pi \left(\frac{k^2}{10} - q\right) n.$$

Die Quadrate der ungeraden Zahlen haben als letzte Ziffer entweder
1, 9 oder 5, also beträgt der Unterschied von $k^2/10$ gegen die nächste
ganze Zahl entweder $+0,1$, $-0,1$ oder $0,5$. Da der Kosinus von einem
positiven Argumentwert gleich dem Kosinus desselben negativen Argu-
mentwertes ist, gilt also entweder

$$\cos 2\,\pi\,\frac{k^2}{10}\,n = \cos 2\,\pi\,0,1\,n \quad \text{für} \quad k = 1, 3, 7, 9, 11, 13, 17, \ldots$$
oder
$$\cos 2\,\pi\,\frac{k^2}{10}\,n = \cos 2\,\pi\,0,5\,n \quad \text{für} \quad k = 5, 15, 25, \ldots, \tag{36}$$

und zwar trifft die letzte Beziehung für alle diejenigen ungeraden k
zu, die durch 5 teilbar sind. Für die dynamische Auslenkung und das
dynamische Biegemoment erhält man durch Einsetzen von (36) in (34)
und (35)

$$v_E^*\left(\frac{l}{2}, n\right) = \frac{96}{\pi^4}\left[\cos 2\,\pi\,\frac{n}{10}\,\sum_{k=1}^{\infty}{}'''\frac{1}{k^4} + \cos 2\,\pi\,\frac{n}{2}\,\sum_{k=5}^{\infty}{}''\frac{1}{k^4}\right], \tag{37}$$

$$\mathfrak{M}_E^*\left(\frac{l}{2}, n\right) = \frac{8}{\pi^2}\left[\cos 2\,\pi\,\frac{n}{10}\,\sum_{k=1}^{\infty}{}'''\frac{1}{k^2} + \cos 2\,\pi\,\frac{n}{2}\,\sum_{k=5}^{\infty}{}''\frac{1}{k^2}\right]. \tag{38}$$

Hierin bedeutet $\sum\limits_{k=5}^{\infty}{}''$ die Summe über alle durch 5 teilbaren ungeraden

Zahlen, $\sum\limits_{k=1}^{\infty}{}'''$ die Summe über alle nicht durch 5 teilbaren ungeraden

Zahlen. Die in (37) und (38) stehenden unendlichen Summen lassen
sich leicht berechnen. Es ist

$$\sum_{k=1}^{\infty}\frac{1}{k^r} = \zeta(r)$$

die Riemannsche Zetafunktion, die tabuliert vorliegt[1]. Die Summe über
die reziproken r^{ten} Potenzen aller geraden Zahlen ist somit

$$\sum_{k=1}^{\infty}\frac{1}{(2\,k)^r} = \frac{1}{2^r}\zeta(r)$$

und die entsprechende Summe über alle ungeraden Zahlen

$$\sum_{k=1}^{\infty}{}'\frac{1}{k^r} = \zeta(r)\left(1 - \frac{1}{2^r}\right).$$

Weiter ist

$$\sum_{k=1}^{\infty}{}'\frac{1}{(5\,k)^r} = \sum_{k=5}^{\infty}{}''\frac{1}{k^r} = \left(1 - \frac{1}{2^r}\right)\frac{\zeta(r)}{5^r}$$

---

[1] Vgl. z. B. J. P. Gram: Tafeln für die Riemannsche Zetafunktion. Kopen-
hagen 1925.

die Summe über die reziproken r^{ten} Potenzen aller durch 5 teilbaren ungeraden Zahlen und

$$\sum_{k=1}^{\infty}{}''' \frac{1}{k^r} = \left(1 - \frac{1}{2^r}\right)\left(1 - \frac{1}{5^r}\right)\zeta(r)$$

die Summe über die reziproken r^{ten} Potenzen aller ungeraden, nicht durch 5 teilbaren Zahlen. Mit $\zeta(2) = \frac{\pi^2}{6}$ und $\zeta(4) = \frac{\pi^4}{90}$ (vgl. Fußnote [1] auf S. 292) ergibt sich

$$\left.\begin{aligned}
&\sum_{k=1}^{\infty}{}''' \frac{1}{k^4} = \frac{\pi^4}{96}\frac{624}{625}, &\quad &\sum_{k=5}^{\infty}{}'' \frac{1}{k^4} = \frac{\pi^4}{96}\frac{1}{625}, \\
&\sum_{k=1}^{\infty}{}''' \frac{1}{k^2} = \frac{\pi^2}{8}\frac{24}{25}, &\quad &\sum_{k=5}^{\infty}{}'' \frac{1}{k^2} = \frac{\pi^2}{8}\frac{1}{25},
\end{aligned}\right\} \tag{39}$$

und durch Einsetzen in (37) und (38)

$$v_E^*\left(\frac{l}{2}, n\right) = \frac{624}{625}\cos 2\pi\frac{n}{10} + \frac{1}{625}\cos 2\pi\frac{n}{2} = f(n), \tag{40}$$

$$\mathfrak{M}_E^*\left(\frac{l}{2}, n\right) = \frac{24}{25}\cos 2\pi\frac{n}{10} + \frac{1}{25}\cos 2\pi\frac{n}{2} = g(n). \tag{41}$$

Es sei noch einmal ausdrücklich darauf hingewiesen, daß diese ein-

Tabelle 32.

n	A $\cos 2\pi\,0{,}1\,n$	B $\cos 2\pi\,0{,}5\,n$	$\mathfrak{M}_E^* = g(n)$ $\frac{24}{25}A + \frac{1}{25}B$	$v_E^* = f(n)$ $\frac{624}{625}A + \frac{1}{625}B$
1	$+\,0{,}80902$	$-\,1$	$+\,0{,}73666$	$+\,0{,}80612$
2	$+\,0{,}30902$	$+\,1$	$+\,0{,}33666$	$+\,0{,}31012$
3	$-\,0{,}30902$	$-\,1$	$-\,0{,}33666$	$-\,0{,}31012$
4	$-\,0{,}80902$	$+\,1$	$-\,0{,}73666$	$-\,0{,}80612$
5	$-\,1{,}00000$	$-\,1$	$-\,1{,}00000$	$-\,1{,}00000$
6	$-\,0{,}80902$	$+\,1$	$-\,0{,}73666$	$-\,0{,}80612$
7	$-\,0{,}30902$	$-\,1$	$-\,0{,}33666$	$-\,0{,}31012$
8	$+\,0{,}30902$	$+\,1$	$+\,0{,}33666$	$+\,0{,}31012$
9	$+\,0{,}80902$	$-\,1$	$+\,0{,}73666$	$+\,0{,}80612$
10	$+\,1{,}00000$	$+\,1$	$+\,1{,}00000$	$+\,1{,}00000$

fachen Beziehungen lediglich für ganze Zahlen n gelten, also für

$$\frac{t}{T_1} = \frac{1}{10}, \frac{2}{10}, \frac{3}{10}, \ldots$$

Immerhin erhält man auch aus der Kenntnis der Auslenkungen und des Biegemomentes in diesen diskreten Zeitpunkten einen guten Überblick über den Verlauf der Bewegung. In Tabelle 32 ist (40) und (41) ausgewertet, in Abb. 135 aufgetragen. Der Verlauf der Biegeordinaten, Kurve *1*, ist fast genau cosinusförmig, der Verlauf des Biegemomentes, Kurve *2*, stärker schwankend. Man erkennt, daß sowohl die größte dynamische Durchbiegung wie auch das größte dynamische Biegemoment im Verlauf der Bewegung nicht größer wird als die statischen Werte vor der Entlastung. Dies ist eine Besonderheit des gewählten Beispiels. Im allgemeinen können die statischen Werte überschritten werden, wie es das folgende Beispiel zeigt. Dagegen gilt allgemein der im vorigen Unterabschnitt bewiesene Satz, daß die potentielle Energie der dynamischen Auslenkungsform nie größer werden kann als der statische Wert vor der Entlastung. Wie aus (30) und (33) hervorgeht, ist der Verlauf der Bewegung streng periodisch mit der Periode T_1,

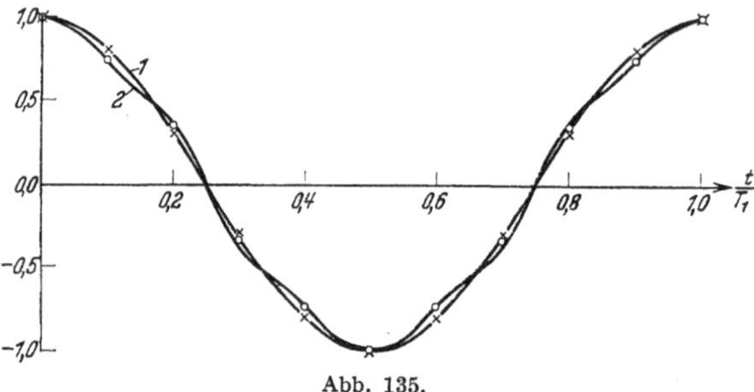

Abb. 135.

denn sämtliche in der Summe enthaltenen Teilschwingungen haben eine Schwingungsdauer, die ein ganzer Bruchteil derjenigen der ersten Eigenschwingung ist.

4. Weiteres Beispiel für plötzliche Entlastung: Der einseitig eingespannte Stab mit einer Einzellast am freien Ende.

Wir brauchen zunächst die Eigenschwingungsformen und die Eigenfrequenzen des einseitig eingespannten, am anderen Ende freien Stabes. Mit der früher immer verwendeten Abkürzung

$$m_k^4 = \omega_k^2 \frac{\mu}{EJ} \tag{42}$$

lautet die Differentialgleichung für die Eigenschwingungen [vgl. II, 21, (73)]

$$\frac{d^4}{dx^4} V_k(x) - m_k^4 V_k(x) = 0. \tag{43}$$

Die Randbedingungen heißen

$$V_k(0) = V_k'(0) = V_k''(l) = V_k'''(l) = 0.$$

Führt man für diese Randbedingungen die entsprechende Rechnung durch, wie sie in II, 21 für den Balken auf zwei Stützen angegeben ist, so erhält man für die Eigenschwingungsformen den Ausdruck

$$V_k(x) = \frac{1}{\sqrt{\mu\,l}}\left[\mathfrak{Cof}\,(m_k\,x) - \cos(m_k\,x) + \frac{\mathfrak{Sin}\,(m_k\,l) - \sin(m_k\,l)}{\mathfrak{Cof}\,(m_k\,l) + \cos(m_k\,l)}\right.$$
$$\left.\times(\sin(m_k\,x) - \mathfrak{Sin}\,(m_k\,x))\right], \qquad (44)$$

wobei die m_k die Wurzeln der Gleichung

$$\mathfrak{Cof}\,(m_k\,l)\,\cos(m_k\,l) + 1 = 0 \qquad (45)$$

sind. Die Eigenschwingungsformen (44) sind so normiert, daß

$$\int\limits_0^l V_k^2(x)\,\mu\,dx = 1$$

gilt. Mit der ebenfalls früher schon verwendeten Abkürzung

$$\lambda_k = m_k\,l$$

erhält man für die Eigenfrequenzen die Beziehung

$$\omega_k = \frac{\lambda_k^2}{l^2}\,\sqrt{\frac{EJ}{\mu}}, \qquad (46)$$

wobei die Wurzeln der Gleichung (45) folgende Werte haben:

$$\left.\begin{aligned}
\lambda_1 &= 1{,}19372\,\frac{\pi}{2}, \\[4pt]
\lambda_2 &= 0{,}99610\,\frac{3\,\pi}{2}, \\[4pt]
\lambda_3 &= 1{,}00010\,\frac{5\,\pi}{2}, \\[4pt]
\lambda_4 &= 1{,}00000\,\frac{7\,\pi}{2}, \\[4pt]
&\;\;\vdots \qquad\quad \vdots \\[4pt]
\lambda_k &= \frac{(2\,k-1)\,\pi}{2}.
\end{aligned}\right\} \qquad (47)$$

Von besonderem Interesse ist das dynamische Biegemoment an der Einspannstelle und die dynamische Auslenkung am freien Stabende nach der Entlastung. Wir erhalten nach 2, (17) und 2, (18) für diese beiden Größen die Beziehungen

$$v(l,t) = \sum_{k=1}^{\infty} V_k(l)\,p_k\,\frac{\cos\omega_k\,t}{\omega_k^2}, \qquad (48)$$

$$\mathfrak{M}(0,t) = \sum_{k=1}^{\infty} \mathfrak{M}_k(0)\,p_k\,\frac{\cos\omega_k\,t}{\omega_k^2}. \qquad (49)$$

Für $x = l$ erhält man aus (44) unter Berücksichtigung der Beziehungen

$$\left.\begin{array}{r}\cos^2 (m_k\, l) \,+\, \sin^2 (m_k\, l) = 1\,, \\ \mathfrak{Cof}^2 (m_k\, l) \,-\, \mathfrak{Sin}^2 (m_k\, l) = 1 \end{array}\right\} \tag{50}$$

den Wert

$$V_k (l) = \frac{2\, \mathfrak{Sin}\, (m_k\, l)\, \sin\, (m_k\, l)}{\mathfrak{Cof}\, (m_k\, l) + \cos\, (m_k\, l)}\, \frac{1}{\sqrt{\mu\, l}}\,.$$

Wenn man diese Gleichung quadriert und den Hyperbelsinus und den Kreissinus nach (50) ausdrückt, erhält man unter Berücksichtigung von (45)

$$V_k^2 (l) = \frac{4}{\mu\, l}$$

oder

$$V_k (l) = \pm\, \frac{2}{\sqrt{\mu\, l}}\,. \tag{51}$$

Das Eigenbiegemoment an der Einspannstelle beträgt

$$\mathfrak{M}_k (0) = -E J\, V_k'' (0) = -\, \frac{2\, m_k^2\, E J}{\sqrt{\mu\, l}}\,. \tag{52}$$

Bei der ersten Eigenschwingungsform sei die Krümmung an der Einspannstelle positiv, also das Biegemoment negativ. Dann ist die Auslenkung am Stabende positiv. Bei der zweiten und bei den folgenden Eigenschwingungsformen seien immer die Krümmungen an der Einspannstelle positiv, dann sind die Auslenkungen am Stabende abwechselnd positiv und negativ. Die zu den Eigenbiegemomenten (52) an der Einspannung gehörenden Eigendurchbiegungen am freien Stabende heißen demnach unter Verwendung von (51)

$$V_k (l) = \frac{2}{\sqrt{\mu\, l}}\, (-1)^{k-1}\,. \tag{53}$$

Die Normalkomponenten p_k der äußeren, am freien Stabende angreifenden Kraft P erhält man wie bei dem vorangehenden Beispiel als Produkt von P mit der Eigendurchbiegung an der Stelle $x = l$. Es ist also

$$p_k = \frac{2\, P}{\sqrt{\mu\, l}}\, (-1)^{k-1}\,. \tag{54}$$

Nach Einführen von (54), (53) und (46) in die Gleichungen (48) und (49) erhält man für die dynamische Auslenkung am freien Stabende und für das dynamische Biegemoment an der Einspannstelle die Beziehungen

$$v\, (l, t) = \frac{4\, P\, l^3}{E J}\, \sum_{k=1}^{\infty} \frac{\cos \omega_k\, t}{\lambda_k^4}\,,$$

$$\mathfrak{M}\, (0, t) = -\, 4\, P\, l\, \sum_{k=1}^{\infty} (-1)^{k-1}\, \frac{\cos \omega_k\, t}{\lambda_k^2}\,.$$

Die statische Auslenkung infolge der Last P beträgt

$$\bar{v}(l) = \frac{P\,l^3}{3\,E\,J}\,.$$

Das statische Einspannmoment infolge dieser Last ist

$$\overline{\mathfrak{M}}(0) = -\,P\,l\,.$$

Man erhält also für das Verhältnis der dynamischen zur statischen Auslenkung und für das Verhältnis des dynamischen zum statischen Biegemoment nach der Entlastung die Beziehungen

$$v_E^*(l,\,t) = 12 \sum_{k=1}^{\infty} \frac{\cos 2\,\pi\,\dfrac{\lambda_k^2}{\lambda_1^2}\,t^*}{\lambda_k^4}\,, \tag{55}$$

$$\mathfrak{M}_E^*(0,\,t) = 4 \sum_{k=1}^{\infty} \frac{\cos 2\,\pi\,\dfrac{\lambda_k^2}{\lambda_1^2}\,t^*}{\lambda_k^2}\,(-1)^{k-1}\,. \tag{56}$$

Hierin ist

$$\omega_k = \omega_1\,\frac{\lambda_k^2}{\lambda_1^2}\,, \qquad \omega_1 = \frac{2\,\pi}{T_1} \quad \text{und} \quad t^* = \frac{t}{T_1}$$

gesetzt worden, wobei T_1 wieder die Schwingungsdauer der niedrigsten Eigenschwingung bedeutet.

Wie die unter (47) angegebenen Zahlen zeigen, können wir von $k = 2$ an sehr genau setzen

und

$$\left.\begin{aligned} \lambda_k &= \frac{2\,k-1}{2}\,\pi \\[2mm] \frac{\lambda_k^2}{\lambda_1^2} &= \frac{(2\,k-1)^2}{1{,}4250} \end{aligned}\right\} k = 2,\,3,\,\ldots$$

Man kann also mit großer Näherung schreiben

$$v_E^*(l,\,t) = \frac{192}{\pi^4}\left[\frac{\cos 2\,\pi\,t^*}{1{,}425^2} + \sum_{k=3}^{\infty}{}' \frac{\cos 2\,\pi\,k^2\,\dfrac{t^*}{1{,}425}}{k^4}\right],$$

$$\mathfrak{M}_E^*(l,\,t) = \frac{16}{\pi^2}\left[\frac{\cos 2\,\pi\,t^*}{1{,}425} + \sum_{k=3}^{\infty}{}' \frac{\cos 2\,\pi\,k^2\,\dfrac{t^*}{1{,}425}}{k^2}\,(-1)^{\frac{k-1}{2}}\right].$$

Hierin bedeutet $\displaystyle\sum_{k=3}^{\infty}{}'$ wieder die Summe über alle ungeraden k von $k = 3$ an. Wir wählen jetzt die Zeitpunkte

$$\frac{t^*}{1{,}425} = \frac{1}{10},\ \frac{2}{10},\ \frac{3}{10}\,\cdots\,\frac{n}{10}$$

aus. Dann ist wie im vorigen Beispiel

$$\cos 2\,\pi\,\frac{k^2}{10}\,n = \begin{cases} \cos 2\,\pi\,\dfrac{n}{10} & \text{für} \quad k = 1,\,3,\,7,\,9,\,11,\,13,\,17,\,\ldots, \\[2ex] \cos 2\,\pi\,\dfrac{n}{2} & \text{für} \quad k = 5,\,15,\,25,\,\ldots. \end{cases}$$

Wir haben also mit denselben Bezeichnungen wie oben:

$$v_E^*(l,\,t) = \frac{192}{\pi^4}\left[\frac{\cos 2\,\pi\,t^*}{2{,}0306} + \cos 2\,\pi\,\frac{n}{10}\sum_{k=3}^{\infty}{}''' \frac{1}{k^4} + \cos 2\,\pi\,\frac{n}{2}\sum_{k=5}^{\infty}{}'' \frac{1}{k^4}\right],$$

$$\mathfrak{M}_E^*(0,\,t) = \frac{16}{\pi^2}\left[\frac{\cos 2\,\pi\,t^*}{1{,}425} + \cos 2\,\pi\,\frac{n}{10}\sum_{k=3}^{\infty}{}''' \frac{(-1)^{\frac{k-1}{2}}}{k^2}\right.$$

$$\left. + \cos 2\,\pi\,\frac{n}{2}\sum_{k=5}^{\infty}{}'' \frac{(-1)^{\frac{k-1}{2}}}{k^2}\right]. \tag{57}$$

Das Verhältnis der dynamischen zur statischen Auslenkung ergibt sich unter Verwendung von 3, (39) und 3, (40) bei Beachtung von 3, (37) und 3, (38) zu:

$$v_E^*(l,\,t) = \frac{192}{\pi^4}\left[\frac{\cos 2\,\pi\,t^*}{2{,}0306} + \frac{\pi^4}{96}\,f\!\left(\frac{t^*}{1{,}425}\right) - \cos 2\,\pi\,\frac{t^*}{1{,}425}\right]. \tag{58}$$

Zur Berechnung des Verhältnisses des dynamischen zum statischen Biegemoment ist die Kenntnis der Summe

$$\sum_{k=1}^{\infty}{}' \frac{(-1)^{\frac{k-1}{2}}}{k^2}$$

erforderlich. Die Summe der ersten 50 Glieder ist 0,91596, die Summe der ersten 51 Glieder ist 0,91606, also liegt der wirkliche Wert der Summe, da es sich um eine alternierende Reihe handelt, zwischen diesen beiden

Tabelle

t/T_1	A $\cos 2\,\pi\,\dfrac{t^*}{1{,}425}$	B $\cos 2\,\pi\,t^*$	C $g\!\left(\dfrac{t^*}{1{,}425}\right)$	D $f\!\left(\dfrac{t^*}{1{,}425}\right)$
0,1425	+ 0,80902	+ 0,6253	+ 0,73666	+ 0,80612
0,2850	+ 0,30902	— 0,2181	+ 0,33666	+ 0,31012
0,4275	— 0,30902	— 0,9880	— 0,33666	— 0,31012
0,5700	— 0,80902	— 0,9061	— 0,73666	— 0,80612
0,7125	— 1,00000	— 0,2334	— 1,00000	— 1,00000
0,8555	— 0,80902	+ 0,6129	— 0,73666	— 0,80612
0,9975	— 0,30902	+ 1,0000	— 0,33666	— 0,31012
1,1400	+ 0,30902	+ 0,6374	+ 0,33666	+ 0,31012
1,2825	+ 0,80902	— 0,2028	+ 0,73666	+ 0,80612
1,4250	+ 1,00000	— 0,8910	+ 1,00000	+ 1,00000

Zahlen. Nach einfacher Zwischenrechnung erhält man aus (57) unter Verwendung von 3, (41) bei Beachtung von 3, (38)

$$\mathfrak{M}_E^*(0, t) = \frac{16}{\pi^2}\left[\frac{\cos 2\pi t^*}{1,425} + 0,9160\, g\left(\frac{t^*}{1,425}\right) - \cos 2\pi \frac{t^*}{1,425}\right]. \qquad (59)$$

Die Beziehungen (58) und (59) gelten nur für

$$t^* = \frac{t}{T_1} = \frac{n}{10}\,1,425,$$

wo n eine ganze Zahl ist. In Tabelle **33** ist (58) und (59) ausgewertet,

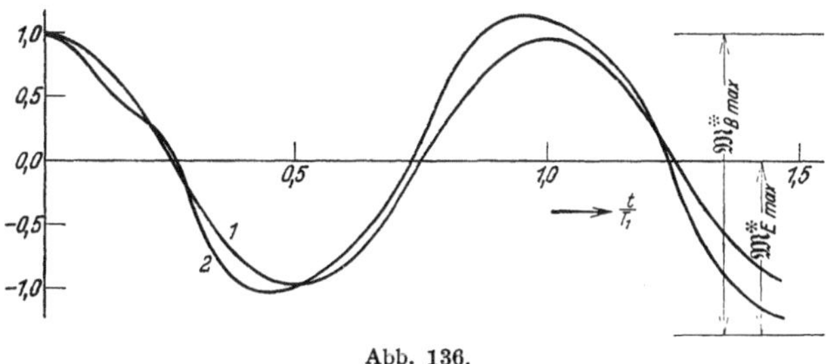

Abb. 136.

in Abb. **136** aufgetragen. Der Verlauf der Biegeordinaten, Kurve *1*, ist wieder recht genau kosinusförmig, dagegen weicht der Verlauf der Biegemomente, Kurve *2*, erheblich davon ab. Man erkennt, daß das Verhältnis vom dynamischen zum statischen Biegemoment auch Werte annehmen kann, die größer als Eins sind.

Wir wollen noch die größtmöglichen dynamischen Auslenkungen und Biegemomente ermitteln. Aus Tabelle **33** ist zu ersehen, daß der größte Wert der Funktion

$$\frac{\pi^4}{96}\, f\left(\frac{t^*}{1,425}\right) - \cos 2\pi \frac{t^*}{1,425}$$

0,01468 beträgt. Das Verhältnis der dynamischen zur statischen Durch-

33.

E	v_E^*	K	M_E^*
$-A + 1,0147\,D + 0,4925\,B$	$1,9711\,E$	$-A + 0,9160\,C + 0,7018\,B$	$1,6211\,K$
$+ 0,3169$	$+ 0,6246$	$+ 0,3046$	$+ 0,4938$
$- 0,1018$	$- 0,2006$	$- 0,1537$	$- 0,2492$
$- 0,4479$	$- 0,8828$	$- 0,6296$	$- 1,0206$
$- 0,4552$	$- 0,8972$	$- 0,5017$	$- 0,8133$
$- 0,1296$	$- 0,2554$	$- 0,0798$	$- 0,1294$
$+ 0,2929$	$+ 0,5773$	$+ 0,5644$	$+ 0,9149$
$+ 0,4868$	$+ 0,9595$	$+ 0,6831$	$+ 1,1074$
$+ 0,3196$	$+ 0,6300$	$+ 0,4467$	$+ 0,7241$
$- 0,0909$	$- 0,1792$	$- 0,2766$	$- 0,4484$
$- 0,4241$	$- 0,8359$	$- 0,7093$	$- 1,1498$

biegung kann also nach (58) im ungünstigsten Fall

$$\text{Max}\, v_E^* = \frac{192}{\pi^4}\left(\frac{1}{2{,}0306} + 0{,}01468\right) = 1{,}000 \tag{60}$$

betragen. Der Größtwert der Funktion

$$0{,}9160\, g\left(\frac{t^*}{1.425}\right) - \cos 2\,\pi\,\frac{t^*}{1{,}425}$$

beträgt 0,134. Das Verhältnis des dynamischen zum statischen Biegemoment kann also nach (59) in dem ungünstigsten Fall betragen

$$\text{Max}\,\mathfrak{M}_E^* = \frac{16}{\pi^2}\left(\frac{1}{1{,}425} + 0{,}134\right) = 1{,}36\,. \tag{61}$$

Obwohl die potentielle Energie der dynamischen Biegelinie nach der Entlastung niemals größer werden kann als diejenige vor der Entlastung, gilt dies keineswegs für die maximale Beanspruchung. Die Bewegung nach der Entlastung ist nicht streng periodisch, da die in den Summen (55) und (56) enthaltenen Teilschwingungen nicht mehr Schwingungsdauern besitzen, welche in rationalem Verhältnis zueinander stehen.

5. Plötzliche Belastung und Stoß.

Es sei p_k die k^{te} Normalkomponente der zur Zeit $t = 0$ plötzlich aufgebrachten Last. Dann folgt aus 2, (7) für den Fall, daß zur Zeit $t = 0$ die Auslenkung und die Geschwindigkeit Null waren,

$$v_k(t) = \frac{p_k}{\omega_k} \int\limits_0^t \sin \omega_k (t - t')\, dt' = \frac{p_k}{\omega_k^2}\,(1 - \cos \omega_k t)\,.$$

Setzt man diese Gleichung unter Berücksichtigung von 1, (5) in 1, (1) und 1, (12) ein, so erhält man für die Auslenkung und für das Biegemoment bei plötzlicher Belastung mit den Lasten $p(x)$ die Ausdrücke

$$v_B(x, t) = \sum_{k=1}^{\infty} \frac{V_k(x)}{\omega_k^2}\,(1 - \cos \omega_k t) \int\limits_0^l p(x)\, V_k(x)\, dx \tag{62}$$

und

$$\mathfrak{M}_B(x, t) = \sum_{k=1}^{\infty} \frac{\mathfrak{M}_k(x)}{\omega_k^2}\,(1 - \cos \omega_k t) \int\limits_0^l p(x)\, V_k(x)\, dx\,. \tag{63}$$

Die statische Auslenkung und das statische Biegemoment der Last $p(x)$ ist nach 2, (19) und 2, (20) gegeben durch

$$\bar{v}(x) = \sum_{k=1}^{\infty} \frac{V_k(x)}{\omega_k^2} \int\limits_0^l p(x)\, V_k(x)\, dx\,,$$

$$\overline{\mathfrak{M}}(x) = \sum_{k=1}^{\infty} \frac{\mathfrak{M}_k(x)}{\omega_k^2} \int\limits_0^l p(x)\, V_k(x)\, dx\,.$$

Vergleicht man die Beziehungen (62) und (63) mit den entsprechenden Gleichungen 2, (17) und 2, (18) für die plötzliche Entlastung, so ergibt sich, daß die folgenden Beziehungen gelten:

$$v_B = \bar{\bar{v}} - v_E, \qquad \mathfrak{M}_B = \bar{\bar{\mathfrak{M}}} - \mathfrak{M}_E,$$

oder, wenn wir durch die statischen Werte dividieren:

$$v_B^* = 1 - v_E^*, \qquad \mathfrak{M}_B^* = 1 - \mathfrak{M}_E^*.$$

Die Berechnung der Bewegung nach einer plötzlichen Belastung bietet also keine neuen Gesichtspunkte. Die größte auftretende Auslenkung ist

$$\mathrm{Max}\, v_B = \bar{v} + \mathrm{Max}\, v_E,$$

also die größte potentielle Energie der Bewegung gleich der Summe aus der potentiellen Energie der statischen Auslenkung und der größten potentiellen Energie der dynamischen Biegelinie bei der Entlastung. Da diese gleich derjenigen der statischen Biegelinie ist, wie in 2 gezeigt wurde, kann die potentielle Energie der Bewegungsform nach einer plötzlichen Belastung nicht größer werden als die doppelte Formänderungsenergie der statischen Biegelinie. Das gilt nur für die Gesamtenergie, dagegen kann die größte Durchbiegung und die größte Beanspruchung durchaus größer werden als die doppelten statischen Werte. So ist z. B. in dem Fall des plötzlich am freien Ende belasteten einseitig eingespannten Stabes das größtmögliche Verhältnis des dynamischen zum statischen Einspannmoment nach 4, (61)

$$\mathrm{Max}\, \mathfrak{M}_B^* = 2{,}36.$$

Wir wollen noch den Sonderfall anschreiben, daß die Last nur kurze Zeit $\varDelta t$ wirkt und dann wieder weggenommen wird. Wir bringen zur Zeit $t = 0$ plötzlich eine Last $p(x)$ auf den Stab und zur Zeit $t = \varDelta t$ plötzlich eine Last $-p(x)$. Wir erhalten nach (62) für die Auslenkung

$$v(x,t) = \sum_{k=1}^{\infty} \frac{V_k(x)}{\omega_k^2} \left(1 - \cos \omega_k t - 1 + \cos \omega_k (t - \varDelta t)\right) \int_0^l p(x)\, V_k(x)\, dx.$$

Wegen des rasch wachsenden Nenners ω_k^2 sind nur die ersten Glieder dieser Reihe von Bedeutung. Wir können also für kleine $\varDelta t$ setzen:

$$\sin \omega_k \varDelta t = \omega_k \varDelta t,$$
$$\cos \omega_k \varDelta t = 1,$$

denn die höheren Glieder, bei denen wegen wachsendem ω_k diese Beziehungen nicht mehr gelten, sind bedeutungslos. Es ergibt sich daher:

$$v(x,t) = \sum_{k=1}^{\infty} \frac{V_k(x)}{\omega_k} \sin \omega_k t \int_0^l \varDelta t\, p(x)\, V_k(x)\, dx. \qquad (64)$$

In dieser Beziehung ist $p(x)\,\varDelta t$ der Impuls des Stoßes.

6. Der Querstoß auf einen Balken auf zwei Stützen.

Wir wollen den Fall behandeln, daß auf die Mitte eines Balkens auf zwei Stützen ein Stoß wirkt, d. h. daß die Kraft nur während einer kurzen Zeit Δt aufgebracht wird. Für die Auslenkung gilt dann die Gleichung (64), die nach Einführen der Eigenschwingungsformen 3, (24) und der Normalkomponenten der Kraft 3, (27) für die Balkenmitte die Form annimmt:

$$v\left(\frac{l}{2},\, t\right) = \frac{2\,P\,\Delta t}{\mu\,l} \sum_{k=1}^{\infty}{}' \frac{\sin \omega_k t}{\omega_k}\,.$$

Hierin bedeutet wieder $\sum\limits_{k=1}^{\infty}{}'$ Summation über alle ungeraden k. Der größte Ausschlag wird erreicht nach der Zeit

$$t = \frac{T_1}{4} = \frac{9}{4}\,T_3 = \cdots,$$

denn für diese Zeit nehmen alle Sinusfunktionen in der Reihe den Wert Eins an. Verwenden wir noch die Beziehung

$$\omega_k = \omega_1\,k^2,$$

so erhält man für den größten in Balkenmitte auftretenden Ausschlag

$$\text{Max } v = \frac{2\,P}{\mu\,l}\,\frac{\Delta t}{\omega_1} \sum_{k=1}^{\infty}{}' \frac{1}{k^2}\,,$$

oder mit

$$\sum_{k=1}^{\infty}{}' \frac{1}{k^2} = \frac{\pi^2}{8}:$$

(vgl. entsprechende Rechnung in 3)

$$\text{Max } v = \frac{2\,P}{\mu\,l}\,\frac{\Delta t}{\omega_1}\,\frac{\pi^2}{8}\,.$$

Die statische Durchbiegung unter der Last P in Balkenmitte beträgt

$$\text{Max } \bar{v} = \frac{P\,l^3}{E\,J}\,\frac{1}{48}\,.$$

Also ist das Verhältnis von dynamischer zu statischer Durchbiegung

$$\text{Max } v^* = \pi^2\,\frac{E\,J}{\mu\,l^4}\,\frac{12\,\Delta t}{\omega_1}\,.$$

Führen wir hierin noch

$$\omega_1^2 = \frac{\pi^4\,E\,J}{\mu\,l^4}$$

ein, so ergibt sich

$$\text{Max } v^* = \frac{12\,\omega_1\,\Delta t}{\pi^2}$$

oder, wenn an Stelle der ersten Eigenkreisfrequenz ω_1 die Schwingungsdauer

$$T_1 = \frac{2\,\pi}{\omega_1}$$

verwendet wird:

$$\text{Max } v^* = \frac{24}{\pi}\,\frac{\Delta t}{T_1}. \qquad (65)$$

Es sei ausdrücklich bemerkt, daß diese einfache Formel nur für kleine $\Delta t/T_1$ gilt, da ja

$$\sin 2\,\pi\,\frac{\Delta t}{T_1}\,k^2 \approx \frac{2\,\pi \Delta t}{T_1}\,k^2$$

und

$$\cos \frac{2\,\pi \Delta t}{T_1}\,k^2 \approx 1$$

gesetzt war. Die Beziehung (65) kann verwendet werden zur Berechnung des maximalen Ausschlags infolge eines Rückstoßes, wenn vom Balken eine Masse M mit der Geschwindigkeit c abgeschleudert wird. Der auf den Balken ausgeübte Impuls ist dann

$$P\,\Delta t = M\,c.$$

Wir haben also

$$\text{Max } v^* = \frac{24}{\pi}\,\frac{M\,c}{P\,T_1}.$$

Wir bezeichnen das Verhältnis der dynamischen Auslenkung zu der statischen Auslenkung, welche der Stab infolge der ruhenden Masse M haben würde, mit

$$\text{Max } v^\dagger = \text{Max } v^*\,\frac{P}{M\,g}$$

und erhalten für dieses Verhältnis

$$\text{Max } v^\dagger = \frac{24}{\pi}\,\frac{c}{g\,T_1}. \qquad (66)$$

Die Berechnung der Beanspruchung infolge eines Stoßes ist nicht möglich, solange die Art des Stoßvorganges unbekannt bleibt. Für abnehmende Stoßzeit Δt strebt das Biegemoment an der Stoßstelle nach unendlich. Ein Maß für die Stoßbeanspruchung ist das Biegemoment an der Stoßstelle im Augenblick des größten Ausschlags. In erster Näherung ist wieder wie früher bei den erzwungenen Schwingungen das Verhältnis des dynamischen zum statischen Biegemoment gleich dem Verhältnis der dynamischen zur statischen Auslenkung, sodaß gilt

$$\text{Max } \mathfrak{M}^\dagger \approx \frac{24}{\pi}\,\frac{c}{g\,T_1}.$$

Es sei nochmals ausdrücklich darauf hingewiesen, daß bei kurzen Stoßzeiten das Biegemoment am Ende der Stoßperiode diesen Wert übertreffen kann.

B. Ausgleichsschwingungen infolge bewegter Lasten.

Wir wollen in diesem Abschnitt den Einfluß von Lasten untersuchen, welche sich über das Tragwerk hinwegbewegen. Falls sich die Last unendlich langsam fortbewegt, nimmt das Tragwerk in jedem Augenblick die zu der augenblicklichen Laststellung gehörige statische Auslenkungsform ein. Bei nicht unendlich kleiner Lastgeschwindigkeit aber entstehen Ausgleichsschwingungen, mit deren Berechnung wir uns befassen wollen. Während in den vorangehenden Abschnitten dieses Buches die Ausführungen meist ziemlich allgemein gehalten werden konnten, müssen wir uns wegen der bedeutenden rechnerischen Schwierigkeiten hier auf die Besprechung eines Sonderfalles beschränken.

7. Der Balken auf zwei Stützen unter dem Einfluß einer gleichförmig bewegten Einzellast.

Wir betrachten einen Balken auf zwei Stützen von konstantem Trägheitsmoment J und konstanter bezogener Masse μ, über den sich

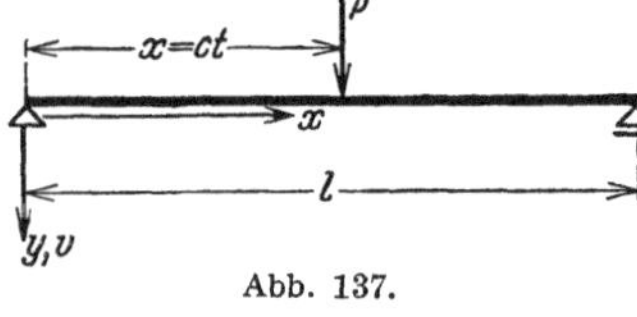

Abb. 137.

eine Einzellast P mit der Geschwindigkeit c hinwegbewegt. Zur Zeit $t = 0$ möge die Last gerade den Balken am linken Auflager betreten, zur Zeit t befindet sie sich dann an der Stelle $x = ct$ des Balkens (Abb. 137). Die von der fahrenden Last verursachten Schwingungen des Balkens sind zu bestimmen.

Wir lösen die Aufgabe mit Hilfe der Entwicklung des Schwingungsvorgangs nach den Eigenfunktionen des Systems. Nach 1, (5) ist die k^{te} Normalkomponente der Belastung $p(x, t)$ gegeben durch

$$p_k(t) = \int_0^l p(x, t)\, V_k(x)\, dx.$$

Die rechte Seite dieser Beziehung läßt sich deuten als Arbeit der Lasten $p(x, t)$ an den Auslenkungen $V_k(x)$. Im Falle einer Belastung durch eine Einzellast ist diese Arbeit dargestellt durch das Produkt aus der Größe der Einzellast und der Verschiebung $V_k(\xi)$ ihres Angriffspunktes $x = \xi$. Wir erhalten also als k^{te} Normalkomponente einer bewegten Einzellast ($\xi = ct$).

$$p_k(t) = PV_k(ct), \tag{67}$$

solange die Last P sich noch auf dem Balken befindet, also $ct \leq l$ ist. Für größere Zeiten verschwinden sämtliche Normalkomponenten der Last.

Die normierten Eigenschwingungsformen eines Balkens auf zwei Stützen sind nach 3, (24) gegeben durch

$$V_k(x) = \sqrt{\frac{2}{\mu l}} \sin \frac{k \pi x}{l}, \tag{68}$$

und somit ist

$$p_k(t) = P \sqrt{\frac{2}{\mu l}} \sin \frac{k \pi c t}{l}, \tag{69}$$

und die k^{te} Normalkomponente der Bewegung genügt nach 1, (4) der Differentialgleichung

$$\ddot{v}_k(t) + \omega_k^2 v_k(t) = P \sqrt{\frac{2}{\mu l}} \sin \frac{k \pi c t}{l}. \tag{70}$$

Die den Anfangsbedingungen $v_k(0) = 0$, $\dot{v}_k(0) = 0$ genügende Lösung dieser Differentialgleichung lautet unter Berücksichtigung von

$$\omega_k^2 = \frac{k^4 \pi^4}{l^4} \frac{E J}{\mu} \tag{3, (25)}$$

und bei Gebrauch der Abkürzungen

$$l' = \frac{l}{E J} \tag{71a}$$

und

$$\alpha = c\,l\sqrt{\frac{\mu}{E J}} \tag{71b}$$

$$v_k(t) = \frac{P\,l^2\,l'\,\sqrt{2\,\mu\,l}}{k^2\,\pi^2\,(k^2\,\pi^2 - \alpha^2)} \left\{ \sin \frac{k \pi c t}{l} - \frac{\alpha}{k \pi} \sin \frac{k^2 \pi^2 c t}{\alpha l} \right\} \tag{71c}$$

Die Auslenkung zur Zeit t an der Stelle x wird dann nach 1, (1) dargestellt durch die unendliche Reihe

$$v(x, t) = \sum_{k=1}^{\infty} v_k(t)\, V_k(x),$$

die mit

$$\beta = \frac{\alpha}{\pi} = \frac{c\,l}{\pi} \sqrt{\frac{\mu}{E J}} \tag{72a}$$

für die Lösung unserer Aufgabe die Beziehung liefert

$$v(x, t) = \frac{2\,P\,l^2\,l'}{\pi^4} \sum_{k=1}^{\infty} \sin \frac{k \pi x}{l} \; \frac{\sin \dfrac{k \pi c t}{l} - \dfrac{\beta}{k} \sin \dfrac{k}{\beta} \dfrac{k \pi c t}{l}}{k^4 \left(1 - \left(\dfrac{\beta}{k}\right)^2\right)}. \tag{72b}$$

Bei der Diskussion dieser Beziehung ist zu beachten (was in der einschlägigen Literatur nicht immer mit der wünschenswerten Klarheit hervorgehoben wird), daß sie nur solange gültig ist, als die Last sich auf dem Balken befindet. Nachdem die Last den Balken verlassen hat, führt er freie Schwingungen aus, die durch eine andere Formel dargestellt werden.

Aus (72b) ergibt sich, daß das dynamische Verhalten des Balkens hauptsächlich vom Werte der dimensionslosen Größe β abhängt. Bei den üblichen Abmessungen der als Träger auf zwei Stützen ausgebildeten Eisenbahnbrücken schwankt nach F. Bleich[1] der Wert von β zwischen $\frac{1}{400}$ und $\frac{1}{600}$ des in m/sek ausgedrückten Zahlenwertes der Lastgeschwindigkeit c, wobei der erste Wert für kleinere Spannweiten (etwa 20 m), der zweite für größere Spannweiten (etwa 150 m) gilt.

In unserer Lösung ist auch die statische Durchbiegung unter einer ruhenden Einzellast P, welche im Punkte $x = \xi$ angreift, enthalten. Wir brauchen lediglich $c = 0$ zu setzen und t so unendlich werden zu lassen, daß die Last trotz ihrer unendlich kleinen Geschwindigkeit gerade im Punkte $x = \xi$ angekommen ist, d. h. wir setzen in unserer Formel für ct die Größe ξ ein und für β den Wert Null. Man erhält somit für die statische Durchbiegung $v_s(x, \xi)$ an der Stelle x infolge einer Einzellast P an der Stelle ξ die Darstellung

$$v_s(x, \xi) = \frac{2\,P\,l^2\,l'}{\pi^4} \sum_{k=1}^{\infty} \frac{\sin\dfrac{k\,\pi\,x}{l}\sin\dfrac{k\,\pi\,\xi}{l}}{k^4}. \tag{73a}$$

Mit $x = \xi = \dfrac{l}{2}$ ergibt sich hieraus die größte Durchbiegung eines in der Mitte belasteten Balkens zu

$$v_s\left(\frac{l}{2},\,\frac{l}{2}\right) = \frac{2\,P\,l^2\,l'}{\pi^4}\left\{1 + \frac{1}{3^4} + \frac{1}{5^4} + \cdots\right\}. \tag{73b}$$

Man erkennt, daß der Einfluß der höheren Glieder dieser Reihe sehr gering gegenüber demjenigen des ersten ist. Dieses erste Glied allein ergibt nämlich

$$v_s\left(\frac{l}{2},\,\frac{l}{2}\right) \approx \frac{2\,P\,l^2\,l'}{\pi^4} \approx \frac{P\,l^2\,l'}{48,6}, \tag{73c}$$

welcher Wert dem genauen $\dfrac{P\,l^2\,l'}{48}$ schon recht nahe kommt. Vernachlässigt man in entsprechender Weise die höheren Glieder in der Entwicklung (73a), so erhält man für die statische Durchbiegung der Mitte eines bei $x = \xi$ belasteten Balkens

$$v_s\left(\frac{l}{2},\,\xi\right) \approx \frac{2\,P\,l^2\,l'}{\pi^4}\sin\frac{\pi\,\xi}{l}. \tag{73d}$$

Wir bestimmen nun die Durchbiegung der Mitte des Trägers bei fahrender Last in dem Zeitpunkt, in welchem die Last bei $x = \xi$ angekommen ist. Wir haben also in Formel (72b) $x = \dfrac{l}{2}$ zu setzen und

---

[1] Bleich, Fr.: Theorie und Berechnung eiserner Brücken, S. 55. Berlin 1924.

erhalten

$$v\left(\frac{l}{2},\,t\right) = \frac{2\,P\,l^2\,l'}{\pi^4} \sum_{k=1}^{\infty} \sin\frac{k\,\pi}{2}\; \frac{\sin\dfrac{k\,\pi\,c\,t}{l} - \dfrac{\beta}{k}\sin\dfrac{k}{\beta}\dfrac{k\,\pi\,c\,t}{l}}{k^4\left(1-\left(\dfrac{\beta}{k}\right)^2\right)}\,.$$

Vernachlässigt man in diesem Ausdruck wiederum alle Glieder bis auf das erste und ersetzt außerdem auf der rechten Seite in dem Glied $\sin\dfrac{k\,\pi\,c\,t}{l}$ den Wert $c\,t$ durch ξ, so ergibt sich

$$v\left(\frac{l}{2},\,t\right) \approx \frac{2\,P\,l^2\,l'}{\pi^4\,(1-\beta^2)}\left\{\sin\frac{\pi\,\xi}{l} - \beta\sin\frac{\pi\,c\,t}{\beta\,l}\right\},$$

oder unter Berücksichtigung von (73c) und (73d)

$$v\left(\frac{l}{2},\,t\right) \approx \frac{v_s\left(\dfrac{l}{2},\,\xi\right)}{1-\beta^2} - v_s\left(\frac{l}{2},\,\frac{l}{2}\right)\frac{\beta}{1-\beta^2}\sin\frac{\pi\,c\,t}{\beta\,l}\,. \tag{74}$$

Das Argument $\dfrac{\pi\,c\,t}{\beta\,l}$ des Sinusgliedes auf der rechten Seite kann auch geschrieben werden in der Form $\dfrac{\pi\,t}{\beta\,t'}$, worin $t' = \dfrac{l}{c}$ die Zeit bedeutet, welche die Last zum Durchlaufen der Trägerspannweite benötigt. Da die soeben abgeleiteten Gleichungen, wie oben ausdrücklich hervorgehoben wurde, nur solange gelten, als sich die Last noch auf dem Balken befindet, liegen die zulässigen Werte von t/t' zwischen 0 und 1. Bei einer Lastgeschwindigkeit von 24 m/sek hat β nach den obigen Angaben für eine Brücke von 20 m Spannweite etwa den Wert $\beta = 0{,}06$. Das Argument durchläuft also, während sich die Last über die Brücke bewegt, die Werte 0 bis etwa 15π, das heißt die Sinusfunktion auf der rechten Seite von (74) nimmt in dieser Zeit wiederholt den Wert -1 an. Wir erhalten daher eine obere Schranke für $v\left(\dfrac{l}{2},\,t\right)$, wenn wir der Sinusfunktion auf der rechten Seite den Wert -1 beilegen. Da weiter $v_s\left(\dfrac{l}{2},\,\xi\right)$ für $\xi = \dfrac{l}{2}$ seinen Größtwert annimmt, gewinnen wir die Abschätzung

$$\max v\left(\frac{l}{2},\,t\right) \approx v_s\left(\frac{l}{2},\,\frac{l}{2}\right)\frac{1+\beta}{1-\beta^2} = \frac{v_s\left(\dfrac{l}{2},\,\dfrac{l}{2}\right)}{1-\beta}\,. \tag{75}$$

Man erhält also einen Näherungswert für die größte Durchbiegung in Trägermitte unter einer bewegten Last, indem man die größte Auslenkung unter der unendlich langsam über den Balken fahrenden Last mit dem **dynamischen Faktor** $\dfrac{1}{1-\beta}$ multipliziert. Für den oben zugrunde gelegten Zahlenwert ergibt sich somit eine Erhöhung der Durchbiegung gegenüber dem statischen Wert um etwa 6%.

Wir legen uns noch die Frage nach der anschaulichen Bedeutung der Größe β vor. Aus der Definitionsgleichung (72a) ergibt sich unter Beachtung von 3, (25)

$$\beta = \frac{c\,\pi}{l}\,\frac{l^2}{\pi^2}\sqrt{\frac{\mu}{EJ}} = \frac{c\,\pi}{l\,\omega_1} = \frac{2\,\pi}{\omega_1}\,\frac{c}{2\,l} = \frac{T_1}{2\,t'}\,, \tag{76}$$

worin $T_1 = \dfrac{2\,\pi}{\omega_1}$ die Schwingungszeit des Grundtons und t' wie oben die Zeit bedeutet, welche die Last zum Überschreiten des Balkens braucht.

Im Fall $\beta = 1$, wenn also die Überfahrtdauer der Last gleich der halben Grundschwingungsdauer des Balkens ist, nimmt das erste Glied der Summe (72b) die unbestimmte Form 0/0 an und die Abschätzung (75) ist nicht brauchbar. Man kann zeigen, daß in diesem Falle eine etwa 55 prozentige Erhöhung der größten statischen Durchbiegung $v_s\left(\dfrac{l}{2},\dfrac{l}{2}\right)$ zu erwarten ist. Da jedoch mit Rücksicht auf die üblichen Lastgeschwindigkeiten so große β-Werte nicht in Frage kommen, verzichten wir auf die Ableitung dieser Beziehung.

Die Gleichung (75) kann zur Abschätzung der dynamischen Wirkung einer bewegten Einzellast auch dann verwendet werden, wenn es sich um einen Balken mit veränderlicher Steifigkeit und veränderlicher Masse handelt. Man hat dann lediglich die Grundschwingungsdauer dieses Balkens zu ermitteln und β nach der Beziehung (76) zu berechnen.

Wir bestimmen noch die Biegemomente bei bewegter Last. Aus Gleichung (75) erhält man durch Differentiation nach x

$$\mathfrak{M}(x,t) = -EJ\,v''(x,t) = \frac{2\,P\,l}{\pi_2}\sum_{k=1}^{\infty}\sin\frac{k\,\pi\,x}{l}$$

$$\times\frac{\sin\dfrac{k\,\pi\,c\,t}{l} - \dfrac{\beta}{k}\sin\dfrac{k}{\beta}\dfrac{k\,\pi\,c\,t}{l}}{k^2\left(1 - \left(\dfrac{\beta}{k}\right)^2\right)}\,. \tag{77}$$

In ähnlicher Weise wie oben können aus dieser Beziehung auch die Biegemomente bei statischer Lastwirkung entnommen werden. Es ist demnach

$$\mathfrak{M}_s(x,\xi) = \frac{2\,P\,l}{\pi^2}\sum_{k=1}^{\infty}\frac{\sin\dfrac{k\,\pi\,x}{l}\sin\dfrac{k\,\pi\,\xi}{l}}{k^2} \tag{78a}$$

eine Reihendarstellung für das statische Biegemoment an der Stelle x unter dem Einfluß einer Einzellast P, welche an der Stelle ξ angreift. Das größte Biegemoment des in der Mitte belasteten Balkens ergibt sich hieraus zu

$$\mathfrak{M}_s\left(\frac{l}{2},\frac{l}{2}\right) = \frac{2\,P\,l}{\pi^2}\left\{1 + \frac{1}{3^2} + \frac{1}{5^2} + \cdots\right\}. \tag{78b}$$

Man erkennt, daß diese Reihe wesentlich schlechter konvergiert als die entsprechende Reihe (73b). Bei der Herleitung einer Abschätzung für das größte Biegemoment unter der fahrenden Last muß man daher etwas anders verfahren als bei der Herleitung der Abschätzung (75) für die größte Auslenkung. Gleichung (77) kann auch geschrieben werden in der Form

$$\mathfrak{M}\,(x,t) = \frac{2\,P\,l}{\pi^2}\sum_{k=1}^{\infty}\frac{\sin\dfrac{k\,\pi\,x}{l}\,\sin\dfrac{k\,\pi\,c\,t}{l}}{k^2\left(1-\left(\dfrac{\beta}{k}\right)^2\right)} - \frac{2\,P\,l}{\pi^2}\,\beta\sum_{k=1}^{\infty}\frac{\sin\dfrac{k\,\pi\,x}{l}\,\sin\dfrac{k}{\beta}\dfrac{k\,\pi\,c\,t}{l}}{k^3\left(1-\left(\dfrac{\beta}{k}\right)^2\right)}\,. \tag{79}$$

Das größte Biegemoment in der Trägermitte ergibt sich, wenn die Last etwa die Trägermitte erreicht hat, wenn also $x=\dfrac{l}{2}$ und $c\,t=\dfrac{l}{2}$ ist. Wenn wir für diesen Augenblick im Nenner der ersten Summe von (79) an Stelle von $1-\left(\dfrac{\beta}{k}\right)^2$ schreiben $1-\beta^2$, so werden bis auf das erste Glied alle Summenglieder vergrößert, also die Summe zu groß angegeben. Nach (78b) ist aber der so für diese erste Summe erhaltene Ausdruck gerade gleich dem statischen Biegemoment $\mathfrak{M}_s\left(\dfrac{l}{2},\dfrac{l}{2}\right)=\dfrac{P\,l}{4}$ dividiert durch $1-\beta^2$. Die zweite Summe von (79) enthält im Nenner k^3, konvergiert also besser als die erste Summe, welche nur k^2 im Nenner enthält. Berücksichtigt man daher von dieser zweiten Summe nur das erste Glied und setzt für $\sin\dfrac{k}{\beta}\dfrac{k\,\pi\,c\,t}{l}$ wiederum den ungünstigsten Wert -1 ein, so erhält man die Abschätzung

$$\max\mathfrak{M}\left(\frac{l}{2},t\right) \approx \frac{\mathfrak{M}_s\left(\dfrac{l}{2},\dfrac{l}{2}\right)+\dfrac{2\,P\,l}{\pi^2}\,\beta}{1-\beta^2} = \mathfrak{M}_s\left(\frac{l}{2},\frac{l}{2}\right)\frac{1+\dfrac{8}{\pi^2}\,\beta}{1-\beta^2}$$

$$\approx \frac{\mathfrak{M}_s\left(\dfrac{l}{2},\dfrac{l}{2}\right)}{1-\beta}\,. \tag{80}$$

Die dynamischen Faktoren für Durchbiegung und Biegemoment sind also hier ungefähr die gleichen.

Da bei den Rechnungen dieses Abschnitts die Last stets als masselos vorausgesetzt wurde, können die Abschätzungen (75) und (80) nur angewendet werden auf Brücken größerer Spannweite, deren Eigenmasse groß ist im Verhältnis zur Masse der darüber fahrenden Lasten.

Bewegt sich nicht nur eine einzige Last, sondern ein ganzer Lastenzug über den Balken, so stören sich im allgemeinen die Wirkungen der einzelnen Lasten. Man wird also sicher gehen, wenn man auch in diesem Falle mit dem dynamischen Faktor $\dfrac{1}{1-\beta}$ rechnet.

VI. Zusammenfassende Darstellung der dynamischen Berechnungsmethoden der Stabwerke.

Im folgenden soll eine gedrängte Übersicht über die behandelten dynamischen Rechnungsmethoden gegeben werden, soweit sie für praktische Zwecke nicht zu umständlich sind. Die hier zusammengestellten Formeln und Rechenvorschriften sollen es auch demjenigen ermöglichen, dynamische Berechnungen von Stabwerken auszuführen, der dieses Buch nicht in systematischer Weise durchgearbeitet hat. Allerdings ist eine rein schematische Anwendung insbesondere der Näherungsformeln nicht ganz unbedenklich, da man ohne gründliche Kenntnis der Voraussetzungen für die Gültigkeit dieser Formeln gelegentlich Fehlresultate erhalten kann. Um dies nach Möglichkeit auszuschließen, ist in der folgenden Zusammenstellung der Gültigkeitsbereich der verwendeten Beziehungen immer kurz umschrieben. Die Einteilung und Anordnung der Formeln entspricht der im Buch gewählten Einteilung des Stoffes. Die Dimensionen der verwendeten Größen sind in kg, cm, sek angegeben.

Kapitel I.

Aufgabe 1. Ermittlung der freien ungedämpften Schwingung eines Balkens (Abb. 9 S. 14) mit einer Einzelmasse M bei Vernachlässigung der Eigenmasse des Balkens.

Lösung:

$$v(t) = v(0) \cos \omega_1 t + \frac{\dot{v}(0)}{\omega_1} \sin \omega_1 t, \tag{1}$$

$$\omega_1^2 = \frac{C}{M}, \tag{2}$$

$$T_1 = \frac{2\pi}{\omega_1}, \tag{3}$$

$$\nu_1 = \frac{1}{T_1}. \tag{4}$$

Bezeichnungen:

t sek.............. Zeit,

$v(t)$ cm .... Auslenkung der Masse M zur Zeit t in Richtung einer Hauptträgheitsachse des Balkenquerschnitts,

T_1 sek .... Schwingungsdauer,

$\omega_1 \frac{1}{\text{sek}}$ .... Kreisfrequenz der Schwingung,

$\nu_1 \frac{1}{\text{sek}}$ .... Anzahl der Schwingungen in einer Sekunde,

$$M \frac{\text{kg sek}^2}{\text{cm}} \ \ldots \ldots \ldots \ \text{Einzelmasse,}$$

$$\dot v(t) = \frac{d}{dt}\, v(t)\, \frac{\text{cm}}{\text{sek}} \ \ldots \ \text{Geschwindigkeit der Masse } M,$$

$$C \frac{\text{kg}}{\text{cm}} \ \ldots \ldots \ldots \ \text{Federkonstante, d. h. die Kraft an der Stelle}$$

$x = x_1$, welche an dieser Stelle die Durchbiegung Eins erzeugt.

Bemerkungen: Die gleichen Formeln gelten für beliebige andere Lagerungsarten des Balkens, falls dessen Eigenmasse gegenüber der Masse M vernachlässigt wird.

Aufgabe 2. Ermittlung der erzwungenen ungedämpften Schwingungen eines Balkens (Abb. 9 S. 14) mit einer Einzelmasse M, wenn auf die Masse eine harmonisch veränderliche Vertikalkraft $P(t) = P \cos \omega t$ wirkt, Vernachlässigung der Eigenmasse des Balkens.

Lösung:

$$v^*(t) = \frac{\cos \omega t}{1 - \left(\dfrac{\omega}{\omega_1}\right)^2}\,. \tag{5}$$

Bezeichnungen:

$$\omega \ \frac{1}{\text{sek}} \ \ldots \ldots \ldots \ \text{Erregerkreisfrequenz,}$$

$$\omega_1 \ \frac{1}{\text{sek}} \ \ldots \ldots \ldots \ \text{Eigenkreisfrequenz, nach (2) zu berechnen,}$$

$v^*(t) \ldots \ldots \ldots \ldots$ Verhältnis der dynamischen zur statischen Auslenkung infolge der Kraft P.

Bemerkungen: (5) stellt den stationären Anteil der erzwungenen Schwingung dar, das ist der Anteil, der zurückbleibt, wenn bei Vorhandensein einer Dämpfung die erregende Kraft eine Zeitlang auf den Balken gewirkt hat. Für kleine $|\omega - \omega_1|$ verliert (5) infolge der praktisch immer vorhandenen Dämpfung ihre Gültigkeit. Rührt die erregende Kraft von mangelhaft ausgeglichenen, hin und her gehenden oder unvollkommen ausgewuchteten, rotierenden Massen her, so hängt die Kraft P noch von der Erregerfrequenz ω ab.

Aufgabe 3. Plötzliche Entlastung eines Balkens mit einer Einzelmasse bei Vernachlässigung der Eigenmasse des Balkens.

Lösung:

$$v^*(t) = \cos \omega_1 t\,. \tag{6}$$

Bezeichnung:

$v^*(t) \ldots \ldots \ldots \ldots$ Verhältnis der dynamischen zur statischen Auslenkung vor der Entlastung.

Bemerkung: Nach der Entlastung entstehen keine größeren dynamischen Auslenkungen als vor der Last vorhanden waren.

Aufgabe 4. Plötzliche Belastung eines Balkens mit einer Einzelmasse bei Vernachlässigung der Eigenmasse des Balkens.

Lösung:

$$v^*(t) = 1 - \cos \omega_1 t. \tag{7}$$

Bezeichnungen:

$v^*(t)$ .... Verhältnis der dynamischen zur statischen Auslenkung infolge der Last.

Bemerkungen: Nach der Belastung entstehen keine größeren dynamischen als die doppelten statischen Auslenkungen infolge der Last.

Kapitel II.

Da Kap. II nur die Grundlagen für die später angewendeten Rechenmethoden enthält, soll von einer Zusammenstellung der dort gegebenen Formeln abgesehen werden.

Kapitel III.

Aufgabe 5. Es sollen die Eigenfrequenzen eines aus homogenen Stäben gebildeten Stabwerkes ermittelt werden, wenn die Stabenden nach Abb. 45 S. 132 gelenkig gelagert, eingespannt oder frei sind oder auf die in Abb. 46 S. 132 gezeichnete Art aneinanderschließen.

Lösung: Es werden für jeden Stababschnitt $k-1, k$ 4 Hilfsgrößen e_{k-1}; f_{k-1}; e_k; f_k eingeführt, die durch folgende Grundgleichung miteinander verknüpft sind:

$$
\begin{aligned}
e_{k-1}^r\, f_{k-1}^r\, &\{ e_k^l\, f_k^l\, \mathfrak{D}(\lambda_k) - e_k^l\, \mathfrak{A}(\lambda_k) + f_k^l\, \mathfrak{B}(\lambda_k) + \mathfrak{E}(\lambda_k) \} \\
+\, e_{k-1}^r\, &\{ e_k^l\, f_k^l\, \mathfrak{A}(\lambda_k) - e_k^l\, \mathfrak{S}(\lambda_k) - f_k^l\, \mathfrak{C}(\lambda_k) + \mathfrak{A}(\lambda_k) \} \\
-\, f_{k-1}^r\, &\{ e_k^l\, f_k^l\, \mathfrak{B}(\lambda_k) + e_k^l\, \mathfrak{C}(\lambda_k) - f_k^l\, \mathfrak{S}(\lambda_k) + \mathfrak{B}(\lambda_k) \} \\
+\, \quad\quad &e_k^l\, f_k^l\, \mathfrak{E}(\lambda_k) - e_k^l\, \mathfrak{A}(\lambda_k) + f_k^l\, \mathfrak{B}(\lambda_k) + \mathfrak{D}(\lambda_k) = 0.
\end{aligned} \tag{8}
$$

Die Funktionen $\mathfrak{A}, \mathfrak{B}, \mathfrak{C}, \mathfrak{S}, \mathfrak{D}, \mathfrak{E}$ sind in VII, Tabelle A tabuliert. Für Stabendpunkte und Symmetriepunkte können die Werte der Hilfsgrößen der Abb. 45 S. 132 entnommen werden, für die Anschlußpunkte zweier oder mehrerer Stababschnitte gelten die in Abb. 46 S. 132 angegebenen Beziehungen. Die aus Abb. 45 und 46 zu entnehmenden Beziehungen für die Hilfsgrößen reichen aus, um die Hilfsgrößen aus den für jeden Stababschnitt anzuschreibenden Grundgleichungen zu eliminieren. Beim Anschreiben der Grundgleichungen ist zu beachten, daß unter Umständen Glieder vorkommen, die von verschiedener Ordnung unendlich groß sind. Es sind dann nur diejenigen Glieder von der höchsten Ordnung beizubehalten. Das Eliminationsergebnis ist die Frequenzgleichung, in welcher Funktionen der Argumente λ_k sämtlicher Stababschnitte auftreten. Das Verhältnis zweier Werte λ_r/λ_s für die Stababschnitte $r-1, r$ und $s-1, s$ ist gegeben durch

$$\frac{\lambda_r}{\lambda_s} = \frac{\varkappa_r\, l_r}{\varkappa_s\, l_s}. \tag{9}$$

Man bezieht die Frequenzgleichung vermittels (9) auf irgendeinen Stababschnitt $k-1, k$ und ermittelt unter Benutzung von VII, Tabelle A die Wurzeln der Frequenzgleichung $\lambda_{k\,I} < \lambda_{k\,II} < \cdots$. Die Eigenfrequenzen ergeben sich aus den Wurzeln vermittels

$$\omega_i = \frac{\lambda_{k\,i}^2}{l_k^2}\sqrt{\frac{E J_k}{\mu_k}}. \tag{10}$$

Bezeichnungen:

$\left.\begin{array}{l} e_k^l,\ e_k^r,\ f_k^l,\ f_k^r, \\ e_k^o,\ e_k^u,\ f_k^o,\ f_k^u, \end{array}\right\} \cdots\cdot \left\{\begin{array}{l}\text{Wert der Hilfsgrößen in einem Anschlußpunkt } k \\ \text{für den linken und den rechten bzw. für den} \\ \text{oberen und den unteren Stababschnitt,}\end{array}\right.$

$E\ \text{kg/cm}^2$ .... Elastizitätsmodul,

$J_k\ \text{cm}^4$ .... Trägheitsmoment des Querschnitts des Stababschnitts $k-1, k$,

$l_k\ \text{cm}$ .... Länge des Stababschnitts $k-1, k$.

$u_k\ \dfrac{\text{kg sek}^2}{\text{cm}^2}$ .... Auf die Längeneinheit der Stabachse bezogene Masse des Stababschnitts $k-1, k$.

$$\varkappa_k = \sqrt[4]{\frac{\mu_k}{J_k}}\ \frac{\text{kg}^{1/4}\ \text{sek}^{1/2}}{\text{cm}^{3/2}}.$$

λ_k .... Argument der in der Grundgleichung für den Stababschnitt $k-1, k$ auftretenden Funktionen,

$\lambda_{k\,i}$ .... i^{te} Wurzel der auf den Stababschnitt $k-1, k$ bezogenen Frequenzgleichung.

Bemerkungen: In der hier gegebenen einfachsten Form ist das Verfahren zur Aufstellung der Frequenzgleichung nur anwendbar auf solche Stabwerke, bei denen lediglich Endpunkte der einzelnen Stababschnitte nach Abb. 45 und 46 vorkommen. In der Regel wird dies

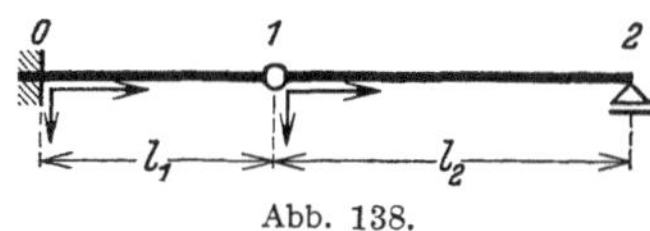

Abb. 138.

der Fall sein. Ein erweitertes Verfahren ist in III, 9 angegeben, ein Verfahren zur Berücksichtigung gleichzeitig auftretender Längsschwingungen in III, 10.

Beispiel: Es soll die Frequenzgleichung des nach Abb. 138 gelagerten Stabes bestimmt werden. Nach Abb. 45a S. 132 ist

$$e_0 = \infty; \qquad f_0 = \infty; \tag{a}$$

nach Abb. 46b S. 132 gilt

$$e_1^l = e_1^r = 0; \qquad \text{(b)} \qquad \left(\frac{\mu}{\varkappa} f\right)_i = \left(\frac{\mu}{\varkappa} f\right)_r \qquad \text{(c)}$$

und nach Abb. 45b S. 132 ist

$$e_2 = 0; \qquad f_2 = \infty. \qquad \text{(d)}$$

Von der Grundgleichung (8) für den Stababschnitt $0,1$ sind infolge der Beziehungen (a), (b) nur diejenigen Glieder beizubehalten, die das Produkt $e_0 f_0$, aber nicht den Faktor e_1^l enthalten. Man erhält nach Streichen des diesen Gliedern gemeinsamen Faktors $e_0 f_0$ die Grundgleichung

$$f_1^l \mathfrak{B}(\lambda_1) + \mathfrak{E}(\lambda_1) = 0. \qquad \text{(e)}$$

Von der Grundgleichung für den Stababschnitt $1, 2$ sind infolge der Beziehungen (b), (d) nur diejenigen Glieder beizubehalten, welche die Größe f_2, nicht aber e_1^r oder e_2 enthalten. Nach Streichen des diesen Gliedern gemeinsamen Faktors f_2 erhält man die Grundgleichung

$$f_1^r \mathfrak{S}(\lambda_2) + \mathfrak{B}(\lambda_2) = 0. \qquad \text{(f)}$$

Aus (e) und (f) und (c) ergibt sich durch Elimination der Hilfsgrößen f_1^l und f_1^r die Frequenzgleichung

$$\frac{\mu_1}{\varkappa_1} \frac{\mathfrak{E}(\lambda_1)}{\mathfrak{B}(\lambda_1)} = \frac{\mu_2}{\varkappa_2} \frac{\mathfrak{B}(\lambda_2)}{\mathfrak{S}(\lambda_2)}.$$

Bei der Auflösung dieser Frequenzgleichung mittels VII, Tabelle A ist der Zusammenhang zwischen λ_1 und λ_2 zu berücksichtigen. Es ist

$$\frac{\lambda_1}{\lambda_2} = \frac{l_1}{l_2} \frac{\varkappa_1}{\varkappa_2}.$$

Aufgabe 6. Ermittlung der kleinsten Eigenschwingungszahl eines Stabes, dessen Steifigkeit EJ und Massendichte μ über die Stablänge veränderlich ist.

Lösung: Man ermittelt die Durchbiegung $v(x)$ unter einer konstanten Last p je Längeneinheit. Die kleinste Eigenfrequenz ist dann angenähert gegeben durch

$$\omega_1 \leq \sqrt{\frac{\int\limits_0^l p\, v(x)\, dx}{\int\limits_0^l \mu v^2(x)\, dx}}. \qquad \text{(11)}$$

Die Berechnung der Biegelinie $v(x)$ folgt in Aufgabe 7, die Berechnung der Integrale in Aufgabe 8.

Bemerkungen: An Stelle der Last p kann auch bei Stäben mit horizontaler Achse das Eigengewicht genommen werden oder auch eine Einzellast. Die Näherung (11) ist um so besser, je genauer die Biegelinie $v(x)$ mit der ersten Eigenschwingungslinie übereinstimmt. Bei mehrfach gelagerten Stäben ist das Vorzeichen von p in aufeinanderfolgenden Stababschnitten abzuwechseln, da auch die Schwingungslinie in aufeinanderfolgenden Stababschnitten ihr Vorzeichen wechselt. Der Fehler von (11) ist bei den praktisch vorkommenden Stababmessungen (Brücken, Schornsteine, Türme, Schiffe) nicht größer als 2% des genauen Wertes.

Sonderlösung: Für einfeldrige Balkenbrücken mit über die Länge nahezu konstanter Massendichte:

$$\omega_1 = 1{,}126 \sqrt{\frac{g}{v}}\,. \tag{12}$$

Bezeichnungen:

$g \dfrac{\text{cm}}{\text{sek}^2}$ .... Erdbeschleunigung,

v cm .... Durchbiegung in Brückenmitte infolge des Eigengewichtes.

Aufgabe 7. Ermittlung der Biegelinie eines Balkens von veränderlicher Steifigkeit auf numerischem Wege.

Lösung. Genauer als die graphische Konstruktion der Biegelinie nach Mohr ist die numerische Integration. Es ist

$$v(x) = v(0) + v'(0)\,x - I(x)\,. \tag{13}$$

Die Stablänge wird in n gleiche Teile von der Länge h zerlegt, das Biegemoment im k^{ten} Teilpunkt ist $\mathfrak{M}_k$, die Steifigkeit EJ_k. Dann gelten mit der Abkürzung

$$\bar{I}(x) = \frac{12}{h^2} I(x) \tag{14}$$

angenähert die Beziehungen:

$$\left.\begin{aligned}
\bar{I}_1 &= 3{,}5\,\frac{\mathfrak{M}_0}{EJ_0} + 3\,\frac{\mathfrak{M}_1}{EJ_1} - 0{,}5\,\frac{\mathfrak{M}_2}{EJ_2}\,, \\[2mm]
\bar{I}_2 &= 2\,\bar{I}_1 + \frac{\mathfrak{M}_0}{EJ_0} + 10\,\frac{\mathfrak{M}_1}{EJ_1} + \frac{\mathfrak{M}_2}{EJ_2}\,, \\[2mm]
\bar{I}_3 &= \phantom{2\,\bar{I}_1} 2\,\bar{I}_2 - \bar{I}_1 + \frac{\mathfrak{M}_1}{EJ_1} + 10\,\frac{\mathfrak{M}_2}{EJ_2} + \frac{\mathfrak{M}_3}{EJ_3} \\[1mm]
&\ \vdots \qquad\quad \vdots \qquad\ \vdots \qquad\quad \vdots \qquad\ \vdots \\[1mm]
\bar{I}_n &= 2\,\bar{I}_{n-1} - \bar{I}_{n-2} + \frac{\mathfrak{M}_{n-2}}{EJ_{n-2}} + 10\,\frac{\mathfrak{M}_{n-1}}{EJ_{n-1}} + \frac{\mathfrak{M}_n}{EJ_n}\,.
\end{aligned}\right\} \tag{15}$$

Ist das Ende $x = 0$ eingespannt, dann ist $v(0) = v'(0) = 0$ und

$$v(x) = -I(x)\,.$$

Bei dem Stab mit zwei gelenkigen Endstützen ist $v(0) = 0$ und

$$v(l) = v'(0)\,l - I(l) = 0\,.$$

also

$$v(x) = I(l)\frac{x}{l} - I(x),$$

Bezeichnungen:

$$v'(x) = \frac{d}{dx}v(x),$$

h cm .... Intervallänge,
l cm .... Stablänge,
$v(x)$ cm .... Biegeordinate an der Stelle x,
$\mathfrak{M}_k$ kgcm .... Biegemoment an der Stelle k,
EJ_k kgcm² .... Steifigkeit an der Stelle k.

Bemerkungen: Es genügen bei einfeldrigen Balken 10 Intervalle.

Aufgabe 8. Numerische Quadratur.

Lösung: Man teilt die Stablänge in eine gerade Anzahl n von Abschnitten gleicher Länge h, dann ist

$$\int_0^l f(x)\,dx = \frac{h}{3}(f_0 + 4f_1 + 2f_2 + 4f_3 + \cdots + 2f_{n-2} + 4f_{n-1} + f_n). \tag{16}$$

Bezeichnung:

f_k .... Funktionswert im k^{ten} Intervallteilpunkt.

Bemerkung: Es genügen zur Aufstellung von (11) 10 Intervallteilpunkte.

Aufgabe 9. Es soll die niedrigste Eigenschwingungszahl eines Fachwerkträgers festgestellt werden.

Lösung: Die Stabmassen werden auf die Knotenpunkte verteilt. Die kleinste Eigenfrequenz ist dann angenähert

$$\omega_1 = \sqrt{\frac{\Sigma\, M_k\, g\, v_k}{\Sigma\, M_k\, v_k^2 + \Sigma\, M_k\, u_k^2}}. \tag{17}$$

Bezeichnungen:

$M_k\dfrac{\text{kg sek}^2}{\text{cm}}$ .... Am k^{ten} Knotenpunkt angreifende Masse zuzüglich des Anteils der Stabmassen.

v_k, u_k cm .... Vertikal- und Horizontalverschiebung des k^{ten} Knotenpunktes unter dem Eigengewicht des Trägers,

$g\dfrac{\text{cm}}{\text{sek}^2}$ .... Erdbeschleunigung.

Bemerkungen: An Stelle des Eigengewichts kann auch eine andere Last angenommen werden, etwa eine Einzellast in Trägermitte. Formel (12) gilt auch für einfeldrige Fachwerkbrücken.

Aufgabe 10. Ermittlung der höheren Eigenschwingungszahlen eines Stabes, dessen Steifigkeit EJ und dessen Massendichte μ über die Stablänge veränderlich ist.

Lösung: Man bestimmt zunächst die Eigenfrequenzen des Stabes unter der Annahme konstanter Steifigkeit und konstanter Massendichte. Dann gilt

$$\omega_k = \frac{\lambda_k^2}{\left[\int\limits_0^l \sqrt[4]{\dfrac{\mu}{EJ}}\, d x\right]^2}. \tag{18}$$

Bezeichnungen:

λ_k .... k^{te} Wurzel der Frequenzgleichung für den homogenen Stab mit über die Länge konstanten EJ und μ; vgl. Aufgabe 5.

Bemerkungen: (18) gilt um so genauer, je höher die Ordnung k der Eigenschwingung ist, doch ist in den meisten Fällen die Genauigkeit von (18) bereits für die zweite Eigenfrequenz praktisch ausreichend. Das Integral wird mit Hilfe von (16) ausgewertet.

Aufgabe 11. Es soll der Einfluß einer statischen Längskraft auf die kleinste Eigenfrequenz berücksichtigt werden.

Lösung:

$$\omega_1^* = \sqrt{1 + N^*}. \tag{19}$$

Bezeichnungen:

ω_1^* .... Verhältnis der kleinsten Eigenfrequenz des Stabes mit Längskraft zu derjenigen des längskraftfreien Stabes,

N_1^* .... Verhältnis der als Zug positiv gerechneten Längskraft zu dem Betrag der Knicklast des Stabes bei Ausknicken in der Schwingungsebene.

Bemerkungen: (19) gilt um so genauer, je besser die Knicklinie mit der Schwingungslinie des längskraftfreien Stabes übereinstimmt.

Kapitel IV.

Aufgabe 12. Es sollen die Auslenkungen eines aus homogenen Stäben gebildeten Stabwerkes ermittelt werden, wenn auf das Stabwerk schwingende Lasten von der Form $p(t) = p \cos \omega t$ wirken.

a) Angenäherte Lösung:

$$\mathfrak{M}^* \approx v^* \approx \frac{1}{1 - \left(\dfrac{\omega}{\omega_1}\right)^2}. \tag{20}$$

Bezeichnungen:

$\mathfrak{M}^*$ .... Verhältnis der Biegemomentamplituden zu den statischen Biegemomenten infolge der ruhenden Last p,

v^* .... Verhältnis der Auslenkungsamplituden zu den statischen Auslenkungen infolge der ruhenden Lasten p,

$\omega \, \dfrac{1}{\mathrm{sek}}$ .... Kreisfrequenz der Erregung,

$\omega_1 \, \dfrac{1}{\mathrm{sek}}$ .... Kleinste Eigenfrequenz des Stabwerks.

Bemerkungen: Gleichung (20) gilt um so genauer, je besser die statische Biegelinie infolge der Last p mit der ersten Eigenschwingungslinie übereinstimmt. (20) gilt nur für Erregungsfrequenzen, die unterhalb der zweiten Eigenfrequenz des Stabes liegen und von dieser genügend entfernt sind. (20) liefert für alle Stabpunkte den gleichen dynamischen Vergrößerungsfaktor für Biegemoment und Auslenkung, während die exakte Rechnung zeigt, daß die dynamische Biegelinie der statischen Biegelinie infolge der Kräfte p nur in Ausnahmefällen genau ähnlich ist.

b) Strenge Lösung, falls die Erregung durch schwingende Einzellasten $P(t) = P \cos \omega t$ erfolgt.

Man zerlegt das Stabwerk in einzelne Stababschnitte, deren Endpunkte gebildet werden von Lagern aller Art, Gerbergelenken, Rahmenknotenpunkten und Lastangriffspunkten, soweit die Lasten nicht in der Mitte eines Stababschnittes angreifen. Für je zwei biegesteif miteinander verbundene Stababschnitte $k-1, k$ und $k, k+1$ gilt eine Viermomentengleichung von der Form

$$\mathfrak{M}_{k-1}^r \, l_k' \, \psi(\lambda_k) + \mathfrak{M}_k^l \, l_k' \, \varphi(\lambda_k) + \mathfrak{M}_k^r \, l_{k+1}' \, \varphi(\lambda_{k+1}) + \mathfrak{M}_{k+1}^l \, l_{k+1}' \, \psi(\lambda_{k+1})$$

$$= -\frac{1}{l_k} \left(v_{k-1}^r \, \overline{\psi}(\lambda_k) - v_k^l \, \overline{\varphi}(\lambda_k) \right) + \frac{1}{l_{k+1}} \left(v_k^r \, \overline{\varphi}(\lambda_{k+1}) - v_{k+1}^l \, \overline{\psi}(\lambda_{k+1}) \right)$$

$$- P_k \, l_k \, l_k' \, \Psi(\lambda_k) - P_{k+1} \, l_{k+1} \, l_{k+1}' \, \Psi(\lambda_{k+1}) . \tag{21}$$

Die Querkräfte, welche die Stäbe $k-1, k$ und $k, k+1$ am Punkte k übertragen, sind

$$Q_k^l = -\frac{\lambda_k^4}{l_k^2 \, l_k'} \left\{ v_{k-1}^r \, \psi(\lambda_k) + v_k^l \, \varphi(\lambda_k) \right\}$$

$$- \frac{1}{l_k} \left\{ \mathfrak{M}_{k-1}^r \, \overline{\psi}(\lambda_k) - \mathfrak{M}_k^l \, \overline{\varphi}(\lambda_k) \right\} - P_k \, \overline{\Psi}(\lambda_k) , \tag{22a}$$

$$Q_k^r = \frac{\lambda_{k+1}^4}{l_{k+1}^2 \, l_{k+1}'} \left(v_k^r \, \varphi(\lambda_{k+1}) + v_{k+1}^l \, \psi(\lambda_{k+1}) \right)$$

$$- \frac{1}{l_{k+1}} \left(\mathfrak{M}_k^r \, \overline{\varphi}(\lambda_{k+1}) - \mathfrak{M}_{k+1}^l \, \overline{\psi}(\lambda_{k+1}) \right) + P_{k+1} \, \overline{\Psi}(\lambda_{k+1}) . \tag{22b}$$

Die Auslenkung der Mitte des Stababschnittes $k-1, k$ ist

$$v\left(\frac{l_k}{2}\right) = (v_{k-1}^r + v_k^l)\,\overline{\Psi}(\lambda_k) + (\mathfrak{M}_{k-1}^r + \mathfrak{M}_k^l)\,l_k\,l_k'\,\Psi(\lambda_k)$$
$$+ P_k\,l_k^2\,l_k'\,\Phi(\lambda_k) \qquad (23\,\mathrm{a})$$

und das Biegemoment an diesem Punkte beträgt

$$\mathfrak{M}\left(\frac{l_k}{2}\right) = \frac{\lambda_k^4}{l_k\,l_k'}\,(v_{k-1}^r + v_k^l)\,\Psi(\lambda_k) + (\mathfrak{M}_{k-1}^r + \mathfrak{M}_k^l)\,\overline{\Psi}(\lambda_k)$$
$$+ P_k\,l_k\,\overline{\Phi}(\lambda_k)\,. \qquad (23\,\mathrm{b})$$

Die Funktionen ψ, $\overline{\psi}$, φ, $\overline{\varphi}$, Ψ, $\overline{\Psi}$, Φ, $\overline{\Phi}$ sind in VII, Tabelle D enthalten.

Die Viermomentengleichungen (21) für sämtliche Paare biegungssteif miteinander verbundener Stäbe und die Gleichgewichtsbedingungen für sämtliche Stabwerksknoten ermöglichen die Berechnung der Amplituden der Auslenkungen und Biegemomente an allen diesen Knoten. Aus den Amplituden der Auslenkungen und Biegemomente an beiden Enden $k-1$ und k eines von Einzellasten freien Stababschnittes $k-1, k$ können die Amplituden der Auslenkungen und Biegemomente weiterer Stabpunkte ermittelt werden vermöge der Beziehungen

$$v(x_k) = v_{k-1}^r\,\chi(\lambda_k, \xi_k) + v_k^l\,\chi(\lambda_k, \bar{\xi}_k) + \mathfrak{M}_{k-1}^r\,\frac{l_k\,l_k'}{\lambda_k^2}\,\overline{\chi}(\lambda_k, \xi_k)$$
$$+ \mathfrak{M}_k^l\,\frac{l_k\,l_k'}{\lambda_k^2}\,\overline{\chi}(\lambda_k, \bar{\xi}_k)\,, \qquad (24\,\mathrm{a})$$

$$\mathfrak{M}(x_k) = v_{k-1}^r\,\frac{\lambda_k^2}{l_k\,l_k'}\,\overline{\chi}(\lambda_k, \xi_k) + v_k^l\,\frac{\lambda_k^2}{l_k\,l_k'}\,\overline{\chi}(\lambda_k, \bar{\xi}_k)$$
$$+ \mathfrak{M}_{k-1}^r\,\chi(\lambda_k, \xi_k) + \mathfrak{M}_k^l\,\chi(\lambda_k, \bar{\xi}_k)\,. \qquad (24\,\mathrm{b})$$

Die Funktionen χ und $\overline{\chi}$ sind in VII, Tabelle B tabuliert.

Bezeichnungen:

l_k cm .... Länge des Stababschnitts $k-1, k$,

x_k cm .... Abstand eines Punktes des Stababschnitts $k-1, k$ vom Punkte $k-1$,

$$\xi_k = \frac{x_k}{l_k}, \qquad \bar{\xi}_k = \frac{l_k - x_k}{l_k} = 1 - \xi_k\,.$$

$\mu_k\,\dfrac{\mathrm{kg\ sek^2}}{\mathrm{cm^2}}$ .... Auf die Längeneinheit der Stabachse bezogene Masse des Stababschnitts $k-1, k$,

EJ_k kgcm² .... Biegesteifigkeit des Stababschnitts $k-1, k$

$$l_k' = \frac{l_k}{EJ}, \qquad \lambda_k = l_k\sqrt{\frac{\mu_k\,\omega^2}{EJ_k}}\,.$$

v_k^l, v_k^r cm .... Amplitude der Auslenkung zu beiden Seiten (links, rechts) des Punktes k. Die Auslenkung wird stets senkrecht zur Richtung der Stabachse im unverformten System gemessen,

$\mathfrak{M}_k^l$, $\mathfrak{M}_k^r$ kgcm $\Big\}$ .... Amplitude der Biegemomente und Querkräfte zu
Q_k^l, Q_k^r kg $}$ beiden Seiten des Punktes k, Vorzeichenfestsetzung nach Abb. 116 S. 257,

P_k kg .... Amplitude der Einzellast $(P_k(t) = P_k \cos \omega t)$, welche in der Mitte des Stababschnitts $k - 1$, k wirkt.

Bemerkungen: Ein Verfahren zur angenäherten Berücksichtigung von Längsschwingungen, welche gleichzeitig mit den Biegungsschwingungen auftreten, ist in IV, 6 angegeben, eines zur strengen Berücksichtigung dieser Schwingungen in IV, 7. Bei schlanken Stäben genügt die alleinige Berücksichtigung der Biegungsschwingungen, bei gedrunge-

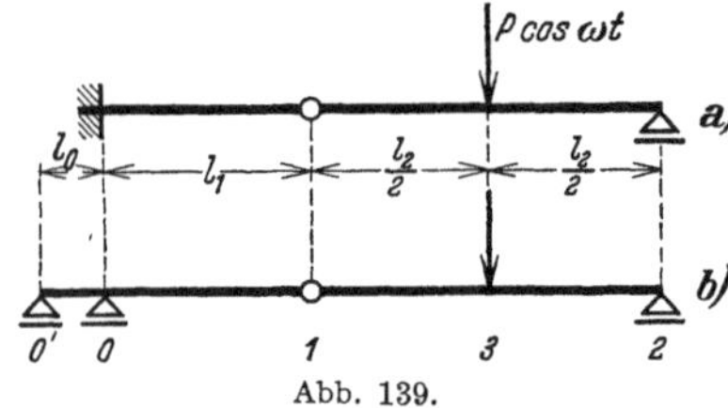

Abb. 139.

neren Stäben ist in der Regel die angenäherte Berücksichtigung der Längsschwingungen ausreichend.

Beispiel: Es sollen die Gleichungen zur Berechnung der Auslenkungs- und Biegemomentamplituden des Systems der Abb. 139a aufgestellt werden. Das System wird als Grenzfall der Abb. 139b mit $l_0 = 0$ aufgefaßt. Die Gleichung (21) liefert für das Felderpaar $0', 0, 1$ mit

$$\mathfrak{M}_{0'} = \mathfrak{M}_1 = 0, \qquad v_{0'} = v_0 = 0.$$

die Beziehung

$$\mathfrak{M}_0 \, l_1' \, \varphi(\lambda_1) = - \frac{v_1}{l_1} \, \overline{\psi}(\lambda_1). \tag{a}$$

Für das Felderpaar $0, 1, 2$ darf die Gleichung (21) nicht angeschrieben werden, da die Stäbe $0,1$ und $1,2$ nicht biegesteif miteinander verbunden sind. Die Gleichgewichtsbedingung am Gelenk 1 verlangt die Gleichheit der von links und rechts übertragenen Querkräfte. Es ist also nach (22)

$$Q_1^l = - \frac{\lambda_1^4}{l_1^2 \, l_1'} \, v_1 \varphi(\lambda_1) - \frac{\mathfrak{M}_0}{l_1} \, \overline{\psi}(\lambda_1) = Q_1^r = \frac{\lambda_2^4}{l_2^2 \, l_2'} \, v_1 \varphi(\lambda_2) + P \, \overline{\Psi}(\lambda_2). \tag{b}$$

Aus den Gleichungen (a) und (b) können die Unbekannten v_1 und $\mathfrak{M}_0$ bestimmt werden. Die Gleichung (23) gestattet alsdann die Berechnung der Amplituden von Auslenkung und Biegemoment in der Mitte 3 des Feldes l_2 und die Gleichung (24) angewendet auf die Stababschnitte

0,1, *1,3* und *3,2* liefert die Amplituden von Auslenkung und Biegemoment für weitere Stabpunkte.

Aufgabe 13. Bestimmung der von schwingenden Lasten hervorgerufenen Auslenkung eines Stabes mit über die Länge veränderlicher Steifigkeit und Massendichte.

Lösung: Es gilt die Näherungsbeziehung (20) unter den gleichen Voraussetzungen und mit den gleichen Beschränkungen wie bei Aufgabe 12a.

Kapitel V.

Aufgabe 14. Es sind die Auslenkungen und Beanspruchungen infolge plötzlicher Entlastung zu bestimmen.

Lösung: In erster Näherung gilt

$$\left.\begin{array}{l} \text{Max } \mathfrak{M}_E \approx \mathfrak{M}, \\ \text{Max } v_E \approx v. \end{array}\right\} \tag{25}$$

Bezeichnungen:

$\mathfrak{M}$ kgcm . . . . Biegemoment vor der Entlastung,

v cm . . . . Auslenkung vor der Entlastung,

Max $\mathfrak{M}_E$ kgcm . . . . . Größtes nach der Entlastung auftretendes Biegemoment,

Max v_E cm . . . . Größte nach der Entlastung auftretende Auslenkung.

Bemerkung: (25) gibt nur einen sehr ungefähren Anhaltspunkt; bei dem eingespannt-freien Balken, der am freien Ende eine Last trägt und plötzlich entlastet wird, ist an der Einspannstelle zum Beispiel

$$\text{Max } \mathfrak{M}_E = 1{,}36\,\mathfrak{M}.$$

Aufgabe 15. Auslenkungen und Beanspruchungen nach einer plötzlichen Belastung.

Lösung:

$$\left.\begin{array}{l} \text{Max } \mathfrak{M}_B \approx 2\,\mathfrak{M}, \\ \text{Max } v_B \approx 2\,v. \end{array}\right\} \tag{26}$$

Bezeichnungen:

$\mathfrak{M}$ kgcm . . . . Statisches Biegemoment infolge der Last,

v cm . . . . Statische Auslenkung infolge der Last,

Max $\mathfrak{M}_B$ kgcm . . . . . Größtes nach der plötzlichen Belastung auftretendes Biegemoment,

Max v_B cm . . . . Größte nach der plötzlichen Belastung auftretende Auslenkung.

Bemerkungen: Auch (26) gibt nur einen ungefähren Anhaltspunkt, beim plötzlichen Aufsetzen einer Last am freien Ende eines eingespannt-freien Balkens ist zum Beispiel an der Einspannstelle

$$\text{Max } \mathfrak{M}_B = 2{,}36\,\mathfrak{M}\,.$$

Aufgabe 16. Es soll die größte Auslenkung eines Balkens auf zwei Stützen bestimmt werden, über den sich die Einzellast P mit der Geschwindigkeit c hinwegbewegt. In dem Augenblick, in welchem die Last den Balken betritt, sei dieser in Ruhe.

Lösung:

$$\text{Max } v = \frac{\text{Max } \bar{v}}{1 - \beta}\,. \tag{27}$$

Bezeichnungen:

Max $\bar{v}$ cm . . . . Größte statische Durchbiegung infolge ruhender Last P in Balkenmitte,

β . . . . dimensionsloses Verhältnis der Grundschwingungsdauer T_1 des Balkens zur doppelten Überfahrtdauer $2\,t' = \dfrac{2\,l}{c}$ der Last,

l cm . . . . Spannweite des Balkens.

Bemerkungen: Die Formel (27) ist eine Näherung, die nur für so kleine Werte β gebraucht werden darf, wie sie bei den üblichen Abmessungen der Brücken und den üblichen Lastgeschwindigkeiten vorliegen. Die strenge Lösung der gestellten Aufgabe ist aus V, 7, (72b) zu entnehmen.

VII. Tabellen.

A. Tabelle der Frequenzfunktionen.

$$\mathfrak{A}(\lambda) = \mathfrak{Cof}\,\lambda \sin \lambda + \mathfrak{Sin}\,\lambda \cos \lambda\,,$$

$$\mathfrak{B}(\lambda) = \mathfrak{Cof}\,\lambda \sin \lambda - \mathfrak{Sin}\,\lambda \cos \lambda\,,$$

$$\mathfrak{C}(\lambda) = 2\,\mathfrak{Cof}\,\lambda \cos \lambda\,,$$

$$\mathfrak{S}(\lambda) = 2\,\mathfrak{Sin}\,\lambda \sin \lambda\,,$$

$$\mathfrak{D}(\lambda) = \mathfrak{Cof}\,\lambda \cos \lambda - 1\,,$$

$$\mathfrak{E}(\lambda) = \mathfrak{Cof}\,\lambda \cos \lambda + 1\,,$$

$\dfrac{1}{\lambda}$ und ctg λ für Argumentwerte zwischen $\lambda = 0{,}00$ und $\lambda = 10{,}00$.

λ	$\mathfrak{A}(\lambda)$	$\mathfrak{B}(\lambda)$	$\mathfrak{C}(\lambda)$	$\mathfrak{S}(\lambda)$	$\mathfrak{D}(\lambda)$
0,00	0,00000	0,00000	2,00000	0,00000	0,00000
02	0,04000	0,00001	2,00000	0,00080	— 0,00000
04	0,08000	0,00004	2,00000	0,00320	— 0,00000
06	0,12000	0,00014	2,00000	0,00720	— 0,00000
08	0,16000	0,00034	1,99999	0,01280	— 0,00001
0,10	0,20000	0,00067	1,99997	0,02000	— 0,00002
12	0,24000	0,00115	1,99993	0,02880	— 0,00003
14	0,28000	0,00183	1,99987	0,03920	— 0,00006
16	0,31999	0,00273	1,99978	0,05120	— 0,00011
18	0,35999	0,00389	1,99965	0,06480	— 0,00017
0,20	0,39998	0,00533	1,99947	0,08000	— 0,00027
22	0,43997	0,00710	1,99922	0,09680	— 0,00039
24	0,47995	0,00922	1,99889	0,11520	— 0,00055
26	0,51992	0,01172	1,99848	0,13519	— 0,00076
28	0,55989	0,01463	1,99795	0,15679	— 0,00102
0,30	0,59984	0,01800	1,99730	0,17998	— 0,00135
32	0,63978	0,02184	1,99650	0,20478	— 0,00175
34	0,67970	0,02620	1,99555	0,23117	— 0,00223
36	0,71960	0,03110	1,99440	0,25915	— 0,00280
38	0,75947	0,03658	1,99305	0,28873	— 0,00348
0,40	0,79932	0,04266	1,99147	0,31991	— 0,00427
42	0,83913	0,04938	1,98963	0,35268	— 0,00519
44	0,87890	0,05678	1,98751	0,38704	— 0,00625
46	0,91863	0,06488	1,98508	0,42299	— 0,00746
48	0,95830	0,07371	1,98231	0,46053	— 0,00885
0,50	0,99792	0,08331	1,97917	0,49965	— 0,01042
52	1,03747	0,09371	1,97563	0,54236	— 0,01218
54	1,07694	0,10493	1,97166	0,58265	— 0,01417
56	1,11633	0,11702	1,96723	0,62651	— 0,01639
58	1,15562	0,13000	1,96229	0,67195	— 0,01886
0,60	1,19482	0,14391	1,95681	0,71896	— 0,02159
62	1,23389	0,15877	1,95076	0,76754	— 0,02462
64	1,27284	0,17462	1,94410	0,81767	— 0,02795
66	1,31165	0,19149	1,93678	0,86936	— 0,03161
68	1,35031	0,20941	1,92877	0,92260	— 0,03562
0,70	1,38880	0,22841	1,92001	0,97739	— 0,03999
72	1,42711	0,24851	1,91048	1,03370	— 0,04476
74	1,46521	0,26976	1,90012	1,09155	— 0,04994
76	1,50310	0,29219	1,88888	1,15092	— 0,05556
78	1,54076	0,31581	1,87673	1,21180	— 0,06164
0,80	1,57817	0,34067	1,86360	1,27418	— 0,06820
82	1,61530	0,36679	1,84945	1,33805	— 0,07527
84	1,65214	0,39420	1,83424	1,40340	— 0,08288
86	1,68866	0,42293	1,81790	1,47021	— 0,09105
88	1,72485	0,45302	1,80039	1,53848	— 0,09981
0,90	1,76067	0,48448	1,78164	1,60820	— 0,10918
92	1,79610	0,51736	1,76161	1,67933	— 0,11920
94	1,83112	0,55166	1,74023	1,75188	— 0,12988
96	1,86570	0,58744	1,71746	1,82582	— 0,14127
98	1,89981	0,62471	1,69322	1,90113	— 0,15339
1,00	1,93342	0,66349	1,66746	1,97780	— 0,16627

λ	$\mathfrak{A}(\lambda)$	$\mathfrak{B}(\lambda)$	$\mathfrak{C}(\lambda)$	$\mathfrak{S}(\lambda)$	$\mathfrak{D}(\lambda)$

$\mathfrak{E}(\lambda)$	$\dfrac{\mathfrak{S}(\lambda)}{\mathfrak{B}(\lambda)}$	$\dfrac{\mathfrak{C}(\lambda)}{\mathfrak{A}(\lambda)}$	$\dfrac{\mathfrak{B}(\lambda)}{\mathfrak{D}(\lambda)}$	$\dfrac{1}{\lambda}$	ctg λ	λ
2,00000	∞	∞	— ∞	∞	∞	0,00
2,00000	150,00000	50,00000	— 200,00000	50,00000	49,99333	02
2,00000	75,00000	24,99999	— 100,00000	25,00000	24,98667	04
2,00000	50,00000	16,66664	— 66,66667	16,66667	16,64667	06
1,99999	37,49999	12,49993	— 50,00000	12,50000	12,47332	08
1,99998	29,99998	9,99987	— 39,99999	10,00000	9,96664	0,10
1,99997	24,99997	8,33310	— 33,33332	8,33333	8,29329	12
1,99994	21,42851	7,14249	— 28,57140	7,14286	7,09613	14
1,99989	18,74992	6,24945	— 24,99996	6,25000	6,19657	16
1,99983	16,66656	5,55478	— 22,22217	5,55556	5,49543	18
1,99973	14,99985	4,99893	— 19,99992	5,00000	4,93315	0,20
1,99961	13,63616	4,54404	— 18,18172	4,54545	4,47188	22
1,99945	12,49974	4,16482	— 16,66654	4,16667	4,08636	24
1,99924	11,53813	3,84381	— 15,38445	3,84615	3,75909	26
1,99898	10,71387	3,56850	— 14,28551	3,57143	3,47760	28
1,99865	9,99949	3,32973	— 13,33308	3,33333	3,23273	0,30
1,99825	9,37438	3,12063	— 12,49969	3,12500	3,01760	32
1,99777	8,82278	2,93593	— 11,76433	2,94118	2,82696	34
1,99720	8,33244	2,77155	— 11,11067	2,77778	2,65673	36
1,99652	7,89369	2,62426	— 10,52579	2,63158	2,50368	38
1,99573	7,49878	2,49146	— 9,99939	2,50000	2,36522	0,40
1,99481	7,14145	2,37106	— 9,52310	2,38095	2,23928	42
1,99375	6,81656	2,26136	— 9,09010	2,27273	2,12413	44
1,99254	6,51988	2,16092	— 8,69473	2,17391	2,01837	46
1,99115	6,24789	2,06856	— 8,33228	2,08333	1,92082	48
1,98958	5,99762	1,98330	— 7,99881	2,00000	1,83049	0,50
1,98782	5,78790	1,90429	— 7,69097	1,92308	1,74654	52
1,98583	5,55256	1,83080	— 7,40591	1,85185	1,66825	54
1,98361	5,35380	1,76223	— 7,14118	1,78571	1,59502	56
1,98114	5,16870	1,69803	— 6,89469	1,72414	1,52633	58
1,97841	4,99588	1,63775	— 6,66461	1,66667	1,46170	0,60
1,97538	4,83417	1,58098	— 6,44934	1,61290	1,40074	62
1,97205	4,68250	1,52737	— 6,24750	1,56250	1,34310	64
1,96839	4,53997	1,47659	— 6,05787	1,51515	1,28849	66
1,96438	4,40577	1,42839	— 5,87936	1,47059	1,23661	68
1,96001	4,27918	1,38250	— 5,71102	1,42857	1,18724	0,70
1,95524	4,15955	1,33871	— 5,55200	1,38889	1,14016	72
1,95006	4,04633	1,29682	— 5,40154	1,35135	1,09518	74
1,94444	3,93900	1,25665	— 5,25898	1,31579	1,05213	76
1,93836	3,83710	1,21805	— 5,12368	1,28205	1,01086	78
1,93180	3,74023	1,18086	— 4,99512	1,25000	0,97121	0,80
1,92473	3,64802	1,14496	— 4,87279	1,21951	0,93309	82
1,91712	3,56012	1,11022	— 4,75626	1,19048	0,89635	84
1,90895	3,47623	1,07653	— 4,64510	1,16279	0,86091	86
1,90019	3,39608	1,04380	— 4,53896	1,13636	0,82668	88
1,89082	3,31941	1,01191	— 4,43749	1,11111	0,79355	0,90
1,88080	3,24600	0,98080	— 4,34040	1,08696	0,76146	92
1,87012	3,17562	0,95036	— 4,24740	1,06383	0,73034	94
1,85873	3,10809	0,92054	— 4,15823	1,04167	0,70010	96
1,84661	3,04323	0,89126	— 4,07265	1,02041	0,67071	98
1,83373	2,98088	0,86244	— 3,99046	1,00000	0,64209	1,00
$\mathfrak{E}(\lambda)$	$\dfrac{\mathfrak{S}(\lambda)}{\mathfrak{B}(\lambda)}$	$\dfrac{\mathfrak{C}(\lambda)}{\mathfrak{A}(\lambda)}$	$\dfrac{\mathfrak{B}(\lambda)}{\mathfrak{D}(\lambda)}$	$\dfrac{1}{\lambda}$	ctg λ	λ

λ	$\mathfrak{A}(\lambda)$	$\mathfrak{B}(\lambda)$	$\mathfrak{C}(\lambda)$		$\mathfrak{S}(\lambda)$	$\mathfrak{D}(\lambda)$	
1,00	1,93342	0,66349		1,66746	1,97780	—	0,16627
02	1,96650	0,70383		1,64012	2,05580	—	0,17994
04	1,99902	0,74573		1,61113	2,13511	—	0,19443
06	2,03093	0,78924		1,58044	2,21571	—	0,20978
08	2,06222	0,83437		1,54797	2,29757	—	0,22601
1,10	2,09284	0,88115		1,51367	2,38068	—	0,24317
12	2,12276	0,92961		1,47746	2,46499	—	0,26127
14	2,15193	0,97976		1,43928	2,55049	—	0,28036
16	2,18031	1,03163		1,39905	2,63714	—	0,30047
18	2,20787	1,08525		1,35672	2,72490	—	0,32164
1,20	2,23457	1,14064		1,31221	2,81375	—	0,34389
22	2,26035	1,19781		1,26545	2,90366	—	0,36728
24	2,28517	1,25679		1,21636	2,99457	—	0,39182
26	2,30899	1,31760		1,16488	3,08646	—	0,41756
28	2,33175	1,38025		1,11093	3,17927	—	0,44454
1,30	2,35341	1,44478		1,05443	3,27298	—	0,47278
32	2,37391	1,51118		0,99532	3,36753	—	0,50234
34	2,39320	1,57948		0,93351	3,46288	—	0,53324
36	2,41123	1,64970		0,86894	3,55897	—	0,56553
38	2,42794	1,72185		0,80151	3,65576	—	0,59924
1,40	2,44327	1,79593		0,73116	3,75319	—	0,63442
42	2,45717	1,87198		0,65781	3,85120	—	0,67109
44	2,46956	1,94999		0,58138	3,94974	—	0,70931
46	2,48040	2,02997		0,50179	4,04874	—	0,74911
48	2,48961	2,11194		0,41896	4,14815	—	0,79052
1,50	2,49714	2,19590		0,33281	4,24789	—	0,83360
52	2,50290	2,28186		0,24326	4,34790	—	0,87837
54	2,50684	2,36981		0,15023	4,44810	—	0,92488
56	2,50889	2,45978	+	0,05365	4,54842	—	0,97318
58	2,50896	2,55175	—	0,04658	4,64878	—	1,02329
1,60	2,50700	2,64573	—	0,15052	4,74911	—	1,07526
62	2,50292	2,74172	—	0,25826	4,84932	—	1,12913
64	2,49664	2,83970	—	0,36989	4,94931	—	1,18494
66	2,48810	2,93969	—	0,48547	5,04902	—	1,24273
68	2,47720	3,04166	—	0,60509	5,14833	—	1,30254
1,70	2,46393	3,14556	—	0,72883	5,24716	—	1,36441
72	2,44802	3,25154	—	0,85676	5,34541	—	1,42838
74	2,42957	3,35943	—	0,98898	5,44297	—	1,49449
76	2,40843	3,46926	—	1,12554	5,53974	—	1,56277
78	2,38452	3,58101	—	1,26654	5,63560	—	1,63327
1,80	2,35774	3,69467	—	1,41205	5,73046	—	1,70602
82	2,32800	3,81022	—	1,56214	5,82418	—	1,78107
84	2,29522	3,92763	—	1,71689	5,91666	—	1,85845
86	2,25930	4,04688	—	1,87638	6,00776	—	1,93819
88	2,22013	4,16793	—	2,04067	6,09736	—	2,02033
1,90	2,17764	4,29076	—	2,20983	6,18533	—	2,10492
92	2,13171	4,41533	—	2,38395	6,27152	—	2,19198
94	2,08225	4,54161	—	2,56308	6,35582	—	2,28154
96	2,02915	4,66955	—	2,74730	6,43806	—	2,37365
98	1,97232	4,79912	—	2,93667	6,51810	—	2,46833
2,00	1,91165	4,93026	—	3,13125	6,59579	—	2,56563
λ	$\mathfrak{A}(\lambda)$	$\mathfrak{B}(\lambda)$	$\mathfrak{C}(\lambda)$		$\mathfrak{S}(\lambda)$	$\mathfrak{D}(\lambda)$	

$\mathfrak{E}(\lambda)$	$\dfrac{\mathfrak{S}(\lambda)}{\mathfrak{B}(\lambda)}$	$\dfrac{\mathfrak{C}(\lambda)}{\mathfrak{A}(\lambda)}$	$\dfrac{\mathfrak{B}(\lambda)}{\mathfrak{D}(\lambda)}$	$\dfrac{1}{\lambda}$	ctg λ	λ
1,83373	2,98088	0,86244	− 3,99046	1,00000	0,64209	1,00
1,82006	2,92088	0,83403	− 3,91144	0,98039	0,61420	02
1,80557	2,86310	0,80596	− 3,83542	0,96154	0,58699	04
1,79022	2,80739	0,77818	− 3,76222	0,94340	0,56040	06
1,77399	2,75366	0,75063	− 3,69188	0,92593	0,53441	08
1,75683	2,70178	0,72326	− 3,62366	0,90909	0,50897	1,10
1,73873	2,65165	0,69601	− 3,55801	0,89286	0,48404	12
1,71964	2,60318	0,66883	− 3,49462	0,87719	0,45959	14
1,69953	2,55627	0,64168	− 3,43336	0,86207	0,43558	16
1,67836	2,51085	0,61449	− 3,37413	0,84746	0,41199	18
1,65611	2,46683	0,58723	− 3,31682	0,83333	0,38878	1,20
1,63272	2,42414	0,55985	− 3,26133	0,81967	0,36593	22
1,60818	2,38271	0,53229	− 3,20757	0,80645	0,34341	24
1,58244	2,34249	0,50450	− 3,15547	0,79365	0,32121	26
1,55546	2,30340	0,47644	− 3,10493	0,78125	0,29928	28
1,52722	2,26539	0,44805	− 3,05590	0,76923	0,27762	1,30
1,49766	2,22841	0,41928	− 3,00828	0,75758	0,25619	32
1,46676	2,19241	0,39007	− 2,96203	0,74627	0,23498	34
1,43447	2,15735	0,36037	− 2,91708	0,73529	0,21398	36
1,40076	2,12316	0,33012	− 2,87337	0,72464	0,19315	38
1,36558	2,08982	0,29926	− 2,83084	0,71429	0,17248	1,40
1,32891	2,05729	0,26771	− 2,78944	0,70423	0,15195	42
1,29069	2,02552	0,23542	− 2,74913	0,69444	0,13155	44
1,25089	1,99449	0,20230	− 2,70985	0,68493	0,11125	46
1,20948	1,96414	0,16828	− 2,67157	0,67568	0,09105	48
1,16640	1,93447	0,13327	− 2,63424	0,66667	0,07091	1,50
1,12163	1,90542	0,09719	− 2,59783	0,65789	0,05084	52
1,07512	1,87698	0,05993	− 2,56198	0,64935	0,03081	54
1,02682	1,84912	+ 0,02138	− 2,52758	0,64103	+ 0,01080	56
0,97671	1,82180	− 0,01856	− 2,49368	0,63291	− 0,00920	58
0,92474	1,79501	− 0,06004	− 2,46055	0,62500	− 0,02921	1,60
0,87087	1,76872	− 0,10319	− 2,42816	0,61728	− 0,04924	62
0,81506	1,74290	− 0,14815	− 2,39649	0,60976	− 0,06931	64
0,75727	1,71754	− 0,19512	− 2,36550	0,60241	− 0,08944	66
0,69746	1,69261	− 0,24426	− 2,33517	0,59524	− 0,10964	68
0,63559	1,66812	− 0,29580	− 2,30543	0,58824	− 0,12993	1,70
0,57162	1,64396	− 0,34998	− 2,27638	0,58140	− 0,15032	72
0,50551	1,62021	− 0,40706	− 2,24788	0,57471	− 0,17084	74
0,43723	1,59681	− 0,46733	− 2,21994	0,56818	− 0,19149	76
0,36673	1,57375	− 0,53115	− 2,19254	0,56180	− 0,21231	78
0,29398	1,55101	− 0,59890	− 2,16566	0,55556	− 0,23330	1,80
0,21893	1,52857	− 0,67102	− 2,13929	0,54945	− 0,25449	82
0,14155	1,50642	− 0,74803	− 2,11340	0,54348	− 0,27590	84
+ 0,06181	1,48454	− 0,83051	− 2,08797	0,53763	− 0,29755	86
− 0,02033	1,46292	− 0,91916	− 2,06299	0,53191	− 0,31945	88
− 0,10492	1,44154	− 1,01479	− 2,03845	0,52632	− 0,34164	1,90
− 0,19198	1,42040	− 1,11833	− 2,01432	0,52083	− 0,36413	92
− 0,28154	1,39946	− 1,23092	− 1,99059	0,51546	− 0,38695	94
− 0,37365	1,37873	− 1,35392	− 1,96725	0,51020	− 0,41012	96
− 0,46833	1,35819	− 1,48894	− 1,94427	0,50505	− 0,43368	98
− 0,56563	1,33782	− 1,63799	− 1,92166	0,50000	− 0,45766	2,00
$\mathfrak{E}(\lambda)$	$\dfrac{\mathfrak{S}(\lambda)}{\mathfrak{B}(\lambda)}$	$\dfrac{\mathfrak{C}(\lambda)}{\mathfrak{A}(\lambda)}$	$\dfrac{\mathfrak{B}(\lambda)}{\mathfrak{D}(\lambda)}$	$\dfrac{1}{\lambda}$	ctg λ	λ

 VII. Tabellen.

λ	$\mathfrak{A}(\lambda)$	$\mathfrak{B}(\lambda)$	$\mathfrak{C}(\lambda)$		$\mathfrak{S}(\lambda)$	$\mathfrak{D}(\lambda)$	
2,00	1,91165	4,93026	—	3,13125	6,59579	—	2,56563
02	1,84703	5,06293	—	3,33111	6,67098	—	2,66556
04	1,77837	5,19708	—	3,53631	6,74350	—	2,76815
06	1,70555	5,33265	—	3,74690	6,81319	—	2,87345
08	1,62846	5,46959	—	3,96294	6,87989	—	2,98147
2,10	1,54699	5,60783	—	4,18448	6,94341	—	3,09224
12	1,46104	5,74730	—	4,41158	7,00358	—	3,20579
14	1,37049	5,88795	—	4,64428	7,06023	—	3,32214
16	1,27523	6,02969	—	4,88263	7,11316	—	3,44131
18	1,17515	6,17245	—	5,12667	7,16218	—	3,56333
2,20	1,07013	6,31615	—	5,37644	7,20711	—	3,68822
22	0,96005	6,46070	—	5,63197	7,24773	—	3,81599
24	0,84481	6,60603	—	5,89330	7,28384	—	3,94665
26	0,72428	6,75203	—	6,16046	7,31524	—	4,08023
28	0,59835	6,89860	—	6,43347	7,34171	—	4,21674
2,30	0,46690	7,04566	—	6,71236	7,36304	—	4,35618
32	0,32982	7,19309	—	6,99713	7,37899	—	4,49857
34	0,18698	7,34078	—	7,28781	7,38934	—	4,64390
36	+ 0,03827	7,48863	—	7,58440	7,39387	—	4,79200
38	— 0,12644	7,62650	—	7,88690	7,39233	—	4,94345
2,40	— 0,27725	7,78428	—	8,19532	7,38447	—	5,09766
42	— 0,44429	7,93183	—	8,50964	7,37006	—	5,25482
44	— 0,61767	8,07903	—	8,82986	7,34885	—	5,41493
46	— 0,79752	8,22574	—	9,15596	7,32056	—	5,57798
48	— 0,98395	8,37181	—	9,48791	7,28496	—	5,74395
2,50	— 1,17708	8,51709	—	9,82569	7,24176	—	5,91284
52	— 1,37702	8,66143	—	10,16926	7,19070	—	6,08463
54	— 1,58389	8,80466	—	10,51859	7,13150	—	6,25929
56	— 1,79780	8,94663	—	10,87362	7,06389	—	6,43681
58	— 2,01887	9,08716	—	11,23430	6,98758	—	6,61715
2,60	— 2,24721	9,22607	—	11,60057	6,90229	—	6,80028
62	— 2,48293	9,36319	—	11,97236	6,80771	—	6,98618
64	— 2,72614	9,49832	—	12,34960	6,70355	—	7,17480
66	— 2,97695	9,63126	—	12,73220	6,58952	—	7,36610
68	— 3,23546	9,76183	—	13,12007	6,46529	—	7,56003
2,70	— 3,50179	9,88981	—	13,51311	6,33058	—	7,75655
72	— 3,77602	10,01498	—	13,91122	6,18505	—	7,95561
74	— 4,05827	10,13713	—	14,31427	6,02839	—	8,15713
76	— 4,34862	10,25604	—	14,72214	5,86028	—	8,36107
78	— 4,64718	10,37147	—	15,13470	5,68039	—	8,56735
2,80	— 4,95404	10,48317	—	15,55181	5,48839	—	8,77591
82	— 5,26929	10,59092	—	15,97331	5,28395	—	8,98665
84	— 5,59300	10,69445	—	16,39903	5,06674	—	9,19951
86	— 5,92527	10,79350	—	16,82880	4,83640	—	9,41440
88	— 6,26618	10,88781	—	17,26244	4,59260	—	9,63122
2,90	— 6,61580	10,97711	—	17,69976	4,33499	—	9,84988
92	— 6,97419	11,06112	—	18,14054	4,06322	—	10,07027
94	— 7,34144	11,13954	—	18,58458	3,77693	—	10,29229
96	— 7,71760	11,21210	—	19,03163	3,47578	—	10,51581
98	— 8,10272	11,27847	—	19,48146	3,15941	—	10,74073
3,00	— 8,49687	11,33837	—	19,93382	2,82745	—	10,96691
λ	$\mathfrak{A}(\lambda)$	$\mathfrak{B}(\lambda)$	$\mathfrak{C}(\lambda)$		$\mathfrak{S}(\lambda)$	$\mathfrak{D}(\lambda)$	

$\mathfrak{E}(\lambda)$	$\dfrac{\mathfrak{S}(\lambda)}{\mathfrak{B}(\lambda)}$	$\dfrac{\mathfrak{C}(\lambda)}{\mathfrak{A}(\lambda)}$	$\dfrac{\mathfrak{B}(\lambda)}{\mathfrak{D}(\lambda)}$	$\dfrac{1}{\lambda}$	ctg λ	λ
— 0,56563	1,33782	— 1,63799	— 1,92166	0,50000	— 0,45766	2,00
— 0,66556	1,31761	— 1,80349	— 1,89939	0,49505	— 0,48207	02
— 0,76815	1,29755	— 1,98851	— 1,87746	0,49020	— 0,50696	04
— 0,87345	1,27764	— 2,19689	— 1,85584	0,48544	— 0,53237	06
— 0,98147	1,25784	— 2,43355	— 1,83453	0,48077	— 0,55831	08
— 1,09224	1,23816	— 2,70492	— 1,81352	0,47619	— 0,58485	2,10
— 1,20579	1,21859	— 3,01948	— 1,79279	0,47170	— 0,61201	12
— 1,32214	1,19910	— 3,38877	— 1,77234	0,46729	— 0,63985	14
— 1,44131	1,17969	— 3,82882	— 1,75215	0,46296	— 0,66840	16
— 1,56333	1,16035	— 4,36257	— 1,73221	0,45872	— 0,69773	18
— 1,68822	1,14106	— 5,02412	— 1,71252	0,45455	— 0,72790	2,20
— 1,81599	1,12182	— 5,86632	— 1,69306	0,45045	— 0,75895	22
— 1,94665	1,10261	— 6,97591	— 1,67383	0,44643	— 0,79096	24
— 2,08023	1,08341	— 8,50563	— 1,65481	0,44248	— 0,82400	26
— 2,21674	1,06432	— 10,75201	— 1,63601	0,43860	— 0,85814	28
— 2,35618	1,04505	— 14,37636	— 1,61739	0,43478	— 0,89348	2,30
— 2,49857	1,02584	— 21,21517	— 1,59897	0,43103	— 0,93011	32
— 2,64390	1,00662	— 38,97867	— 1,58074	0,42735	— 0,96812	34
— 2,79200	0,98735	— 197,87234	— 1,56267	0,42373	— 1,00764	36
— 2,94345	0,96929	+ 62,37782	— 1,54275	0,42017	— 1,04878	38
— 3,09766	0,94864	29,55931	— 1,52703	0,41667	— 1,09169	2,40
— 3,25482	0,92918	19,15336	— 1,50944	0,41322	— 1,13651	42
— 3,41493	0,90962	14,29532	— 1,49199	0,40984	— 1,18341	44
— 3,57798	0,88996	11,48049	— 1,47468	0,40650	— 1,23259	46
— 3,74395	0,87018	9,64265	— 1,45750	0,40323	— 1,28426	48
— 3,91284	0,85026	8,34752	— 1,44044	0,40000	— 1,33865	2,50
— 4,08463	0,83020	7,38499	— 1,42349	0,39683	— 1,39603	52
— 4,25929	0,80997	6,64100	— 1,40665	0,39370	— 1,45671	54
— 4,43681	0,78956	6,04829	— 1,38992	0,39063	— 1,52103	56
— 4,61715	0,76895	5,56465	— 1,37327	0,38760	— 1,58939	58
— 4,80028	0,74813	5,16221	— 1,35672	0,38462	— 1,66224	2,06
— 4,98618	0,72707	4,82187	— 1,34024	0,38168	— 1,74010	62
— 5,17480	0,70576	4,53007	— 1,32384	0,37879	— 1,82358	64
— 5,36610	0,68418	4,27693	— 1,30751	0,37594	— 1,91337	66
— 5,56003	0,66230	4,05508	— 1,29124	0,37313	— 2,01032	68
— 5,75655	0,64011	3,85892	— 1,27503	0,37037	— 2,11538	2,70
— 5,95561	0,61758	3,68409	— 1,25886	0,36765	— 2,22973	72
— 6,15713	0,59468	3,52719	— 1,24273	0,36496	— 2,35476	74
— 6,36107	0,57140	3,38547	— 1,22664	0,36232	— 2,49215	76
— 6,56735	0,54769	3,25675	— 1,21058	0,35971	— 2,64395	78
— 6,77591	0,52354	3,13922	— 1,19454	0,35714	— 2,81270	2,80
— 6,98665	0,49891	3,03140	— 1,17852	0,35461	— 3,00158	82
— 7,19951	0,47377	2,93206	— 1,16250	0,35211	— 3,21458	84
— 7,41440	0,44808	2,84017	— 1,14649	0,34965	— 3,45686	86
— 7,63122	0,42181	2,75486	— 1,13047	0,34722	— 3,73514	88
— 7,84988	0,39491	2,67538	— 1,11444	0,34483	— 4,05835	2,90
— 8,07027	0,36734	2,60110	— 1,09839	0,34247	— 4,43868	92
— 8,29229	0,33906	2,53146	— 1,08232	0,34014	— 4,89312	94
— 8,51581	0,31000	2,46600	— 1,06621	0,33784	— 5,44617	96
— 8,74073	0,28013	2,40431	— 1,05007	0,33557	— 6,13444	98
— 8,96691	0,24937	2,34602	— 1,03387	0,33333	— 7,01525	3,00
$\mathfrak{E}(\lambda)$	$\dfrac{\mathfrak{S}(\lambda)}{\mathfrak{B}(\lambda)}$	$\dfrac{\mathfrak{C}(\lambda)}{\mathfrak{A}(\lambda)}$	$\dfrac{\mathfrak{B}(\lambda)}{\mathfrak{D}(\lambda)}$	$\dfrac{1}{\lambda}$	ctg λ	λ

λ	$\mathfrak{A}(\lambda)$	$\mathfrak{B}(\lambda)$	$\mathfrak{C}(\lambda)$	$\mathfrak{S}(\lambda)$	$\mathfrak{D}(\lambda)$
3,00	− 8,49687	11,33837	− 19,93382	2,82745	− 10,96691
02	− 8,90009	11,39147	− 20,38844	2,47954	− 11,19422
04	− 9,31242	11,43744	− 20,84504	2,11532	− 11,42252
06	− 9,73390	11,47597	− 21,30334	1,73442	− 11,65167
08	− 10,16457	11,50671	− 21,76302	1,33648	− 11,88151
3,10	− 10,60443	11,52931	− 22,22376	0,92113	− 12,11188
12	− 11,05352	11,54343	− 22,68525	0,48800	− 12,34262
14	− 11,51184	11,54871	− 23,14712	+ 0,03673	− 12,57356
16	− 11,97941	11,54478	− 23,60902	− 0,43307	− 12,80451
18	− 12,45620	11,53126	− 24,07057	− 0,92175	− 13,03529
3,20	− 12,94222	11,50778	− 24,53139	− 1,42969	− 13,26569
22	− 13,44997	11,48646	− 25,01609	− 1,95725	− 13,50804
24	− 13,94186	11,42936	− 25,44916	− 2,50480	− 13,72458
26	− 14,45540	11,37362	− 25,90526	− 3,07272	− 13,95263
28	− 14,97806	11,30632	− 26,35892	− 3,66136	− 14,17946
3,30	− 15,50974	11,22702	− 26,80960	− 4,27108	− 14,40480
32	− 16,05041	11,13532	− 27,25689	− 4,90226	− 14,62845
34	− 16,59999	11,03078	− 27,70026	− 5,55524	− 14,85013
36	− 17,15839	10,91297	− 28,13918	− 6,23037	− 15,06959
38	− 17,72552	10,78142	− 28,57311	− 6,92802	− 15,28656
3,40	− 18,30128	10,63569	− 29,00150	− 7,64853	− 15,50075
42	− 18,88554	10,47532	− 29,42377	− 8,39224	− 15,71189
44	− 19,47819	10,29985	− 29,83933	− 9,15949	− 15,91966
46	− 20,07907	10,10879	− 30,24755	− 9,95060	− 16,12378
48	− 20,68804	9,90166	− 30,64782	− 10,76592	− 16,32391
3,50	− 21,30492	9,67799	− 31,03947	− 11,60575	− 16,51973
52	− 21,92955	9,43726	− 31,42183	− 12,47042	− 16,71091
54	− 22,56173	9,17900	− 31,79421	− 13,36022	− 16,89711
56	− 23,20125	8,90269	− 32,15591	− 14,27545	− 17,07795
58	− 23,84789	8,60781	− 32,50618	− 15,21641	− 17,25309
3,60	− 24,50142	8,29386	− 32,84428	− 16,18338	− 17,42214
62	− 25,16157	7,96030	− 33,16943	− 17,17661	− 17,58471
64	− 25,82810	7,60662	− 33,48083	− 18,19639	− 17,74042
66	− 26,50071	7,23227	− 33,77768	− 19,24294	− 17,88884
68	− 27,17911	6,83672	− 34,05913	− 20,31652	− 18,02957
3,70	− 27,86297	6,41942	− 34,32433	− 21,41734	− 18,16216
72	− 28,55196	5,97984	− 34,57239	− 22,54563	− 18,28619
74	− 29,24574	5,51742	− 34,80241	− 23,70157	− 18,40121
76	− 29,94393	5,03159	− 35,01347	− 24,88534	− 18,50673
78	− 30,64615	4,52181	− 35,20462	− 26,09713	− 18,60231
3,80	− 31,35198	3,98752	− 35,37489	− 27,33708	− 18,68744
82	− 32,06100	3,42814	− 35,52329	− 28,60533	− 18,76164
84	− 32,77226	2,84362	− 35,64880	− 29,90300	− 18,82440
86	− 33,48679	2,23187	− 35,75039	− 31,22719	− 18,87519
88	− 34,20261	1,59384	− 35,82699	− 32,58097	− 18,91350
3,90	− 34,91970	0,92844	− 35,87753	− 33,96341	− 18,93876
92	− 35,63753	+ 0,23511	− 35,90089	− 35,37455	− 18,95045
94	− 36,35554	− 0,48673	− 35,89596	− 36,81442	− 18,94798
96	− 37,07317	− 1,23766	− 35,86157	− 38,28299	− 18,93078
98	− 37,78980	− 2,01824	− 35,79655	− 39,78026	− 18,89827
4,00	− 38,50482	− 2,82906	− 35,69970	− 41,30615	− 18,84985

λ	$\mathfrak{A}(\lambda)$	$\mathfrak{B}(\lambda)$	$\mathfrak{C}(\lambda)$	$\mathfrak{S}(\lambda)$	$\mathfrak{D}(\lambda)$

$\mathfrak{E}(\lambda)$	$\dfrac{\mathfrak{S}(\lambda)}{\mathfrak{B}(\lambda)}$	$\dfrac{\mathfrak{C}(\lambda)}{\mathfrak{A}(\lambda)}$	$\dfrac{\mathfrak{B}(\lambda)}{\mathfrak{D}(\lambda)}$	$\dfrac{1}{\lambda}$	$\operatorname{ctg}\lambda$	λ
− 8,96691	0,24937	2,34602	− 1,03387	0,33333	− 7,01525	3,00
− 9,19422	0,21767	2,29081	− 1,01762	0,33113	− 8,18361	02
− 9,42252	0,18495	2,23841	− 1,00131	0,32895	− 9,80935	04
− 9,65167	0,15113	2,18857	− 0,98492	0,32680	− 12,22880	06
− 9,88151	0,11615	2,14107	− 0,96845	0,32468	− 16,21517	08
− 10,11188	0,07990	2,09571	− 0,95190	0,32258	− 24,02884	3,10
− 10,34262	0,04228	2,05231	− 0,93525	0,32051	− 46,30485	12
− 10,57356	+ 0,00318	2,01072	− 0,91849	0,31847	− 627,88278	14
− 10,80451	− 0,03751	1,97080	− 0,90162	0,31646	+ 54,32000	16
− 11,03529	− 0,07993	1,93242	− 0,88462	0,31447	26,02388	18
− 11,26569	− 0,12424	1,89545	− 0,86748	0,31250	17,10166	3,20
− 11,50804	− 0,17040	1,85994	− 0,85034	0,31056	12,72776	22
− 11,72458	− 0,21916	1,82538	− 0,83277	0,30864	10,12902	24
− 11,95263	− 0,27016	1,79208	− 0,81516	0,30675	8,40592	26
− 12,17946	− 0,32383	1,75984	− 0,79737	0,30488	7,17885	28
− 12,40480	− 0,38043	1,72857	− 0,77939	0,30303	6,25995	3,30
− 12,62845	− 0,44024	1,69821	− 0,76121	0,30120	5,54556	32
− 12,85013	− 0,50361	1,66869	− 0,74281	0,29940	4,97383	34
− 13,06959	− 0,57091	1,63997	− 0,72417	0,29762	4,50557	36
− 13,28656	− 0,64259	1,61198	− 0,70529	0,29586	4,11473	38
− 13,50075	− 0,71914	1,58467	− 0,68614	0,29412	3,78334	3,40
− 13,71189	− 0,80114	1,55801	− 0,66671	0,29240	3,49857	42
− 13,91966	− 0,88928	1,53194	− 0,64699	0,29070	3,25106	44
− 14,12378	− 0,98435	1,50642	− 0,62695	0,28902	3,03377	46
− 14,32391	− 1,08728	1,48143	− 0,60657	0,28736	2,84135	48
− 14,51973	− 1,19919	1,45692	− 0,58584	0,28571	2,66962	3,50
− 14,71091	− 1,32140	1,43285	− 0,56474	0,28409	2,51530	52
− 14,89711	− 1,45552	1,40921	− 0,54323	0,28249	2,37576	54
− 15,07795	− 1,60350	1,38596	− 0,52130	0,28090	2,24889	56
− 15,25309	− 1,76774	1,36306	− 0,49891	0,27933	2,13294	58
− 15,42214	− 1,95125	1,34051	− 0,47605	0,27778	2,02648	3,60
− 15,58471	− 2,15778	1,31826	− 0,45268	0,27624	1,92831	62
− 15,74042	− 2,39218	1,29629	− 0,42877	0,27473	1,83744	64
− 15,88884	− 2,66071	1,27460	− 0,40429	0,27322	1,75301	66
− 16,02957	− 2,97168	1,25314	− 0,37919	0,27174	1,67429	68
− 16,16216	− 3,33633	1,23190	− 0,35345	0,27027	1,60068	3,70
− 16,28619	− 3,77027	1,21086	− 0,32701	0,26882	1,53164	72
− 16,40121	− 4,29577	1,19000	− 0,29984	0,26738	1,46670	74
− 16,50673	− 4,94582	1,16930	− 0,27188	0,26596	1,40547	76
− 16,60231	− 5,77138	1,14875	− 0,24308	0,26455	1,34758	78
− 16,68744	− 6,85566	1,12831	− 0,21338	0,26316	1,29273	3,80
− 16,76164	− 8,34427	1,10799	− 0,18272	0,26178	1,24065	82
− 16,82440	− 10,51583	1,08777	− 0,15106	0,26042	1,19109	84
− 16,87519	− 13,99147	1,06760	− 0,11824	0,25907	1,14383	86
− 16,91350	− 20,44183	1,04749	− 0,08427	0,25773	1,09869	88
− 16,93876	− 36,58159	1,02743	− 0,04902	0,25641	1,05549	3,90
− 16,95045	− 150,45911	1,00739	− 0,01241	0,25510	1,01408	92
− 16,94798	+ 75,63605	0,98736	+ 0,02569	0,25381	0,97431	94
− 16,93078	30,93182	0,96732	0,06538	0,25253	0,93607	96
− 16,89827	19,71035	0,94725	0,10680	0,25126	0,89923	98
− 16,84985	14,60067	0,92715	0,15008	0,25000	0,86369	4,00
$\mathfrak{E}(\lambda)$	$\dfrac{\mathfrak{S}(\lambda)}{\mathfrak{B}(\lambda)}$	$\dfrac{\mathfrak{C}(\lambda)}{\mathfrak{A}(\lambda)}$	$\dfrac{\mathfrak{B}(\lambda)}{\mathfrak{D}(\lambda)}$	$\dfrac{1}{\lambda}$	$\operatorname{ctg}\lambda$	λ

λ	$\mathfrak{A}(\lambda)$		$\mathfrak{B}(\lambda)$		$\mathfrak{C}(\lambda)$		$\mathfrak{S}(\lambda)$		$\mathfrak{D}(\lambda)$	
4,00	−	38,50482	−	2,82906	−	35,69970	−	41,30615	−	18,84985
02	−	39,21757	−	3,67068	−	35,56981	−	42,86061	−	18,78491
04	−	39,92738	−	4,54367	−	35,40563	−	44,44352	−	18,70282
06	−	40,63356	−	5,44861	−	35,20589	−	46,05475	−	18,60295
08	−	41,33537	−	6,38605	−	34,96931	−	47,69415	−	18,48465
4,10	−	42,03177	−	7,35626	−	34,69457	−	49,36091	−	18,34728
12	−	42,72289	−	8,36070	−	34,38034	−	51,05664	−	18,19017
14	−	43,40702	−	9,39901	−	34,02526	−	52,77926	−	18,01263
16	−	44,08362	−	10,47205	−	33,62795	−	54,52910	−	17,81398
18	−	44,75185	−	11,58035	−	33,18702	−	56,30584	−	17,59351
4,20	−	45,41080	−	12,72446	−	32,70105	−	58,10912	−	17,35052
22	−	46,05958	−	13,90489	−	32,16858	−	59,93856	−	17,08429
24	−	46,69723	−	15,12217	−	31,58816	−	61,79374	−	16,79408
26	−	47,32277	−	16,37681	−	30,95831	−	63,67418	−	16,47916
28	−	47,93522	−	17,66930	−	30,27751	−	65,57939	−	16,13876
4,30	−	48,53352	−	19,00015	−	29,54425	−	67,50881	−	15,77213
32	−	49,11663	−	20,36981	−	28,75699	−	69,46187	−	15,37849
34	−	49,68343	−	21,77877	−	27,91415	−	71,43792	−	14,95707
36	−	50,23281	−	23,22748	−	27,01415	−	73,43631	−	14,50708
38	−	50,76361	−	24,71637	−	26,05541	−	75,45630	−	14,02771
4,40	−	51,27463	−	26,24587	−	25,03630	−	77,49713	−	13,51815
42	−	51,76465	−	27,81639	−	23,95519	−	79,55799	−	12,97760
44	−	52,23241	−	29,42832	−	22,81044	−	81,63801	−	12,40522
46	−	52,67663	−	31,08203	−	21,60037	−	83,73627	−	11,80019
48	−	53,09598	−	32,77788	−	20,32331	−	85,85181	−	11,16166
4,50	−	53,48910	−	34,51621	−	18,97757	−	87,98360	−	10,48879
52	−	53,85461	−	36,29733	−	17,56145	−	90,13057	−	9,78072
54	−	54,19108	−	38,12153	−	16,07321	−	92,29158	−	9,03661
56	−	54,49705	−	39,98908	−	14,51115	−	94,46545	−	8,25557
58	−	54,77102	−	41,90022	−	12,87351	−	96,65092	−	7,43675
4,60	−	55,01147	−	43,85518	−	11,15854	−	98,84668	−	6,57927
62	−	55,21684	−	45,85415	−	9,36451	−	101,05137	−	5,68225
64	−	55,38552	−	47,89729	−	7,48962	−	103,26354	−	4,74481
66	−	55,51587	−	49,98473	−	5,53213	−	105,48170	−	3,76607
68	−	55,60624	−	52,11659	−	3,49025	−	107,70428	−	2,74513
4,70	−	55,65449	−	54,29292	−	1,36221	−	109,92964	−	1,68111
72	−	55,66014	−	56,51378	+	0,85377	−	112,15609	−	0,57311
74	−	55,62016	−	58,77916		3,15948	−	114,38185	+	0,57974
76	−	55,53315	−	61,08904		5,55670	−	116,60507		1,77835
78	−	55,39727	−	63,44333		8,04720	−	118,82385		3,02360
4,80	−	55,21063	−	65,84195		10,63276	−	121,03618		4,31638
82	−	54,97131	−	68,28472		13,31514	−	123,24000		5,65757
84	−	54,67737	−	70,77148		16,09612	−	125,43316		7,04806
86	−	54,32680	−	73,30196		18,97745	−	127,61343		8,48872
88	−	53,91759	−	75,87591		21,96086	−	129,77852		9,98043
4,90	−	53,44768	−	78,49300		25,04809	−	131,92604		11,52405
92	−	52,91496	−	81,15282		28,24087	−	134,05349		13,12043
94	−	52,31732	−	83,85498		31,54088	−	136,15836		14,77044
96	−	51,65260	−	86,59899		34,94982	−	138,23799		16,47491
98	−	50,91859	−	89,38431		38,46935	−	140,28964		18,23468
5,00	−	50,11308	−	92,21037		42,10111	−	142,31052		20,05056
λ	$\mathfrak{A}(\lambda)$		$\mathfrak{B}(\lambda)$		$\mathfrak{C}(\lambda)$		$\mathfrak{S}(\lambda)$		$\mathfrak{D}(\lambda)$	

$\mathfrak{E}(\lambda)$	$\dfrac{\mathfrak{S}(\lambda)}{\mathfrak{B}(\lambda)}$	$\dfrac{\mathfrak{C}(\lambda)}{\mathfrak{A}(\lambda)}$	$\dfrac{\mathfrak{B}(\lambda)}{\mathfrak{D}(\lambda)}$	$\dfrac{1}{\lambda}$	$\operatorname{ctg}\lambda$	λ
− 16,84985	14,60067	0,92715	0,15008	0,25000	0,86369	4,00
− 16,78491	11,67648	0,90699	0,19541	0,24876	0,82936	02
− 16,70282	9,78141	0,88675	0,24294	0,24752	0,79615	04
− 16,60295	8,45257	0,86642	0,29289	0,24631	0,76398	06
− 16,48465	7,46849	0,84599	0,34548	0,24510	0,73278	08
− 16,34728	6,71006	0,82544	0,40261	0,24390	0,70248	4,10
− 16,19017	6,10674	0,80473	0,45963	0,24272	0,67302	12
− 16,01263	5,61541	0,78387	0,52180	0,24155	0,64434	14
− 15,81398	5,20711	0,76282	0,58786	0,24038	0,61640	16
− 15,59351	4,86219	0,74158	0,65822	0,23923	0,58913	18
− 15,35052	4,56673	0,72012	0,73338	0,23810	0,56250	4,20
− 15,08429	4,31061	0,69841	0,81390	0,23697	0,53646	22
− 14,79408	4,08630	0,67645	0,90045	0,23585	0,51097	24
− 14,47916	3,88807	0,65419	0,99379	0,23474	0,48600	26
− 14,13876	3,71149	· 0,63163	1,09484	0,23364	0,46152	28
− 13,77213	3,55307	0,60874	1,20467	0,23256	0,43747	4,30
− 13,37849	3,41004	0,58548	1,32457	0,23148	0,41385	32
− 12,95707	3,28016	0,56184	1,45609	0,23041	0,39061	34
− 12,50708	3,16161	0,53778	1,60111	0,22936	0,36774	36
− 12,02771	3,05289	0,51327	1,76197	0,22831	0,34520	38
− 11,51815	2,95274	0,48828	1,94153	0,22727	0,32296	4,40
− 10,97760	2,86011	0,46277	2,14342	0,22624	0,30102	42
− 10,40522	2,77413	0,43671	2,37225	0,22523	0,27933	44
− 9,80019	2,69404	0,41006	2,63403	0,22422	0,25789	46
− 9,16166	2,61920	0,38277	2,93665	0,22321	0,23666	48
− 8,48879	2,54905	0,35479	3,29077	0,22222	0,21562	4,50
− 7,78072	2,48312	0,32609	3,71111	0,22124	0,19480	52
− 7,03661	2,42098	0,29660	4,21857	0,22026	0,17412	54
− 6,25557	2,36228	0,26627	4,84389	0,21930	0,15358	56
− 5,43675	2,30669	0,23504	5,63421	0,21834	0,13317	58
− 4,57927	2,25393	0,20284	6,66566	0,21739	0,11286	4,60
− 3,68225	2,20376	0,16960	8,06971	0,21645	0,09265	62
− 2,74481	2,15594	0,13523	10,09466	0,21552	0,07252	64
− 1,76607	2,11028	0,09965	13,27240	0,21459	0,05244	66
− 0,74513	2,06660	0,06277	18,98513	0,21368	0,03240	68
+ 0,31889	2,02475	+ 0,02448	32,29596	0,21277	+ 0,01239	4,70
1,42689	1,98458	− 0,01534	+ 98,60847	0,21186	− 0,00761	72
2,57974	1,94596	− 0,05680	− 101,38841	0,21097	− 0,02762	74
3,77835	1,90877	− 0,10006	− 34,35152	0,21008	− 0,04765	76
5,02360	1,87291	− 0,14526	− 20,98271	0,20921	− 0,06771	78
6,31638	1,83828	− 0,19259	− 15,25398	0,20833	− 0,08784	4,80
7,65757	1,80480	− 0,24222	− 12,06962	0,20747	− 0,10803	82
9,04806	1,77237	− 0,29438	− 10,04127	0,20661	− 0,12831	84
10,48872	1,74093	− 0,34932	− 8,63522	0,20576	− 0,14869	86
11,98043	1,71040	− 0,40730	− 7,60247	0,20492	− 0,16920	88
13,52405	1,68074	− 0,46865	− 6,81124	0,20408	− 0,18984	4,90
15,12043	1,65186	− 0,53370	− 6,18522	0,20325	− 0,21065	92
16,77044	1,62374	− 0,60288	− 5,67722	0,20243	− 0,23162	94
18,47491	1,59630	− 0,67663	− 5,25642	0,20161	− 0,25280	96
20,23468	1,56951	− 0,75551	− 4,90189	0,20080	− 0,27419	98
22,05056	1,54332	− 0,84012	·− 4,59889	0,20000	− 0,29581	5,00
$\mathfrak{E}(\lambda)$	$\dfrac{\mathfrak{S}(\lambda)}{\mathfrak{B}(\lambda)}$	$\dfrac{\mathfrak{C}(\lambda)}{\mathfrak{A}(\lambda)}$	$\dfrac{\mathfrak{B}(\lambda)}{\mathfrak{D}(\lambda)}$	$\dfrac{1}{\lambda}$	$\operatorname{ctg}\lambda$	λ

λ	$\mathfrak{A}(\lambda)$		$\mathfrak{B}(\lambda)$		$\mathfrak{C}(\lambda)$	$\mathfrak{S}(\lambda)$		$\mathfrak{D}(\lambda)$
5,00	−	50,11308	−	92,21037	42,10111	−	142,31052	20,05056
02	−	49,23379	−	95,07651	45,84672	−	144,29771	21,92336
04	−	48,27844	−	97,98203	49,70776	−	146,24821	23,85388
06	−	47,24470	−	100,92617	53,68579	−	148,15894	25,84290
08	−	46,13022	−	103,90810	57,78236	−	150,02671	27,89118
5,10	−	44,93220	−	106,92652	61,99893	−	151,84743	29,99947
12	−	43,64945	−	109,98170	66,33699	−	153,62018	32,16849
14	−	42,27831	−	113,07138	70,79794	−	155,33903	34,39897
16	−	40,81670	−	116,19488	75,38315	−	157,00123	36,69158
18	−	39,26214	−	119,35103	80,09396	−	158,60313	39,04698
5,20	−	37,61210	−	122,53858	84,93165	−	160,14093	41,46583
22	−	35,86402	−	125,75621	89,89745	−	161,61079	43,94872
24	−	34,01534	−	129,00253	94,99253	−	163,00871	46,49627
26	−	32,06345	−	132,27606	100,21802	−	164,33064	49,10901
28	−	30,00574	−	135,57522	105,57496	−	165,57238	51,78748
5,30	−	27,83957	−	138,89839	111,06435	−	166,72965	54,53218
32	−	25,56228	−	142,24382	116,68713	−	167,79806	57,34356
34	−	23,17119	−	145,60969	122,44413	−	168,77312	60,22207
36	−	20,66361	−	148,99409	128,33615	−	169,65020	63,16807
38	−	18,03684	−	152,39501	134,36388	−	170,42461	66,18194
5,40	−	15,28815	−	155,81036	140,52794	−	171,09153	69,26397
42	−	12,41481	−	159,23792	146,82887	−	171,64600	72,41443
44	−	9,41408	−	162,67541	153,26711	−	172,08301	75,63355
46	−	6,28321	−	166,12043	159,84300	−	172,39740	78,92150
48	−	3,01944	−	169,57046	166,55681	−	172,58390	82,27840
5,50	+	0,37999	−	173,02289	173,40867	−	172,63714	85,70434
52		3,91783	−	176,47502	180,39864	−	172,55165	89,19932
54		7,59685	−	179,92400	187,52663	−	172,32183	92,76332
56		11,41981	−	183,36689	194,79248	−	171,94198	96,39624
58		15,38947	−	186,80064	202,19586	−	171,40629	100,09793
5,60		19,50856	−	190,22206	209,73636	−	170,70883	103,86818
62		23,77983	−	193,62787	217,41342	−	169,84358	107,70671
64		28,20600	−	197,01465	225,22634	−	168,80438	111,61317
66		32,78979	−	200,37885	233,17429	−	167,58500	115,58714
68		37,53387	−	203,71680	241,25630	−	166,17906	119,62815
5,70		42,44092	−	207,02472	249,47123	−	164,58011	123,73562
72		47,51360	−	210,29868	257,81782	−	162,78158	127,90891
74		52,75445	−	213,53461	266,29462	−	160,77678	132,14731
76		58,16624	−	216,72833	274,90003	−	158,55894	136,45001
78		63,75135	−	219,87550	283,63227	−	156,12117	140,81613
5,80		69,51236	−	222,97166	292,48939	−	153,45649	145,24469
82		75,45175	−	226,01220	301,46926	−	150,55781	149,73463
84		81,57194	−	228,99237	310,56956	−	147,41794	154,28478
86		87,87531	−	231,90726	319,78778	−	144,02961	158,89389
88		94,36421	−	234,75185	329,12120	−	140,38544	163,56060
5,90		101,04091	−	237,52093	338,56692	−	136,47797	168,28346
92		107,90762	−	240,20916	348,12180	−	132,29963	173,06090
94		114,96649	−	242,81105	357,78250	−	127,84280	177,89125
96		122,21960	−	245,32096	367,54546	−	123,09972	182,77273
98		129,66896	−	247,73308	377,40687	−	118,06261	187,70344
6,00		137,31651	−	250,04146	387,36272	−	112,72356	192,68136
λ	$\mathfrak{A}(\lambda)$		$\mathfrak{B}(\lambda)$		$\mathfrak{C}(\lambda)$	$\mathfrak{S}(\lambda)$		$\mathfrak{D}(\lambda)$

$\mathfrak{E}(\lambda)$	$\dfrac{\mathfrak{S}(\lambda)}{\mathfrak{B}(\lambda)}$	$\dfrac{\mathfrak{C}(\lambda)}{\mathfrak{A}(\lambda)}$		$\dfrac{\mathfrak{B}(\lambda)}{\mathfrak{D}(\lambda)}$		$\dfrac{1}{\lambda}$	ctg λ		λ
22,05056	1,54332	—	0,84012	—	4,59889	0,20000	—	0,29581	5,00
23,92336	1,51770	—	0,93120	—	4,33677	0,19920	—	0,31770	02
25,85388	1,49260	—	1,02961	—	4,10759	0,19841	—	0,33986	04
27,84290	1,46799	—	1,13633	—	3,90537	0,19763	—	0,36232	06
29,89118	1,44384	—	1,25259	—	3,72548	0,19685	—	0,38512	08
31,99947	1,42011	—	1,37983	—	3,56428	0,19608	—	0,40827	5,10
34,16849	1,39679	—	1,51977	—	3,41890	0,19531	—	0,43179	12
36,39897	1,37381	—	1,67457	—	3,28706	0,19455	—	0,45573	14
38,69158	1,35119	—	1,84687	—	3,16680	0,19380	—	0,48011	16
41,04698	1,32888	—	2,03998	—	3,05660	0,19305	—	0,50496	18
43,46583	1,30686	—	2,25809	—	2,95517	0,19231	—	0,53032	5,20
45,94872	1,28511	—	2,50662	—	2,86143	0,19157	—	0,55623	22
48,49627	1,26361	—	2,79264	—	2,77447	0,19084	—	0,58271	24
51,10901	1,24233	—	3,12562	—	2,69352	0,19011	—	0,60982	26
53,78748	1,22126	—	3,51849	—	2,61791	0,18939	—	0,63760	28
56,53218	1,20037	—	3,98944	—	2,54709	0,18868	—	0,66610	5,30
59,34356	1,17965	—	4,56482	—	2,48055	0,18797	—	0,69537	32
62,22207	1,15908	—	5,28433	—	2,41788	0,18727	—	0,72546	34
65,16807	1,13864	—	6,21073	—	2,35869	0,18657	—	0,75644	36
68,18194	1,11831	—	7,44941	—	2,30267	0,18587	—	0,78837	38
71,26397	1,09808	—	9,19195	—	2,24952	0,18519	—	0,82133	5,40
74,41443	1,07792	—	11,82691	—	2,19898	0,18450	—	0,85538	42
77,63355	1,05783	—	16,28063	—	2,15084	0,18382	—	0,89062	44
80,92150	1,03779	—	25,43972	—	2,10488	0,18315	—	0,92714	46
84,27840	1,01777	—	55,16151	—	2,06094	0,18248	—	0,96504	48
87,70434	0,99777	+	456,35585	—	2,01883	0,18182	—	1,00444	5,50
91,19932	0,97777		46,04557	—	1,97843	0,18116	—	1,04544	52
94,76332	0,95775		24,68478	—	1,93960	0,18051	—	1,08820	54
98,39624	0,93769		17,05741	—	1,90222	0,17986	—	1,13286	56
102,09793	0,91759		13,13859	—	1,86618	0,17921	—	1,17960	58
105,86818	0,89742		10,75099	—	1,83138	0,17857	—	1,22859	5,60
109,70671	0,87716		9,14277	—	1,79773	0,17794	—	1,28005	62
113,61317	0,85681		7,98505	—	1,76516	0,17730	—	1,33421	64
117,58714	0,83634		7,11119	—	1,73357	0,17668	—	1,39135	66
121,62815	0,81574		6,42770	—	1,70292	0,17606	—	1,45175	68
125,73562	0,79498		5,87808	—	1,67312	0,17544	—	1,51577	5,70
129,90891	0,77405		5,42619	—	1,64413	0,17483	—	1,58379	72
134,14731	0,75293		5,04781	—	1,61588	0,17422	—	1,65627	74
138,45001	0,73160		4,72611	—	1,58833	0,17361	—	1,73371	76
142,81613	0,71004		4,44904	—	1,56144	0,17301	—	1,81671	78
147,24469	0,68823		4,20773	—	1,53515	0,17241	—	1,90597	5,80
151,73463	0,66615		3,99552	—	1,50942	0,17182	—	2,00231	82
156,28478	0,64377		3,80731	—	1,48422	0,17123	—	2,10669	84
160,89389	0,62107		3,63911	—	1,45951	0,17065	—	2,22026	86
165,56060	0,59802		3,48778	—	1,43526	0,17007	—	2,34437	88
170,28346	0,57459		3,35079	—	1,41143	0,16949	—	2,48071	5,90
175,06090	0,55077		3,22611	—	1,38800	0,16892	—	2,63128	92
179,89125	0,52651		3,11206	—	1,36494	0,16835	—	2,79857	94
184,77273	0,50179		3,00725	—	1,34222	0,16779	—	2,98571	96
189,70344	0,47657		2,91054	—	1,31981	0,16722	—	3,19663	98
194,68136	0,45082		2,82095	—	1,29769	0,16667	—	3,43635	6,00
$\mathfrak{E}(\lambda)$	$\dfrac{\mathfrak{S}(\lambda)}{\mathfrak{B}(\lambda)}$	$\dfrac{\mathfrak{C}(\lambda)}{\mathfrak{A}(\lambda)}$		$\dfrac{\mathfrak{B}(\lambda)}{\mathfrak{D}(\lambda)}$		$\dfrac{1}{\lambda}$	ctg λ		λ

λ	$\mathfrak{A}(\lambda)$	$\mathfrak{B}(\lambda)$	$\mathfrak{C}(\lambda)$	$\mathfrak{S}(\lambda)$	$\mathfrak{D}(\lambda)$
6,00	137,31651	− 250,04146	387,36272	− 112,72356	192,68136
02	145,16407	− 252,23996	397,40873	− 107,07462	197,70436
04	153,21343	− 254,32232	407,54037	− 101,10775	202,77018
06	161,46623	− 256,28210	417,75288	− 94,81484	207,87644
08	169,92405	− 258,11269	428,04121	− 88,18772	213,02061
6,10	178,58835	− 259,80732	438,40008	− 81,21816	218,20004
12	187,46040	− 261,35896	448,82370	− 73,89785	223,41185
14	196,54170	− 262,76084	459,30680	− 66,21853	228,65340
16	205,83311	− 264,00537	469,84267	− 58,17174	233,92133
18	215,33571	− 265,08521	480,42504	− 49,74907	239,21252
6,20	225,05037	− 265,99277	491,04719	− 40,94205	244,52359
22	234,97782	− 266,72027	501,70206	− 31,74220	249,85103
24	245,11863	− 267,25978	512,38230	− 22,14098	255,19115
26	255,47321	− 267,60316	523,08019	− 12,12986	260,54010
28	266,04190	− 267,74218	533,78783	− 1,70027	265,89391
6,30	276,82475	− 267,66834	544,49676	+ 9,15635	271,24838
32	287,82172	− 267,37303	555,19834	20,44856	276,59917
34	299,03257	− 266,84744	565,88354	32,18494	281,94177
36	310,45689	− 266,08261	576,54295	44,37402	287,27147
38	322,09406	− 265,06940	587,16683	57,02433	292,58342
6,40	333,94326	− 263,79851	597,74507	70,14437	297,87253
42	346,00348	− 262,26044	608,26715	83,74260	303,13358
44	358,27350	− 260,44556	618,72221	97,82744	308,36110
46	370,75185	− 258,34404	629,09897	112,40726	313,54949
48	383,43686	− 255,94591	639,38579	127,49035	318,69289
6,50	396,32660	− 253,24102	649,57056	143,08494	323,78528
52	409,41891	− 250,21905	659,64084	159,19918	328,82042
54	422,71139	− 246,86953	669,58372	175,84112	333,79186
56	436,20133	− 243,18183	679,38588	193,01872	338,69294
58	449,88580	− 239,14516	689,03360	210,73982	343,51680
6,60	463,76155	− 234,74857	698,51270	229,01214	348,25635
62	477,82507	− 229,98095	707,80854	247,84324	352,90427
64	492,03431	− 224,86931	716,90608	267,16408	357,45304
66	506,49990	− 219,28750	725,78978	287,21146	361,89489
68	521,10263	− 223,33873	734,44368	307,76292	366,22184
6,70	535,87600	− 206,97308	742,85132	328,90194	370,42566
72	550,81493	− 200,17869	750,99580	350,63522	374,49790
74	565,91396	− 192,94366	758,85974	372,96926	378,42987
76	581,16733	− 185,25587	766,42526	395,91038	382,21263
78	596,56859	− 177,10343	773,67402	419,46462	385,83701
6,80	612,11205	− 168,47317	780,58716	443,63778	389,29358
82	627,78998	− 159,35348	787,14537	468,43538	392,57267
84	643,59537	− 149,73155	793,32874	493,86268	395,66437
86	659,52050	− 139,59474	799,11700	519,92462	398,55850
88	675,55727	− 128,93031	804,48928	546,62580	401,24464
6,90	691,69715	− 117,72541	809,42422	573,97056	403,71211
92	707,93118	− 105,96716	813,89994	601,96284	405,94997
94	724,24994	− 93,64256	817,89404	630,60620	407,94702
96	740,64358	− 80,73856	821,38362	659,90384	409,69181
98	757,10177	− 67,24203	824,34522	689,85854	411,17261
7,00	773,61370	− 53,13982	826,75490	720,47268	412,37745
λ	$\mathfrak{A}(\lambda)$	$\mathfrak{B}(\lambda)$	$\mathfrak{C}(\lambda)$	$\mathfrak{S}(\lambda)$	$\mathfrak{D}(\lambda)$

$\mathfrak{E}(\lambda)$	$\dfrac{\mathfrak{S}(\lambda)}{\mathfrak{B}(\lambda)}$	$\dfrac{\mathfrak{C}(\lambda)}{\mathfrak{A}(\lambda)}$	$\dfrac{\mathfrak{B}(\lambda)}{\mathfrak{D}(\lambda)}$	$\dfrac{1}{\lambda}$	ctg λ	λ
194,68136	0,45082	2,82095	— 1,29769	0,16667	— 3,43635	6,00
199,70436	0,42450	2,73765	— 1,27584	0,16611	— 3,71147	02
204,77018	0,39756	2,65995	— 1,25425	0,16556	— 4,03071	04
209,87644	0,36996	2,58725	— 1,23286	0,16502	— 4,40594	06
215,02061	0,34166	2,51901	— 1,21168	0,16447	— 4,85370	08
220,20004	0,31261	2,45481	— 1,19068	0,16393	— 5,39776	6,10
225,41185	0,28275	2,39423	— 1,16985	0,16340	— 6,07351	12
230,65340	0,25201	2,33694	— 1,14917	0,16287	— 6,93616	14
235,92133	0,22034	2,28264	— 1,12861	0,16234	— 8,07675	16
241,21252	0,18767	2,23105	— 1,10816	0,16181	— 9,65688	18
246,52359	0,15392	2,18194	— 1,08780	0,16129	— 11,99361	6,20
251,85103	0,11901	2,13510	— 1,06752	0,16077	— 15,80540	22
257,19115	0,08284	2,09034	— 1,04729	0,16026	— 23,14163	24
262,54010	0,04533	2,04750	— 1,02711	0,15974	— 43,12303	26
267,89391	+ 0,00635	2,00641	— 1,00695	0,15924	— 313,94040	28
273,24838	— 0,03421	1,96694	— 0,98680	0,15873	+ 59,46619	6,30
278,59917	— 0,07648	1,92897	— 0,96664	0,15823	27,15080	32
283,94177	— 0,12061	1,89238	— 0,94646	0,15773	17,61001	34
289,27147	— 0,16677	1,85708	— 0,92624	0,15723	12,99273	36
294,58342	— 0,21513	1,82296	— 0,90596	0,15674	10,29672	38
299,87253	— 0,26590	1,78996	— 0,88561	0,15625	8,52160	6,40
305,13358	— 0,31931	1,75798	— 0,86516	0,15576	7,26349	42
310,36110	— 0,37562	1,72695	— 0,84461	0,15528	6,32459	44
315,54949	— 0,43511	1,69682	— 0,82383	0,15480	5,59658	46
320,69289	— 0,49811	1,66751	— 0,80311	0,15432	5,01515	48
325,78528	— 0,56501	1,63898	— 0,78213	0,15385	4,53973	6,50
330,82042	— 0,63624	1,61116	— 0,76096	0,15337	4,14348	52
335,79186	— 0,71228	1,58402	— 0,73959	0,15290	3,80787	54
340,69294	— 0,79372	1,55750	— 0,71800	0,15244	3,51978	56
345,51680	— 0,88122	1,53157	— 0,69617	0,15198	3,26958	58
350,25635	— 0,97556	1,50619	— 0,67407	0,15152	3,05010	6,60
354,90427	— 1,07767	1,48131	— 0,65168	0,15106	2,85586	62
359,45304	— 1,18809	1,45702	— 0,62909	0,15060	2,68262	64
363,89489	— 1,30975	1,43295	— 0,60594	0,15015	2,52701	66
368,22184	— 1,44260	1,40940	— 0,58254	0,14970	2,38639	68
372,42566	— 1,58910	1,38624	— 0,55874	0,14925	2,25857	6,70
376,49790	— 1,75161	1,36343	— 0,53452	0,14881	2,14181	72
380,42987	— 1,93305	1,34094	— 0,50985	0,14837	2,03464	74
384,21263	— 2,13710	1,31877	— 0,48469	0,14793	1,93585	76
387,83701	— 2,36847	1,29687	— 0,45901	0,14749	1,84443	78
391,29358	— 2,63328	1,27524	— 0,43277	0,14706	1,75951	6,80
394,57267	— 2,93960	1,25384	— 0,40592	0,14663	1,68037	82
397,66437	— 3,29832	1,23265	— 0,37843	0,14620	1,60637	84
400,55850	— 3,72453	1,21166	— 0,35025	0,14577	1,53698	86
403,24464	— 4,23970	1,19085	— 0,32132	0,14535	1,47173	88
405,71211	— 4,87550	1,17020	— 0,29161	0,14493	1,41022	6,90
407,94997	— 5,68065	1,14969	— 0,26104	0,14451	1,35207	92
409,94702	— 6,73418	1,12930	— 0,22954	0,14409	1,29699	94
411,69181	— 8,17334	1,10901	— 0,19707	0,14368	1,24470	96
413,17261	— 10,25934	1,08882	— 0,16354	0,14327	1,19495	98
414,37745	— 13,55806	1,06869	— 0,12886	0,14286	1,14752	7,00
$\mathfrak{E}(\lambda)$	$\dfrac{\mathfrak{S}(\lambda)}{\mathfrak{B}(\lambda)}$	$\dfrac{\mathfrak{C}(\lambda)}{\mathfrak{A}(\lambda)}$	$\dfrac{\mathfrak{B}(\lambda)}{\mathfrak{D}(\lambda)}$	$\dfrac{1}{\lambda}$	ctg λ	λ

λ	$\mathfrak{A}(\lambda)$	$\mathfrak{B}(\lambda)$	$\mathfrak{C}(\lambda)$	$\mathfrak{S}(\lambda)$	$\mathfrak{D}(\lambda)$
7,00	773,61370	− 53,13982	826,75490	720,47268	412,37745
02	790,14311	− 38,39371	828,53816	751,74820	413,26908
04	806,75323	− 23,06547	829,81996	783,68654	413,90998
06	823,35674	− 7,06682	830,42478	816,28870	414,21239
08	839,96586	+ 9,59050	830,37652	849,55516	414,18826
7,10	856,56727	26,91981	829,64858	883,48588	413,82429
12	873,14709	44,93437	828,21380	918,08026	413,10609
14	889,69092	63,64744	826,04452	953,33716	412,02226
16	906,18378	83,07226	823,11252	989,25486	410,55626
18	922,61014	103,22202	819,38908	1025,83098	408,69454
7,20	938,95388	124,10986	814,84492	1063,06256	406,42246
22	955,19827	145,74887	809,45028	1100,94596	403,72514
24	971,32602	168,15202	803,17482	1139,47686	400,58741
26	987,31957	191,33181	795,98774	1178,65022	396,99387
28	1003,15924	215,30228	787,85772	1218,46036	392,92886
7,30	1018,82700	240,07484	778,75286	1258,90070	388,37643
32	1034,30264	265,66246	768,64086	1299,96396	383,32043
34	1049,56570	292,07750	757,48884	1341,64208	377,74442
36	1064,59504	319,33218	745,26346	1383,92610	371,63173
38	1079,36886	347,43852	731,93090	1426,80626	364,96545
7,40	1093,86467	376,40833	717,45686	1470,27190	357,72843
42	1108,05929	406,25323	701,80658	1514,31142	349,90329
44	1121,92885	436,98453	684,94480	1558,91232	341,74240
46	1135,44877	468,61337	666,83584	1604,06108	332,41792
48	1148,59373	501,15053	647,44362	1649,74322	322,72181
7,50	1161,33771	534,60655	626,73154	1695,94322	312,36577
52	1173,65395	568,99161	604,66268	1742,64452	301,33134
54	1185,51493	604,31555	581,19970	1789,82948	289,59985
56	1196,89248	640,58798	556,30480	1837,47946	277,15240
58	1207,75732	677,81770	539,93990	1885,57402	263,96995
7,60	1218,07993	716,01367	502,06652	1934,09264	250,03326
62	1227,82967	755,18407	472,64582	1983,01278	235,32291
64	1236,97518	795,33670	441,63868	2032,31094	219,81934
66	1245,48446	836,47896	409,00568	2081,96232	203,50284
68	1253,32431	878,61737	374,70710	2131,94098	186,35355
7,70	1260,46129	921,75849	338,70292	2182,21888	168,35146
72	1266,86079	965,90793	300,95298	2232,76784	149,47649
74	1272,48750	1011,07082	261,41678	2283,55744	129,70839
76	1277,30528	1057,25162	220,05374	2334,55606	109,02687
78	1281,27719	1104,45423	176,82302	2385,73060	87,41151
7,80	1284,36548	1152,68180	131,68372	2437,04646	64,84186
82	1286,53155	1201,93679	84,59478	2488,46754	41,29739
84	1287,73600	1252,22094	+ 35,51506	2539,95616	+ 16,75753
86	1287,93860	1303,53522	− 15,59662	2591,47306	− 8,79831
88	1287,09831	1355,87979	− 68,78150	2642,97734	− 35,39075
7,90	1285,17325	1409,25395	− 124,08074	2694,42646	− 63,04037
92	1282,12072	1463,65618	− 181,53552	2745,77616	− 91,76776
94	1277,89719	1519,08403	− 241,18690	2796,98050	− 121,59345
96	1272,45832	1575,53412	− 303,17586	2847,99174	− 152,53793
98	1265,75896	1633,00208	− 367,24320	2898,76036	− 184,62160
8,00	1257,75313	1691,48257	− 433,72954	2949,23504	− 217,86477
λ	$\mathfrak{A}(\lambda)$	$\mathfrak{B}(\lambda)$	$\mathfrak{C}(\lambda)$	$\mathfrak{S}(\lambda)$	$\mathfrak{D}(\lambda)$

$\mathfrak{E}(\lambda)$	$\dfrac{\mathfrak{S}(\lambda)}{\mathfrak{B}(\lambda)}$	$\dfrac{\mathfrak{C}(\lambda)}{\mathfrak{A}(\lambda)}$	$\dfrac{\mathfrak{B}(\lambda)}{\mathfrak{D}(\lambda)}$	$\dfrac{1}{\lambda}$	$\operatorname{ctg}\lambda$	λ
414,37745	− 13,55806	1,06869	− 0,12886	0,14286	1,14752	7,00
415,26908	− 19,57998	1,04859	− 0,09290	0,14245	1,10221	02
415,90998	− 33,97661	1,02859	− 0,05572	0,14205	1,05886	04
416,21239	− 115,51004	1,00858	− 0,01706	0,14164	1,01732	06
416,18826	+ 88,58298	0,98854	+ 0,02315	0,14124	0,97742	08
415,82429	32,81917	0,96857	0,06505	0,14084	0,93906	7,10
415,10609	20,43158	0,94854	0,10877	0,14045	0,90211	12
414,02226	14,97840	0,92846	0,15448	0,14006	0,86648	14
412,55626	11,90836	0,90833	0,20234	0,13966	0,83205	16
410,69454	9,93810	0,88812	0,25256	0,13928	0,79876	18
408,42246	8,56550	0,86782	0,30537	0,13889	0,76651	7,20
405,72514	7,55372	0,84742	0,36101	0,13850	0,73523	22
402,58741	6,77647	0,82688	0,41976	0,13812	0,70486	24
398,99387	6,16024	0,80621	0,48195	0,13774	0,67534	26
394,92886	5,65930	0,78538	0,54794	0,13736	0,64660	28
390,37643	5,24378	0,76436	0,61805	0,13699	0,61860	7,30
385,32043	4,89329	0,74315	0,69306	0,13661	0,59128	32
379,74442	4,59344	0,72517	0,77321	0,13624	0,56460	34
373,63173	4,33381	0,70004	0,85927	0,13587	0,53851	36
366,96545	4,10664	0,67811	0,95198	0,13550	0,51298	38
359,72843	3,90606	0,65589	1,05222	0,13514	0,48798	7,40
351,90329	3,72751	0,63336	1,16104	0,13477	0,46345	42
343,74240	3,56743	0,61051	1,27870	0,13441	0,43937	44
334,41792	3,42299	0,58729	1,40971	0,13405	0,41572	46
324,72181	3,29191	0,56368	1,55289	0,13369	0,39245	48
314,36577	3,17232	0,53966	1,71148	0,13333	0,36955	7,50
303,33134	3,06269	0,51520	1,88826	0,13298	0,34698	52
291,59985	2,96175	0,49025	2,08673	0,13263	0,32472	54
279,15240	2,86843	0,46479	2,31132	0,13228	0,30276	56
265,96995	2,78183	0,44706	2,56778	0,13193	0,28105	58
252,03326	2,70120	0,41218	2,86367	0,13158	0,25959	7,60
237,32291	2,62587	0,38494	3,20914	0,13123	0,23835	62
221,81934	2,55528	0,35703	3,61814	0,13089	0,21731	64
205,50584	2,48896	0,32839	4,11040	0,13055	0,19645	66
188,35355	2,42647	0,29897	4,71479	0,13021	0,17576	68
170,35146	2,36745	0,26871	5,47520	0,12987	0,15521	7,70
151,47649	2,31157	0,23756	6,46194	0,12953	0,13479	72
131,70839	2,25855	0,20544	7,79495	0,12920	0,11448	74
111,02687	2,20814	0,17228	9,69716	0,12887	0,09426	76
89,41151	2,16100	0,13098	12,63511	0,12854	0,07412	78
66,84186	2,11424	0,10253	17,77681	0,12820	0,05403	7,80
43,29739	2,07038	0,06575	29,10442	0,12788	0,03399	82
+ 18,75753	2,02836	+ 0,02758	+ 74,72586	0,12755	+ 0,01398	84
− 6,79831	1,98803	− 0,01211	− 148,15745	0,12723	− 0,00602	86
− 33,39075	1,94927	− 0,05344	− 38,31170	0,12690	− 0,02602	88
− 61,04037	1,91195	− 0,09655	− 22,35479	0,12658	− 0,04605	7,90
− 89,76776	1,87597	− 0,14159	− 15,94957	0,12626	− 0,06611	92
− 119,59345	1,84123	− 0,18874	− 12,49314	0,12594	− 0,08623	94
− 150,53793	1,80764	− 0,23845	− 10,32880	0,12563	− 0,10642	96
− 182,62160	1,77511	− 0,29014	− 8,84513	0,12531	− 0,12669	98
− 215,86477	1,74358	− 0,34484	− 7,76391	0,12500	− 0,14706	8,00
$\mathfrak{E}(\lambda)$	$\dfrac{\mathfrak{S}(\lambda)}{\mathfrak{B}(\lambda)}$	$\dfrac{\mathfrak{C}(\lambda)}{\mathfrak{A}(\lambda)}$	$\dfrac{\mathfrak{B}(\lambda)}{\mathfrak{D}(\lambda)}$	$\dfrac{1}{\lambda}$	$\operatorname{ctg}\lambda$	λ

λ	$\mathfrak{A}(\lambda)$	$\mathfrak{B}(\lambda)$	$\mathfrak{C}(\lambda)$	$\mathfrak{S}(\lambda)$	$\mathfrak{D}(\lambda)$
8,00	1257,75313	1691,48257	− 433,72954	2949,23504	− 217,86477
02	1248,39405	1750,96917	− 502,57522	2999,36356	− 252,28761
04	1237,63413	1811,45439	− 573,82038	3049,08788	− 287,91019
06	1225,42497	1872,92963	− 647,50478	3098,35398	− 324,75239
08	1211,71741	1935,38509	− 725,66782	3147,10190	− 363,83391
8,10	1196,46148	1998,80984	− 802,34852	3195,27072	− 402,17426
12	1179,60643	2063,19165	− 883,58538	3242,79750	− 442,79269
14	1161,10076	2128,51702	− 967,41642	3289,61724	− 484,70821
16	1140,89223	2194,77117	− 1053,87912	3335,66286	− 527,93956
18	1118,92781	2261,93791	− 1143,01028	3380,86520	− 572,50514
8,20	1095,15378	2329,99968	− 1234,84608	3425,15296	− 618,42304
22	1069,51569	2398,93745	− 1329,42194	3468,45264	− 665,71097
24	1041,92149	2468,76761	− 1426,86434	3510,68862	− 695,43854
26	1012,42608	2539,35738	− 1526,93152	3551,78298	− 764,46576
28	980,86220	2610,79388	− 1629,93188	3591,65562	− 815,96594
8,30	947,20964	2683,01492	− 1735,80548	3630,22412	− 868,90274
32	911,41062	2755,99358	− 1844,58318	3667,40376	− 923,29159
34	873,40676	2829,70122	− 1956,29470	3703,10756	− 979,14735
36	833,13909	2904,10745	− 2070,96858	3737,24612	− 1035,48429
38	790,54809	2979,18003	− 2188,63218	3769,72772	− 1095,31609
8,40	745,62369	3054,93487	− 2309,31142	3800,55818	− 1155,65571
42	698,15536	3131,18604	− 2433,03092	3829,34102	− 1217,51546
44	648,23203	3208,04555	− 2559,81376	3856,27722	− 1280,90688
46	595,74224	3285,42348	− 2689,68148	3881,16536	− 1345,84074
48	540,62408	3363,27782	− 2822,65798	3903,90156	− 1412,32699
8,50	482,81526	3441,56448	− 2958,74946	3924,37942	− 1480,37473
52	422,25317	3520,23721	− 3097,98428	3942,49006	− 1549,99214
54	358,87486	3599,24756	− 3240,37294	3958,12212	− 1621,18647
56	292,61714	3678,54482	− 3385,92792	3971,16166	− 1693,96396
58	223,41657	3758,07597	− 3534,65964	3981,49226	− 1768,32982
8,60	151,20953	3837,78565	− 3686,57638	3988,99490	− 1844,28819
62	+ 75,93224	3917,61610	− 3841,68412	3993,54088	− 1921,84206
64	− 2,47914	3997,50708	− 3999,98648	3995,02770	− 2000,99324
66	− 84,08853	4077,39587	− 4161,48464	3993,30670	− 2081,74232
68	− 168,95982	4157,21718	− 4326,17724	3988,25712	− 2164,08862
8,70	− 257,15689	4236,90309	− 4494,06022	3979,74598	− 2248,03011
72	− 348,74346	4316,38304	− 4665,12674	3967,63938	− 2333,56337
74	− 443,78312	4395,58378	− 4839,36714	3951,80046	− 2420,68357
76	− 542,33921	4474,42925	− 5016,76872	3932,08964	− 2509,38436
78	− 644,47483	4552,84061	− 5197,31570	3908,36560	− 2599,65785
8,80	− 750,25269	4630,73615	− 5380,98908	3880,48330	− 2691,49454
82	− 859,73509	4708,03125	− 5567,76658	3848,29598	− 2784,88329
84	− 972,98388	4784,63830	− 5757,62242	3811,65426	− 2879,81121
86	− 1090,06031	4860,46671	− 5950,52726	3770,40624	− 2976,26363
88	− 1211,02507	4935,42281	− 6146,44812	3724,39760	− 3074,22406
8,90	− 1335,93810	5009,40984	− 6345,34817	3673,47160	− 3173,67409
92	− 1464,85879	5082,32803	− 6547,18666	3617,46912	− 3274,59333
94	− 1597,84486	5154,07368	− 6751,91878	3556,22870	− 3376,95939
96	− 1734,95431	5224,54097	− 6959,49550	3489,58656	− 3480,74775
98	− 1876,24329	5293,62003	− 7169,86354	3417,37662	− 3585,93177
9,00	− 2021,76707	5361,19779	− 7382,96510	3339,43062	− 3692,48255
λ	$\mathfrak{A}(\lambda)$	$\mathfrak{B}(\lambda)$	$\mathfrak{C}(\lambda)$	$\mathfrak{S}(\lambda)$	$\mathfrak{D}(\lambda)$

$\mathfrak{E}(\lambda)$	$\dfrac{\mathfrak{S}(\lambda)}{\mathfrak{B}(\lambda)}$	$\dfrac{\mathfrak{C}(\lambda)}{\mathfrak{A}(\lambda)}$	$\dfrac{\mathfrak{B}(\lambda)}{\mathfrak{D}(\lambda)}$	$\dfrac{1}{\lambda}$	ctg λ	λ
— 215,86477	1,74358	— 0,34484	— 7,76391	0,12500	— 0,14706	8,00
— 250,28761	1,71297	— 0,40258	— 6,94037	0,12469	— 0,16756	02
— 285,91019	1,68323	— 0,46364	— 6,29173	0,12438	— 0,18819	04
— 322,75239	1,65428	— 0,52839	— 5,76725	0,12407	— 0,20898	06
— 361,83391	1,62608	— 0,59888	— 5,31942	0,12376	— 0,22995	08
— 400,17426	1,59859	— 0,67060	— 4,97001	0,12346	— 0,25110	8,10
— 440,79269	1,57174	— 0,74905	— 4,65950	0,12315	— 0,27248	12
— 482,70821	1,54550	— 0,83319	— 4,39134	0,12285	— 0,29408	14
— 525,93956	1,51982	— 0,92373	— 4,15724	0,12255	— 0,31594	16
— 570,50514	1,49468	— 1,02152	— 3,95095	0,12225	— 0,33808	18
— 616,42304	1,47002	— 1,12755	— 3,76765	0,12195	— 0,36052	8,20
— 663,71097	1,44583	— 1,24301	— 3,60357	0,12166	— 0,38329	22
— 693,43854	1,42204	— 1,36945	— 3,54994	0,12136	— 0,40641	24
— 762,45567	1,39869	— 1,50819	— 3,32174	0,12106	— 0,42990	26
— 813,96594	1,37569	— 1,66173	— 3,19964	0,12077	— 0,45381	28
— 866,90274	1,35304	— 1,83255	— 3,08782	0,12048	— 0,47815	8,30
— 921,29159	1,33070	— 2,02388	— 2,98496	0,12019	— 0,50297	32
— 977,14735	1,30866	— 2,23984	— 2,88996	0,11990	— 0,52828	34
— 1033,48429	1,28688	— 2,48574	— 2,80459	0,11962	— 0,55414	36
— 1093,31609	1,26536	— 2,76850	— 2,71993	0,11933	— 0,58058	38
— 1153,65571	1,24407	— 3,09715	— 2,64346	0,11905	— 0,60764	8,40
— 1215,51546	1,22297	— 3,49926	— 2,57178	0,11876	— 0,63536	42
— 1278,90688	1,20206	— 3,94892	— 2,50451	0,11848	— 0,66380	44
— 1343,84074	1,18133	— 4,51484	— 2,44117	0,11820	— 0,69301	46
— 1410,32699	1,16074	— 5,22111	— 2,38137	0,11792	— 0,72303	48
— 1478,37473	1,14029	— 6,12812	— 2,32479	0,11765	— 0,75394	8,50
— 1547,99214	1,11995	— 7,33679	— 2,27113	0,11737	— 0,78579	52
— 1619,18647	1,09971	— 9,02926	— 2,22013	0,11710	— 0,81866	54
— 1691,96396	1,07955	— 11,57119	— 2,17156	0,11682	— 0,85263	56
— 1766,32982	1,05945	— 15,82094	— 2,12521	0,11655	— 0,88777	58
— 1842,28819	1,03940	— 24,38058	— 2,08090	0,11628	— 0,92419	8,60
— 1919,84206	1,01938	— 50,59358	— 2,03847	0,11601	— 0,96197	62
— 1998,99324	0,99938	+1613,45727	— 1,99776	0,11574	— 1,00124	64
— 2079,74232	0,97938	49,48932	— 1,95864	0,11547	— 1,04211	66
— 2162,08862	0,95936	25,60477	— 1,92100	0,11521	— 1,08473	68
— 2246,03011	0,93930	17,47595	— 1,88472	0,11494	— 1,12923	8,70
— 2331,56337	0,91920	13,37696	— 1,84970	0,11468	— 1,17579	72
— 2418,68357	0,89904	10,90480	— 1,81584	0,11442	— 1,22460	74
— 2507,38436	0,87879	9,25024	— 1,78308	0,11416	— 1,27585	76
— 2597,65785	0,85844	8,06442	— 1,75132	0,11390	— 1,32979	78
— 2689,49454	0,83798	7,17223	— 1,72051	0,11364	— 1,38668	8,80
— 2782,88329	0,81739	6,47614	— 1,69057	0,11338	— 1,44681	82
— 2877,81121	0,79664	5,91749	— 1,66144	0,11312	— 1,51053	84
— 2974,26363	0,77573	5,45890	— 1,63308	0,11287	— 1,57822	86
— 3072,22406	0,75462	5,07541	— 1,60542	0,11261	— 1,65032	88
— 3171,67409	0,73331	4,74973	— 1,57843	0,11236	— 1,72734	8,90
— 3272,59333	0,71177	4,46950	— 1,55205	0,11211	— 1,80988	92
— 3374,95939	0,68998	4,22564	— 1,52625	0,11186	— 1,89862	94
— 3478,74775	0,66792	4,01134	— 1,50098	0,11161	— 1,99436	96
— 3583,93177	0,64556	3,82139	— 1,47622	0,11136	— 2,09806	98
— 3690,48255	0,62289	3,65174	— 1,45192	0,11111	— 2,21085	9,00
$\mathfrak{E}(\lambda)$	$\dfrac{\mathfrak{S}(\lambda)}{\mathfrak{B}(\lambda)}$	$\dfrac{\mathfrak{C}(\lambda)}{\mathfrak{A}(\lambda)}$	$\dfrac{\mathfrak{B}(\lambda)}{\mathfrak{D}(\lambda)}$	$\dfrac{1}{\lambda}$	ctg λ	λ

λ	$\mathfrak{A}(\lambda)$	$\mathfrak{B}(\lambda)$	$\mathfrak{C}(\lambda)$	$\mathfrak{S}(\lambda)$	$\mathfrak{D}(\lambda)$
9,00	— 2021,76707	5361,19779	— 7382,96510	3339,43062	— 3692,48255
02	— 2171,57971	5427,15787	— 7598,73780	3255,57808	— 3800,36890
04	— 2325,73395	5491,38039	— 7817,11456	3165,64636	— 3909,55728
06	— 2484,28117	5553,74203	— 8038,02342	3069,46078	— 4020,01171
08	— 2647,27125	5614,11595	— 8261,38742	2966,84462	— 4131,69371
9,10	— 2814,75248	5672,37176	— 8487,12446	2857,61920	— 4244,56223
12	— 2986,77147	5728,37545	— 8715,14714	2741,60392	— 4358,57357
14	— 3163,37299	5781,98943	— 8945,36262	2618,61638	— 4473,68131
16	— 3344,59994	5833,07240	— 9177,67254	2488,47242	— 4589,83627
18	— 3530,49316	5881,47938	— 9411,97274	2350,98616	— 4706,98637
9,20	— 3721,09103	5927,06129	— 9648,15324	2205,97022	— 4825,07662
22	— 3916,43105	5969,66673	— 9886,09798	2053,23564	— 4944,04899
24	— 4116,54625	6009,13835	— 0125,68480	1892,59206	— 5063,84240
26	— 4321,46853	6045,31641	— 10366,78514	1723,84784	— 5184,39257
28	— 4531,22685	6078,03697	— 10609,26400	1546,81010	— 5305,63200
9,30	— 4745,84735	6107,13223	— 10852,97976	1361,28486	— 5427,48988
32	— 4965,35330	6132,43048	— 11097,78396	1167,07718	— 5549,89198
34	— 5189,76493	6153,75613	— 11343,52124	963,99118	— 5672,76062
36	— 5419,09928	6170,92964	— 11590,02910	751,83034	— 5796,01455
38	— 5653,37009	6183,76753	— 11837,13780	530,39742	— 5919,56890
9,40	— 5892,58762	6192,08240	— 12084,67018	299,49478	— 6043,33509
42	— 6136,75849	6195,68287	— 12332,44154	+ 58,92436	— 6167,22077
44	— 6385,88560	6194,37360	— 12580,25936	— 191,51200	— 6291,12968
46	— 6639,96785	6187,95529	— 12827,92330	— 452,01254	— 6414,96165
48	— 6899,00011	6176,22469	— 13075,22496	— 722,77542	— 6538,61248
9,50	— 7162,97299	6158,97455	— 13321,94768	— 1003,99844	— 6661,97384
52	— 7431,87267	6135,99371	— 13567,86652	— 1295,87896	— 6784,93326
54	— 7705,68073	6107,06703	— 13812,74790	— 1598,61370	— 6907,37395
56	— 7984,37405	6071,97549	— 14056,34968	— 1912,39856	— 7029,17484
58	— 8267,92452	6030,49612	— 14298,42078	— 2237,42838	— 7150,21039
9,60	— 8556,29895	5982,40209	— 14538,70116	— 2573,89684	— 7270,35058
62	— 8849,45884	5927,46270	— 14776,92168	— 2921,99610	— 7389,46084
64	— 9147,36023	5865,44343	— 15012,80378	— 3281,91676	— 7507,40189
66	— 9449,95348	5796,10596	— 15246,05958	— 3653,85748	— 7624,02979
68	— 9757,18312	5719,20822	— 15476,39146	— 4037,97486	— 7739,19573
9,70	— 10068,98761	5634,50443	— 15703,49214	— 4434,48314	— 7852,74607
72	— 10385,29915	5541,74515	— 15927,04442	— 4843,55396	— 7964,52221
74	— 10706,04355	5440,67733	— 16146,72098	— 5265,36618	— 8074,36049
76	— 11031,13990	5331,04438	— 16362,18440	— 5700,09548	— 8182,09220
78	— 11360,50051	5212,58625	— 16573,08686	— 6147,91422	— 8287,54343
9,80	— 11694,03059	5085,03943	— 16779,07012	— 6608,99112	— 8390,53506
82	— 12031,62807	4948,13711	— 16979,76528	— 7083,49092	— 8490,88264
84	— 12373,18341	4801,60923	— 17174,79274	— 7571,57414	— 8588,39637
86	— 12718,57939	4645,18255	— 17363,76204	— 8073,39680	— 8682,88102
88	— 13067,69084	4478,58076	— 17546,27168	— 8589,11004	— 8774,13584
9,90	— 13420,38445	4301,52457	— 17721,90910	— 9118,85982	— 8861,95455
92	— 13766,51857	4113,73185	— 17890,25050	— 9662,78666	— 8946,12525
94	— 14135,94293	3914,91769	— 18050,86070	— 10221,02518	— 9026,43035
96	— 14498,49847	3704,79457	— 18203,29312	— 10797,70386	— 9102,64656
98	— 14864,01708	3483,07246	— 18347,08962	— 11380,94458	— 9174,54481
10,00	— 15232,32136	3249,45894	— 18481,78038	— 11982,86236	— 9241,89019

λ	$\mathfrak{A}(\lambda)$	$\mathfrak{B}(\lambda)$	$\mathfrak{C}(\lambda)$	$\mathfrak{S}(\lambda)$	$\mathfrak{D}(\lambda)$

$\mathfrak{E}(\lambda)$	$\dfrac{\mathfrak{S}(\lambda)}{\mathfrak{B}(\lambda)}$	$\dfrac{\mathfrak{C}(\lambda)}{\mathfrak{A}(\lambda)}$	$\dfrac{\mathfrak{B}(\lambda)}{\mathfrak{D}(\lambda)}$	$\dfrac{1}{\lambda}$	ctg λ	λ
— 3690,48255	0,62289	3,65174	— 1,45192	0,11111	— 2,21085	9,00
— 3798,36890	0,59987	3,49918	— 1,42806	0,11086	— 2,33407	02
— 3907,55728	0,57648	3,36114	— 1,40460	0,11062	— 2,46936	04
— 4018,01171	0,55268	3,23555	— 1,38152	0,11038	— 2,61871	06
— 4129,69371	0,52846	3,12072	— 1,35879	0,11013	— 2,78457	08
— 4242,56223	0,50378	3,01523	— 1,33639	0,10989	— 2,97000	9,10
— 4356,57357	0,47860	2,91792	— 1,31428	0,10965	— 3,17885	12
— 4471,68131	0,45289	2,82779	— 1,29244	0,10941	— 3,41606	14
— 4587,83627	0,42661	2,74403	— 1,27087	0,10917	— 3,68807	16
— 4704,98637	0,39973	2,66591	— 1,24952	0,10893	— 4,00341	18
— 4823,07662	0,37219	2,59283	— 1,22839	0,10870	— 4,37366	9,20
— 4942,04899	0,34394	2,52426	— 1,20744	0,10846	— 4,81489	22
— 5061,84240	0,31495	2,45975	— 1,18668	0,10823	— 5,35017	24
— 5182,39257	0,28515	2,39890	— 1,16606	0,10799	— 6,01375	26
— 5303,63200	0,25449	2,34137	— 1,14558	0,10776	— 6,85880	28
— 5425,48988	0,22290	2,28684	— 1,12522	0,10753	— 7,97260	9,30
— 5547,89198	0,19031	2,23504	— 1,10496	0,10730	— 9,50904	32
— 5670,76062	0,15665	2,18575	— 1,08479	0,10707	— 11,76724	34
— 5794,01455	0,12183	2,13874	— 1,06468	0,10684	— 15,41575	36
— 5917,56890	0,08577	2,09382	— 1,04463	0,10661	— 22,31748	38
— 6041,33509	0,04837	2,05082	— 1,02461	0,10638	— 40,35018	9,40
— 6165,22077	+ 0,00951	2,00960	— 1,00462	0,10616	— 209,29271	42
— 6289,12968	— 0,03092	1,97001	— 0,98462	0,10593	+ 65,68914	44
— 6412,96165	— 0,07305	1,93192	— 0,96461	0,10571	28,37957	46
— 6536,61248	— 0,11702	1,89523	— 0,94458	0,10548	18,09030	48
— 6659,97384	— 0,16301	1,85983	— 0,92450	0,10526	13,26889	9,50
— 6782,93326	— 0,21119	1,82563	— 0,90436	0,10504	10,47001	52
— 6905,37395	— 0,26176	1,79254	— 0,88414	0,10482	8,64045	54
— 7027,17484	— 0,31495	1,76048	— 0,86382	0,10460	7,35012	56
— 7148,21039	— 0,37102	1,72938	— 0,84340	0,10438	6,39056	58
— 7268,35058	— 0,43024	1,69918	— 0,82285	0,10417	5,64852	9,60
— 7387,46084	— 0,49296	1,66981	— 0,80215	0,10395	5,05713	62
— 7505,40189	— 0,55953	1,64122	— 0,78129	0,10373	4,57440	64
— 7622,02979	— 0,63040	1,61335	— 0,76024	0,10352	4,17260	66
— 7737,19573	— 0,70604	1,58615	— 0,73899	0,10331	3,83271	68
— 7850,74607	— 0,78702	1,55959	— 0,71752	0,10309	3,54122	9,70
— 7962,52221	— 0,87401	1,53361	— 0,69580	0,10288	3,28830	72
— 8072,36049	— 0,96778	1,50819	— 0,67382	0,10267	3,06659	74
— 8180,09220	— 1,06923	1,48327	— 0,65155	0,10246	2,87051	76
— 8285,54343	— 1,17944	1,45883	— 0,62897	0,10225	2,69572	78
— 8388,53506	— 1,29969	1,43484	— 0,60604	0,10204	2,53882	9,80
— 8488,88264	— 1,43155	1,41126	— 0,58276	0,10183	2,39709	82
— 8586,39637	— 1,57688	1,38806	— 0,55908	0,10163	2,26832	84
— 8680,88102	— 1,73801	1,36523	— 0,53498	0,10142	2,15074	86
— 8772,13584	— 1,91782	1,34272	— 0,51043	0,10122	2,04285	88
— 8859,95455	— 2,11991	1,32052	— 0,48539	0,10101	1,94343	9,90
— 8944,12525	— 2,34891	1,29955	— 0,45983	0,10081	1,85146	92
— 9024,43035	— 2,61079	1,27695	— 0,43372	0,10060	1,76605	94
— 9100,64656	— 2,91452	1,25553	— 0,40700	0,10040	1,68647	96
— 9172,54481	— 3,26750	1,23433	— 0,37964	0,10020	1,61209	98
— 9239,89019	— 3,68765	1,21333	— 0,35160	0,10000	1,54235	10,00
$\mathfrak{E}(\lambda)$	$\dfrac{\mathfrak{S}(\lambda)}{\mathfrak{B}(\lambda)}$	$\dfrac{\mathfrak{C}(\lambda)}{\mathfrak{A}(\lambda)}$	$\dfrac{\mathfrak{B}(\lambda)}{\mathfrak{D}(\lambda)}$	$\dfrac{1}{\lambda}$	ctg λ	λ

B. Tabelle der erzwungenen

$$\chi(\lambda, \xi) = \frac{\mathfrak{Sin}\,\lambda\,(1 - \xi)}{2\,\mathfrak{Sin}\,\lambda}$$

$$\bar{\chi}(\lambda, \xi) = -\frac{\mathfrak{Sin}\,\lambda\,(1 - \xi)}{2\,\mathfrak{Sin}\,\lambda}$$

für Argumentwerte von $\lambda = 0{,}0$ bis $\lambda = 10{,}0$

λ \\ ξ	0,0	0,1	0,2	0,3	0,4
0,0	1,0000*	0,9000	0,8000	0,7000	0,6000
	0,0000	0,0000	0,0000	0,0000	0,0000
0,1	1,0000	0,9000	0,8000	0,7000	0,6000
	0,0000	0,0003	0,0005	0,0006	0,0006
0,2	1,0000	0,9000	0,8000	0,7000	0,6000
	0,0000	0,0012	0,0019	0,0024	0,0026
0,3	1,0000	0,9000	0,8000	0,7000	0,6000
	0,0000	0,0026	0,0043	0,0054	0,0058
0,4	1,0000	0,9000	0,8001	0,7002	0,6002
	0,0000	0,0046	0,0077	0,0095	0,0102
0,5	1,0000	0,9001	0,8003	0,7004	0,6004
	0,0000	0,0071	0,0120	0,0149	0,0160
0,6	1,0000	0,9003	0,8005	0,7007	0,6008
	0,0000	0,0103	0,0173	0,0214	0,0231
0,7	1,0000	0,9005	0,8010	0,7013	0,6015
	0,0000	0,0140	0,0236	0,0292	0,0314
0,8	1,0000	0,9009	0,8017	0,7022	0,6026
	0,0000	0,0183	0,0308	0,0382	0,0411
0,9	1,0000	0,9014	0,8027	0,7036	0,6042
	0,0000	0,0232	0,0391	0,0485	0,0522
1,0	1,0000	0,9022	0,8041	0,7055	0,6064
	0,0000	0,0287	0,0484	0,0600	0,0646
1,1	1,0000	0,9032	0,8060	0,7082	0,6094
	0,0000	0,0349	0,0588	0,0730	0,0786
1,2	1,0000	0,9046	0,8086	0,7116	0,6134
	0,0000	0,0417	0,0703	0,0873	0,0941
1,3	1,0000	0,9064	0,8119	0,7161	0,6186
	0,0000	0,0492	0,0831	0,1032	0,1113
1,4	1,0000	0,9086	0,8162	0,7219	0,6252
	0,0000	0,0575	0,0972	0,1209	0,1304
1,5	1,0000	0,9116	0,8216	0,7292	0,6337
	0,0000	0,0666	0,1127	0,1404	0,1516
1,6	1,0000	0,9152	0,8285	0,7384	0,6443
	0,0000	0,0767	0,1300	0,1620	0,1752
1,7	1,0000	0,9197	0,8370	0,7500	0,6576
	0,0000	0,0878	0,1491	0,1862	0,2017
1,8	1,0000	0,9254	0,8475	0,7643	0,6742
	0,0000	0,1002	0,1705	0,2134	0,2315
1,9	1,0000	0,9324	0,8607	0,7821	0,6948
	0,0000	0,1142	0,1947	0,2441	0,2654

* Die obere Zahl in jedem Felde λ, ξ gibt den Wert der Funktion $\chi(\lambda, \xi)$,

Schwingungsformen.

$$+ \frac{\sin \lambda (1 - \xi)}{2 \sin \lambda},$$

$$+ \frac{\sin \lambda (1 - \xi)}{2 \sin \lambda},$$

und von $\xi = 0,0$ bis $\xi = 1,0$.

0,5	0,6	0,7	0,8	0,9	1,0
0,5000	0,4000	0,3000	0,2000	0,1000	0,0000
0,0000	0,0000	0,0000	0,0000	0,0000	0,0000
0,5000	0,4000	0,3000	0,2000	0,1000	0,0000
0,0006	0,0005	0,0005	0,0003	0,0002	0,0000
0,5000	0,4000	0,3000	0,2000	0,1000	0,0000
0,0025	0,0022	0,0018	0,0013	0,0007	0,0000
0,5001	0,4000	0,3000	0,2000	0,1000	0,0000
0,0056	0,0050	0,0041	0,0028	0,0015	0,0000
0,5002	0,4002	0,3001	0,2001	0,1000	0,0000
0,0100	0,0090	0,0073	0,0051	0,0026	0,0000
0,5004	0,4004	0,3003	0,2002	0,1001	0,0000
0,0156	0,0140	0,0109	0,0080	0,0036	0,0000
0,5008	0,4008	0,3007	0,2005	0,1002	0,0000
0,0225	0,0202	0,0164	0,0115	0,0060	0,0000
0,5016	0,4015	0,3012	0,2009	0,1005	0,0000
0,0307	0,0275	0,0224	0,0157	0,0081	0,0000
0,5027	0,4025	0,3021	0,2015	0,1008	0,0000
0,0402	0,0360	0,0293	0,0206	0,0106	0,0000
0,5043	0,4040	0,3034	0,2024	0,1013	0,0000
0,0510	0,0457	0,0371	0,0261	0,0135	0,0000
0,5066	0,4062	0,3052	0,2037	0,1019	0,0000
0,0632	0,0566	0,0460	0,0324	0,0167	0,0000
0,5097	0,4090	0,3076	0,2055	0,1028	0,0000
0,0768	0,0689	0,0560	0,0394	0,0203	0,0000
0,5138	0,4129	0,3108	0,2078	0,1041	0,0000
0,0920	0,0826	0,0671	0,0472	0,0244	0,0000
0,5192	0,4179	0,3150	0,2108	0,1056	0,0000
0,1089	0,0978	0,0795	0,0560	0,0289	0,0000
0,5260	0,4244	0,3204	0,2147	0,1077	0,0000
0,1277	0,1147	0,0933	0,0657	0,0339	0,0000
0,5348	0,4325	0,3273	0,2196	0,1103	0,0000
0,1486	0,1335	0,1088	0,0766	0,0396	0,0000
0,5458	0,4428	0,3359	0,2259	0,1135	0,0000
0,1719	0,1546	0,1260	0,0888	0,0459	0,0000
0,5595	0,4557	0,3468	0,2336	0,1176	0,0000
0,1981	0,1784	0,1455	0,1026	0,0530	0,0000
0,5766	0,4718	0,3603	0,2434	0,1227	0,0000
0,2277	0,2053	0,1677	0,1184	0,0612	0,0000
0,5980	0,4918	0,3771	0,2555	0,1291	0,0000
0,2616	0,2362	0,1931	0,1364	0,0705	0,0000

die untere den Wert der Funktion $\bar{\chi}(\lambda, \xi)$ an.

λ \ ξ	0,0	0,1	0,2	0,3	0,4
2,0	1,0000*	0,9405	0,8771	0,8044	0,7206
	0,0000	0,1305	0,2221	0,2793	0,3044
2,1	1,0000	0,9520	0,8977	0,8324	0,7530
	0,0000	0,1479	0,2538	0,3202	0,3500
2,2	1,0000	0,9659	0,9238	0,8678	0,7941
	0,0000	0,1689	0,2910	0,3685	0,4041
2,3	1,0000	0,9836	0,9572	0,9132	0,8469
	0,0000	0,1938	0,3356	0,4268	0,4698
2,4	1,0067	1,0067	1,0008	0,9727	0,9161
	0,0000	0,2241	0,3903	0,4990	0,5517
2,5	1,0000	1,0377	1,0594	1,0527	1,0093
	0,0000	0,2624	0,4600	0,5915	0,6574
2,6	1,0000	1,0809	1,1411	1,1644	1,1397
	0,0000	0,3128	0,5526	0,7156	0,8000
2,7	1,0000	1,1445	1,2615	1,3292	1,3324
	0,0000	0,3836	0,6838	0,8925	1,0046
2,8	1,0000	1,2460	1,4541	1,5933	1,6418
	0,0000	0,4923	0,8872	1,1686	1,3256
2,9	1,0000	1,4326	1,8084	2,0799	2,2124
	0,0000	0,6861	1,2522	1,6669	1,9077
3,0	1,0000	1,8839	2,6660	3,2592	3,5973
	0,0000	1,1446	2,1204	2,8577	3,3036
3,1	1,0000	4,5073	7,6547	10,1251	11,6669
	0,0000	3,7752	7,1207	9,7349	11,3840
3,2	+ 1,0000	− 1,8527	− 4,4430	− 6,5284	− 7,9122
	0,0000	− 2,5777	− 4,9680	− 6,9076	− 8,1848
3,3	+ 1,0000	− 0,1822	− 1,2666	− 2,1582	− 2,7768
	0,0000	− 0,9002	− 1,7815	− 2,5266	− 3,0392
3,4	+ 1,0000	+ 0,1960	− 0,5482	− 1,1713	− 1,6189
	0,0000	− 0,5150	− 1,0532	− 1,5292	− 1,8715
3,5	+ 1,0000	+ 0,3640	− 0,2299	− 0,7352	− 1,1088
	0,0000	− 0,3400	− 0,7251	− 1,0829	− 1,3520
3,6	+ 1,0000	+ 0,4596	− 0,0494	− 0,4892	− 0,8224
	0,0000	− 0,2376	− 0,5350	− 0,8270	− 1,0564
3,7	+ 1,0000	+ 0,5219	+ 0,0676	− 0,3306	− 0,6392
	0,0000	− 0,1684	− 0,4085	− 0,6585	− 0,8643
3,8	+ 1,0000	+ 0,5663	+ 0,1505	− 0,2193	− 0,5119
	0,0000	− 0,1172	− 0,3163	− 0,5377	− 0,7284
3,9	+ 1,0000	+ 0,6002	+ 0,2132	− 0,1363	− 0,4182
	0,0000	− 0,0766	− 0,2446	− 0,4454	− 0,6264

* Die obere Zahl in jedem Felde λ, ξ gibt den Wert der Funktion $\chi(\lambda, \xi)$,

0,5	0,6	0,7	0,8	0,9	1,0
0,6247	0,5169	0,3982	0,2708	0,1370	0,0000
0,3007	0,2720	0,2227	0,1575	0,0815	0,0000
0,6583	0,5485	0,4249	0,2900	0,1470	0,0000
0,3466	0,3142	0,2576	0,1824	0,0944	0,0000
0,7010	0,5886	0,4587	0,3144	0,1598	0,0000
0,4013	0,3647	0,2996	0,2124	0,1101	0,0000
0,7559	0,6403	0,5024	0,3459	0,1764	0,0000
0,4681	0,4266	0,3512	0,2494	0,1294	0,0000
0,8280	0,7083	0,5598	0,3874	0,1981	0,0000
0,5519	0,5045	0,4164	0,2962	0,1538	0,0000
0,9252	0,8001	0,6374	0,4436	0,2276	0,0000
0,6604	0,6059	0,5015	0,3575	0,1858	0,0000
1,0614	0,9289	0,7465	0,5226	0,2690	0,0000
0,8078	0,7440	0,6178	0,4413	0,2297	0,0000
1,2630	1,1198	0,9082	0,6398	0,3305	0,0000
1,0200	0,9439	0,7865	0,5632	0,2936	0,0000
1,5871	1,4271	1,1690	0,8288	0,4298	0,0000
1,3546	1,2599	1,0539	0,7569	0,3952	0,0000
2,1858	1,9954	1,6517	1,1791	0,6138	0,0000
1,9635	1,8366	1,5430	1,1114	0,5814	0,0000
3,6405	3,3776	2,8266	2,0323	1,0622	0,0000
3,4279	3,2270	2,7242	1,9688	1,0318	0,0000
12,1238	11,4443	9,6876	7,0167	3,6825	0,0000
11,9206	11,3014	9,5910	6,9571	3,6541	0,0000
— 8,4648	— 8,1381	— 6,9712	— 5,0873	— 2,6811	0,0000
— 8,6587	— 8,2736	— 7,0622	— 5,1432	— 2,7077	0,0000
— 3,0671	— 3,0063	— 2,6071	— 1,9172	— 1,0147	0,0000
— 3,2524	— 3,1347	— 2,6928	— 1,9696	— 1,0395	0,0000
— 1,8519	— 1,8525	— 1,6270	— 1,2058	— 0,6409	0,0000
— 2,0287	— 1,9741	— 1,7076	— 1,2548	— 0,6641	0,0000
— 1,3182	— 1,3471	— 1,1985	— 0,8953	— 0,4780	0,0000
— 1,4869	— 1,4622	— 1,2743	— 0,9412	— 0,4996	0,0000
— 1,0199	— 1,0658	— 0,9609	— 0,7236	— 0,3880	0,0000
— 1,1808	— 1,1747	— 1,0321	— 0,7665	— 0,4081	0,0000
— 0,8304	— 0,8883	— 0,8118	— 0,6163	— 0,3319	0,0000
— 0,9839	— 0,9913	— 0,8787	— 0,6563	— 0,3506	0,0000
— 0,7002	— 0,7674	— 0,7111	— 0,5443	— 0,2944	0,0000
— 0,8464	— 0,8648	— 0,7739	— 0,5817	— 0,3118	0,0000
— 0,6056	— 0,6809	— 0,6399	— 0,4938	— 0,2683	0,0000
— 0,7451	— 0,7730	— 0,6989	— 0,5287	— 0,2845	0,0000

die untere den Wert der Funktion $\overline{\chi}(\lambda, \xi)$ an.

λ \ ξ	0,0	0,1	0,2	0,3	0,4
4,0	+ 1,0000*	+ 0,6274	+ 0,2629	− 0,0712	− 0,3461
	0,0000	− 0,0427	− 0,1858	− 0,3714	− 0,5464
4,1	+ 1,0000	+ 0,6502	+ 0,3043	− 0,0182	− 0,2887
	0,0000	− 0,0132	− 0,1357	− 0,3096	− 0,4813
4,2	+ 1,0000	+ 0,6703	+ 0,3399	+ 0,0266	− 0,2415
	0,0000	+ 0,0134	− 0,0913	− 0,2563	− 0,4267
4,3	+ 1,0000	+ 0,6885	+ 0,3718	+ 0,0657	− 0,2016
	0,0000	+ 0,0381	− 0,0510	− 0,2089	− 0,3797
4,4	+ 1,0000	+ 0,7055	+ 0,4014	+ 0,1010	− 0,1670
	0,0000	+ 0,0617	− 0,0131	− 0,1657	− 0,3382
4,5	+ 1,0000	+ 0,7221	+ 0,4295	+ 0,1337	− 0,1363
	0,0000	+ 0,0846	+ 0,0232	− 0,1251	− 0,3009
4,6	+ 1,0000	+ 0,7386	+ 0,4572	+ 0,1650	− 0,1083
	0,0000	+ 0,1074	+ 0,0589	− 0,0862	− 0,2665
4,7	+ 1,0000	+ 0,7554	+ 0,4851	+ 0,1958	− 0,0820
	0,0000	+ 0,1305	+ 0,0947	− 0,0480	− 0,2341
4,8	+ 1,0000	+ 0,7731	+ 0,5141	+ 0,2271	− 0,0568
	0,0000	+ 0,1544	+ 0,1314	− 0,0096	− 0,2030
4,9	+ 1,0000	+ 0,7921	+ 0,5449	+ 0,2596	− 0,0317
	0,0000	+ 0,1796	+ 0,1698	+ 0,0299	− 0,1721
5,0	+ 1,0000	+ 0,8129	+ 0,5785	+ 0,2944	− 0,0060
	0,0000	+ 0,2064	+ 0,2107	+ 0,0714	− 0,1410
5,1	+ 1,0000	+ 0,8362	+ 0,6158	+ 0,3325	+ 0,0208
	0,0000	+ 0,2358	+ 0,2554	+ 0,1162	− 0,1089
5,2	+ 1,0000	+ 0,8629	+ 0,6584	+ 0,3755	+ 0,0501
	0,0000	+ 0,2684	+ 0,3050	+ 0,1655	− 0,0746
5,3	+ 1,0000	+ 0,8940	+ 0,7082	+ 0,4253	+ 0,0830
	0,0000	+ 0,3055	+ 0,3618	+ 0,2215	− 0,0368
5,4	+ 1,0000	+ 0,9314	+ 0,7676	+ 0,4845	+ 0,1212
	0,0000	+ 0,3486	+ 0,4281	+ 0,2867	+ 0,0060
5,5	+ 1,0000	+ 0,9789	+ 0,8408	+ 0,5571	+ 0,1671
	0,0000	+ 0,4019	+ 0,5080	+ 0,3651	+ 0,0565
5,6	+ 1,0000	+ 1,0355	+ 0,9339	+ 0,6493	+ 0,2248
	0,0000	+ 0,4643	+ 0,6076	+ 0,4630	+ 0,1184
5,7	+ 1,0000	+ 1,1127	+ 1,0573	+ 0,7716	+ 0,3006
	0,0000	+ 0,5472	+ 0,7376	+ 0,5908	+ 0,1984
5,8	+ 1,0000	+ 1,2204	+ 1,2301	+ 0,9429	+ 0,4064
	0,0000	+ 0,6606	+ 0,9166	+ 0,7674	+ 0,3082
5,9	+ 1,0000	+ 1,3827	+ 1,4909	+ 1,2020	+ 0,5654
	0,0000	+ 0,8284	+ 1,1837	+ 1,0317	+ 0,4710

* Die obere Zahl in jedem Felde λ, ξ gibt den Wert der Funktion $\chi(\lambda, \xi)$,

0,5	0,6	0,7	0,8	0,9	1,0
−− 0,5343	− 0,6169	− 0,5881	− 0,4577	− 0,2498	0,0000
− 0,6672	− 0,7039	− 0,6434	− 0,4902	− 0,2648	0,0000
− 0,4789	− 0,5685	− 0,5500	− 0,4316	− 0,2366	0,0000
− 0,6055	− 0,6507	− 0,6018	− 0,4619	− 0,2506	0,0000
− 0,4349	− 0,5314	− 0,5219	− 0,4130	− 0,2274	0,0000
− 0,5555	− 0,6091	− 0,5705	− 0,4413	− 0,2404	0,0000
− 0,3993	− 0,5030	− 0,5016	− 0,4004	− 0,2215	0,0000
− 0,5142	− 0,5764	− 0,5472	− 0,4268	− 0,2335	0,0000
− 0,3701	− 0,4814	− 0,4876	− 0,3927	− 0,2182	0,0000
− 0,4795	− 0,5507	− 0,5303	− 0,4172	− 0,2294	0,0000
− 0,3459	− 0,4654	− 0,4791	− 0,3893	− 0,2173	0,0000
− 0,4501	− 0,5308	− 0,5191	− 0,4121	− 0,2276	0,0000
− 0,3256	− 0,4542	− 0,4753	− 0,3897	− 0,2186	0,0000
− 0,4248	− 0,5159	− 0,5128	− 0,4109	− 0,2282	0,0000
− 0,3085	− 0,4472	− 0,4761	− 0,3940	− 0,2220	0,0000
− 0,4030	− 0,5054	− 0,5111	− 0,4137	− 0,2309	0,0000
− 0,2940	− 0,4442	− 0,4812	− 0,4020	− 0,2277	0,0000
− 0,3840	− 0,4991	− 0,5140	− 0,4203	− 0,2359	0,0000
− 0,2818	− 0,4450	− 0,4910	− 0,4141	− 0,2357	0,0000
− 0,3674	− 0,4968	− 0,5217	− 0,4312	− 0,2433	0,0000
− 0,2713	− 0,4496	− 0,5058	− 0,4308	− 0,2464	0,0000
− 0,3528	− 0,4986	− 0,5344	− 0,4466	− 0,2534	0,0000
− 0,2624	− 0,4586	− 0,5262	− 0,4528	− 0,2604	0,0000
− 0,3400	− 0,5048	− 0,5530	− 0,4675	− 0,2669	0,0000
− 0,2548	− 0,4724	− 0,5534	− 0,4812	− 0,2782	0,0000
− 0,3286	− 0,5158	− 0,5785	− 0,4949	− 0,2842	0,0000
− 0,2484	− 0,4919	− 0,5889	− 0,5178	− 0,3009	0,0000
− 0,3187	− 0,5329	− 0,6124	− 0,5304	− 0,3065	0,0000
− 0,2431	− 0,5186	− 0,6353	− 0,5648	− 0,3301	0,0000
− 0,3100	− 0,5572	− 0,6572	− 0,5765	− 0,3352	0,0000
− 0,2386	− 0,5547	− 0,6962	− 0,6261	− 0,3681	0,0000
− 0,3023	− 0,5912	− 0,7167	− 0,6370	− 0,3728	0,0000
− 0,2350	− 0,6040	− 0,7778	− 0,7079	− 0,4186	0,0000
− 0,2956	− 0,6384	− 0,7969	− 0,7180	− 0,4229	0,0000
− 0,2322	− 0,6728	− 0,8902	− 0,8203	− 0,4880	0,0000
− 0,2898	− 0,7052	− 0,9081	− 0,8297	− 0,4920	0,0000
− 0,2300	− 0,7728	− 1,0525	− 0,9823	− 0,5879	0,0000
− 0,2849	− 0,8033	− 1,0692	− 0,9910	− 0,5916	0,0000
− 0,2286	− 0,9277	− 1,3031	− 1,2325	− 0,7423	0,0000
− 0,2808	− 0,9564	− 1,3187	− 1,2406	− 0,7458	0,0000

die untere den Wert der Funktion $\overline{\chi}(\lambda, \xi)$ an.

$\lambda \diagdown \xi$	0,0	0,1	0,2	0,3	0,4
6,0	+ 1,0000*	+ 1,6572	+ 1,9332	+ 1,6423	+ 0,8372
	0,0000	+ 1,1084	+ 1,6320	+ 1,4770	+ 0,7465
6,1	+ 1,0000	+ 2,2276	+ 2,8540	+ 2,5608	+ 1,3165
	0,0000	+ 1,6842	+ 2,5587	+ 2,4004	+ 1,4036
6,2	+ 1,0000	+ 4,1603	+ 5,9788	+ 5,6830	+ 3,3316
	0,0000	+ 3,6223	+ 5,6894	+ 5,5274	+ 3,2479
6,3	+ 1,0000	− 16,8469	− 28,0138	− 28,3126	− 17,6808
	0,0000	− 17,3795	− 28,2974	− 28,4636	− 17,7613
6,4	+ 1,0000	− 1,8798	− 3,7995	− 4,1014	− 2,7199
	0,0000	− 2,4071	− 4,0776	− 4,2480	− 2,7971
6,5	+ 1,0000	− 0,7146	− 1,9171	− 2,2226	− 1,5614
	0,0000	− 1,2367	− 2,1896	− 2,3648	− 1,6357
6,6	+ 1,0000	− 0,2823	− 1,2197	− 1,5290	− 1,1360
	0,0000	− 0,7992	− 1,4868	− 1,6671	− 1,2074
6,7	+ 1,0000	− 0,0535	− 0,8540	− 1,1677	− 0,9164
	0,0000	− 0,5652	− 1,1159	− 1,3017	− 0,9849
6,8	+ 1,0000	+ 0,0889	− 0,6273	− 0,9458	− 0,7833
	0,0000	− 0,4177	− 0,8840	− 1,0758	− 0,8492
6,9	+ 1,0000	+ 0,1876	− 0,4717	− 0,7953	− 0,6950
	0,0000	− 0,3140	− 0,7233	− 0,9215	− 0,7583
7,0	+ 1,0000	+ 0,2611	− 0,3571	− 0,6865	− 0,6329
	0,0000	− 0,2355	− 0,6037	− 0,8089	− 0,6937
7,1	+ 1,0000	+ 0,3189	− 0,2682	− 0,6038	− 0,5877
	0,0000	− 0,1727	− 0,5100	− 0,7227	− 0,6461
7,2	+ 1,0000	+ 0,3666	− 0,1963	− 0,5388	− 0,5540
	0,0000	− 0,1202	− 0,4332	− 0,6541	− 0,6102
7,3	+ 1,0000	+ 0,4073	− 0,1360	− 0,4861	− 0,5288
	0,0000	− 0,0746	− 0,3682	− 0,5980	− 0,5827
7,4	+ 1,0000	+ 0,4433	− 0,0838	− 0,4423	− 0,5099
	0,0000	− 0,0338	− 0,3115	− 0,5509	− 0,5618
7,5	+ 1,0000	+ 0,4761	− 0,0374	− 0,4052	− 0,4962
	0,0000	+ 0,0037	− 0,2605	− 0,5106	− 0,5460
7,6	+ 1,0000	+ 0,5068	+ 0,0051	− 0,3730	− 0,4867
	0,0000	+ 0,0392	− 0,2136	− 0,4752	− 0,5345
7,7	+ 1,0000	+ 0,5364	+ 0,0450	− 0,3446	− 0,4808
	0,0000	+ 0,0734	− 0,1694	− 0,4438	− 0,5268
7,8	+ 1,0000	+ 0,5657	+ 0,0834	− 0,3190	− 0,4784
	0,0000	+ 0,1073	− 0,1267	− 0,4154	− 0,5226
7,9	+ 1,0000	+ 0,5952	+ 0,1214	− 0,2956	− 0,4791
	0,0000	+ 0,1414	− 0,0846	− 0,3891	− 0,5216

* Die obere Zahl in jedem Felde λ, ξ gibt den Wert der Funktion $\chi(\lambda, \xi)$,

0,5	0,6	0,7	08,	0,9	1,0
− 0,2277	− 1,1952	− 1,7354	− 1,6641	− 1,0088	0,0000
− 0,2774	− 1,2222	− 1,7500	− 1,6716	− 1,0120	0,0000
− 0,2274	− 1,7588	− 2,6463	− 2,5742	− 1,5710	0,0000
− 0,2747	− 1,7844	− 2,6599	− 2,5811	− 1,5739	0,0000
− 0,2277	− 3,6850	− 5,7613	− 5,6881	− 3,4951	0,0000
− 0,2727	− 3,7091	− 5,7741	− 5,6946	− 3,4978	0,0000
− 0,2286	+ 17,3283	+ 28,2412	+ 28,3156	+ 17,5207	0,0000
− 0,2715	+ 17,3056	+ 28,2293	+ 28,3096	+ 17,5182	0,0000
− 0,2301	+ 2,3674	+ 4,0367	+ 4,1127	+ 2,5632	0,0000
− 0,2708	+ 2,3461	+ 4,0256	+ 4,1072	+ 2,5609	0,0000
− 0,2321	+ 1,2082	+ 2,1643	+ 2,2421	+ 1,4077	0,0000
− 0,2708	+ 1,1881	+ 2,1540	+ 2,2370	+ 1,4056	0,0000
− 0,2348	+ 0,7812	+ 1,4772	+ 1,5571	+ 0,9850	0,0000
− 0,2716	+ 0,7622	+ 1,4676	+ 1,5524	+ 0,9830	0,0000
− 0,2380	+ 0,5590	+ 1,1223	+ 1,2045	+ 0,7678	0,0000
− 0,2730	+ 0,5411	+ 1,1133	+ 1,2001	+ 0,7661	0,0000
− 0,2419	+ 0,4225	+ 0,9068	+ 0,9916	+ 0,6371	0,0000
− 0,2753	+ 0,4057	+ 0,8984	+ 0,9875	+ 0,6355	0,0000
− 0,2465	+ 0,3298	+ 0,7628	+ 0,8506	+ 0,5510	0,0000
− 0,2782	+ 0,3140	+ 0,7550	+ 0,8468	+ 0,5495	0,0000
− 0,2519	+ 0,2624	+ 0,6606	+ 0,7517	+ 0,4910	0,0000
− 0,2820	+ 0,2475	+ 0,6533	+ 0,7482	+ 0,4896	0,0000
− 0,2581	+ 0,2108	+ 0,6183	+ 0,6797	+ 0,4477	0,0000
− 0,2868	+ 0,1967	+ 0,6114	+ 0,6765	+ 0,4464	0,0000
− 0,2651	+ 0,1696	+ 0,5270	+ 0,6261	+ 0,4160	0,0000
− 0,2924	+ 0,1563	+ 0,5206	+ 0,6231	+ 0,4148	0,0000
− 0,2732	+ 0,1354	+ 0,4818	+ 0,5857	+ 0,3926	0,0000
− 0,2992	+ 0,1230	+ 0,4758	+ 0,5830	+ 0,3915	0,0000
− 0,2824	+ 0,1064	+ 0,4460	+ 0,5553	+ 0,3756	0,0000
− 0,3071	+ 0,0946	+ 0,4404	+ 0,5528	+ 0,3746	0,0000
− 0,2929	+ 0,0808	+ 0,4173	+ 0,5329	+ 0,3638	0,0000
− 0,3164	+ 0,0697	+ 0,4122	+ 0,5305	+ 0,3629	0,0000
− 0,3049	+ 0,0576	+ 0,3944	+ 0,5170	+ 0,3563	0,0000
− 0,3272	+ 0,0472	+ 0,3896	+ 0,5148	+ 0,3555	0,0000
− 0,3186	+ 0,0361	+ 0,3762	+ 0,5068	+ 0,3526	0,0000
− 0,3398	+ 0,0262	+ 0,3717	+ 0,5047	+ 0,3519	0,0000
− 0,3343	+ 0,0154	+ 0,3619	+ 0,5016	+ 0,3525	0,0000
− 0,3545	+ 0,0062	+ 0,3576	+ 0,4998	+ 0,3518	0,0000
− 0,3524	− 0,0048	+ 0,3510	+ 0,5014	+ 0,3559	0,0000
− 0,3716	− 0,0136	+ 0,3470	+ 0,4996	+ 0,3552	0,0000

die untere den Wert der Funktion $\bar{\chi}(\lambda, \xi)$ an.

λ \ ξ	0,0	0,1	0,2	0,3	0,4
8,0	+ 1,0000*	+ 0,6258	+ 0,1598	− 0,2737	− 0,4831
	0,0000	+ 0,1764	− 0,0420	− 0,3644	− 0,5238
8,1	+ 1,0000	+ 0,6581	+ 0,1998	− 0,2526	− 0,4903
	0,0000	+ 0,2132	+ 0,0019	− 0,3407	− 0,5295
8,2	+ 1,0000	+ 0,6931	+ 0,2422	− 0,2320	− 0,5013
	0,0000	+ 0,2527	+ 0,0483	− 0,3174	− 0,5389
8,3	+ 1,0000	+ 0,7319	+ 0,2886	− 0,2111	− 0,5168
	0,0000	+ 0,2958	+ 0,0985	− 0,2940	− 0,5522
8,4	+ 1,0000	+ 0,7686	+ 0,3407	− 0,1893	− 0,5366
	0,0000	+ 0,3369	+ 0,1543	− 0,2698	− 0,5713
8,5	+ 1,0000	+ 0,8269	+ 0,4007	− 0,1658	− 0,5630
	0,0000	+ 0,3995	+ 0,2181	− 0,2438	− 0,5964
8,6	+ 1,0000	+ 0,8880	+ 0,4722	− 0,1392	− 0,5977
	0,0000	+ 0,4648	+ 0,2931	− 0,2150	− 0,6298
8,7	+ 1,0000	+ 0,9634	+ 0,5601	− 0,1080	− 0,6437
	0,0000	+ 0,5445	+ 0,3846	− 0,1816	− 0,6745
8,8	+ 1,0000	+ 1,0604	+ 0,6729	− 0,0694	− 0,7060
	0,0000	+ 0,6456	+ 0,5009	− 0,1407	− 0,7356
8,9	+ 1,0000	+ 1,1912	+ 0,8253	− 0,0184	− 0,7936
	0,0000	+ 0,7805	+ 0,6567	− 0,0877	− 0,8220
9,0	+ 1,0000	+ 1,3800	+ 1,0456	+ 0,0540	− 0,9239
	0,0000	+ 0,9734	+ 0,8802	− 0,0132	− 0,9512
9,1	+ 1,0000	+ 1,6806	+ 1,3968	+ 0,1685	− 1,1359
	0,0000	+ 1,2780	+ 1,2348	+ 0,1033	− 1,1622
9,2	+ 1,0000	+ 2,1392	+ 2,0545	+ 0,3820	− 1,5380
	0,0000	+ 1,7407	+ 1,8957	+ 0,3187	− 1,5632
9,3	+ 1,0000	+ 3,6917	+ 3,7560	+ 0,9341	− 2,5858
	0,0000	+ 3,2971	+ 3,6003	+ 0,8727	− 2,6101
9,4	+ 1,0000	+ 16,7827	+ 19,1424	+ 5,9324	− 12,0922
	0,0000	+ 16,3921	+ 18,9898	+ 5,8728	− 12,1154
9,5	+ 1,0000	− 4,9123	− 6,3650	− 2,3572	+ 3,6751
	0,0000	− 5,2991	− 6,5146	− 2,4150	+ 3,6527
9,6	+ 1,0000	− 1,8354	− 2,7516	− 1,1572	+ 1,4438
	0,0000	− 2,2183	− 2,8982	− 1,2696	+ 1,4223
9,7	+ 1,0000	− 0,9884	− 1,7599	− 0,8658	+ 0,8324
	0,0000	− 1,3674	− 1,9036	− 0,9203	+ 0,8117
9,8	+ 1,0000	− 0,5881	− 1,2938	− 0,7176	+ 0,5452
	0,0000	− 0,9634	− 1,4346	− 0,7705	+ 0,5254
9,9	+ 1,0000	− 0,3522	− 1,0214	− 0,6329	+ 0,3772
	0,0000	− 0,7238	− 1,1595	− 0,6842	+ 0,3582
10,0	+ 1,0000	− 0,1948	− 0,8416	− 0,5789	+ 0,2660
	0,0000	− 0,5627	− 0,9770	− 0,6287	+ 0,2476

* Die obere Zahl in jedem Felde λ, ξ gibt den Wert der Funktion $\chi(\lambda, \xi)$.

0,5	0,6	0,7	0,8	0,9	1,0
− 0,3733	− 0,0254	+ 0,3432	+ 0,5060	+ 0,3628	0,0000
− 0,3916	− 0,0336	+ 0,3395	+ 0,5044	+ 0,3622	0,0000
− 0,3978	− 0,0468	+ 0,3384	+ 0,5156	+ 0,3737	0,0000
− 0,4152	− 0,0545	+ 0,3350	+ 0,5142	+ 0,3731	0,0000
− 0,4266	− 0,0697	+ 0,3365	+ 0,5309	+ 0,3889	0,0000
− 0,4432	− 0,0770	+ 0,3333	+ 0,5296	+ 0,3884	0,0000
− 0,4610	− 0,0949	+ 0,3376	+ 0,5526	+ 0,4092	0,0000
− 0,4767	− 0,1018	+ 0,3346	+ 0,5514	+ 0,4088	0,0000
− 0,5024	− 0,1235	+ 0,3421	+ 0,5822	+ 0,4359	0,0000
− 0,5174	− 0,1300	+ 0,3393	+ 0,5810	+ 0,4355	0,0000
− 0,5533	− 0,1570	+ 0,3499	+ 0,6215	+ 0,4706	0,0000
− 0,5676	− 0,1631	+ 0,3474	+ 0,6204	+ 0,4702	0,0000
− 0,6170	− 0,1973	+ 0,3638	+ 0,6738	+ 0,5161	0,0000
− 0,6305	− 0,2030	+ 0,3614	+ 0,6728	+ 0,5158	0,0000
− 0,6988	− 0,2477	+ 0,3834	+ 0,7439	+ 0,5766	0,0000
− 0,7116	− 0,2531	+ 0,3812	+ 0,7430	+ 0,5763	0,0000
− 0,8076	− 0,3133	+ 0,4121	+ 0,8400	+ 0,6590	0,0000
− 0,8196	− 0,3183	+ 0,4100	+ 0,8391	+ 0,6587	0,0000
− 0,9580	− 0,4031	+ 0,4544	+ 0,9766	+ 0,7756	0,0000
− 0,9696	− 0,4079	+ 0,4524	+ 0,9758	+ 0,7753	0,0000
− 1,1804	− 0,5346	+ 0,5194	+ 1,1819	+ 0,9505	0,0000
− 1,1915	− 0,5391	+ 0,5176	+ 1,1812	+ 0,9502	0,0000
− 1,5410	− 0,7469	+ 0,6277	+ 1,5188	+ 1,2372	0,0000
− 1,5516	− 0,7512	+ 0,6260	+ 1,5182	+ 1,2370	0,0000
− 2,2241	− 1,1483	+ 0,8362	+ 2,1628	+ 1,7848	0,0000
− 2,2341	− 1,1523	+ 0,8346	+ 2,1622	+ 1,7846	0,0000
− 4,0049	− 2,1945	+ 1,3843	+ 3,8510	+ 3,2206	0,0000
− 4,0145	− 2,1982	+ 1,3829	+ 3,8504	+ 3,2204	0,0000
− 20,1752	− 11,6981	+ 6,3796	+ 19,2246	+ 16,2977	0,0000
− 20,1842	− 11,7017	+ 6,3782	+ 19,2240	+ 16,2975	0,0000
+ 6,6529	+ 4,0725	− 1,9120	− 6,2957	− 5,4118	0,0000
+ 6,6442	+ 4,0692	− 1,9133	− 6,2962	− 5,4120	0,0000
+ 2,8613	+ 1,8458	− 0,7412	− 2,6948	− 2,3495	0,0000
+ 2,8530	+ 1,8427	− 0,7424	− 2,6953	− 2,3497	0,0000
+ 1,8264	+ 1,2399	− 0,4217	− 1,7157	− 1,5176	0,0000
+ 1,8186	+ 1,2369	− 0,4229	− 1,7161	− 1,5178	0,0000
+ 1,3441	+ 0,9594	− 0,2727	− 1,2621	− 1,1330	0,0000
+ 1,3367	+ 0,9566	− 0,2737	− 1,2625	− 1,1331	0,0000
+ 1,0656	+ 0,7991	− 0,1861	− 1,0024	− 0,9136	0,0000
+ 1,0586	+ 0,7965	− 0,1871	− 1,0028	− 0,9137	0,0000
+ 0,8847	+ 0,6968	− 0,1292	− 0,8356	− 0,7733	0,0000
+ 0,8780	+ 0,6943	− 0,1302	− 0,8359	− 0,7734	0,0000

die untere den Wert der Funktion $\bar{\chi}(\lambda, \xi)$ an.

C. Tabelle der ersten fünf Eigenfunktionen des eingespannt-freien homogenen Stabes.

$\frac{x}{l}$	$\lambda = 1,875104$ $\lambda^2 = 3,516015$		$\lambda = 4,694091$ $\lambda^2 = 22,034490$		$\lambda = 7,854757$ $\lambda^2 = 61,697207$		$\lambda = 10,995541$ $\lambda^2 = 120,901922$		$\lambda = 14,137168$ $\lambda^2 = 199,859519$	
	V_1/l	$V_1''l$	V_2/l	$V_2''l$	V_3/l	$V_3''l$	V_4/l	$V_4''l$	V_5/l	$V_5''l$
0,00	0,00000	7,0321	0,00000	64,069	0,00000	123,394	0,00000	241,81	0,00000	399,72
0,05	0,00860	6,5481	0,07215	33,067	0,13407	75,082	0,24694	+ 109,67	0,38224	+ 120,75
0,10	0,03354	6,0644	0,18130	23,168	0,45599	+ 28,187	0,77001	− 12,59	1,07449	− 117,52
0,15	0,07518	5,5872	0,37757	12,853	0,84960	− 14,292	1,26750	− 106,79	1,49511	− 250,86
0,20	0,12774	5,1016	0,60211	+ 3,086	1,20901	− 48,725	1,50758	− 155,49	1,31925	− 240,01
0,25	0,19458	4,6253	0,83452	− 5,949	1,44899	− 71,748	1,37031	− 150,26	+ 0,57040	− 102,33
0,30	0,27297	4,1550	1,05237	− 13,975	1,51246	− 81,123	0,85500	− 94,55	− 0,42257	+ 90,23
0,35	0,36175	3,6933	1,23536	− 20,722	1,37613	− 76,264	+ 0,13148	− 10,93	− 1,19863	242,44
0,40	0,45976	3,2427	1,36694	− 25,978	1,05185	− 58,445	− 0,63112	+ 78,94	− 1,39312	279,90
0,45	0,56590	2,8063	1,43393	− 29,580	0,58349	− 30,761	− 1,20110	146,36	− 0,91632	183,99
0,50	0,67905	2,3875	1,42733	− 31,450	+ 0,03937	+ 2,430	− 1,41424	170,98	+ 0,00170	+ 0,34
0,55	0,79817	1,9897	1,34247	− 31,596	− 0,49858	35,999	− 1,21057	145,21	0,92062	− 183,13
0,60	0,92227	1,6165	1,17895	− 30,120	− 0,94752	64,896	− 0,65300	+ 76,30	1,40053	− 278,42
0,65	1,05042	1,2719	0,94044	− 27,221	− 1,23611	85,654	+ 0,09043	− 15,90	1,21303	− 239,56
0,70	1,18175	0,9598	0,63421	− 23,188	− 1,31486	93,314	0,78204	− 103,37	+ 0,45146	− 84,46
0,75	1,31549	0,6841	+ 0,26997	− 18,388	− 1,16289	89,399	1,24285	− 165,68	− 0,51200	+ 114,00
0,80	1,45096	0,4492	− 0,14006	− 13,267	− 0,78974	74,592	1,28610	− 182,27	− 1,20091	263,67
0,85	1,58907	0,2643	− 0,58331	− 8,320	− 0,23166	52,419	0,88330	− 153,25	− 1,25519	298,81
0,90	1,72481	0,1180	− 1,05146	− 3,995	+ 0,45687	28,133	+ 0,10406	− 93,10	− 0,58801	214,73
0,95	1,86238	0,0303	− 1,50070	− 1,590	1,21695	8,273	− 0,90719	− 29,85	+ 0,60416	76,65
1,00	2,00000	0,0000	− 2,00000	− 0,000	2,00000	0,000	− 2,00000	− 0,00	2,00000	0,00

D.

Tabelle der Funktionen zur Berechnung erzwungener Schwingungen.

$$\Phi(\lambda) = -\frac{\mathfrak{Tg}\,\frac{\lambda}{2} - \mathrm{tg}\,\frac{\lambda}{2}}{4\,\lambda^3}, \qquad\qquad \overline{\Phi}(\lambda) = \frac{\mathfrak{Tg}\,\frac{\lambda}{2} + \mathrm{tg}\,\frac{\lambda}{2}}{4\,\lambda}$$

$$\Psi(\lambda) = -\frac{\mathfrak{Sec}\,\frac{\lambda}{2} - \sec\,\frac{\lambda}{2}}{4\,\lambda^2}, \qquad\qquad \overline{\Psi}(\lambda) = \frac{\mathfrak{Sec}\,\frac{\lambda}{2} + \sec\,\frac{\lambda}{2}}{4}$$

$$\varphi(\lambda) = \frac{\mathfrak{Ctg}\,\lambda - \mathrm{ctg}\,\lambda}{2\,\lambda}, \qquad\qquad \overline{\varphi}(\lambda) = \frac{\lambda}{2}\left(\mathfrak{Ctg}\,\lambda + \mathrm{ctg}\,\lambda\right)$$

$$\psi(\lambda) = -\frac{\mathfrak{Cosec}\,\lambda - \mathrm{cosec}\,\lambda}{2\,\lambda}, \qquad\qquad \overline{\psi}(\lambda) = \frac{\lambda}{2}\left(\mathfrak{Cosec}\,\lambda + \mathrm{cosec}\,\lambda\right)$$

$$\text{und} \qquad \mathrm{tg}\,\frac{\lambda}{2}, \qquad \sec\,\frac{\lambda}{2}, \qquad \mathrm{ctg}\,\lambda, \qquad \mathrm{cosec}\,\lambda$$

für Argumentwerte von 0,00 bis 10,00.

λ	Φ	$\overline{\Phi}$	Ψ	$\overline{\Psi}$	φ	$\overline{\varphi}$
0,00	0,020 83	0,250 00	0,062 50	0,500 00	0,333 33	1,000 00
05	0,020 83	0,250 00	0,062 50	0,500 00	0,333 33	1,000 00
10	0,020 83	0,250 00	0,062 50	0,500 00	0,333 33	1,000 00
15	0,020 83	0,250 00	0,062 50	0,500 00	0,333 33	0,999 99
20	0,020 83	0,250 00	0,062 50	0,500 01	0,333 34	0,999 96
25	0,020 83	0,250 01	0,062 50	0,500 03	0,333 34	0,999 91
30	0,020 84	0,250 02	0,062 51	0,500 05	0,333 35	0,999 82
35	0,020 84	0,250 03	0,062 51	0,500 10	0,333 36	0,999 67
40	0,020 84	0,250 05	0,062 52	0,500 17	0,333 38	0,999 43
45	0,020 84	0,250 09	0,062 53	0,500 27	0,333 42	0,999 09
50	0,020 85	0,250 13	0,062 54	0,500 41	0,333 47	0,998 61
55	0,020 85	0,250 19	0,062 56	0,500 60	0,333 53	0,997 96
60	0,020 86	0,250 27	0,062 59	0,500 84	0,333 61	0,997 12
65	0,020 87	0,250 37	0,062 62	0,501 16	0,333 71	0,996 03
70	0,020 88	0,250 50	0,062 66	0,501 57	0,333 84	0,994 65
75	0,020 90	0,250 66	0,062 71	0,502 07	0,334 00	0,992 95
80	0,020 92	0,250 86	0,062 77	0,502 68	0,334 20	0,990 86
85	0,020 94	0,251 09	0,062 85	0,503 42	0,334 44	0,988 34
90	0,020 97	0,251 38	0,062 94	0,504 30	0,334 73	0,985 33
95	0,021 01	0,251 71	0,063 04	0,505 35	0,335 07	0,981 76
1,00	0,021 05	0,252 10	0,063 17	0,506 58	0,335 47	0,977 56
1,05	0,021 09	0,252 56	0,063 31	0,508 01	0,335 94	0,972 67
10	0,021 15	0,253 10	0,063 48	0,509 68	0,336 48	0,967 00
15	0,021 21	0,253 71	0,063 68	0,511 60	0,337 10	0,960 47
20	0,021 28	0,254 41	0,063 90	0,513 79	0,337 82	0,952 99
25	0,021 36	0,255 22	0,064 16	0,516 30	0,338 63	0,944 45
30	0,021 45	0,256 13	0,064 45	0,519 16	0,339 56	0,934 75
35	0,021 56	0,257 16	0,064 78	0,522 39	0,340 61	0,923 77
40	0,021 68	0,258 33	0,065 15	0,526 04	0,341 79	0,911 38
45	0,021 81	0,259 65	0,065 57	0,530 15	0,343 13	0,897 43
50	0,021 96	0,261 12	0,066 03	0,534 77	0,344 63	0,881 78
55	0,022 13	0,262 78	0,066 56	0,539 95	0,346 31	0,864 24
60	0,022 31	0,264 64	0,067 15	0,545 76	0,348 19	0,844 62
65	0,022 52	0,266 71	0,067 81	0,552 24	0,350 29	0,822 71
70	0,022 76	0,269 03	0,068 55	0,559 49	0,352 64	0,798 25
75	0,023 02	0,271 62	0,069 37	0,567 59	0,355 26	0,770 99
80	0,023 31	0,274 51	0,070 29	0,576 63	0,358 19	0,740 59
85	0,023 64	0,277 73	0,071 31	0,586 72	0,361 46	0,706 71
90	0,024 00	0,281 34	0,072 46	0,598 00	0,365 11	0,668 92
95	0,024 41	0,285 37	0,073 74	0,610 61	0,369 18	0,626 76
2,00	0,024 87	0,289 88	0,075 17	0,624 72	0,373 74	0,579 66
2,05	0,025 38	0,294 93	0,076 78	0,640 54	0,378 85	0,526 96
10	0,025 96	0,300 61	0,078 59	0,658 32	0,384 59	0,467 88
15	0,026 60	0,307 01	0,080 62	0,678 35	0,391 06	0,401 49
20	0,027 34	0,314 23	0,082 92	0,700 98	0,398 35	0,326 66
25	0,028 17	0,322 43	0,085 52	0,726 66	0,406 63	0,242 01
30	0,029 11	0,331 77	0,088 49	0,755 91	0,416 04	0,145 85
35	0,030 19	0,342 46	0,091 89	0,789 40	0,426 82	$+$0,036 04
40	0,031 44	0,354 77	0,095 81	0,828 00	0,439 23	$-$0,090 11
45	0,032 89	0,369 06	0,100 35	0,872 79	0,453 61	$-$0,236 06
50	0,034 58	0,385 79	0,105 67	0,925 22	0,470 44	$-$0,406 35

ψ	$\bar{\psi}$	$\operatorname{tg}\dfrac{\lambda}{2}$	$\sec\dfrac{\lambda}{2}$	$\operatorname{ctg}\lambda$	$\operatorname{cosec}\lambda$	λ
0,166 67	1,000 00	0	1,000 00	∞	∞	0,00
0,166 67	1,00 000	0,025 01	1,000 31	19,983 33	20,008 34	0,05
0,166 67	1,000 00	0,050 04	1,001 25	9,966 64	10,016 69	10
0,166 67	1,000 01	0,075 14	1,002 82	6,616 59	6,691 73	15
0,166 67	1,000 03	0,100 33	1,005 02	4,933 15	5,033 49	20
0,166 67	1,000 08	0,125 66	1,007 86	3,916 32	4,041 97	25
0,166 68	1,000 16	0,151 14	1,011 36	3,232 73	3,383 86	30
0,166 70	1,000 29	0,176 81	1,015 51	2,739 51	2,916 32	35
0,166 72	1,000 50	0,202 71	1,020 34	2,365 22	2,567 93	40
0,166 75	1,000 80	0,228 88	1,025 86	2,070 16	2,299 03	45
0,166 80	1,001 22	0,255 34	1,032 09	1,830 49	2,085 83	50
0,166 85	1,001 78	0,282 15	1,039 04	1,631 04	1,913 19	55
0,166 93	1,002 52	0,309 34	1,046 75	1,461 70	1,771 03	60
0,167 03	1,003 48	0,336 95	1,055 24	1,315 44	1,652 38	65
0,167 16	1,004 68	0,365 03	1,064 54	1,187 24	1,552 27	70
0,167 32	1,006 17	0,393 63	1,074 68	1,073 43	1,467 05	75
0,167 51	1,008 00	0,422 79	1,085 70	0,971 21	1,394 01	80
0,167 74	1,010 21	0,452 58	1,097 65	0,878 48	1,331 06	85
0,168 02	1,012 85	0,483 06	1,110 56	0,793 55	1,276 61	90
0,168 35	1,015 98	0,514 27	1,124 49	0,715 11	1,229 38	95
0,168 74	1,019 66	0,546 30	1,139 49	0,642 09	1,188 40	1,00
0,169 19	1,023 95	0,579 22	1,155 64	0,573 62	1,152 84	1,05
0,169 71	1,028 93	0,613 11	1,172 99	0,508 97	1,122 07	10
0,170 32	1,034 66	0,648 05	1,191 62	0,447 53	1,095 57	15
0,171 01	1,041 24	0,684 14	1,211 63	0,388 78	1,072 92	20
0,171 80	1,048 76	0,721 48	1,233 10	0,332 27	1,053 76	25
0,172 70	1,057 30	0,760 20	1,256 15	0,277 62	1,037 82	30
0,173 72	1,066 98	0,800 42	1,280 89	0,224 46	1,024 88	35
0,174 87	1,077 92	0,842 29	1,307 46	0,172 48	1,014 77	40
0,176 17	1,090 25	0,885 95	1,336 01	0,121 39	1,007 34	45
0,177 62	1,104 11	0,931 60	1,366 70	0,070 91	1,002 51	50
0,179 26	1,119 67	0,979 42	1,399 73	$+$0,020 80	1,000 22	55
0,181 09	1,137 10	1,029 64	1,435 32	$-$0,029 21	1,000 43	60
0,183 13	1,156 61	1,082 51	1,473 72	$-$0,079 37	1,003 14	65
0,185 42	1,178 43	1,138 33	1,515 19	$-$0,129 93	1,008 41	70
0,187 97	1,202 81	1,197 42	1,560 07	$-$0,181 15	1,016 27	75
0,190 83	1,230 07	1,260 16	1,608 73	$-$0,233 30	1,026 85	80
0,194 01	1,260 53	1,326 98	1,661 59	$-$0,286 69	1,040 28	85
0,197 57	1,294 59	1,398 38	1,719 15	$-$0,341 64	1,056 75	90
0,201 55	1,332 73	1,474 96	1,782 00	$-$0,398 49	1,076 47	95
0,206 01	1,375 47	1,557 41	1,850 82	$-$0,457 66	1,099 75	2,00
0,211 01	1,423 46	1,646 53	1,926 42	$-$0,519 60	1,126 94	2,05
0,216 63	1,477 46	1,743 32	2,009 76	$-$0,584 85	1,158 47	10
0,222 96	1,538 39	1,848 92	2,102 02	$-$0,654 03	1,194 89	15
0,230 11	1,607 35	1,964 76	2,204 60	$-$0,727 90	1,236 86	20
0,238 24	1,685 69	2,092 57	2,319 24	$-$0,807 35	1,285 23	25
0,247 49	1,775 10	2,234 50	2,448 06	$-$0,893 48	1,341 01	30
0,258 09	1,877 68	2,393 22	2,593 74	$-$0,987 69	1,405 53	35
0,270 32	1,996 09	2,572 15	2,759 70	$-$1,091 69	1,480 47	40
0,284 51	2,133 78	2,775 68	2,950 32	$-$1,207 70	1,567 98	45
0,301 13	2,295 26	3,009 57	3,171 36	$-$1,338 65	1,670 92	50

λ	Φ	$\overline{\Phi}$	Ψ	$\overline{\Psi}$	φ	$\overline{\varphi}$
2,55	0,036 58	0,405 56	0,111 96	0,987 22	0,490 33	— 0,607 06
60	0,038 98	0,429 21	0,119 49	1,061 43	0,514 10	— 0,846 49
65	0,041 89	0,457 94	0,128 63	1,151 55	0,542 96	— 1,136 33
70	0,045 49	0,493 45	0,139 93	1,262 98	0,578 60	— 1,493 52
75	0,050 03	0,538 34	0,154 21	1,403 86	0,623 64	— 1,943 68
80	0,055 95	0,596 72	0,172 79	1,587 10	0,682 17	— 2,527 39
85	0,063 93	0,675 51	0,197 86	1,834 49	0,761 12	— 3,313 09
90	0,075 26	0,787 40	0,233 47	2,185 81	0,873 18	— 4,425 81
95	0,092 57	0,958 25	0,287 85	2,722 40	1,044 22	— 6,121 09
3,00	0,122 19	1,250 55	0,380 88	3,640 48	1,336 70	— 9,015 42
3,05	0,184 25	1,863 12	0,575 86	5,564 75	1,949 48	—15,071 36
10	+0,395 80	+3,950 99	+1,240 44	+12,123 77	+4,037 57	—35,688 40
15	—1,910 07	—18,806 98	—6,003 65	—59,372 72	—18,720 18	+188,912 54
20	—0,268 21	—2,602 41	—0,845 58	—8,464 79	—2,515 36	28,967 99
25	—0,140 96	—1,346 58	—0,445 85	—4,519 71	—1,259 28	16,560 89
30	—0,094 11	—0,884 12	—0,298 65	—3,067 11	—0,796 55	11,983 41
35	—0,069 78	—0,644 00	—0,222 23	—2,313 02	—0,556 14	9,599 57
40	—0,054 91	—0,497 15	—0,175 49	—1,851 93	—0,408 99	8,135 46
45	—0,044 88	—0,398 19	—0,144 01	—1,541 33	—0,309 71	7,143 26
50	—0,037 68	—0,327 07	—0,121 38	—1,318 22	—0,238 26	6,425 02
55	—0,032 26	—0,273 57	—0,104 36	—1,150 44	—0,184 40	5,879 71
60	—0,028 04	—0,231 91	—0,091 11	—1,019 89	—0,142 36	5,450 35
65	—0,024 67	—0,198 59	—0,080 52	—0,915 57	—0,108 65	5,102 36
70	—0,021 91	—0,171 37	—0,071 87	—0,830 42	—0,081 01	4,813 53
75	—0,019 62	—0,148 75	—0,064 68	—0,759 72	—0,057 94	4,568 91
80	—0,017 69	—0,129 66	—0,058 62	—0,700 15	—0,038 39	4,358 09
85	—0,016 04	—0,113 37	—0,053 45	—0,649 37	—0,021 59	4,173 57
90	—0,014 62	—0,099 30	—0,048 99	—0,605 62	—0,007 01	4,009 81
95	—0,013 39	—0,087 06	—0,045 10	—0,567 60	+0,005 79	3,862 61
4,00	—0,012 30	—0,076 31	—0,041 70	—0,534 30	0,017 12	3,728 72
4,05	—0,011 34	—0,066 81	—0,038 69	—0,504 94	0,027 24	3,605 61
10	—0,010 49	—0,058 36	—0,036 02	—0,478 90	0,036 35	3,491 21
15	—0,009 73	—0,050 81	—0,033 64	—0,455 68	0,044 60	3,383 87
20	—0,009 04	—0,044 01	—0,031 49	—0,434 88	0,052 14	3,282 19
25	—0,008 43	—0,037 88	—0,029 56	—0,416 17	0,059 06	3,185 02
30	—0,007 87	—0,032 31	—0,027 81	—0,399 28	0,065 45	3,091 36
35	—0,007 36	—0,027 25	—0,026 22	—0,383 98	0,071 40	3,000 34
40	—0,006 90	—0,022 62	—0,024 77	—0,370 08	0,076 97	2,911 19
45	—0,006 47	—0,018 38	—0,023 44	—0,357 42	0,082 21	2,823 20
50	—0,006 08	—0,014 48	—0,022 23	—0,345 86	0,087 18	2,735 71
55	—0,005 72	—0,010 88	—0,021 11	—0,335 28	0,091 91	2,648 23
60	—0,005 39	—0,007 56	—0,020 08	—0,325 59	0,096 45	2,560 05
65	—0,005 09	—0,004 48	—0,019 13	—0,316 69	0,100 83	2,470 67
70	—0,004 80	—0,001 62	—0,018 24	—0,308 51	0,105 08	2,379 50
75	—0,004 54	+0,001 04	—0,017 43	—0,300 98	0,109 24	2,285 99
80	—0,004 29	0,003 52	—0,016 67	—0,294 04	0,113 33	2,189 52
85	—0,004 07	0,005 85	—0,015 96	—0,287 65	0,117 38	2,089 47
90	—0,003 85	0,008 02	—0,015 30	—0,281 75	0,121 42	1,985 15
95	—0,003 65	0,010 06	—0,014 69	—0,276 31	0,125 48	1,875 84
5,00	—0,003 47	0,011 98	—0,014 11	—0,271 29	0,129 59	1,760 70

ψ	$\bar{\psi}$	$\operatorname{tg}\dfrac{\lambda}{2}$	$\sec\dfrac{\lambda}{2}$	$\operatorname{ctg}\lambda$	$\operatorname{cosec}\lambda$	λ
0,320 79	2,486 57	3,281 53	3,430 51	— 1,488 39	1,793 13	2,55
0,344 32	2,716 00	3,602 10	3,738 33	— 1,662 24	1,939 86	60
0,372 92	2,995 19	3,986 15	4,109 67	— 1,867 64	2,118 51	65
0,408 30	3,341 06	4,455 22	4,566 07	— 2,115 38	2,339 84	70
0,453 04	3,779 20	5,041 92	5,140 13	— 2,421 79	2,620 13	75
0,511 27	4,350 15	5,797 88	5,883 49	— 2,812 70	2,985 18	80
0,589 90	5,122 31	6,810 22	6,883 24	— 3,331 69	3,478 53	85
0,701 61	6,220 68	8,238 09	8,298 56	— 4,058 35	4,179 74	90
0,872 29	7,900 75	10,406 86	10,454 80	— 5,155 39	5,251 48	95
1,164 39	10,778 98	14,101 42	14,136 83	— 7,015 25	7,086 17	3,00
1,776 76	16,817 88	21,820 54	21,843 45	—10,887 36	10,933 19	3,05
+3,864 41	+37,416 88	+48,078 48	+48,088 88	—24,028 84	+24,049 64	10
—18,893 79	—187,203 13	—237,885 79	—237,887 89	+118,940 79	—118,945 00	15
—2,689 46	—27,278 74	—34,232 53	—34,247 14	17,101 66	—17,130 87	20
—1,433 88	—14,892 95	—18,430 86	—18,457 97	9,188 30	— 9,242 56	25
—0,971 69	—10,337 99	—12,599 26	—12,638 89	6,259 95	— 6,339 32	30
—0,731 86	— 7,977 94	— 9,561 83	— 9,613 98	4,728 62	— 4,833 21	35
—0,585 31	— 6,538 95	— 7,696 60	— 7,761 29	3,783 34	— 3,913 26	40
—0,486 67	— 5,573 28	— 6,433 45	— 6,510 70	3,139 00	— 3,294 44	45
—0,415 89	— 4,883 05	— 5,520 38	— 5,610 22	2,669 62	— 2,850 76	50
—0,362 74	— 4,367 31	— 4,828 81	— 4,931 27	2,310 86	— 2,517 95	55
—0,321 45	— 3,969 17	— 4,286 26	— 4,401 37	2,026 48	— 2,259 78	60
—0,288 53	— 3,654 14	— 3,848 75	— 3,976 54	1,794 46	— 2,054 29	65
—0,261 74	— 3,400 11	— 3,488 06	— 3,628 58	1,600 68	— 1,887 38	70
—0,239 55	— 3,192 25	— 3,185 24	— 3,338 52	1,435 65	— 1,749 59	75
—0,220 94	— 3,020 24	— 2,927 10	— 3,093 20	1,292 73	— 1,634 37	80
—0,205 14	— 2,876 73	— 2,704 17	— 2,883 14	1,167 18	— 1,536 98	85
—0,191 60	— 2,756 29	— 2,509 48	— 2,701 38	1,055 49	— 1,453 98	90
—0,179 91	— 2,654 88	— 2,337 77	— 2,542 67	0,955 01	— 1,382 77	95
—0,169 75	— 2,569 41	— 2,185 04	— 2,403 00	0,863 69	— 1,321 35	4,00
—0,160 87	— 2,497 50	— 2,048 13	— 2,279 22	0,779 94	— 1,268 19	4,05
—0,153 08	— 2,437 30	— 1,924 56	— 2,168 86	0,702 48	— 1,222 08	10
—0,146 22	— 2,387 33	— 1,812 34	— 2,069 92	0,630 28	— 1,182 06	15
—0,140 16	— 2,346 43	— 1,709 85	— 1,980 80	0,562 50	— 1,147 35	20
—0,134 81	— 2,313 70	— 1,615 76	— 1,900 18	0,498 43	— 1,117 33	25
—0,130 08	— 2,288 38	— 1,528 98	— 1,826 96	0,437 47	— 1,091 51	30
—0,125 89	— 2,269 92	— 1,448 59	— 1,760 23	0,379 13	— 1,069 46	35
—0,122 21	— 2,257 86	— 1,373 82	— 1,699 23	0,322 96	— 1,050 86	40
—0,118 97	— 2,251 88	— 1,304 02	— 1,643 31	0,268 58	— 1,035 44	45
—0,116 13	— 2,251 72	— 1,238 63	— 1,591 92	0,215 62	— 1,022 99	50
—0,113 68	— 2,257 24	— 1,177 16	— 1,544 58	0,163 83	— 1,013 33	55
—0,111 57	— 2,268 36	— 1,119 21	— 1,500 88	0,112 86	— 1,006 35	60
—0,109 79	— 2,285 07	— 1,064 42	— 1.460 48	0,062 47	— 1,001 95	65
—0,108 33	— 2,307 43	— 1,012 47	— 1,423 06	+ 0,012 39	— 1,000 08	70
—0,107 16	— 2,335 58	— 0,963 08	— 1,388 35	— 0,037 63	— 1,000 71	75
—0,106 28	— 2,369 73	— 0,916 01	— 1,356 13	— 0,087 84	— 1,003 85	80
—0,105 69	— 2,410 17	— 0,871 06	— 1,326 18	— 0,138 49	— 1,009 54	85
—0,105 38	— 2,457 27	— 0,828 02	— 1,298 31	— 0,189 84	— 1,017 86	90
—0,105 36	— 2,511 48	— 0,786 72	— 1,272 37	— 0,242 19	— 1,028 91	95
—0,105 63	— 2,573 40	— 0,747 02	— 1,248 22	— 0,295 81	— 1,042 84	5,00

λ	Φ	$\overline{\Phi}$	Ψ	$\overline{\Psi}$	φ	$\overline{\varphi}$
5,05	—0,003 29	0,013 79	—0,013 58	—0,266 65	0,133 78	1,638 80
10	—0,003 13	0,015 49	—0,013 07	—0,262 38	0,138 07	1,509 11
15	—0,002 97	0,017 10	—0,012 60	—0,258 44	0,142 52	1,370 42
20	—0,002 83	0,018 63	—0,012 16	—0,254 82	0,147 15	1,221 32
25	—0,002 69	0,020 07	—0,011 74	—0,251 49	0,152 02	1,060 15
30	—0,002 56	0,021 44	—0,011 35	—0,248 43	0,157 18	0,884 96
35	—0,002 44	0,022 75	—0,010 98	—0,245 63	0,162 70	0,693 38
40	—0,002 32	0,023 99	—0,010 63	—0,243 07	0,168 65	0,482 53
45	—0,002 21	0,025 18	—0,010 30	—0,240 75	0,175 12	+ 0,248 84
50	—0,002 11	0,026 32	—0,009 99	—0,238 64	0,182 22	— 0,012 11
55	—0,002 01	0,027 40	—0,009 70	—0,236 74	0,190 12	— 0,305 95
60	—0,001 92	0,028 44	—0,009 43	—0,235 04	0,198 98	— 0,639 97
65	—0,001 83	0,029 44	—0,009 17	—0,233 52	0,209 06	— 1,023 68
70	—0,001 75	0,030 40	—0,008 92	—0,232 19	0,220 68	— 1,469 88
75	—0,001 67	0,031 33	—0,008 69	—0,231 04	0,234 29	— 1,996 14
80	—0,001 59	0,032 22	—0,008 47	—0,230 05	0,250 52	— 2,627 27
85	—0,001 52	0,033 09	—0,008 26	—0,229 23	0,270 28	— 3,399 52
90	—0,001 45	0,033 92	—0,008 07	—0,228 56	0,294 98	— 4,368 04
95	—0,001 38	0,034 73	—0,007 88	—0,228 05	0,326 84	— 5,621 04
6,00	—0,001 32	0,035 52	—0,007 70	—0,227 70	0,369 70	— 7,309 02
6,05	—0,001 26	0,036 29	—0,007 54	—0,227 49	0,430 61	— 9,711 50
10	—0,001 20	0,037 04	—0,007 38	—0,227 43	0,524 41	—13,413 12
15	—0,001 14	0,037 77	—0,007 23	—0,227 51	0,688 12	—19,876 43
20	—0,001 09	0,038 48	—0,007 09	—0,227 74	1,047 87	—34,080 17
25	—0,001 04	0,039 18	—0,006 96	—0,228 11	+2,489 82	—91,008 59
30	—0,000 99	0,039 87	—0,006 84	—0,228 62	—4,640 17	+190,468 53
35	—0,000 94	0,040 55	—0,006 72	—0,229 28	—1,097 99	50,623 77
40	—0,000 89	0,041 22	—0,006 61	—0,230 08	—0,587 62	30,469 12
45	—0,000 85	0,041 88	—0,006 51	—0,231 03	—0,382 87	22,378 18
50	—0,000 81	0,042 53	—0,006 41	—0,232 12	—0,272 29	18,004 15
55	—0,000 77	0,043 18	—0,006 32	—0,233 36	—0,202 94	15,256 78
60	—0,000 73	0,043 83	—0,006 23	—0,234 75	—0,155 31	13,365 35
65	—0,000 69	0,044 47	—0,006 16	—0,236 30	—0,120 51	11,979 29
70	—0,000 65	0,045 11	—0,006 08	—0,238 01	—0,093 92	10,916 23
75	—0,000 62	0,045 76	—0,006 01	—0,239 88	—0,072 91	10,071 90
80	—0,000 58	0,046 40	—0,005 95	—0,241 92	—0,055 85	9,382 34
85	—0,000 55	0,047 05	—0,005 90	—0,244 13	—0,041 69	8,806 13
90	—0,000 52	0,047 70	—0,005 84	—0,246 52	—0,029 73	8,315 25
95	—0,000 49	0,048 36	—0,005 80	—0,249 10	—0,019 46	7,890 05
7,00	—0,000 45	0,049 03	—0,005 76	—0,251 88	—0,010 54	7,516 31
7,05	—0,000 42	0,049 70	—0,005 72	—0,254 86	—0,002 69	7,183 52
10	—0,000 40	0,050 39	—0,005 69	—0,258 05	+0,004 29	6,883 67
15	—0,000 37	0,051 09	—0,005 66	—0,261 47	0,010 55	6,610 60
20	—0,000 34	0,051 80	—0,005 64	—0,265 13	0,016 21	6,359 43
25	—0,000 31	0,052 54	—0,005 63	—0,269 04	0,021 38	6,126 25
30	—0,000 28	0,053 28	—0,005 61	—0,273 21	0,026 12	5,907 88
35	—0,000 26	0,054 06	—0,005 61	—0,277 67	0,030 51	5,701 71
40	—0,000 23	0,054 85	—0,005 61	—0,282 42	0,034 60	5,505 51
45	—0,000 20	0,055 67	—0,005 61	—0,287 50	0,038 42	5,317 42
50	—0,000 18	0,056 51	—0,005 63	—0,292 92	0,042 03	5,135 81

ψ	$\bar\psi$	$\operatorname{tg}\dfrac{\lambda}{2}$	$\sec\dfrac{\lambda}{2}$	$\operatorname{ctg}\lambda$	$\operatorname{cosec}\lambda$	λ
−0,106 20	− 2,643 70	−0,708 78	−1,225 71	− 0,351 05	− 1,059 83	5,05
−0,107 09	− 2,723 24	−0,671 86	−1,204 74	− 0,408 27	− 1,080 13	10
−0,108 31	− 2,813 03	−0,636 17	−1,185 21	− 0,467 87	− 1,104 04	15
−0,109 90	− 2,914 31	−0,601 60	−1,167 01	− 0,530 32	− 1,131 92	20
−0,111 88	− 3,028 56	−0,568 05	−1,150 08	− 0,596 19	− 1,164 23	25
−0,114 29	− 3,157 62	−0,535 44	−1,134 32	− 0,666 10	− 1,201 54	30
−0,117 20	− 3,303 70	−0,503 69	−1,119 69	− 0,740 84	− 1,244 52	35
−0,120 66	− 3,469 56	−0,472 73	−1,106 11	− 0,821 33	− 1,294 06	40
−0,124 75	− 3,658 63	−0,442 49	−1,093 53	− 0,908 72	− 1,351 21	45
−0,129 59	− 3,875 24	−0,412 92	−1,081 90	− 1,004 44	− 1,417 35	50
−0,135 32	− 4,124 92	−0,383 95	−1,071 18	− 1,110 28	− 1,494 23	5,55
−0,142 10	− 4,414 82	−0,355 53	−1,061 32	− 1,228 59	− 1,584 12	60
−0,150 18	− 4,754 38	−0,327 61	−1,052 30	− 1,362 39	− 1,690 00	65
−0,159 88	− 5,156 29	−0,300 15	−1,044 07	− 1,515 77	− 1,815 92	70
−0,171 63	− 5,638 04	−0,273 09	−1,036 62	− 1,694 33	− 1,967 42	75
−0,186 07	− 6,224 34	−0,246 41	−1,029 91	− 1,905 97	− 2,152 38	80
−0,204 11	− 6,951 35	−0,220 04	−1,023 92	− 2,162 25	− 2,382 29	85
−0,227 13	− 7,874 14	−0,193 97	−1,018 64	− 2,480 71	− 2,674 68	90
−0,257 38	− 9,080 83	−0,168 15	−1,014 04	− 2,889 44	− 3,057 59	95
−0,298 65	−10,721 83	−0,142 55	−1,010 11	− 3,436 35	− 3,578 90	6,00
−0,358 04	−13,076 56	−0,117 12	−1,006 84	− 4,210 42	− 4,327 55	6,05
−0,450 34	−16,729 61	−0,091 85	−1,004 21	− 5,397 75	− 5,489 60	10
−0,612 59	−23,143 41	−0,066 69	−1,002 22	− 7,463 89	− 7,530 58	15
−0,970 91	−37,296 63	−0,041 62	−1,000 87	−11,993 61	−12,035 23	20
−2,411 46	−94,173 40	−0,016 59	−1,000 14	−30,122 76	−30,139 35	25
+4,719 91	+187,356 56	+0,008 41	−1,000 04	+59,466 19	+59,474 60	30
1,179 09	47,565 95	0,033 42	−1,000 56	14,944 49	14,977 91	35
0,670 06	27,466 85	0,058 47	−1,001 71	8,521 59	8,580 07	40
0,466 62	19,432 98	0,083 60	−1,003 49	5,938 97	6,022 57	45
0,357 35	15,117 62	0,108 83	−1,005 90	4,539 73	4,648 57	50
0,289 31	12,430 66	0,134 20	−1,008 97	3,658 56	3,792 76	55
0,242 96	10,601 47	0,159 75	−1,012 68	3,050 10	3,209 85	60
0,209 45	9,279 64	0,185 49	−1,017 06	2,602 79	2,788 28	65
0,184 15	8,282 92	0,211 48	−1,022 12	2,258 57	2,470 05	70
0,164 42	7,507 17	0,237 74	−1,027 87	1,984 26	2,222 00	75
0,148 65	6,888 59	0,264 32	−1,034 34	1,759 51	2,023 83	80
0,135 79	6,385 91	0,291 25	−1,041 55	1,571 13	1,862 38	85
0,125 13	5,971 27	0,318 57	−1,049 52	1,410 22	1,728 79	90
0,116 18	5,625 22	0,346 34	−1,058 28	1,270 51	1,616 85	95
0,108 59	5,333 74	0,374 59	−1,067 86	1,147 52	1,522 10	7,00
0,102 09	5,086 50	0,403 37	−1,078 29	1,037 88	1,441 24	7,05
0,096 49	4,875 75	0,432 74	−1,089 62	0,939 06	1,371 80	10
0,091 63	4,695 54	0,462 75	−1,101 88	0,849 12	1,311 87	15
0,087 39	4,541 28	0,493 47	−1,115 13	0,766 51	1,259 97	20
0,083 69	4,409 33	0,524 95	−1,129 41	0,690 00	1,214 95	25
0,080 45	4,296 85	0,557 27	−1,144 79	0,618 60	1,175 87	30
0,077 60	4,201 52	0,590 50	−1,161 33	0,551 48	1,141 99	35
0,075 10	4,121 54	0,624 73	−1,179 11	0,487 98	1,112 71	40
0,072 91	4,055 43	0,660 05	−1,198 19	0,427 49	1,087 54	45
0,071 00	4,002 02	0,696 55	−1,218 68	0,369 55	1,066 10	50

λ	Φ	$\overline{\Phi}$	Ψ	$\overline{\Psi}$	φ	$\overline{\varphi}$
55	—0,000 15	0,057 39	—0,005 64	—0,298 71	0,045 45	4,959 24
60	—0,000 13	0,058 31	—0,005 67	—0,304 89	0,048 71	4,786 43
65	—0,000 10	0,059 26	—0,005 70	—0,311 50	0,051 84	4,616 24
70	—0,000 08	0,060 26	—0,005 73	—0,318 57	0,054 86	4,447 56
75	—0,000 05	0,061 30	—0,005 78	—0,326 15	0,057 78	4,279 39
80	—0,000 03	0,062 39	—0,005 83	—0,334 27	0,060 64	4,110 73
85	—0,000 00	0,063 54	—0,005 89	—0,342 98	0,063 44	3,940 63
90	+0,000 02	0,064 76	—0,005 95	—0,352 35	0,066 21	3,768 10
95	0,000 05	0,066 05	—0,006 03	—0,362 44	0,068 95	3,592 15
8,00	0,000 08	0,067 41	—0,006 12	—0,373 32	0,071 69	3,411 74
8,05	0,000 10	0,068 87	—0,006 22	—0,385 07	0,074 45	3,225 76
10	0,000 13	0,070 42	—0,006 33	—0,397 79	0,077 23	3,033 03
15	0,000 16	0,072 08	—0,006 45	—0,411 60	0,080 06	2,832 21
20	0,000 19	0,073 87	—0,006 59	—0,426 63	0,082 96	2,621 86
25	0,000 22	0,075 80	—0,006 75	—0,443 03	0,085 95	2,400 30
30	0,000 26	0,077 89	—0,006 92	—0,460 98	0,089 05	2,165 66
35	0,000 29	0,080 17	—0,007 11	—0,480 70	0,092 28	1,915 72
40	0,000 33	0,082 66	—0,007 33	—0,502 44	0,095 69	1,647 91
45	0,000 37	0,085 39	—0,007 58	—0,526 51	0,099 31	1,359 15
50	0,000 41	0,088 41	—0,007 86	—0,553 30	0,103 17	1,045 75
55	0,000 46	0,091 76	—0,008 17	—0,583 26	0,107 34	0,703 22
60	0,000 51	0,095 51	—0,008 53	—0,616 97	0,111 87	+ 0,326 00
65	0,000 56	0,099 73	—0,008 93	—0,655 16	0,116 85	— 0,092 85
70	0,000 62	0,104 52	—0,009 40	—0,698 75	0,122 37	— 0,562 16
75	0,000 69	0,110 01	—0,009 95	—0,748 94	0,128 57	— 1,093 33
80	0,000 77	0,116 36	—0,010 59	—0,807 58	0,135 61	— 1,701 39
85	0,000 86	0,123 81	—0,011 34	—0,876 01	0,143 72	— 2,406 55
90	0,000 97	0,132 67	—0,012 24	—0,957 97	0,153 22	— 3,236 68
95	0,001 09	0,143 37	—0,013 34	—1,057 39	0,164 56	— 4,231 37
9,00	0,001 25	0,156 60	—0,014 71	—1,180 43	0,178 38	— 5,448 80
9,05	0,001 44	0,173 31	—0,016 45	—1,336 55	0,195 70	— 6,978 16
10	0,001 69	0,195 15	—0,018 74	—1,541 02	0,218 13	— 8,963 49
15	0,002 03	0,224 93	—0,021 86	—1,820 24	0,248 48	—11,653 65
20	0,002 52	0,267 93	—0,026 40	—2,224 08	0,292 05	—15,518 81
25	0,003 29	0,335 51	—0,033 53	—2,859 52	0,360 17	—21,567 15
30	0,004 66	0,457 19	—0,046 42	—4,004 94	0,482 40	—32,422 59
35	0,007 87	0,741 53	—0,076 56	—6,683 36	0,767 27	—57,726 85
40	+0,023 99	+2,173 21	—0,228 43	—20,175 19	+2,199 48	—184,945 88
45	—0,023 79	—2,071 21	+0,221 94	+19,828 89	—2,044 42	+192,021 47
50	—0,008 04	—0,673 04	0,073 62	6,652 88	—0,645 73	67,777 24
55	—0,004 87	—0,391 38	0,043 76	3,999 74	—0,363 56	42,707 74
60	—0,003 50	—0,270 44	0,030 96	2,861 29	—0,242 11	31,912 89
65	—0,002 74	—0,203 18	0,023 85	2,228 74	—0,174 34	25,884 84
70	—0,002 25	—0,160 34	0,019 33	1,826 38	—0,130 99	22,024 93
75	—0,001 91	—0,130 65	0,016 20	1,548 02	—0,100 80	19,332 51
80	—0,001 66	—0,108 87	0,013 92	1,344 12	—0,078 51	17,340 24
85	—0,001 47	—0,092 19	0,012 17	1,188 39	—0,061 33	15,800 55
90	—0,001 32	—0,079 02	0,010 80	1,065 65	—0,047 65	14,570 00
95	—0,001 20	—0,068 34	0,009 69	0,966 46	—0,036 46	13,559 74
10,00	—0,001 10	—0,059 52	0,008 78	0,884 70	—0,027 12	12,711 76

ψ	$\bar{\psi}$	$\mathrm{tg}\,\dfrac{\lambda}{2}$	$\sec\dfrac{\lambda}{2}$	$\mathrm{ctg}\,\lambda$	$\mathrm{cosec}\,\lambda$	λ
0,069 34	3,960 36	0,734 35	− 1,240 67	0,313 70	1,048 05	55
0,067 90	3,929 75	0,773 56	− 1,264 27	0 259 59	1,033 14	60
0,066 68	3,909 62	0,814 31	− 1,289 61	0,206 86	1,021 17	65
0,065 65	3,899 58	0,856 76	− 1,316 83	0,155 21	1,011 97	70
0,064 81	3,899 38	0,901 07	− 1,346 08	0,104 36	1,005 43	75
0,064 14	3,908 88	0,947 42	− 1,377 54	0,054 03	1,001 46	80
0,063 65	3,928 09	0,996 03	− 1,411 41	+0,003 98	1,000 01	85
0,063 31	3,957 11	1,047 11	− 1,447 91	−0,046 05	1,001 06	90
0,063 14	3,996 20	1,100 94	− 1,487 30	−0,096 31	1,004 63	95
0,063 13	4,045 71	1,157 82	− 1,529 89	−0,147 07	1 010 76	8,00
0,063 28	4,106 15	1,218 09	− 1,575 99	−0,198 57	1,019 52	8,05
0,063 61	4,178 19	1,282 15	− 1,626 01	−0,251 10	1,031 04	10
0,064 10	4,262 65	1,350 45	− 1,680 39	−0,304 98	1,045 47	15
0,064 78	4,360 57	1,423 53	− 1,739 66	−0,360 52	1,063 00	20
0,065 66	4,473 20	1,502 00	− 1,804 44	−0,418 11	1,083 89	25
0,066 74	4,602 07	1,586 59	− 1,875 44	−0,478 15	1,108 44	30
0,068 06	4,749 08	1,678 17	− 1,953 53	−0,541 14	1,137 03	35
0,069 62	4,916 48	1,777 78	− 2,039 73	−0,607 64	1,170 14	40
0,071 47	5,107 07	1,886 65	− 2,135 29	−0,678 31	1,208 35	45
0,073 64	5,324 29	2,006 31	− 2,241 71	−0,753 94	1,252 37	50
0,076 18	5,572 40	2,138 60	− 2,360 85	−0,835 50	1,303 10	8,55
0,079 14	5,856 72	2,285 85	− 2,495 02	−0,924 19	1,361 66	60
0,082 61	6,183 99	2,450 94	− 2,647 10	−1,021 47	1,429 48	65
0,086 67	6,562 84	2,637 60	− 2,820 80	−1,129 23	1,508 37	70
0,091 45	7,004 48	2,850 61	− 3,020 93	−1,249 91	1,600 71	75
0,097 12	7,523 76	3,096 32	− 3,254 86	−1,386 68	1,709 64	80
0,103 91	8,140 72	3,383 28	− 3,527 97	−1,543 85	1,839 42	85
0,112 12	8,883 08	3,723 27	− 3,855 22	−1,727 34	1,995 92	90
0,122 19	9,790 26	4,133 07	− 4,252 32	−1,945 56	2,187 51	95
0,134 79	10,920 30	4,637 73	− 4,743 93	−2,210 85	2,426 49	9,00
0,150 91	12,362 22	5,273 88	− 5,367 85	−2,542 13	2,731 75	9,05
0,172 18	14,259 94	6,103 83	− 6,185 20	−2,970 00	3,133 83	10
0,201 38	16,862 16	7,232 75	− 7,301 55	−3,547 24	3,685 51	15
0,243 82	20,638 92	8,860 17	− 8,916 43	−4,373 66	4,486 52	20
0,310 84	26,598 24	11,413 95	− 11,457 67	−5,663 17	5,750 78	25
0,431 98	37,363 93	16,007 67	− 16,038 87	−7,972 60	8,035 07	30
0,715 79	62,577 54	26,733 38	− 26,752 08	−13,347 99	13,385 40	35
+2,146 94	+189,704 89	+80,712 76	− 80,718 96	−40,350 19	+40,362 58	40
−2,098 00	−187,355 28	−79,291 53	+ 79,297 83	+39,639 46	−39,652 07	45
−0,700 35	− 63,205 27	−26,575 41	26,594 22	13,268 89	−13,306 52	50
−0,419 21	− 38,231 42	− 15,950 75	15, 982 07	7,944 03	−8,006 72	55
−0,298 78	− 27,533 85	− 11,384 87	11,428 70	5,648 52	−5,736 35	60
−0,232 02	− 21,604 87	−8,842 56	8,898 92	4,364 73	−4,477 82	65
−0,189 68	− 17,845 99	−7,220 93	7,289 85	3,541 22	−3,679 71	70
−0,160 50	− 15,256 73	−6,095 35	6,176 83	2,965 64	−3,129 70	75
−0,139 22	− 13,369 93	−5,267 49	5,361 57	2,538 82	−2,728 67	80
−0,123 06	− 11,938 21	−4,632 34	4,739 05	2,208 23	−2,424 11	85
−0,110 39	− 10,818 33	−4,129 06	4,248 42	1,943 43	−2,185 62	90
−0,100 23	− 9,921 64	−3,719 97	3,852 04	1,725 58	−1,994 40	95
−0,091 91	− 9,190 37	−3,380 52	3,525 32	1,542 35	−1,838 16	10,00

Literaturübersicht.

Im folgenden sind kapitelweise geordnet die Quellen für die dargestellten Rechnungsverfahren angegeben. Außerdem werden noch eine Reihe von Arbeiten zitiert, die sich mit ähnlichen Fragen beschäftigen, ohne daß jedoch in dieser Beziehung irgendwelche Vollständigkeit angestrebt wurde.

Kapitel I.

Darstellungen der Grundbegriffe der Schwingungslehre findet man unter anderem in folgenden Lehrbüchern:

Föppel, O.: Grundzüge der technischen Schwingungslehre. Berlin 1931.

Hort, W.: Technische Schwingungslehre. Berlin 1922.

Lehr, E.: Schwingungstechnik Bd. 1. Berlin 1930.

Lord Rayleigh: Die Theorie des Schalles, deutsche Übersetzung von F. Neesen. Braunschweig 1880.

Timoshenko, S.: Schwingungsprobleme der Technik, deutsche Übersetzung von I. Malkin u. E. Helly. Berlin 1932.

Kapitel II.

Der größte Teil der in II A behandelten Methoden ist auch in dem a. a. O. angegebenen Buche von Lord Rayleigh enthalten. Allerdings scheint die systematische Zuordnung der Schwingungen eines elastisch gelagerten Massenpunktes zu den Schwingungen eines Balkens hier zum ersten Male durchgeführt worden zu sein. Die in 12 gegebenen Sätze über das Verhalten der Formänderungsarbeit und der kinetischen Energie werden zwar auch schon bei Lord Rayleigh verwendet, es stammt aber ihre klare Formulierung und der hier gegebene Beweis von R. Courant: Z. angew. Math. Mech. Bd. 2 (1922) S. 278.

Die in 14 dargestellte Methode der schrittweisen Näherungen wurde zum ersten Male von L. Vianello: Z. VDI Bd. 42 (1898) S. 1436 auf ein technisches Problem, nämlich das der Stabknickung angewendet. Die Methode spielt heute bei der Behandlung zahlreicher wichtiger Fragen der Mechanik eine ausgezeichnete Rolle. Es sei nur auf das im Maschinenbau wohlbekannte Stodolasche Verfahren zur Berechnung kritischer Drehzahlen von umlaufenden Wellen verwiesen. (Stodola, A.: Dampf- und Gasturbinenbau, S. 381. Berlin 1924.)

Die in 17 gegebenen Formeln für die Schwingungszahlen zusammengesetzter Systeme, die es z. B. gestatten, eine einfache untere Grenze für die kleinste Eigenfrequenz anzugeben, wurden zuerst rein empirisch von S. Dunkerley: Philos. Trans. Roy. Soc., Lond. A Bd. 185 (1894) S. 279 bei seinen experimentellen Untersuchungen über kritische Drehzahlen umlaufender Wellen gefunden.

Theoretische Überlegungen hierzu findet man unter anderm bei G. Temple: Proc. Lond. math. Soc. Bd. 29 (1929) S. 157; K. Klotter: Ing.-Arch. Bd. 1 (1930) S. 132, 491; K. Hohenemser: Ing.-Arch. Bd. 3 (1932) S. 89.

Auch die in II B entwickelte Theorie der Schwingungen von Balken mit gleichmäßig verteilter Masse ist zum großen Teil in dem grundlegenden Buch von Lord Rayleigh enthalten. Die konsequente Verwendung des Bettischen Reziprozitätssatzes zur Herleitung an sich bekannter Beziehungen der Stabwerksdynamik dürfte neu sein. Der in 22 gegebene Beweis für den Entwicklungssatz ist eine Übertragung des entsprechenden Beweises für den Hilbertschen Entwicklungssatz in der Theorie linearer Integralgleichungen mit symmetrischem Kern, vgl. z. B. R. Courant u. D. Hilbert: Meth. Math. Physik. Berlin 1924, Kap. III, § 5. Die in 29 und 30 gegebene Zuordnung von Systemen gleicher Schwingungszahl und die Anwendung der Zuordnungsbeziehung zur Verbesserung der Energiemethode und der Methode der schrittweisen Näherungen ist eine ausführlichere Darstellung der von den Verff. im Ing.-Arch. Bd. 3 (1932) S. 306 mitgeteilten Beziehungen. Weitere Literatur über die behandelten Fragen findet man bei K. Hohenemser: Die Methoden zur angenäherten Lösung von Eigenwertproblemen in der Elastokinetik. Ergebn. Math. Grenzgebiete Bd. 1 Heft 4. Berlin 1932.

Kapitel III.

Frequenzgleichungen komplizierter Stabwerke, auch mit Berücksichtigung von Nebeneinflüssen, wurden zuerst aufgestellt von H. Reißner: Z. Bauwes. 1899 S. 477; 1903 S. 135. Das in III B dargestellte Verfahren wurde von W. Prager angegeben: Z. techn. Physik Bd. 10 (1929) S. 275, die Erweiterung des Verfahrens in 9 stammt von F. W. Waltking: Ing.-Arch. Bd. 2 (1931) S. 247. Für den Sonderfall des durchlaufenden Balkens wurden ähnliche Methoden verwendet von E. R. Darnley: Philos. Mag. (6) Bd. 41 (1921) S. 81 und von D. M. Smith: Engineering Bd. 120 (1925) S. 808. Die in III, 11 angegebene nomographische Auflösung der Frequenzgleichung einfacher Tragwerksformen stammt von W. Prager: Ing.-Arch. Bd. 3 (1932) S. 298. Sie macht Gebrauch von einer von R. Mehmke herrührenden nomographischen Darstellungsmöglichkeit. Die in 12 in einer Reihe von Beispielen angewendete Energiemethode zur Berechnung der kleinsten Eigenfrequenz stammt von Lord Rayleigh und wurde seitdem in zahlreichen Arbeiten mit Erfolg angewendet, zum Teil ohne Kenntnis des Rayleighschen Verfahrens. Es seien nur genannt: A. Morley: Engineering Bd. 88 (1909) S. 135, 204; G. Kull: Z. VDI Bd. 62 (1918) S. 249, 270; H. Kayser u. A. Troche: Beton u. Eisen Bd. 29 (1930) S. 15, 119; Th. Pöschl: Ing.-Arch. Bd. 1 (1930) S. 469. Die Methode der reduzierten Trägheitsmomente zur Berechnung des Grundtons ist angewendet bei G. Ehlers: Die Berechnung der Schwingungen von Turbinenfundamenten, Festschrift Wayß und Freytag, Stuttgart 1925, und bei F. Bleich: Theorie und Berechnung eiserner Brücken. Berlin 1924. Das Beispiel 16 des Fachwerkträgers ist dem zuletzt genannten Werk entnommen. Allerdings verwendet Bleich ein Verfahren von E. Pohlhausen: Z. angew. Math. Mech. Bd. 1 (1921) S. 18, das wesentlich ungünstiger arbeitet als die Energiemethode. Näherungsformeln für die kleinste Eigenfrequenz von Stäben und Rahmen sind weiter angegeben worden von J. Geiger: Z. VDI Bd. 66 (1922) S. 667; 67 (1923) S. 287. Die Methode der Obertonberechnung unter Zugrundelegung eines benachbarten Systems mit gleicher asymptotischer Verteilung der Eigenfrequenzen, wie sie das ursprüngliche System hat, dürfte neu sein. Der Einfluß von Systemveränderungen wurde in Sonderfällen numerisch verfolgt von E. F. Relf u. W. L. Cowley: Philos. Mag. (6) Bd. 48 (1924) S. 646 und H. G. Küßner: Luftf.-Forschg. 1929 S. 63. Das in 15 angewendete Kontrollverfahren für den Grundton wurde von den Verff. im Ing.-Arch. Bd. 3 (1932) S. 306 angegeben, die in 16 angewendete Kontrollmethode für Obertöne stammt von K. Hohenemser: Z. Flugtechn. Motorluftsch. Bd. 23 (1932) S. 37, der in 16 angedeutete Beweis für den Knotenpunktssatz ist von den Verff. gegeben worden in der Z. angew. Math. Mech. Bd. 11 (1931) S. 92.

Anwendungen der Energiemethode zur angenäherten Berücksichtigung von Nebeneinflüssen, wie sie in III E vorgenommen sind, hat bereits Lord Rayleigh gegeben. Biegeschwingungen von Stäben, auf die eine Längskraft wirkt, interessieren besonders im Turbinenbau und im Flugzeugbau. An einschlägigen Arbeiten seien genannt: H. Lorenz: Z. VDI Bd. 63 (1919) S. 240, 888 (mit zahlreichen Literaturangaben); K. Karas: Z. angew. Math. Mech. Bd. 9 (1929) S. 485; H. G. Küßner: Luftf.-Forschg. 1929 S. 63 und F. Liebers: Z. techn. Physik Bd. 9 (1929) S. 361. Eine angenäherte Berücksichtigung der Dehnbarkeit der Stäbe bei der Berechnung der Schwingungen von Fundamentrahmen stammt von E. Rausch: Beton u. Eisen Bd. 27 (1928) S. 396, die genaue Berücksichtigung von W. Prager: Z. techn. Physik Bd. 10 (1929) S. 275.

Kapitel IV.

Die in A dargestellte Methode zur Berechnung der durch schwingende Lasten erzwungenen Schwingungen eines ebenen Stabwerks stammt von W. Prager: Ing.-Arch. Bd. 1 (1930) S. 527. Eine verwandte Behandlungsweise der erzwungenen Schwingungen eines durchlaufenden Balkens findet sich bei W. L. Cowley u. H. Levy: Proc. Roy. Soc., Lond. A Bd. 95 (1919) S. 440. Das Verfahren zur Berücksichtigung der Längsschwingungen ist enthalten in S. Gradstein u. W. Prager: Ing.-Arch. Bd. 2 (1931) S. 622. In dieser Arbeit befindet sich auch eine hier nicht wiedergegebene Erweiterung des Verfahrens zur Berücksichtigung der Rotationsträgheit und des biegenden Einflusses statischer Längskräfte. Es sei in diesem Zusammenhang auf eine Berichtigung zu der erwähnten Arbeit verwiesen: Ing.-Arch. Bd. 3 (1932) S. 434. Zur Berechnung der Eigenschwingungsformen eines ebenen Stabwerkes (IV B) wird das Verfahren hier erstmalig herangezogen. Eine der Formel IV, 14 (22) entsprechende Beziehung für den Fall der Knickbiegung wurde von Vianello angegeben. Die hier gegebene Herleitung dieser Näherungsformel dürfte neu sein.

Kapitel V.

Die Sätze über das Verhalten der gesamten potentiellen Energie nach einer plötzlichen Be- oder Entlastung stammen von Levi-Civita: Wiener Monatshefte, math.-phys. Kl. Bd. 36 (1929) S. 165. Ähnliche Abschätzungen findet man bei J. Krall: Rend. Sem. math. Roma (II) Bd. 7 (1931) S. 87; W. Kaufmann: Z. angew. Math. Mech. Bd. 2 (1922) S. 34, behandelt für einige Sonderfälle die Ausgleichsschwingungen nach plötzlicher Be- und Entlastung. Die in 3 und 4 durchgeführten exakten Summierungen für einzelne Zeitpunkte und die damit gewonnenen strengen Lösungen scheinen neu zu sein. Die hier gegebene Behandlung des Problems der fahrenden Last lehnt sich an eine Arbeit von S. Timoshenko an: Z. math. Physik Bd. 59 (1911) S. 163, sie vernachlässigt die Masse der fahrenden Last. Eine Lösung, welche die Masse der Last berücksichtigt, aber die Balkenmasse vernachlässigt, stammt von H. Zimmermann: Zbl. Bauverw. 1896, S. 264. Eine näherungsweise Berücksichtigung sowohl der Balkenmasse als auch der fahrenden Masse gibt H. H. Jeffcot: Philos. Mag. (7) Bd. 8 (1929) S. 66, weitere Literatur hierüber findet sich bei F. Bleich: a. a. O. und in einer unveröffentlichten Diplomarbeit von A. Weigand: Techn. Hochschule Darmstadt 1928.

Von großem praktischen Interesse sind die hier nicht behandelten Vorgänge beim Durchfahren einer Resonanz. Der maximale Ausschlag hängt von der Geschwindigkeit ab, mit welcher die Resonanzstelle durchfahren wird. Einen ersten Beitrag zu diesem Problem gab Th. Pöschl: Ing.-Arch. Bd. 3 (1933) S. 98, indem er die Bewegung eines dämpfungslosen Systems mit einem Freiheitsgrad unter dem Einfluß einer Kraft

$$P(t) = P \sin (\omega\, t + \lambda t^2)$$

untersuchte. Die Winkelgeschwindigkeit des umlaufenden Bildvektors $\omega + \lambda t$, nimmt also linear mit der Zeit zu. Die entstehende Bewegung nähert sich nach längerer Zeit asymptotisch einer harmonischen Schwingung mit der Kreisfrequenz der Eigenschwingung und mit einer Amplitude, welche der Quadratwurzel aus der Winkelbeschleunigung λ umgekehrt proportional ist. Der asymptotische Ausschlag geht also mit wachsender Winkelbeschleunigung nach Null. Die Lösung läßt sich durch Fresnelsche Integrale ausdrücken, welche tabuliert vorliegen. Die numerische Auswertung der ziemlich komplizierten Ausdrücke, sodaß man zu jeder Winkelbeschleunigung den vor allem interessierenden größten Ausschlag angeben kann, steht noch aus.

Weitere Literatur über das Gebiet der Schwingungen elastischer Körper findet man in folgenden Referaten:

Lamb, H.: Enz. math. Wiss. (IV) Bd. 4 (1906) S. 253.

Grammel, R.: Ergebn. exakt. Naturwiss. Bd. 1 S. 93. Berlin 1922.

Pöschl, Th.: Z. angew. Math. Mech. Bd. 3 (1923) S. 297.

Auerbach, F.: Handb. phys.-techn. Mech. III S. 283. Leipzig 1927.

Pfeiffer, F.: Handbuch Physik VI S. 309. Berlin 1928.

Hohenemser, K.: Ergebn. Math. Grenzgebiete Heft 4. Berlin 1932.

Außerdem seien an zusammenfassenden Darstellungen, welche mehr die experimentelle Seite und die Schwingungsmeßtechnik behandeln, genannt:

Geiger, J.: Mechanische Schwingungen und ihre Messung. Berlin 1927.

Steuding, H.: Messung mechanischer Schwingungen. Berlin 1928.

Mechanische Schwingungen der Brücken. Herausgeg. von der Deutschen Reichsbahngesellschaft. Berlin 1933.